GANSU 10kV PEIDIANZHAN(SUO) DIANXING SHEJI

甘肃10kV配电站（所）典型设计

国网甘肃省电力公司 组编

中国电力出版社
CHINA ELECTRIC POWER PRESS

图书在版编目（CIP）数据

甘肃10kV配电站（所）典型设计/国网甘肃省电力公司组编. 一北京：中国电力出版社，2024.1
ISBN 978-7-5198-8575-5

Ⅰ.①甘… Ⅱ.①国… Ⅲ.①配电站一配电设计一甘肃 Ⅳ.①TM72

中国国家版本馆CIP数据核字（2023）第252759号

出版发行：中国电力出版社	印　　刷：三河市百盛印装有限公司
地　　址：北京市东城区北京站西街19号（邮政编码：100005）	版　　次：2024年1月第一版
网　　址：http://www.cepp.sgcc.com.cn	印　　次：2024年1月北京第一次印刷
责任编辑：周秋慧（010-63412627）	开　　本：880毫米×1230毫米　横16开本
责任校对：黄　蓓　郝军燕　李　楠	印　　张：22
装帧设计：赵丽媛	字　　数：780千字
责任印制：石　雷	定　　价：395.00元

甘肃10kV配电站（所）典型设计

编　委　会

工　作　组

第一篇　总论
审　　　　核：朱建军　陈庆胜　周　虎
设计总工程师：韩建孝
校　　　　核：张　武　张家玮　杨丽冰
编　　　　写：李锡伟　李　旸　杨景博

第二篇　主要技术原则
审　　　　核：朱建军　周　虎　陈庆胜
设计总工程师：韩建孝
校　　　　核：张家玮　杨丽冰　吴海谦
编　　　　写：李锡伟　陆　婧　薛　莲

第三篇　土建部分典型设计
审　　　　核：陈庆胜
设计总工程师：韩建孝
校　　　　核：李　玺　张家玮　吴海谦
编　　　　写：李文涛　张泽兰　吴　琪

第四篇～第六篇　一次部分典型设计
审　　　　核：陈庆胜
设计总工程师：韩建孝
校　　　　核：赵　军　杨丽冰　赵靖寰
编　　　　写：李锡伟　张家玮　火　熠

第七篇、第八篇　二次部分典型设计
审　　　　核：陈庆胜
设计总工程师：韩建孝
校　　　　核：李雪垠　张家玮　白　璐
编　　　　写：赵靖寰　杨丽冰　李锡伟

第九篇　室外环网箱、箱式变电站典型设计
审　　　　核：陈庆胜
设计总工程师：韩建孝
校　　　　核：黄亚飞　张家玮　李锡伟
编　　　　写：赵晓君　杨丽冰　李嘉诚

第十篇　交直流电源典型设计
审　　　　核：陈庆胜
设计总工程师：韩建孝
校　　　　核：李雪垠　张家玮　赵靖寰
编　　　　写：杨丽冰　白　璐　李锡伟

第十一篇　配电网通信部分典型设计
审　　　　核：陈庆胜
设计总工程师：韩建孝
校　　　　核：李雪垠　张家玮　张　琼
编　　　　写：薛　莲　董乐生　杨文杰

第十二篇　辅助控制系统典型设计
审　　　　核：陈庆胜
设计总工程师：韩建孝
校　　　　核：李雪垠　张家玮　白　璐
编　　　　写：杨丽冰　李锡伟　魏君道

序

甘肃省位于中国西部地区，地处黄土高原、青藏高原和内蒙古高原三大高原的交汇地带，地域辽阔，风光资源丰富。整体地形呈南北扁平、东西狭长状，境内地形复杂，山脉纵横交错，海拔相差悬殊，高山、河谷、沙漠、盆地、平川和戈壁兼而有之，各地地形、气象等工程建设条件相差明显，配电网建设现状存在差异。

为了应对电力发展新形势新任务，国网甘肃省电力公司聚焦高质量发展这一主题，以“十四五”发展规划为指引，围绕一体四翼发展总体布局，落实现代设备管理体系建设要求，全面推行配电网标准化建设，实现配电网安全、服务、智能化“三个提升”，推动“1135”新时代配电管理思路在省内深化落地，打造符合甘肃特色的高品质数字化配电网，推动配电网从传统电网向能源互联网转型升级。这是全面落实习近平新时代中国特色社会主义思想，实施“碳达峰、碳中和”战略，大力提高集成创新能力的重要体现；是国网甘肃省电力公司实施集团化运作、集约化发展、精细化管理的重要手段；是全面建设具有高度弹性、全量感知、安全可靠、坚固耐用、结构合理、技术先进、经济高效现代智慧配电网的重要举措。

《甘肃 10kV 配电站（所）典型设计》充分考虑电气化水平持续提高、负荷日益增长的背景下，按照“立足长远、适度超前、科学规划、注重效益”的原则，为打造结构强简有序、分类科学合理、接线标准规范、设备先进适用的标准化目标网架，加快建成坚强抵御冲击、灵活应对风险、快速恢复故障的安全可靠配电网。通过数字技术赋能赋智，提高配电网调控数智化水平，实现配电网全域可观、可测、可控、可调，提升设备状态管控力和运维管理穿透力。实现以可靠性为中心，全面打造设备稳定可靠、网架坚强合理、供给能力充裕、故障主动自愈的示范配电网，建立互援互备应急管理机制，显著提升电网防灾抗损能力。全面提升供电能力裕度、增强网架弹性，提升城市配电网对自然灾害的抵御力和恢复力。建成坚强抵御冲击、从容应对风险、故障快速自愈、运行灵活调控的配电网。

在国网甘肃省电力公司配网管理部的统一安排下，兰州倚能电力设计咨询有限公司牵头，全省 14 个地市公司积极配合，对省内各地配电网发展建设情况采用实地考察、咨询属地、印发调研函、召开视频会等多种方式进行充分调研，精心遴选多年设计成果及各地市公司先进经验，完成了《甘肃 10kV 配电站（所）典型设计》的编制工作。该典型设计以工程应用为重点、以工程设计为核心，采用模块化设计手段，因地制宜、紧密联系甘肃配电网建设实际，为全省系统内配电网工程统一建设标准、统一设备规范、提高装备水平、提高设计和建设质量、方便运行维护、方便设备招标、提高工作效率、降低建设和运行成本提供坚强的技术基础。

《甘肃 10kV 配电站（所）典型设计》凝聚了国网甘肃省电力公司广大工程技术人员、建设管理人员的集体智慧，对强化配电网工程精细化管理水平、提高配电网工程质量、提高配电网供电可靠性、树立良好的企业形象、履行央企“大国重器”作用、全面落实配电站（所）精益化管理的建设理念都具有重要意义。

2024 年 1 月

前　　言

按照发展提升型城市配电网建设目标，高质量建设适应新型电力系统发展方向、具有“清洁低碳、安全可靠、柔性互动、透明高效”特征的城市配电网，在国网甘肃省电力公司配网管理部的统一安排下，由兰州倚能电力设计咨询有限公司牵头，依托国网兰州供电公司等14家地市公司的先进建设经验，开展了《甘肃10kV配电站（所）典型设计》的相关研究和编制工作。

《甘肃10kV配电站（所）典型设计》是在《国家电网公司配电网工程典型设计（2016年版）》的成果和原则基础上，结合甘肃省10kV配电站（所）的建设实际和特点及配电网建设改造标准物料目录，重点开展了国网甘肃省电力公司10kV配电站（所）设计标准、配电网建设改造标准物料选取的典型编制工作。

《甘肃10kV配电站（所）典型设计》的主要特点有：

（1）适合甘肃省配电网的建设实际，总结了全省各地市设计、建设工作的先进经验，具有安全可靠、统一规划、技术先进、经济合理、节能环保、方便施工和运行的特点。

（2）达到施工图深度，在满足典型设计及标准物料目录的条件下，施工图纸可直接采用，统一了设计标准，降低了设计难度。

（3）基于城市地区供电单元划分原则，衔接配电网布点规划和网架规划，按照单环网结构进行设计方案的选择，不仅满足负荷分布需求，也满足分层分区的管理要求。

（4）针对配电站（所）建设标准，提出了相应的设备选择、标准物料编码及详细的物料描述。

（5）保证通用性和标准化，针对不同的配电站（所）条件，选用了中置式开关柜及固体绝缘开关柜，对于两种开关柜分别列举了不同运行方式下的设计方案，通用性强，标准化率高。

（6）为满足各类别配电站（所）的建设要求，将电气二次部分、配电自动化部分及通信部分单独设计，并编写了图纸检索章节，满足各类工程的模块化需求，可根据具体的工程内容选取模块化的图纸，简洁、高效。

由于编者水平有限，不足和遗漏在所难免，敬请各位读者批评指正。

编　者

2024年1月

目　　录

第三篇　土建部分典型设计

第四篇　开闭站一次部分典型设计

第五篇　环网型配变站一次部分典型设计

第六篇 终端型配变站一次部分典型设计

第七篇 双电源二次部分典型设计

第八篇 单电源二次部分典型设计

第九篇 室外环网箱、箱式变电站典型设计

第十篇 交直流电源典型设计

第十一篇 配电网通信部分典型设计

第十二篇 辅助控制系统典型设计

第一篇

总　　论

第 1 章　概　　述

国网甘肃省电力公司以国家电网有限公司战略目标为统领，积极服务“碳达峰、碳中和”目标实现，紧扣“一体四翼”发展布局，落实“十四五”电网规划及现代设备管理体系建设要求，充分考虑能源转型发展、智慧城市建设、高效互动服务需求，推动配电网向能源互联网全面升级，是实施集团化运作、集约化发展、精细化管理的重要手段；是全面发展提升型城市配电网建设目标，高质量建设适应新型电力系统发展方向、具有“清洁低碳、安全可靠、柔性互动、透明高效”特征的城市配电网的重要举措。

1.1　典型设计的背景

随着甘肃经济建设的大力发展，城市化进程的步伐加快，配电站（所）数量也快速增长，目前配电站（所）存在装备水平整体不高、城市配电网互供能力不足、馈线自动化覆盖率较低等问题，与电网高可靠性运行、高可靠性供电要求不适应，为解决以上问题，并统领技术、标准通用。国网甘肃省电力公司在整合、总结已有 10kV 配电站（所）设计、施工、运行经验的基础上，参考省内 14 家地市公司意见及建议，系统开展了 10kV 配电站（所）设计全过程典型设计的研究，并最终形成本典型设计成果。

1.2　典型设计的内容

《甘肃 10kV 配电站（所）典型设计》是国网甘肃省电力公司配电网标准化建设工作主要成果之一，包括 12 篇内容，第一篇为总论，第二篇为主要技术原则，第三篇为土建部分典型设计，第四篇为开闭站一次部分典型设计，第五篇为环网型配变站一次部分典型设计，第六篇为终端型配变站一次部分典型设计，第七篇为双电源二次部分典型设计，第八篇为单电源二次部分典型设计，第九篇为室外环网箱、箱式变电站典型设计，第十篇为交直流电源典型设计，第十一篇为配电网通信部分典型设计，第十二篇为辅助控制系统典型设计。

1.3　典型设计的必要性

《甘肃 10kV 配电站（所）典型设计》是推进配电网标准化建设、助力配电网数字化升级最重要手段之一。推广应用典型设计对强化配电网工程精细化管理水平、提高配电网工程质量、提高配电网供电可靠性、建设“清洁低碳、安全可靠、柔性互动、透明高效”特征的城市配电网具有非常重要的意义。

1.4　典型设计的目的

编制典型设计的目的是：统一建设标准，统一设备规范；提高配电站（所）的装备水平；提高设计水平和建设质量；方便运行维护，优化设备选型；提高工作效率，降低建设和运行成本；发挥规模优势，提高整体效益。

甘肃配电网具有分布范围广、地域差异大、形式多样的特点。《甘肃 10kV 配电站（所）典型设计》针对甘肃配电站（所）的建设特点，提高甘肃配电网 10kV 配电站（所）工程建设能力，提高站房自动化能力，提高城市配电网的互供能力，提高电网整体效能，遵循“先进性、安全性、专业化、标准化、系列化”的要求，深入推广标准化设计的建设模式，推进配电站（所）建设方式转变，加强配电站（所）设计、设施的整体标准化水平和技术原则的统一。提升工程建设标准化水平，提高系统化程度，推广配电站（所）设计技术的应用，对电网标准化建设、降低全寿命周期成本，以及对国网甘肃省电力公司认真履行社会责任，全面落实配电站（所）精益化管理的建设理念都具有重要意义。

1.5 典型设计的原则

典型设计的总体设计原则是：安全可靠，统一规划，技术先进，经济合理，节能环保，方便施工、运行；做到统一性、适应性、先进性、可靠性、经济性和灵活性的协调统一。

（1）统一性：设计标准统一，建设标准统一，体现企业文化特征。

（2）适应性：编制研究期间，经过了充分调研和分析，综合考虑不同地区的实际情况，在国网甘肃省电力公司系统中具有广泛的适应性，并能在一定时间内，满足不同规模、不同形式、不同外部条件的工程使用。

（3）先进性：通用设计方案紧密结合电气设备新技术，积极推广应用新材料、新工艺，代表国内先进设计水平和电网技术发展趋势。

（4）可靠性：各个模块以及模块拼接得到的技术方案均满足有关标准及规范要求，确保各设计模块安全可靠。

（5）经济性：综合考虑工程初期与长期投资，追求全寿命周期内的最优经济效益。

（6）灵活性：典型设计模块划分合理，接口灵活，组合方案多样，增减方便，可灵活使用于各类配电站（所）建设项目。

1.6 典型设计的组织形式

成立《甘肃 10kV 配电站（所）典型设计》编委会，牵头单位为国网甘肃省电力公司配网管理部，主要负责制订工作计划，督导《甘肃 10kV 配电站（所）典型设计》编制工作进度，审查工作成果。

成立《甘肃 10kV 配电站（所）典型设计》工作组，由国网甘肃省电力公司配网管理部组织国网兰州供电公司、兰州倚能电力设计咨询有限公司相关技术人员参与《甘肃 10kV 配电站（所）典型设计》的研究和编制工作。

1.7 典型设计的工作方式

《甘肃 10kV 配电站（所）典型设计》的工作方式是：统一组织、分工负责、充分调研、择优集成；加强协调、团结合作、控制进度、按期完成。《甘肃 10kV 配电站（所）典型设计》以工程设计为核心，以现场应用为重点；采用模块化设计手段，推进标准化设计；建立滚动修订机制，不断更新、补充和完善典型设计。

1.7.1 统一组织、分工负责、充分调研、择优集成

（1）统一组织：由国网甘肃省电力公司配网管理部统一组织编制典型设计，提出统一的配电网工程典型设计指导性意见，统一协调进度安排，统一组织推广应用，统一组织滚动修订。

（2）分工负责：工作组在国网甘肃省电力公司配网管理部的领导下，开展调研，编制配电站（所）典型设计。典型设计包含主要设计原则、主要设备的选取、技术方案组合和主要技术指标。

（3）充分调研：工作组在起草典型设计时，结合甘肃省电网发展实际状况，采用实地考察、咨询各属地单位、印发调研函、召开视频会等方式，有效组织开展调研工作。各单位在编制典型设计时，充分调研本地区配电工程建设的实际需要。

（4）择优集成：根据各有关单位编制的典型设计，工作组对其进行审查，择优选择典型设计方案，择优选择设计单位。通过归并整理，集成为配电网工程典型设计技术原则和具体的典型设计方案，并确定设计单位，编制《甘肃 10kV 配电站（所）典型设计》。

1.7.2 加强协调、团结合作、控制进度、按期完成

典型设计编制工作涉及的部门较多，有关单位和部门加强协调、团结合作，发挥各自优势，按计划完成相应的阶段性成果，严格控制进度，按期完成典型设计编制工作，并确保最终成果在国网甘肃省电力公司系统内的覆盖面和适应性。

1.7.3 以工程设计为核心、以工程应用为重点

典型设计编制工作的重点是实现集约化、精细化管理，指导配电网工程的设计和建设。对于具体的典型设计方案，要能满足各地区工程应用的需要，并能方便使用。

典型设计编制工作的核心是规范、统一配电站（所）工程的设计，形成推广应用新技术、新材料、新设备的平台，并引导今后配电网工程的建设发展方向。

1.7.4 采用模块化设计手段，推进标准化设计

《甘肃 10kV 配电站（所）典型设计》设立土建部分、一次设备部分、二次设备部分、交直流电源部分、通信部分、辅助控制系统部分等基本模块。

各种不同情况的实际工程要能应用典型设计方案，通过拼接和调整得到合理、适用的设计方案，以保证典型设计成果的适应性和灵活性。对于具体的模块要贯彻标准化设计，保证典型设计的统一性，实现集约化管理的目的。

1.8 典型设计的设计深度和成果

土建部分、一次设备部分、二次设备部分、交直流电源部分、通信部分、辅助控制系统部分等均为施工图深度。

第2章 典型设计工作过程

2.1 前期阶段

2022年8月5日，国网甘肃省电力公司配网管理部启动配电网标准化典型设计编制工作。

2022年8月8～12日，国网甘肃省电力公司配网管理部组织兰州、白银、天水、金昌、嘉酒、武威、张掖等14家市州公司以及兰州倚能电力设计咨询有限公司在兰州召开配电网工程典型设计修编研讨会，研讨10kV配电站（所）及电缆线路工程典型设计的编制，同时委托兰州倚能电力设计咨询有限公司组织成立10kV配电站（所）及电缆线路分册编制组，并明确任务分工。此次会议标志着《甘肃10kV配电站（所）典型设计》编制工作正式启动。

2.2 启动阶段

按照工作计划，工作组通过多种形式深入了解国网甘肃省电力公司系统内各地市公司配电网工程设计、建设现状以及典型设计需求，同时进行了收资和调研。

2022年8月15～19日，收集整理各地市公司典型设计成果，梳理设计方案。

2.3 调研阶段

2022年9月12～17日，国网甘肃省电力公司配网管理部编制典型设计技术原则大纲并下发，具体技术原则由兰州倚能电力设计咨询有限公司编制。

2022年9月19～23日，兰州倚能电力设计咨询有限公司组织技术人员编制配电站（所）、电缆线路技术原则初稿。

2022年9月26～30日，国网甘肃省电力公司配网管理部组织全省14家市州公司研讨和完善典型设计技术原则并研讨确定典型设计技术方案。

2.4 技术原则编制阶段

2022年10月中旬～11月下旬，各编制组组织召开多次修编工作会议及专家研讨会，完成典型设计征求意见稿。2022年12月10～17日，国网甘肃省电力公司配网管理部面向省内14家市州公司印发《甘肃10kV配电站（所）典型设计（修订）》及《甘肃10kV电缆线路典型设计（修订）》，征求各单位意见。

2022年12月18～24日，编制组根据反馈意见进一步修改完善典型设计，完成修订稿。

2.5 设计成果编制阶段

2023年1月2日～4月28日，由国网甘肃省电力公司配网管理部组织，兰州倚能电力设计咨询有限公司在兰州集中开展10kV配电站（所）、10kV电缆线路典型设计的编制工作，完成初稿。

2023年6月15日，由国网甘肃省电力公司配网管理部组织，对《甘肃10kV配电站（所）典型设计》及《甘肃10kV电缆线路典型设计》的成果进行编制组最后一次审查。

2023年11月3日，由国网甘肃省电力公司配网管理部组织，对《甘肃10kV配电站（所）典型设计》及《甘肃10kV电缆线路典型设计》的编制成果进行验收，通过了《甘肃10kV配电站（所）典型设计》及《甘肃10kV电缆线路典型设计》的编制成果。

第二篇

国家电网有限公司
STATE GRID
CORPORATION OF CHINA

主要技术原则

第3章 术 语

本章主要将本典型设计中所涉及的基本技术用语，给以统一定义和词解，或对在其他标准、规范中尚未明确定义的专用术语，而在我同城市供用电领域中已成熟的惯用技术用语，加以纳入，以利于对本典型设计的正确理解和使用。

1. 城市配电网 Urban distribution network

从输电网接受电能，再分配给城市电力用户的电力网。城市配电网分为高压配电网、中压配电网和低压配电网。城市配电网通常是指110kV及以下的电网。其中35、66、110kV电压为高压配电网，10、20kV电压为中压配电网，0.38kV电压为低压配电网。

2. 开闭站 Switching station

由上级变电站直接供电，对电能进行再分配的用电设备及土建设施的总称。

3. 配变站 Distributtng substation

主要为低压用户配送电能，设有中压进线（可有少量出线）、配电变压器和低压配电装置，带有低压负荷的户内配电场所称为配变站。

4. 室外环网箱 Ring main unit

用于10kV电缆线路分段、联络及分接负荷的配电设施。也称环网单元。

5. 箱式变电站 cabinet/pad-mounted distribution substation

由中压开关、配电变压器、低压出线开关、无功补位装置和计量装置等设备共同安装于一个封闭箱体内的户外配电装置。

6. 双电源 Doplicate supply

分别来自两个不同的变电站，或来自不同电源的同一变电站内两段母线，为同一用电负荷供电的两路供电电源。

7. 双回路 Donble cirenit line

为同一用电负荷供电的两回供电线路。

8. 交流电源系统 AC power supply system

发电厂、变电站和换流站内提供交流电能的系统。由站用变压器、380V低压配电屏、保护测控、交流供电网络等设备组成。

9. 直流电源系统 DC power supply system

发电厂、变电站和换流站内提供直流电能的系统。由蓄电池组、充电设备、直流配电柜、馈电网络等直流设备组成。

10. 阀控式铅酸蓄电池 Valverregulated lead-acid（VR～LA）storage battery

带有阀的密封蓄电池，在电池内压超出预定值时，允许气体逸出。蓄电池在正常情况下无须补加电解液。按电解液的不同，阀控式铅酸蓄电池可分为贫液和胶体两种。

11. 骨干通信网 Backbone communication network

电力通信网中覆盖35kV及以上电压等级发电厂、变电站，以及调度机构、生产管理机构的通信系统，实现各节点之间的信息交互和终端通信接入网业务的汇接。

12. 终端通信接入网 Terminal communication access network

连接末端业务终端与骨干通信网之间的网络，是骨干通信网络的延伸，实现业务终端与系统间的信息交互。包括远程通信接入网和本地通信接入网。

13. 配电网通信系统 Communication System for Power Distribution Network

配电网通信系统是指配电终端（覆盖10kV开闭站、配变站、室外环网箱、柱上开关、配电线路、分布式能源站点等）到配电业务主站之间的一系列通信实体，包括通信线路设施和通信设备等，实现配电终端与系统间的信息交互，具有多业务承载、信息传送、网络管理等功能。

14. 配电终端（配电自动化终端）Remote terminal unit of distribution automation

是安装于中压配电网现场的各种远方监测，控制单元的总称，主要包括馈线终端、站所终端、配电变压器终端等。其中：

馈线终端（Feederterminal unit，FTU）指安装在配电网馈线回路的柱上等处并具有遥信、遥测、遥控等功能的配电终端。

站所终端（Distribution terminal unit，DTU）指安装在配电网馈线回路的开闭站、配变站、环网柜、箱式变电站等处，具有遥信、遥测、遥控等功能的配电终端。

配电变压器终端（Transformer terminal imit，TTU）指用于配电变压器的各种运行参数的监视、测量的配电终端。

15. 安全模块 Security Module

安全模块是含有操作系统和加解密逻辑单元的集成电路，可实现安全存储、数据加解密、双向身份认证、存储权限控制、线路加密传输等安全控制措施。

16. 火灾自动报警系统 Automatic fire alarm system

探测火灾早期特征、发出火灾报警信号。为人员疏散、防止火灾蔓延和启动自动灭火设备提供控制与指示的消防系统。

第4章 典型设计依据

4.1 依据性文件

《国家电网有限公司高质量推进城市配电网建设工作方案》（国家电网设备〔2022〕150号）

《国家电网有限公司关于印发〈12kV高压开关柜选型技术原则和检测技术规范等8项技术标准〉的通知》（国家电网企管〔2019〕574号）

《国家电网有限公司关于印发〈10千伏配电变压器标准化设计方案（2020版）等4项标准化设计方案〉的通知》（国家电网设备〔2020〕766号）

《国家电网有限公司关于印发〈一二次融合柱上断路器及环网柜（箱）标准化设计方案〉的通知》（国家电网设备〔2021〕151号）

《国家电网有限公司关于印发〈10千伏高压低压预装式变电站标准化设计定制方案（2019版）〉的通知》（国家电网设备〔2019〕278号）

《国家电网有限公司关于印发〈电网防汛抗灾能力提升重点工作措施〉的通知》（国家电网设备〔2021〕471号）

《国家电网有限公司关于印发〈国家电网公司十八项电网重大反事故措施〉（修订版）的通知》（国家电网设备〔2018〕979号）

《国家电网有限公司关于印发〈国家电网有限公司电力安全工作规程　第8部分：配电部分〉企业标准的通知》（国家电网企管〔2023〕71号）

《国网设备部、物资部关于印发〈配电网建设及改造标准物料目录（低压部分）（2023版）〉的通知》（国家电网设备配电〔2023〕31号）

国网甘肃省电力公司配网管理部《关于下发〈配电网建设改造标准物料目录（2023版）〉的通知》（配网〔2023〕6号）

4.2 主要设计标准、规程规范

GB 311.1	绝缘配合
GB 1094	电力变压器
GB 3096	声环境质量标准
GB 3906	3.6kV～40.5kV交流金属封闭开关设备和控制设备
GB 14050	系统接地的型式及安全技术要求
GB 20052	电力变压器能效限定值及能效等级
GB 50016	建筑设计防火规范
GB 50052	供配电系统设计规范
GB 50053	20kV及以下变电所设计规范
GB 50054	低压配电设计规范
GB 50055	通用用电设备配电设计规范
GB 50057	建筑物防雷设计规范
GB 50060	3～110kV高压配电装置设计规范

GB 50065	交流电气装置的接地设计规范
GB 50217	电力工程电缆设计标准
GB 50227	并联电容器装置设计规范
GB 50260	电力设施抗震设计规范
GB 50311	综合布线系统工程设计规范
GB 50348	安全防范工程技术规范
GB 51348	民用建筑电气设计标准
GB/T 10228	干式电力变压器技术参数和要求
GB/T 11022	高压交流开关设备和控制设备标准的共用技术要求
GB/T 11032	交流无间隙金属氧化物避雷器
GB/T 12527	额定电压 1kV 及以下架空绝缘电缆
GB/T 13869	用电安全导则
GB/T 14049	额定电压 10kV 架空绝缘电缆
GB/T 16895	低压电气装置
GB/T 16926	高压交流负荷开关熔断器组合电器
GB/T 22072	干式非晶合金铁心配电变压器技术参数和要求
GB/T 22239	信息安全技术信息系统安全等级保护基本要求
GB/T 22582	电力电容器低压功率因数补偿装置
GB/T 311.2	绝缘配合
GB/T 36040	居民住宅小区电力配置规范
GB/T 3804	3.6kV～40.5kV 高压交流负荷开关
GB/T 4208	外壳防护等级（IP 代码）
GB/T 50064	交流电气装置的过电压保护和绝缘配合设计规范
GB/T 50062	电力装置的继电保护和自动装置设计规范
GB/T 50063	电力装置电测量仪表装置设计规范
GB/T 50293	城市电力规划规范
DL/T 401	高压电缆选用导则
DL/T 402	高压交流断路器
DL/T 448	电能计量装置技术管理规程
DL/T 537	高压/低压预装式变电站
DL/T 599	中低压配电网改造技术导则
DL/T 620	交流电气装置的过电压保护和绝缘配合
DL/T 814	配电自动化系统技术规范
DL/T 825	电能计量装置安装接线规则
DL/T 1080	电力企业应用集成配电管理的系统接口
DL/T 1406	配电自动化技术导则
DL 5027	电力设备典型消防规程
DL/T 5222	导体和电器选择设计规程
DL/T 5447	电力系统通信系统设计内容深度规定
DL/T 5599	电力通信设计导则
JB/T 10088	6kV～1000kV 级电力变压器声级
Q/GDW 156	城市电力网规划设计导则
Q/GDW 461	地区智能电网调度技术支持系统应用功能规范
Q/GDW 513	配电自动化主站系统功能规范
Q/GDW 514	配电自动化终端/子站功能规范
Q/GDW 625	配电自动化建设与改造标准化设计技术规定
Q/GDW 1382	配电自动化技术导则
Q/GDW 10370	配电网技术导则
Q/GDW 10738	配电网规划设计技术导则
Q/GDW 10742	配电网施工检修工艺规范
Q/GDW 10799	国家电网公司电力安全工作规程
Q/GDW 11184	配电自动化规划设计技术导则

4.3 相关的管理要求

《电力监控系统安全防护规定》（国家发改委第 14 号令）

《信息安全技术信息系统安全等级保护基本要求》

4.4 参考书目

《国家电网公司配电网工程典型设计 10kV 配电站房分册（2016 版）》

《工业与民用供配电设计手册（第四版）》

《配电网自动化技术》

《电力工程电气设计手册 电气一次部分》

《电力工程电气设计手册 电气二次部分》

《电力工程电气设备手册 电气一次部分》

《电力工程电气设备手册 电气二次部分》
《通信网规划手册》
《电力通信技术标准》

第5章 土 建 部 分

5.1 站址选择

5.1.1 站房站址

站房站址应根据下列要求，经技术经济等因素综合分析和比较后确定：

（1）宜接近负荷中心。

（2）宜接近电源侧。

（3）应方便进出线。

（4）应方便设备运输。

（5）不宜设在多尘或有腐蚀性物质的场所，当无法远离时，不应设在污染源盛行风向的下风侧，或应采取有效的防护措施。

（6）不应设在卫生间、浴室、厨房或其他经常积水场所的正下方处，也不宜设在与上述场所相贴邻的地方，当贴邻时，相邻的隔墙应做无渗漏、无结露的防水处理。

（7）不宜设在对防电磁干扰有较高要求的设备机房的正上方、正下方或与其贴邻的场所，当需要设在上述场所时，应采取防电磁干扰的措施。

（8）站房不应设置在甲、乙类厂房内或贴邻，且不应设置在爆炸性气体、粉尘环境的危险区域内。当与有爆炸或火灾危险的建筑物毗连时，开闭站、配变站的站址应符合 GB 50058《爆炸和火灾危险环境电力装置设计规范》的有关规定。

（9）应设置在地上，高于当地防涝用地高程，室内外高差应不小于300mm。已建在地下的应当在改建、扩建或者技术改造时逐步迁移至地上。

5.1.2 环网箱、箱式变电站站址

环网箱、箱式变电站站址应符合下列要求：

（1）宜接近负荷中心。

（2）宜接近电源侧。

（3）应方便进出线。

（4）应设置在便于运输、吊装的通道附近，设置场所地坪下垂直 1.5m 内不应有其他构筑物。

（5）民用建筑与 10kV 及以下的环网箱、箱式变电站的防火间距不应小于 3m。

5.2 建筑

（1）开闭站、配变站建筑耐火等级不应低于二级。

（2）长度大于 7m 的开闭站、配变站应设两个安全出口，并宜布置在开闭站、配变站的两端。当开闭站、配变站的长度大于 60m 时，宜增加一个安全出口，相邻安全出口之间的距离不应大于 40m。

（3）当开闭站、配变站设置在建筑物内时，用耐火极限不低于 2.00h 的防火隔墙和 1.50h 的楼板与其他部位分隔，且应设置设备搬运通道。搬运通道的尺寸及地面的承重能力应满足搬运设备的最大不可拆卸部件的要求。

（4）防火门。

1）设备进出大门为双开门，门的高度和宽度宜按最大不可拆卸部件尺寸高度增加 0.5m、宽度增加 0.3m 确定。疏散通道门的最小高度宜为 2.1m，最小宽度不应小于 0.8m。

2）防火门门扇应向疏散方向开启。

3）建筑内的开闭站、配变站开向建筑内的防火门采用甲级防火门。

（5）窗户。

1）开闭站、配变站宜设自然采光窗。除开闭站及配变站周围设有 1.8m 高的围墙或围栏外，建筑窗户的底边距室外地面的高度不应小于 1.8m，当高度小于 1.8m 时，窗户应采用不易破碎的透光材料或加装格栅。

2）窗户使用隔热断桥窗，玻璃采用双层中空玻璃。

3）开闭站、配变站与室外相通的百叶窗、通风孔应设防止鼠、蛇类等小动物进入网罩，其防护等级不宜低于 GB/T 4208《外壳防护等级（IP 代码）》规定的 IP3X 级。

（6）室内装修。

1）墙面、顶面。墙面、顶面无开裂、无渗漏。室内墙面应抹灰刷白，顶棚应刷白（顶棚不应抹灰）。

2）地面。地面平整，采用耐压、耐磨、防滑、易清洁的材料铺装。

3）屋面。开闭站、配变站屋面排水宜采用有组织排水，屋面建筑找坡不应小于 3%。屋面防水等级应不低于Ⅱ级，相关防水技术要求详见 GB 50345《屋面工程技术规范》。

4）装修材料。开闭站、配变站内部所有装修均应采用不易积灰和不易起灰的 A 级装修材料。

5.3 结构

5.3.1 结构布置

开闭站、配变站宜采用钢筋混凝土框架结构。由梁、柱组成框架结构体系共同抵抗荷载，墙体不承重，仅起到围护和分隔的作用，采用空心砖、多孔砖、加气混凝土砌块等轻质材料砌筑而成。

框架结构在能满足建筑功能、工艺和生产使用要求的同时，力求平面和竖向形状简单、整齐，柱网对称，荷载分布均匀，结构传力简捷，构件受力明确，刚度适当。

5.3.2 结构计算的基本原则

开闭站、配变站结构设计应符合 GB 50010《混凝土结构设计规范》的有关规定。结构抗震等级、抗震设防分类、设防标准、结构抗震计算等抗震设计应符合 GB 50011《建筑抗震设计规范》的有关规定。

开闭站、配变站建筑物的安全等级均不应低于二级，相应的结构重要性系数不应小于 1.0。

结构计算宜采用空间结构计算方法，对结构在竖向荷载、风荷载及地震荷载作用下的位移和内力进行分析。

进行结构构件的截面设计时，应分别对每种荷载组合工况进行验算，取其中最不利的情况作为构件的设计内力。荷载及荷载效应组合应满足 GB 50009《建筑结构荷载规范》的规定。开闭站、配变站的地面及楼面的承载力应满足电气设备动、静荷载的要求。

5.4 地基与基础

5.4.1 基础

开闭站、配变站主体结构采用框架结构，因此基础一般可选柱下独立基础、柱下条形基础、桩基础等。基础采用钢筋混凝土现浇式。

由于开闭站、配变站多为单层建筑物，主体结构形式简单，柱底荷载较小，需结合地质条件选择相应的基础形式。

5.4.2 地基

开闭站、配变站的建筑物宜建造在密实、均匀、稳定的地基上，地基处理方案的选择受多因素影响，需综合考虑建筑物的安全等级、结构类型、荷载大小、地质条件、当地地基处理经验、施工条件等因素。

地基处理方案在甘肃省内无法形成统一方案，因此开闭站、配变站的站房为新建建筑物时，需根据工程实际情况并结合地质勘察报告进行专项设计。

5.5 防腐设计

根据 GB/T 50046《工业建筑防腐蚀设计标准》的相关规定，腐蚀性划分为强腐蚀、中腐蚀、弱腐蚀、微腐蚀四个等级。按照已有的设计经验，对甘肃省内地质腐蚀性等级的统计，省内土质的腐蚀性多为弱腐蚀、微腐蚀。

开闭站、配变站主体结构及基础、设备基础及电缆沟、环网箱基础、箱式变电站基础均需根据腐蚀等级做相应的防护措施。具体防护要求可按表 2-5-1 确定。

表 2-5-1　　基础防腐措施

腐蚀性等级	垫层材料	构件的表面防护
强	耐腐蚀材料	1. 环氧沥青或聚酯沥青涂层，厚度≥500μm 2. 聚合物水泥砂浆，厚度≥10mm 3. 树脂玻璃鳞片涂层，厚度≥300μm 4. 环氧沥青或聚氨酯沥青贴玻璃布，厚度≥1mm
中	耐腐蚀材料	1. 沥青冷底子油两遍，沥青胶泥涂层，厚度≥500μm 2. 聚合物水泥砂浆，厚度≥10mm 3. 环氧沥青或聚氨酯沥青涂层，厚度≥300μm

续表

腐蚀性等级	垫层材料	构件的表面防护
弱	C20 混凝土	1. 沥青冷底子油两遍，沥青胶泥涂层，厚度≥300μm 2. 聚合物水泥浆两遍

注 1. 表中有多种防护措施时，可根据腐蚀性介质的性质和作用程度、基础的重要性等因素选用其中一种。
2. 埋入土中的混凝土结构，其表面应按本表进行防护。
3. 垫层材料可采用具有相应防腐蚀性能且强度等级≥C20 的混凝土（厚 150mm）、聚合物水泥混凝土（厚 100mm）等。

5.6 通风

开闭站、配变站应设置换气次数不少于 10 次/h 的事故排风机，事故排风机可兼作平时通风用，风机开关设置在靠近外门的外墙上。

5.7 防汛

开闭站、配变站通过开展防汛方案的设计，可有效提升开闭站、配变站防汛抗灾的能力，减少配电室的受灾风险，降低维修成本，保障人身安全，保证配电网稳定运行，提高供电可靠性。防汛防涝设计的基本方针为安全第一，预防为主，防重于抢，有备无患。防汛防涝设计宜因地制宜、统筹规划，建立可靠的防汛防涝系统，具体设计要求如下：

（1）开闭站、配变站应设置在地上且高于当地防涝用地高程要求。

（2）开闭站、配变站应设置必要的防汛排水设施及监测设备。

（3）电缆沟应防止地下水及其他管沟内的水渗入，并应防止各类水倒灌入电缆沟内，应设有集水坑并设置机械排水装置。

（4）集水坑的有效容积应根据设计流量、水泵能力和水泵工作情况等因素确定，集水坑有效容积不应小于水泵 30s 的出水量。

（5）集水坑设计最低水位应满足水泵吸水要求。

（6）集水坑底宜有不小于 0.5%坡度坡向泵位。

第6章 一次设备部分

6.1 概述

该典型设计基于城市地区供电单元划分原则，衔接配电网布点规划和网架规划，综合考量用地功能定位、负荷密度、供电特性等因素，考虑配电站（所）布点，差异化确定设计目标、技术原则和建设标准，用于完善网架功能和用户负荷接入。

6.1.1 设计条件

海拔：≤2000m。

环境温度：−30～+40℃。

最热月平均最高温度：35℃。

污秽等级：Ⅲ级。

日照强度（风速 0.5m/s）：0.1W/cm²。

地震烈度：按 7 度设计，地震加速度为 0.1g，地震特征周期为 0.35s。

相对湿度：在 25℃时，空气相对湿度不超过 95%，月平均不超过 90%。

6.1.2 运行条件

（1）系统标称电压：10kV、0.38kV。

（2）系统最高运行电压：12kV、0.4kV。

（3）系统额定频率：50Hz。

（4）系统中性点接地方式：10kV 系统不直接接地，0.4kV 系统直接接地。

6.2 运行方式选择

10kV 配电站（所）满足两级电缆环网，10kV 开闭站、配变站、环网箱及箱式变电站等配电设施的分布不仅满足负荷分布需求，也满足分层分区的管理要求。

根据图 2-6-1 所示的单环式配电网的结构，运行方式选择如下。

一级站房：10kV 开闭站、配变站（具有负荷转带功能的配变站）配置双电源，电源分别取自不同变电站，当受线路走廊限制时，可取自同一变电站的不同母线，电气接线为单母线分段接线，装设备自投装置，运行方式按照实际需求可选用分段备投及进线备投。

二级站房：配变站配置双电源，电源分别取自不同的一级站房，当受线路走廊限制时，可取自同一一级站房的不同母线，电气接线为单母线分段接线，装设备自投装置，运行方式按照实际需求可选用分段备投及进线备投。

终端站房：配变站配置单电源，电源取自二级站房，电气接线为单母线接线。

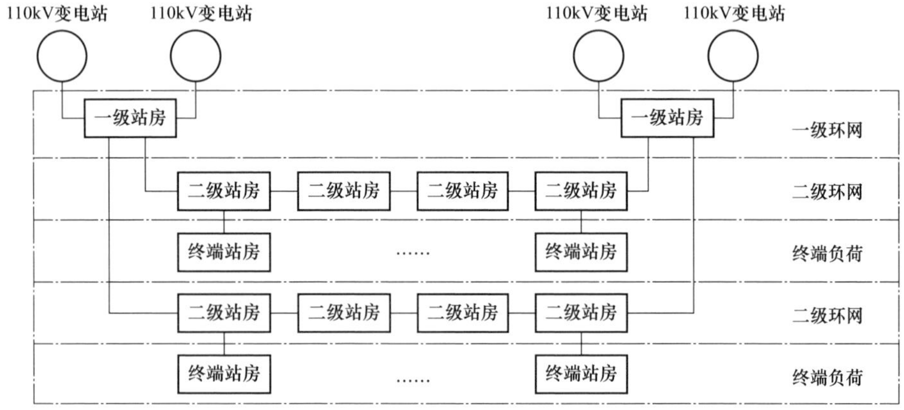

其中：一级站房为开闭站，二级站房为室外环网箱或配变站，终端站房为箱式变电站或用户配变站。

图 2-6-1　单环式配电网示意图

6.3　一次设备的选择

（1）考虑到省内大部分地区海拔低于 2000m，本典型设计设备的外绝缘及耐受电压按照设计条件海拔 2000m 进行选择，若项目海拔高于 2000m，则应按照 GB 311.1《绝缘配合　第 1 部分：定义、原则和规则》，GB/T 311.2《绝缘配合　第 2 部分：使用导则》中的要求进行修正。

（2）由于配电网工程大多位于居民小区内或人员密集的公共场所，SF_6 气体装在开关内以后，经过分断电流，会变成剧毒气体，影响公共安全。另外，SF_6 气体是热效应气体，且无法分解，泄漏后对气候的影响很大，再结合省内各单位的使用情况，本典型设计不再对 SF_6 设备进行选取。

（3）一级环网开闭站规模为 2 回进线、8/10 回出线，装设备自投装置，单母线分段运行，站房内设备数量：

采用中置式开关柜的开闭站：8＋N。

采用固体绝缘开关柜的开闭站：10＋N。

其中 N 为出线回路数（8 回或 10 回）。

一、二级环网配变站规模为 2 回进线、出线根据站内空间进行适当的预留，装设备自投装置，单母线分段运行，站房内设备数量：

采用中置式开关柜的开闭站：6＋N。

采用固体绝缘开关柜的开闭站：6＋N。

其中 N 为出线回路数（含主变压器间隔）。

终端配变站规模为 1 回进线、出线根据站内需求配置，单母线运行，站房内设备数量：

采用中置式开关柜的开闭站：2＋N。

采用固体绝缘开关柜的开闭站：2＋N。

其中 N 为出线回路数（含主变压器间隔）。

室外环网箱规模为 2 进 4 出。

箱式变电站规模为环网型：1 进线间隔，1 环网间隔，1 主变压器间隔。

箱式变电站规模为终端型：1 进线间隔，1 主变压器间隔。

6.3.1　高压开关柜选择

（1）10kV 设备短路电流水平：25kA/31.5kA（根据短路电流选取）。

（2）开关柜内选用优质真空断路器，操动机构一般采用动作性能稳定的弹簧储能机构，具备手动和电动操作功能，满足综合自动化接口要求。

（3）开关柜应具备“五防”闭锁功能。

（4）柜体都应安装带电显示器，按要求配置二次核相孔。

（5）导体选择。根据额定短时耐受电流按 25、31.5kA，额定短路持续时间 4s，按发热及动稳定条件校验，10kV 主母线及进线间隔导体选 TMY－80×10。母线工作电流按 630、1250A 考虑。母线连接可采用电缆或母线桥。

（6）其他主要配置。

1）可配置包含温度测量等功能在内的在线监测装置。

2）通风栅具有专门的电弧防护装置，泄压通道朝向电缆沟内。

3）操作机构耐受中性盐雾试验≥500h。

4）1.1 倍额定电压下整柜局部放电量≤10Pc。

10kV 开关柜设备选择见表 2-6-1。

表 2-6-1　　10kV 开关柜设备选择

序号	设备类型	物料名称	物料编码	物料描述（屏柜颜色为冰灰橘纹 GY09）
1	高压开关柜	进线开关柜	500002571	AC10kV，进线开关柜，小车式，1250A，25kA，真空；标准化方案 6，电缆进线，带线路 TV 车

续表

序号	设备类型	物料名称	物料编码	物料描述（屏柜颜色为冰灰橘纹 GY09）
1	高压开关柜	馈线开关柜	500002573	AC10kV，馈线开关柜，小车式，1250A，25kA，真空； 标准化方案 7，电缆出线
		分段断路器柜	500002577	AC10kV，分段断路器柜，小车式，1250A，25kA，真空； 标准化方案 8
		母线设备柜	500099478	AC10kV，母线设备柜，小车式，1250A，无开关，无； 标准化方案 10，双层手车
		分段隔离柜	500099479	AC10kV，分段隔离柜，小车式，1250A，无开关，无； 标准化方案 9，额定短时耐受电流 25kA
		站用变压器开关柜	500109954	AC10kV，站用变压器开关柜，小车式，1250A，无开关，无； 标准化方案 12
2	环网柜	进线柜	500118266	AC10kV，630A/1250A，断路器柜，固体绝缘，户内； 标准化定制，真空灭弧，母线侧三工位开关，带避雷器
		馈线柜	500118266	AC10kV，630A，断路器柜，固体绝缘，户内； 标准化定制，真空灭弧，母线侧三工位开关，带避雷器
		分段柜	500118266	AC10kV，630A/1250A，断路器柜，固体绝缘，户内； 标准化定制，真空灭弧，母线侧三工位开关，带避雷器
		电压互感器柜	500118081	AC10kV，630A，电压互感器柜，固体绝缘，户内； 标准化定制，带隔离开关，带避雷器
		电缆连接柜	500138612	AC10kV，630A/1250A，电缆连接柜，固体绝缘，户内； 标准化定制，带避雷器
		站用变压器柜	500138617	AC10kV，630A/1250A，站用变压器柜，固体绝缘，户内； 真空灭弧，手动，带自动化接口
3	封闭母线桥	封闭母线桥	500118107	封闭母线桥，AC 10kV，1250A，共箱

10kV 高压开关柜主要技术参数选择见表 2-6-2。

表 2-6-2　10kV 高压开关柜主要技术参数选择

序号	名称		单位	标准参数值
一	开关柜共用参数			
1	结构型式		—	小车式
2	额定电压		kV	12
3	额定频率		Hz	50
4	额定电流		A	630/1250
5	温升试验电流		A	$1.1I_r$
6	额定工频 1min 耐受电压	断口	kV	53.3
		对地	kV	46.7
7	额定雷电冲击耐受电压峰值（1.2/50μs）	断口	kV	94.4
		对地		83.3
8	额定短路开断电流		kA	25
9	额定短路关合电流（峰值）		kA	63
10	额定短时耐受电流及持续时间		kA/s	25/4、31.5/4
11	额定峰值耐受电流		kA	63
12	辅助和控制回路短时工频耐受电压		kV	2
13	局部放电	试验电压	kV	$1.1U_r$
		单个绝缘件	pC	≤3
		电压互感器、电流互感器		≤5
14	防护等级	柜体外壳	—	IP4X
		隔室间		IP2X
二	断路器参数			
1	型式		—	真空断路器
2	额定短路开断电流	交流分量有效值	kA	25
		时间常数	ms	45
		开断次数	次	≥30
		首相开断系数	—	1.5
3	额定短路关合电流（峰值）		kA	63
4	额定短时耐受电流/持续时间		kA/s	25/4、31.5/4
5	额定峰值耐受电流		kA	63
6	开断时间		ms	≤60
7	合闸弹跳时间		ms	≤2

续表

序号	名称		单位	标准参数值
8	分闸时间		ms	≤40
9	合闸时间		ms	≤60
10	重合闸无电流间隙时间		ms	300
11	分闸不同期性		ms	≤2
12	合闸不同期性		ms	≤2
13	机械稳定性		次	≥10000
14	操动机构型式或型号		—	一体化弹操
	操作方式		—	三相机械联动
	合闸操作电源	额定操作电压	V	DC 220
		操作电压允许范围	—	85%～110%，30%不得动作
		线圈数量	只	1
		线圈涌电流	A	（投标人提供）
		线圈稳态电流	A	DC 220V：2.5
	分闸操作电源	额定操作电压	V	DC 220
		操作电压允许范围	—	65%～110%，30%不得动作
		线圈数量	只	1
		线圈稳态电流	A	DC 220V：2.5
	备用辅助触点	数量	对	6 动合，6 动断
		开断能力	—	DC 220V，2.5A
三	断路器手车参数			
1	操动机构	型式或型号	—	电动并可手动
		电动机电压	V	DC 220
		控制电压	V	DC 220
		允许电压变化范围	—	85%～110%
2	备用辅助触点	数量	对	6 动合，6 动断
		开断能力	—	DC 220V，2.5A
四	电流互感器参数			
1	型式或型号		—	干式电磁式
2	绕组 1	额定电流比	—	根据工程选择
		额定负荷	VA	20
		准确级	—	0.2S
	绕组 2	额定电流比	—	根据工程选择
		额定负荷	VA	30
		准确级	—	0.5

续表

序号	名称		单位	标准参数值
2	绕组 3	额定电流比	—	根据工程选择
		额定负荷	VA	30
		准确级	—	5P20 或 5P30
五	电压互感器及熔断器参数			
1	型式或型号		—	干式电磁式
2	额定电压比		—	$10/\sqrt{3}$：$0.1/\sqrt{3}$：$0.1/\sqrt{3}$：0.1/3
3	准确级		—	0.2/0.5/3P
4	接线级别		—	母线 TV 采用 3 个绕组，即采用Y/Y/Y/△
5	额定容量		VA	20/20/100
6	三相不平衡度		V	1
7	低压绕组 1min 工频耐压		kV	2
8	额定电压因数		—	1.2 倍连续，1.9 倍 8h
9	熔断器的额定电流		A	1
10	熔断器的额定短路开断电流		kA	50
六	避雷器参数			
1	型式		—	复合绝缘金属氧化物避雷器
2	额定电压		kV	17
3	持续运行电压		kV	13.6
4	标称放电电流		kA	5
5	雷电冲击电流下残压峰值（5kA，8/20s）		kV	≤45（站用）；≤50（线路侧）
6	直流 1mA 参考电压		kV	≥24
7	长持续时间冲击耐受电流		A	150（站用）
8	4/10s 大冲击耐受电流，2 次		kA/次	65
9	避雷器高压侧线径面积		mm^2	≥2.5
10	避雷器接地线径面积		mm^2	16
11	母线避雷器计数器		—	电子式
七	母线参数			
1	材质		—	铜
2	额定电流		A	1250
3	额定短时耐受电流及持续时间		kA/s	25/4、31.5/4
4	额定峰值耐受电流		kA	63

10kV 固体绝缘开关柜主要技术参数选择见表 2-6-3。

表 2-6-3　　10kV 固体绝缘开关柜主要技术参数选择

序号	名称		单位	标准参数值
一	环网柜共用参数			
1	额定电压		kV	12
2	绝缘介质		—	固体
3	灭弧室类型		—	真空
4	额定频率		Hz	50
5	额定电流		A	630/1250
6	温升试验电流		A	1.1I_r
7	额定工频 1min 耐受电压（相对地）		kV	46.7
8	额定雷电冲击耐受电压峰值（1.2/50s）（相对地）		kV	83.3
9	额定短路开断电流		kA	25
10	额定短路关合电流（峰值）		kA	50
11	额定短时耐受电流及持续时间		kA/s	25/3、31.5/3
12	额定峰值耐受电流		kA	50
13	燃弧持续时间		s	≥0.5
14	额定有功负载条件下开断次数		次	100
15	防护等级	柜体外壳	—	IP41
		隔室间		IP2X
二	断路器参数			
1	额定短路开断电流	交流分量有效值	kA	25
		时间常数	ms	45
		满容量开断次数	次	≥30
		首相开断系数	—	1.5
2	额定短路关合电流		kA	50
3	额定短时耐受电流		kA/s	25/3、31.5/3
4	额定峰值耐受电流		kA	50
5	断路器开断时间		ms	≤60
6	断路器合闸弹跳时间		ms	≤2
7	断路器分闸时间		ms	≤40
8	断路器合闸时间		ms	≤60
9	机械稳定性		次	≥10000（真空）
三	隔离开关参数			
1	额定电流		A	630
2	额定短时耐受电流		kA/s	25/3、31.5/3

续表

序号	名称		单位	标准参数值
3	额定峰值耐受电流		kA	63
4	机械稳定性		次	≥3000
四	接地开关参数			
1	额定短时耐受电流		kA/s	25/4、31.5/4
2	额定峰值耐受电流		kA	63
3	额定短路关合电流（峰值）		kA	63
4	额定短路关合电流次数		次	≥2
5	机械稳定性		次	≥3000
五	电流互感器参数			
1	型式或型号		—	干式电磁式
2	绕组 1	额定电流比	—	根据工程选择
		额定负荷	VA	20
		准确级	—	0.2S
	绕组 2	额定电流比	—	根据工程选择
		额定负荷	VA	20
		准确级	—	0.5
	绕组 3	额定电流比	—	根据工程选择
		额定负荷	VA	30
		准确级	—	5P20 或 5P30
六	避雷器参数			
1	型式		—	复合绝缘金属氧化物避雷器
2	额定电压		kV	17
3	持续运行电压		kV	13.6
4	标称放电电流		kA	5
5	陡波冲击电流下残压峰值（5kA，1/3s）		kV	≤51.8
6	雷电冲击电流下残压峰值（5kA，8/20s）		kV	≤45
7	操作冲击电流下残压峰值（250A，30/60s）		kV	≤38.3
8	直流 1mA 参考电压		kV	≥24
9	工频参考电压（有效值）		kV	≥16
10	工频参考电流（峰值）		mA	1
11	长持续时间冲击耐受电流		A	400（峰值）
12	4/10ms 大冲击耐受电流		kA	65（峰值）
13	压力释放能力		kA/s	25/0.2

续表

序号	名称	单位	标准参数值
七	电压互感器及熔断器参数		
1	型式或型号	—	干式电磁式
2	额定电压比	kV	$10/\sqrt{3}$：$0.1/\sqrt{3}$：$0.1/\sqrt{3}$：$0.1/3$
3	准确级	—	0.2/0.5/3P
4	接线级别	—	母线 TV 采用 3 个绕组，即采用Y/Y/Y/△
5	额定容量	VA	20/20/100
6	三相不平衡度	V	1
7	低压绕组 1min 工频耐压	kV	2
8	额定电压因数	—	1.2 倍连续，1.9 倍 8h
9	熔断器的额定电流	A	1
10	熔断器的额定短路开断电流	kA	50
八	母线参数		
1	材质	—	铜
2	额定电流	A	1250
3	额定短时耐受电流	kA/s	25/3、31.5/3
4	额定峰值耐受电流	kA	50

6.3.2 变压器选择

（1）变压器应选用高效节能环保型（满足二级能效）产品，额定变比采用10(10.5)kV±5(2×2.5)%/0.4kV，接线组别宜采用 Dyn11。

（2）大楼建筑物非独立式或地下配变站应采用干式变压器。

（3）单台干式变压器容量不宜超过 1250kVA。

（4）非独立式配变站，可考虑在变压器下面加装减震装置，变压器出线处加装软铜排，以减少低频噪声。

（5）变压器应具备抗突发短路能力，能够通过突发短路试验。

变压器选型见表 2-6-4。

表 2-6-4　　变压器选型

序号	设备类型	物料名称	物料编码	物料描述
1	10kV 变压器	800kVA	500007414	10kV 变压器，800kVA，普通，硅钢片，干式；配电网，2 级能效，SCB14，带不锈钢外壳，下进线，上出线
1	10kV 变压器	1250kVA	500007421	10kV 变压器，1250kVA，普通，硅钢片，干式；配电网，2 级能效，SCB14，带不锈钢外壳，下进线，上出线

干式变压器主要技术参数选择见表 2-6-5。

表 2-6-5　　干式变压器主要技术参数选择

序号	名称	单位	标准参数值
一	额定值		
1	变压器型号	—	SCB14
2	铁心材质	—	冷轧取向硅钢片
3	线圈结构	—	环氧浇注式（包封式）
4	高压绕组	kV	10/10.5
5	低压绕组	kV	0.4
6	联结组	—	Dyn11
7	额定频率	Hz	50
8	额定容量	kVA	800/1250
9	相数	—	3
10	调压方式	—	无励磁
11	调压位置	—	高压侧
12	调压范围	—	±2×2.5%
13	中性点接地方式	—	不接地
14	冷却方式	—	AN/AF
15	磁通密度	T	1.6
16	绝缘耐热等级	—	F 级及以上
17	局部放电水平	pC	≤10
二	绝缘水平		
1	高压绕组雷电全波冲击电压（峰值）	kV	83.3
2	高压绕组雷电截波冲击电压（峰值）	kV	94.4
3	高压绕组额定短时工频耐受电压（有效值）	kV	38.6
4	低压绕组额定短时工频耐受电压（有效值）	kV	5.56
三	温升限值		
1	额定电流下的绕组平均温升（F）	K	100
2	额定电流下的绕组平均温升（H）	K	125
四	空载损耗		

续表

序号	名称	单位	标准参数值
1	额定频率额定电压时空载损耗	kW	0.41（800kVA）/ 1.42（1250kVA）
五	空载电流		
1	100%额定电压时	—	0.85%
六	负载损耗		
1	主分接（120℃）	kW	6.27（800kVA）/ 8.72（1250kVA）
七	噪声		
1	噪声水平	dB	55/45
八	质量和尺寸		
1	总质量	t	2.7/3.6
2	尺寸	mm	1850×1350×1900 轨距 660×660（800kVA） 2100×1400×2100 轨距 820×820（1250kVA）
九	变压器外壳		
1	结构材料	—	2mm 厚 304 不锈钢
2	进出线方式	—	下进线，上出线
3	防护等级	—	≥IP20

注 实际使用中变压器应不低于 GB 20052—2020《电力变压器能效限定值及能效等级》中 2 级能效的要求。

6.3.3 低压开关柜选择

（1）低压可选用固定式、固定分隔式和抽屉式低压成套柜。

（2）低压开关柜的主母排额定电流应按照计算电流选取，馈线柜应根据工程需求选用不同的固化 ID。

（3）低压进线和联络开关应选用框架断路器，宜选用瞬时脱扣、短延时脱扣、长延时脱扣三段保护，宜采用分励脱扣器，一般不设置失压脱扣。出线开关选用框架断路器或塑壳断路器。

（4）低压配电进线总柜（箱）应配置 T1 级电涌保护器，宜配置 RS485 通信接口。

（5）无功补偿电容器柜应采用自动补偿方式。

（6）配变站内电容器组的容量可为变压器容量的 10%～30%。

（7）无功补偿电容器可按三相、单相混合补偿配置。

（8）低压电力电容器采用自愈式干式电容器，要求免维护、无污染、环保。

0.4kV 低压开关柜设备选择见表 2-6-6。

表 2-6-6　　0.4kV 低压开关柜设备选择

序号	设备类型	物料名称	物料编码	物料描述（屏柜颜色为冰灰橘纹 GY09）
1	低压开关柜	进线柜	500141279	低压开关柜，AC 380V，固定分隔式，进线，2000A，50kA
		进线柜	500006402	低压开关柜，AC 380V，固定式，进线，2500A，65kA
		馈线柜	500006699	低压开关柜，AC 380V，抽屉式，馈线，2000A，50kA
		馈线柜	500006703	低压开关柜，AC 380V，抽屉式，馈线，2500A，50kA
		母联柜	500141279	低压开关柜，AC 380V，固定分隔式，母联，2000A，50kA
		母联柜	500006325	低压开关柜，AC 380V，固定式，分段，2500A，65kA
		电容器柜	500114883	低压开关柜，AC 380V，固定分隔式，240kvar
		电能表屏	500008994	电能表屏
2	封闭母线桥	封闭母线桥	500132213	封闭母线桥，AC 380V，2000A，共箱
		封闭母线桥	500139416	封闭母线桥，AC 380V，2500A，共箱

0.4kV 低压开关柜主要技术参数选择见表 2-6-7。

表 2-6-7　　0.4kV 低压开关柜主要技术参数选择

序号	名称	单位	标准参数值
一	柜体主要电气参数		
1	额定工作电压	V	400
2	额定绝缘电压	V	690
3	额定耐受电压（1min 工频）	V	2500（2778）
4	防护等级	—	IP31
二	水平母线		
1	额定电流	A	主母线：2000/2500
2	2000A 母线（3L+N+PE）规格宽×厚	mm	4(125×10)+(80×8)
3	2500A 母线（3L+N+PE）规格宽×厚	mm	4[2×(100×10)]+100×10

续表

序号	名称	单位	标准参数值
4	额定短时耐受电流	kA/1s	65
5	额定峰值耐受电流	kA/1s	100
三	隔离开关		
1	额定工作电压	V	400
2	额定电流	A	1000（对应于框架断路器额定电流 800A）
			1500（对应于框架断路器额定电流 1250A）
			2000（对应于框架断路器额定电流 2000A）
			3000（对应于框架断路器额定电流 2500A）
			5000（对应于框架断路器额定电流 4000A）
3	额定绝缘电压	V	690
4	极数	—	3P
5	额定短时耐受电流	kA	65
四	框架断路器		
1	极数	—	3P
2	额定工作电压	V	400
3	额定电流	A	4000
4	额定极限分断能力	kA	65
5	额定运行分断能力	kA	65
6	额定绝缘电压	V	690
7	额定冲击耐受电压	kV	12
8	机械寿命（免维护）	次	≥10000
9	电气寿命	次	≥6000
10	断路器飞弧距离	—	零
11	是否带失压脱扣器	—	否
五	电流互感器		
1	精度	—	0.5 级
2	变比	—	800/5A（对应于框架断路器额定电流 800A）

续表

序号	名称	单位	标准参数值
2	变比		1200/5A（对应于框架断路器额定电流 1250A）
			2000/5A（对应于框架断路器额定电流 2000A）
			2500/5A（对应于框架断路器额定电流 2500A）
			4000/5A（对应于框架断路器额定电流 4000A）
六	微型断路器与熔断器		
1	极数	—	3P
2	额定电流	A	16/63
3	熔断器	A	80/100
七	塑壳断路器		
1	额定运行分断能力	kA	65
2	极限短路分断能力	kA	100
八	双电源切换装置（ATS）		
1	极数	—	4P
2	额定电流	A	根据工程选取
九	多功能数显表		
1	有功	—	1.0 级
2	无功	—	2.0 级
3	通信接口	—	RS-485 标准接口
4	通信规约	—	DL/T 645
十	柜体尺寸		
1	宽度	mm	600/800/1000
2	深度	mm	800/1000
3	高度	mm	2200
十一	浪涌保护器		
1	保护类型（IEC 类别）	—	Ⅰ类
2	标称工作电压（V）	V	400
3	最大持续工作电压（V）	V	690
4	标称放电电流（10/350μs）	kA	100（按满足 T1 级试验要求）
5	极数	—	极数根据接地系统选用
十二	进线/出线方式		
1	进线柜	—	侧进线/母线上进线
2	母联柜	—	侧出线/母线上出线

续表

序号	名称	单位	标准参数值
3	馈线柜	—	侧出线/后出线/母线上出线
十三	馈线回路		
1	抽屉式馈线柜馈线回路	个	9×250A
2	固定式馈线柜馈线回路	个	2×1000A

6.3.4 室外环网箱选择

（1）室外环网箱一次侧配置 2 路进线间隔，4 路出线间隔及 TV 间隔，进出线选用固体绝缘真空断路器。

（2）电气主接线为单母线接线。

（3）设备短路电流水平不小于 20kA。

（4）主要设备选型。

1）10kV 进出线采用固体绝缘开关柜，电动操作机构。

2）进出线间隔配置具有检测短路和接地功能的故障指示器。

3）TV 间隔内采用三相五柱一体式电压互感器。配置专用电能计量柜及 DTU 装置。

4）进出线间隔可装设保测一体式电流互感器及穿芯式计量电流互感器，并设置二次小室。

5）根据需要安装金属氧化物避雷器，根据中性点运行方式确定其参数。

6）二次侧操作电源采用直流 48V，并配置自动化接口，配置微机五防联锁装置。

7）布置方式单列布置于箱体内。

室外环网箱选型见表 2-6-8。

表 2-6-8　　室外环网箱选型

序号	设备类型	物料名称	物料编码	物料描述（屏柜颜色为冰灰橘纹 GY09）
1	一二次融合成套环网箱	一二次融合成套环网箱	500138342	AC10kV，630A，固体，二进四出，标准化，集中式 DTU，进出线断路器，不锈钢外壳

室外环网箱主要技术参数选择见表 2-6-9。

表 2-6-9　　室外环网箱主要技术参数选择

序号	名称		单位	标准参数值
一	环网箱共用参数			
1	额定电压		kV	12
2	灭弧室类型		—	真空
3	额定频率		Hz	50
4	额定电流		A	630
5	温升试验电流		A	1.1I_r
6	额定工频 1min 耐受电压（相对地）		kV	46.7
7	额定雷电冲击耐受电压峰值（1.2/50μs，相对地）		kV	83.3
8	额定短路开断电流		kA	20
9	额定短路关合电流		kA	50
10	额定短时耐受电流及持续时间		kA/s	20/3
11	额定峰值耐受电流		kA	50
12	燃弧持续时间		s	≥0.5
13	额定有功负载条件下开断次数		次	100
14	辅助和控制回路短时工频耐受电压		kV	2
15	供电电源	控制回路	V	DC 48
		辅助回路	V	DC 48
16	使用寿命		年	≥40
17	防护等级	柜体外壳		IP4X
		隔室间		IP2X
18	气体额定压力（20℃表压）		MPa	0.04
19	局部放电量		pC	整柜（1.1U_r）≤20pC 单个绝缘件（1.1U_r）≤5pC
二	断路器参数			
1	灭弧室类型		—	真空
2	额定电流		A	630
3	额定工频 1min 耐受电压	断口	kV	53.3
		对地		46.7
	额定雷电冲击耐受电压峰值（1.2/50μs）	断口	kV	94.4
		对地		83.3

续表

序号	名称		单位	标准参数值
4	额定短路开断电流	交流分量有效值	kA	20
		时间常数	ms	45
		开断次数	次	≥30
		首相开断系数	—	1.5
5	额定短路关合电流		kA	50
6	额定短时耐受电流及持续时间		kA/s	20/3
7	额定峰值耐受电流		kA	50
8	断路器开断时间		ms	≤60
9	断路器合闸弹跳时间		ms	≤2
10	断路器分闸时间		ms	≤40
11	断路器合闸时间		ms	≤60
12	断路器分、合闸平均速度	分闸速度	m/s	0.5～0.8
		合闸速度		0.9～1.2
13	机械寿命		次	≥10000（真空）
三	负荷开关参数（如有）			
1	额定电流		A	630
2	额定工频1min耐受电压	断口	kV	53.3
		对地		46.7
	额定雷电冲击耐受电压峰值（1.2/50μs）	断口	kV	94.4
		对地		83.3
3	额定短时耐受电流及持续时间		kA/s	20/3
4	额定峰值耐受电流		kA	50
5	机械寿命		次	≥10000
6	额定电缆充电开断电流		A	≥10
7	投切空载变压器电感电流		A	15
8	额定有功负载条件下开断次数		次	100
四	隔离开关参数			
1	额定电流		A	630
2	额定工频1min耐受电压	断口	kV	53.3
		对地		46.7
	额定雷电冲击耐受电压峰值（1.2/50μs）	断口	kV	94.4
		对地		83.3
3	额定短时耐受电流及持续时间		kA/s	20/3
4	额定峰值耐受电流		kA	50

续表

序号	名称		单位	标准参数值
5	机械寿命		次	≥3000
五	接地开关参数			
1	额定短时耐受电流及持续时间		kA/s	20/3
2	额定峰值耐受电流		kA	50
3	额定短路关合电流		kA	50
4	额定短路关合电流次数		次	≥2
5	机械寿命		次	≥3000
六	电流互感器参数			
1	型式或型号		—	电磁式
2	绕组	额定电流比	—	根据工程选择
		额定负荷	—	≥2.5VA，200/5A及以下；≥5VA，200/5A以上
		准确级	—	0.5
3	型式或型号		—	电磁式
4	绕组	额定电流比	—	根据工程选择
		额定负荷	—	≥2.5VA，200/5A及以下；≥5VA，200/5A以上
		准确级	—	5P20/5P30
5	绕组（计量）	额定电流比	—	根据工程选择
		额定负荷	—	≥2.5VA
		准确级	—	0.2S
七	电压互感器及熔断器参数			
1	型式或型号		—	电磁式（三相五柱式）
2	额定电压比		—	相电压$(10kV/\sqrt{3})/(0.1kV/\sqrt{3})$；零序电压$(10kV/\sqrt{3})/(0.1kV/3)$；电源电压$(10kV/\sqrt{3})/(0.22kV/\sqrt{3})$
3	准确级		—	相电压0.5级；零序电压3P级；电源电压3级
4	接线级别		—	VV/y
5	额定容量		VA	相电压20；零序电压50；电源电压3×500
6	三相不平衡度		V	1
7	低压绕组1min工频耐压		kV	2

续表

序号	名称		单位	标准参数值
8	额定电压因数		—	1.2倍连续，1.9倍8h
9	熔断器型式		—	XRNP
10	熔断器的额定电流		A	1
11	熔断器的额定短路开断电流		kA	20
八	避雷器参数			
1	型式		—	复合绝缘金属氧化物避雷器
2	额定电压		kV	17
3	持续运行电压		kV	13.6
4	标称放电电流		kA	5
5	陡波冲击电流下残压峰值（5kA，1/3μs）		kV	≤51.8
6	雷电冲击电流下残压峰值（5kA，8/20μs）		kV	45/50
7	操作冲击电流下残压峰值（250A，30/60μs）		kV	≤38.3
8	直流1mA参考电压		kV	≥24
9	75%直流1mA参考电压下的泄漏电流		mA	—
10	工频参考电压（有效值）		kV	≥16
11	工频参考电流（峰值）		mA	1
12	持续电流	全电流	μA	260
		阻性电流	μA	60
13	长持续时间冲击耐受电流		A	150（峰值）
14	4/10μs大冲击耐受电流		kA	65（峰值）
九	母线参数			
1	材质		—	T2铜
2	额定电流		A	630
3	额定短时耐受电流及持续时间		kA/s	20/3
4	额定峰值耐受电流		kA	50
十	箱体要求			
1	外形尺寸（宽×深×高）		mm×mm×mm	4200×1150×(≤2500)
2	外壳材质		—	304号不锈钢
3	防护等级		—	IP43
4	材质厚度		mm	≥3
十一	DTU			
1	型式			集中式

续表

序号	名称		单位	标准参数值
2	模拟量输入标称值	相电压	V	AC 100/$\sqrt{3}$V
		零序电压	V	AC 100V
		相电流	A	1或5
3	工作电源		—	AC 220，三相三线制
4	DTU功能描述		—	（1）容量配置：需要根据实际开关间隔数确定回路数，适用于该回路数的站所。 （2）三遥功能。 1）遥测功能：线路电压、电流采集。 2）遥信功能：线路开关量采集［刀闸位（含TV柜）、开关位、接地位、弹簧储能位］、告警信号（过流动作/重合闸/过负荷/控制回路断线/TV断线）、装置异常/装置故障告警信号、重载、过载告警功能；过压、低压、失压告警功能。 3）遥控功能：开关远方控制、电池远方活化、软压板遥控
5	电压测量精度		—	相电压0.5级； 零序电压0.5级
6	电流测量精度		—	相测量值0.5级（≤$1.2I_n$），相保护值≤3%（≤$10I_n$），零序电流0.5级
7	有功功率、无功功率精度		—	1级
8	遥信电源		V	DC 24V
9	SOE分辨率		ms	≤5
10	软件防抖动时间		—	10～1000ms可设
11	交流电流回路过载能力		—	$1.2I_n$，连续工作；$20I_n$，1s
12	交流电压回路过载能力		—	$1.2U_n$，连续工作；$2U_n$，1s
13	守时精度		—	每24h误差应不大于2s
14	控制输出	触点容量	—	交流250V/5A或直流110V/0.5A的纯电阻负载
		触点寿命	次	通、断≥105

续表

序号	名称		单位	标准参数值
15	固定通信接口	串行口	—	4路串行通信接口（3路RS485，1路RS232）
		RJ45以太网络	个	≥2
16	通信协议		—	（1）满足DL/T 634的104通信规约。 （2）满足国家电网公司最新的配电自动化系统应用和DL/T 634.5104—2009实施细则。 （3）满足国家电网公司最新的配电自动化终端参数配置规范。 通信对接：ONU设备由现场中兴的厂家负责提供软件调试保证和主站通信，DTU和主站联调由厂家负责，ONU的安装由施工单位负责
17	远程无线通信模块	通用要求	—	（1）满足DL/T 634的101或104通信规约。 （2）满足国家电网公司最新的配电自动化系统应用DL/T 634.5101—2002实施细则、配电自动化系统应用和DL/T 634.5104—2009实施细则。 （3）满足国家电网公司最新的配电自动化终端参数配置规范
		安装方式	—	电缆连接
18	馈线自动化功能		—	集中式馈线自动化功能
19	保护功能		—	常规保护（包括过流和接地）、三段式方向过电流保护、两段式零序过电流保护、重合闸及后加速
20	终端功耗		—	（1）DTU核心单元正常运行直流功耗≤20W（不含通信模块电源、电源管理模块）。 （2）整机功耗≤50VA（不含通信模块、不含后备电源）

续表

序号	名称		单位	标准参数值
21	配套电源要求	电源管理模块要求	—	电源管理模块长期稳定输出≥100W，瞬时输出≥500W，持续时间≥15s
		通信电源输出	—	额定DC 24V，稳态负载能力≥24V/15W，瞬时输出≥24V/20W，持续时间≥50ms
		操作电源输出	—	额定DC 48V，稳定输出≥48V/10A，持续时间≥15s，瞬时输出≥48V/16A，持续时间≥200ms
22	后备电源方式		—	免维护阀控铅酸蓄电池额定电压DC 48V，单节电池≥7Ah，使用寿命≥3年，保证完成各间隔“分—合—分”操作一次并维持配电终端及通信模块至少运行4h
23	安装方式		—	集中组屏安装于环网单元箱体内
24	DTU适配一次间隔数量		个	6
25	DTU柜体尺寸及颜色		mm×mm×mm	不大于1300×600×400（高×宽×深）（不含通信箱），颜色为RAL70352
26	DTU接线方式		—	航插连接
27	站所终端与进出线单元的二次接口		—	（1）电缆双端预制，接口定义与结构遵循一致性要求。 （2）各间隔电磁式相/零序电流互感器、控制与信号接点的输入/输出，1根电缆
28	站所终端与电压互感器柜的二次接口		—	（1）航插双端预制，接口定义与结构遵循一致性要求。 （2）供电TV（母线取电）输入/输出，相/零序电压互感器（母线采集）输入/输出，1根电缆
29	平均无故障工作时间		h	≥50000

6.3.5 箱式变电站选择

（1）10kV 选用固体绝缘开关柜，配装负荷开关＋熔断器或断路器。

（2）配置微机保护装置，就地安装于 10kV 开关柜内。

（3）变压器：节能环保型、全密封、油浸式变压器，能效等级须满足 GB 20052—2020《电力变压器能效限定值及能效等级》中 2 级及以上标准，宜采用 S18 及以上油浸式变压器，容量为 630kVA；Dyn11，$U_k\%=4(4.5)$，10(10.5)±2×2.5%/0.4kV。

（4）0.4kV 出线采用固定式塑壳式空气断路器，按 630A×4 配置馈线开关。

（5）进出线间隔配置电流互感器，进出线间隔根据需要安装金属氧化物避雷器，根据中性点运行方式确定其参数。

（6）电容补偿：配置配电智能终端并控制无功补偿，无功补偿容量可按变压器容量 10%～30%考虑。

（7）箱变内设置自动化室，环网型箱式变应安装 DTU。DTU 中安装通信设备包括：ONU1 台，无线型配电加密盒 1 台，室外光纤接续盒 1 个，应预留好位置。

（8）具有完备的“五防”联锁功能，应加装接地及短路故障指示器。

（9）站用电：站用电具备照明、检修维护等功能。

箱式变电站选型见表 2-6-10。

表 2-6-10　箱式变电站选型

序号	设备类型	物料名称	物料编码	物料描述（屏柜颜色为冰灰橘纹 GY09）
1	箱式变电站	箱式变电站	500061873	630kVA 欧式，硅钢片，普通，有环网柜，标准化，终端型，不锈钢外壳，低压组屏，替代型尺寸（2150mm×1850mm）能效 2 级
2	箱式变电站	箱式变电站	500061873	630kVA 欧式，硅钢片，普通，有环网柜，标准化，环网型，不锈钢外壳，低压组屏，替代型尺寸（2150mm×1850mm）能效 2 级

箱式变电站主要技术参数选择见表 2-6-11。

表 2-6-11　箱式变电站主要技术参数选择

序号	名称		单位	标准参数值
一	12kV 环网柜			
1	高压侧接线方式		—	终端型
2	额定电压		kV	12
3	额定频率		Hz	50
4	额定电流		A	630（负荷开关、断路器）
5	操作机构			电动并可手动操作
6	温升试验电流		A	$1.1I_r$
7	额定工频 1min 耐受电压（相对地）		kV	46.7
8	额定雷电冲击耐受电压峰值（1.2/50μs，相对地）		kV	83.3
9	额定短路开断电流		kA	31.5（熔断器）
10	额定短路关合电流		kA	50
11	额定短时耐受电流及持续时间		kA/s	20/3
12	额定峰值耐受电流		kA	50
13	辅助和控制回路短时工频耐受电压		kV	2
14	局部放电	试验电压	kV	$1.1U_r$（相间电压）
		单个绝缘件	pC	≤5
		电压互感器、电流互感器		≤10
15	供电电源	控制回路	V	DC 48
		辅助回路	V	AC 220
16	后备电源方式 免维护阀控铅酸蓄电池			额定电压 DC 48V，单节电池≥12Ah，使用寿命≥3 年，保证完成各间隔“分—合—分”操作一次并维持配电终端及通信模块至少运行 4h
二	变压器			
1	额定容量		kVA	630
2	铁心材质		—	硅钢片
3	铁心结构		—	叠铁心/闭口立体卷铁心
4	高压绕组额定电压		kV	10/10.5
5	低压绕组额定电压		kV	0.4
6	分接范围		—	±2×2.5%
7	联结组别		—	Dyn11
8	顶层油温升限值		K	50
9	绕组平均温升限值		K	55
10	空载损耗		kW	0.46
11	负载损耗		kW	4.46
12	短路阻抗		—	4.5%

续表

序号	名称	单位	标准参数值
13	短时过载能力	—	1.5倍；2h
14	空负载损耗修订参考 GB 20052—2020《电力变压器能效限定值及能效等级》		
三	塑壳断路器（0.4kV）		
1	额定电流	A	630
2	额定工作电压	V	400
3	额定绝缘电压	V	690
4	极数	—	3P
5	额定运行短路分断能力	kA	50
6	脱扣器选型	—	热磁脱扣/电子脱扣
四	进线电流互感器（0.4kV）		
1	变比	—	1200/5
2	测量 TA 准确级	—	0.5
3	采样 TA 准确度	—	0.5
4	关口计量 TA 准确度	—	0.5S
五	电容器（0.4kV）		
1	型式	—	智能型
2	额定电压	V	450（三相）/250（单相）
3	外壳材质	—	不锈钢
4	容量配置	—	按变压器容量10%～30%配置
5	投切元件响应时间	ms	≤20
6	控制器	—	满足 DL/T 597《低压无功补偿控制器使用技术条件》要求
六	低压母线		
1	低压出线回路	—	4～6路
2	母线材质	—	T2 铜
3	主母线额定电流	A	1250
4	额定短时耐受电流	kA/s	65/1
5	额定峰值耐受电流	kA	100
6	导体截面	mm^2	80×8
七	低压防雷及浪涌保护器		
1	型号	—	氧化锌避雷器
2	标称工作电压	V	400
3	最大持续工作电压	V	690
4	标称放电电流（10/350μs）	kA	100
5	最大冲击电流峰值Ⅰ IMP（10/350μs）	kA	≥75
6	标称放电电流（8/20μS）	kA	40
八	箱体要求		
1	外形尺寸（长×宽×高）	mm×mm×mm	2150×1850×2100
2	外壳材质	—	304号不锈钢
3	防护等级	—	IP33D
4	外壳级别	—	10

6.3.6 开关柜验电小车

可作为高压电器设备检修时验电接地保护之用，与金属铠装柜配套使用。一般由车架基座、车架、动触头、触臂、传感器、接地开关、接地静触头、接地动触头、分合闸弹簧、推板、接地排和面板等组成。

（1）形式为手车式（中置式、落地式）。

（2）具备遥信功能，实现与变电站综合自动化系统兼容并将遥信信息接入显示。

（3）采用机械、电磁、电气和微机五防闭锁相结合，具有可靠的“五防”功能：防止带电分、合接地开关；防止带接地开关送电；防止误入带电间隔。电磁/电气闭锁与机械闭锁应实现强制闭锁功能。通过微机“五防”闭锁系统逻辑关联功能，实现对操作过程中不符合解锁条件的操作强制闭锁。

（4）可抽出部件应接地的金属部件，在试验位置、隔离位置及任何中间位置均应保持接地。可移开部件应接地的金属部件，在插入和抽出过程中，在静触头和主回路的可移开部件接触之前和分离过程中应接地，以保证能通过可能的最大短路电流。

（5）接地开关分合方式为手动，应为三相机械联动。

（6）显示方式应能提供电压状态清晰可见的显示并发出语音报警。显示在给定的运行位置上和实际的光照条件下的显示应使使用者能清晰可见。接地开关装设机械式的分、合位置指示器及其观察窗，装置面板装设显示接地开关分、合位置的电气指示灯。工作电源有清晰的电源灯指示。

开关柜验电小车选型见表2-6-12。

表 2-6-12　　开关柜验电小车选型

序号	设备类型	物料名称	物料编码	物料描述
1	开关柜验电小车	开关柜验电小车，800mm	500140609	AC 10kV 接地、验电小车

开关柜验电小车主要技术参数选择见表 2-6-13。

表 2-6-13　　开关柜验电小车主要技术参数选择

序号	名称		单位	标准参数值
1	额定电压		kV	12
2	额定短时耐受电流		kA	31.5
3	额定短路持续时间		s	4
4	额定峰值耐受电流		kA	80
5	额定短路关合电流		kA	80
6	相间中心距		mm	210/275
7	额定绝缘水平	1min 工频耐受电压	kV	46.7
		雷电冲击耐受电压	kV	83.3
8	传感器抽取电压		V	80
9	启辉电压		kV	2
10	带电显示的重现频率		Hz	1
11	带电显示的响应时间		s	1
12	接地操作信息上传元器件工作寿命，耐受连续接通和断开次数		次	10000
13	电磁/电气闭锁信号输出元器件工作寿命，连续且正确发出“闭锁”或“解锁”指令		次	10000

6.4　一次设备布置原则

电气平面布置力求紧凑合理、出线方便、减少占地面积、节省投资，根据方案的建设规模，单母线分段采用双列或单列布置，单母线采用单列布置。

高压配变站内成排布置的高压配电装置，其各种通道的最小宽度，应符合表 2-6-14 的规定。

表 2-6-14　　高压配变站内各种通道的最小宽度　　(mm)

开关柜布置方式	柜后维护通道	柜前操作通道	
		固定式开关柜	移开式开关柜
单排布置	800	1500	单手车长度+1200
双排面对面布置	800	2000	双手车长度+900
双排背对背布置	1000	1500	单子车长度+1200

对全绝缘密封式成套配电装置，可根据厂家安装使用说明书减少通道宽度。

干式变压器外廓与变压器室墙壁和门的最小净距，应符合表 2-6-15 的规定。

表 2-6-15　　干式变压器外廓与变压器室墙壁和门的最小净距　　(mm)

变压器容量 (kVA)	100～1000	1250 及以上
干式变压器带有 IP2X 及以上防护等级金属外壳与后壁、侧壁净距	600	800
干式变压器有金属网状遮拦与后壁、侧壁净距	600	800
干式变压器带有 IP2X 及以上防护等级金属外壳与门净距	800	1000
干式变压器有金属网状遮拦与门净距	800	1000

当防护等级不低于 GB 4208《外壳防护等级 (IP 代码)》规定的 IP2X 级时，成排布置的配电屏通道最小宽度应符合表 2-6-16 的规定。

表 2-6-16　　成排布置的配电屏通道最小宽度　　(m)

配电屏种类		单排布置			双排面对面布置			双排背对背布置			多排同向布置			屏侧通道
		屏前	屏后		屏前	屏后		屏前	屏后		屏间	前、后排屏距墙		
			维护	操作		维护	操作		维护	操作		前排屏前	后排屏后	
固定式	不受限制	1.5	1.0	1.2	2.0	1.0	1.2	1.5	1.5	2.0	2.0	1.5	1.0	1.0
	受限制	1.3	0.8	1.2	1.8	0.8	1.2	1.3	1.3	2.0	1.8	1.3	0.8	0.8
抽屉式	不受限制	1.8	1.0	1.2	2.3	1.0	1.2	1.8	1.0	2.0	2.3	1.8	1.0	1.0
	受限制	1.6	0.8	1.2	2.1	0.8	1.2	1.6	0.8	2.0	2.1	1.6	0.8	0.8

第7章 二次设备部分

7.1 设备的组成

10kV配电站（所）二次设备部分主要包括变电站监控系统、微机保护及安全自动装置、微机五防锁装置、配电自动化终端DTU。

7.2 设备组屏原则及布置方案

7.2.1 设备组屏原则

（1）变电站监控系统采用远动主机、交换机、公用测控装置、规约转换装置及无线通信网关设备集中组屏方式，安装于10kV配电站（所）内。

（2）10kV微机保护及安全自动装置采用保护测控一体化装置，安装于相应间隔内，不单独组屏。

（3）配电自动化终端DTU采用遮蔽立式6间隔集中式DTU，安装于室外环网箱或10kV配电站（所）内。

（4）微机五防锁装置就地安装于间隔内。

7.2.2 设备布置方案

（1）二次设备应尽可能避开强电磁场，强振动源和强噪声源的干扰，还应考虑防尘、防潮，并符合防火标准。

（2）二次设备接地系统应与站（箱）内主接地网可靠连接。

7.3 主要功能及技术指标

7.3.1 变电站监控系统

（1）系统配置（见表2-7-1）。

1）变电站监控系统的设备配置和功能要求按无人值守进行设计。

2）监控系统采用分层、分布式网络结构，主要由站控层设备、间隔层以及网络设备构成。站控层设备按单套配置。间隔层设备按工程实际建设规模配置。

3）站控层设备：远动通信设备、公用测控装置等。组屏安装，远动及公用测控屏参考尺寸（高×宽×深）：2260mm×800mm×600mm。屏内预留ONU及ODF光纤配线架等通信设备安装位置，该部分详见通信章节。

4）网络设备：网络交换机、规约转换装置、接口设备和网络连接线、电缆等。

5）间隔层设备：测控单元采用保护测控一体化装置（含网络接口），详见微机保护章节。

6）对时方式：采用网络对时或采用时间同步时钟装置完成对监控系统设备的对时。

表2-7-1　　变电站监控系统配置

序号	类型	物料名称	物料编码	物料描述
1	配电网自动化设备	变电站监控系统	500074442	智能变电站辅助系统综合监控平台
		4G全网通通信模块	500140721	采用5G兼容4G模式

（2）系统功能。系统实现对10kV配变站可靠、合理、完善的监视、测量、控制，并具备遥测、遥信、遥控等远动功能和同步对时功能，具有与调度通信中心交换信息的能力。

（3）信号采集。监控系统的信号采集类型分为模拟量、状态量（开关量）。

1）模拟量：电流、电压、有功功率、无功功率、频率等，电气模拟量按照DL/T 5137—2001《电测量及电能计量装置设计技术规程》进行交流采样。

2）状态量（开关量）：断路器、隔离开关、接地开关以及手车位置等信号，继电保护装置和安全自动装置动作及报警信号，全站其他二次设备事故及报警监视信号。

（4）远动系统及调度自动化。

1）根据电力系统概况、调度管理范围划分原则和调度自动化系统现状，确定调度管理关系，并确定10kV配变站远动信息的传输原则。

2）远动信息采取“直采直送”原则，直接从变电站监控系统获取自动化信息并向调度端传送。远动信息内容应满足DL/T 5003《电力系统调度自动化设计技术规程》、DL/T 5002《地区电网调度自动化设计技术规程》和相关调度端、无人值守远方监控中心对10kV配变站的监控要求。

（5）通信规约。

1）监控系统与微机保护装置的通信规约采用 DL/T 667—1999（IEC 60870-5-103）规约或 DL/T 860（IEC 61850）规约。

2）监控系统与调度端网络通信采用 DL/T 634.5104（IEC 60870-5-104）规约，与调度端专线通信采用 DL/T 634.5101（IEC 60870-5-101）规约。

（6）装置技术指标（见表 2-7-2）。

表 2-7-2　　变电站监控系统标准技术参数表

序号	参数名称		单位	标准参数值
1	电流量、电压量测量误差		%	≤0.2
2	有功功率、无功功率测量误差		%	≤0.5
3	电网频率测量误差		Hz	≤0.02
4	模拟量越死区传送整定最小值		—	≥0.1%（额定值），并逐点可调
5	间隔层测控单元站内事件顺序记录分辨率（SOE）		ms	≤2
6	模拟量越死区传送时间（至站控层）		s	≤2
7	状态量变位传送时间（至站控层）		s	≤1
8	模拟信息响应时间（从 I/O 输入端至远动通信装置出口）		s	≤3
9	状态量变化响应时间（从 I/O 输入端至远动通信装置出口）		s	≤2
10	控制执行命令从生成到输出的时间		s	≤1
11	系统可用率		%	≥99.9
12	控制操作正确率		%	100
13	站控层平均无故障间隔时间（MTBF）		h	≥20000
14	间隔级测控单元平均无故障间隔时间		h	≥30000
15	网络平均负荷率	正常时（任意 30min 内）	%	≤20
		电力系统故障（10s 内）	%	≤40
16	模数转换分辨率		bit	≥14
17	实时数据库容量	模拟量	点	≥2000
		状态量	点	≥5000
		遥控	点	≥500
		计算量	点	≥2000

7.3.2　微机保护及安全自动装置

（1）装置配置（见表 2-7-3）。

1）站内数据采样周期<1s，遥测测量综合误差≤0.5%。

2）模拟量越死区传输的死区整定值可调。

3）从开闭站、配变站状态变位到主站端收到遥信变位的整个时间≤30s。

4）站内控制命令传送时间（从按执行键到输出）≤1s。

5）遥控正确率不小于 99.9%。

6）信号正确动作率不小于 99.9%。

7）站内 S0E 分辨率≤2ms，站间 S0E 分辨率≤10ms。

8）原则上采用站内直流电源（DC 220V）供电。

9）通信接口及协议：应具有足够的传送速率和极高的可靠性，采用双以太网接口；站内通信规约采用电力行业标准 DL/T 667—1999（IEC 60870-5-103）及 DL/T 860（IEC 61850）通信规约。

10）对时方式：保护装置支持 B 码对时、1588 对时，SNTP 对时等多种对时方式。

表 2-7-3　　保护及安全自动装置配置

序号	类型	物料名称	物料编码	物料描述
1	配电网自动化设备	线路保护	500008683	线路保护，AC 10kV
		变压器保护	500008706	变压器保护，AC 10kV
		PT 并列	500008766	TV 并列装置
		分段保护	500008758	母联（分段）保护，AC 10kV
		备自投	500008776	备用设备及备用电源自动投入，AC 10kV
2	控制电缆	控制电缆	500016352	KVVP2，2.5，4，ZR，22
		控制电缆	500016350	KVVP2，2.5，10，ZR，22
		控制电缆	500016347	KVVP2，4，4，ZR，22

（2）线路保护装置。

1）功能。进、出线柜断路器采用微机线路保护装置。装置具备三段式过流保护、过流后加速保护、三相一次重合闸（重合闸功能压板投退）、故障录波等功能。当系统运行异常或故障状态情况下可监测并发出保护动作信号、重合闸动作信号、TV 断线告警、TA 断线告警、控制回路断线告警、装置故障告警、事故总等信号。

2）技术指标（见表 2-7-4）。

表 2-7-4　　线路保护装置标准技术参数表

序号	参数名称	单位	标准参数值
1	交流电流回路过载能力	—	$2I_N$，连续工作；$10I_N$，10s；$40I_N$，1s
2	交流电压回路过载能力	—	$1.2U_N$，连续工作；$1.4U_N$，10s
3	电流定值误差	%	≤3
4	电压定值误差	%	≤3
5	频率定值误差	Hz	≤0.02
6	时限定值误差	ms	≤40
7	df/dt 定值误差	Hz/s	≤1.0（Δf=0.5Hz，Δt=0.1s）
8	du/dt 定值误差	V/s	≤1.0（ΔU=0.5V，Δt=0.1s）
9	电流量、电压量测量误差	%	≤0.2
10	有功功率、无功功率测量误差	%	≤0.5
11	电网频率测量误差	Hz	≤0.02
12	遥控命令输出正确率	%	100
13	事件顺序记录分辨率（SOE）	ms	≤2
14	交流电压回路功率损耗（每相）	VA	≤1
15	交流电流回路功率损耗（每相）	VA	≤0.5（I_N=1A）≤1（I_N=5A）
16	装置直流消耗	W	≤30（工作时）≤50（动作时）
17	跳闸触点容量	—	长期允许通过电流不小于 5A；触点断开容量为不小于 50W
18	其他触点容量	—	长期允许通过电流不小于 2A；触点断开容量为不小于 30W

（3）变压器保护装置。

1）功能。主变压器受电或站用变压器柜断路器采用微机变压器保护装置。装置具备电流速断保护、定时限过电流保护、非电量保护、故障录波等功能。当系统运行异常或故障状态情况下可监测并发出保护动作信号、过负荷告警、TV 断线告警、TA 断线告警、控制回路断线告警、装置故障告警、事故总等信号。

2）技术指标（见表 2-7-5）。

表 2-7-5　　变压器保护装置标准技术参数表

序号	参数名称	单位	标准参数值
1	电流定值误差	%	≤3
2	保护电流定值误差	%	≤3
3	保护电压定值误差	%	≤3
4	保护时限定值误差	%	≤3
5	交流电压回路功率损耗（每相）	VA	≤1
6	交流电流回路功率损耗（每相）	VA	≤0.5（I_N=1A）≤1（I_N=5A）
7	装置直流消耗	W	≤50（工作时）≤80（动作时）
8	非电量起动功率	W	>5
9	起动电压	—	直流操作电压的 55%～70%
10	动作时间	ms	10～35（额定直流电源电压下）

（4）分段保护装置。

1）功能。分段断路器采用微机分段保护装置。装置具备两段相过流和一段零序过流充电保护、故障录波等功能。当系统运行异常或故障状态情况下可监测并发出保护动作信号、TV 断线告警、TA 断线告警、控制回路断线告警、装置故障告警、事故总等信号。

2）技术指标（见表 2-7-6）。

表 2-7-6　　分段保护装置标准技术参数表

序号	参数名称	单位	标准参数值
1	电流定值误差	%	≤3
2	电压定值误差	%	≤3
3	时限定值误差	ms	≤40
4	电流量测量误差	%	≤0.2
5	遥控命令输出正确率	%	100
6	事件顺序记录分辨率（SOE）	ms	≤2
7	交流电压回路过载能力	—	$1.2U_N$，连续工作；$1.4U_N$，10s
8	交流电流回路过载能力	—	$2I_N$，连续工作；$10I_N$，10s；$40I_N$，1s

续表

序号	参数名称	单位	标准参数值
9	交流电压回路功率损耗（每相）	VA	≤1
10	交流电流回路功率损耗（每相）	VA	≤0.5（I_N=1A） ≤1（I_N=5A）
11	装置直流消耗	W	≤30（工作时） ≤50（动作时）
12	跳闸触点容量		长期允许通过电流不小于 5A； 触点断开容量为不小于 50W
13	其他触点容量		长期允许通过电流不小于 2A； 触点断开容量为不小于 30W

（5）母线 TV 并列装置。

1）功能。采用双重动、双并列方式，并可输出并列、解列、母线失压等信号。

2）技术指标（见表 2-7-7）。

表 2-7-7　　母线 TV 并列装置标准技术参数表

序号	参数名称	单位	标准参数值
1	装置直流消耗	W	≤5（工作时） ≤8（动作时）
2	触点容量	—	长期允许通过电流≥5A； 触点断开容量为≥50W

（6）备自投装置。

1）功能。微机备自投装置具有自适应功能，即能够根据实际运行情况自动选择备投方式，能够实现进线备投及分段备投。备自投功能可投退、备自投方式可选择。

进线互为备用的备自投动作方式（进线备投）为：母线无压，主供线路无流，备供线路有压，微机备自投装置动作，跳开主供线路开关，合上备用线路开关。

母线互为备用的备自投动作方式（分段备投）为：一段母线无压，该段母线的进线无流，另一段母线有压，微机备自投装置动作，跳开无压母线的进线开关，合上分段开关。

2）技术指标（见表 2-7-8）。

表 2-7-8　　备自投装置标准技术参数表

序号	参数名称	单位	标准参数值
1	电流定值误差	%	≤3
2	电压定值误差	%	≤3
3	时限定值误差	ms	≤40
4	电流量测量误差	%	≤0.2
5	遥控命令输出正确率	%	100
6	事件顺序记录分辨率（SOE）	ms	≤2
7	交流电压回路功率损耗（每相）	VA	≤1
8	交流电流回路功率损耗（每相）	VA	≤0.5（I_N=1A） ≤1（I_N=5A）
9	装置直流消耗	W	≤50（工作时） ≤80（动作时）
10	跳闸触点容量		长期允许通过电流≥5A； 触点断开容量为≥50W
11	其他触点容量		长期允许通过电流≥2A； 触点断开容量为≥30W

7.3.3　配电自动化终端 DTU

（1）设备配置（见表 2-7-9）。

1）用于室外环网箱的继电保护、集中控制、信息处理和上传。

2）采用三遥型、组屏式、6 间隔标准 DTU。

表 2-7-9　　配电自动化终端 DTU 配置

序号	类型	物料名称	物料编码	物料描述
1	配电网自动化设备	配电自动化终端	500082249	DTU，三遥，组屏式，6 间隔，含无线通信模块，航插免维护阀控铅酸蓄电池

（2）设备功能。

1）信息采集和处理功能（三遥）。

a. 遥信（YX）功能：采集遥信变位，事故遥信并向主站或子站上送状态量。

b. 遥测（YC）功能：采集、转换、处理模拟量并可同时向主站传送，实现电流、电压量的测量，监视馈线的供电状况其中模拟量包括：I_A、I_B、I_C、U_A、U_B、U_C、U_{AB}、U_{CB}、P、Q、$\cos\phi$、f。具有远方定值召测功能。

c. 遥控（YK）功能：装置具有远方控制功能和当地控制功能。装置接收并执行来自主站或子站的命令，如遥控指令，完成开关的分、合闸及分合闸闭锁操作。具有当地控制功能，可就地实现开关的分、合闸及分合闸闭锁操作。

2）通信功能。支持无线、光纤、以太网、RS232/485 等多种通信方式。与调度端网络通信采用 DL/T 634.5104（IEC 60870-5-104）规约，与调度端专线通信采用 DL/T 634.5101（IEC 60870-5-101）规约。

3）对时功能。具备软件对时接收主站对时命令，与系统时钟保持同步，使事件记录具有可比性。

4）设备自诊断、自恢复功能。装置能定期对内部重要的芯片进行检测，出错向主站告警并反映内部工况。有上电及软件自恢复功能，装置内部具有 WATCHDOG，对程序运行状态监测。

5）故障检测功能。能快速检测故障并将故障信息及性质主动上报给主站（状态变位优先传送），以便进行故障隔离。

6）当地调试功能。采用专用调试接口 RS232，可对装置进行调试。

7）自动化终端。自动化终端应具备数据采集、事件记录、时间校对、远程维护、参数设置、数据存储、自诊断和自恢复以及通信、电源管理等功能。

8）设备电源。电源使用 10kV TV 二次侧电源，并同时配备后备电源，在线路失电情况下，能与主站之间进行交互信息传递。

（3）技术指标（见表 2-7-10）。

表 2-7-10　配电自动化终端 DTU 标准技术参数表

序号	参数名称		单位	标准参数值
1	电压输入标称值		V	AC 100V/AC 220V
2	电流输入标称值		A	5/1
3	工作电源		—	AC 220V，双路
4	开关测控容量		—	（1）容量配置：8 回路，适用于 5～8 回线路的站所。

续表

序号	参数名称		单位	标准参数值
4	开关测控容量		—	（2）遥测：每台采集至少 6 个电压（2 组母线电压和 2 个零序电压）、每回路采集至少 3 个电流量（A 相、C 相和零序）。 （3）遥信：每回路配置遥信量不少于 5 个，包括开关合位、开关分位、接地开关位置、开关储能、远方/就地等。 （4）遥控：每回路配置遥控量至少 2 个（分闸/合闸控出）
5	电压测量精度		—	相电压 0.5 级； 零序电压 0.5 级
6	电流测量精度		—	相测量值 0.5 级（≤1.2I_n），相保护值≤3%（≤10I_n），零序电流 0.5 级
7	有功功率、无功功率精度		—	1 级
8	遥信电源		V	DC 24V/48V 自适应
9	遥信分辨率		ms	≤5
10	软件防抖动时间		—	10～1000ms 可设
11	交流电流回路过载能力		—	1.2I_n，连续工作；20I_n，1s
12	交流电压回路过载能力		—	1.2U_n，连续工作；2U_n，1s
13	守时精度		—	每 24h 误差应不大于 2s
14	控制输出	触点额定功率	—	交流 250V/5A、380V/2A 或直流 110V/0.5A 的纯电阻负载
		触点寿命	次	通、断≥105
15	通信接口	串行口	—	至少 4 个可复用的 RS232/RS485 串口
		RJ45 以太网络	个	≥2
16	通信协议		—	（1）满足 DL/T 634 的 101 或 104 通信规约。 （2）满足 DL/T 634.5101—2002 实施细则、配电自动化系统应用以及 DL/T 634.5104—2009 实施细则。

续表

序号	参数名称		单位	标准参数值
16	通信协议		—	(3) 满足国家电网公司最新的配电自动化终端参数配置规范
17	终端功耗		—	(1) DTU 核心单元正常运行直流功耗≤20W(不含通信模块电源、配电线损采集模块、电源管理模块)。 (2) 整机功耗≤50VA(含配电线损采集模块、不含通信模块、不含后备电源)
18	配套电源要求	电源管理模块要求	—	电源管理模块长期稳定输出≥80W,瞬时输出≥500W,持续时间≥15s
		通信电源输出	—	额定 DC 24V,稳态负载能力≥24V/15W,瞬时输出≥24V/20W,持续时间≥50ms
		操作电源输出	—	额定 DC 48V,瞬时输出≥48V/8A,持续时间≥15s
		配电线损采集模块电源输出	—	额定 DC 48V,稳态负载能力≥48V/10W
19	后备电源方式		—	免维护阀控铅酸蓄电池额定电压 DC 48V,单节电池≥7Ah,使用寿命≥3 年,保证完成“分一合一分”操作并维持配电终端及通信模块至少运行 4h
20	安装方式		—	户外立式:通过户外柜方式,在环网单元、箱式变电站外部安装
21	DTU 柜体尺寸及颜色		mm	不大于高 1300×宽 600×深 400(不含通信箱),颜色为 RAL7035 或 Z32
22	DTU 接线方式		—	航插
23	配电线损采集模块	电压输入标称值	V	AC 100V/AC 220V
		电流输入标称值	A	5/1

续表

序号	参数名称		单位	标准参数值
23	配电线损采集模块	测量容量	—	(1) 8 回路,适用于 5~8 回线路的站所。 (2) 采集 6 个电压、每回路采集 3 个电流量:A、B 和 C 相
		有功电能计量准确度	—	0.5S 级
		无功电能计量准确度	—	2 级
		脉冲常数	—	30000imp/kWh
		工作电源	—	DC 48V
		超级电容后备电源	—	维持模块运行时间不低于 5s
		终端功耗	W	整机功耗不大于 10W
		交流电流回路过载能力	—	$1.2I_n$,连续工作;$20I_n$,1s
		交流电压回路过载能力	—	$1.2U_n$,连续工作
		守时精度	—	每 24h 误差应不大于 2s
		通信接口	个	1 个 RS232 或 RS485 串口
		通信协议	—	DL/T 634 的 101 通信规约
		结构形式	—	标准 19 英寸 2U 机箱
		安装方式	—	机架式安装
		接口形式	—	电流接口采用 JP12 型端子,电压接口采用 5.08 间距插拔式接线端子(4 芯端子),通信及电源接口采用 5.08 间距插拔式接线端子(5 芯端子),脉冲接口采用 DB25 公头接口
24	无线通信模块	通信制式	—	支持 4G/3G/2G 五模自适应 TD-LTE/LTE-FDD/TD-SCDMA/WCDMA/GSM
		通信接口		至少 2 路 RS232 串行接口,9600bit/s,或一个 10M/100M 全双工以太网接口
		基本功能		端口数据监视功能、网路中断自动重连功能等

续表

序号	参数名称		单位	标准参数值
24	无线通信模块	接口的插拔寿命	—	≥500 次
		安装方式		独立安装于 DTU 柜内
25	不锈钢户外柜体尺寸		mm×mm×mm	不含 TV 安装位置：不大于高 1900×宽 800×深 800
				含 TV 安装位置：不大于高 1500×宽 800×深 1200
26	平均无故障工作时间		h	≥50000

7.3.4 微机五防闭锁系统配置

（1）系统组成。微机五防闭锁装置主要由操作票生成系统、模拟预演系统、维护系统、操作票培训系统 4 个部分组成。

1）操作票生成系统。操作票生成系统从现场需求出发，以任务模式为核心通过逐项审核一次设备、二次设备操作的正确性，而后生成了操作票。

2）模拟预演系统。模拟预演系统从根本上改变了模拟盘只能对一次设备预演，而对二次设备（保护压板）采用人工唱票的预演模式。它提供了二次设备图形界面，对一、二次设备同时预演操作。

3）维护系统。维护系统可以实现添加或修改操作票的常用语句、操作票任务、保护、设备模拟预演系统的设备状态及屏幕的放大，还原功能。

4）操作票培训系统。操作票培训系统设计了独特的操作票培训功能。操作人员只需选定已生成的某一张操作票，即可按其所给的操作提示进行填票练习。

（2）系统功能。微机五防具备五防数据库组态、五防接线图绘制、五防权限设置、操作票编辑、执行、管理功能、工作票管理功能，可进行五防模拟操作。在模拟操作时，微机五防系统检验操作票是否正确。错误操作时，发出语音信号，并可咨询正确操作步骤，以免多种误操作的产生。具备设备的防误操作规则，并应用自动化系统中电气设备的闭锁功能实现防误闭锁。自动化系统遥控经过五防规则校验，如果不满足五防规则，会提出五防规则校验结果报告，指出哪些规则不满足，并禁止遥控；如果满足五防规则，自动化系统下发遥控命令到装置。能实时、准确采集自动化系统的遥信，保证与实际一次设备状态的一致性。

程序的编制简单，具有自动校验功能，以免“走空程”（操作过程中漏项），当自动化系统控制失灵时具备解除闭锁的应急措施。微机五防系统可对正确的操作步骤（操作票）自动存储，并可把正确的操作票输出并存贮到电脑钥匙中去，同时打印操作票。

（3）主要作用。

1）具有模拟操作智能判断、语音提示、自动生成操作票并进行更改及删除、替换等功能。

2）防止误分、误合断路器。

3）防止带负荷拉、合隔离开关。

4）防止带电挂（合）接地线（接地开关）。

5）防止带地线（接地开关）合隔离开关。

6）防止误入带电间隔。

7.4 二次设备接口配置

7.4.1 配电站（所）内变电站监控系统与设备的信息交换

（1）监控系统与微机保护及安全自动装置的信息交换。微机保护及安全自动装置与监控系统的连接方式采用以太网直接连接方式；重要的告警信号采用硬接点方式接入公用测控装置。

（2）与站内其他智能设备的信息交换。变电站监控系统配置规约转换装置，安装在远动屏中，该公用接口装置通过 RS485 串口方式实现与智能设备之间的信息交换，经规约转换后通过网络传送至远动通信设备或相关后台系统。

7.4.2 室外环网箱内 DTU 与设备的信息交换

（1）开关和 DTU 的连接电缆双端预制，全部采用航空插头，接口定义与结构统一，不同厂家航空插头可互配。

（2）开关与 DTU 两侧各个间隔的航空插头具有防插错功能。

（3）PT 柜的接口：供电 TV（母线取电）输出，1 根电缆，1 个 4 芯航空插头；相/零序电压互感器（母线采集）输出，1 根电缆，1 个 10 芯航空插头。

（4）开关单元的接口：各间隔电流互感器（保护测量、零序电流、计量）输出、控制输入与信号接点输出，1 根电缆，1 个 26 芯航空插头。

（5）开关侧内部必须加装防开路设计，对带电拔插开关侧或 DTU 侧航空插头均能可靠安全防护。

（6）站所终端的接口：供电 TV（母线取电）输入，1 根电缆，1 个 4 芯航空插头；相/零序电压互感器（母线采集）输入，1 根电缆，1 个 10 芯航空插头；各间隔电流互感器（保护/测量、零序电流、计量）输入、控制输出与信号接点输入，1 根电缆，1 个 26 芯航空插头。

（7）航空接插件插头、插座具有防误插功能。插针与导线的端接采用焊接方式。插座和插头的结构应满足要求。航空接插件结构要求见表 2-7-11。常规航空接插件技术参数表见 2-7-12。

表 2-7-11　航空接插件结构要求

项目	4 芯	10 芯	26 芯
插座	针式	针式	针式
插头	孔式	孔式	孔式

表 2-7-12　常规航空接插件技术参数

项目	4 芯	10 芯	26 芯
额定电流	≥40A	≥20A	≥25A
工作电压	250V（AC）		
耐电压	2000V（AC）		
工作温度	−40～105℃		
相对湿度	90%～95%（40℃±2℃时）		
盐雾	5%NaCl 雾气中 96h		
密封性	头座配合 0.5m 水深 0.5h 不渗水（防雨淋）		
振动	10～2000Hz，147m/s^2，瞬断≤1μs		
冲击	加速度峰值 490m/s^2，瞬断≤1μs		
抗拉力	≥500N		
机械寿命	≥500 次		
绝缘电阻	常态下≥2000MΩ		
材料	接触件铜合金镀金		
基体硬度	维氏（HV）≥170［布氏（HB）≥160］		
接触电阻	≤0.75mΩ	≤2mΩ	≤2mΩ

（8）航空插头的接口定义及接线要求，详见表 2-7-13～表 2-7-15。

表 2-7-13　工作电源航插定义

电源接口引脚定义及接线要求					
引脚号	标记	标记说明	电缆规格	备注	
1	U_a	工作电源 A 相（220V 交流输入 1L）	RVVP1.5mm^2		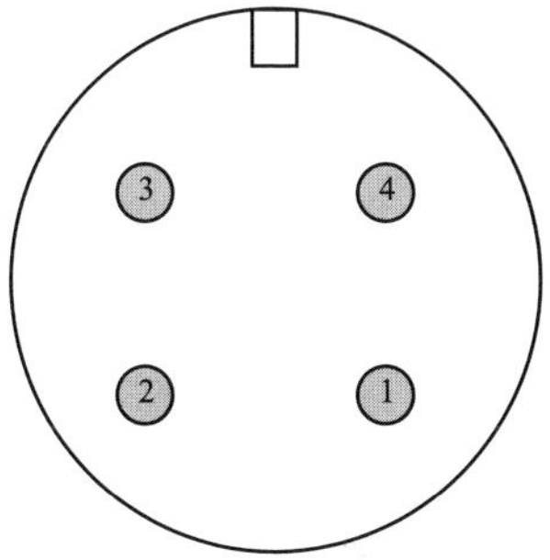
2	U_b	工作电源 B 相（220V 交流输入 1N）	RVVP1.5mm^2		
3	U_c	工作电源 C 相（220V 交流输入 2L）	RVVP1.5mm^2		

表 2-7-14　电压采集航插定义

电压采集接口引脚定义及接线要求					
引脚号	标记	标记说明	电缆规格	备注	
1	U_a	A 相电压（计量/测量）	RVVP1.5mm^2		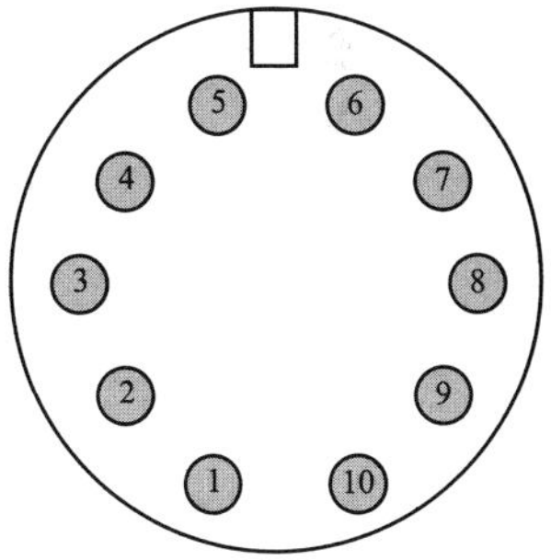
2	U_b	B 相电压（计量/测量）	RVVP1.5mm^2		
3	U_c	C 相电压（计量/测量）	RVVP1.5mm^2		
4	U_n	相电压公共端	RVVP1.5mm^2		
5	U_0	零序电压	RVVP1.5mm^2		
6	U_{0n}	零序电压公共端	RVVP1.5mm^2		
7	BY1	备用			
8	BY2	备用			
9	BY3	备用			
10	BY4	备用			

表 2-7-15　　　　　　　　**电流采集与控制信号航插定义**

各开关间隔电流采集与控制信号接口引脚定义及接线要求

引脚号	标记	标记说明	电缆规格	备注
1	I_{a1}	A 相保护电流	RVVP1.5mm^2	
2	I_{b1}	B 相保护电流	RVVP1.5mm^2	
3	I_{c1}	C 相保护电流	RVVP1.5mm^2	
4	I_{n1}	保护相电流公共端	RVVP1.5mm^2	
5	I_{as1}	A 相计量电流	RVVP1.5mm^2	
6	I_{bs1}	B 相计量电流	RVVP1.5mm^2	
7	I_{cs1}	C 相计量电流	RVVP1.5mm^2	
8	I_{ns1}	计量相电流公共端	RVVP1.5mm^2	
9	I_{01}	零序电流	RVVP1.5mm^2	
10	I_{01com}	零序电流公共端	RVVP1.5mm^2	
11	Hz+	合闸输出+	RVVP1.5mm^2	
12	Hz-	合闸输出-	RVVP1.5mm^2	
13	FZ+	分闸输出+	RVVP1.5mm^2	
14	FZ-	分闸输出-	RVVP1.5mm^2	
15	CN+	储能+	RVVP1.5mm^2	
16	CN-	储能-	RVVP1.5mm^2	
17	BY1	备用 1	RVVP1.0mm^2	
18	GKW	隔离开关位置	RVVP1.0mm^2	可选
19	DKW	接地开关位置	RVVP1.0mm^2	可选
20	DQYBJ	低气压报警	RVVP1.0mm^2	可选
21	DQYBS	低气压闭锁	RVVP1.0mm^2	可选
22	WCN	未储能位	RVVP1.0mm^2	可选
23	YF	远方/当地	RVVP1.0mm^2	
24	HW	合位	RVVP1.0mm^2	
25	FW	分位	RVVP1.0mm^2	
26	YXCOM	遥信公共端	RVVP1.0mm^2	

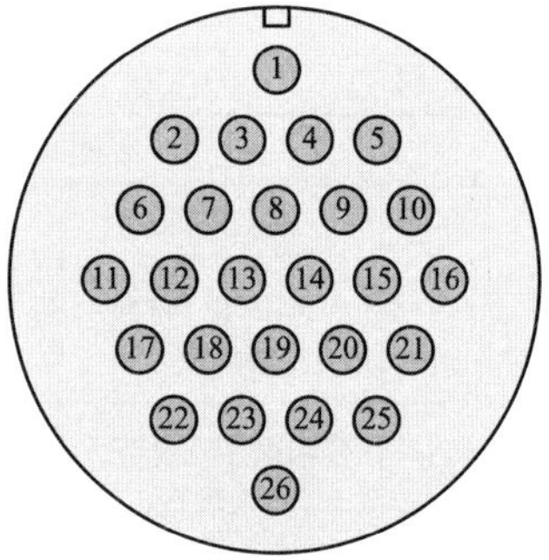

(9) 航空插头的电气接口及结构要求。

1) 4 芯航空插头、插座结构，如图 2-7-1～图 2-7-4 所示。

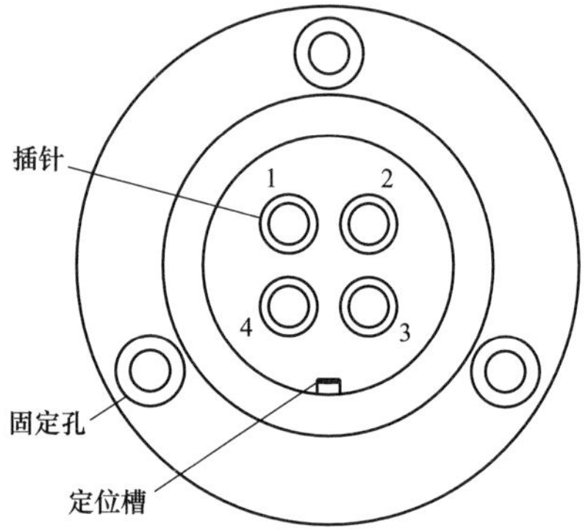

图 2-7-1　4 芯航空插座孔位图（从插座结合面看）

插合端直径	符号
ϕ3.5	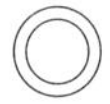

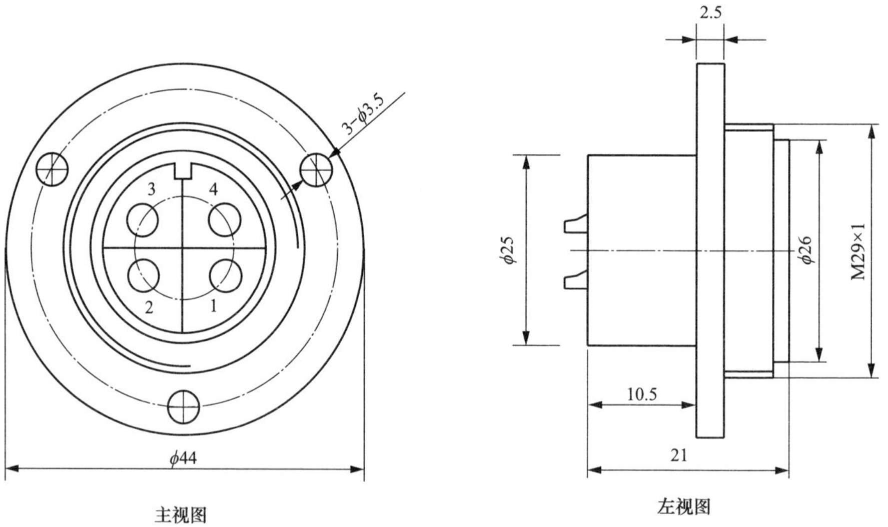

图 2-7-2　4 芯航空插座外形尺寸图

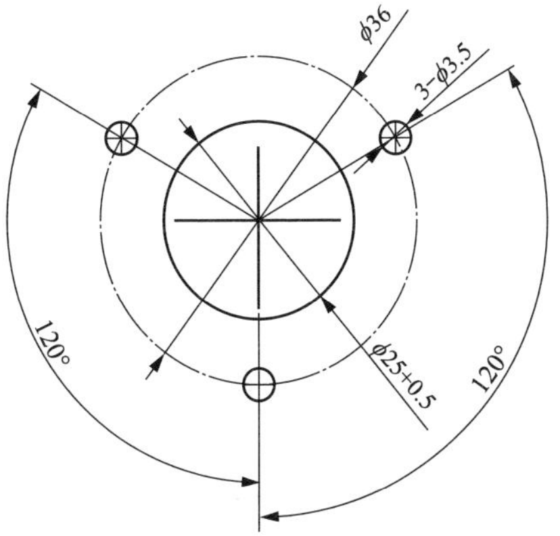

图 2-7-3　4 芯航空插座开孔尺寸图

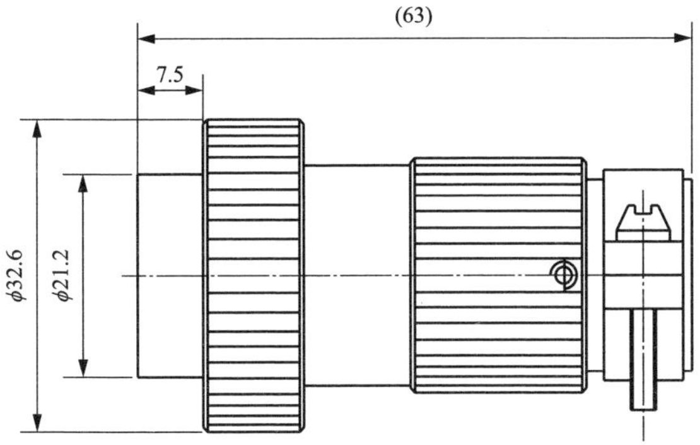

图 2-7-4　4 芯航空插头外形尺寸图

2）10 芯航空插头、插座结构，如图 2-7-5～图 2-7-8 所示。

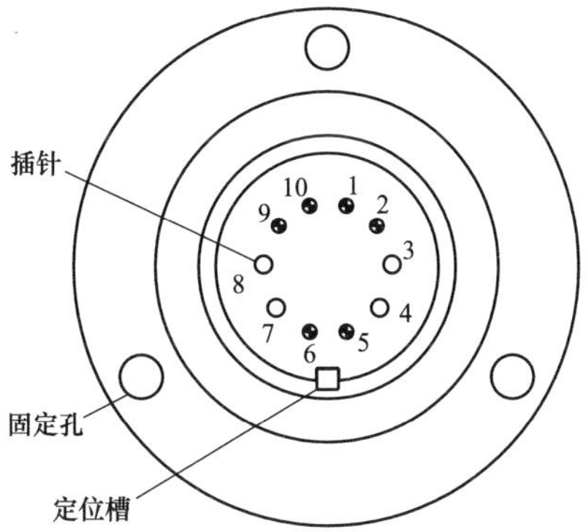

图 2-7-5　10 芯航空插座孔位图（从插座结合面看）

插合端直径	符号
ϕ2	○
ϕ1.59	◆

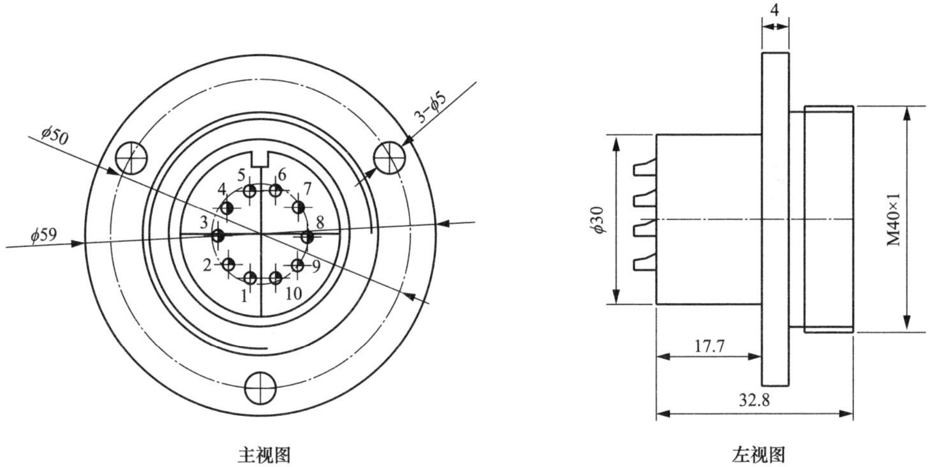

图 2-7-6　10 芯航空插座外形尺寸图

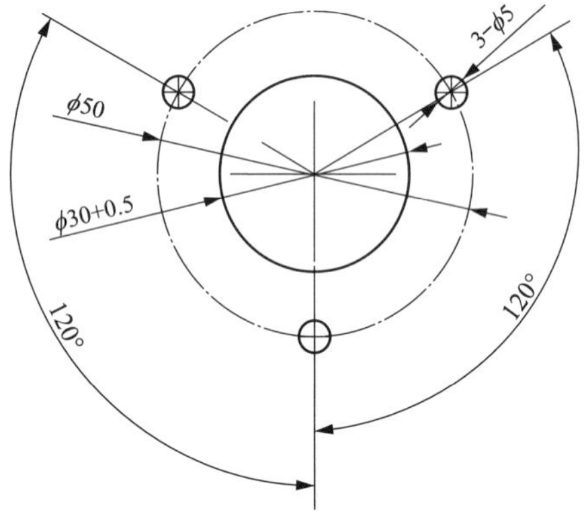

图 2-7-7　10 芯航空插座开孔尺寸图

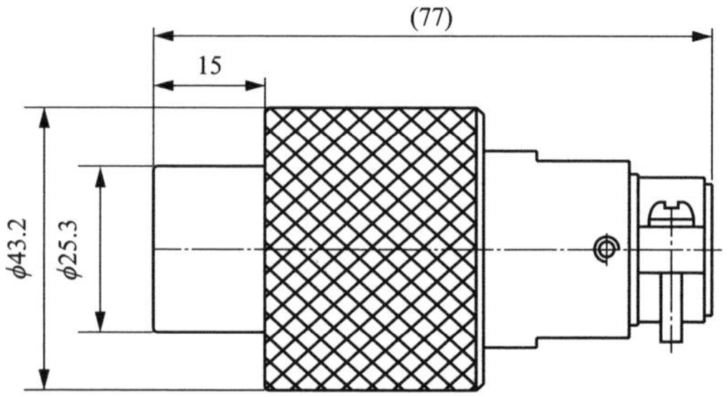

图 2-7-8　10 芯航空插头外形尺寸图

3）26 芯航空插头、插座结构，如图 2-7-9～图 2-7-11 所示。

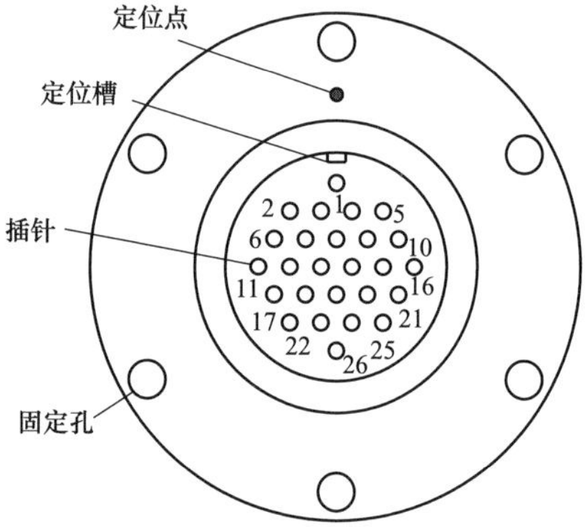

图 2-7-9　26 芯航空插座孔位图（从插座结合面看）

插合端直径	符号
$\phi 2$	

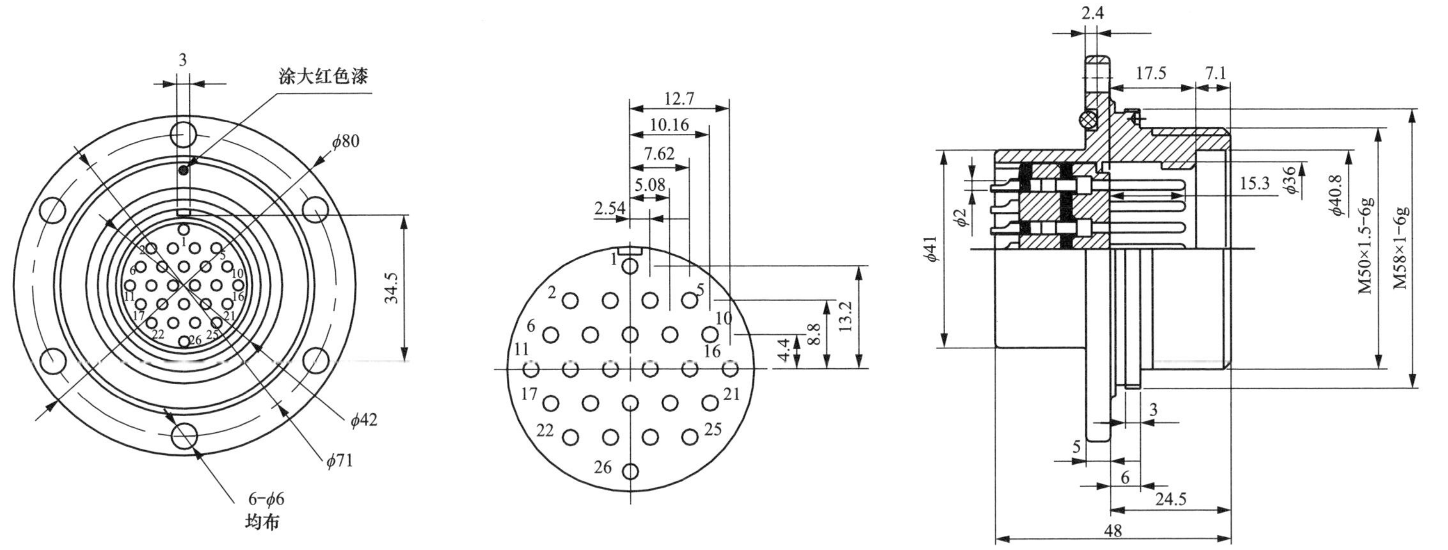

图 2-7-10　26 芯航空插座外形尺寸图

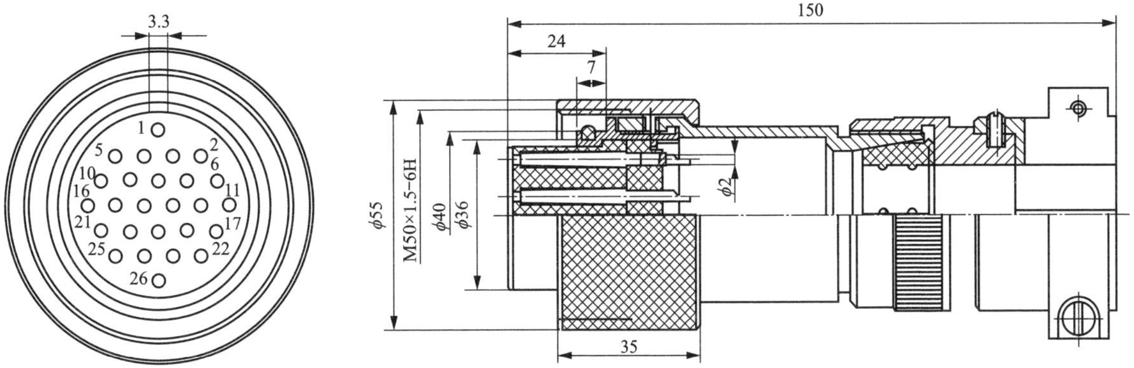

图 2-7-11　26 芯航空插头外形尺寸图

第8章　交直流电源部分

8.1　站内交流电源

8.1.1　概述

（1）装设交流配电箱1只，用于站内日常照明及通风机电源，配置漏电保护。

（2）站内采用防爆灯用于日常照明，电源取自交流配电箱；采用交直流两用LED灯用于应急照明，电源取自直流屏。

（3）照明线路采用穿镀锌钢管暗敷设方式布置，若受现场施工条件限制不能暗敷设时也可采用明敷设，但必须穿镀锌钢管保护管。

8.1.2　配置原则

交流配电箱电源由低压两回供电，箱内配置双电源切换开关，电源取自于站内的低压电源；开闭站低压电源由站用变提供，配变站由站内变压器提供。

8.1.3　站内交流灯具选择

照明系统配置见表2-8-1。

表2-8-1　照明系统配置

序号	设备类型	物料名称	物料编码	物料描述
1	照明设备	防爆灯	500022827	防爆，70W泛光灯
2	照明设备	应急灯	500022828	LED光源，直流两用，应急时间不小于120min
3	电力电缆	低压电力电缆	500132785	YJV，铜，16/10，4+1芯，ZC，无铠装，普通

8.2　站内直流电源

8.2.1　概述

本典型设计适用于10kV开闭站、配变站内直流系统，配置单独直流屏，直流屏2回电源均为AC 220V，额定输出电压采用DC 220V/DC 48V，采用高频开关电源模块和阀控式铅酸蓄电池组，蓄电池容量按不小于2h事故放电时间考虑，为保护、通信、远动等设备提供电源。

直流系统能自动实现主、浮、均充电切换，蓄电池正常以浮充方式运行，在正常浮充电方式下，直流母线电压应当为直流系统电压的105%；其他运行方式下直流母线电压不应超出直流用电设备所允许的电压波动范围。

8.2.2　配置原则

（1）直流系统选型：微机控制型智能高频开关直流电源，高频开关电源模块充电模块为（$n+1$）热备份模式，2回正常充电，1回备用充电模块。直流屏需提供DC 220V转DC 48V电源模块以备通信设备专用，电源模块为1用1备热备份模式。

220V直流电源应采用蓄电池组，48V及以下的直流电源可采用220V蓄电池组供电的电力用DC/DC变换装置。

蓄电池采用18只12V 38Ah固定阀控密封铅酸蓄电池。

（2）直流系统功能。

1）应能监视蓄电池组、充电和浮充电装置的输出回路、放电试验回路的直流电源。

2）应能监视直流主母线、蓄电池组和充电、浮充电装置的输出回路的直流电压。

3）直流主母线应装设绝缘监测继电器，能探测直流故障点；当直流母线绝缘电阻低于规定值时，应能发出灯光和音响信号，绝缘监测能测出正、负母线对地的电压值及绝缘电阻等。

4）直流系统应装设直流接地、母线电压过高、母线电压过低、蓄电池熔断器、充电器交流失电、充电器故障等灯光和音响信号。

5）电源监控系统采用三级测量、控制、管理模式，最高一级为电源监控后台，电源监控后台通过RS232、RS485、RS422、IEC 61850等通信方式与电源系统的监控模块连接；监控模块构成第二级测控；电源监控系统的第三级测控由各充电模块内的监控板、充、馈电柜监控板等组成。

8.2.3　接线方式

进线采用63A双电源装置，两路交流输入，互为备用，具备手动/自动切换功能，在自动切换方式下，当运行的交流输入失去时能自动切换到备用交流输入供电。

直流馈线配置三段直流母线，分别为DC 220V控制母线、DC 220V动力母线及 DC 48V 通信专用母线。

8.2.4　直流负荷

直流负荷按性质可分为经常负荷、事故负荷和冲击负荷：

（1）经常负荷指要求直流电源在各种工况下均应可靠供电的负荷。包括长明灯，逆变器，电气控制、保护装置等，DC/DC 变换装置。

（2）事故负荷指要求直流电源停电的全过程可靠供电的负荷，并应按事故初期负荷和事故持续性负荷以及随机负荷分类。包括直流应急照明。

（3）冲击负荷包括高压断路器跳闸等负荷。

8.2.5　保护

（1）蓄电池出口回路、充电装置直流侧出口回路、直流馈线回路和蓄电池试验放电回路等应装设保护电器。

（2）保护电器选择应符合下列规定：

1）蓄电池出口回路宜采用熔断器，也可采用具有选择性保护的直流断路器。

2）充电装置直流侧出口回路、直流馈线回路和蓄电池试验放电回路宜采用直流断路器，当直流断路器有极性要求时，对充电装置回路应采用反极性接线。

（3）直流断路器的下级不应使用熔断器。

（4）直流电源系统保护电器的选择性配合原则应符合：各级直流馈线断路器宜选用具有瞬时保护和反时限过电流保护的直流断路器。当不能满足上、下级保护配合要求时，可选用带短路短延时保护特性的直流断路器。

（5）充电装置直流侧出口宜按直流馈线选用直流断路器，以便实现与蓄电池出口保护电器的选择性配合。

（6）充电设备交流回路应有断相保护装置，交流失电恢复供电后能自动恢复充电能力。

（7）蓄电池组和充电浮充设备应采用熔断器保护，直流馈线可用熔断器或自动开关保护。

（8）充电、浮充电设备应具有自动限流状态，及稳压充电时，当充电电流超过定值的 5%时应能进入限流状态。

8.2.6　直流电源成套装置

直流电源成套装置主要适用于 10kV 开闭站、配变站，应该小而精，一般直流设备、蓄电池组、DC/DC 装置的数量不宜超过 1 面。

8.2.7　DC/DC 变换装置

DC/DC 变换装置和直流充电装置（AC/DC）、交流逆变装置（DC/AC）一样，都是由电力电子元件构成，其过载能力有限，负载不应超过装置额定容量。

8.2.8　直流电源选择

直流电源系统配置见表 2-8-2。

表 2-8-2　　直流电源系统配置

序号	设备类型	物料名称	物料编码	物料描述（屏柜颜色为冰灰橘纹 GY09）
1	直流屏	直流电源系统	500032243	DC 220V，30A，38Ah； 直流屏充电模块为（$n+1$）模式，2 回正常充电，1 回备用充电模块； 直流屏需提供 220V 转 48V 电源模块以备通信设备专用，电源模块为 1 用 1 备
2	电力电缆	低压电力电缆	500132785	YJV，铜，16/10，4＋1 芯，ZC，无铠装，普通

技术特性参数见 2-8-3。

表 2-8-3　　技术特性参数表

序号	参数名称	单位	数值
一	直流系统	—	—
1	交流输入电压	V	380±15%
2	交流电源频率	Hz	50±5%
3	输入功率因数	—	≥0.90
4	直流电压调节范围	V	198～286（DC 220V）
5	稳流精度	—	≤±1%
6	稳压精度	—	≤±0.5%
7	纹波系数	—	≤0.5%
8	效率	—	≥90%
9	噪声（距离装置 1m 处）	dB	<55
10	高频充电模块并联工作时输出电流不均衡度	—	<±5%
11	蓄电池寿命	年	≥10

直流电源系统主要技术参数见表 2-8-4。

表 2-8-4　　直流电源系统主要技术参数

序号	参数名称	单位	标准参数值
一	充电设备		
1	交流进线开关	A	63
2	进线切换装置（STS）	A	63
3	防雷模块等级	—	C级
4	高频开关电源模块：（根据直流电压等级选择充电模块）10kV开闭站、配变站220V充电模块	A	10×3
5	数字交流电压表	—	0.5级
6	数字直流电压表	—	0.5级
7	数字电流表	—	0.5级
8	通信电源模块电压	V	220/48
	通信电源模块电流	A	20×2
9	直流监控模块	—	1
10	充电输出开关	A	40
11	通信电源输出开关	A	40
二	直流馈线设备		
1	220V直流馈线断路器	—	20A/2P×8
		—	10A/2P×4
	48V直流馈线断路器	—	16A/2P×2
		—	10A/2P×2

续表

序号	参数名称	单位	标准参数值
2	信号灯数量	—	根据实际
3	报警及辅助接点数量	—	根据实际
4	直流馈线监测模块	—	
5	降压硅链（含保护器）	A	30
6	具有交流窜直流测记、报警功能的直流馈线接地选检装置	—	
三	交流馈线设备		
1	交流馈线断路器	—	40A/3P×1
2		—	32A/3P×2
3		—	32A/2P×1
4		—	20A/2P×4
四	蓄电池组		
1	蓄电池	—	
2	蓄电池单体电压	V	12V
3	蓄电池容量	Ah	38
4	蓄电池管理单元	—	1
5	蓄电池架	—	厂家配套
6	蓄电池管理单元通信电缆	—	厂家配套

第9章　通　信　部　分

9.1　概述

配电自动化建设应以一次网架和设备为基础，运用计算机、信息与通信等技术，实现对配电网的实时监视与运行控制，为配电管理系统提供实时数据支撑。配电自动化是配电网管理的重要手段，可以提高配电网调度、生产和运行的管理水平，有效提高配电网供电的可靠性。配电自动化系统主要由配电自动化系统主站、配电自动化系统子站（可选）、配电自动化终端和配套通信网络等组成，具体如图2-9-1所示。

9.1.1　配电自动化主站

配电自动化系统主站（即配电网调度控制系统，简称配电主站），主要实现配电网络数据采集、运行监控、馈线自动化、故障处理等功能，应根据配电网设备运行情况进行监控，并支撑配网调度、生产管理等业务需求，根据配电网规模和应用需求进行差异化配置，依据Q/GDW 625规定的实时信息量测算方法确定主站规模。

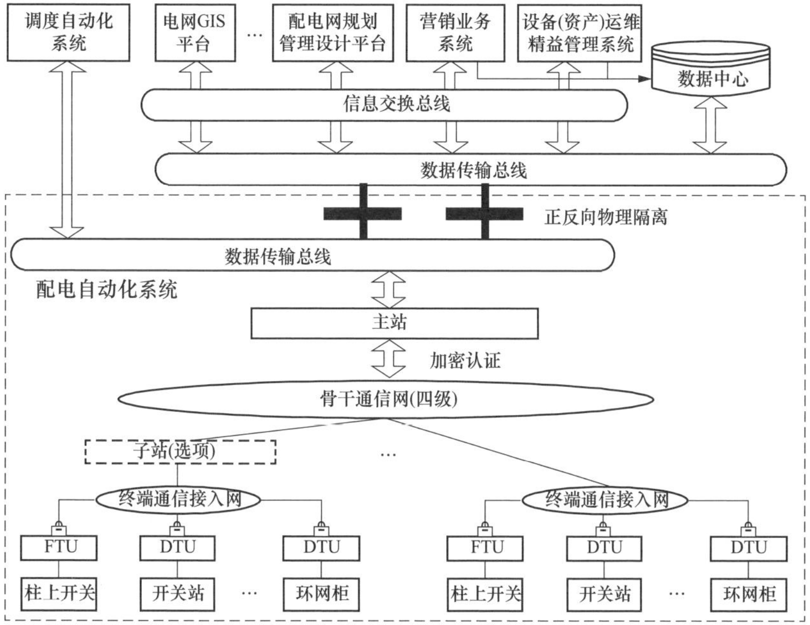

图 2-9-1 配电自动化系统架构图

9.1.2 配电终端

配电终端用于对环网单元、站所单元、柱上开关、配电变压器、线路等进行数据采集、监测或控制。应根据可靠性需求、网架结构和设备状况，合理选用配电终端类型。

9.1.3 通信网络

电力通信网应由骨干通信网、10kV 通信接入网组成，其中骨干通信网应包括省际骨干通信网、省级骨干通信网、地市骨干通信网三个层次。

10kV 通信接入网（配电网通信网）建设可选用光纤专网、无线公网（VPN 通道）、无线专网、电力载波等通信方式。

本典型设计主要针对 10kV 通信接入网（配电网通信网）部分相关建设原则、组网及设备选型进行论述。

9.2 配电通信网建设原则

9.2.1 配电通信网建设总体要求

（1）配电通信网规划设计应对业务需求、技术体制、运行维护及投资合理性进行充分论证。配电通信网应遵循数据采集可靠性、安全性、实时性的原则，在满足配电自动化业务需求的前提下，充分考虑综合业务应用需求和通信技术发展趋势，做到统筹兼顾、分步实施、适度超前。

（2）配电通信网所采用的光缆应与配电网一次网架同步规划、同步建设，或预留相应位置和管道，满足配电自动化中、长期建设和业务发展需求。

（3）配电通信网建设可选用光纤专网、无线公网（VPN 专用通道）、电力线载波等多种通信方式，规划设计过程中应结合配电自动化业务分类，综合考虑配电通信网实际业务需求、建设周期、投资成本、运行维护等因素，选择技术成熟、多厂商支持的通信技术和设备，保证通信网的安全性、可靠性、可扩展性。

（4）配电通信网通信设备应采用统一管理的方式，在设备网管的基础上充分利用通信管理系统（TMS）实现对配电通信网中各类设备的统一管理。

（5）配电通信网应满足二次安全防护要求，采用可靠的安全隔离和认证措施。

（6）配电通信设备电源应与配电终端电源一体化配置。

9.2.2 配电通信网组网方式

（1）有线组网宜采用光纤通信介质，以有源光网络或无源光网络方式组成网络。有源光网络优先采用工业以太网交换机，组网宜采用环形拓扑结构；无源光网络优先采用 EPON 系统，组网宜采用星形和链形拓扑结构。

（2）电力载波通信是电力系统特有的通信方式，属于专网通信，但由于受到传输衰减、噪声干扰及复杂时变特性等技术难题困扰，目前无法在区域性配电网中实现大规模组网，宜作为光纤通信技术的重要补充方式。在光纤无法覆盖区域，采用光通信与载波技术的融合方案，作为光纤通信方式的有效补充。载波从站所采集业务汇聚至载波主站，再接入光纤接入设备（如 ONU、工业以太网交换机等）连接至主站。

（3）无线组网主要采用无线公网（VPN 专用通道）方式。典型设计推荐采用无线公网通信方式时，应采取专线 APN 或 VPN 访问控制、认证加密等安全措施。

9.2.3 配电通信方式选择

（1）配电自动化“三遥”终端宜采用光纤通信方式，“二遥”终端宜采用无线通信方式。在不具备条件的区段，可采用电力线载波、无线通信方式进行补充。电力线载波不宜独立进行组网。

（2）当配电通信网采用 EPON、GPON 或光以太网络等技术组网时，应使用独立纤芯或独立波长；当采用无线公网通信方式时，应接入安全区，并通过隔离装置与生产控制大区相连。

9.2.4 通信规约

配电主站与配电终端应采用标准化通信规约，优先选用 DL/T 634。

9.2.5 信息交互

（1）配电自动化系统与调度自动化系统、PMS、电网 GIS 平台、营销业务系统等其他系统进行信息交互，遵循源端唯一、源端维护的原则，实现数据共享和应用集成。

（2）配电自动化信息交互模型应遵循标准化原则，即以 IEC 61970/61968 CIM 标准为核心，遵循和采用调度自动化系统、PMS、电网 GIS 平台、营销业务系统等相关集成规范。

（3）配电自动化应采用标准化的信息交互方式，配电主站与调度控制系统应按照智能电网调度控制系统相关标准技术要求进行数据交互，配电主站与其他系统之间的信息交互应遵循公司相关技术标准。

（4）信息交换总线应支持基于消息的业务编排、信息交互拓扑可视化、信息流可视化等应用，满足各专业系统与总线之间的即插即用。

（5）应根据主站规模和相关信息系统的接口数量，合理配置信息交换总线的相关软硬件。

9.2.6 安全防护

（1）在生产控制大区与管理信息大区之间应部署正、反向电力系统专用网络安全隔离装置进行电力系统专用网络安全隔离。

（2）在管理信息大区Ⅲ、Ⅳ区之间应安装硬件防火墙实施安全隔离。硬件防火墙应符合公司安全防护规定，并通过相关测试认证。

（3）配电自动化系统应支持基于非对称密钥技术的单向认证功能，主站下发的遥控命令应带有基于调度证书的数字签名，现场终端侧应能够鉴别主站的数字签名。

（4）对于采用公网作为通信信道的前置机，与主站之间应采用正、反向网络安全隔离装置实现物理隔离。

（5）具有控制要求的终端设备应配置软件安全模块，对来源于主站系统的控制命令和参数设置指令应采取安全鉴别和数据完整性验证措施，以防范冒充主站对现场终端进行攻击，恶意操作电气设备。

9.3 配电网通信系统典型应用场景设计原则

依据 DL/T 1406《配电自动化技术导则》，配电网通信系统典型应用场景设计结合光纤专网、无线通信、电力载波等通信方式特点，同时考虑供电区域特点和“二遥”“三遥”配置情况合理选择通信方式，满足多种配电业务传输要求。

对于无法敷设光纤的区域，宜采用中压载波、无线公网进行末端补充。对于配电自动化“二遥”业务，在已有光纤资源可随一次网架同步建设光缆的应用场景，推荐采用光纤方式；如考虑到组网成本和施工难度，宜优先采用无线公网进行组网，其次为中压配电网载波。

9.3.1 XPON 组网方案相关规定

依据 DL/T 5599《电力系统通信设计导则》相关规定要求。

（1）光纤通信线路设计应符合下列规定：

1）新建与改扩建配电网线路工程应满足终端通信接入网光缆建设的需求，光缆建设与线路建设、改造应同步进行。

2）终端通信接入网新建的光缆线路宜采用管道方式或架空敷设，优先选用管道方式敷设；光缆类型可采用 ADSS、非金属阻燃光缆等；主干光缆通道的光缆芯数不应少于 24 芯，宜选用 ITU-T G.652 单模光纤。

3）城市配电网电缆管道的规划建设应预留光缆专用管孔或子管（专用孔径 $D=50$）。

（2）光纤通信网设计应符合下列规定：

1）光纤通信可采用 XPON 技术或工业以太网技术，用于配电网通信和电力光纤到户工程。

2）网络拓扑结构应根据配用电网架结构、承载业务的重要程度以及光缆建设情况进行设计。XPON 组网宜采用链型、树型或星型拓扑结构，工业以太网组网宜采用环型拓扑结构。

3）XPON 系统设计技术原则如下：

a. XPON 系统由通信站侧的 OLT、用户侧 ONU 以及 ODN 组成；OLT 宜集中安装在变电站、开闭站、配电室、充电站等位置；ONU 宜安装在 10kV 配变站或配电设施、充电桩、用电表计等业务终端位置；OBD 宜安装于光缆交接箱、光纤配线架、光纤接头盒，或随 ONU 集中部署。

b. 分光级数应根据光纤通信电路衰减计算确定，链型不宜超过 8 级，树型不宜超过 3 级。

c. 其他技术要求应符合 GB/T 33845《接入网技术要求吉比特的无源光网络（GPON）》和 DL/T 1574《基于以太网方式的无源光网络（EPON）系统技

术条件》的规定。

4）工业以太网设计应符合下列规定：

a. 工业以太网组网宜建立骨干层和接入层两层网络，骨干层交换机宜集中安装在变电站；接入层交换机安装于输电线汇聚塔、变电站、10kV 配变站或配电设施、充电桩、用电表计等位置。

b. 骨干层宜采用网状或环网结构；接入层宜采用环网结构，同一环网节点数量不宜超过 20 个。

5）XPON 和工业以太网系统接入骨干通信网时，网络接口应选择与之相适应的、成熟的技术体制和标准接口。

6）光纤通信网应配置相应的设备网管，具备北向接口接入终端通信接入网网络管理系统。

7）电力光纤到户设计要求应符合 DL 5715《电力光纤到户组网技术规程》的规定。

9.3.2 终端通信接入网网络管理系统

（1）在建设终端通信接入网时应同步建设相应网络管理系统，按网络级网管配置。

（2）终端通信接入网网络管理系统应能实现终端接入网光纤 XPON、工业以太网、中低压载波等设备网管信息的接入，并与运营商的无线公网等网管信息对接。

（3）终端通信接入网网络管理系统应具备监控管理、资源管理、运行维护管理等管理功能，应满足容灾需要。

（4）终端通信接入网网络管理系统可采用省级集中部署或地市级分散部署方式。

9.3.3 IP 地址规划原则

配网通信系统所用 IP 地址是指用于部署在 110、35kV 变电站的三层设备、OLT、工业以太网交换机、终端等设备所用的地址，包括设备之间的互联地址、设备管理地址和终端设备地址，其中，设备互联地址、设备管理地址由相应的网络建设管理部门分配与管理，终端设备地址由业务部门进行分配与管理。

（1）设备管理地址。设备管理地址主要为变电站设备的 OLT、工业以太网交换机、变电站三层设备等设备分配，主要用来对设备进行远程管理。

（2）设备互联地址。设备的互联地址主要是变电站配电自动化的三层设备与骨干网进行连接的 IP 地址，目的是为变电站的终端设备和地市主站建立通道互联，进行信息传递。

（3）终端设备地址。终端设备主要为各变电站的开闭站、环网单元、箱式变电站和柱上开关等终端组成，具体 IP 地址的分配需部署专门的终端设备 IP 地址服务器。终端设备采用 XPON 设备组网方式时，使用地址服务器动态 IP 地址分配，采用工业以太网交换机组网方式使用静态地址分配方式。

光纤通信网各变电站的 10kV 接入网通过 XPON 网络和工业以太网等组网方式实现接入，该组网模式下 IP 地址规划取值范围应符合公司关于 IPv4 地址的管理规定；无线公网的管理、互联和终端设备 IP 地址由运营商负责规划提供，应符合运营商的地址规划原则，地市电力公司配电自动化主站负责做好地址配置对接和安全防护工作，不同区域的电力网络与无线公网的互联地址应采用电力 IP 地址，分配原则应遵循电力系统 IP 地址规划分配原则。

9.4 设备的组成

XPON 光纤通信设备部分主要包括光线路终端（OLT）、无源光网络单元（ONU）、分光器、光纤配线架（ODF）、网管、交换机。

9.5 设备组屏原则及布置方案

9.5.1 设备组屏原则

（1）光线路终端（OLT）设备单独组屏安装于变电站、开闭站、配电室、充电站内。

（2）无源光网络单元（ONU）、分光器、光纤配线架（ODF）不单独组屏，与远动主机、交换机、公用测控装置、规约转换装置及无线通信网关设备采用集中组屏方式，安装于 10kV 配变站内。

（3）无源光网络单元（ONU）、分光器、光纤配线架（ODF）与配电自动化终端 DTU，宜安装于室外环网箱内的通信专用箱。

9.5.2 设备布置方案

（1）通信设备应尽可能避开强电磁场，强振动源和强噪声源的干扰，还应考虑防尘、防潮，并符合防火标准。

（2）通信设备接地系统应与站（箱）内主接地网可靠连接。

9.6 主要功能及技术指标

9.6.1 光线路终端（OLT）

（1）装置性能及配置。

1）OLT 设备宜安装在变电站、开闭站、配电室、充电站中，设备宜采用站用一体化电源，直流－48V 双路供电。

2）OLT 设备对多个方向的光缆链路实现以太网接口汇聚，任何一个终端设备（ONU）故障都不会影响其他终端设备，使得设备的故障率低，容易维护。

3）为考虑升级扩容，XPON 系统设计时应保留裕量。OLT 设备应预留一定的端口备用。

4）配电终端业务经过 XPON 光传输网络，在变电站侧将信息汇聚经骨干通信网传输配电主站，OLT 设备作为 10kV 接入网与骨干通信网相连的接口设备，一般设置在变电站，特殊情况下也可放在 10kV 配变站、开闭站或充电站。

5）OLT 设备具备以太网接口、GE 接口、FE 接口等；RS-232/RS-485 接口传输速率可选用 1200、2400、9600bit/s。

6）OLT 设备具备网络管理接口。

7）具备网络中断自动重连功能。

8）在每座 10kV 配电站（所）内放置 ONU 设备，通过光纤与之相对应变电站 OLT 设备中的 PON 接口进行连接。

9）分光器分光级数可根据光缆衰耗的具体情况而定，OLT 设备至末端 ONU 设备光缆全程衰耗不得超过－26dB，因此实际使用中一般不超过 8 级分光。

OLT 设备配置见表 2-9-1。

表 2-9-1　OLT 设备配置

序号	类型	物料名称	物料编码	物料描述
1	光线路终端设备	光缆终端设备（OLT）	500117700	PON 口数 96，双电源供电，双主控，直流－48V
2	机柜	机柜	500138808	2260(高)×600(宽)×600(深)；机柜顶部增加 60mm 钢板，用于粘贴机柜标识牌。颜色 GY09，冰灰橘纹。柜顶部含直流分配单元

（2）装置技术指标（见表 2-9-2）。

表 2-9-2　OLT 设备标准技术参数表

性能参数	参数描述
典配配置	最大支持 PON 口数目：96，主控板需具备集成上行端口
供电方式	直流供电（－48V DC）
工作环境温度范围	－40～65℃，最低启动温度为－25℃
设备交换容量	≥8Tbit/s
每槽位最大带宽容量	≥200Gbit/s
尺寸要求	满足 19、21 英寸机柜安装，设备高度不超过 6U
OLT PON 接口	2dBm≤平均发送光功率≤7dBm，1300nm≤波长≤1500nm，接收机灵敏度≤－27dBm，接收机过载功率≥－8dBm
OLT MAC 功能和性能测试	PON 的 OLT 可以动态学习数据业务的 MAC 地址，学习速度不小于 1000 个/s；OLT 设备 MAC 地址容量：配置 PON 口≥16，MAC 地址表容量≥131072 个，配置 PON 口<16，MAC 地址容量≥131072
OLT 二层转发功能	OLT 应支持以太网二层交换功能，二层交换能力应确保上下行业务的线速转发
生成树功能	OLT 应支持快速生成树协议（RSTP）和多生成树协议（MSTP）
流量控制功能	OLT 应支持流量控制功能
二层汇聚功能	OLT 应支持对多个 PON 板的上行业务汇聚功能
链路聚合功能	OLT 应支持链路聚合功能
ONU 发现、注册与认证功能	支持 OLT 对 ONU 的发现、注册、认证
最大传输距离	1∶32 分路比，传输距离>10km，1∶16 分路比，传输距离>20km
最大分路比	最大分路比至少为 1∶32
动态带宽分配	DBA 的最小可配带宽不大于 512kbit，颗粒度不大于 128kbit，精度优于±5%
VLAN 功能	OLT 支持 VLAN 功能
可控组播功能	OLT 支持可控组播功能

9.6.2 无源光网络单元（ONU）

（1）装置性能及配置。

1）ONU 宜安装在 10kV 配电站（所），与配电终端统一安置在同一机箱（柜）内，但应保持相对独立，且应采用同一设备电源进行供电。

2）10kV 配变站内 ONU 与远动通信设备、公用测控装置等设备组屏安装。屏内将 ONU 及 ODF 光纤配线架等通信设备安装在预留位置。

3）10kV 室外环网箱顶部内预留专用通信箱体位置，安装通信设备（ONU 及光缆终端盒等），ONU 等通信设备与自动化信息采集装置 DTU 用网线连接，共同安装于 10kV 环网柜内。

4）配电终端以 TCP/IP 协议接入 XPON，10kV 配变站（箱）内的 ONU 设备具有双 PON 接口，支持业务的双 PON 口保护，RS485/RS232、RJ45 端口，支持 TCP/IP 协议。DTU 利用网线就近接入。

10kV 配电站（所）ONU 设备配置见表 2-9-3。

表 2-9-3　　　　10kV 配电站（所）ONU 设备配置

序号	类型	物料名称	物料编码	物料描述
1	光网络单元设备（ONU）	光网络单元设备（ONU）	500117707	直流－48V，PON 口：2，FE 接口：4，POTS 接口：无，RS485 接口：4，CATV 接口：无，使用环境：户外/户内

（2）装置技术指标（见表 2-9-4）。

表 2-9-4　　　　10kV 配电站（所）ONU 设备标准技术参数表

项目			技术参数
配置要求	尺寸（高/宽/深）		44.4mm×482.6mm×180mm
	重量		2.5kg
	电源参数	供电方式	直流供电（－48V DC）、交流供电（～220V AC）
		工作电压范围	－57～－40V、176～264V
	功耗		12W
	固定式	接口数（以太网＋POTS）	8FE、4GE＋4FE、16FE、24FE
	工作环境温度范围		－40～70℃
PON 接口	－1dBm≤平均发送光功率≤4dBm，1260nm≤波长≤1500nm，接收机灵敏度≤－27dBm，接收机过载功率≥－8dBm		
最大传输距离	1∶32 分路比，传输距离＞10km，1∶16 分路比，传输距离＞20km		
VLAN 功能	ONU 支持 VLAN 功能		
系统吞吐量	上行吞吐量不小于 1244Mbit，下行吞吐量不小于 2488Mbit		

9.6.3　光分配网络单元（ODN）

9.6.3.1　光分路器（POS）

（1）装置性能及配置。POS（光分路器）宜安装在光缆交接箱、光纤配线架、光纤接头盒中，或随 ONU 集中部署。POS 宜选用星形、链形等接入形式灵活组网，采用星形组网方式时分光级数一般不宜超过 3 级，采用链形组网方式时分光级数一般不宜超过 8 级。光分路器配置见表 2-9-5。

表 2-9-5　　　　分光路器配置

序号	类型	物料名称	物料编码	物料描述
1	光分路器	分光器	500072065	分光方式：一分八，均分（含 4U 机框、16 个插槽）
		分光器	500072065	分光方式：一分八，均分（盒式分光器）

（2）装置技术指标（见表 2-9-6）。

表 2 9 6　　　　分光路器技术参数

性能参数	参数描述	
支持最大级联数	不小于 10 级	
工作环境温度	－40～85℃	
工作环境湿度	10%RH～95%RH	
可靠性指标	≥99.999%	
防护、长度指标	外有防护纺纶，所有进、出纤长度可根据工程需求定制	
熔融拉锥型（FBT）	均分设备，分路比为 1∶8 及以下使用；所有非均分设备使用	
支持最大级联数	不小于 8 级	
插入损耗	均分 1∶8，≤10.7	
光纤活动连接器	类型	支持 FC/PC 或 LC/PC 或 SC/PC
	插入损耗	≤0.5dB
	回波损耗	≥45dB

9.6.3.2　光纤配线架（ODF）

（1）装置性能及配置。ODF 光纤配线架是光传输系统中一个重要的配套设备，它主要用于光缆终端的光纤熔接、光连接器安装、光路的调接、多余尾纤的存储及光缆的保护等，它对于光纤通信网络安全运行和灵活使用有着重要的作用。ODF 光纤配线架的选型应重点考虑以下几个方面。

1）纤芯容量。一个 ODF 光纤配线架应能使局内的最大芯数的光缆完整上架，在可能的情况下，可将相互联系比较多的几条光缆上在一个架中，以方便光路调配。同时配线架容量应与通用光缆芯数系列相对应，这样在使用时可减少或避免由于搭配不当而造成 ODF 光纤配线架容量浪费。

2）功能种类。ODF 光纤配线架作为光缆线路的终端设备应具有 4 项基本功能。

a. 固定功能：光缆进入机架后，对其外护套和加强芯要进行机械固定，加装地线保护部件，进行端头保护处理，并对光纤进行分组和保护。

b. 熔接功能：光缆中引出的光纤与尾缆熔接后，将多余的光纤进行盘绕储存，并对熔接接头进行保护。

c. 调配功能：将尾缆上连带的连接器插接到适配器上，与适配器另一侧的光连接器实现光路对接。适配器与连接器应能够灵活插、拔；光路可进行自由调配和测试。

d. 存储功能：为机架之间各种交叉连接的光连接线提供存储，使它们能够规则整齐地放置。光纤盒内应有适当的空间和方式，使这部分光连接线走线清晰，调整方便，并能满足最小弯曲半径的要求。

ODF 设备配置见表 2-9-7。

表 2-9-7　　ODF 设备配置

序号	类型	物料名称	物料编号	物料描述
1	光纤配线架（ODF）	光纤配线架（ODF），≤72 芯	500009695	19 英寸，单模，12 芯/排，含全套熔配一体化熔接盘、束状尾纤、适配器等

（2）装置技术指标。ODF 光纤配线架主要分为 12 芯、24 芯、36 芯、48 芯、72 芯、96 芯。

第 10 章　站房辅助控制部分

10.1　概述

基于现代物联网技术构建低成本、高可靠的站房智能综合监控平台，运维人员可以远程查看配电房环境状态和运行参数，可完成自动巡检工作，可查看实时视频，实现及时发现运行风险并安排检修人员处理。实现保障配电房设备安全，提升供电可靠性，提升电网安全运行，实现站房智能化、精益化管控的建设目标。

通过加装各种设备传感器实现设备本体监控、环境监控和安防监控三大类监测需求以及站房的消防需求。其中本体类包括高压开关柜运行状态信息；环境类包括环境温湿度、烟气报警、水浸报警等；安全监控包括站房视频监控等；消防系统包含火灾自动报警系统、应急照明系统、自动灭火系统、灭火器配置等。

10.2　消防系统

10.2.1　消防照明系统

站房内出入口等设置应急照明灯和疏散指示灯，应急照明电源取自直流屏，疏散照明的最少持续供电时间为 120min。

10.2.2　火灾自动报警系统

（1）火灾自动报警系统采用集中报警系统。

（2）室内设火灾报警控制器。

（3）在站房内、电缆井，直流屏内等处均按规范设置感烟探测器、声光讯响器以及各种控制模块等共同组成火灾自动报警及联动控制系统。

10.2.3　消防联动控制主要功能

（1）火灾报警探头的报警信号作为触发信号，反馈至消防报警主机，联动消防装置，消防信号应同时具备向调控中心及消防物联网双通道传输的功能。

（2）火灾发生时，可切除非消防用电。

（3）火灾自动报警及联动系统的传输线路采用穿金属管、防火保护金属线槽保护方式布线。消防控制、通信和警报线路采用暗敷时，采用金属管并敷设在非燃烧体的结构层内，保护层厚度不小于 30mm。采用明敷时，采用防火保护的金属管或金属线槽保护。

（4）火灾自动报警系统的供电线路、消防联动控制线路、报警总线、消防应急广播和消防专用电话等传输线路采用阻燃耐火铜芯电线电缆。

10.2.4　消防灭火设施

（1）开闭站、配变站的耐火等级不应低于二级。

（2）灭火设备的数量及类型应符合 GB 50140《建筑灭火器配置设计规范》和 DL/T 5027《电力设备典型消防规程》的要求，手提式干粉灭火器安装在站房入口处显眼位置，且不得上锁，应定点放置，地面用黄色油漆做定点定位。

（3）开闭站、配变站室内应装有火灾报警装置，并能进行现场声光报警并上传报警信号。

（4）开闭站、配变站套建于高层建筑物内时，应设置自动灭火系统。当开闭站、配变站套建于非高层建筑物内时，可只采用手提干粉灭火器。

（5）开闭站、配变站设置 MF/ABC4 磷酸铵盐手提干粉灭火器，灭火器配置根据 GB 50140《建筑灭火器配置设计规范》6.2、7.3 进行计算。

10.2.5 电气防火措施

（1）消防用电设备使用的穿线钢管明敷的应采取防火保护措施（如刷防火涂料）当穿线钢管暗敷，应埋设在不燃烧体结构内，且保护层厚度不小于30mm。

（2）开关、插座和照明器及附件靠近可燃物时，应采取隔热、散热等保护措施。

（3）所有消防用配电设备内的一、二次线都应采用阻燃温度 105℃ 的导线。

（4）电缆、线槽穿楼板、隔墙处及电缆沟内外接口处、在所有设备屏柜的电缆进出孔洞处均应进行防火阻燃封堵。防火墙厚度一般不小于 240mm，两侧采用 10mm 以上厚度的防火隔板封隔。

（5）消防设备配电线路暗敷时，保护层厚度须大于 30mm；明敷时做防火处理。电气竖井内孔洞在设备安装完毕后用防火材料封堵。所有电气管线跨不同防火分区或穿楼板时均应做好防火封堵措施。

10.2.6 消防系统选择

消防系统选型见表 2-10-1。

表 2-10-1　　消防系统选型

序号	设备类型	物料名称	物料编码	物料描述
1	消防系统	消防系统	500010594	站房消防系统

消防系统主要技术参数见表 2-10-2。

表 2-10-2　　消防系统主要技术参数

序号	名称	规格型号
1	智能光电烟感报警器	编码型，1～252 任意编码
2	智能温感报警器	编码型，1～252 任意编码
3	风机控制器	
4	超细干粉自动灭火系统	FFX-ACT6 悬挂式非贮压式超细干粉
5	报警控制系统	工作电压 DC 220V，机架式，含报警系统，灭火控制器，感温、感烟探测器，喷放指示灯，声光报警器，紧急启动按钮
6	灭火器	手提式磷酸铵盐干粉
7	铠装阻燃电源电缆及其他辅材	厂家配套提供

10.3 辅助控制系统

10.3.1 智能终端

（1）开关柜本体监测。适用于开关柜类设备的状态监测，传感器集成 TEV、超声、柜体表面温度三种检测技术。

（2）温湿度传感器。加装环境温湿度传感器实现站房内环境温湿度数据采集，提供温湿度异常告警，为站房设备可靠运行提供环境数据分析。

（3）烟雾探测器。加装烟雾探测传感器，当站房内出现不明火种时，提供预警，并能提醒管理人员迅速行动，采取措施，保证设备和人员安全。

（4）水浸传感器。加装漏水探测传感器，可实时监测电缆上沿线任何位置的水、酸浸入情况。一旦检测到漏水，漏水控制器启动声音及灯光报警，输出干接点和 RS485 信号，实现就地和远方告警，并与站房内水泵控制器联动。

（5）摄像头球机。实现站房内全方位监控，可录像、回放，可水平旋转，提供入侵报警。实时监测变压器、开关柜等运行状态。

（6）人证一致。系统用户分为超级用户，普通用户、访客三种，可以灵活使用客户端硬件来登录，并回放查询的视频。

（7）门禁系统。配置的门禁为行程开关，为空接点，可作为遥信向云端传输。

（8）UPS 电源。不间断电源，主要在站房停电时给采集设备提供临时电源。

（9）数据采集接入。监测数据汇集至数据采集网关，通过智能网关，实现站房智能设备数据通信协议转换为一种标准协议，与后台系统以 4G、光纤等方式连接。

10.3.2 站房辅助控制系统选择

站房辅助控制系统选型见表 2-10-3。

表 2-10-3　　站房辅助控制系统选型

序号	设备类型	物料名称	物料编码	物料描述
1	智能变电站辅助系统综合监控平台	智能变电站辅助系统综合监控平台	500074442	开闭站智能辅助控制系统
2	智能变电站辅助系统综合监控平台	智能变电站辅助系统综合监控平台	500074442	配变站智能辅助控制系统

站房辅助控制系统主要技术参数见表 2-10-4。

表 2-10-4　　站房辅助控制系统主要技术参数

序号	名称	规格型号
一	安全监控系统	
1	门禁控制主机	2 门控制器
2	读卡器	
3	开门按钮	
4	电磁锁	
5	室内网络高速球	1/2.8″Progressive Scan CMOS，有效像素 327 万；30 倍光学变倍，16 倍数字变倍；支持自动光圈、自动聚焦、自动白平衡、背光补偿、宽动态、3D 数字降噪；支持超低照度，0.02Lux/F1.6（彩色），0.002Lux/F1.6（黑白），0 Lux with IR；采用高效红外阵列，低功耗，照射距离达 180m；采用智能预热系统，支持在温度为－45℃时仍可正常启动并稳定工作；支持手动跟踪、全景跟踪、事件跟踪等多种跟踪方式并支持多场景巡航跟踪功能；支持三维智能定位功能，配合 DVR/客户端软件/IE 可实现点击跟踪和放大；支持系统双备份功能，确保数据断电不丢失；支持断电状态记忆功能，上电后自动回到断电前的云台和镜头状态；防雷、防浪涌、防突波，IP66 防护等级；支持以太网控制，同时支持模拟输出；最大支持 128G 的 SD/SDHC/SDXC 卡存储；支持 300 个预置位，并具有预置点视频冻结功能；支持报警功能，内置 7 路报警输入和 2 路报警输出，支持报警联动功能
6	高清网络录像机	网络视频输入：32 路；支持 4K 高清网络视频的预览、存储与回放；支持 2 个 HDMI 和 2 个 VGA 同时输出，支持 4K 高清分辨率输出；支持最大 16 路 1080p 同步回放及多路同步倒放；全新的 UI 操作界面，支持一键开启录像功能；支持 16 个 SATA 接口，1 个 eSATA 盘库，并配置 12T 硬盘存储，用于录像和备份；双千兆网卡，支持双网络 IP 设定等应用；满足国网 B 接口

续表

序号	名称	规格型号
7	视频专用硬盘	SATA、4T、7200
8	红外双鉴探测器	
9	屏蔽网络线、铠装阻燃电源电缆及其他辅材	
二	环境监测系统	
1	环境数据采集单元	16 路报警输入，16 路模拟量，8 路 RS485
2	温湿度传感器	温度测量范围：－25～100℃；±0.5℃ 湿度测量范围：0%～100%RH；±1%RH（25℃）
3	水浸探测器	3mm±1mm；误报率≤0.01%
4	风机控制器	
5	水泵控制器	
6	水泵	与水浸探测器联动，流量不小于 20m³/h，扬程不小于 30m，含 DN100 软管各 20m
7	铠装阻燃电源电缆及其他辅材	
三	设备本体监测系统	
1	本体数据采集单元	16 路开关量输入，16 路模拟量，8 路 RS485
2	开关柜监测传感器	超声波、TEV、温度
3	铠装阻燃电源电缆及其他辅材	
四	屏柜及其他	
1	屏柜	机架式，落地（2260mm×800mm×600mm）或壁挂； 屏内含空开、风扇、电源防雷器、PDU 等； 屏体颜色：冰灰橘纹

续表

序号	名称	规格型号
2	智能网关 （融合终端）	收集或采集综合监测单元、传感器及其他就地设备信息并进行数据加工、数据有效性甄别、关联分析等边缘计算，智能识别隐患或异常，是配变站智能采集分析的枢纽与核心。智能网关装置通过无线或有线方式将数据值、事件、分析结果等信息上传到云端服务器。为保护数据安全和降低通讯带宽要求，数据进行加密及压缩处理。具备以下功能： （1）即插即用，网关自描述文件具有标准语义格式，并可灵活扩展，网关自描述文件支持云端自动建模自动更新数据库。 （2）支持远程配置和远程调试，可通过远程配置工具实现网关配置，可进行远程调试，开发规约、检查异常等。 （3）支持智能更换，云端下载自描述文件后，可免调试正常运行。 （4）支持云端算法加载、卸载及更新，推荐采用 App 方式。 （5）支持从云端读取内置算法的版本、更新时间、有效告警次数等信息。 （6）智能网关与云端通讯兼容国网配电物联网加密体系。 （7）智能网关不会因为操作系统的限制丧失对毫秒级响应任务的支持。 （8）高精度对时功能
3	电话卡	含 3～5 年服务费

续表

序号	名称	规格型号
4	4G 通信模块	视频通道
5	综合电源	输出：AC 24V8A×6；DC 24V5A×3；DC 12V5A×3
6	液晶显示器	17″、机架式、组屏安装
7	网桥	2M
8	网络交换机	10M/100M/1000M 自适应交换机，不少于 24 电口，不少于 2 路 FC 型光口，机架式安装
9	加密模块	对采集数据进行加密，无线上传数据
10	UPS 不间断电源	2kVA，2h
11	配电房全景 监测系统	将采集到的各种信息，以表格、图形图像、立体模型等形式，通过数据可视化技术，展示到屏幕上，使工作人员能够更加清晰地了解并监控各种环境与设备的运行状态和信息，并自动生成巡检报告。具备远传功能的通信网关，带加密功能，支持 101、104 通信协议，具备部署 App 功能
12	安装辅料	通信线缆、安装材料、热镀锌管、PVC 管等

第 11 章　其他辅助设施部分

电网设施、设备的标识标志标牌严格执行《国网甘肃省电力公司运维检修部关于印发〈国网甘肃省电力公司配网设施标识管理规范〉的通知》（运检〔2015〕57 号）要求。

11.1　站房标识标牌

站房标识标牌见表 2-11-1。

表 2-11-1　　站 房 标 识 标 牌

站房站名标识  	制作规范：尺寸：见图例（单位 mm）；材料：拉丝不锈钢；内容：国家电网公司标识，单位、站名中文名称；字体：黑体；颜色：银底绿字。 安装规范：站房进出口一侧安装名称标识牌。名称牌安装距地面高度约 1.6m 处，便于巡视人员、行人发现。 适用范围：10kV 站房

续表

10kV 开关柜开关、电压互感器、避雷器、变压器、母线桥架、电缆槽盒、电缆竖井标识 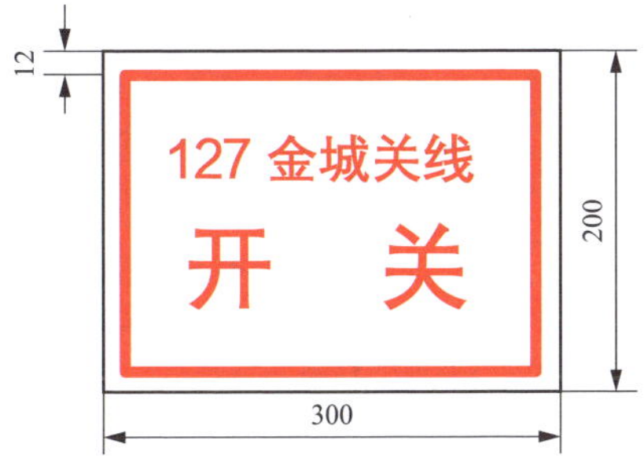 	制作规范：尺寸：见图例（单位 mm），红色边框线条宽度 3mm；材料：0.8mm 不锈钢亚光板，反光膜；内容：调度命名的开关双重编号、设备名称；字体：黑体；颜色：白底红字。 安装规范：安装在开关柜前后柜面玻璃观察窗上方居中位置或开关柜预留空间适当位置；或母线桥架、电缆槽盒、电缆竖井明显位置。 适用范围：站房高压开关柜、电压互感器、避雷器、变压器、母线桥架、电缆槽盒、电缆竖井

高压柜屏头标识 	制作规范：尺寸：见图例（单位 mm），宽度依据开关柜柜体调整，红色边框线条宽度 3mm；材料：0.8mm 不锈钢亚光板，反光膜；内容：设备双重编号；字体：黑体；颜色：白底红字。 安装规范：粘贴在高压开关柜柜体前后顶端。 适用范围：站房高压开关柜
二次及低压柜屏头标识 	制作规范：尺寸：见图例（单位 mm），宽度依据柜体调整；材料：双色板；内容：二次屏、低压柜名称；字体：黑体；颜色：绿底白字。 安装规范：粘贴在二次及低压柜柜体前后顶端。 适用范围：站房二次屏（直流屏、远动通信屏、低压进线柜、无功补偿柜、低压馈线柜等）
屏柜编号标识 	制作规范：尺寸：见图例（单位 mm），白色边框线条宽度 2mm；材料：双色板；内容：屏柜编号；字体：黑体；颜色：绿底白字。 安装规范：粘贴在屏柜体底端居中位置。 适用范围：站房屏柜（开关柜、直流屏、远动通信屏、低压进线柜、无功补偿柜、低压馈线柜等）

续表

接地刀闸标识 	制作规范：尺寸：见图例（单位 mm）（或根据柜体实际尺寸适当调整）；材料：双色板；内容：出线名称及编号，丁刀闸；字体：黑体；颜色：白底黑字。 安装规范：安装在高压开关柜接地刀闸左侧。 适用范围：站房开关柜接地刀闸
二次（低压）装置标识 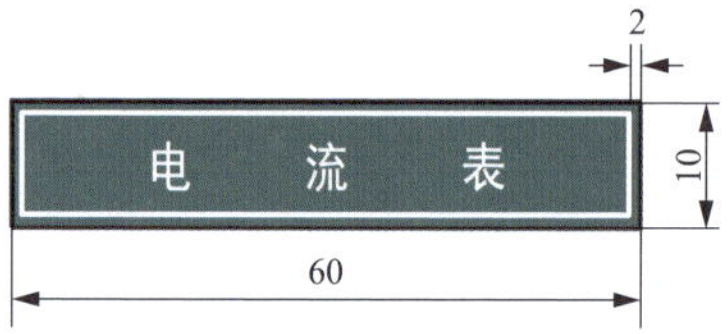	制作规范：尺寸：见图例（单位 mm），白色边框线条宽度 1mm；材料：双色板；内容：开关柜二次装置名称；字体：黑体；颜色：绿底白字（指示类）。 颜色：黄底白字（功能类）。 颜色：红底白字（跳闸）。 安装规范：粘贴在开关柜二次装置元件下方适当位置。 适用范围：站房开关柜内二次装置（微机保护装置、电流表、电压表、带电显示器、转换开关、信号灯、保护压板等）；直流屏、远动屏内装置
保护装置运行状态标识 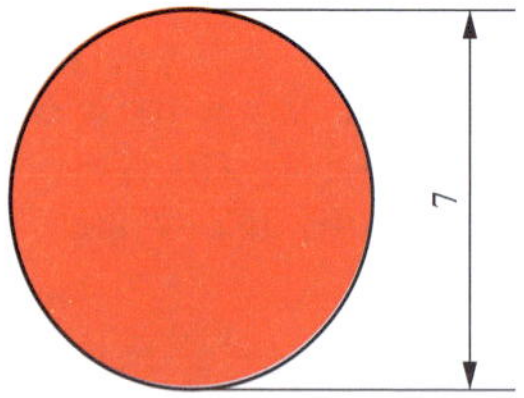	制作规范：尺寸：见图例（单位 mm）；材料：不干胶；内容：圆点；颜色：红色。 安装规范：粘贴在装置正常运行灯旁适当位置。 适用范围：保护自动装置和监控系统信号灯、正常投运的压板

<table>
<tr><td>分合指示标识
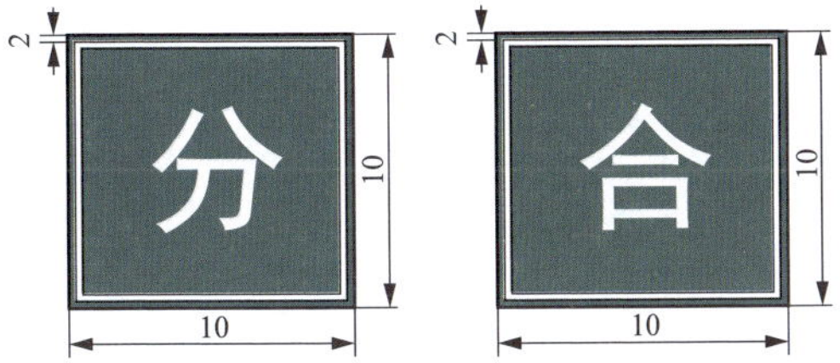</td><td>制作规范：尺寸：见图例（单位 mm），白色边框线条宽度 2mm；材料：双色板；内容："分""合"汉字；字体：黑体；颜色：绿底白字。
安装规范：粘贴在操作把手分合适当位置。
适用范围：站房开关柜内设备分合操作把手</td></tr>
<tr><td>照明配电箱标识
</td><td>制作规范：尺寸：见图例（单位 mm），依据实际尺寸适当调整，白色边框线条宽度 2mm；材料：双色板；内容：站房内其他装置名称；字体：黑体；颜色：绿底白字。
安装规范：粘贴在照明配电箱上方适当位置。
适用范围：照明配电箱</td></tr>
<tr><td>照明开关标识
</td><td>制作规范：尺寸：见图例（单位 mm），依据设备实际尺寸适当调整，白色边框线条宽度 2mm；材料：双色板；内容：开关名称；字体：黑体；颜色：绿底白字。
安装规范：粘贴在照明开关顶端。
适用范围：站房照明开关、墙壁插座、事故照明灯及开关等标识</td></tr>
</table>

<table>
<tr><td>巡视线路标识
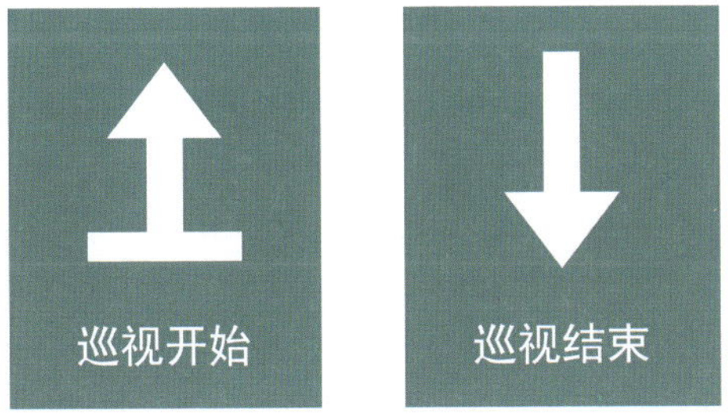</td><td>制作规范：尺寸：依据站房大小采用合适尺寸；材料：夜光反光膜；内容：箭头；颜色：绿底白字。
安装规范：粘贴（涂刷）在 10kV 配变站（开闭站）巡视路线上。
适用范围：站房</td></tr>
<tr><td>防止踏空线
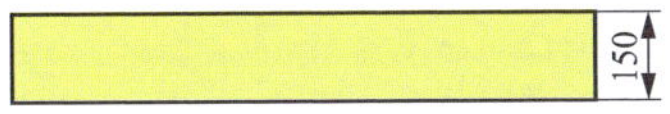</td><td>制作规范：尺寸：见图例（单位 mm）；材料：黄色耐磨、耐腐蚀反光漆；内容：线条；颜色：黄色。
安装规范：涂刷在楼梯第一级台阶等人员易踏空摔跌处。
适用范围：楼梯第一级台阶等处</td></tr>
<tr><td>防鼠挡板标识
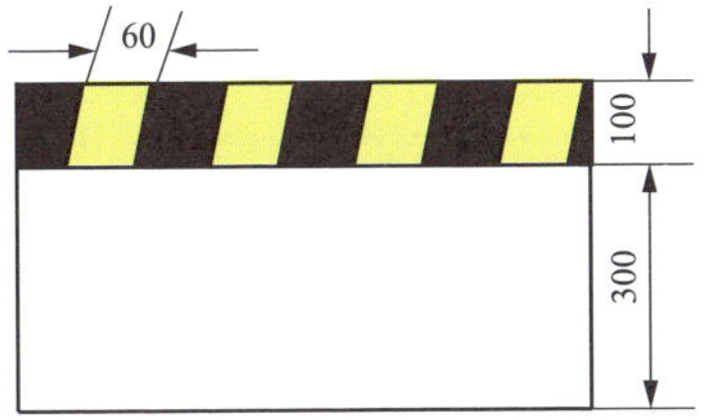</td><td>制作规范：尺寸：见图例（单位 mm）；材料：光滑的不锈钢板；颜色：黄色、黑色。
安装规范：门两侧安装轨道，防鼠挡板安放在轨道内。
适用范围：站房</td></tr>
<tr><td>安全警戒线
</td><td>制作规范：尺寸：见图例（单位 mm）；材料：黄色耐磨、耐腐蚀反光漆；内容：线条；颜色：黄色。
安装规范：涂刷在放置物周围。
适用范围：站房放置物周围</td></tr>
</table>

上墙图表 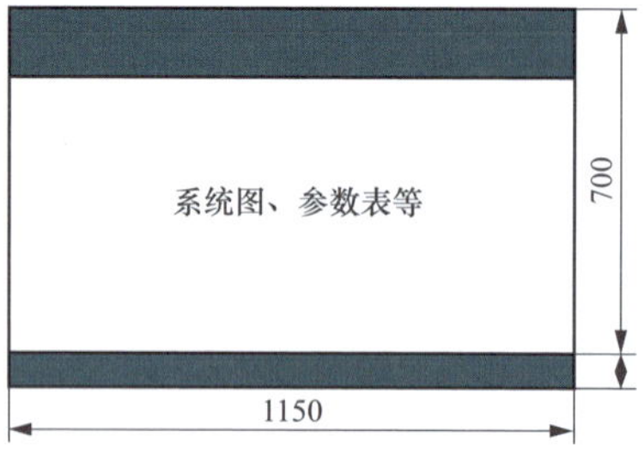	制作规范：尺寸：见图例（单位 mm）；材料：铝塑板、亚克力板、喷绘纸；内容：开闭站（配变站）系统接线图表；颜色：绿色、白色。 安装规范：安装在站内醒目、平整墙面，底边距地面 1.5m 处。 适用范围：站房"三图一表"（10kV 一次系统图、直流系统图、0.4kV 低压系统图、主设备参数表）
安全提示标识 	制作规范：尺寸：见图例（单位 mm）；材料：双色板；颜色：白色等。 安装规范：粘贴在需要警示的配电设备门口明显位置。 适用范围：站房

11.2 户外站房标识标牌

户外站房标识标牌见表 2-11-2。

表 2-11-2 户外站房标识标牌

户外站房设备名称标识 	制作规范：尺寸：见图例（单位 mm），红色边框线条宽度 3mm；材料：0.8mm 不锈钢亚光板，反光膜；内容：调度命名的设备名称；字体：黑体；颜色：白底红字。 安装规范：安装在电缆分接箱、分支箱、环网柜一扇门的中间适当位置。采用铆拉钉安装。 适用范围：10kV 电缆分接箱、分支箱、环网箱、箱式变电站

户外电缆分接箱、环网柜、箱式变电站设备间隔标识 	制作规范：尺寸：见图例（单位 mm），依据设备实际尺寸适当调整，白色边框线条宽度 2mm；材料：双色板；内容：间隔名称；字体：黑体；颜色：绿底白字。 安装规范：粘贴在电缆分接箱间隔顶部。 适用范围：电缆分接箱、环网柜、箱式变电站开关间隔
户外电缆分接箱、环网柜、箱式变电站设备装置标识 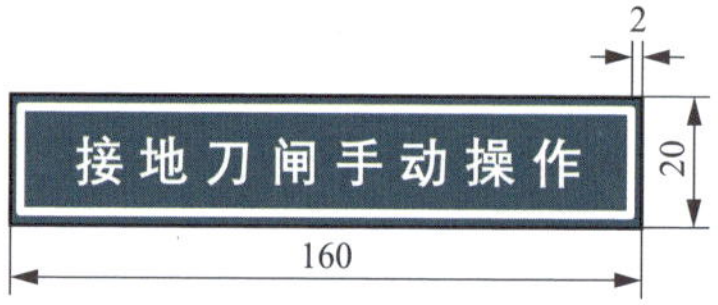	制作规范：尺寸：见图例（单位 mm），白色边框线条宽度 2mm；材料：双色板；内容：装置名称；字体：黑体；颜色：绿底白字。 安装规范：粘贴在电缆分接箱各装置下方适当位置。 适用范围：电缆分接箱、环网柜、箱式变电站装置
户外站房类设备防撞标识 	制作规范：尺寸：见图例（单位 mm）；材料：夜光反光不干胶；颜色：黑色、黄色。 安装规范：粘贴在电缆分接箱、箱式变电站边框。 适用范围：户外站房类设备

第 12 章　典型设计方案图纸检索表

序号	设计方案选择		图纸选择					
	方案选择	柜型选择	土建设计图纸	一次设计图纸	二次设计图纸	交直流系统图纸	通信设计图纸	辅助控制设计图纸
1	开闭站	中置式开关柜	图 3-13-1～图 3-13-4	图 4-15-1～图 4-15-4	图 7-21-1～图 7-21-33	图 10-28-1、图 10-29-1	图 11-30-12～图 11-30-32	图 12-32-1
2	环网型配变站方案		图 3-13-7～图 3-13-10	图 5-17-1～图 5-17-4	图 7-21-1～图 7-21-33	图 10-28-1、图 10-29-1	图 11-30-12～图 11-30-32	图 12-33-1
3	终端型配变站方案		图 3-13-15～图 3-13-18	图 6-19-1～图 6-19-4	图 8 23 1～图 8-23-9	图 10-28-1、图 10-29-1	图 11-30-12～图 11-30-32	图 12-33-1
4	开闭站方案	固体绝缘环网柜	图 3-13-5～图 3-13-6	图 4-16-1～图 4-16-4	图 7-22-1～图 7-22-58	图 10-28-1、图 10-29-1	图 11-30-12～图 11-30-32	图 12-32-1
5	环网型配变站方案		图 3-13-11～图 3-13-14	图 5-18-1～图 5-18-4	图 7-22-1～图 7-2-58	图 10-28-1、图 10-29-1	图 11-30-12～图 11-30-32	图 12-33-1
6	终端型配变站方案		图 3-13-19～图 3-13-22	图 6-20-1～图 6-20-4	图 8-24-1～图 8-24-20	图 10-28-1、图 10-29-1	图 11-30-12～图 11-30-32	图 12-33-1
7	室外环网箱方案	—	图 3-14-1、图 3-14-2	图 9-25-1～图 9-25-3	图 9-25-4～图 9-25-16	—	图 11-31-1～图 11-31-7	—
8	环网型箱式变电站方案	—	图 3-14-3、图 3-14-4	图 9-26-1～图 9-26-4	图 9-26-5～图 9-26-10	—	图 11-31-1～图 11-31-7	—
9	终端型箱式变电站方案	—	图 3-14-3、图 3-14-4	图 9-27-1～图 9-27-4	图 9-27-5～图 9-27-10	—	—	—

第三篇

土建部分典型设计

第13章 开闭站、配变站设计方案

13.1 总平面布置

10kV开闭站、配变站用于配电网中，多位于城市中的住宅小区、商业区、办公区、工业厂区以及医疗服务类等公共设施区域内，也可位于城市规划的电力设施预留用地内。

开闭站、配变站的站房形式有两种，一种为套建于主体建筑内；另一种为新建的独立建筑。因此开闭站、配变站总平面布置除了应满足城市总体规划的要求外，还应根据所在小区、厂区、办公区等区域的总平面布置，结合生产工艺、运输、防火、防爆、环境保护和施工等方面要求，按最终规模对开闭站、配变站的建筑物、管线及道路进行统筹安排，合理布置。同时要考虑有效的防水、排水、通风、防潮、防小动物与隔声等措施。

开闭站、配变站应设在地上一层，与周围建筑物防火间距需满足GB 50016《建筑设计防火规范》相关要求，同时需考虑设备运输通道。

13.2 建筑设计

13.2.1 建筑平面布置

建筑设计要具备现代工业建筑气息，建筑造型和立面色调要与周边人文地理环境协调统一；外观设计应简洁、稳重、实用。建筑物外立面避免使用较为特殊的装饰，如玻璃雨棚、通体玻璃幕墙、修饰性栅栏、半圆形房间等。

开闭站建筑平面以电气一次设备选型，即中置式开关柜和固体绝缘开关柜划分为2种方案。其中开闭站（中置式开关柜）方案的站房为独立建筑，开闭站（固体绝缘开关柜）方案的站房为套建站房。

配变站建筑平面布置方案除考虑电气一次设备选型外还结合了配变站在配电网中的位置，即环网型和终端型，共划分为4种方案，分别为：环网型配变站（中置式开关柜）、环网型配变站（固体绝缘开关柜）、终端型配变站（中置式开关柜）、终端型配变站（固体绝缘开关柜）。4种方案的站房均为独立建筑。

对工程的管理、设计、监理、施工等各个阶段而言，独立开闭站、配变站相对于套建的开闭站、配变站，技术要点更全面、制约因素更多、难度更大、更加复杂，因此本书对开闭站、配变站的平面布置形式共给出6种方案，其中对套建的开闭站、配变站的平面布置形式仅给出1种方案作为示范案例，工程中如遇到其他平面布置形式可参考其他5种独立开闭站、配变站的方案。开闭站、配变站建筑平面布置方案具体参数详见表3-13-1。

表3-13-1　开闭站、配变站建筑平面布置方案

序号	方案名称	站房长（m）轴线尺寸	站房宽（m）轴线尺寸	建筑面积（m^2）	层高（m）	建筑形式
1	开闭站（中置式开关柜）	14.0	8.5	128.16	4.0	独立建筑
2	开闭站（固体绝缘开关柜）	14.4	3.6	73.60	4.0	非独立建筑（套建）
3	环网型配变站（中置式开关柜）	18	7.8	148.23	4.0	独立建筑

续表

序号	方案名称	站房长（m）轴线尺寸	站房宽（m）轴线尺寸	建筑面积（m^2）	层高（m）	建筑形式
4	环网型配变站（固体绝缘开关柜）	15	7.8	126.28	4.0	独立建筑
5	终端型配变站（中置式开关柜）	15	7.8	126.28	4.0	独立建筑
6	终端型配变站（固体绝缘开关柜）	12	7.8	101.68	4.0	独立建筑

注 由于6种方案的建筑长度均大于7m，因此在开闭站、配变站建筑的两端各设置防火门1樘。

13.2.2 建筑做法

（1）墙面、顶棚：采用白色无机涂料饰面。

（2）楼面、地面：采用水泥基自流平铺装。

（3）屋面：采用有保温隔热不上人屋面。

1）屋面建筑找坡坡度为3%，找坡层采用水泥焦砟，也可根据开闭站、配变站所在地材料采购情况选择其他轻集料混凝土，如陶粒、炉渣等。

2）屋面保温材料选用100mm厚挤塑聚苯乙烯泡沫板，保温板厚度可根据开闭站、配变站所在地的环境温度及板材导热系数进行导热计算进行调整。

3）屋面防水采用3+3厚双层SBS改性沥青防水卷材防水，也可根据开闭站、配变站所在地材料采购情况选择其他防水材料。

非独立建筑，即套建开闭站、配变站不涉及屋面做法。

13.2.3 防火门

（1）开闭站、配变站两端各设置甲级钢制防火门1樘，尺寸分别为1800mm×2400mm和1000mm×2100mm，满足设备运输及人员疏散的要求。防火门内侧设置挡鼠板，挡鼠板高度50cm，带黄褐色反光条。

（2）独立建筑的开闭站、配变站防火门设置位置、防火等级、材质等参数还需综合考虑周边建筑物的火灾危险性类别及与周边建筑物的距离，按照GB 50016《建筑设计防火规范》的相关要求设置。

（3）非独立建筑，即套建开闭站、配变站防火门设置位置通向主体建筑物内时，需设置甲级钢制防火门。

（4）钢制防火门安装工艺要点：

1）钢制防火门及附件质量必须符合设计要求和有关消防验收标准的规定，应由厂家提供合格证，防火门的功能指标必须符合使用要求。

2）门框（扇）横平竖直，表面平整洁净，无划痕碰伤，相邻构件不应有明显色差。

3）门框（扇）安装牢固，无变形、翘曲现象。

4）门扇缝隙均匀、平直、关闭严密、开启灵活。

5）门框与墙体间缝隙填嵌饱满密实，涂胶表面平整、光滑、无裂缝，厚度均匀无气孔。

6）防火门应安装闭门器，双扇防火门应安装顺序器。

13.2.4 窗户

（1）独立建筑的关站、配变站设置百叶窗自然进风，设置隔热断桥铝合金高窗进行采光，窗户底边距离室外地面高度不小于1.8m。窗户选型及配置数量详见表3-13-2。

表3-13-2　　窗户选型及配置数量

序号	布置形式名称	窗户编号	洞口尺寸（mm×mm）	数量（樘）	备注
1	开关站（中置式开关柜）	C1515	1500×1500	6	窗户底距离室外地坪1.8m
		BYC1506	1500×600	3	窗户底距离室内地坪0.3m
2	环网型配变站（中置式开关柜）	C1515	1500×1500	6	窗户底距离室外地坪1.8m
		BYC1506	1500×600	3	窗户底距离室内地坪0.3m
3	环网型配变站（固体绝缘开关柜）	C1515	1500×1500	6	窗户底距离室外地坪1.8m
		BYC1506	1500×600	3	窗户底距离室内地坪0.3m
4	终端型配变站（中置式开关柜）	C1515	1500×1500	6	窗户底距离室外地坪1.8m
		BYC1506	1500×600	3	窗户底距离室内地坪0.3m
5	终端型配变站（固体绝缘开关柜）	C1515	1500×1500	4	窗户底距离室外地坪1.8m

续表

序号	布置形式名称	窗户编号	洞口尺寸（mm×mm）	数量（樘）	备注
5	终端型配变站（固体绝缘开关柜）	BYC1506	1500×600	2	窗户底距离室内地坪 0.3m

注 1. 玻璃采用双层中空玻璃，玻璃为 6+12+6mm。
2. 窗户采用平开窗或推拉窗，需带纱窗。
3. 窗户型材选用断桥铝合金。
4. 建筑外窗抗风压性能、气密性能、水密性能参照 GB/T 7106《建筑外门窗气密、水密、抗风压性能分级及检测方法》，外窗抗风压性能分级为 4 级，气密性等级为 6 级，水密性能分级为 3 级。
5. 套建开闭站、配变站不再设置百叶窗，只考虑采光窗，采光窗设计标准按照站房建筑面积大小参考本表配置。当窗户底边距离室外地面高度小于 1.8m 时，需设置防盗格栅。

（2）窗户安装工艺要点：

1）主材采用断热铝型材。受力杆件最小壁厚应不小于 1.4mm。

2）窗框（扇）割角、拼缝严密，横平竖直，表面平整洁净，无划痕碰伤。

3）窗框（扇）安装牢固，无变形、翘曲、窜角现象。

4）窗扇缝隙均匀、平直、关闭严密、开启灵活。推拉窗必须设置防撞及防跌落装置。

5）窗框与墙体间缝隙填嵌饱满密实，涂胶表面平整、光滑、无缝隙，厚度均匀无气孔。

6）密封条应按照牢固、密闭，转角处采用 45°粘贴。

13.3 消防、通风、环境保护

13.3.1 消防措施

开闭站、配电站设置 MF/ABC4 磷酸铵盐手提干粉灭火器，灭火器配置根据 GB 50140《建筑灭火器配置设计规范》6.2、7.3 进行计算。典设中 6 种开闭站、配变站的方案内均设置 MF/ABC4 磷酸铵盐手提干粉灭火器 4 支，每 2 支设置 1 组灭火器箱，放置于开闭站、配变站门口便于取用处，且不得上锁。

当非独立建筑的开闭站、配变站，即套建的开闭站、配变站位于高层建筑内时还应设置超细干粉自动灭火系统。

13.3.2 通风

（1）开闭站、配变站套建于主体建筑预留区域内，通风系统利用原主体建筑的通风系统。但风管安装时避开电气设备，不得平行设置于设备正上方。若预留区域内无主体建筑的通风系统，则设置轴流风机进行通风。

（2）开闭站、配变站为独立建筑物时，通风方式采用自然进风，机械排风。开闭站、配变站进风采用百叶窗，排风采用轴流风机，风机洞口外侧加装固定防雨百叶或防雨罩，风机内侧应加装保护网，保护网孔小于 2.5mm×2.5mm。通风设备选型详见表 3-13-3。

表 3-13-3　　通风设备选型表

配置 / 布置形式名称	轴流风机数量（台）	风量（每台）（m^3/h）	防火阀数量	利用主体通风系统	备注
开闭站（中置式开关柜）	2	3050	—	—	自然进风，机械排风
开闭站（固体绝缘开关柜）	2	3920	2 个	利用	自然进风或机械进风，机械排风
环网型配变站（中置式开关柜）	2	3920	—	—	自然进风，机械排风
环网型配变站（固体绝缘开关柜）	2	3050	—	—	自然进风，机械排风
终端型配变站（中置式开关柜）	2	3050	—	—	自然进风，机械排风
终端型配变站（固体绝缘开关柜）	2	2737	—	—	自然进风，机械排风

注 开闭站（固体绝缘开关柜）方案中若轴流风机位于建筑外墙，排风至室外，则可不设置防火阀。

13.3.3 环保

环境保护的敏感点主要从生态、废（污）水、噪声、大气、固体废弃物等七个方面进行分析，具体内容如下：

（1）生态。开闭站、配变站位于城市中的住宅小区、商业区、办公区、工业厂区等公共设施区域中的建筑内，不会涉及生态区域，因此不存在破坏生态的问题。

（2）废（污）水。开闭站、配变站内无废水、生活污水产生，因此不会污染环境。

（3）大气。开闭站、配变站消防不采用卤代烷系列介质，不排放破坏大气中的臭氧层的物质，不破坏大气环境。

开闭站、配变站内冬季无须取暖，也无粉尘污染问题。

（4）固体废弃物。开闭站、配变站施工过程中的建筑垃圾及时清运，裸露场地及时覆盖，不会造成固体废弃物污染。

(5) 噪声。开闭站、配变站噪声防治首先控制噪声声源，噪声主要来自变压器，因此选用噪声满足环保要求的低噪声变压器，使得开闭站、配变站噪音不大于45dB，对周围环境影响应符合GB 3096《声环境质量标准》的规定和要求。

13.4 防汛

(1) 开闭站、配变站室内地坪应高于室外地坪不小于300mm。当室内外地坪同高时，开闭站、配变站需在防火门处设置止水坎，止水坎高度不小于300mm，当设置止水坎时，应确保防火门的有效高度不能减小。

(2) 开闭站、配变站室内应配备防汛沙袋。

(3) 开闭站、配变站电缆沟内配置潜污泵及水浸传感器。

13.5 设备基础及电缆沟

(1) 电缆沟沟壁及基础梁均用C25级混凝土浇筑，钢筋采用HPB300、HRB400级钢筋，钢材采用Q235B级，电焊条用E43，焊缝高6mm。

(2) 设备基础预埋槽钢、钢板均需热镀锌处理，安装均应符合：不直度小于1mm/m，且小于5mm/全长；位置误差及不平行度小于5mm。

(3) 电缆沟铺设盖板，盖板采用C30细石混凝土浇筑。

13.6 设计图纸

开闭站、配变站设计图清单详见表3-13-4。

表3-13-4　　开闭站、配变站设计图清单

图序	图名
开闭站（中置式开关柜）	
图3-13-1	开闭站建筑平面布置图
图3-13-2	开闭站建筑立面及剖面图
图3-13-3	开闭站设备基础及电缆沟平面布置图
图3-13-4	开闭站设备基础及电缆沟剖面详图
开闭站（固体绝缘开关柜）	
图3-13-5	开闭站设备基础及电缆沟平面布置图
图3-13-6	开闭站设备基础及电缆沟剖面详图
环网型配变站方案（中置式开关柜）	
图3-13-7	环网型配变站建筑平面布置图
图3-13-8	环网型配变站建筑立面及剖面图
图3-13-9	环网型配变站设备基础及电缆沟平面布置图
图3-13-10	环网型配变站设备基础及电缆沟剖面详图
环网型配变站方案（固体绝缘开关柜）	
图3-13-11	环网型配变站建筑平面布置图
图3-13-12	环网型配变站建筑立面及剖面图
图3-13-13	环网型配变站设备基础及电缆沟平面布置图
图3-13-14	环网型配变站设备基础及电缆沟剖面详图
终端型配变站方案（中置式开关柜）	
图3-13-15	终端型配变站建筑平面布置图
图3-13-16	终端型配变站建筑立面及剖面图
图3-13-17	终端型配变站设备基础及电缆沟平面布置图
图3-13-18	终端型配变站设备基础及电缆沟剖面详图
终端型配变站方案（固体绝缘开关柜）	
图3-13-19	终端型配变站建筑平面布置图
图3-13-20	终端型配变站建筑立面及剖面图
图3-13-21	终端型配变站设备基础及电缆沟平面布置图
图3-13-22	终端型配变站设备基础及电缆沟剖面详图

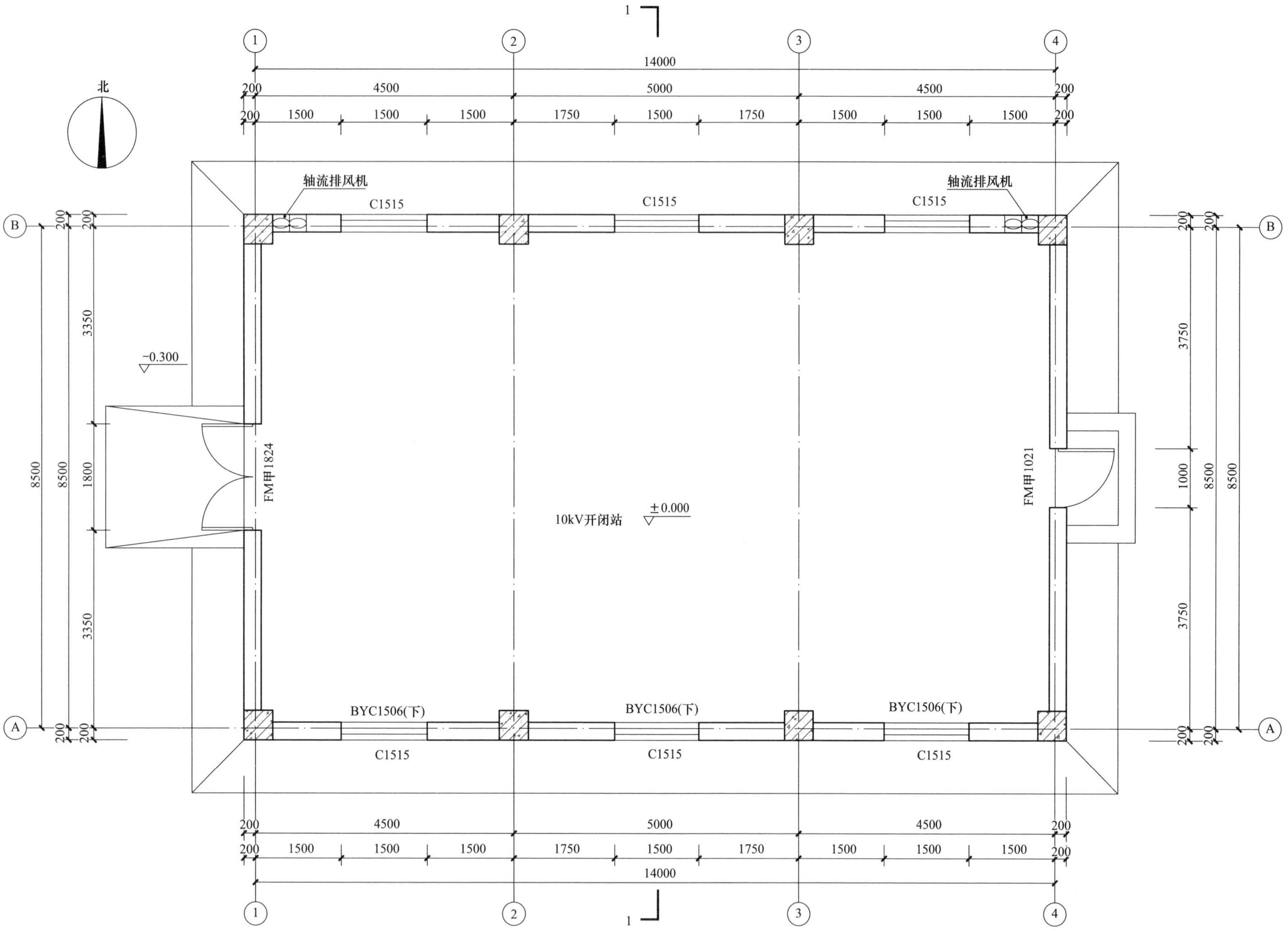

图 3-13-1　开闭站建筑平面布置图（中置式开关柜）

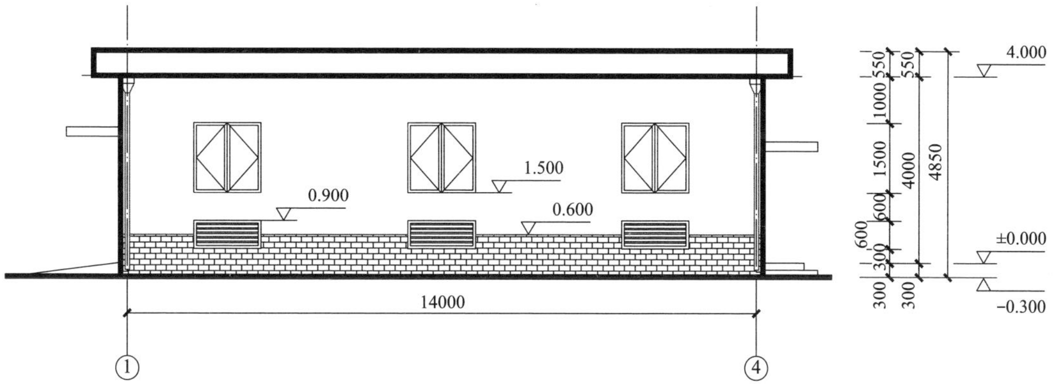

①轴~④轴立面图 1：100

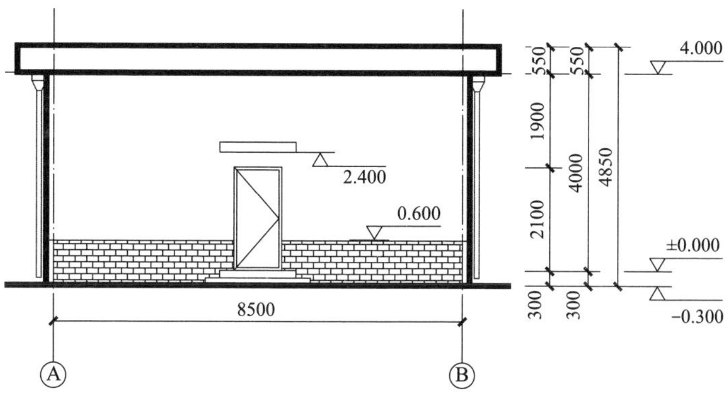

Ⓐ轴~Ⓑ轴立面图 1：100

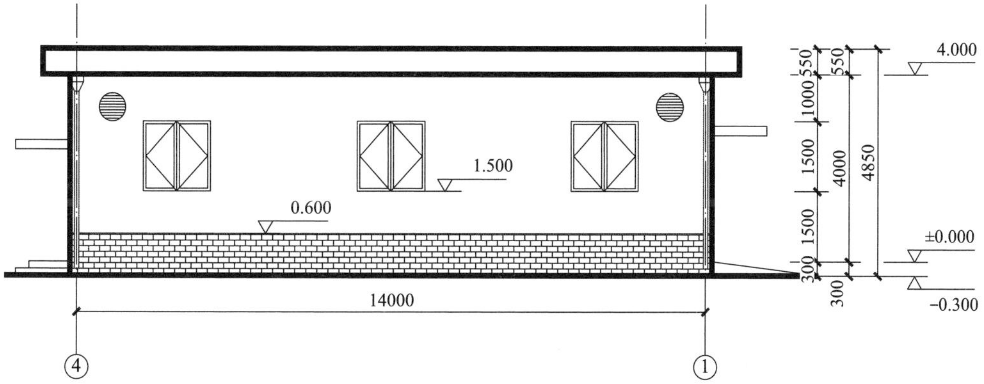

④轴~①轴立面图 1：100

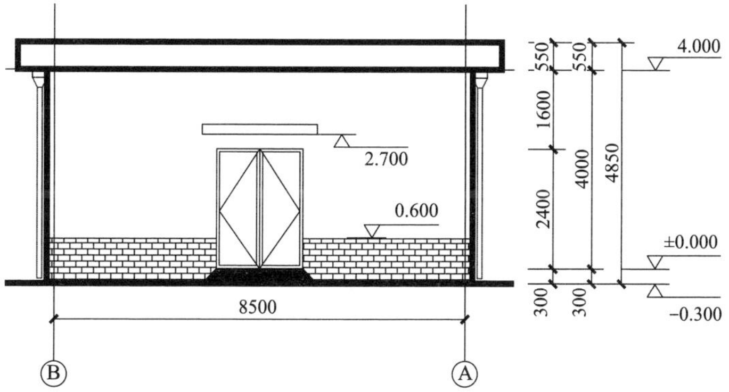

Ⓑ轴~Ⓐ轴立面图 1：100

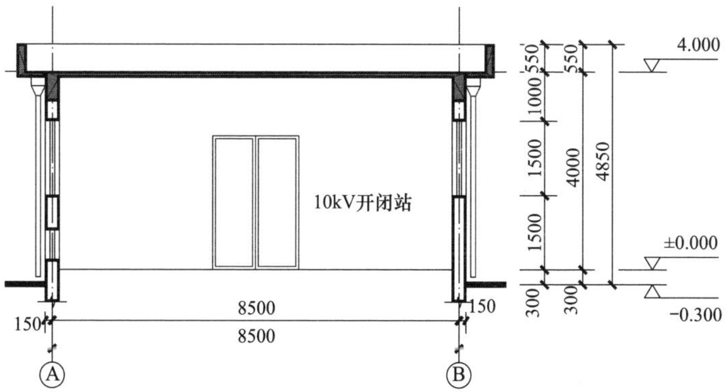

1—1剖面图 1：100

图 3-13-2 开闭站建筑立面及剖面图（中置式开关柜）

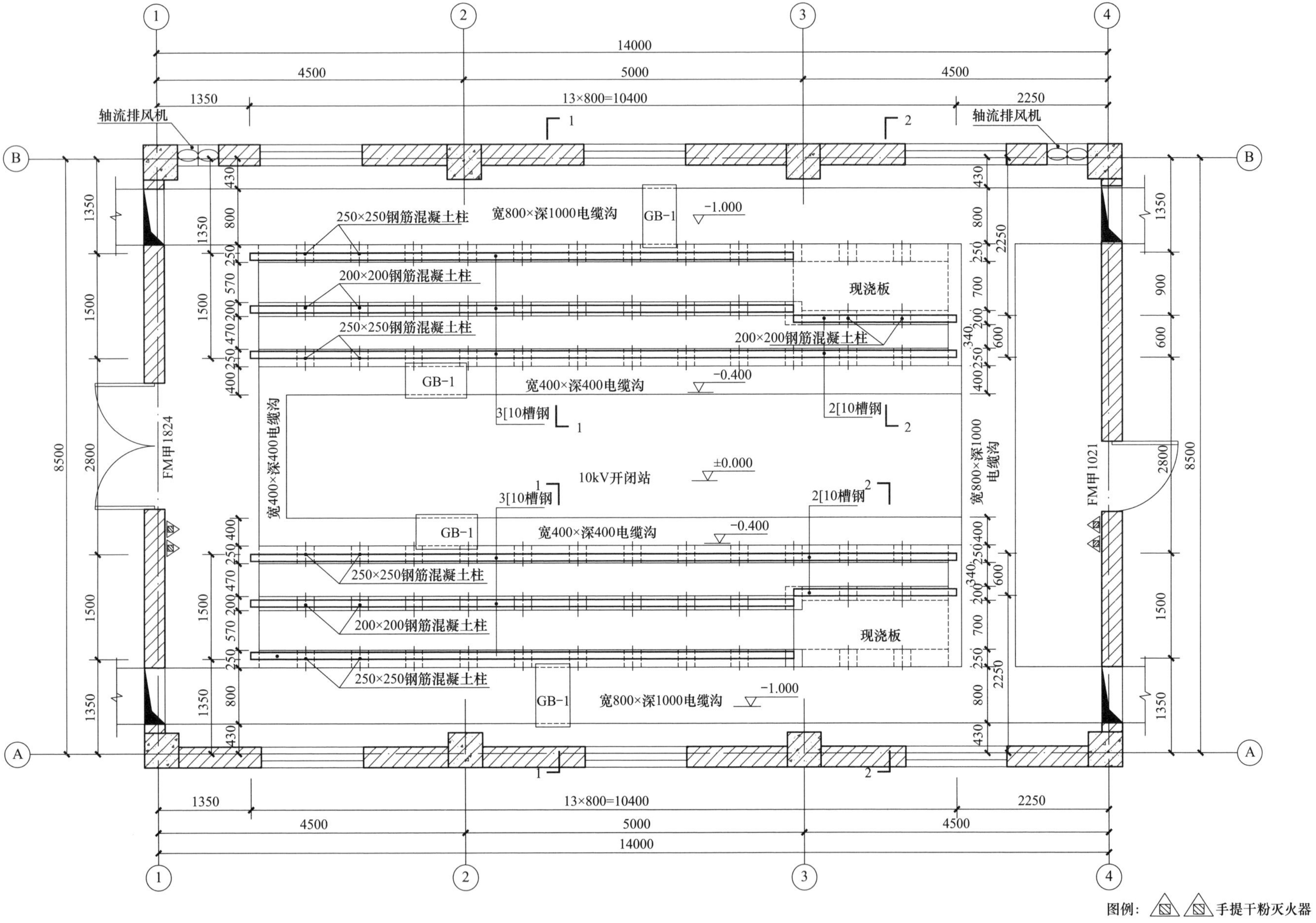

图 3-13-3　开闭站设备基础及电缆沟平面布置图（中置式开关柜）

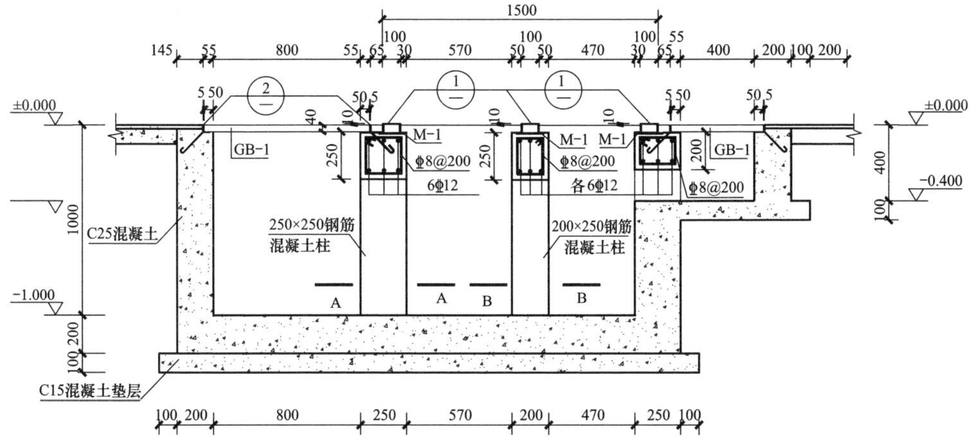

1—1 1∶20

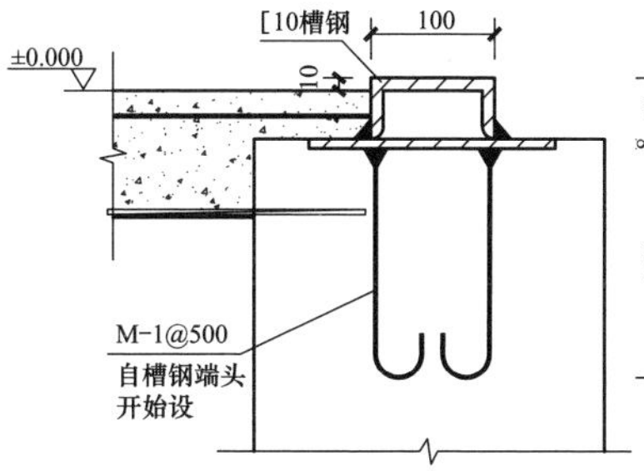

①节点 1∶5

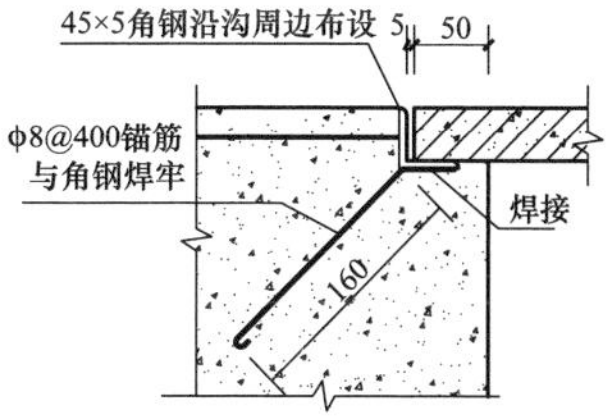

②节点 1∶5

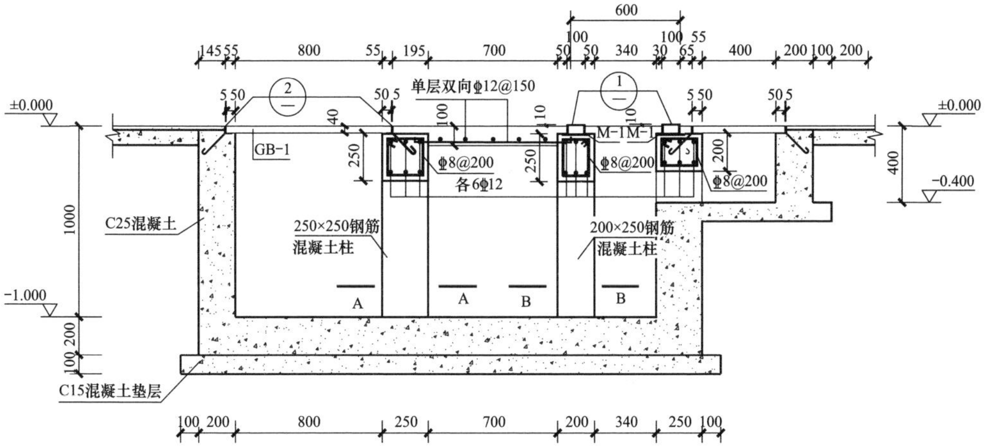

2—2 1∶20

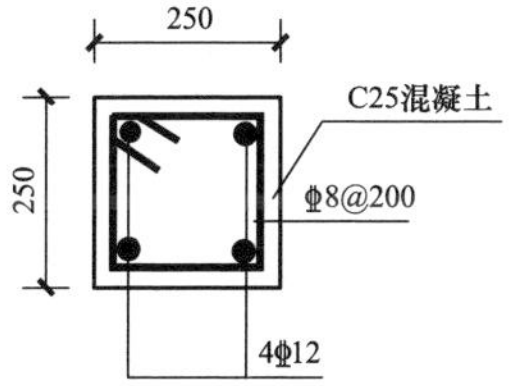

A—A 1∶20

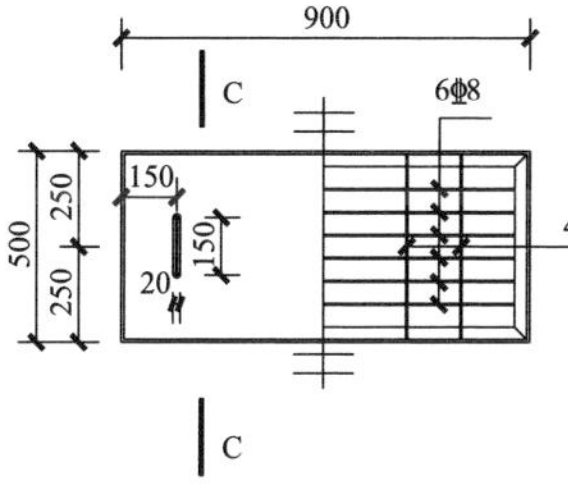

GB—1详图 1∶20

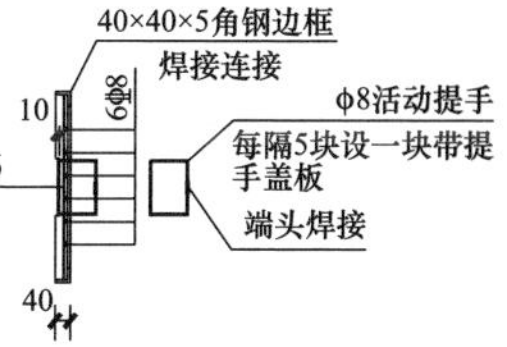

C—C 1∶20

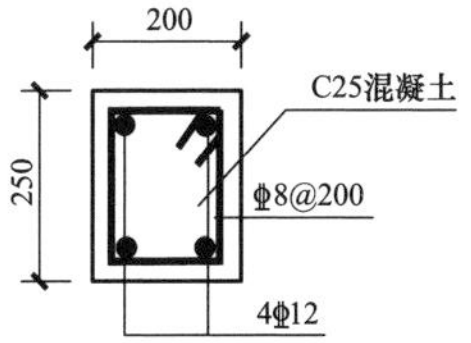

B—B 1∶20

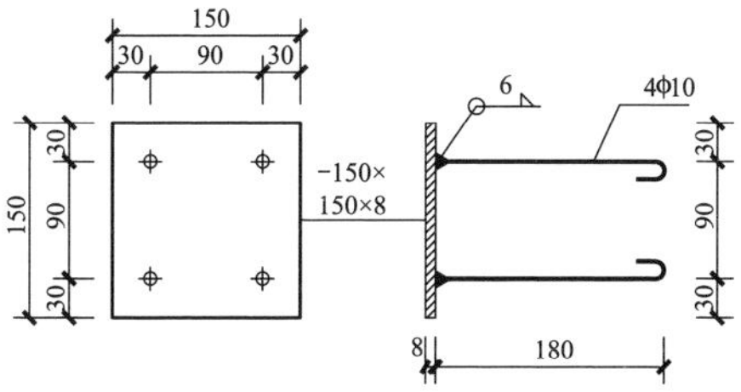

M—1 1∶5

图 3-13-4 开闭站设备基础及电缆沟剖面详图（中置式开关柜）

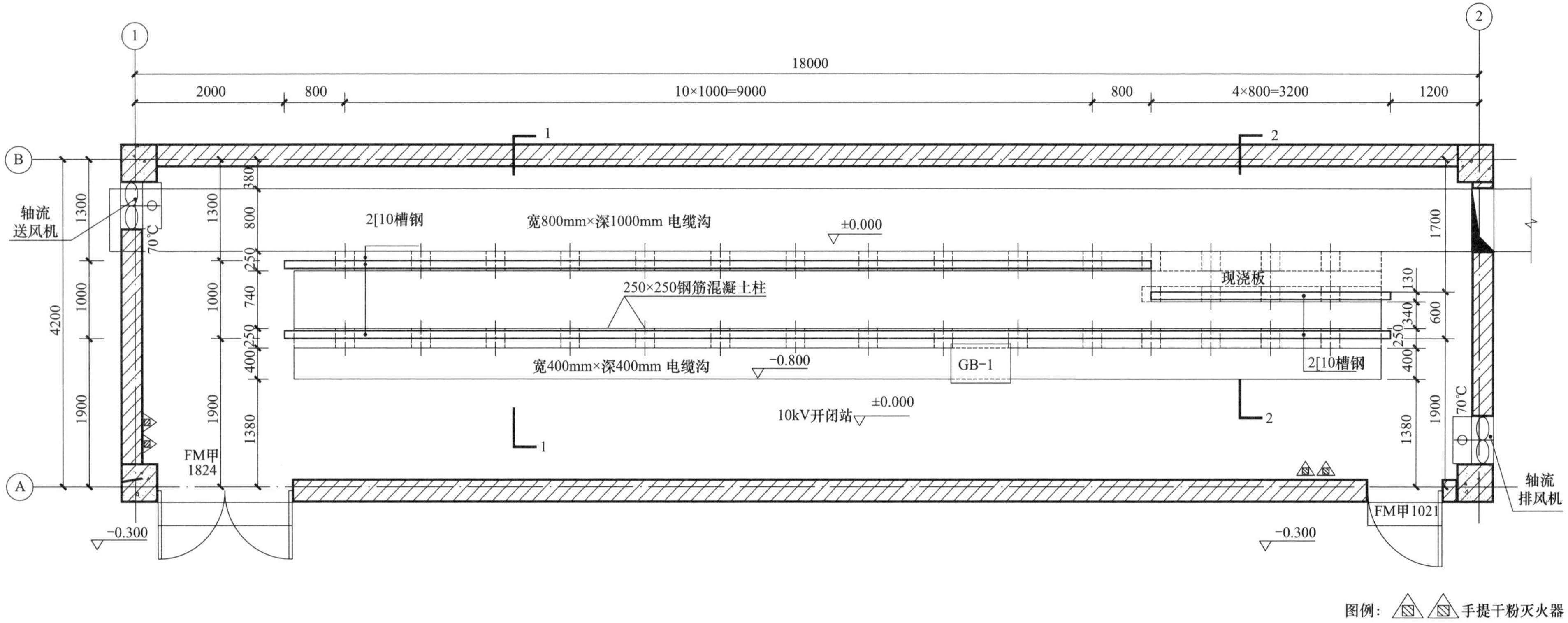

图 3-13-5 开闭站设备基础及电缆沟平面布置图（固体绝缘开关柜）

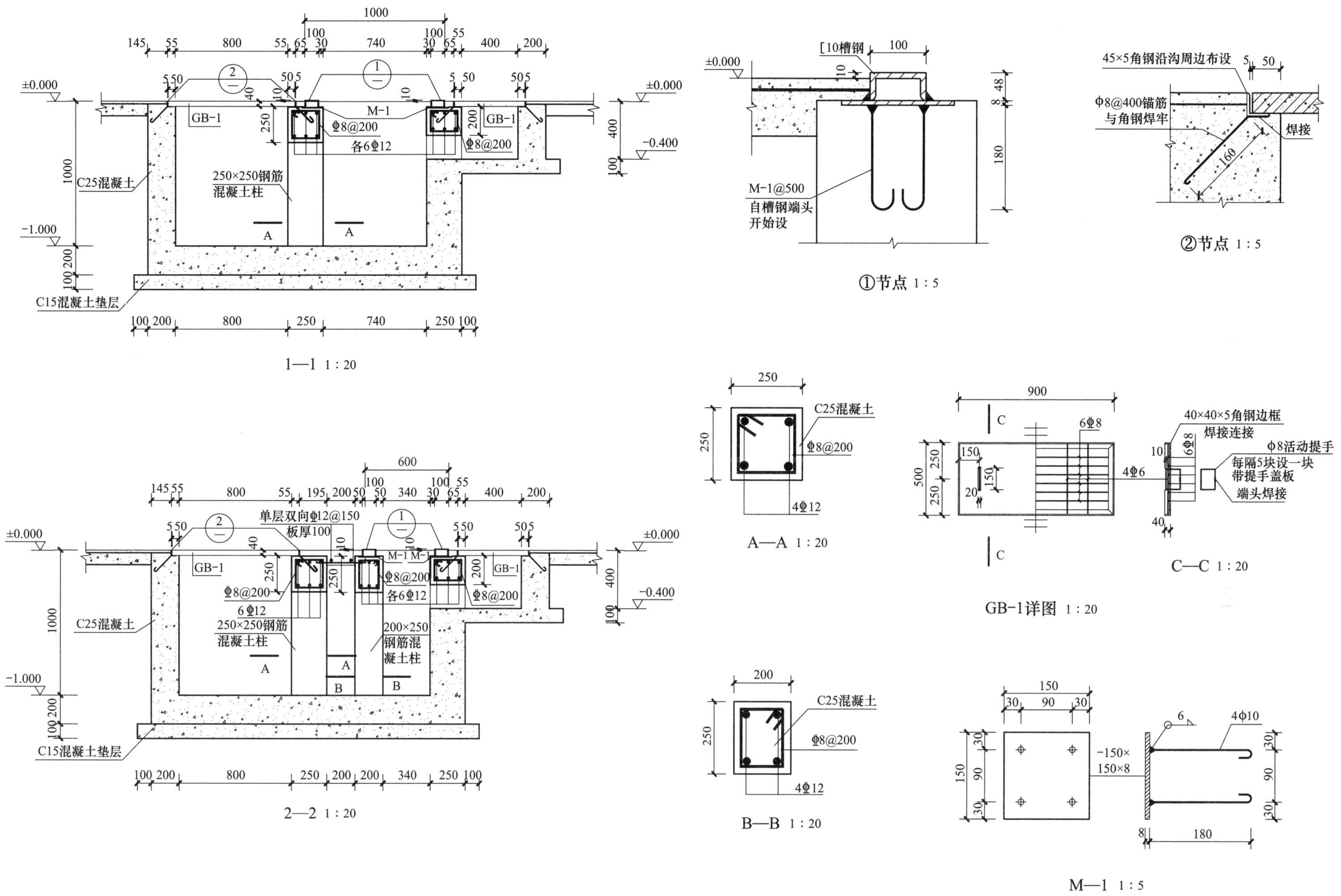

图 3-13-6　开闭站设备基础及电缆沟剖面详图（固体绝缘开关柜）

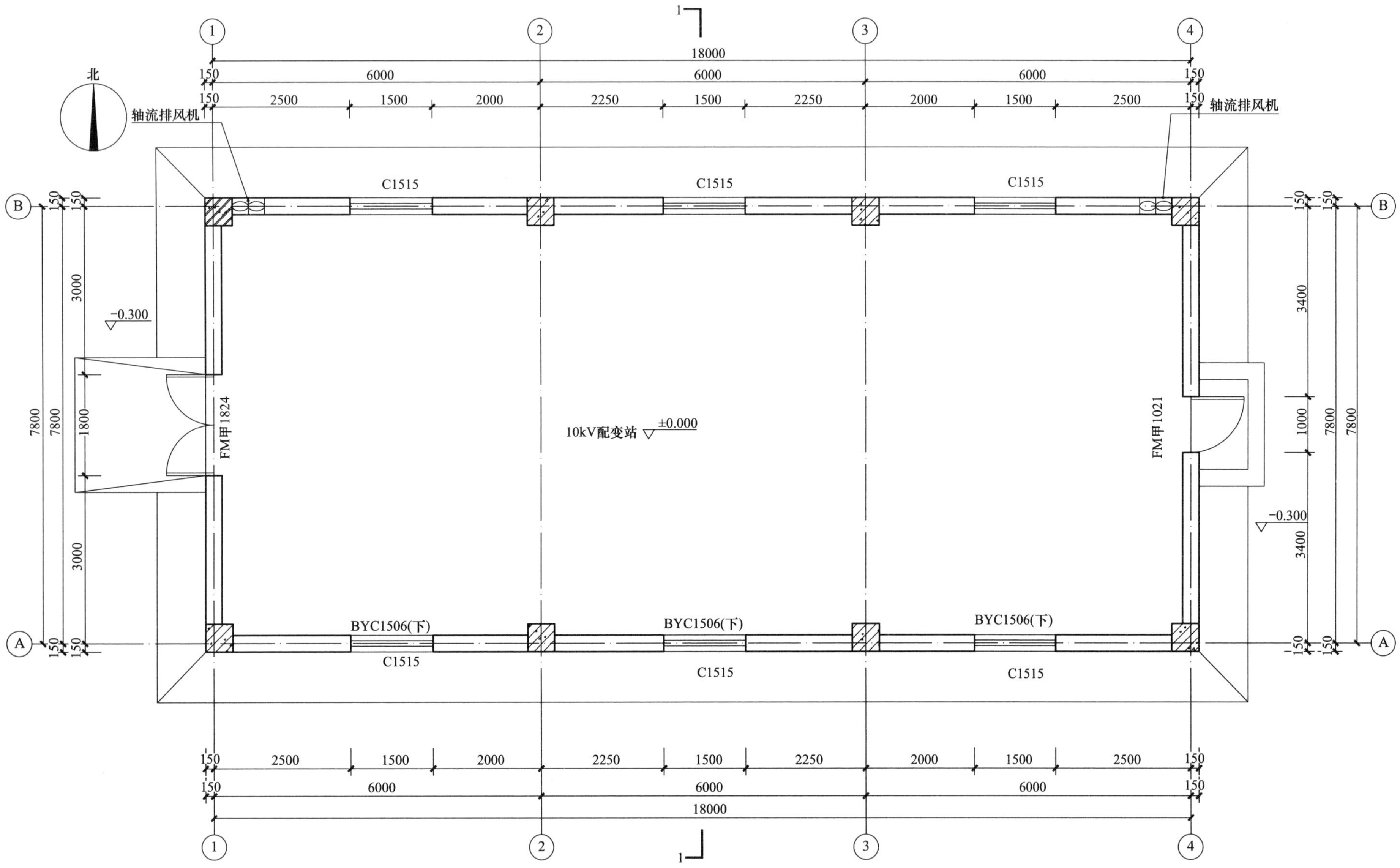

图 3-13-7　环网型配变站建筑平面布置图（中置式开关柜）

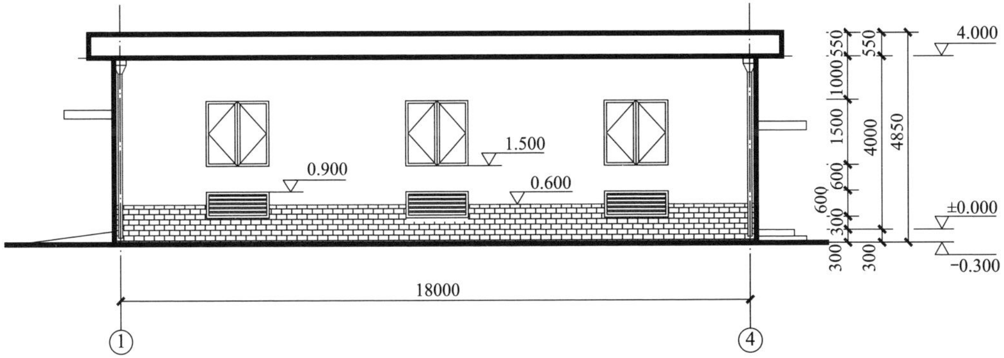

①轴~④轴立面图 1：100

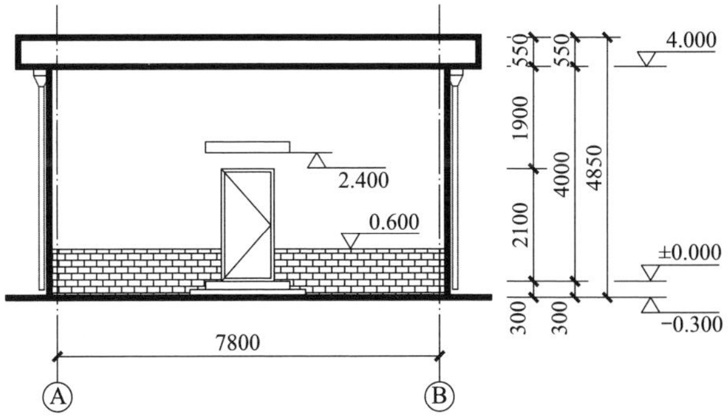

Ⓐ轴~Ⓑ轴立面图 1：100

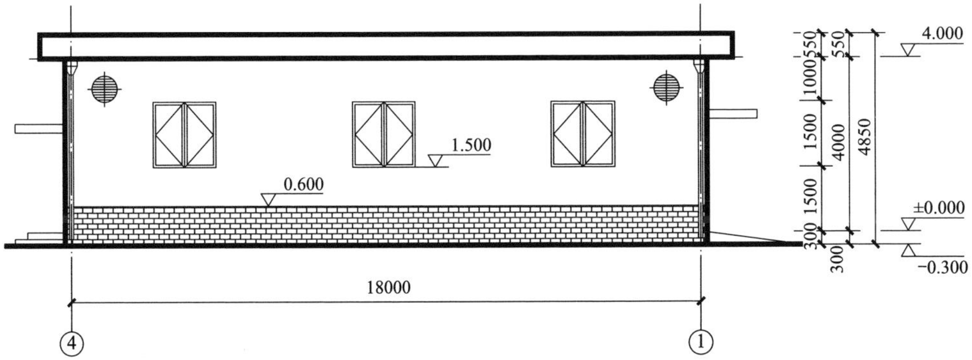

④轴~①轴立面图 1：100

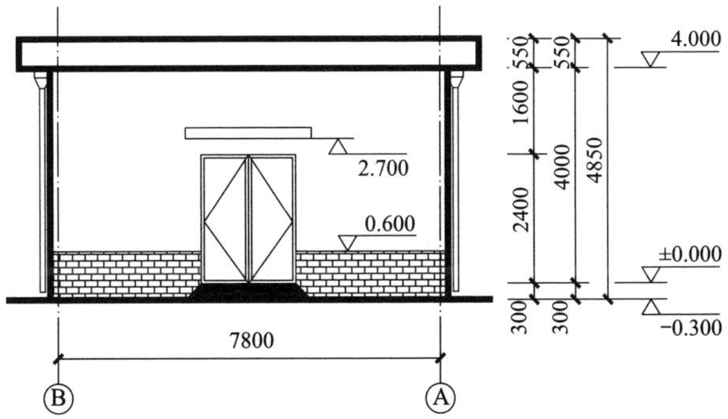

Ⓑ轴~Ⓐ轴立面图 1：100

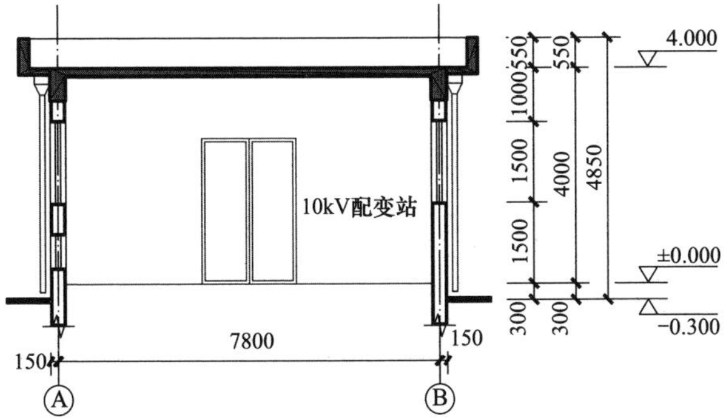

1—1剖面图 1：100

图 3-13-8 环网型配变站建筑立面及剖面图（中置式开关柜）

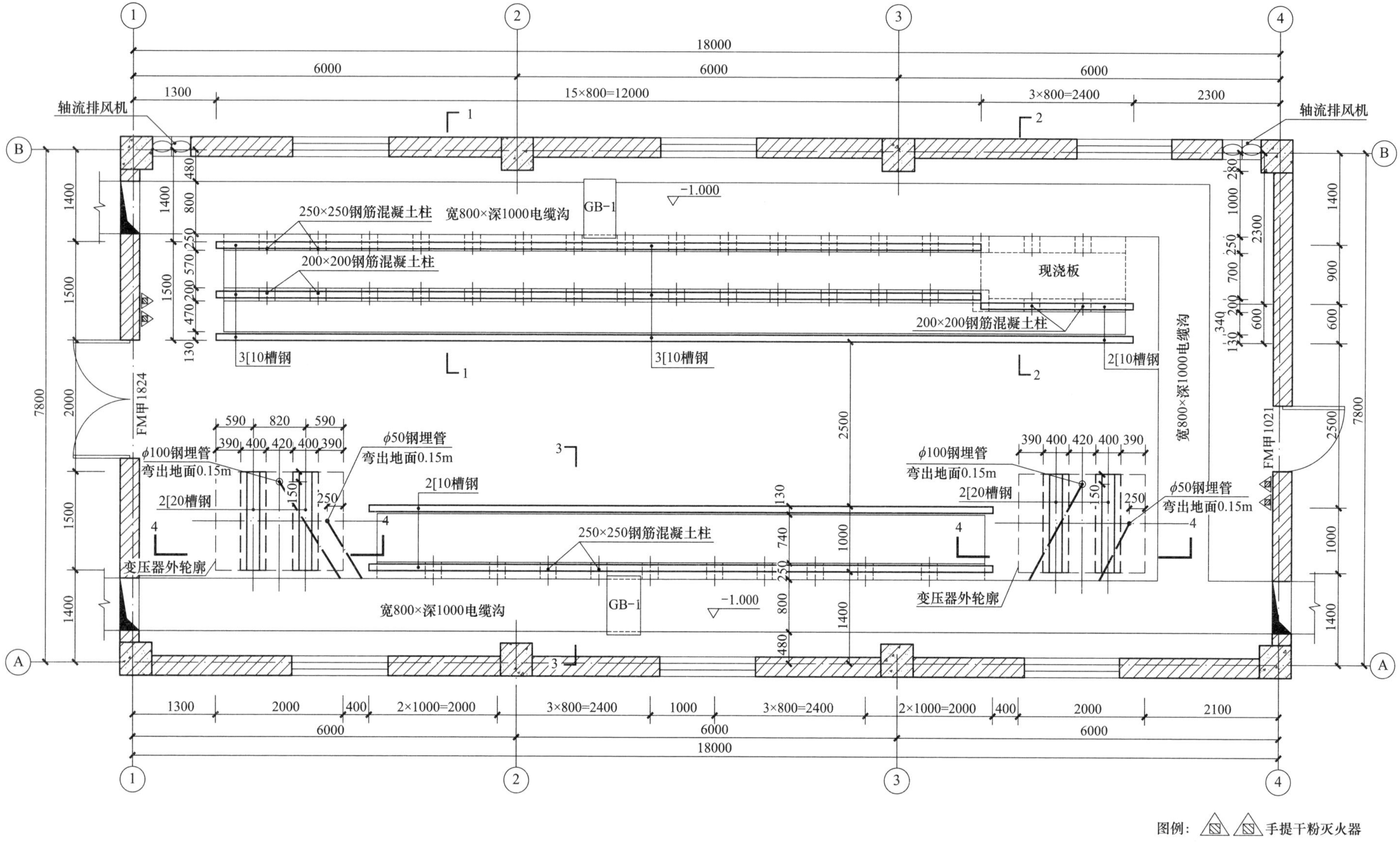

图 3-13-9　环网型配变站设备基础及电缆沟平面布置图（中置式开关柜）

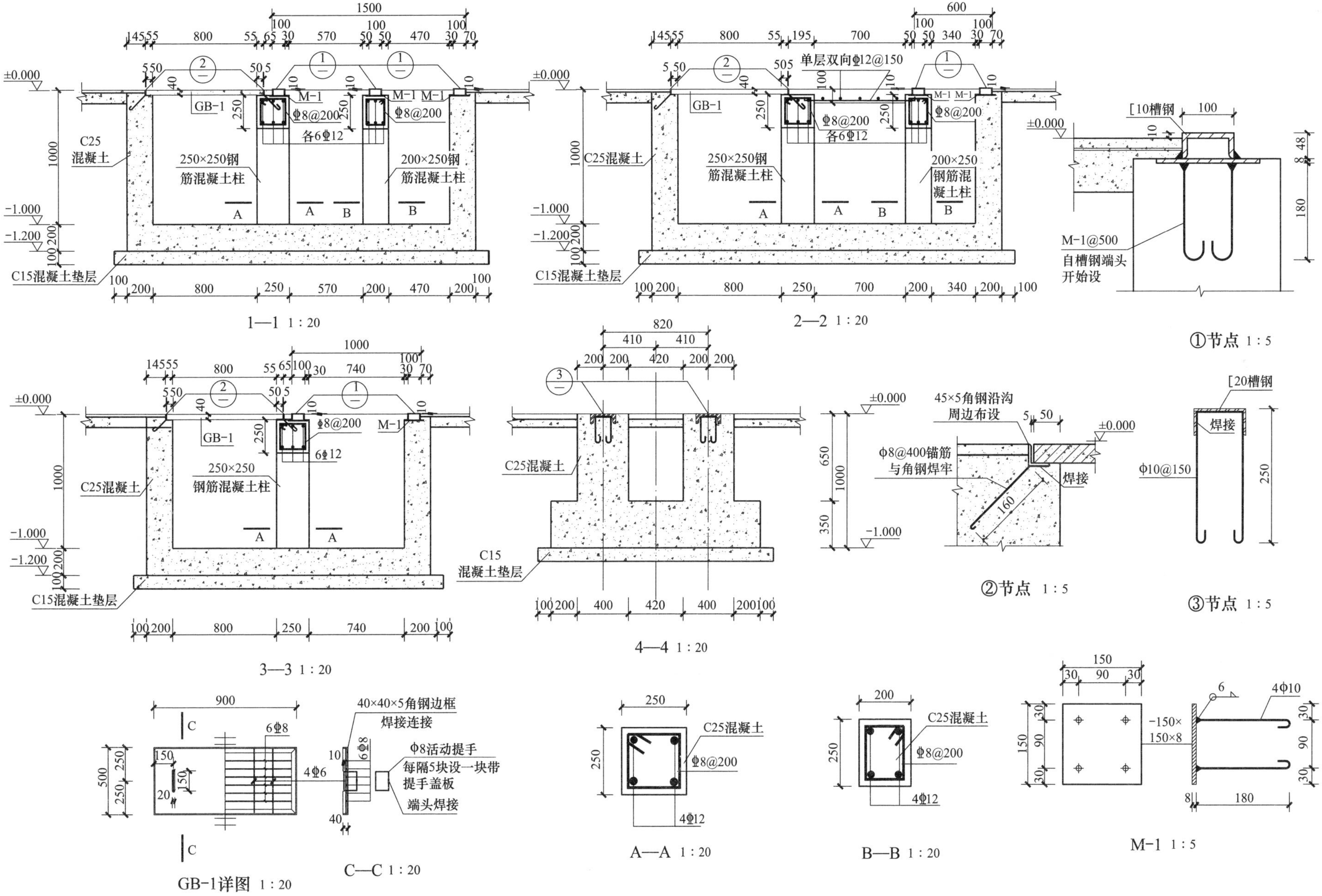

图 3-13-10 环网型配变站设备基础及电缆沟剖面详图（中置式开关柜）

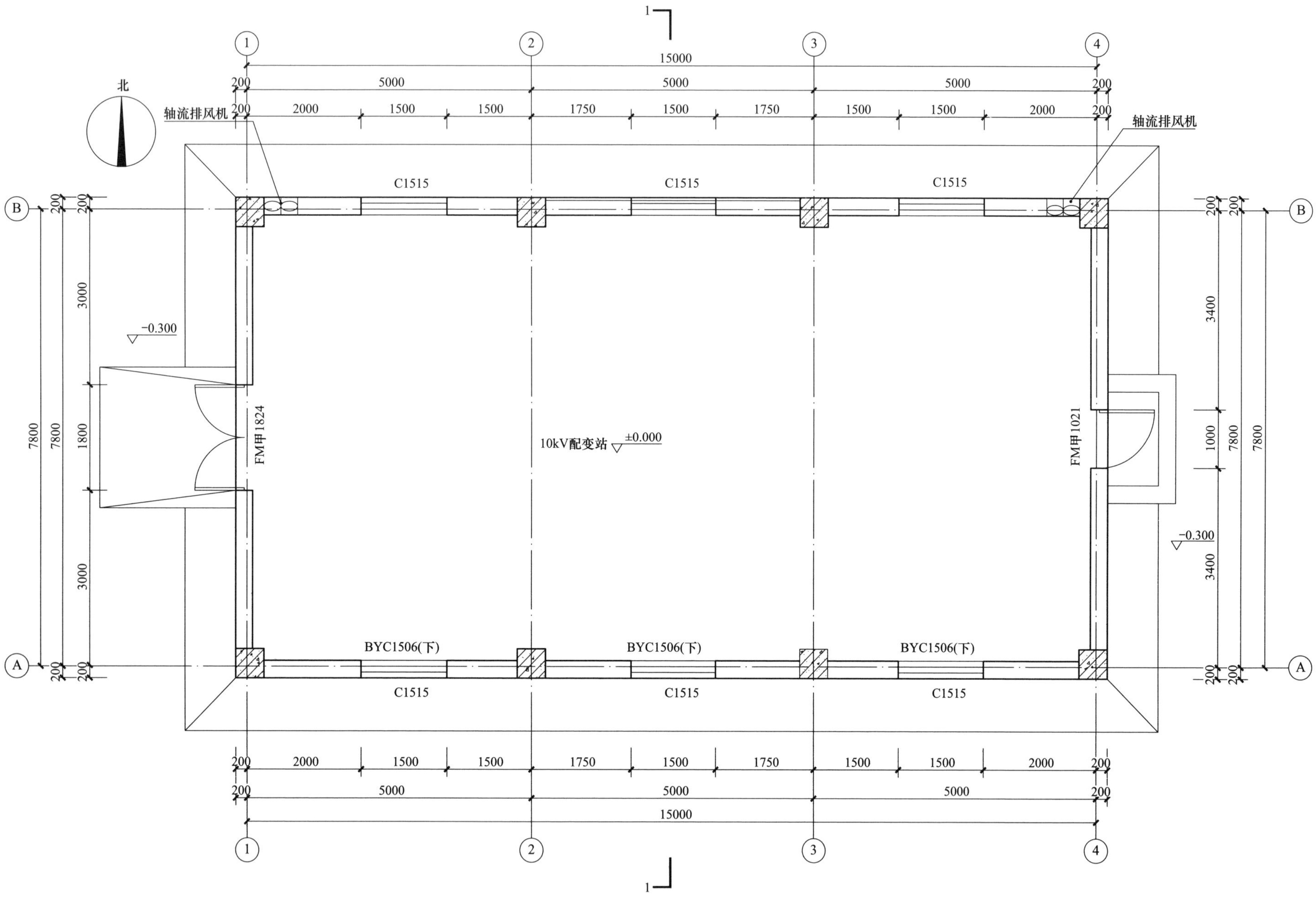

图 3-13-11　环网型配变站建筑平面布置图（固体绝缘开关柜）

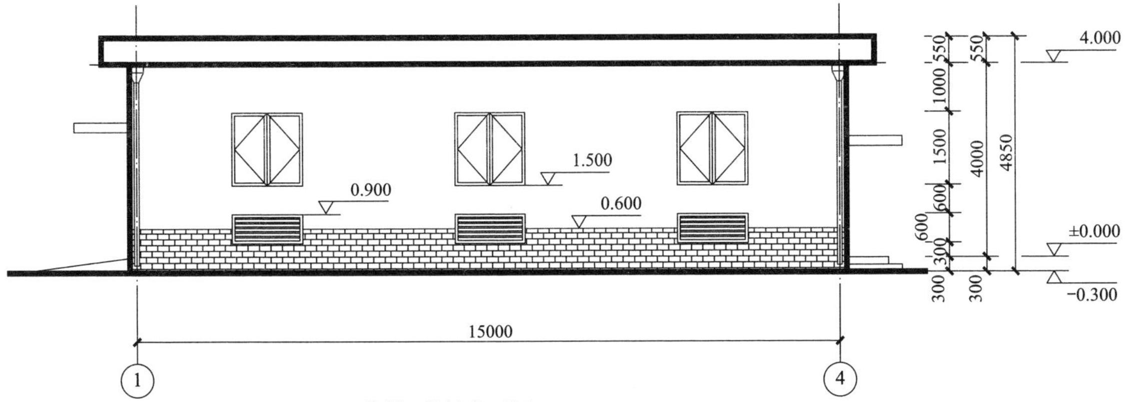

①轴~④轴立面图 1：100

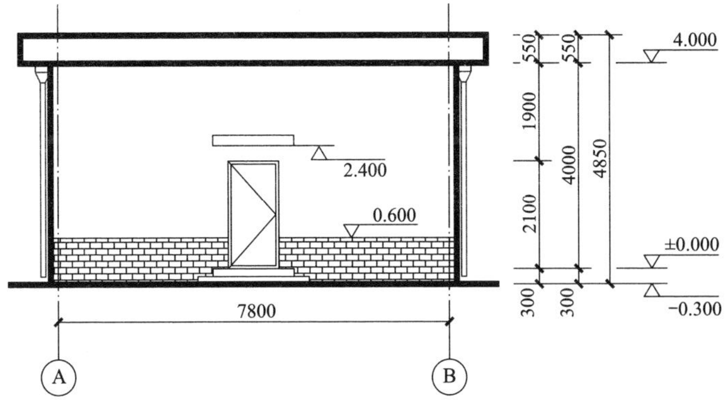

Ⓐ轴~Ⓑ轴立面图 1：100

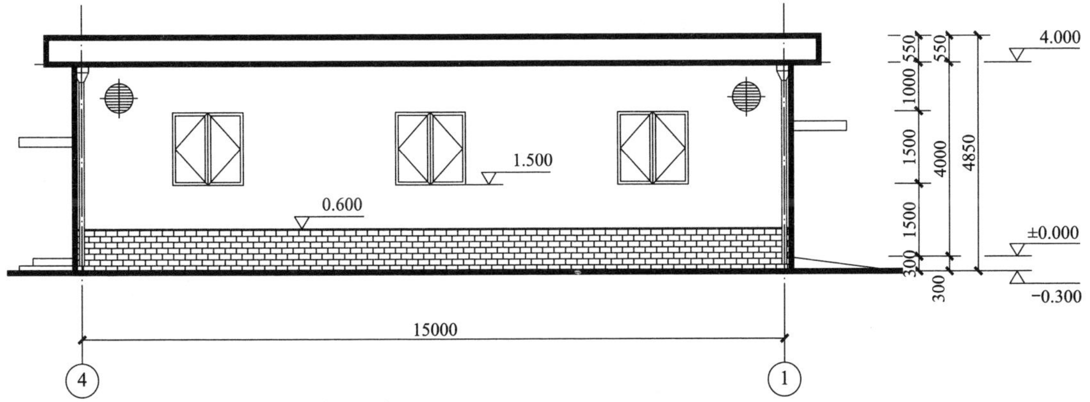

④轴~①轴立面图 1：100

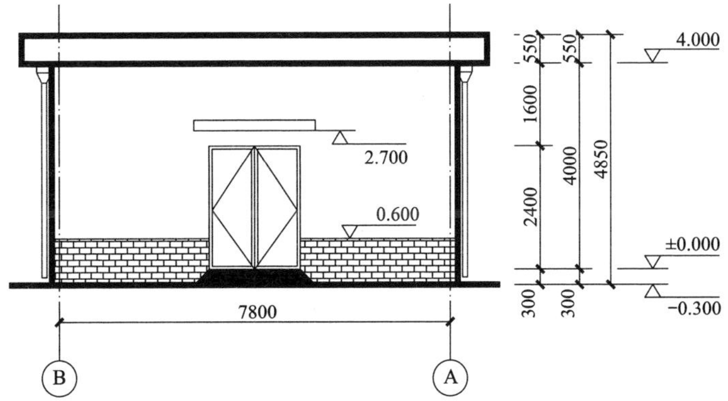

Ⓑ轴~Ⓐ轴立面图 1：100

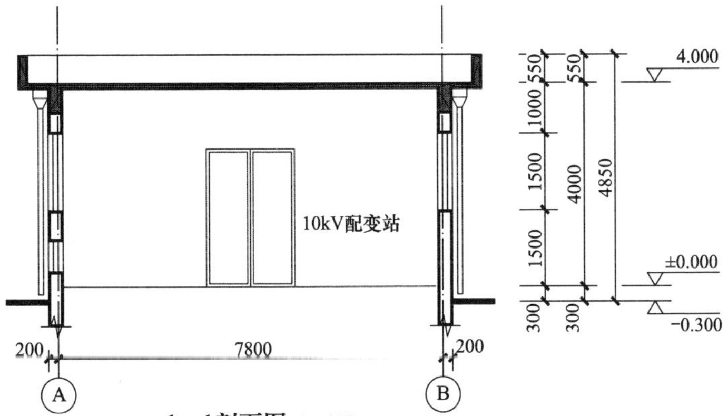

1—1剖面图 1：100

图 3-13-12 环网型配变站建筑立面及剖面图（固体绝缘开关柜）

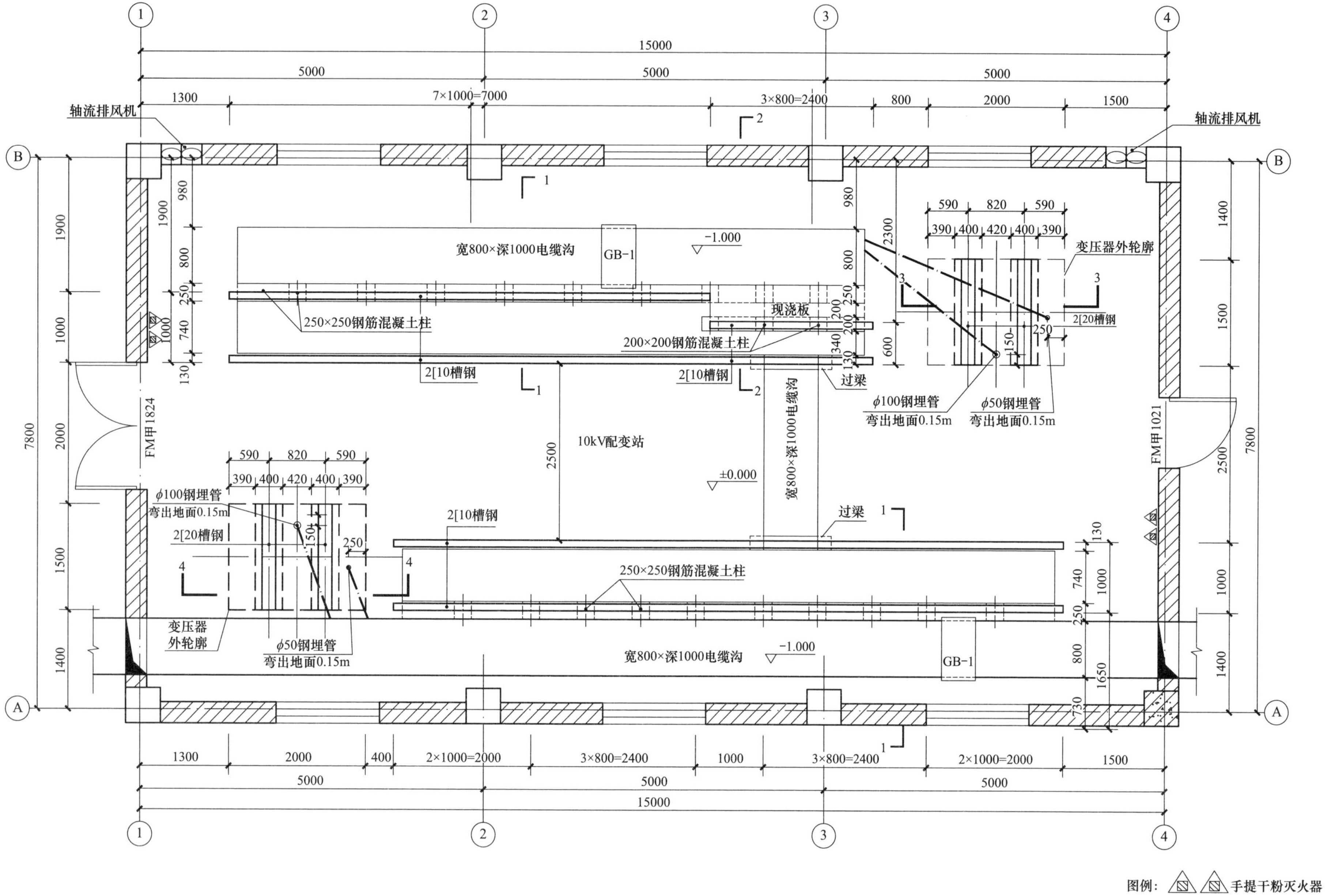

图 3-13-13　环网型配变站设备基础及电缆沟平面布置图（固体绝缘开关柜）

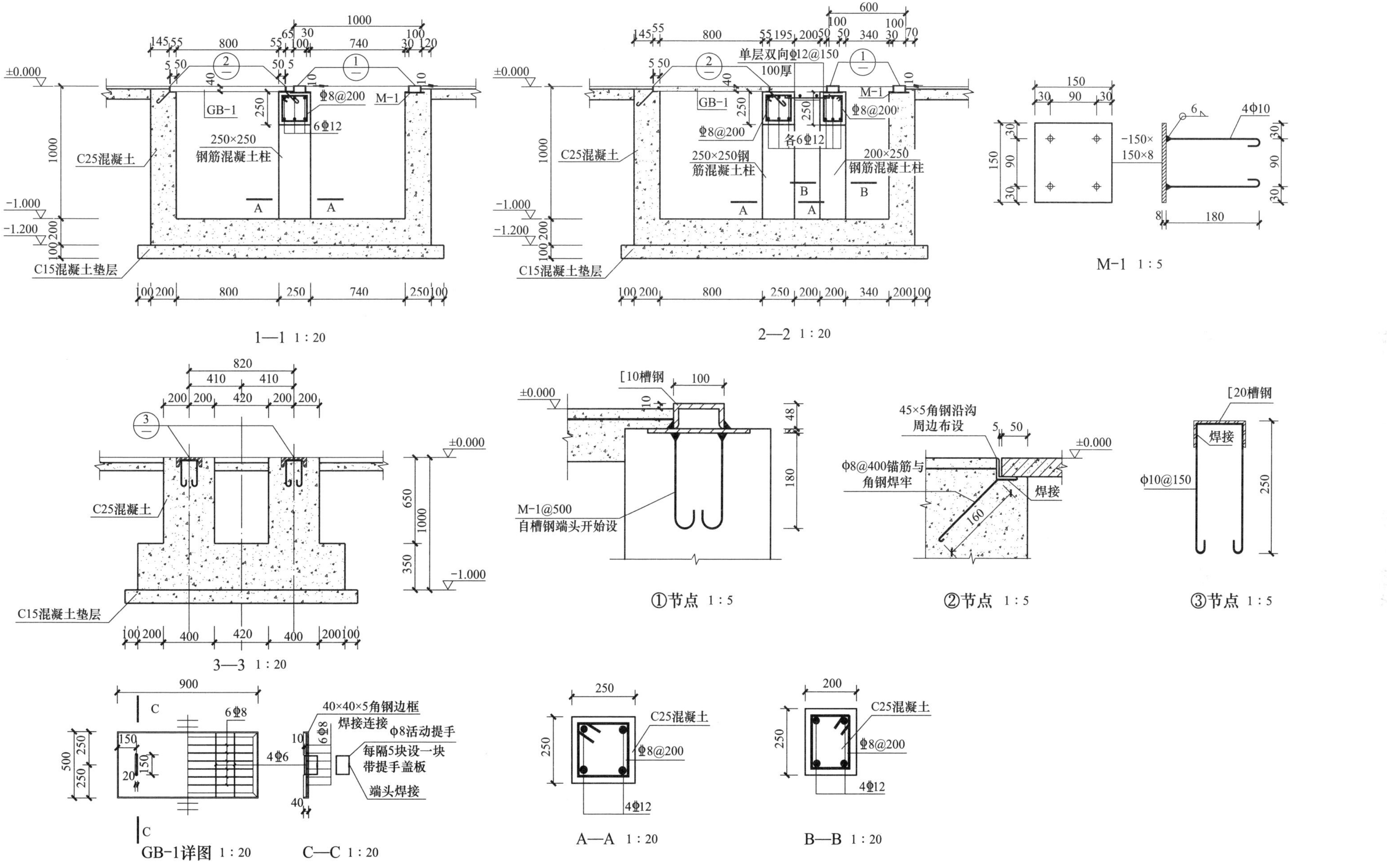

图 3-13-14 环网型配变站设备基础及电缆沟剖面详图（固体绝缘开关柜）

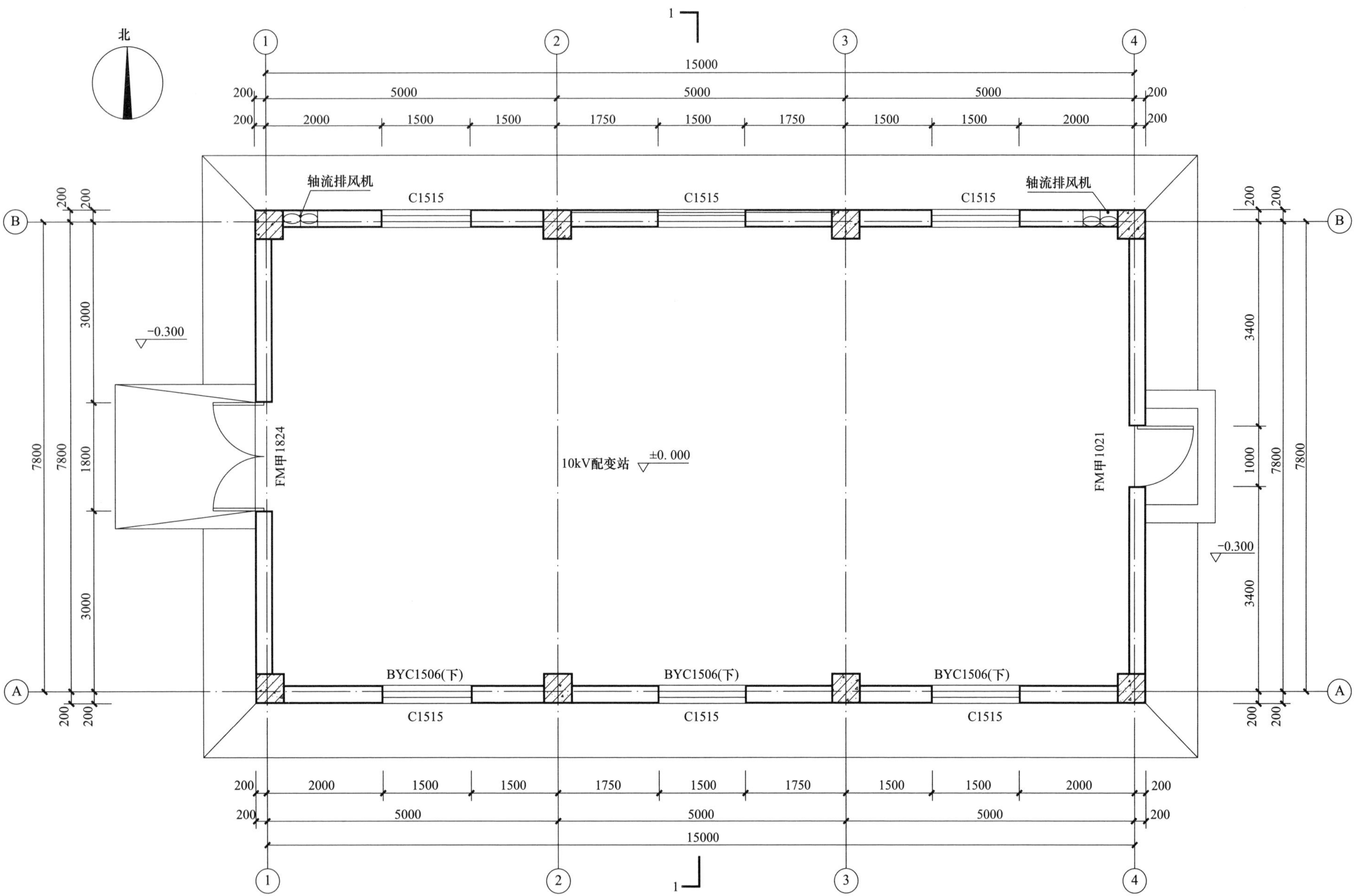

图 3-13-15　终端型配变站建筑平面布置图（中置式开关柜）

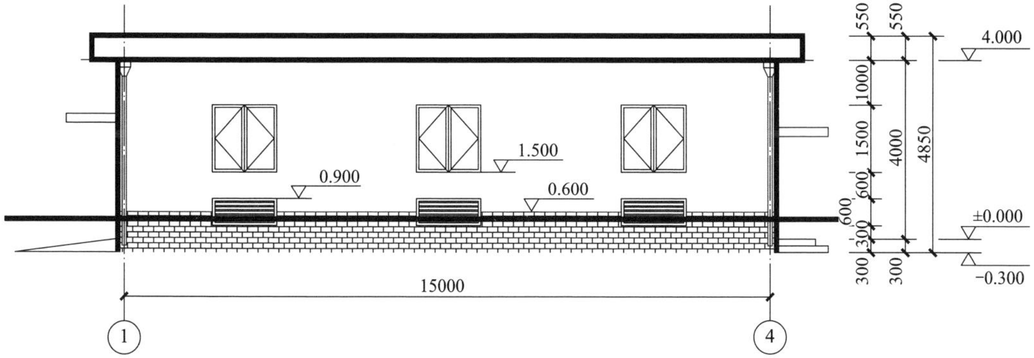

①轴~④轴立面图 1：100

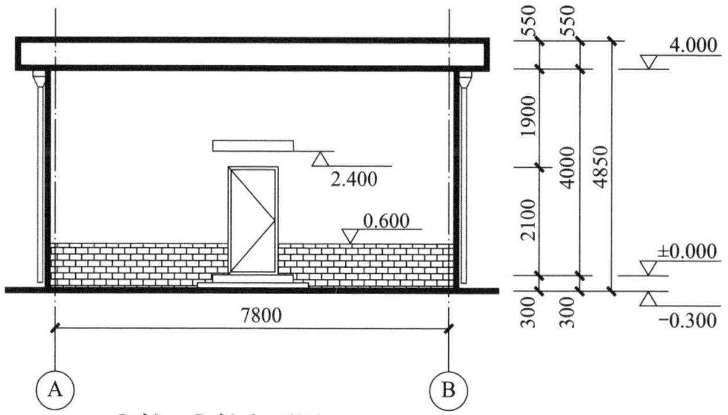

Ⓐ轴~Ⓑ轴立面图 1：100

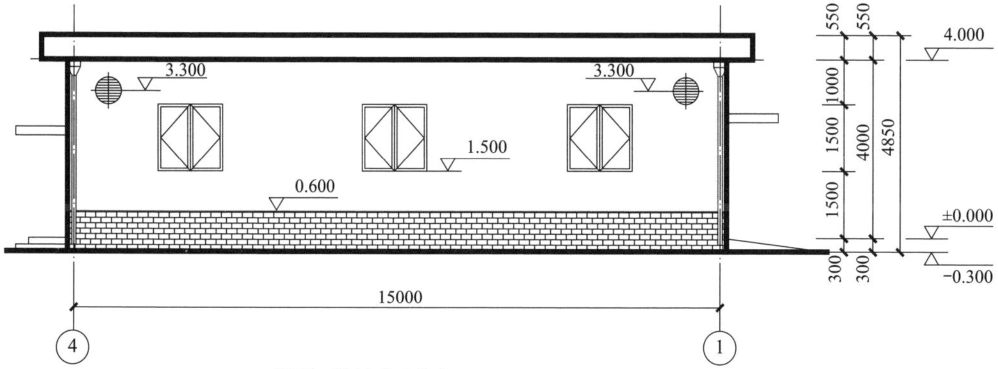

④轴~①轴立面图 1：100

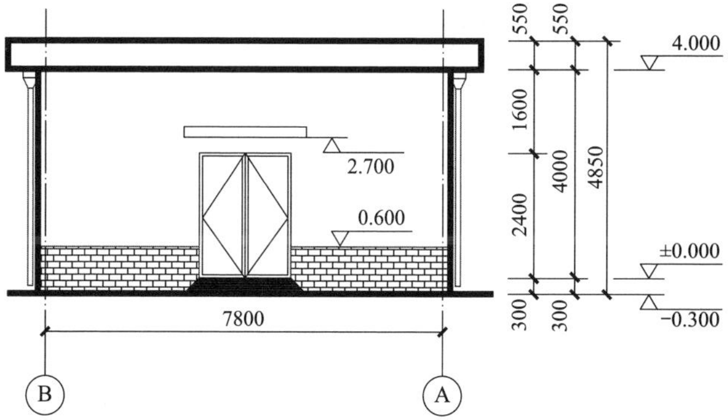

Ⓑ轴~Ⓐ轴立面图 1：100

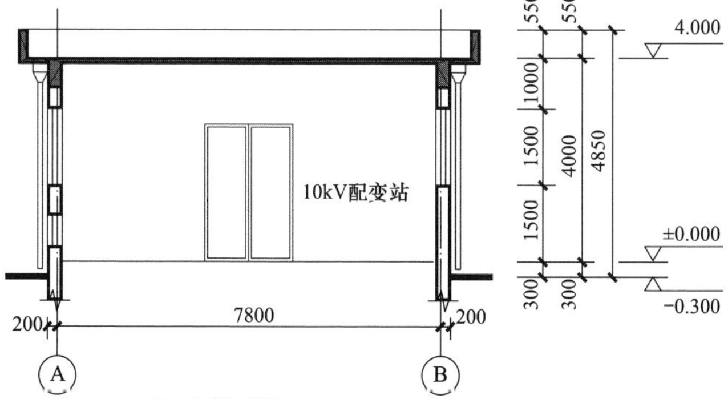

1—1剖面图 1：100

图 3-13-16 终端型配变站建筑立面及剖面图（中置式开关柜）

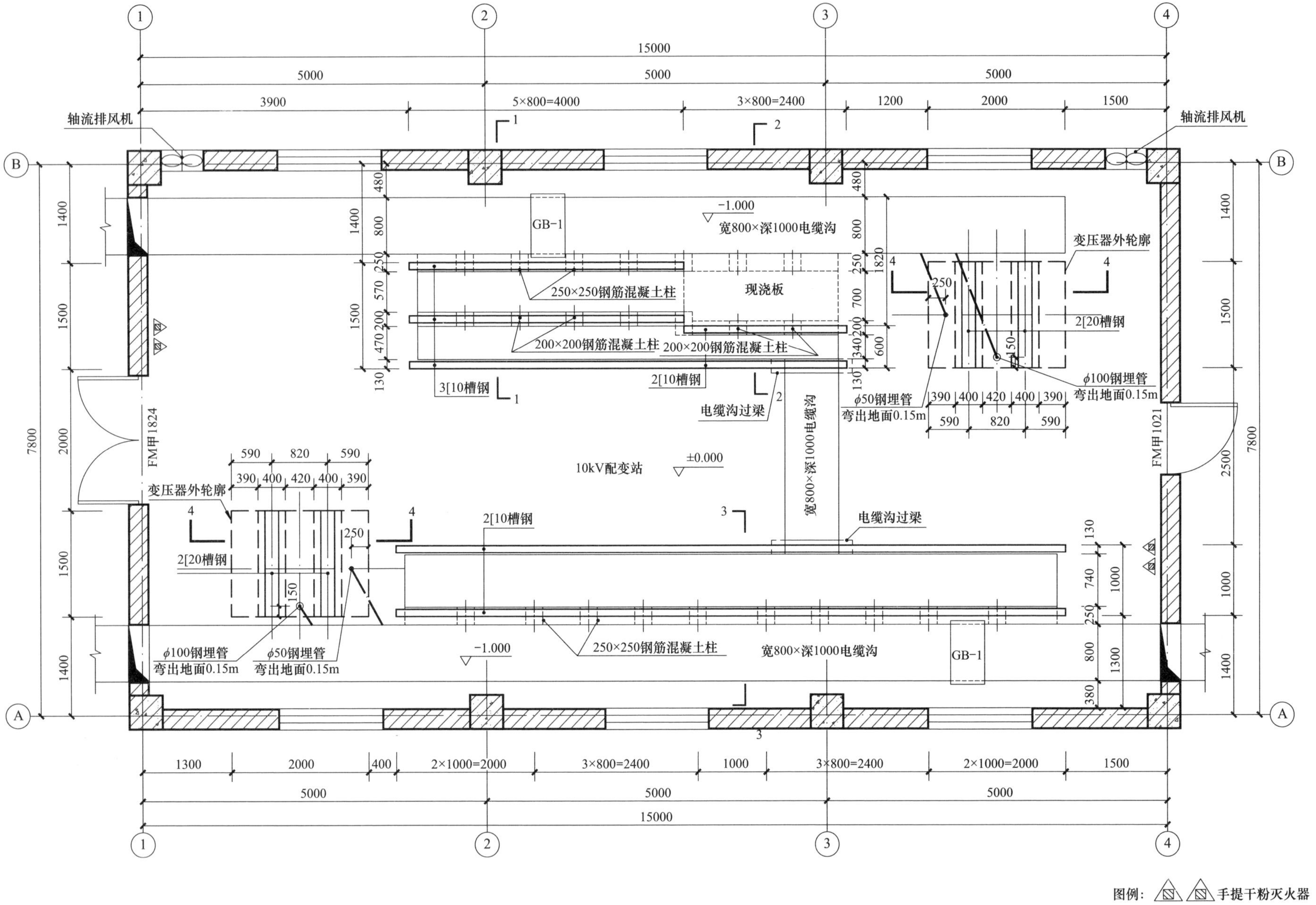

图 3-13-17　终端型配变站设备基础及电缆沟平面布置图（中置式开关柜）

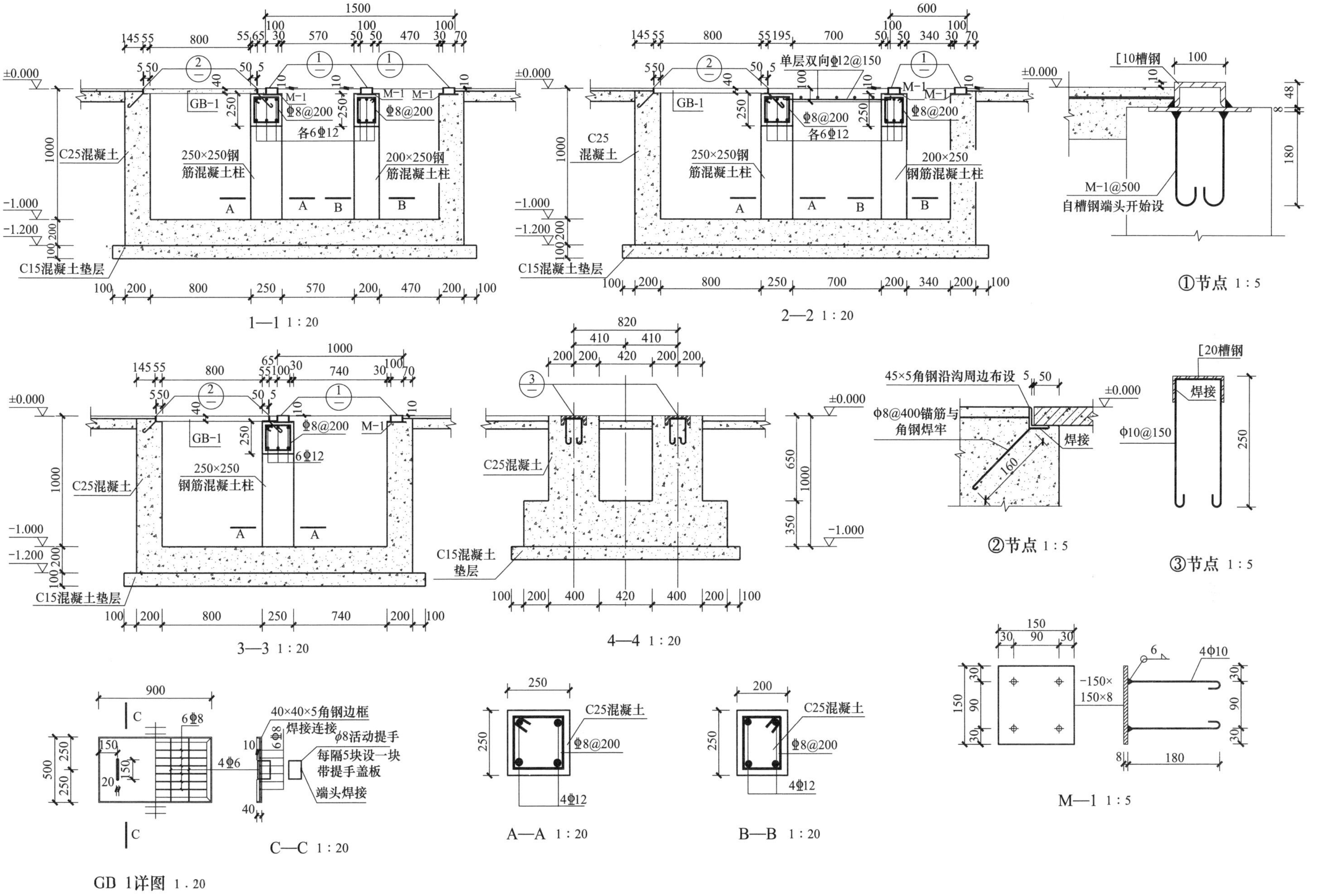

图 3-13-18 终端型配变站设备基础及电缆沟剖面详图（中置式开关柜）

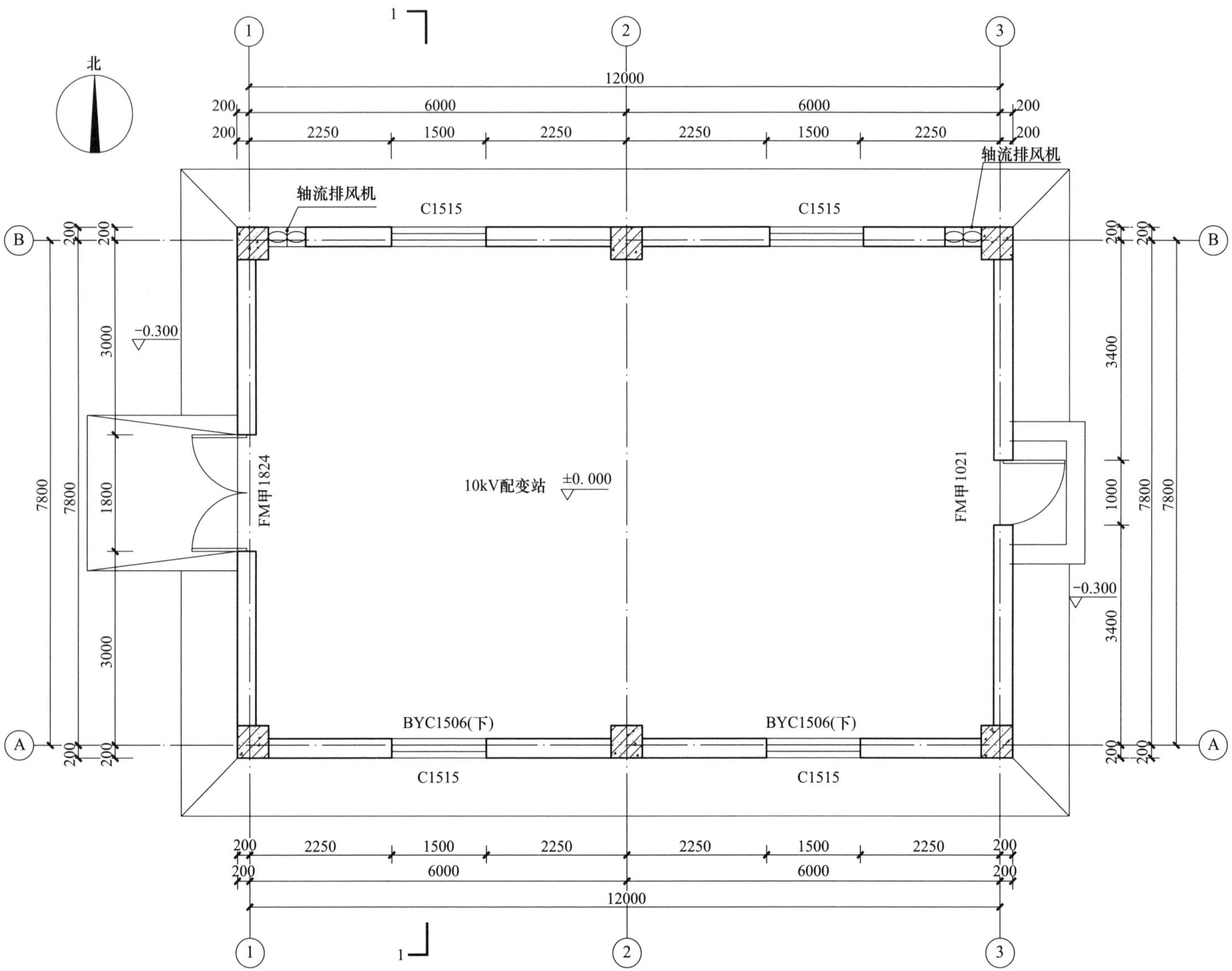

图 3-13-19　终端型配变站建筑平面布置图（固体绝缘开关柜）

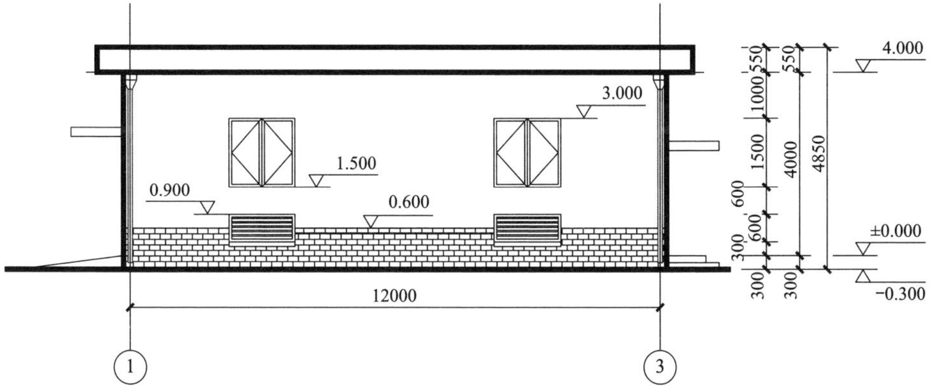

①轴~③轴立面图 1∶100

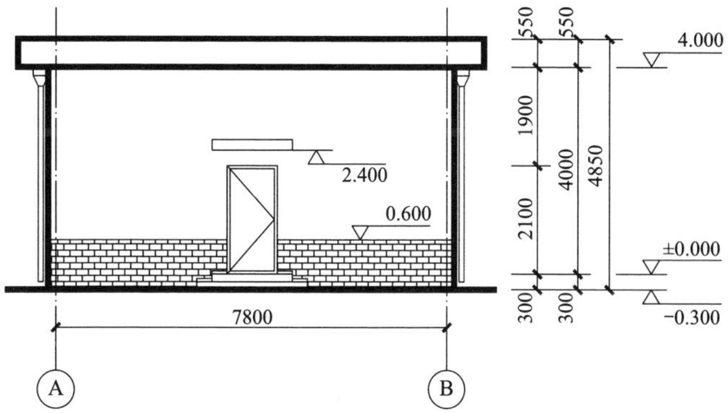

Ⓐ轴~Ⓑ轴立面图 1∶100

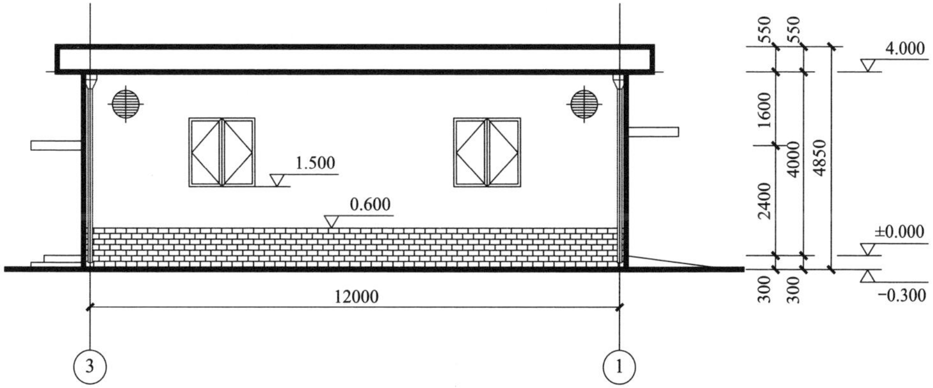

③轴~①轴立面图 1∶100

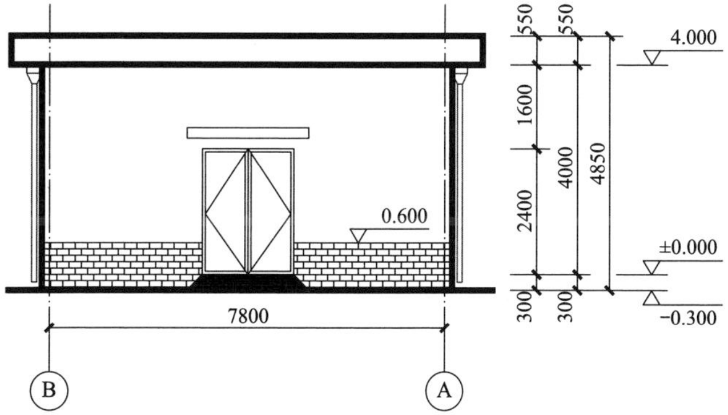

Ⓑ轴~Ⓐ轴立面图 1∶100

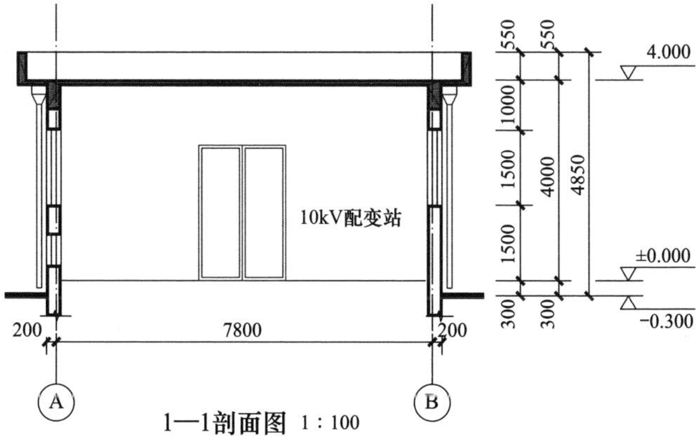

1—1剖面图 1∶100

图 3-13-20 终端型配变站建筑立面及剖面图（固体绝缘开关柜）

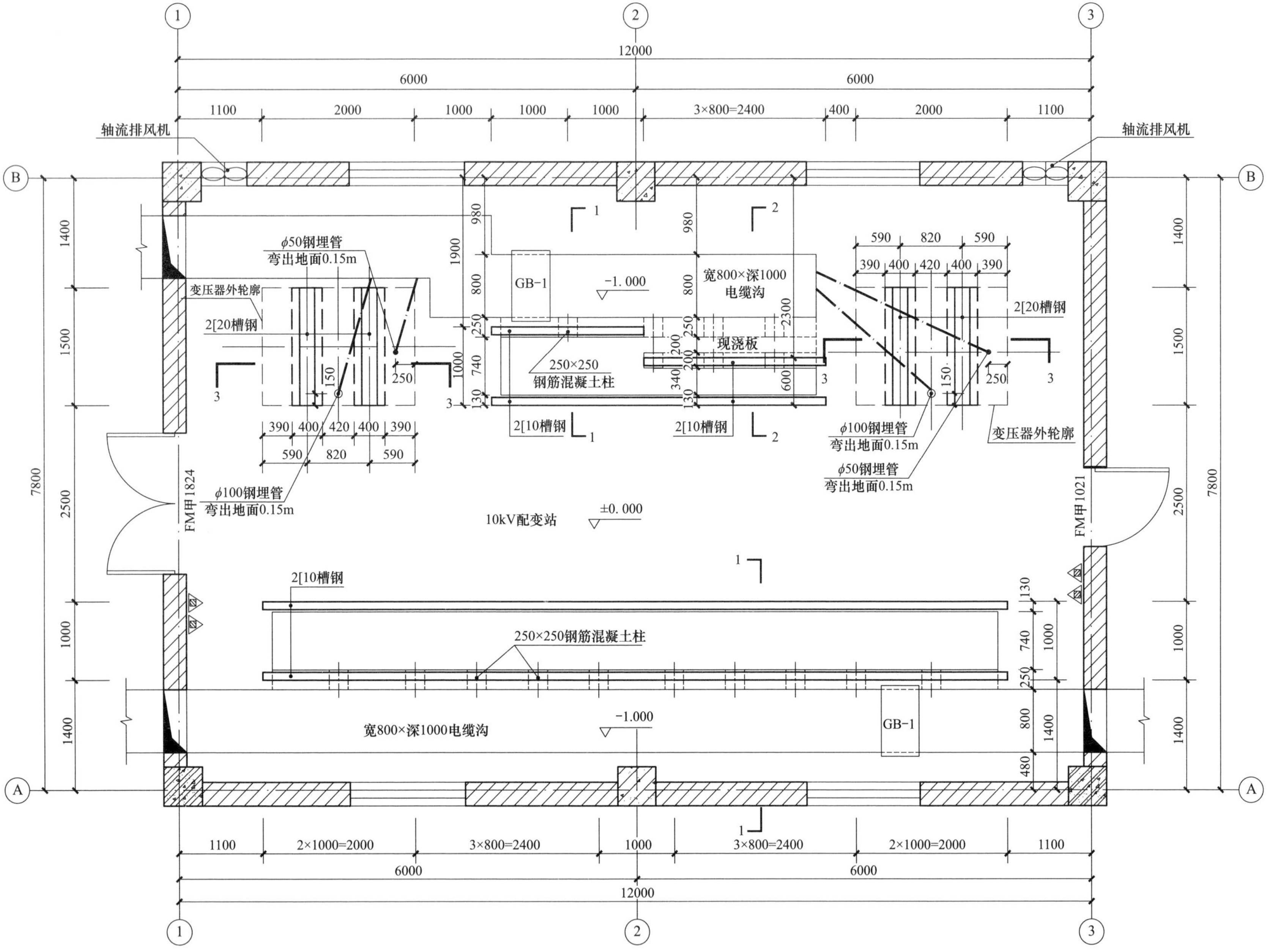

图例：手提干粉灭火器

图 3-13-21　终端型配变站设备基础及电缆沟平面布置图（固体绝缘开关柜）

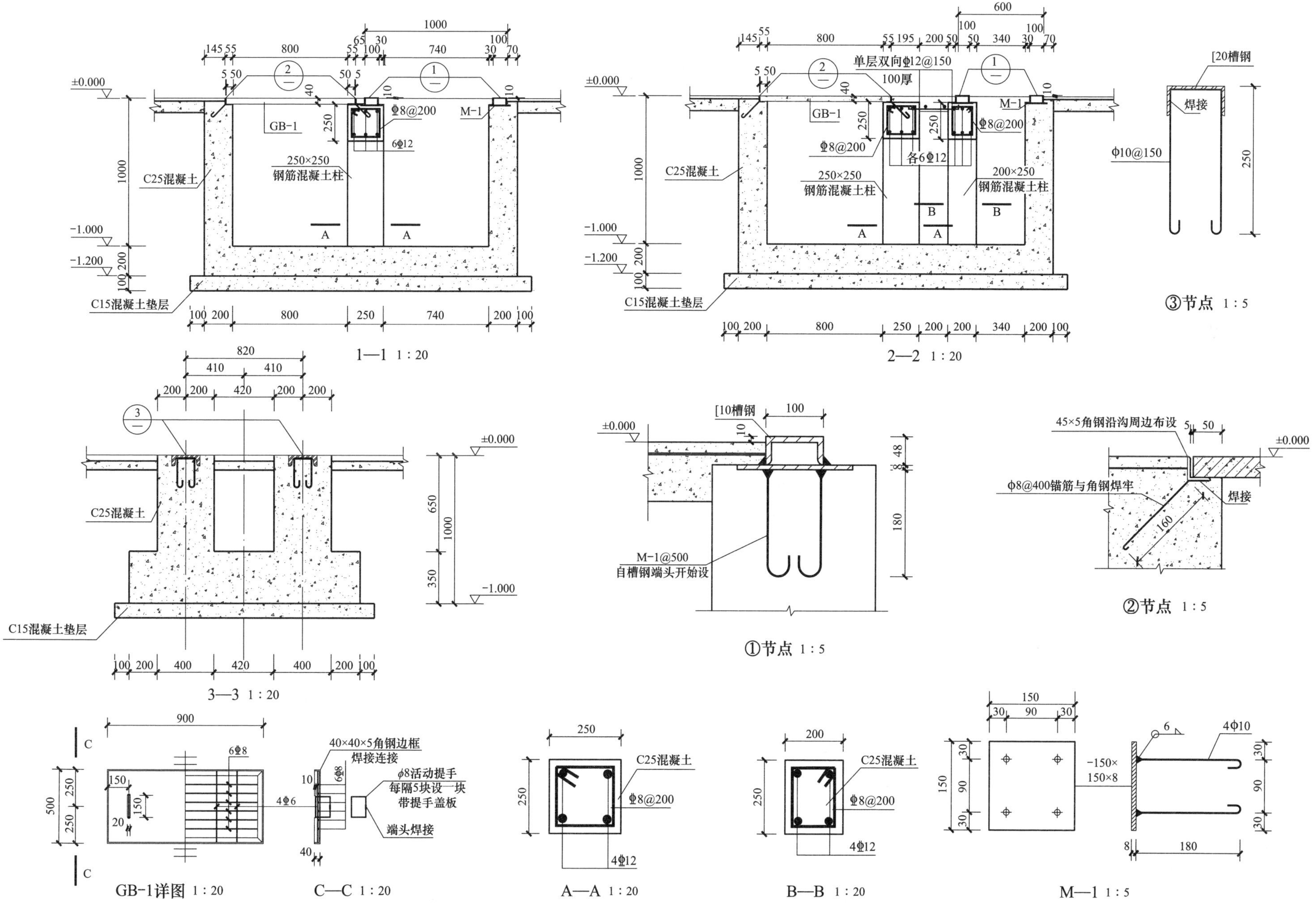

图 3-13-22 终端型配变站设备基础及电缆沟剖面详图（固体绝缘开关柜）

第14章 环网箱、箱式变电站设计方案

14.1 总平面布置

环网箱、箱式变电站多位于市政人行道、绿化带、住宅区办公区等区域的户外场所，需要根据箱体尺寸设计相应的基础。

14.2 建筑设计

箱体外观应与周边人文地理环境协调统一；外观设计应简洁、稳重、实用。基础一般高于地面600mm。

14.3 结构设计

（1）结构形式。环网箱、箱式变电站基础形式采用现浇钢筋混凝土箱式基础和预制钢筋混凝土箱式基础2种形式。

预制钢筋混凝土箱式基础工厂化生产，外形美观、色泽一致，减少现场湿作业，生态环保。因此可根据工程环境，施工条件，工程性质等因素，选择使用。

（2）地质条件。环网箱、箱式变电站基础的开挖深度一般在3m以内，3m内的土质按已有的设计经验主要有素填土、黄土、粉土、粉细砂、砂砾（角砾）、岩石等。环网箱、箱式变电站基础的地基承载力特征值按照120kPa设计。

（3）地基处理。

1）地层为砂砾（角砾）层、岩石层等承载力不小于120kPa时，环网箱、箱式变电站基础垫层下无须再做地基处理。

2）地层为素填土、湿陷性黄土等承载力小于120kPa时，环网箱、箱式变电站基础垫层下换填500mm厚3∶7灰土，换填范围外扩垫层每边各300mm。

3）如地基存在软弱下卧层、淤泥、盐渍土、冻土等不良地质现象，应根据具体工程地质条件，按相关规范要求进行处理。

（4）主要材料。

1）现浇混凝土基础。基础主体采用C25混凝土，抗渗等级P6，垫层采用C20混凝土。

2）预制混凝土基础。基础主体采用C40混凝土，抗渗等级P6，垫层采用C20混凝土。

3）钢筋：HPB300级、HRB400级。

4）钢材：Q235B。螺栓：4.8级、6.8级、8.8级。

14.4 采暖通风

环网箱、箱式变电站基础采用自然通风。环网箱、箱式变电站不设置采暖。

14.5 技术要求

（1）现浇钢筋混凝土基础。

1）现浇钢筋混凝土基础采用C25混凝土浇筑，垫层采用C20混凝土。

2）基础混凝土均采用抗渗混凝土，抗渗等级P6。

3）基础预埋槽钢、钢板均需热镀锌处理，安装均应符合：不直度小于1mm/m，且小于5mm/全长，位置误差及不平行度小于5mm。

4）基础需做防水处理，防水等级不低于二级。基础底板、外壁敷设弹性体改性沥青（4厚单层SBS）防水卷材，也可根据基础所在地材料采购情况选择其他防水材料。

5）若土壤或地下水对混凝土及钢筋有腐蚀时，根据腐蚀等级采用相应的防腐处理措施。

6）环网箱、箱式变电站3m范围内不得有建筑物。

7）电缆进出线埋管管径、数量及位置根据现场实际情况确定，电缆进出线穿管后采用沥青油麻丝灌缝，具体做法详见《110kV及以下电缆敷设》（12D101-5）标准图集。

8）基础外露部分饰面做法应与周围环境协调，可采用贴砖饰面。

9）基础应设置通风百叶窗，百叶窗洞口距离室外地面不小于200mm。通风百叶采用铝合金百叶窗，百叶窗里侧附不锈钢纱网，网孔小于2.5mm×2.5mm。

（2）预制钢筋混凝土基础。

1）预制钢筋混凝土基础内外表面应平整、无麻面、蜂窝、粘皮，局部凹坑深度不应大于5mm；表面不应有贯穿壁厚的裂缝存在，内表面裂缝宽度不超过0.2mm；端部及外棱角不应有伤痕。

2）预制钢筋混凝土基础通用埋件为锚板、锚筋、内埋式螺母等。预埋件各部分尺寸要求制作精确，埋设应符合规范要求。预埋件需严格按照设计施工图纸加工预埋，并在批量生产前做力学性能试验，合格后方可批量生产。

3）预制钢筋混凝土基础构件需预留人孔井、集水井、对接孔洞，预留孔洞处均应设置加强钢筋，加强钢筋配置详见《混凝土结构施工图平面整体表示方法制图规则和构造详图》（22G101）及设计施工图。

4）其他未特殊要求的技术条件同现浇钢筋混凝土基础。

14.6 设计图纸

环网箱、箱式变电站基础设计图清单详见表 3-14-1。

表 3-14-1　　环网箱、箱式变电站基础设计图清单

图序	图名
环网箱基础	
图 3-14-1	环网箱基础平面图
图 3-14-2	环网箱基础剖面详图
箱式变电站基础	
图 3-14-3	箱式变电站基础平面图
图 3-14-4	箱式变电站基础剖面详图

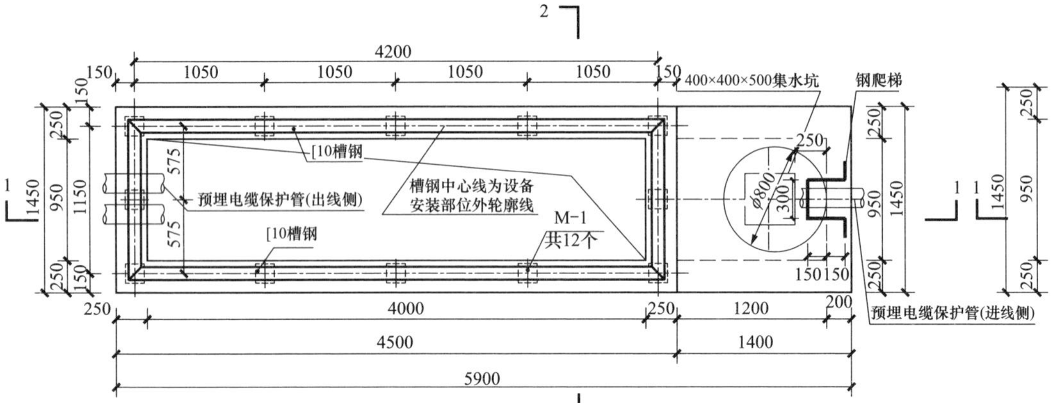

环网箱基础平面图 1：30

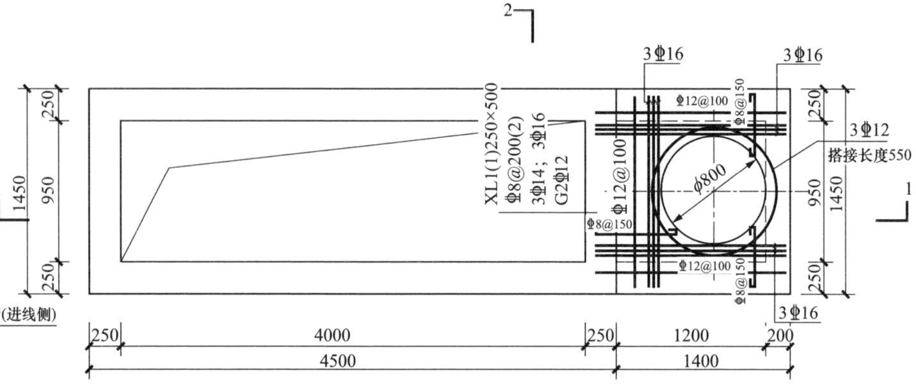

环网箱基础结构平面图 1：30

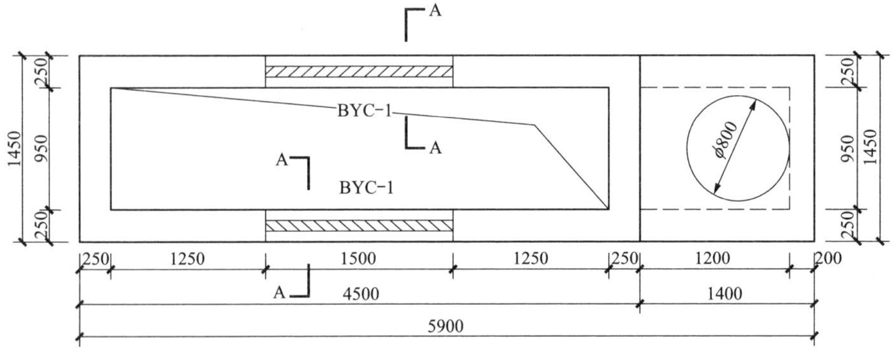

百叶窗平面图 1：30

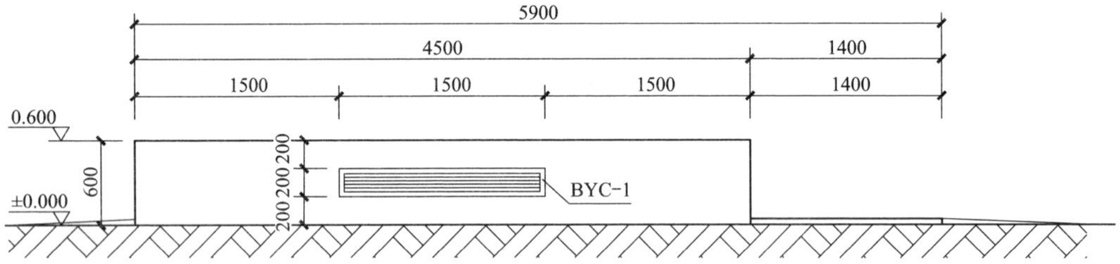

百叶窗立面图 1：30

说明：1. 钢筋ϕ为HPB300，ф为HRB400，钢材为Q235B，电焊条用E43型，焊缝高度6mm。

2. 混凝土强度等级：现浇梁及基础壁、底板均C25，素混凝土垫层C20。基础采用抗渗混凝土浇筑，抗渗等级不低于P6。

3. 混凝土保护层：梁为35mm，顶板、基础壁为25mm，基础底板为40mm。

4. 基础外壁防水做法由内到外依次为：①防水钢筋混凝土外墙；②防水卷材为4mm自粘聚合物改性沥青卷材；③50mm聚乙烯泡沫塑料板；④素土分层夯实。详见《自粘防水材料建筑构造(一)》11CJ32-1第15页③节点、第17页①节点。

5. 基础10号槽钢需热镀锌处理。

6. 底板地面2%找坡，坡向集水坑。

7. 环网箱3m范围内不得有建筑物。

8. 进线埋管及预留洞的位置可根据现场实际情况进行预留和调整，电缆进出线穿管后采用沥青油麻丝灌缝，具体做法详见《110kV及以下电缆敷设》(12D101-5)标准图集。

9. 基础外露部分饰面材质、需与周围环境协调，可采用贴砖饰面。

10. 通风百叶采用铝合金百叶窗，百叶窗里侧附20目不锈钢纱网(孔径0.85mm)。

11. BYC-1窗洞口尺寸1500mm×200mm。

12. 地基处理：

(1) 在土质较好的地区，原状土层(无湿陷性)、砂砾(角砾)层、岩石层等持力层承载力不小于120kPa时，基础下无须再做地基处理。

(2) 在土质稍差的地区，原状土为湿陷性黄土或原状土承载力小于120kPa时，基础垫层下换填500mm厚3：7灰土，换填范围外扩垫层每边各300mm。

(3) 如地基存在软弱下卧层、淤泥、盐渍土等不良地质现象，应根据具体工程地质条件，按相关规范要求进行处理。

图 3-14-1　环网箱基础平面图

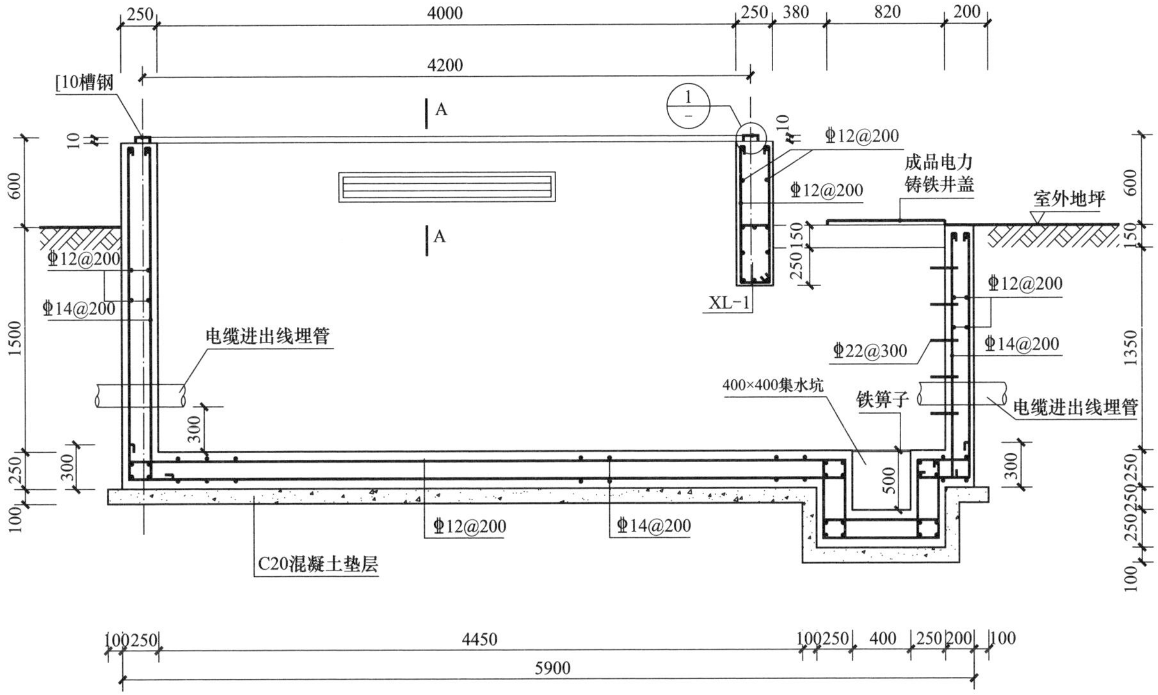

1—1剖面图 1∶30

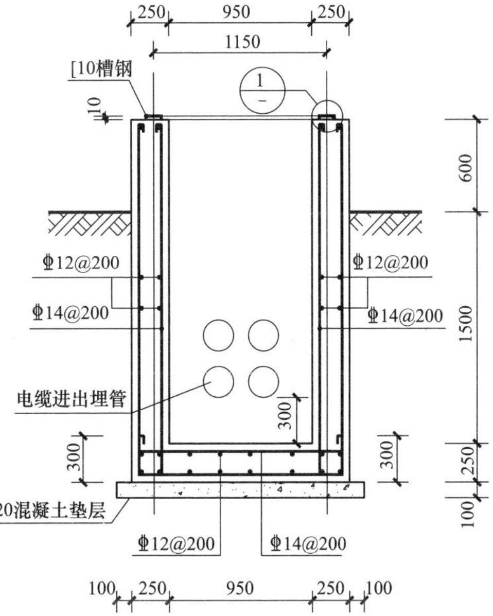

2—2剖面图 1∶30

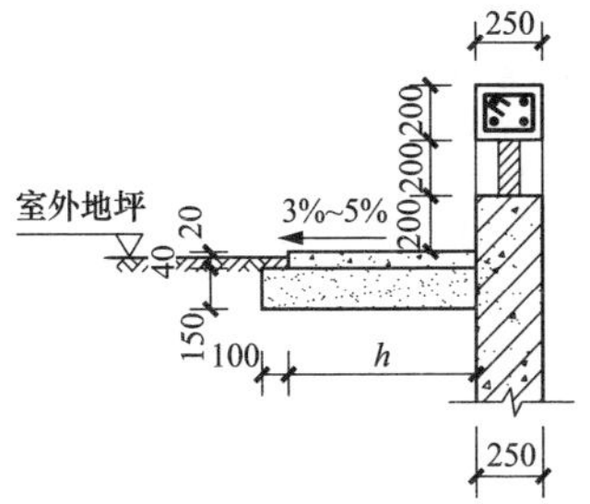

A—A剖面 1∶30

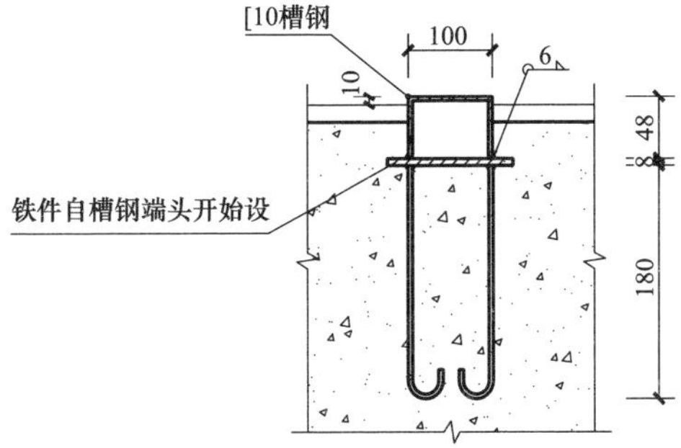

①节点 1∶5

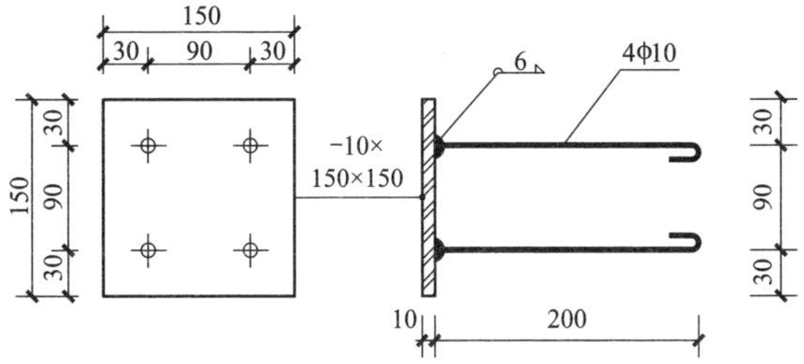

M—1 1∶5

图 3-14-2　环网箱基础剖面详图

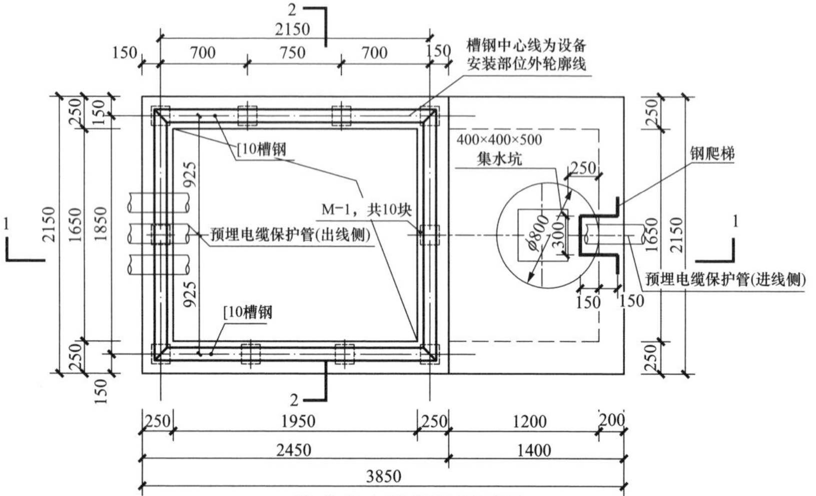

箱式变电站基础平面图 1：30

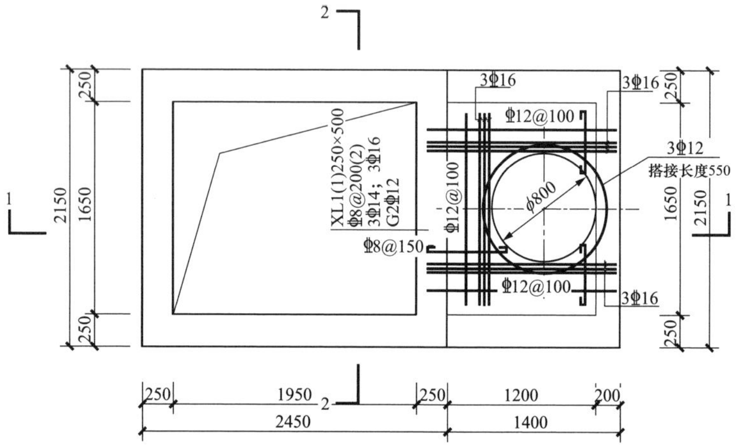

箱式变电站基础结构平面图 1：30

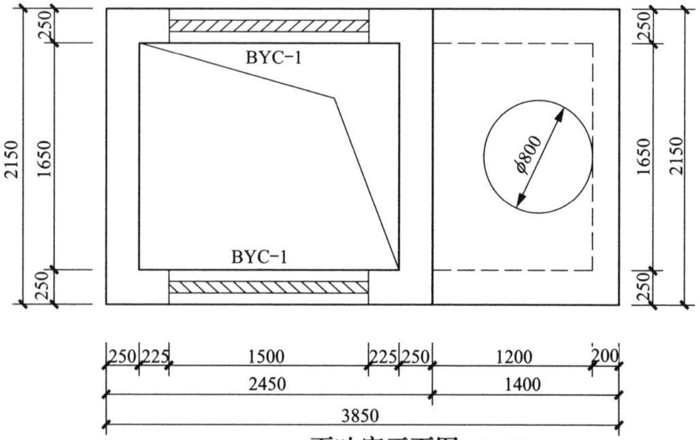

百叶窗平面图 1：30

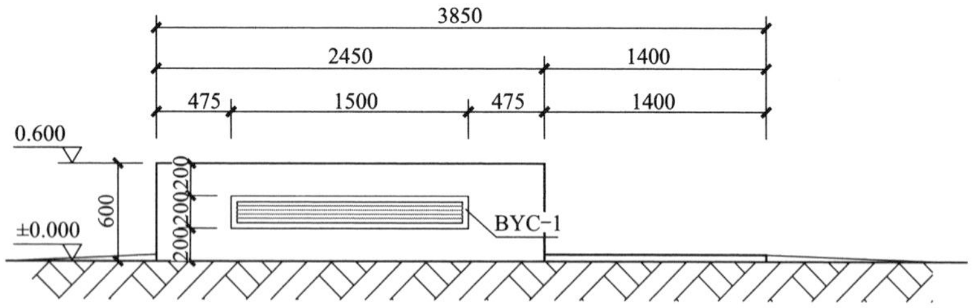

百叶窗立面图 1：30

说明：1. 钢筋ϕ为HPB300，ϕ为HRB400，钢材为Q235B，电焊条用E43型，焊缝高度6mm。

2. 混凝土强度等级：现浇梁及基础壁、底板均C25，素混凝土垫层C20。基础采用抗渗混凝土浇筑，抗渗等级不低于P6。

3. 混凝土保护层：梁为35mm，顶板、基础壁为25mm，基础底板为40mm。

4. 基础外壁防水做法由内到外依次为：①防水钢筋混凝土外墙；②防水卷材为4mm自粘聚合物改性沥青卷材；③50mm聚乙烯泡沫塑料板；④素土分层夯实。详见《自粘防水材料建筑构造(一)》11CJ32-1第15页③节点、第17页①节点。

5. 基础10号槽钢需热镀锌处理。

6. 底板地面2%找坡，坡向集水坑。

7. 箱式变电站3m范围内不得有建筑物。

8. 进线埋管及预留洞的位置可根据现场实际情况进行预留和调整，电缆进出线穿管后采用沥青油麻丝灌缝，具体做法详见《110kV及以下电缆敷设》(12D101-5)标准图集。

9. 基础外露部分饰面材质、颜色需与周围环境协调，可采用贴砖饰面。

10. 通风百叶采用铝合金百叶窗，百叶窗里侧附20目不锈钢纱网(孔径0.85mm)。

11. BYC-1窗洞口尺寸1500mm×200mm。

12. 地基处理：

(1) 在土质较好的地区，原状土层(无湿陷性)、砂砾(角砾)层、岩石层等持力层承载力不小于120kPa时，基础下无须再做地基处理。

(2) 在土质稍差的地区，原状土为湿陷性黄土或原状土承载力小于120kPa时，基础垫层下换填500mm厚3：7灰土，换填范围外扩垫层每边各300mm。

(3) 如地基存在软弱下卧层、淤泥、盐渍土等不良地质条件，应根据具体工程地质条件，按相关规范要求进行处理。

图 3-14-3 箱式变电站基础平面图

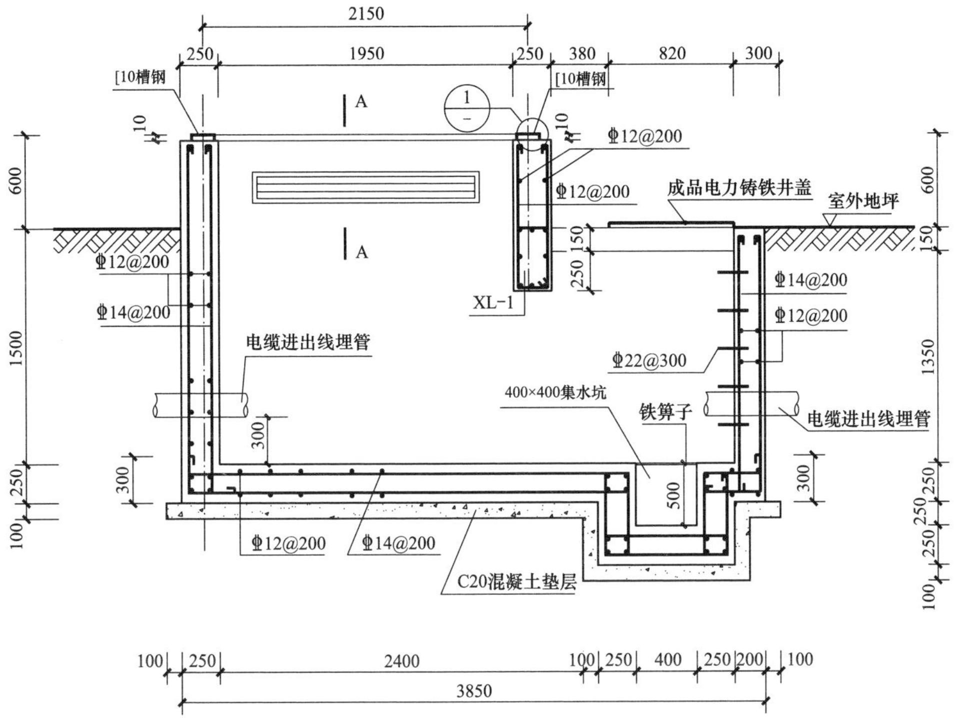

1—1剖面图 1∶30

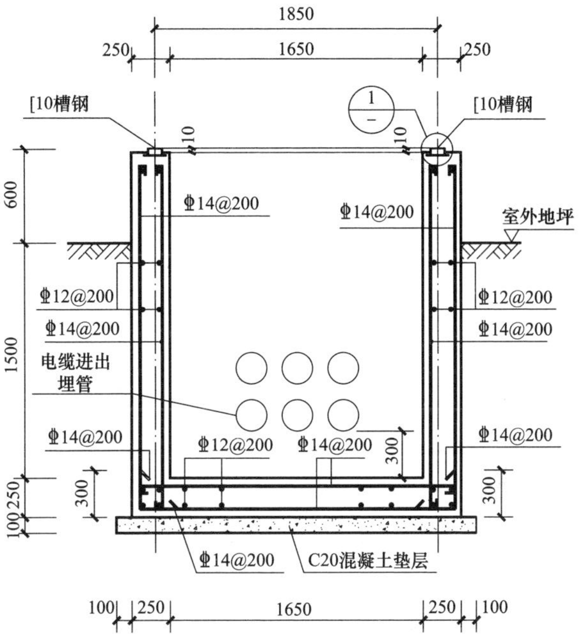

2—2剖面图 1∶30

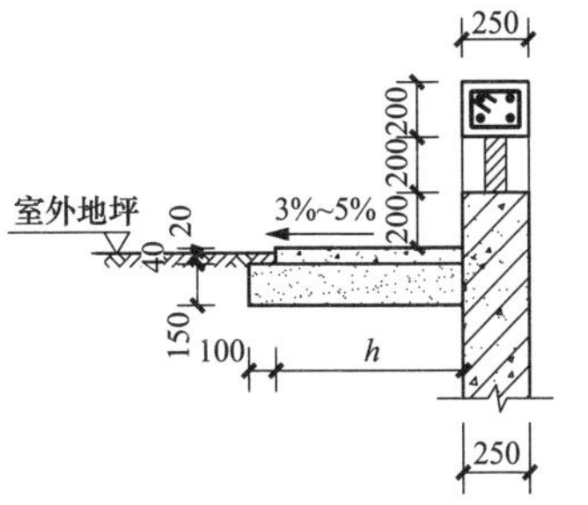

A—A剖面 1∶30

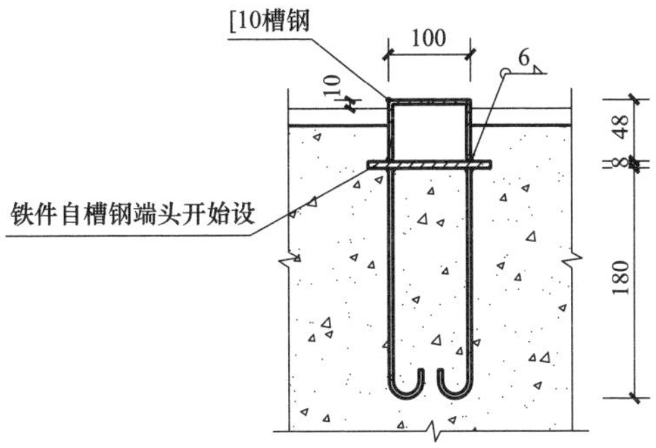

①节点 1∶5

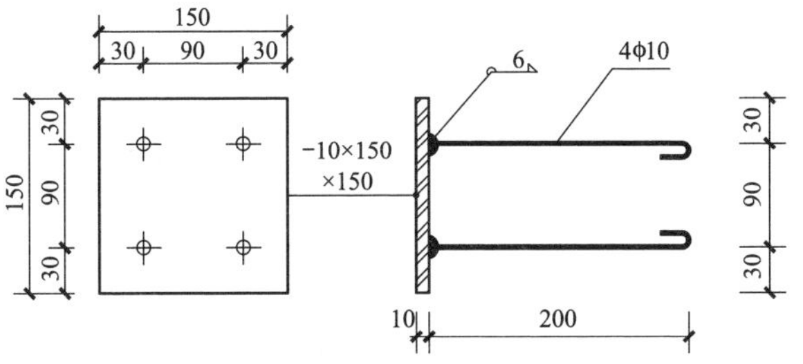

M—1 1∶5

图 3-14-4 箱式变电站基础剖面详图

第四篇

国家电网有限公司
STATE GRID
CORPORATION OF CHINA

开闭站一次部分典型设计

第15章　开闭站中置式开关柜一次设计方案

15.1　概述

本典型设计为开闭站一次部分典型设计的中置式开关柜一次设计方案。

15.1.1　适用范围

（1）适用城镇电缆区域。

（2）适宜站房面积充足区域。

15.1.2　方案技术条件

一次部分典型设计技术方案见表4-15-1。

表4-15-1　　一次部分典型设计技术方案

序号	项目名称	内容
1	10kV进线回路数	进线2回
2	10kV出线回路数	馈线10回
3	电气主接线	单母线分段接线
4	设备短路电流水平	25kA
5	主要设备选型	中置式开关柜
6	布置方式	面对面布置

15.2　一次方案配置

15.2.1　电气主接线

单母线分段接线。

15.2.2　运行方式

运行方式一：正常运行时两路电源各带一段母线运行，分段开关处于分闸位置；当任一路电源失压后，电源进线开关跳闸，由另一路电源带全部负荷运行，此时分段开关应处于合闸位置。

运行方式二：正常运行时一路电源带两段母线运行，分段开关处于合闸位置；当运行电源失压后，该路电源进线开关跳闸，由另一路电源带全部负荷运行。

15.2.3　短路电流及主要电气设备、导体选择

（1）设备短路电流。10kV电压等级设备短路电流水平：25kA。

（2）主要设备选择。主要电气设备选择按照可用寿命期内综合优化原则：选择免检修、少维护、好使用的电气设备，其性能应能满足高可靠性、技术先进、易扩展、模块化的要求。

10kV中置式开关柜一次部分设备选择见表4-15-2。

表4-15-2　　一次部分设备选择

序号	项目名称	单位（台）
1	进线柜	2
2	馈线柜	10
3	分段断路器柜	1
4	分段隔离柜	1
5	母线设备柜	2
6	站用变压器柜	2

15.2.4 绝缘配合及过电压保护

（1）防雷。地上独立开闭站应考虑直击雷的防护问题。建筑物的防雷等级为一级，在女儿墙利用 ϕ12 镀锌圆钢明敷，镀锌扁钢支撑，间距 1.0m，高度 0.2m，作为避雷带，所有露出屋面的金属管道及构件均应与避雷带连接；柱内两根 ϕ16 以上主筋焊接作为防雷引下线引至基础接地，引下线在距地面 1.8m 处设接地测试卡供测试接地电阻及当接地电阻不满足设计要求时增设接地极之用，引下线两点引至增设接地极时应埋在室外地坪冻土层以下。开闭站室外接地网应与屋顶接地网可靠连接。

（2）接地。本类型开闭站接地按有关技术规程的要求设计，接地装置采用水平接地体与垂直接地体组成。接地网接地电阻应符合 GB/T 50065《交流电气装置的接地设计规范》的规定。

具体工程中需按短路电流校验接地引下线及接地体截面，接地电阻、跨步电压和接触电压应满足规程要求；如接地电阻不能满足要求，则应通过比选选择更好的接地措施，如接地体采用镀锌钢，腐蚀性高的地区宜采用铜包钢或者石墨等。

（3）过电压保护。电气设备的绝缘配合，参照 GB/T 50064《交流电气装置的过电压保护和绝缘配合》确定的原则进行。金属氧化物避雷器按 GB 11032《交流无间隙金属氧化物避雷器》的规定进行选择。采用金属氧化物避雷器作为雷电侵入波及内部过电压保护装置。

15.2.5 站内用电

站用电具备照明、检修维护、不停电电源等功能。

15.3 设计图纸

一次设计图纸目录见表 4-15-3。

表 4-15-3　　一次设计图纸目录

图号	图纸名称
图 4-15-1	开闭站电气主接线图
图 4-15-2	开闭站电气平面布置图
图 4-15-3	开闭站接地平面布置图
图 4-15-4	开闭站照明平面布置图

主母线(1250A)		10kV Ⅰ段母线（TMY-80×10）						10kV Ⅱ段母线（TMY-80×10）			
中置式开关柜接线图		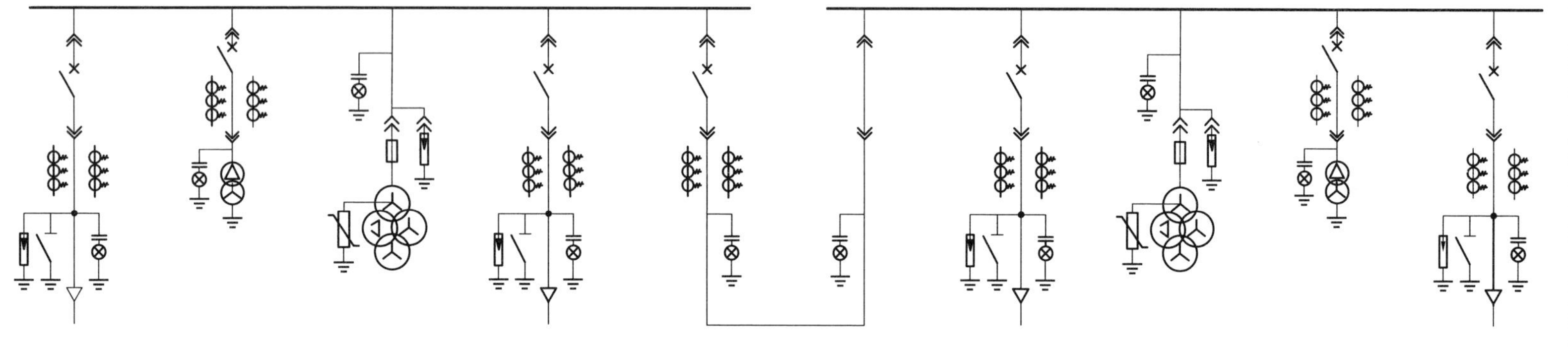									
柜体尺寸(宽×深)(mm×mm)		800×1500	800×1500	800×1500	800×1500	800×1500	800×1500	800×1500	800×1500	800×1500	800×1500
开关柜编号		G1～G5	G6	G7	G8	G9	G10	G11	G12	G13	G14～G18
开关柜名称		馈线柜	Ⅰ段站用变压器柜	Ⅰ段母线设备柜	Ⅰ段进线柜1	分段断路器柜1	分段隔离柜1	Ⅱ段进线柜1	Ⅱ段母线设备柜	Ⅱ段站用变压器柜	馈线柜
额定电流(A)		1250	1250	1250	1250	1250	1250	1250	1250	1250	1250
额定电压(kV)		12	12	12	12	12	12	12	12	12	12
主要设备元件	电流互感器0.5S/5P20	300/5A(可选)	100/5A		2×300/5A(可选)	2×300/5A(可选)		2×300/5A(可选)		100/5A	300/5A(可选)
	电压互感器0.5/3P			$\frac{10}{\sqrt{3}}/\frac{0.1}{\sqrt{3}}/\frac{0.1}{\sqrt{3}}/\frac{0.1}{3}$kV,≥20VA					$\frac{10}{\sqrt{3}}/\frac{0.1}{\sqrt{3}}/\frac{0.1}{\sqrt{3}}/\frac{0.1}{3}$kV,≥20VA		
	电流表	300/5A(可选)	100/5A		600/5A(可选)	600/5A(可选)		600/5A(可选)		100/5A	300/5A(可选)
	电压表			10/0.1kV					10/0.1kV		
	电操机构	1副	1副		1副	1副		1副	1副		1副
	真空断路器/隔离手车	630A，20kA；1250A，25kA			630A，20kA；1250A，25kA	630A，20kA；1250A，25kA	630A，1250A	630A，20kA；1250A，25kA			630A，20kA；1250A，25kA
	真空负荷开关										
	接地开关JN15-12	1组			1组			1组			1组
	站用变压器出线		63A×4							63A×4	
	TV熔断器			10/1A					10/1A		
	避雷器YH5WZ-17/45	1组		1组	1组			1组	1组		1组
	带电显示器	1组	1组	1组	1组	1组	1组	1组	1组	1组	1组
	消谐器LXQ-10			1组					1组		
	干式变压器		SC20-30kVA Dyn11 10.5±5%/0.4kV							SC20-30kVA Dyn11 10.5±5%/0.4kV	
	微机保护测控装置	线路保护1套	主变压器保护1套		线路保护1套	分段保护1套、备自投1套	母线电压并列1套	线路保护1套		主变压器保护1套	线路保护1套

图 4-15-1　开闭站电气主接线图

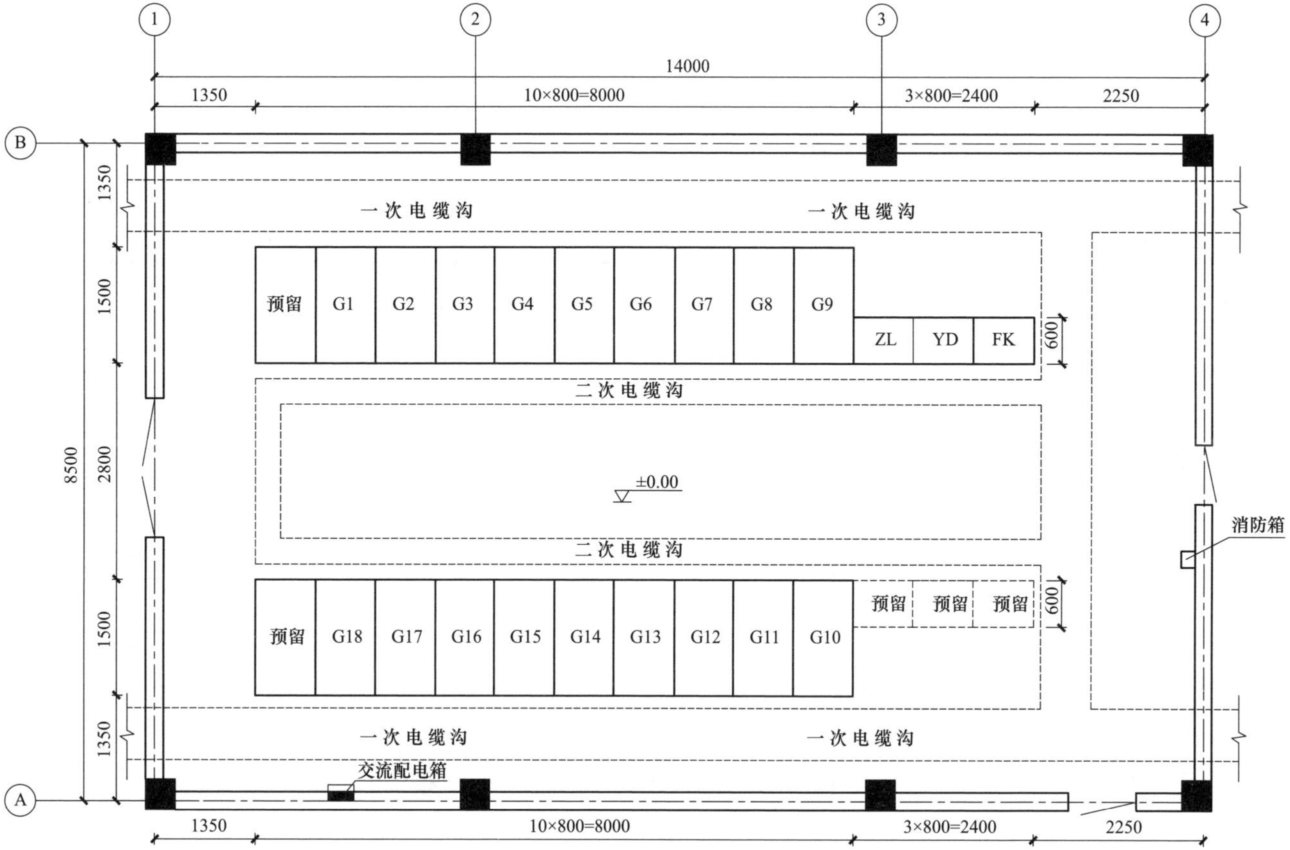

图 4-15-2　开闭站电气平面布置图

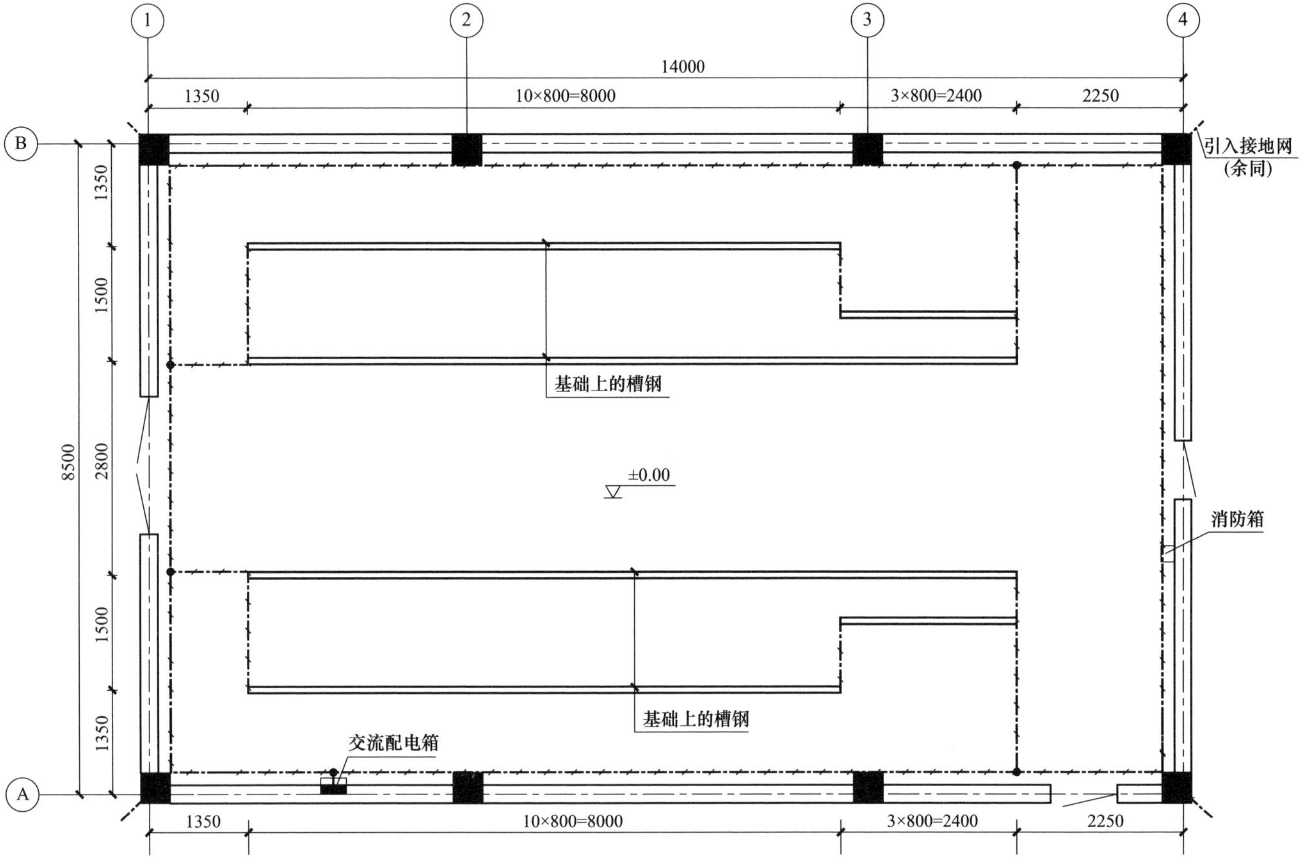

图 4-15-3　开闭站接地平面布置图

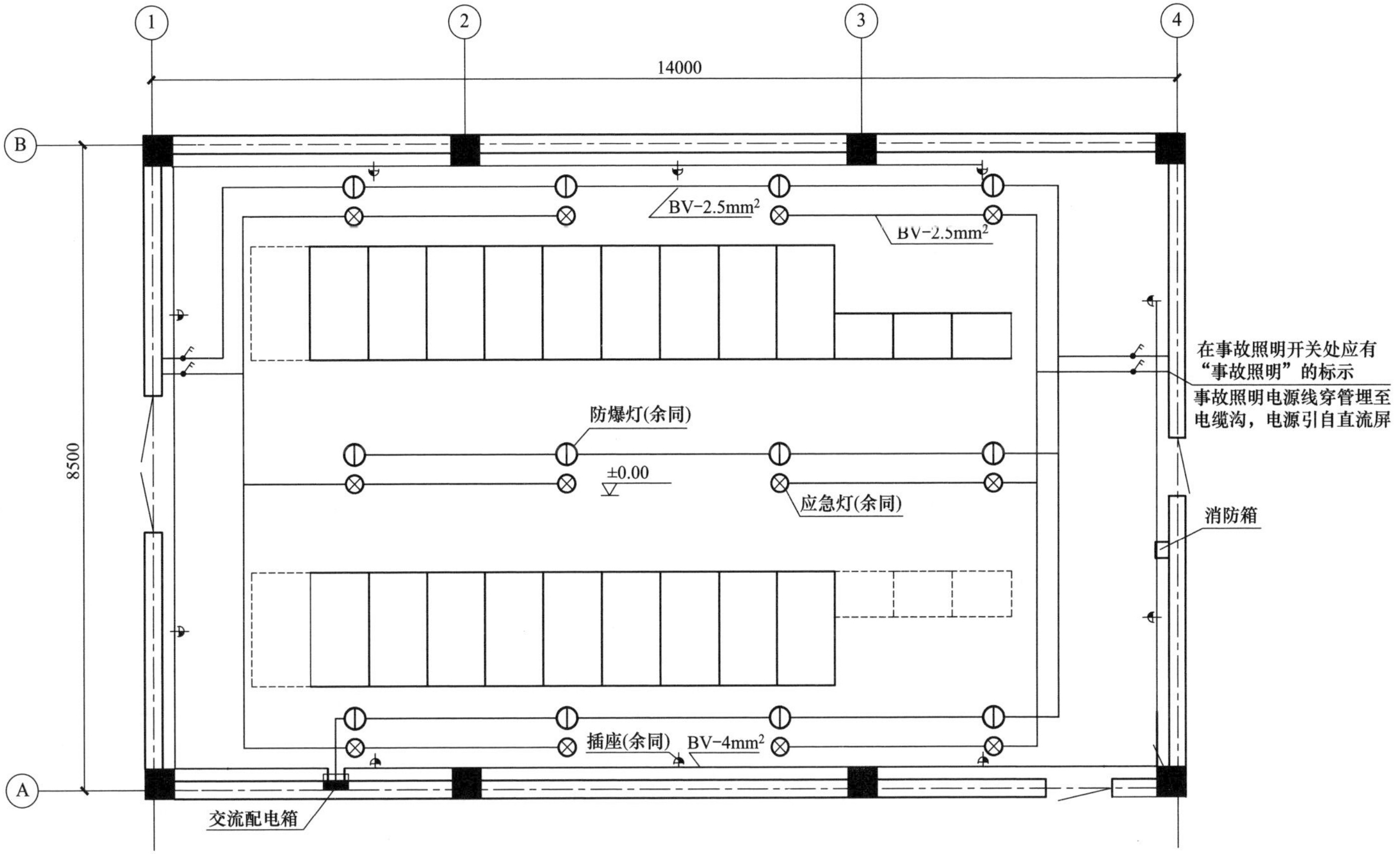

图 4-15-4　开闭站照明平面布置图

第16章 开闭站固体绝缘开关柜一次设计方案

16.1 概述

本典型设计为开闭站一次部分典型设计的固体绝缘开关柜一次设计方案。

16.1.1 适用范围

（1）适用城镇电缆区域。

（2）适宜站房空间受限区域。

16.1.2 方案技术条件

一次部分典型设计技术方案见表4-16-1。

表4-16-1　一次部分典型设计技术方案

序号	项目名称	内容
1	10kV进线回路数	进线2回，电缆进出线
2	10kV出线回路数	馈线10回
3	电气主接线	单母线分段接线
4	设备短路电流水平	25kA
5	主要设备选型	固体绝缘开关柜
6	布置方式	一字型布置

16.2 一次方案配置

16.2.1 电气主接线

单母线分段接线。

16.2.2 运行方式

运行方式一：正常运行时两路电源各带一段母线运行，分段开关处于分闸位置；当任一路电源失压后，电源进线开关跳闸，由另一路电源带全部负荷运行，此时分段开关应处于合闸位置。

运行方式二：正常运行时一路电源带两段母线运行，分段开关处于合闸位置；当运行电源失压后，该路电源进线开关跳闸，由另一路电源带全部负荷运行。

16.2.3 短路电流及主要电气设备、导体选择

（1）设备短路电流。10kV电压等级设备短路电流水平：25kA。

（2）主要设备选择。主要电气设备选择按照可用寿命期内综合优化原则：选择免检修、少维护、好使用的电气设备，其性能应能满足高可靠性、技术先进、易扩展、模块化的要求。

10kV固体绝缘开关柜一次部分设备选择见表4-16-2。

表4-16-2　一次部分设备选择

序号	项目名称	单位（台）
1	进线柜	2
2	馈线柜	10
3	分段断路器柜	1
4	电缆连接柜	1
5	电压互感器柜	2
6	站用变柜	2

16.2.4 绝缘配合及过电压保护

（1）防雷。地上独立开闭站应考虑直击雷的防护问题。建筑物的防雷等级为一级，在女儿墙利用ϕ12镀锌圆钢明敷，镀锌扁钢支撑，间距1.0m，高度0.2m，作为避雷带，所有露出屋面的金属管道及构件均应与避雷带连接；柱内两根ϕ16以上主筋焊接作为防雷引下线引至基础接地，引下线在距地面1.8m处设接地测试卡供测试接地电阻及当接地电阻不满足设计要求时增设接地极之用，引下线两点引至增设接地极时应埋在室外地坪冻土层以下。开闭站室外接地网应与屋顶接地网可靠连接。

（2）接地。本类型开闭站接地按有关技术规程的要求设计，接地装置采用水平接地体与垂直接地体组成。接地网接地电阻应符合GB/T 50065《交流电气装置的接地设计规范》的规定。

具体工程中需按短路电流校验接地引下线及接地体截面，接地电阻、跨步电压和接触电压应满足规程要求；如接地电阻不能满足要求，则应通过比选选择更好的接地措施，如：接地体采用镀锌钢，腐蚀性高的地区宜采用铜包钢或者石墨等。

（3）过电压保护。电气设备的绝缘配合，参照 GB/T 50064《交流电气装置的过电压保护和绝缘配合》确定的原则进行。金属氧化物避雷器按 GB 11032《交流无间隙金属氧化物避雷器》的规定进行选择。采用金属氧化物避雷器作为雷电侵入波及内部过电压保护装置。

16.2.5 站内用电

站用电具备照明、检修维护、不停电电源等功能。

16.3 设计图纸

一次设计图纸目录见表 4-16-3。

表 4-16-3　　一次设计图纸目录

图号	图纸名称
图 4-16-1	开闭站电气主接线图
图 4-16-2	开闭站电气平面布置图
图 4-16-3	开闭站接地平面布置图
图 4-16-4	开闭站照明平面布置图

主母线(1250A)		10kV Ⅰ段母线(TMY-80×10)							10kV Ⅱ段母线(TMY-80×10)				
固体绝缘开关柜接线图		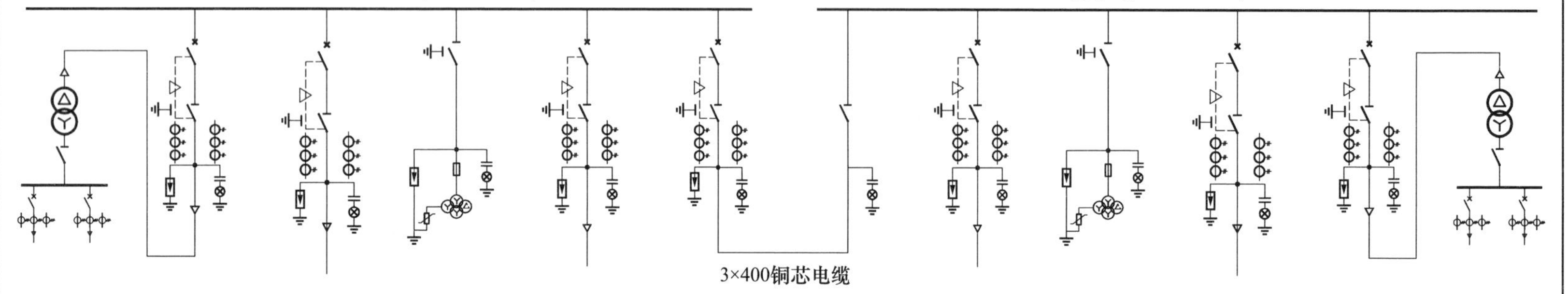											
柜体尺寸(宽×深)(mm×mm)		800×1000	500×1000	500×1000	500×1000	500×1000	500×1000	500×1000	500×1000	500×1000	500×1000	500×1000	800×1000
开关柜编号		G1+1	G1	G2～G6	G7	G8	G9	G10	G11	G12	G13～G17	G18	G18+1
开关柜名称		Ⅰ段站用变压器辅柜	Ⅰ段站用变压器主柜	馈线柜	Ⅰ段电压互感器柜	Ⅰ段进线柜1	分段断路器柜	电缆连接柜	Ⅱ段进线柜	Ⅱ段电压互感器柜	馈线柜	Ⅱ段站用变压器主柜	Ⅱ段站用变压器辅柜
额定电流(A)			630	630	630	1250	1250	630	1250	630	630	630	
额定电压(kV)			12	12	12	12	12	12	12	12	12	12	
主要设备元件	电流互感器0.5S/5P20		100/5A	300/5A(可选)		600/5A(可选)	600/5A(可选)		600/5A(可选)		300/5A(可选)	100/5A	
	电压互感器0.5/3P				$\frac{10}{\sqrt{3}}/\frac{0.1}{\sqrt{3}}/\frac{0.1}{\sqrt{3}}/\frac{0.1}{3}$ kV, ≥20VA					$\frac{10}{\sqrt{3}}/\frac{0.1}{\sqrt{3}}/\frac{0.1}{\sqrt{3}}/\frac{0.1}{3}$ kV, ≥20VA			
	电流表		100/5A	300/5A(可选)		600/5A(可选)	600/5A(可选)		600/5A(可选)		300/5A(可选)	100/5A	
	电压表				10/0.1kV					10/0.1kV			
	电操机构		1副	1副		1副	1副		1副		1副	1副	
	真空断路器		630A，20kA；1250A，25kA	630A，20kA；1250A，25kA		630A，20kA；1250A，25kA	630A，20kA；1250A，25kA	630A，1250A(隔离开关)	630A，20kA；1250A，25kA		630A，20kA；1250A，25kA	630A，20kA；1250A，25kA	
	二工位开关				1台					1台			1台
	三工位隔离开关		1组	1组		1组	1组		1组		1组	1组	
	站用变压器馈线	63A×4											63A×4
	TV熔断器				10/1A					10/1A			
	避雷器YH5WZ-17/45			1组	1组	1组			1组	1组	1组		
	带电显示器	1组		1组	1组	1组	1组	1组	1组	1组	1组		1组
	消谐器LXQ-10				1组					1组			
	干式变压器	SC12-30kVA Dyn11 10.5±5%/0.4kV											SC12-30kVA Dyn11 10.5±5%/0.4kV
	微机保护测控装置		主变压器保护1套	线路保护1套	母线电压并列1套	线路保护1套	分段保护1套	备投保护1套	线路保护1套		线路保护1套	主变压器保护1套	

图 4-16-1　开闭站电气主接线图

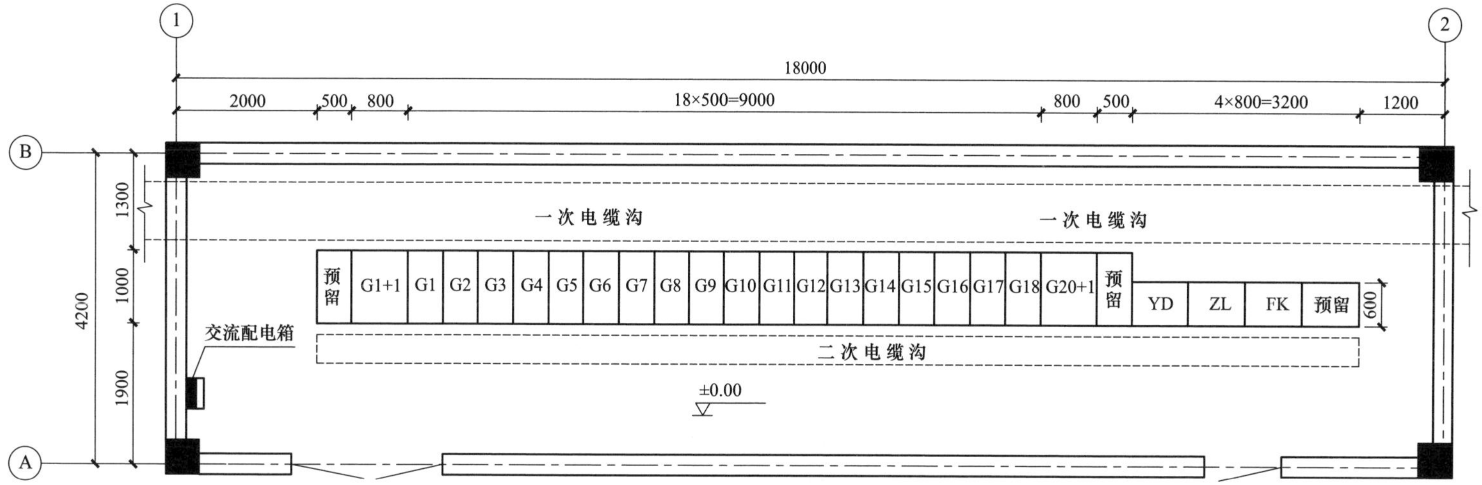

图 4-16-2　开闭站电气平面布置图

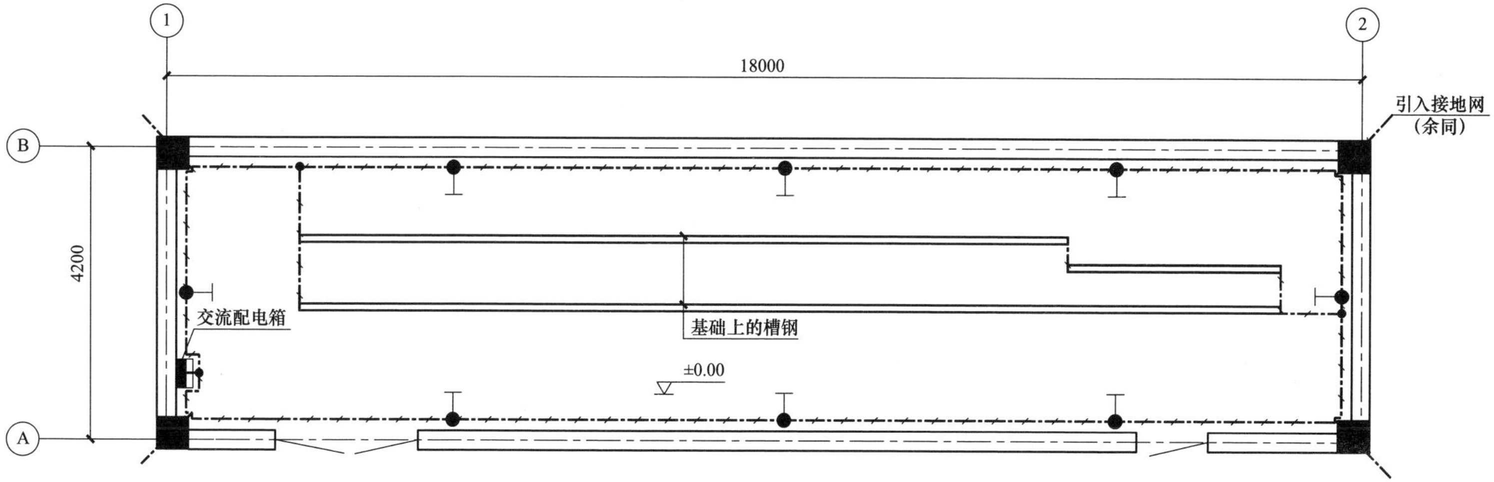

图 4-16-3　开闭站接地平面布置图

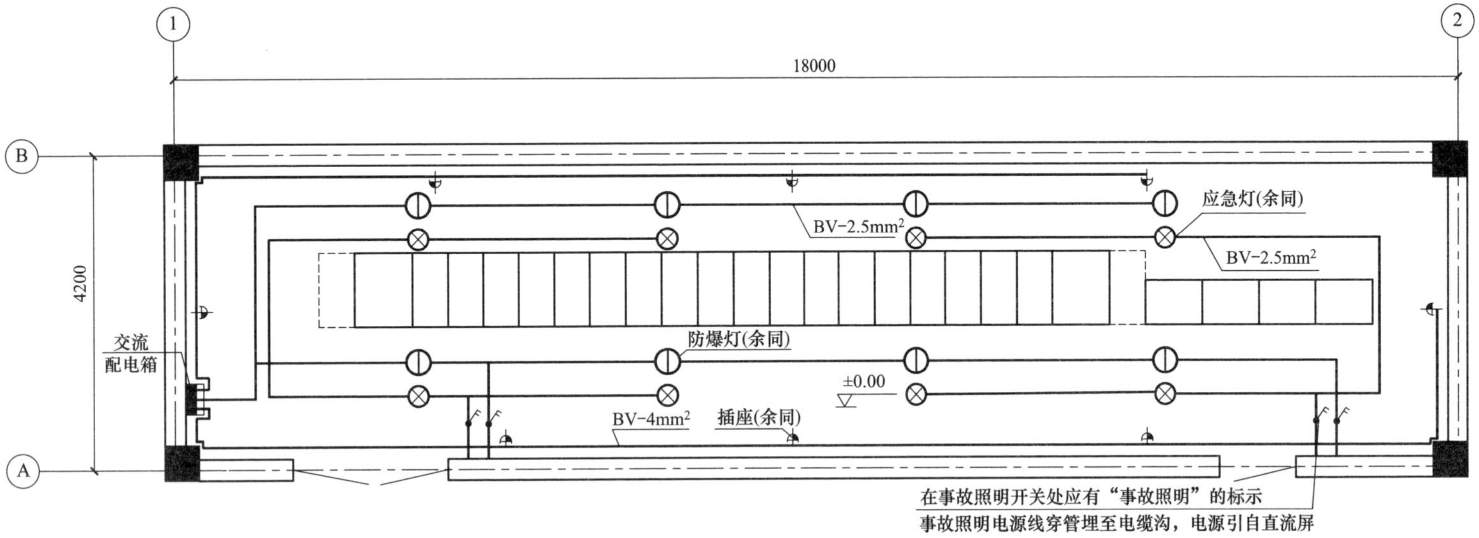

图 4-16-4　开闭站照明平面布置图

国家电网有限公司 STATE GRID CORPORATION OF CHINA

第五篇

环网型配变站一次部分典型设计

第17章　环网型配变站中置式开关柜一次设计方案

17.1　概述

本典型设计为环网型配变站一次部分典型设计的中置式开关柜一次设计方案。

17.1.1　适用范围

（1）适用城镇区电缆区域。

（2）适宜站房面积充足区域。

17.1.2　方案技术条件

一次部分典型设计技术方案见表5-17-1。

表5-17-1　一次部分典型设计技术方案

序号	项目名称	内容
1	10kV进线回路数	进线2回
2	10kV出线回路数	馈线6回（含2回主变压器间隔）
3	电气主接线	单母线分段接线
4	设备短路电流水平	25kA
5	10kV主要设备选型	中置式开关柜
6	0.4kV电气主接线	单母线分段接线
7	运行短路分断能力	不小于50kA
8	0.4kV主要设备选型	抽屉式开关柜
9	变压器选型	SCB14-1250/10，Dyn11 U_k=6.0% 10±2×2.5%/0.4kV
10	布置方式	面对面布置

17.2　一次方案配置

17.2.1　电气主接线

单母线分段接线。

17.2.2　运行方式

运行方式一：正常运行时两路电源各带一段母线运行，分段开关处于分闸位置；当任一路电源失压后，电源进线开关跳闸，由另一路电源带全部负荷运行，此时分段开关应处于合闸位置。

运行方式二：正常运行时一路电源带两段母线运行，分段开关处于合闸位置；当运行电源失压后，该路电源进线开关跳闸，由另一路电源带全部负荷运行。

17.2.3　短路电流及主要电气设备、导体选择

（1）设备短路电流。10kV电压等级设备短路电流水平：25kA。

（2）主要设备选择。主要电气设备选择按照可用寿命期内综合优化原则：选择免检修、少维护、好使用的电气设备，其性能应能满足高可靠性、技术先进、易扩展、模块化的要求。

10kV中置式开关柜一次部分设备选择见表5-17-2。

表5-17-2　一次部分设备选择

序号	项目名称	单位（台）
1	进线柜	2
2	馈线柜	6（含2台主变压器受电柜）
3	分段断路器柜	1
4	隔离柜	1

续表

序号	项目名称	单位（台）
5	母线设备柜	2
6	1250kVA 主变压器	2
7	进线柜	2
8	电容器柜	2
9	母联柜	1
10	馈线柜	6

17.2.4 绝缘配合及过电压保护

（1）防雷。地上独立配变站应考虑直击雷的防护问题。建筑物的防雷等级为一级，在女儿墙利用 ϕ12 镀锌圆钢明敷，镀锌扁钢支撑，间距 1.0m，高度 0.2m，作为避雷带，所有露出屋面的金属管道及构件均应与避雷带连接；柱内两根 ϕ16 以上主筋焊接作为防雷引下线引至基础接地，引下线在距地面 1.8m 处设接地测试卡供测试接地电阻及当接地电阻不满足设计要求时增设接地极之用，引下线两点引至增设接地极时应埋在室外地坪冻土层以下。开闭站室外接地网应与屋顶接地网可靠连接。

（2）接地。本类型配变站接地按有关技术规程的要求设计，接地装置采用水平接地体与垂直接地体组成。接地网接地电阻应符合 GB/T 50065《交流电气装置的接地设计规范》的规定。

具体工程中需按短路电流校验接地引下线及接地体截面，接地电阻、跨步电压和接触电压应满足规程要求；如接地电阻不能满足要求，则应通过比选选择更好的接地措施，如接地体采用镀锌钢，腐蚀性高的地区宜采用铜包钢或者石墨等。

（3）过电压保护。电气设备的绝缘配合，参照 GB/T 50064《交流电气装置的过电压保护和绝缘配合》确定的原则进行。金属氧化物避雷器按 GB 11032《交流无间隙金属氧化物避雷器》的规定进行选择。采用金属氧化物避雷器作为雷电侵入波及内部过电压保护装置。

17.2.5 站内用电

站用电具备照明、检修维护、不停电电源等功能。

17.3 设计图纸

一次设计图纸目录见表 5-17-3。

表 5-17-3　　一次设计图纸目录

图号	图纸名称
图 5-17-1	配变站电气主接线图
图 5-17-2	配变站电气平面布置图
图 5-17-3	配变站接地平面布置图
图 5-17-4	配变站照明平面布置图

开关柜编号	G1、G2	G3	G4	G5	G6	G7	G8	G9	G10	G11、G12
回路名称	馈线柜1、2	主变压器柜1	母线设备柜1	进线柜1	分段断路器柜	分段隔离柜	进线柜2	母线设备柜2	主变压器柜2	馈线柜3、4

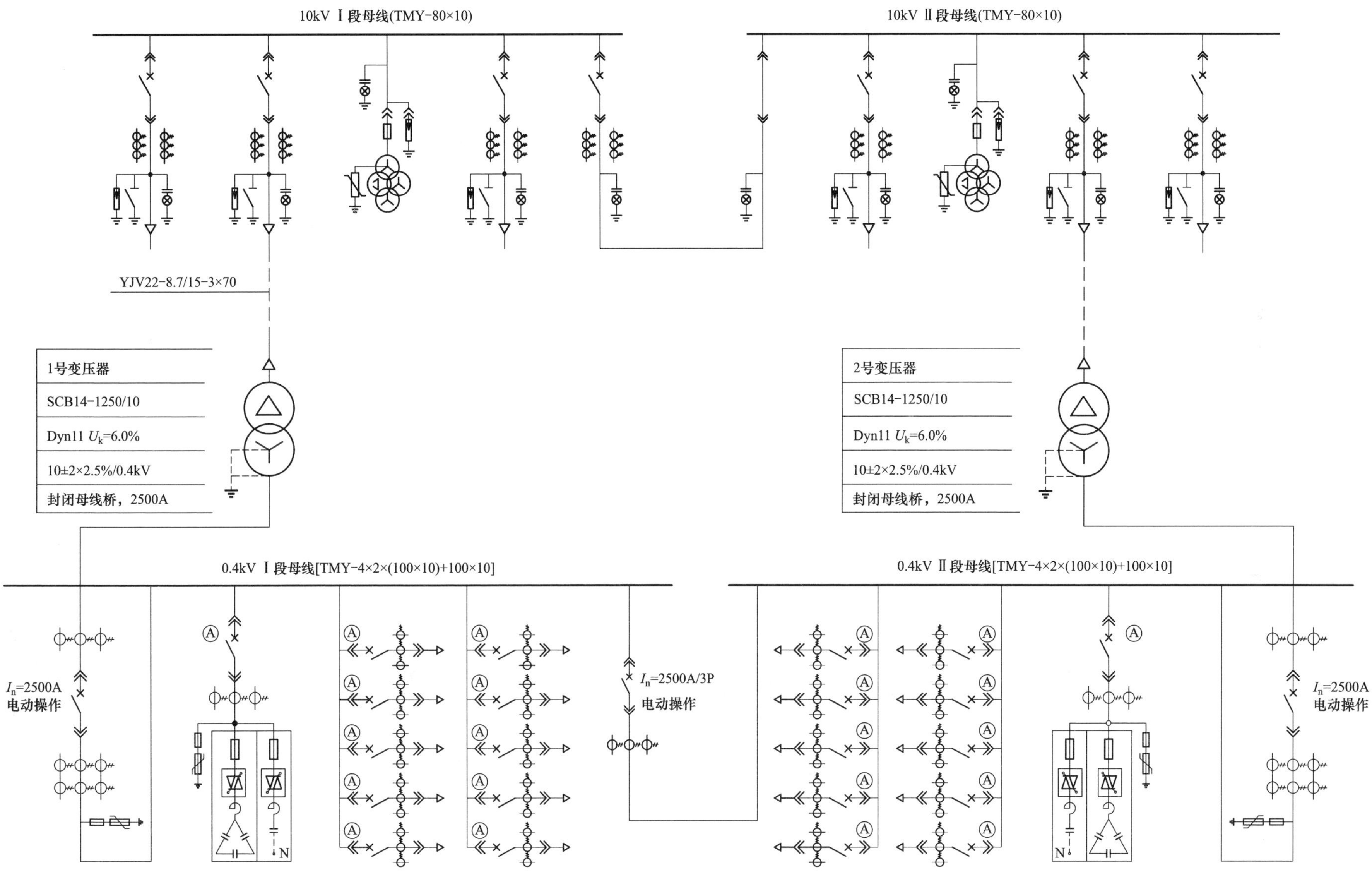

开关柜编号	D1	D2	D3~5	D6	D7~9	D10	D11
用途	1号馈线柜	1号电容器柜	馈线柜1~3	母联柜	馈线柜4~6	2号电容器柜	2号进线柜

图 5-17-1 配变站电气主接线图

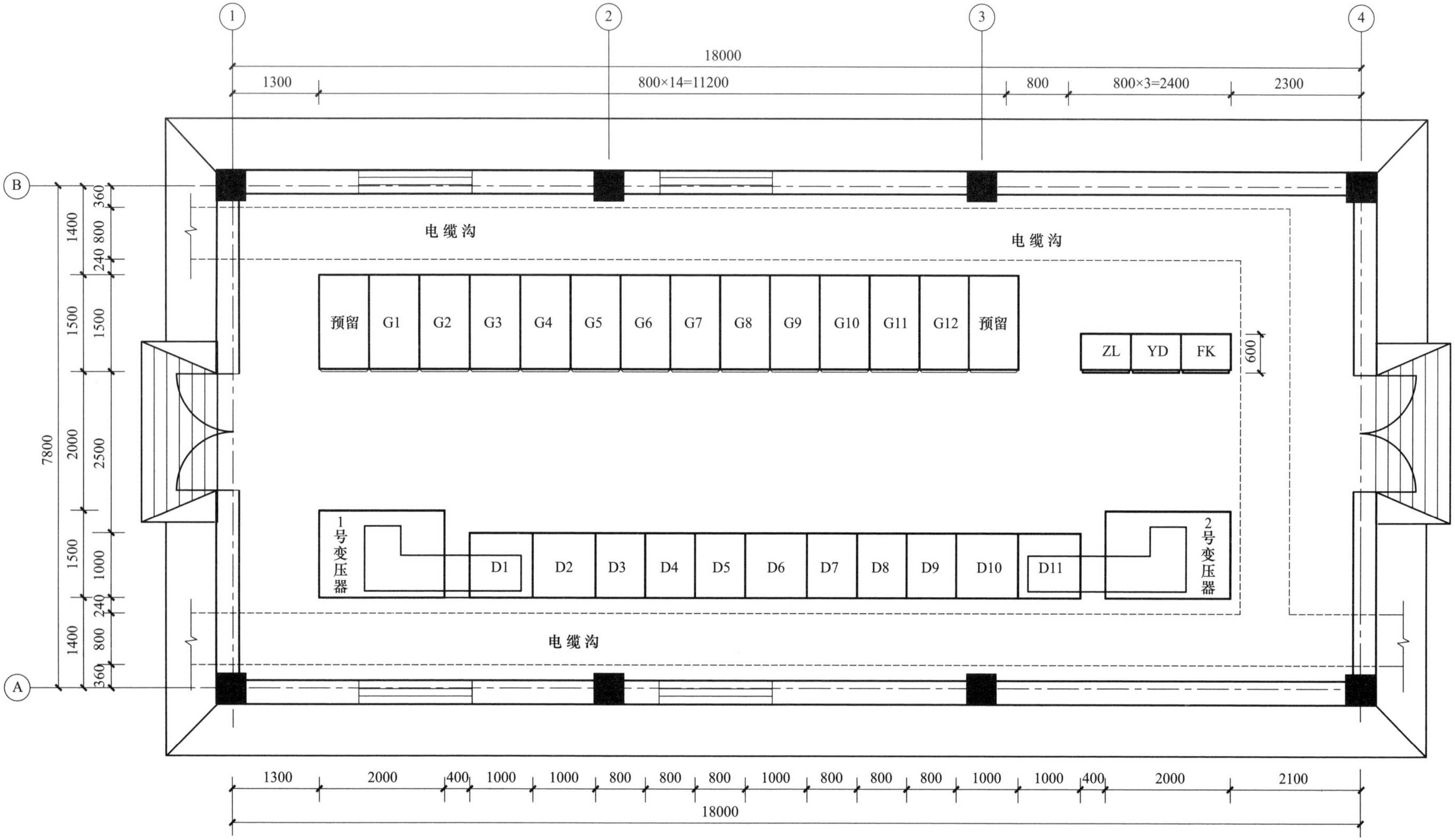

图 5-17-2　配变站电气平面布置图

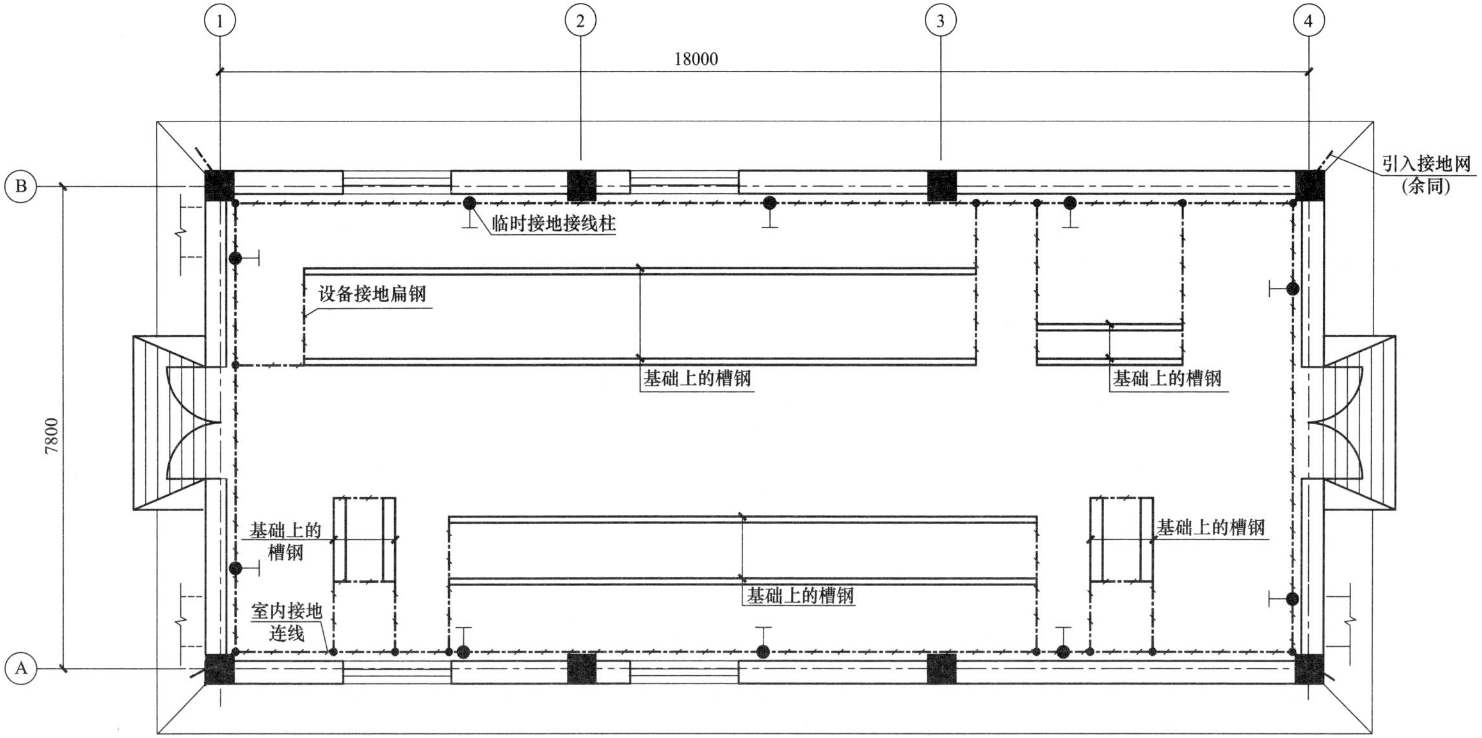

图 5-17-3　配变站接地平面布置图

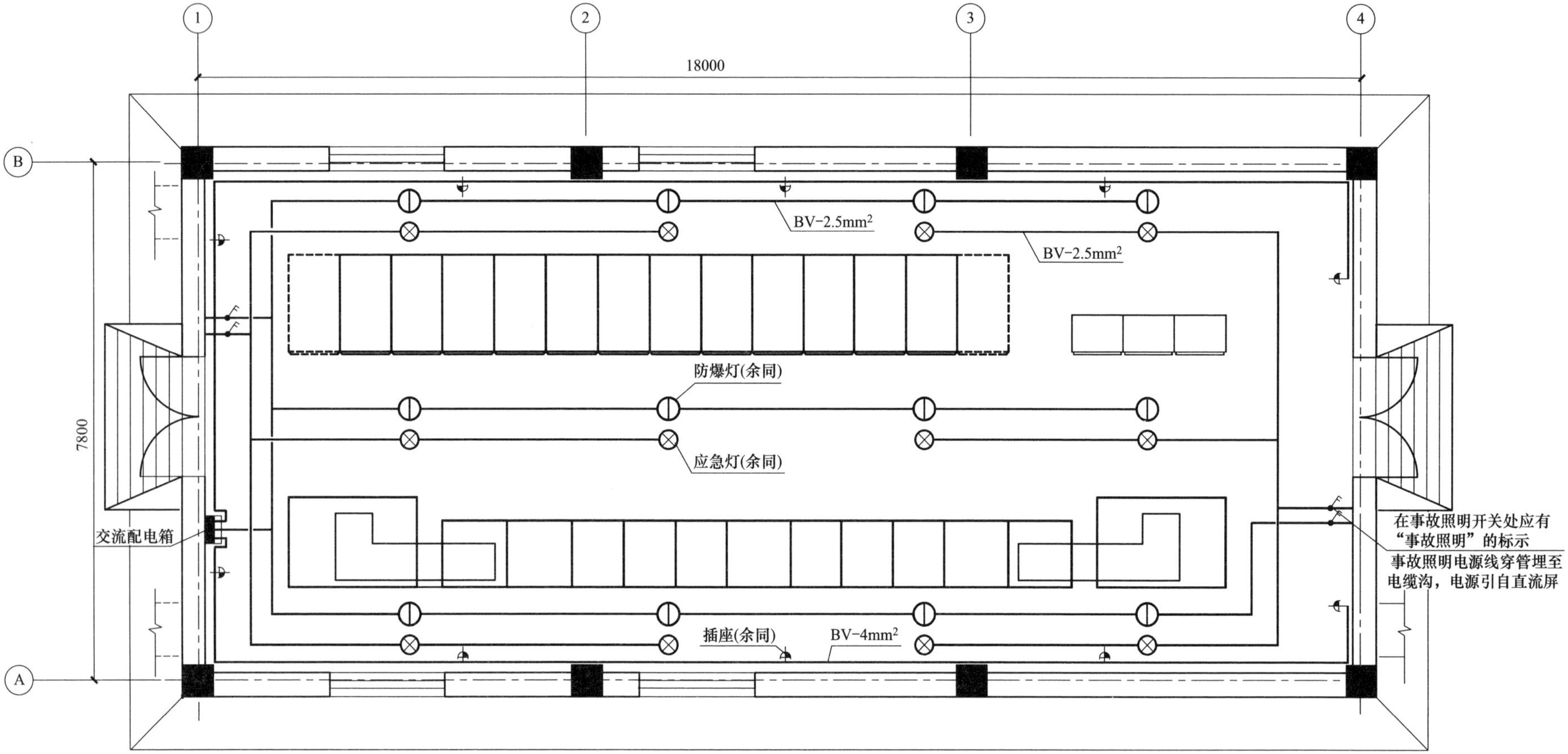

图 5-17-4　配变站照明平面布置图

第18章 环网型配变站固体绝缘开关柜一次设计方案

18.1 概述

本典型设计为环网型配变站一次部分典型设计的固体绝缘开关柜一次设计方案。

18.1.1 适用范围

（1）适用城镇区电缆区域。

（2）适宜站房空间受限区域。

18.1.2 方案技术条件

一次部分典型设计技术方案见表5-18-1。

表5-18-1 一次部分典型设计技术方案

序号	项目名称	内容
1	10kV进线回路数	进线2回
2	10kV出线回路数	馈线6回（含2回主变压器间隔）
3	电气主接线	单母线分段接线
4	设备短路电流水平	25kA
5	10kV主要设备选型	固体绝缘开关柜
6	0.4kV电气主接线	单母线分段接线
7	运行短路分断能力	不小于50kA
8	0.4kV主要设备选型	抽屉式开关柜
9	变压器选型	SCB14-1250/10，Dyn11 U_k=6.0% 10±2×2.5%/0.4kV
10	布置方式	面对面布置

18.2 一次方案配置

18.2.1 电气主接线

单母线分段接线。

18.2.2 运行方式

运行方式一：正常运行时两路电源各带一段母线运行，分段开关处于分闸位置；当任一路电源失压后，电源进线开关跳闸，由另一路电源带全部负荷运行，此时分段开关应处于合闸位置。

运行方式二：正常运行时一路电源带两段母线运行，分段开关处于合闸位置；当运行电源失压后，该路电源进线开关跳闸，由另一路电源带全部负荷运行。

18.2.3 短路电流及主要电气设备、导体选择

（1）设备短路电流。10kV电压等级设备短路电流水平：25kA。

（2）主要设备选择。主要电气设备选择按照可用寿命期内综合优化原则：选择免检修、少维护、好使用的电气设备，其性能应能满足高可靠性、技术先进、易扩展、模块化的要求。

10kV固体绝缘开关柜一次部分设备选择见表5-18-2。

表5-18-2 一次部分设备选择

序号	项目名称	单位（台）
1	进线柜	2
2	馈线柜	6（含2台主变压器受电柜）
3	分段断路器柜	1
4	电缆连接柜	1
5	电压互感器柜	2
6	1250kVA主变压器	2
7	进线柜	2
8	电容器柜	2
9	母联柜	1
10	馈线柜	6

18.2.4 绝缘配合及过电压保护

（1）防雷。地上独立配变站应考虑直击雷的防护问题。建筑物的防雷等级为一级，在女儿墙利用ϕ12镀锌圆钢明敷，镀锌扁钢支撑，间距1.0m，高度0.2m，作为避雷带，所有露出屋面的金属管道及构件均应与避雷带连接；柱内两根ϕ16以上主筋焊接作为防雷引下线引至基础接地，引下线在距地面1.8m处设接地测试卡供测试接地电阻及当接地电阻不满足设计要求时增设接

地极之用，引下线两点引至增设接地极时应埋在室外地坪冻土层以下。配变站室外接地网应与屋顶接地网可靠连接。

（2）接地。本类型配变站接地按有关技术规程的要求设计，接地装置采用水平接地体与垂直接地体组成。接地网接地电阻应符合 GB/T 50065《交流电气装置的接地设计规范》的规定。

具体工程中需按短路电流校验接地引下线及接地体截面，接地电阻、跨步电压和接触电压应满足规程要求；如接地电阻不能满足要求，则应通过比选选择更好的接地措施，如接地体采用镀锌钢，腐蚀性高的地区宜采用铜包钢或者石墨等。

（3）过电压保护。电气设备的绝缘配合，参照 GB/T 50064《交流电气装置的过电压保护和绝缘配合》确定的原则进行。金属氧化物避雷器按 GB 11032《交流无间隙金属氧化物避雷器》的规定进行选择。采用金属氧化物避雷器作为雷电侵入波及内部过电压保护装置。

18.2.5 站内用电

站用电具备照明、检修维护、不停电电源等功能。

18.3 设计图纸

一次设计图纸目录见表 5-18-3。

表 5-18-3　　一次设计图纸目录

图号	图纸名称
图 5-18-1	配变站电气主接线图
图 5-18-2	配变站电气平面布置图
图 5-18-3	配变站接地平面布置图
图 5-18-4	配变站照明平面布置图

开关柜编号	G1、G2	G3	G4	G5	G6	G7	G8	G9	G10	G11、G12
回路名称	馈线柜1、2	主变压器柜1	电压互感器柜1	进线柜1	分段开关柜	电缆连接柜	进线柜2	电压互感器柜2	主变压器柜2	馈线柜3、4

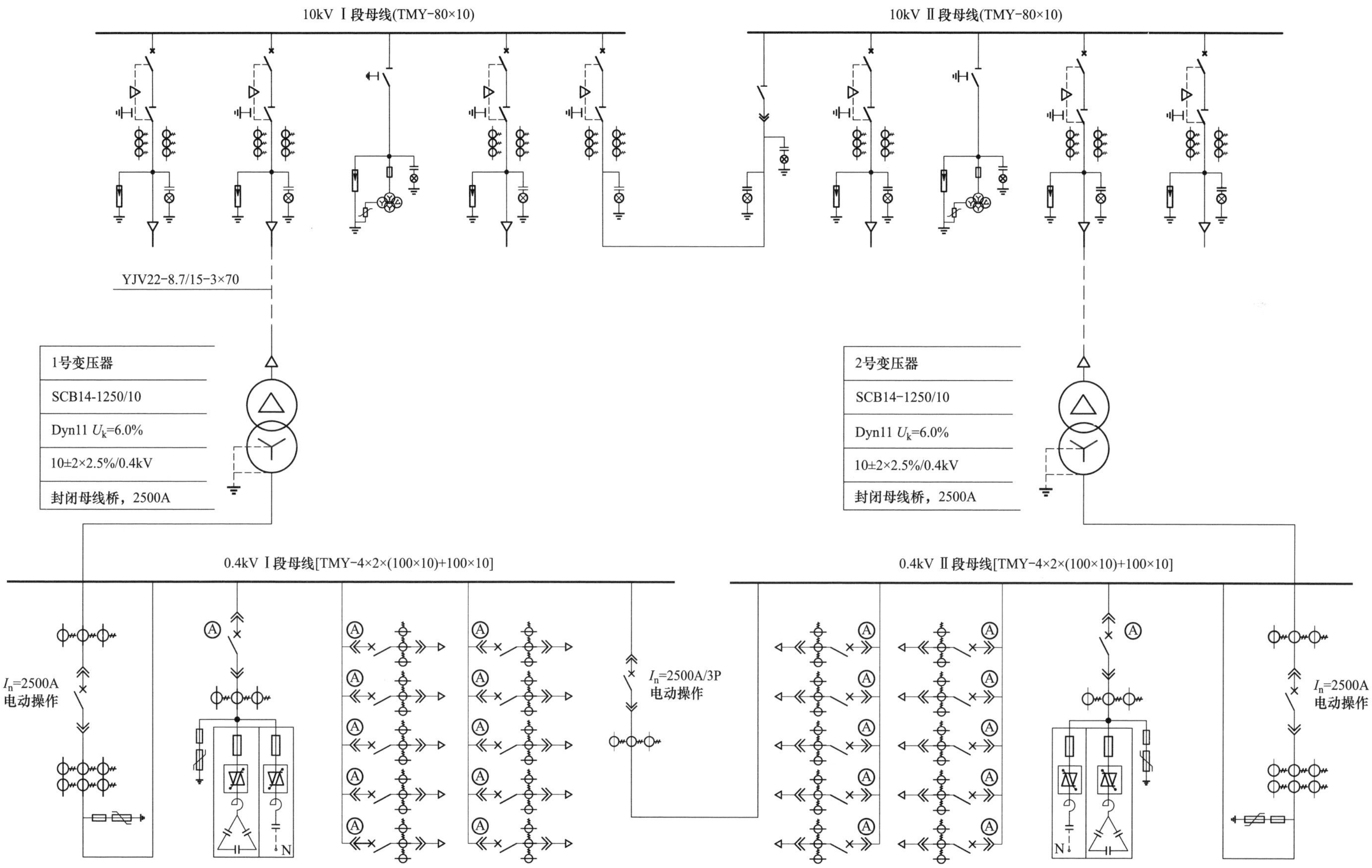

开关柜编号	D1	D2	D3~5	D6	D7~9	D10	D11
用途	1号进线柜	1号电容器柜	馈线柜1~3	母联柜	馈线柜4~6	2号电容器柜	2号进线柜

图 5-18-1　配变站电气主接线图

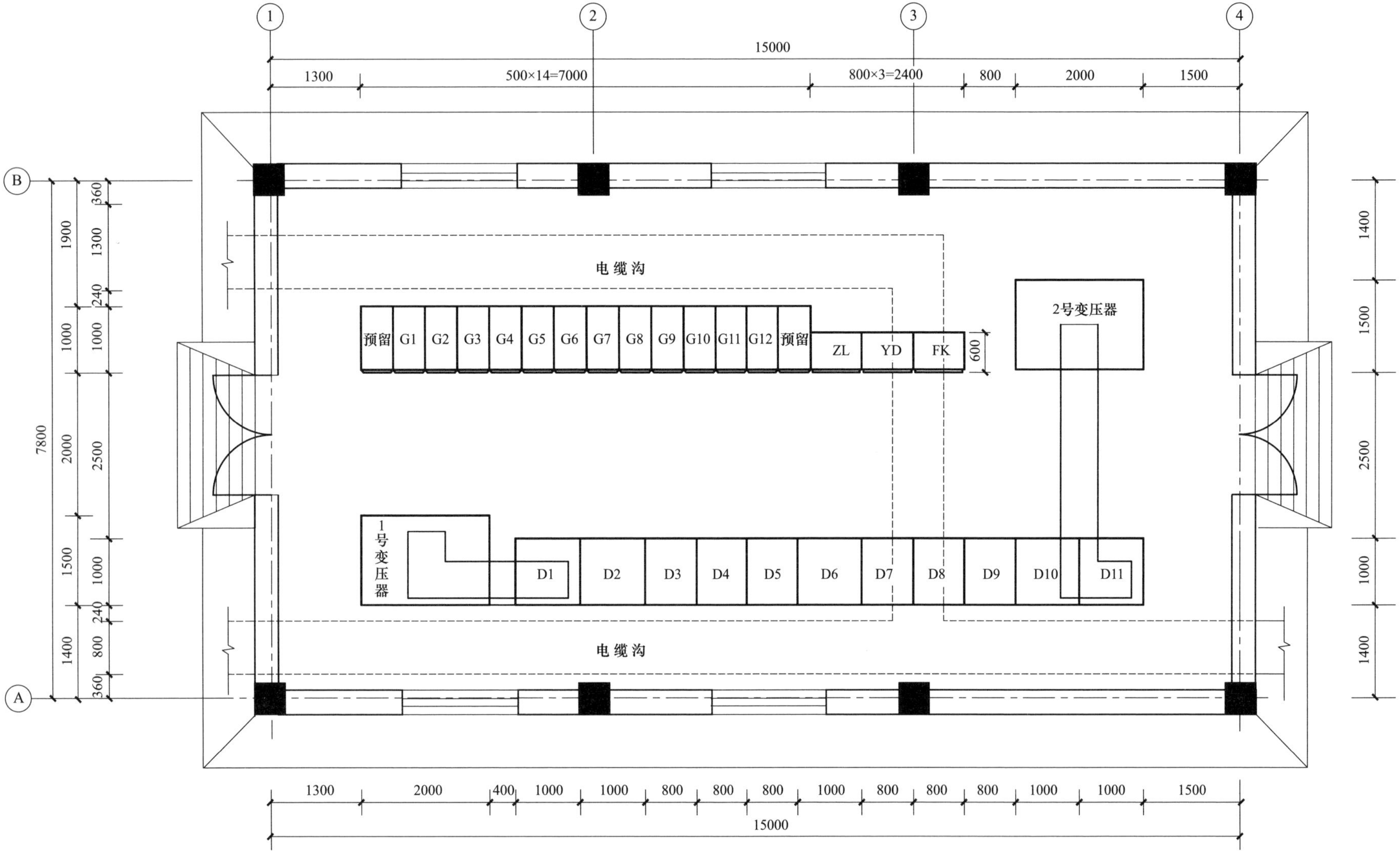

图 5-18-2　配变站电气平面布置图

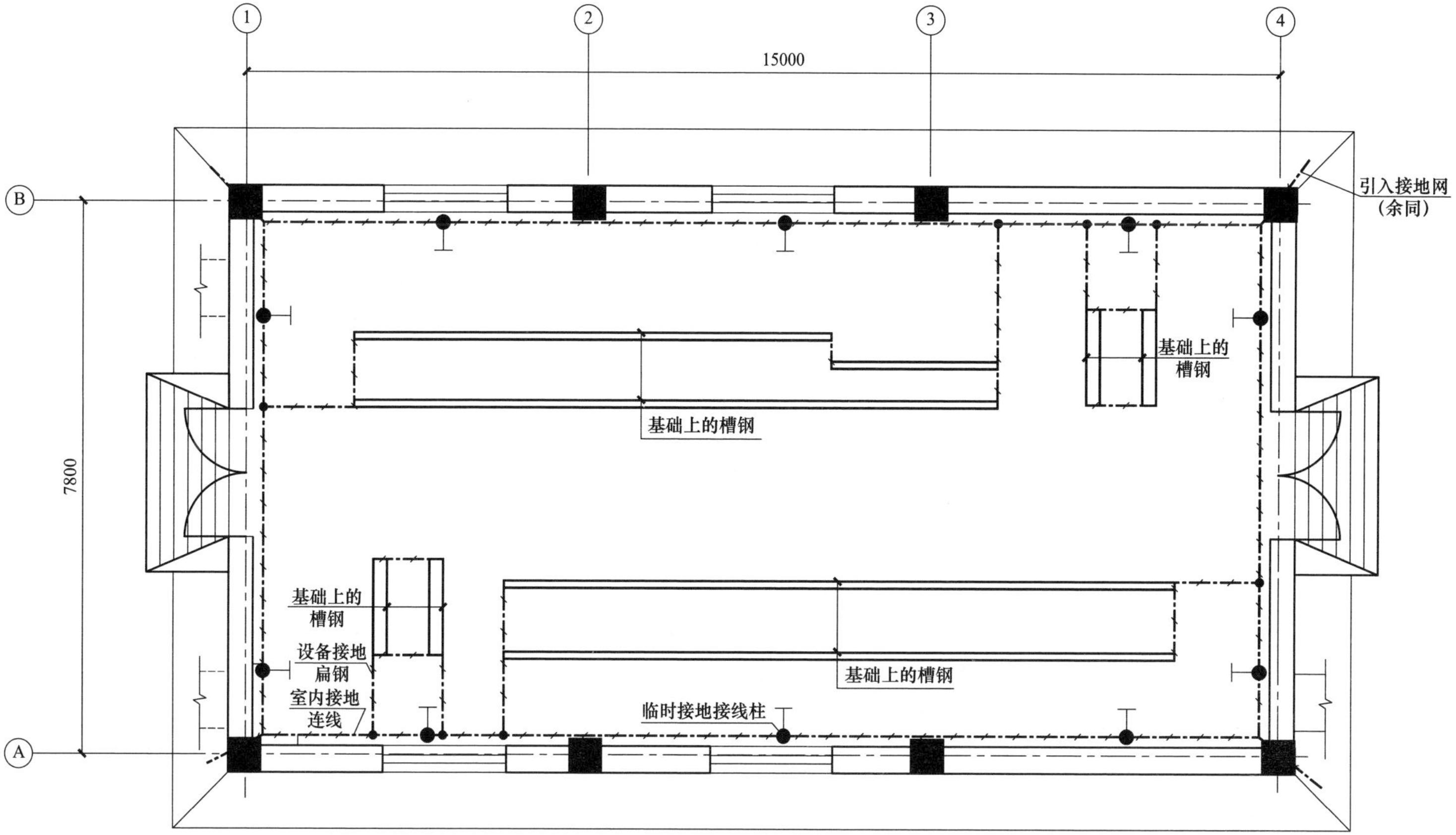

图 5-18-3　配变站接地平面布置图

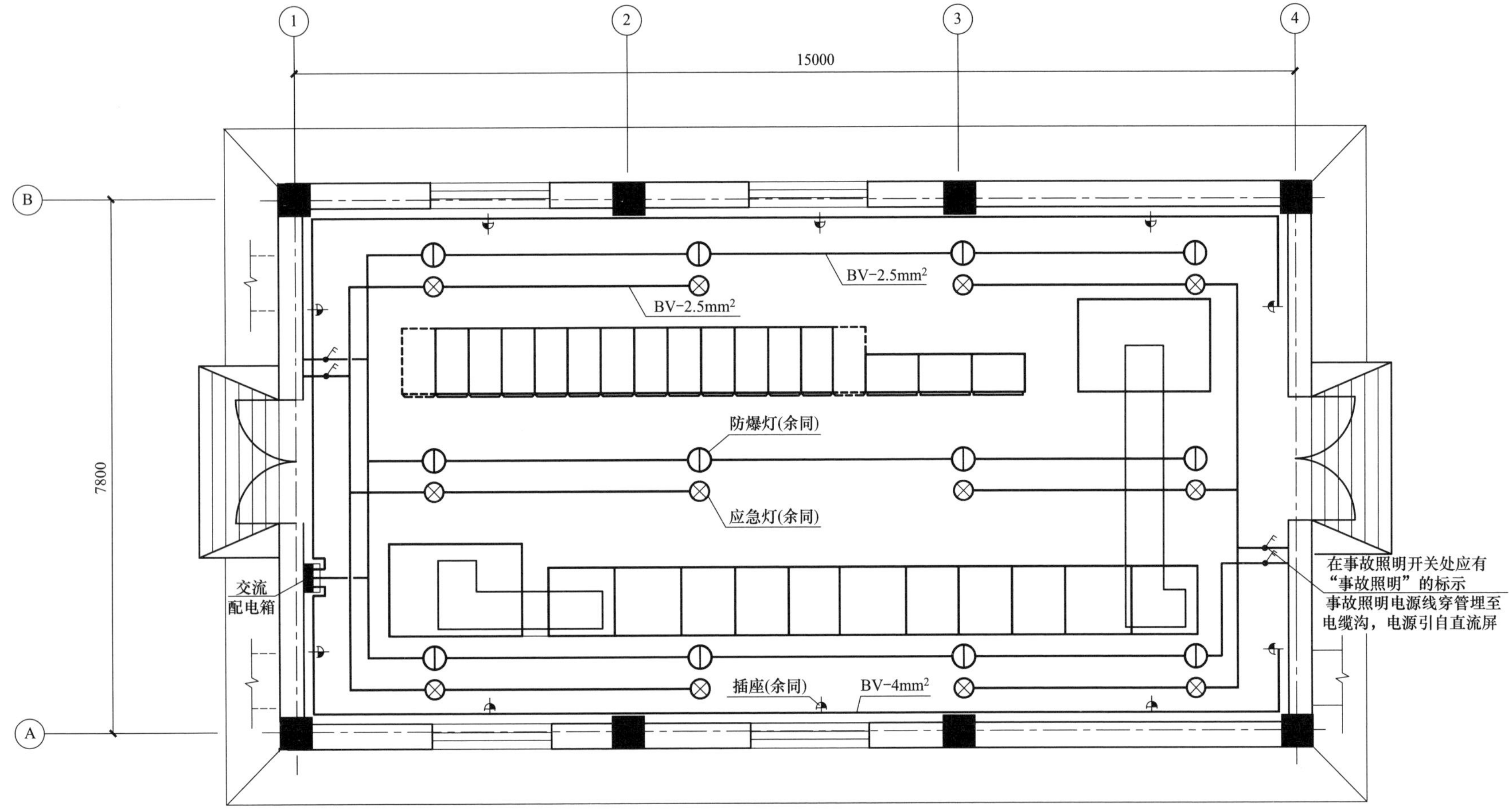

图 5-18-4　配变站照明平面布置图

国家电网有限公司
STATE GRID
CORPORATION OF CHINA

第六篇

终端型配变站一次部分典型设计

第19章 终端型配变站中置式开关柜一次设计方案

19.1 概述

本典型设计为终端型配变站一次部分典型设计的中置式开关柜一次设计方案。

19.1.1 适用范围

（1）适用城镇区电缆区域。

（2）适宜站房面积充足区域。

19.1.2 方案技术条件

一次部分典型设计技术方案见表6-19-1。

表6-19-1 一次部分典型设计技术方案

序号	项目名称	内容
1	10kV进线回路数	进线1回
2	10kV出线回路数	2回主变压器间隔
3	10kV电气主接线	单母线接线
4	设备短路电流水平	25kA
5	10kV主要设备选型	中置式开关柜
6	0.4kV电气主接线	单母线分段接线
7	运行短路分断能力	不小于50kA
8	0.4kV主要设备选型	抽屉式开关柜
9	变压器选型	SCB14-1250/10，Dyn11 U_k=6.0% 10±2×2.5%/0.4kV
10	布置方式	面对面布置

19.2 一次方案配置

19.2.1 电气主接线

单母线接线。

19.2.2 运行方式

单母线运行。

19.2.3 短路电流及主要电气设备、导体选择

（1）设备短路电流。10kV电压等级设备短路电流水平：25kA。

（2）主要设备选择。主要电气设备选择按照可用寿命期内综合优化原则：选择免检修、少维护、好使用的电气设备，其性能应能满足高可靠性、技术先进、易扩展、模块化的要求。

一次部分设备选择见表6-19-2。

表6-19-2 一次部分设备选择

序号	项目名称	单位（台）
1	进线柜	1
2	馈线柜（主变压器柜）	2
3	母线设备柜	1
4	1250kVA主变压器	2
5	进线柜	2
6	电容器柜	2
7	母联柜	1
8	馈线柜	6

19.2.4 绝缘配合及过电压保护

（1）防雷。地上独立配变站应考虑直击雷的防护问题。建筑物的防雷等级为一级，在女儿墙利用 ϕ12 镀锌圆钢明敷，镀锌扁钢支撑，间距 1.0m，高度 0.2m，作为避雷带，所有露出屋面的金属管道及构件均应与避雷带连接；柱内两根 ϕ16 以上主筋焊接作为防雷引下线引至基础接地，引下线在距地面 1.8m 处设接地测试卡供测试接地电阻及当接地电阻不满足设计要求时增设接地极之用，引下线两点引至增设接地极时应埋在室外地坪冻土层以下。配变站室外接地网应与屋顶接地网可靠连接。

（2）接地。本类型配变站接地按有关技术规程的要求设计，接地装置采用水平接地体与垂直接地体组成。接地网接地电阻应符合 GB/T 50065《交流电气装置的接地设计规范》的规定。

具体工程中需按短路电流校验接地引下线及接地体截面，接地电阻、跨步电压和接触电压应满足规程要求；如接地电阻不能满足要求，则应通过比选选择更好的接地措施，如接地体采用镀锌钢，腐蚀性高的地区宜采用铜包钢或者石墨等。

（3）过电压保护。电气设备的绝缘配合，参照 GB/T 50064《交流电气装置的过电压保护和绝缘配合》确定的原则进行。金属氧化物避雷器按 GB 11032《交流无间隙金属氧化物避雷器》的规定进行选择。采用金属氧化物避雷器作为雷电侵入波及内部过电压保护装置。

19.2.5 站内用电

站用电具备照明、检修维护、不停电电源等功能。

19.3 设计图纸

一次设计图纸目录见表 6-19-3。

表 6-19-3　　一次设计图纸目录

图号	图纸名称
图 6-19-1	配变站电气主接线图
图 6-19-2	配变站电气平面布置图
图 6-19-3	配变站接地平面布置图
图 6-19-4	配变站照明平面布置图

开关柜编号	G1	G2	G3	G4
回路名称	进线柜	电压互感器柜	主变压器柜1	主变压器柜2

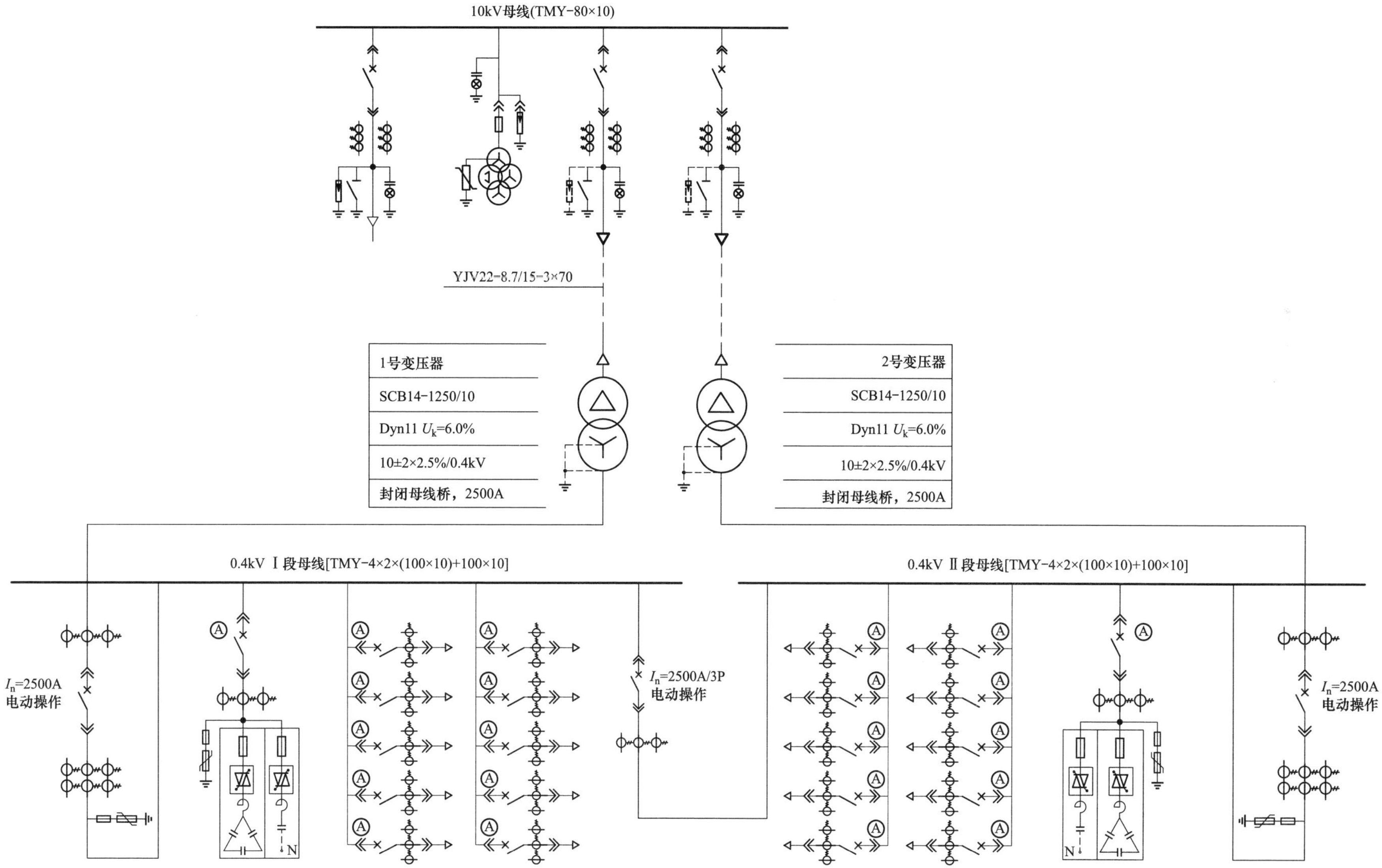

开关柜编号	D1	D2	D3~5	D6	D7~9	D10	D11
用途	1号进线柜	1号电容器柜	馈线柜1~3	母联柜	馈线柜4~5	2号电容器柜	2号进线柜

图 6-19-1　配变站电气主接线图

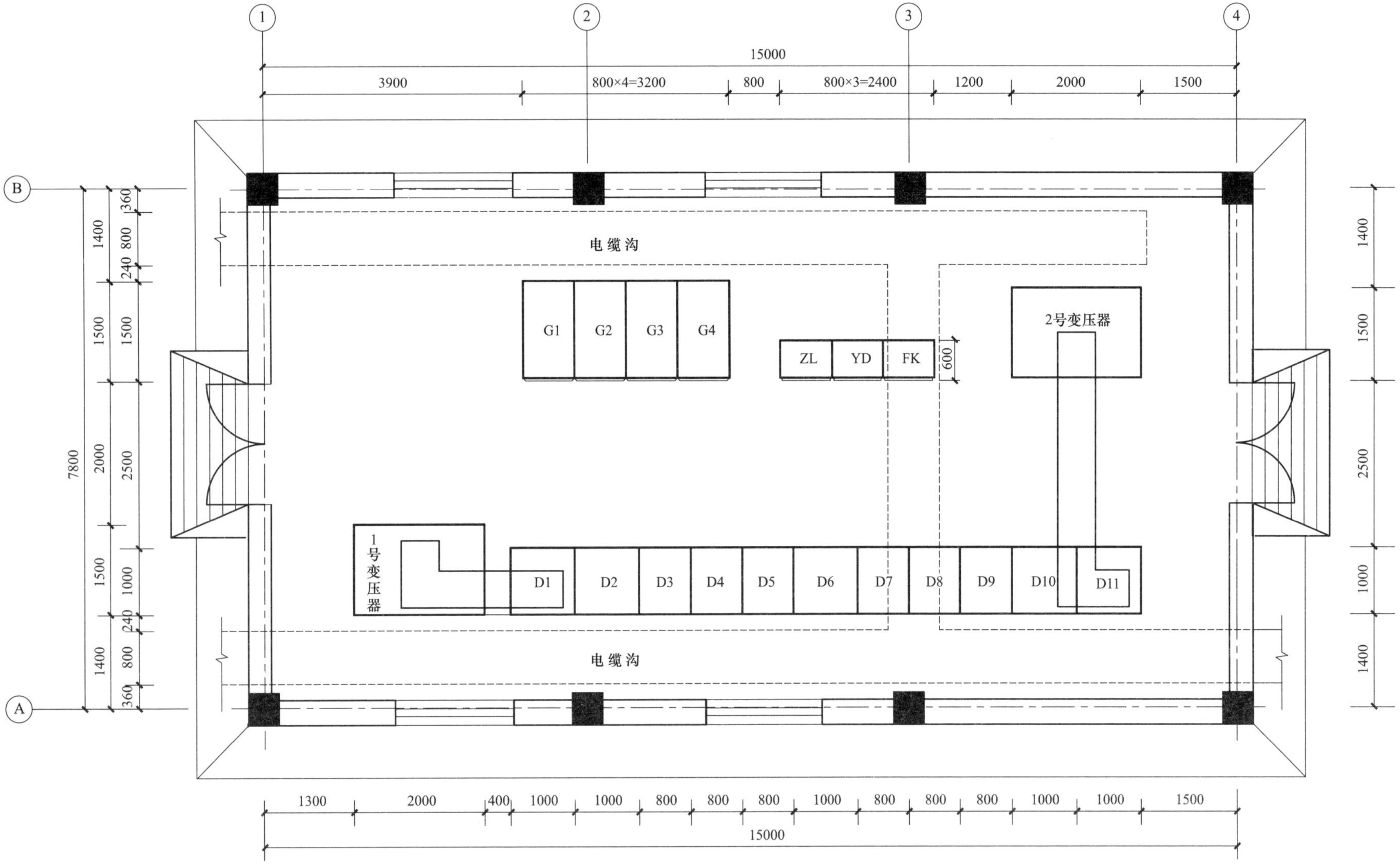

图 6-19-2　配变站电气平面布置图

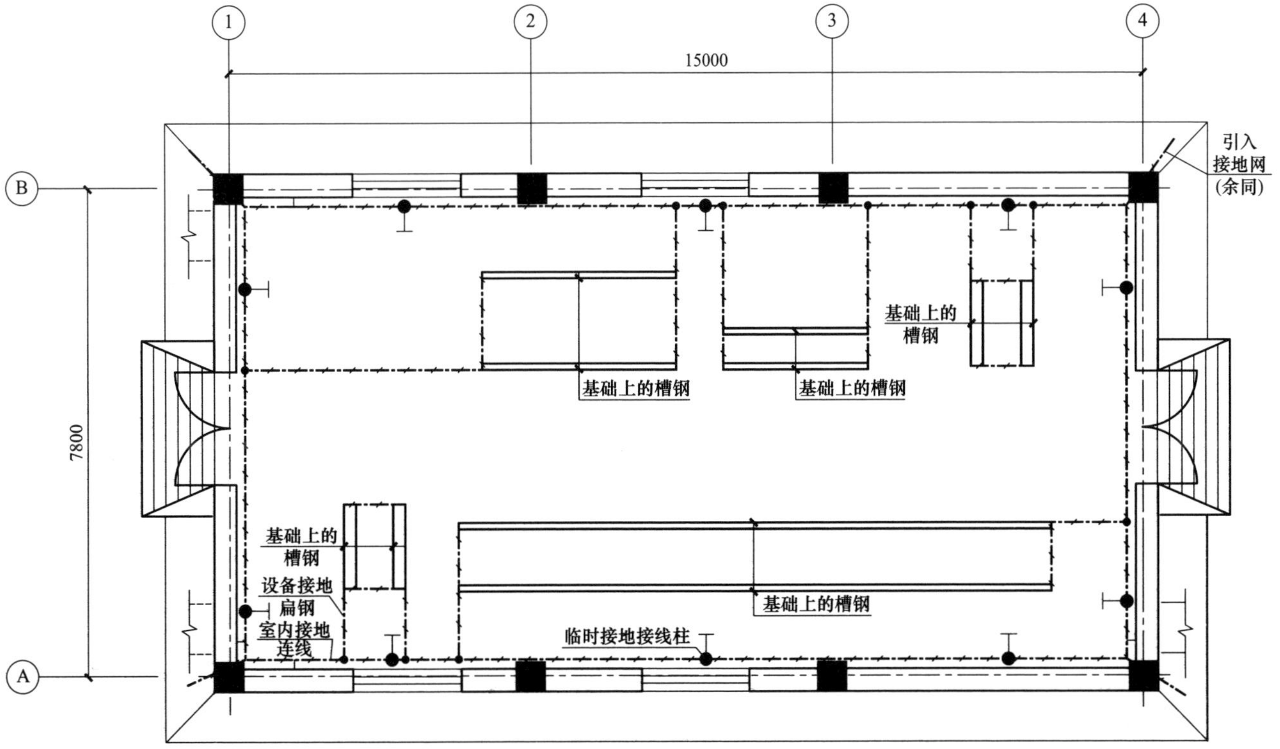

图 6-19-3　配变站接地平面布置图

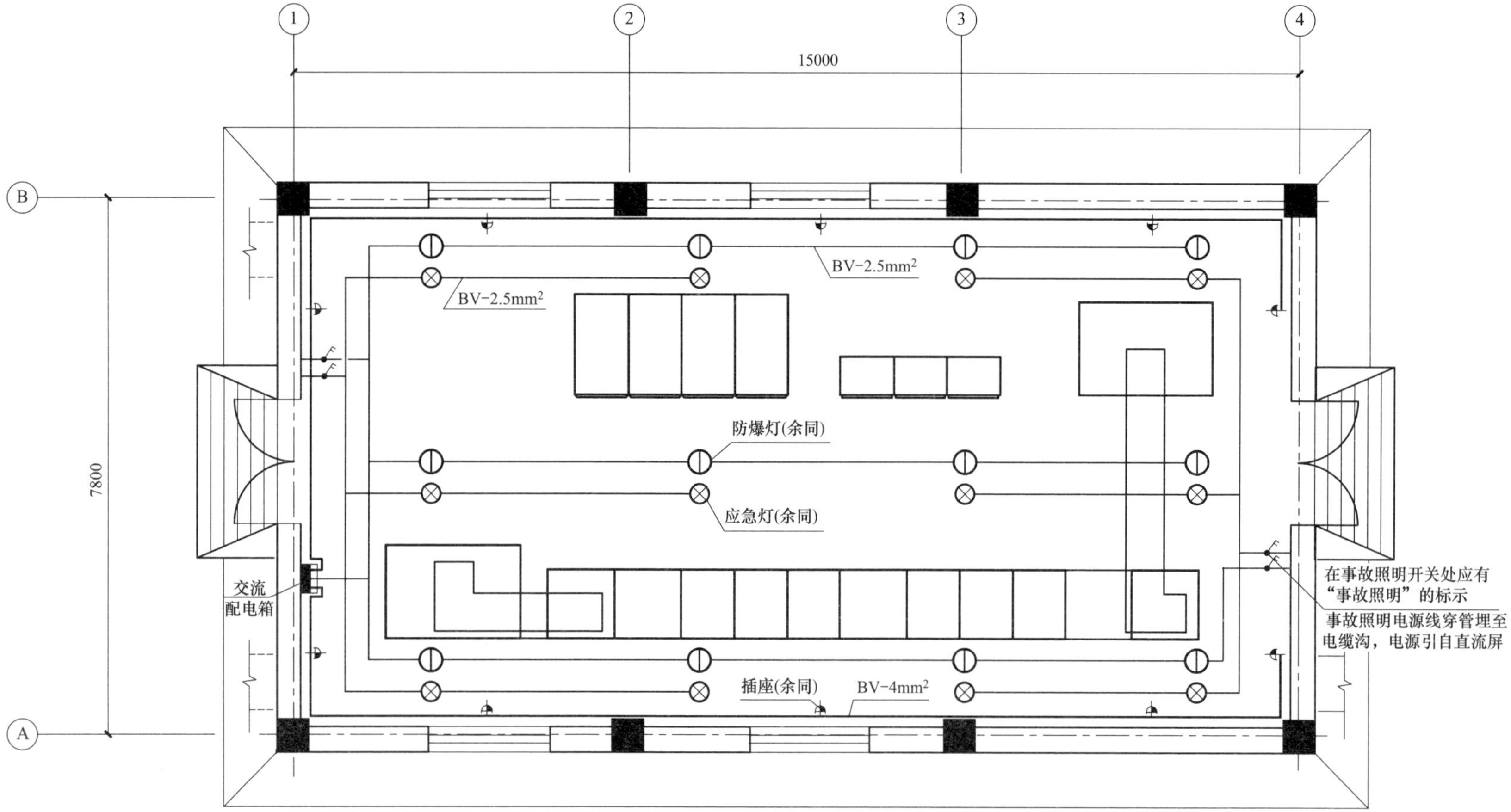

图 6-19-4　配变站照明平面布置图

第 20 章　终端型配变站固体绝缘开关柜一次设计方案

20.1　概述

本典型设计为环网型配变站一次部分典型设计的固体绝缘开关柜一次设计方案。

20.1.1　适用范围

（1）适用城镇区电缆区域。

（2）适宜站房空间受限区域。

20.1.2　方案技术条件

一次部分典型设计技术方案见表 6-20-1。

表 6-20-1　一次部分典型设计技术方案

序号	项目名称	内容
1	10kV 进线回路数	进线 1 回
2	10kV 出线回路数	2 回主变压器间隔
3	10kV 电气主接线	单母线接线
4	设备短路电流水平	25kA
5	10kV 主要设备选型	固体绝缘开关柜
6	0.4kV 电气主接线	单母线分段接线
7	运行短路分断能力	不小于 50kA
8	0.4kV 主要设备选型	抽屉式开关柜
9	变压器选型	SCB14-1250/10，Dyn11 U_k=6.0% 10±2×2.5%/0.4kV
10	布置方式	面对面布置

20.2　一次方案配置

20.2.1　电气主接线

单母线接线。

20.2.2　运行方式

单母线运行。

20.2.3　短路电流及主要电气设备、导体选择

（1）设备短路电流。10kV 电压等级设备短路电流水平：25kA。

（2）主要设备选择。主要电气设备选择按照可用寿命期内综合优化原则：选择免检修、少维护、好使用的电气设备，其性能应能满足高可靠性、技术先进、易扩展、模块化的要求。

一次部分设备选择见表 6-20-2。

表 6-20-2　一次部分设备选择

序号	项目名称	单位（台）
1	进线柜	1
2	馈线柜（主变压器柜）	2
3	电压互感器柜	1
4	1250kVA 主变压器	2
5	进线柜	2
6	电容器柜	2
7	母联柜	1
8	馈线柜	6

20.2.4　绝缘配合及过电压保护

（1）防雷。地上独立配变站应考虑直击雷的防护问题。建筑物的防雷等级为一级，在女儿墙利用 ϕ12 镀锌圆钢明敷，镀锌扁钢支撑，间距 1.0m，高度 0.2m，作为避雷带，所有露出屋面的金属管道及构件均应与避雷带连接；柱内两根 ϕ16 以上主筋焊接作为防雷引下线引至基础接地，引下线在距地面 1.8m 处设接地测试卡供测试接地电阻及当接地电阻不满足设计要求时增设接地极之用，引下线两点引至增设接地极时应埋在室外地坪冻土层以下。配变站室外接地网应与屋顶接地网可靠连接。

（2）接地。本类型配变站接地按有关技术规程的要求设计，接地装置采用水平接地体与垂直接地体组成。接地网接地电阻应符合 GB/T 50065《交流电气装置的接地设计规范》的规定。

具体工程中需按短路电流校验接地引下线及接地体截面，接地电阻、跨步电压和接触电压应满足规程要求；如接地电阻不能满足要求，则应通过比选选择更好的接地措施，如接地体采用镀锌钢，腐蚀性高的地区宜采用铜包钢或者石墨等。

（3）过电压保护。电气设备的绝缘配合，参照 GB/T 50064《交流电气装置的过电压保护和绝缘配合》确定的原则进行。金属氧化物避雷器按 GB 11032《交流无间隙金属氧化物避雷器》的规定进行选择。采用金属氧化物避雷器作为雷电侵入波及内部过电压保护装置。

20.2.5 站内用电

站用电具备照明、检修维护、不停电电源等功能。

20.3 设计图纸

一次设计图纸目录见表 6-20-3。

表 6-20-3　一次设计图纸目录

图号	图纸名称
图 6-20-1	配变站电气主接线图
图 6-20-2	配变站电气平面布置图
图 6-20-3	配变站接地平面布置图
图 6-20-4	配变站照明平面布置图

开关柜编号	G1	G2	G3	G4
回路名称	进线柜	电压互感器柜	主变压器柜1	主变压器柜2

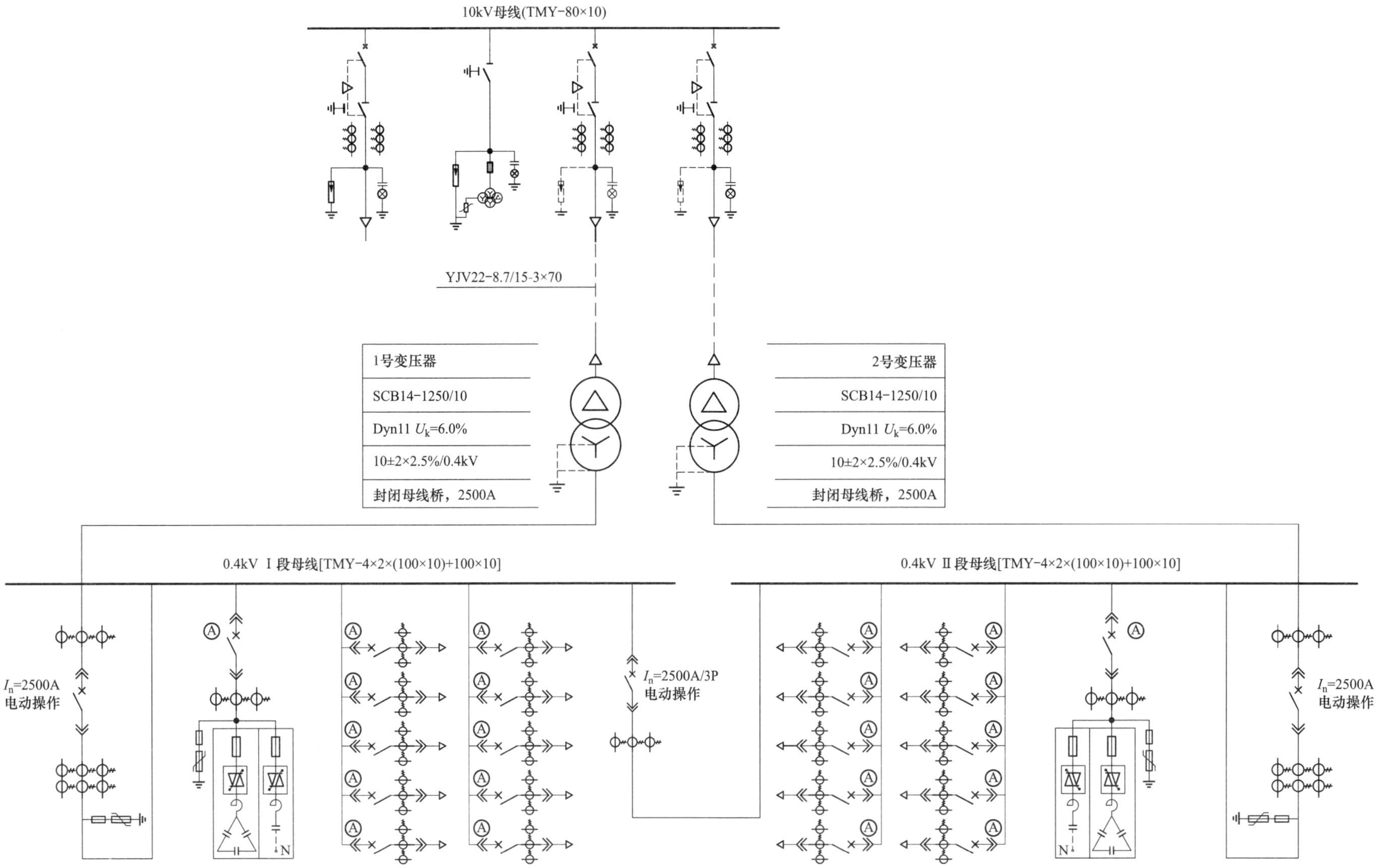

开关柜编号	D1	D2	D3~5	D6	D7~9	D10	D11
用途	1号进线柜	1号电容器柜	馈线柜1~3	母联柜	馈线柜4~6	2号电容器柜	2号进线柜

图 6-20-1 配变站电气主接线图

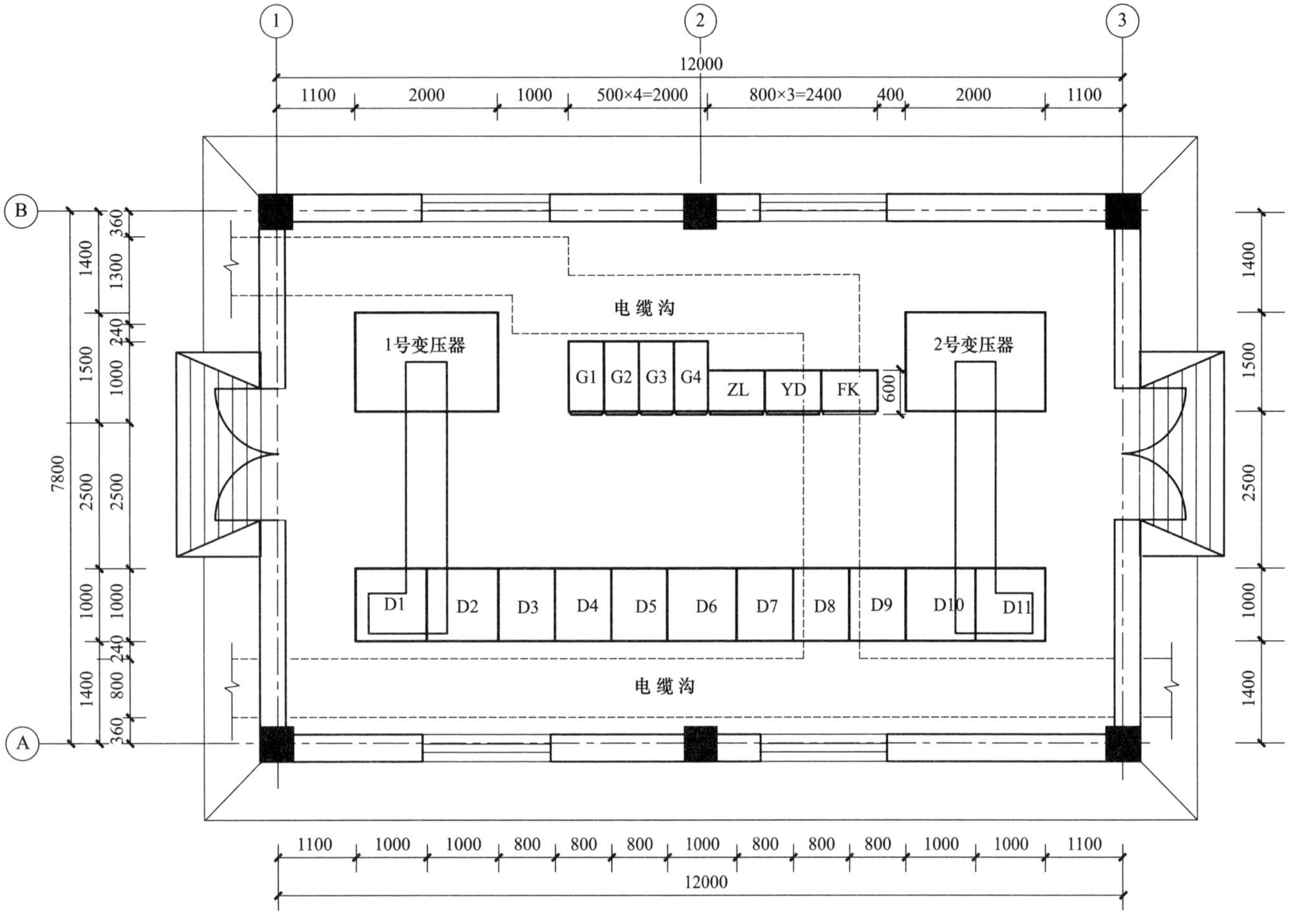

图 6-20-2　配变站电气平面布置图

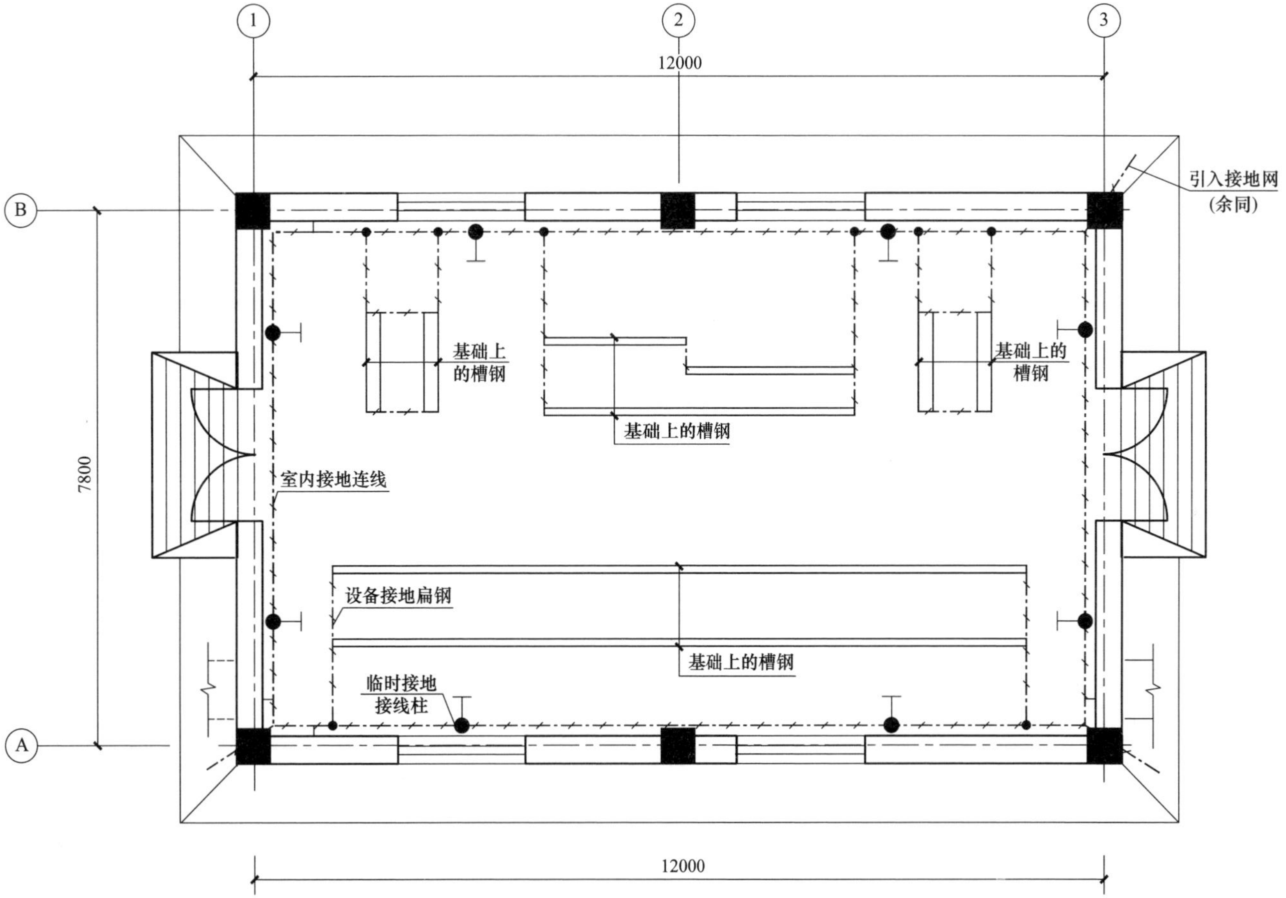

图 6-20-3　配变站接地平面布置图

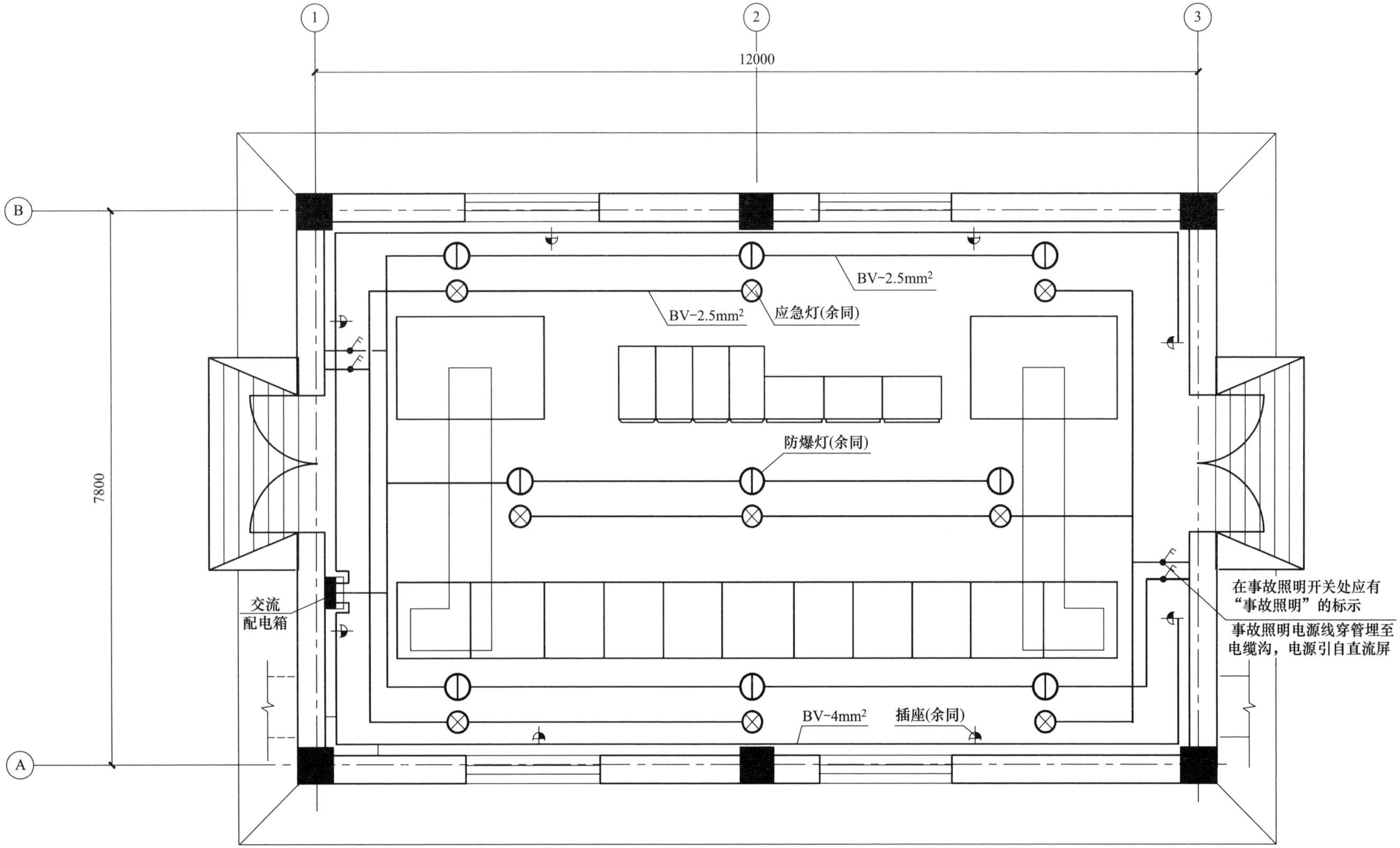

图 6-20-4　配变站照明平面布置图

国家电网有限公司 STATE GRID CORPORATION OF CHINA

第七篇

双电源二次部分典型设计

第21章　双电源二次设备在中置式开关柜方案中的应用案例

21.1　概述

本典型设计为双电源二次部分典型设计的二次设备在中置式开关柜中的应用案例。本二次典型设计一次部分电气主接线、运行方式及设备配置，以二次设备部分设计原则和组屏（柜）原则为依据进行设计，内容主要包括变电站监控系统屏柜布置及原理、微机保护及安全自动装置用于金属铠装中置式手车柜时的二次回路。

21.2　一次建设方案

（1）系统概况。

1）系统标称电压：10kV。

2）系统额定频率：50Hz。

3）系统中性点接地方式：不接地。

（2）电气一次设备类型。10kV开关柜采用金属铠装中置式手车柜。

（3）主接线方式。10kV母线接线方式为单母线分段接线。

（4）运行方式。

运行方式一：正常运行时两路电源各带一段母线运行，分段开关处于分闸位置；当任一路电源失压后，电源进线开关跳闸，由另一路电源带全部负荷运行，此时分段开关应处于合闸位置。

运行方式二：正常运行时一路电源带两段母线运行，分段开关处于合闸位置；当运行电源失压后，该路电源进线开关跳闸，由另一路电源带全部负荷运行。

（5）建设规模。10kV设备规模为2进10出，10kV高压开关柜共18台，其中电源进线开关柜2台，分段开关柜1台，分段隔离柜1台，母线TV柜2台，站用变压器柜2台，馈线柜10台。

21.3　二次设备配置

本案例中，微机保护及安全自动装置就地分布安装于开关柜上，不单独组屏。其中，进线及馈线采用微机线路保护，分段开关采用微机分段保护；配置TV并列装置1台、备自投装置1台。

配置远动及公用测控屏1面，远动信息从间隔层微机保护及安全自动装置获取并向调度端传送。

二次部分设备选择见表7-21-1。

表7-21-1　　二次部分设备选择

序号	项目名称	内容
1	线路保护	12套
2	变压器保护	2套
3	分段保护	1套
4	备自投装置	1套
5	TV并列装置	1套
6	远动及公用测控屏	1台
7	微机五防	1套

续表

序号	项目名称	内容
8	网线及附件	厂家配套提供
9	控制电缆，KVVP2，2.5，4，ZR，22	根据现场确定
10	控制电缆，KVVP2，2.5，10，ZR，22	根据现场确定
11	控制电缆，KVVP2，4，4，ZR，22	根据现场确定

21.4 设计图纸

（1）微机保护及安全自动装置安装于金属铠装中置式手车柜中双电源二次设计图纸目录见表 7-21-2。

表 7-21-2　　金属铠装中置式手车柜双电源二次设计图纸目录

图号	图纸名称
图 7-21-1	1 号电源进线柜二次原理图（一）
图 7-21-2	1 号电源进线柜二次原理图（二）
图 7-21-3	1 号电源进线柜端子排接线图
图 7-21-4	2 号电源进线柜二次原理图（一）
图 7-21-5	2 号电源进线柜二次原理图（二）
图 7-21-6	2 号电源进线柜端子排接线图
图 7-21-7	分段开关柜二次原理图（一）
图 7-21-8	分段开关柜二次原理图（二）
图 7-21-9	分段开关柜二次原理图（三）
图 7-21-10	分段开关柜端子排接线图
图 7-21-11	分段隔离柜二次原理图（一）
图 7-21-12	分段隔离柜二次原理图（二）
图 7-21-13	分段隔离柜端子排接线图

续表

图号	图纸名称
图 7-21-14	Ⅰ段母线 TV 避雷器柜二次原理图
图 7-21-15	Ⅰ段母线 TV 避雷器柜端子排接线图
图 7-21-16	Ⅱ段母线 TV 避雷器柜二次原理图
图 7-21-17	Ⅱ段母线 TV 避雷器柜端子排接线图
图 7-21-18	馈线柜二次原理图（一）
图 7-21-19	馈线柜二次原理图（二）
图 7-21-20	馈线柜端子排接线图
图 7-21-21	站用变压器柜二次原理图（一）
图 7-21-22	站用变压器柜二次原理图（二）
图 7-21-23	站用变压器柜二次原理图（三）
图 7-21-24	站用变压器柜端子排接线图
图 7-21-25	柜顶小母线布置图（一）
图 7-21-26	柜顶小母线布置图（二）

（2）变电站监控系统屏柜布置及原理二次设计图纸目录见表 7-21-3。

表 7-21-3　　变电站监控系统屏柜布置及原理二次设计图纸目录

图号	图纸名称
图 7-21-27	远动通信及公用测控柜柜面布置示意图
图 7-21-28	远动通信及公用测控柜交、直流电源回路图
图 7-21-29	远动通信及公用测控柜通信对时及告警回路联系图
图 7-21-30	远动通信及公用测控柜公用测控装置接点联系图
图 7-21-31	远动通信及公用测控柜公用测控装置遥控接点联系图
图 7-21-32	远动通信及公用测控柜电流、电压采集回路
图 7-21-33	远动通信及公用测控柜直流采集回路

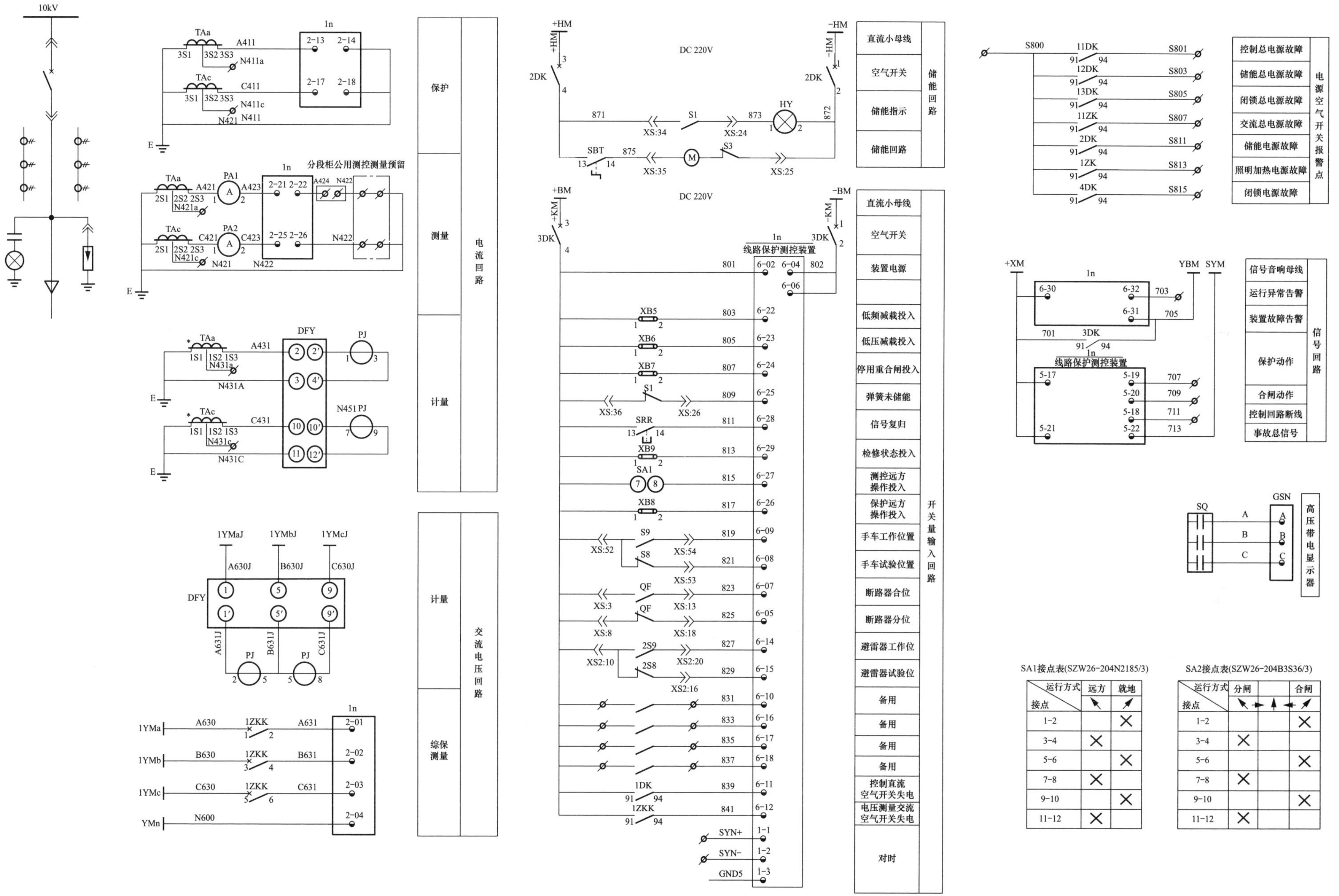

SA1接点表(SZW26-204N2185/3)

运行方式 / 接点	远方 ↖	就地 ↗
1-2		×
3-4	×	
5-6		×
7-8	×	
9-10		×
11-12	×	

SA2接点表(SZW26-204B3S36/3)

运行方式 / 接点	分闸 ↖ →	↑	合闸 ← ↗
1-2			×
3-4	×		
5-6			×
7-8	×		
9-10			×
11-12	×		

图 7-21-1　1 号电源进线柜二次原理图（一）

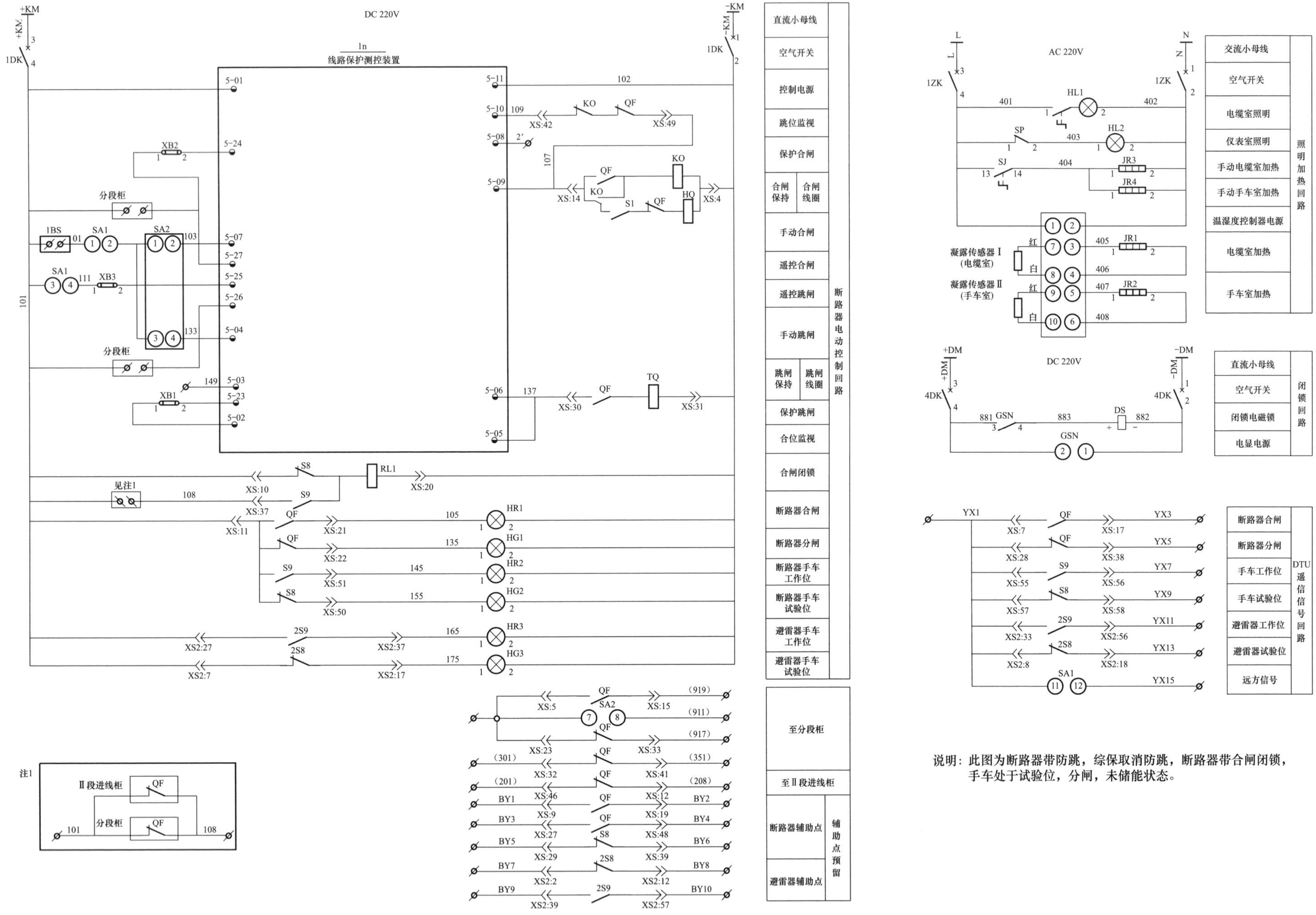

说明：此图为断路器带防跳，综保取消防跳，断路器带合闸闭锁，手车处于试验位，分闸，未储能状态。

图 7-21-2　1 号电源进线柜二次原理图（二）

1ID

TAa-3S3	1	A411	1n-2-13
TAc-3S3	2	C411	1n-2-17
TAa-3S1	3	N411	1n-2-14
TAc-3S1	4		1n-2-18
E	5		
	6	N411a	TAa-3S2
	7	N411c	TAc-3S2
TAa-2S3	8	A421	PA1-1
TAc-2S3	9	C421	PA2-1
分段柜	10	A424	1n-2-22
分段柜	11	N422	
	12		TAa-2S1
	13		TAc-2S1
	14		1n-2-26
	15		E
	16	N421a	TAa-2S2
	17	N421c	TAc-2S2
	18		

至分段柜　至公用测控遥测信号

2ID

	1	N431a	TAa-1S2
	2	N431c	TAc-1S2

2ID放置接线盒旁

ND

2DK-4	1	871	SBT-13
XS-34	2		
XS-24	3	873	HY-1
XS-35	4	875	SBT-14
2DK-2	5	872	HY-2
XS-25	6	872	
	7		

至柜顶小母线

1UD

1YMa	1	A630	1ZKK-1
1YMb	2	B630	1ZKK-3
1YMc	3	C630	1ZKK-5
YMn	4	N600	1n-2-04
	5		
	6		

FW

4DK-4	1	881	GSN-2
	2		GSN-3
GSN-4	3	883	DS-+
4DK-2	4	882	GSN-1
	5		DS--
	6		
	7		

1Q1D

3DK-4	1	801	1n-6-02
XS-3	2		XB7-1
XS-8	3		SA1-7
XS-52	4		SRR-13
XS-36	5		XB6-1
XS2-10	6		XB5-1
1DK-91	7		1ZKK-91
XB8-1	8		XB9-1
	9		
XS-26	10	809	1n-6-25
XS-54	11	819	1n-6-09
XS-53	12	821	1n-6-08
XS-13	13	823	1n-6-07
XS-18	14	825	1n-6-05
XS2-20	15	827	1n-6-14
XS2-16	16	829	1n-6-15
	17	831	1n-6-10
	18	833	1n-6-16
	19	835	1n-6-17
	20	837	1n-6-18
1DK-94	21	839	1n-6-11
1ZKK-94	22	841	1n-6-12
3DK-2	23	802	1n-6-04
	24	802	1n-6-06
	25		
	26		
	27		

至柜顶小母线

JL

L	1	L	1ZK-3
	2		
N	3	N	1ZK-1
	4		

ZD

+HM	1	+HM	2DK-3
	2		
+KM	3	+KM	1DK-3
	4		3DK-3
	5		
-HM	6	-HM	2DK-1
	7		
-KM	8	-KM	1DK-1
	9		3DK-1
	10		
+DM	11	+DM	4DK-3
	12		
-DM	13	-DM	4DK-1
	14		

1Q2D

1DK-4	1	101	1n-5-01
XS-10	2		SA1-3
XS-11	3		XS2-7
Ⅱ段进线柜	4		XS2-27
分段柜	5		五防编码锁预留
SA1-1	6	01	五防编码锁预留
1n-5-07	7	103	SA2-2
分段柜	8		1n-5-27
	9		XB2-1
XB3-1	10	111	SA1-4
	11		
SA2-4	12	133	1n-5-04
分段柜	13		1n-5-26
	14		
	15	149	1n-5-03
Ⅱ段进线柜	16	108	XS-37
分段柜	17		
	18		
XS-21	19	105	HR1-1
XS-22	20	135	HG1-1
XS-51	21	145	HR2-1
XS-50	22	155	HG2-1
XS2-37	23	165	HR3-1
XS2-17	24	175	HG3-1
1DK-2	25	102	1n-5-11
XS-4	26		HG1-2
XS-20	27		HG3-2
XS-31	28		HR3-2
HG2-2	29		HR2-2
	30		HR1-2
	31		
	32		
	33		
	34		

至分段柜　至分段柜　至Ⅱ段进线柜

1CD

XS-42	1	109	1n-5-10
	2	2'	1n-5-08
XS-14	3	107	1n-5-09
XS-49	4		
XS-30	5	137	1n-5-05
	6		1n-5-06
	7		
	8		

TD

※		1	SYN+	1n-1-1
		2		
※		3	SYN-	1n-1-2
		4		
※		5	GND5	1n-1-3
		6		
		7		
		8		

1BD

	1	(901)	XS-23
	2		SA2-7
	3		XS-5
	4	(919)	XS-15
	5	(911)	SA2-8
	6	(917)	XS-33
	7	(301)	XS-32
	8	(351)	XS-41
	9	(201)	XS-46
	10	(208)	XS-12
	11	BY1	XS-9
	12	BY2	XS-19
	13	BY3	XS-27
	14	BY4	XS-48
	15	BY5	XS-29
	16	BY6	XS-39
	17	BY7	XS2-2
	18	BY8	XS2-12
	19	BY9	XS2-39
	20	BY10	XS2-57
	21		
	22		

至分段柜　至Ⅱ段进线柜　至分段柜

至柜顶小母线

1YD

+XM	1	701	3DK-91
1n-5-17	2		1n-5-21
	3		1n-6-30
	4	703	1n-6-32
YBM	5	705	1n-6-31
	6		3DK-94
	7	707	1n-5-19
	8	709	1n-5-20
	9	711	1n-5-18
SYM	10	713	1n-5-22
XS-7	11	YX1	SA1-11
XS-28	12		XS-55
XS-57	13		XS2-8
	14		XS2-33
	15	YX3	XS-17
	16	YX5	XS-38
	17	YX7	XS-56
	18	YX9	XS-58
	19	YX11	XS2-56
	20	YX13	XS2-18
	21	YX15	SA1-12
11DK-91	22	S800	4DK-91
2DK-91	23		12DK-91
1ZK-91	24		11ZK-91
	25		13DK-91
	26	S801	11DK-94
	27	S803	12DK-94
	28	S805	13DK-94
	29	S807	11ZK-94
	30	S811	2DK-94
	31	S813	1ZK-94
	32	S815	4DK-94

JD

1ZK-4	1	401	SP-1
WSK-1	2		HL1-1
SJ-13	3		
SP-2	4	403	HL2-1
SJ-14	5	404	JR4-1
JR3-1	6		
WSK-3	7	405	JR1-1
WSK-4	8	406	JR1-2
WSK-5	9	407	JR2-1
WSK-6	10	408	JR2-2
1ZK-2	11	402	WSK-2
JR4-2	12		HL2-2
JR3-2	13		HL1-2
	14		
	15		
	16		

说明：1. 计量电流：线号 *431 用 $4mm^2$ 单股铜导线，计量电压：线 *630J/*631J 用 $2.5mm^2$ 单股铜导线，用线分黄绿红淡蓝色（电能表回路均为计量回路），1ID 端子排的其余电流回路用 $2.5mm^2$ 的多股黑色铜导线，引至柜顶小母线端子的接线用 $2.5mm^2$ 的多股黑色铜导线，标※处采用屏蔽通信线，11～12DK、11ZK 空气开关下口至柜顶小母线的接线用 $2.5mm^2$ 的多股黑色铜导线。

2. 如需接公用测控时将 1ID 端子的 12~14 的连接片取消即可。

3. 预留计量表计的安装位置，安装 2 个计量表架。

图 7-21-3　1 号电源进线柜端子排接线图

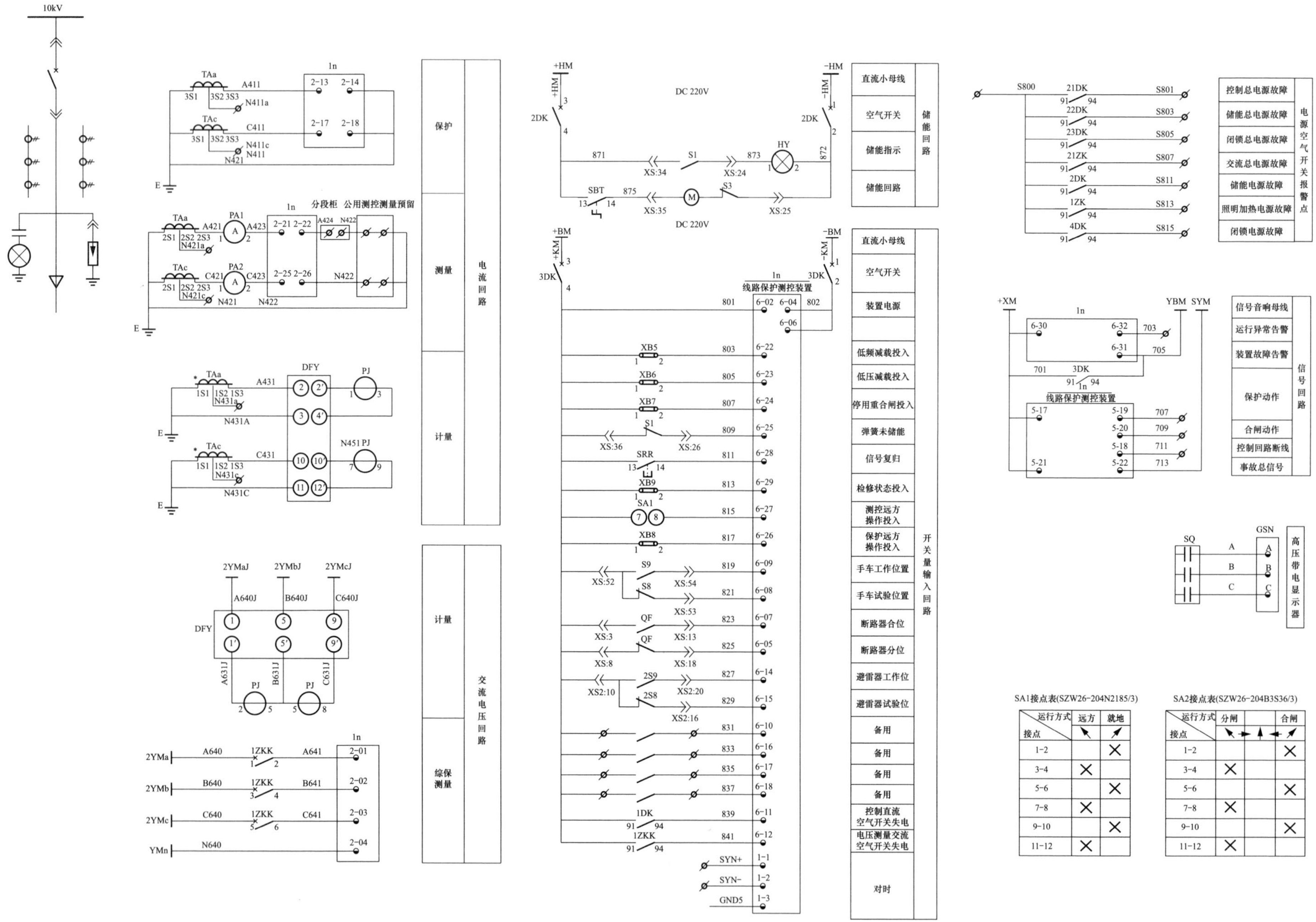

SA1接点表(SZW26-204N2185/3)

接点 \ 运行方式	远方	就地
1-2		×
3-4	×	
5-6		×
7-8	×	
9-10		×
11-12	×	

SA2接点表(SZW26-204B3S36/3)

接点 \ 运行方式	分闸		合闸
1-2			×
3-4	×		
5-6			×
7-8	×		
9-10			×
11-12	×		

图 7-21-4　2 号电源进线柜二次原理图（一）

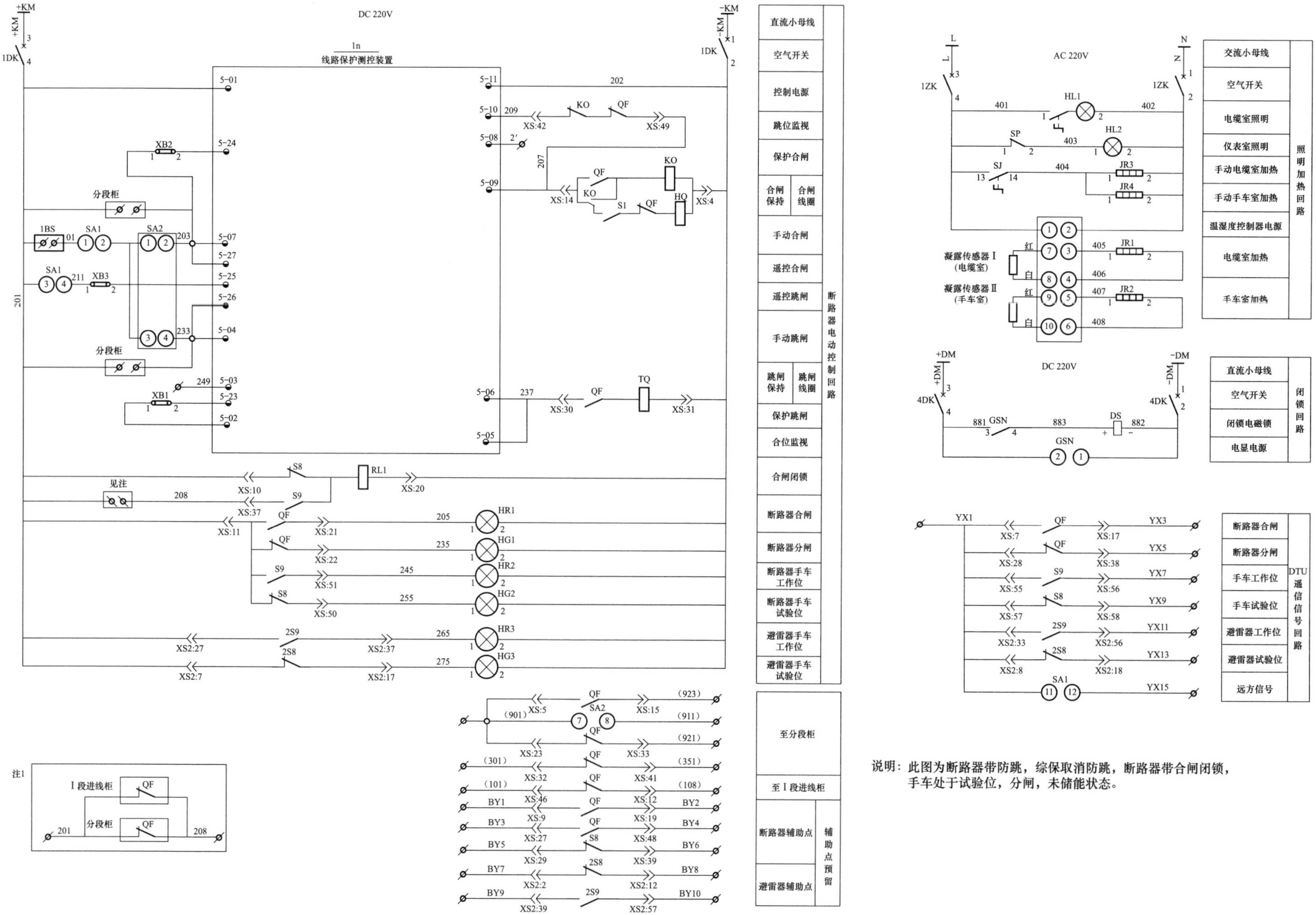

说明：此图为断路器带防跳，综保取消防跳，断路器带合闸闭锁，手车处于试验位，分闸，未储能状态。

图 7-21-5　2 号电源进线柜二次原理图（二）

1ID

TAa-3S3	1	A411	1n-2-13
TAc-3S3	2	C411	1n-2-17
TAa-3S1	3	N411	1n-2-14
TAc-3S1	4		1n-2-18
E	5		
	6	N411a	TAa-3S2
	7	N411c	TAc-3S2
TAa-2S3	8	A421	PA1-1
TAc-2S3	9	C421	PA2-1
分段柜	10	A424	1n-2-22
分段柜	11	N422	
	12		TAa-2S1
	13		TAc-2S1
	14		1n-2-26
	15		E
	16	N421a	TAa-2S2
	17	N421c	TAc-2S2
	18		

至分段柜

至公用测控遥测信号

2ID

	1	N431a	TAa-1S2
	2	N431c	TAc-1S2

2ID放置接线盒旁

ND

2DK-4	1	871	SBT-13
XS-34	2		
XS-24	3	873	HY-1
XS-35	4	875	SBT-14
2DK-2	5	872	HY-2
XS-25	6		
	7		

至柜顶小母线

1UD

2YMa	1	A640	1ZKK-1
2YMb	2	B640	1ZKK-3
2YMc	3	C640	1ZKK-5
YMn	4	N600	1n-2-04
	5		
	6		

FW

4DK-4	1	881	GSN-2
	2		GSN-3
GSN-4	3	883	DS-+
4DK-2	4	882	GSN-1
	5		DS--
	6		
	7		

1Q1D

3DK-4	1	801	1n-6-02
XS-3	2		XB7-1
XS-8	3		SA1-7
XS-52	4		SRR-13
XS-36	5		XB6-1
XS2-10	6		XB5-1
1DK-91	7		1ZKK-91
XB8-1	8		XB9-1
	9		
XS-26	10	809	1n-6-25
XS-54	11	819	1n-6-09
XS-53	12	821	1n-6-08
XS-13	13	823	1n-6-07
XS-18	14	825	1n-6-05
XS2-20	15	827	1n-6-14
XS2-16	16	829	1n-6-15
	17	831	1n-6-10
	18	833	1n-6-16
	19	835	1n-6-17
	20	837	1n-6-18
1DK-94	21	839	1n-6-11
1ZKK-94	22	841	1n-6-12
3DK-2	23	802	1n-6-04
	24	802	1n-6-06
	25		
	26		
	27		

至柜顶小母线

JL

L	1	L	1ZK-3
	2		
N	3	N	1ZK-1
	4		

ZD

+HM	1	+HM	2DK-3
	2		
+KM	3	+KM	1DK-3
	4		3DK-3
	5		
-HM	6	-HM	2DK-1
	7		
-KM	8	-KM	1DK-1
	9		3DK-1
	10		
+DM	11	+DM	4DK-3
	12		
-DM	13	-DM	4DK-1
	14		

1Q2D

1DK-4	1	201	1n-5-01
XS-10	2		SA1-3
XS-11	3		XS2-7
Ⅰ段进线柜	4		XS2-27
分段柜	5		五防编码锁预留
SA1-1	6	01	五防编码锁预留
SA2-2	7	203	1n-5-07
分段柜	8		1n-5-27
	9		XB2-1
XB3-1	10	211	SA1-4
	11		
SA2-4	12	233	1n-5-04
分段柜	13		1n-5-26
	14		
	15	249	1n-5-03
Ⅰ段进线柜	16	208	XS-37
分段柜	17		
	18		
XS-21	19	205	HR1-1
XS-22	20	235	HG1-1
XS-51	21	245	HR2-1
XS-50	22	255	HG2-1
XS2-37	23	265	HR3-1
XS2-17	24	275	HG3-1
1DK-2	25	202	1n-5-11
XS-4	26		HG1-2
XS-20	27		HG3-2
XS-31	28		HR3-2
HG2-2	29		HR2-2
	30		HR1-2
	31		
	32		
	33		
	34		

至分段柜

至分段柜

至Ⅰ段进线柜

1CD

XS-42	1	209	1n-5-10
	2	2'	1n-5-08
XS-14	3	207	1n-5-09
XS-49	4		
XS-30	5	237	1n-5-05
	6		1n-5-06
	7		
	8		

TD

※	1	SYN+	1n-1-1
	2		
※	3	SYN-	1n-1-2
	4		
※	5	GND5	1n-1-3
	6		
	7		
	8		

至分段柜

至Ⅰ段进线柜

至分段柜

1BD

	1	(901)	XS-23
	2		SA2-7
	3		XS-5
	4	(923)	XS-15
	5	(911)	SA2-8
	6	(921)	XS-33
	7	(301)	XS-32
	8	(351)	XS-41
	9	(101)	XS-46
	10	(108)	XS-12
	11	BY1	XS-9
	12	BY2	XS-19
	13	BY3	XS-27
	14	BY4	XS-48
	15	BY5	XS-29
	16	BY6	XS-39
	17	BY7	XS2-2
	18	BY8	XS2-12
	19	BY9	XS2-39
	20	BY10	XS2-57
	21		
	22		

至柜顶小母线

1YD

+XM	1	701	3DK-91
1n-5-17	2		1n-5-21
	3		1n-6-30
	4	703	1n-6-32
YBM	5	705	1n-6-31
	6		3DK-94
	7	707	1n-5-19
	8	709	1n-5-20
	9	711	1n-5-18
SYM	10	713	1n-5-22
XS-7	11	YX1	SA1-11
XS-28	12		XS-55
XS-57	13		XS2-8
	14		XS2-33
	15	YX3	XS-17
	16	YX5	XS-38
	17	YX7	XS-56
	18	YX9	XS-58
	19	YX11	XS2-56
	20	YX13	XS2-18
	21	YX15	SA1-12
21DK-91	22	S800	4DK-91
2DK-91	23		22DK-91
1ZK-91	24		21ZK-91
	25		23DK-91
	26	S801	21DK-94
	27	S803	22DK-94
	28	S805	23DK-94
	29	S807	21ZK-94
	30	S811	2DK-94
	31	S813	1ZK-94
	32	S815	4DK-94

JD

1ZK-4	1	401	SP-1
WSK-1	2		HL1-1
SJ-13	3		
SP-2	4	403	HL2-1
SJ-14	5	404	JR4-1
JR3-1	6		
WSK-3	7	405	JR1-1
WSK-4	8	406	JR1-2
WSK-5	9	407	JR2-1
WSK-6	10	408	JR2-2
1ZK-2	11	402	WSK-2
JR4-2	12		HL2-2
JR3-2	13		HL1-2
	14		
	15		
	16		

说明：1. 计量电流：线号 *431 用 $4mm^2$ 单股铜导线，计量电压：线 *630J/*631J 用 $2.5mm^2$ 单股铜导线，用线分黄绿红淡蓝色（电能表回路均为计量回路），1ID 端子排的其余电流回路用 $2.5mm^2$ 的多股黑色铜导线，引至柜顶小母线端子的接线用 $2.5mm^2$ 的多股黑色铜导线，标※处采用屏蔽通信线，11 ~ 12DK、11ZK 空气开关下口至柜顶小母线的接线用 $2.5mm^2$ 的多股黑色铜导线。

2. 如需接公用测控时将 1ID 端子的 12~14 的连接片取消即可。

3. 预留计量表计的安装位置，安装 2 个计量表架。

图 7-21-6　2 号电源进线柜端子排接线图

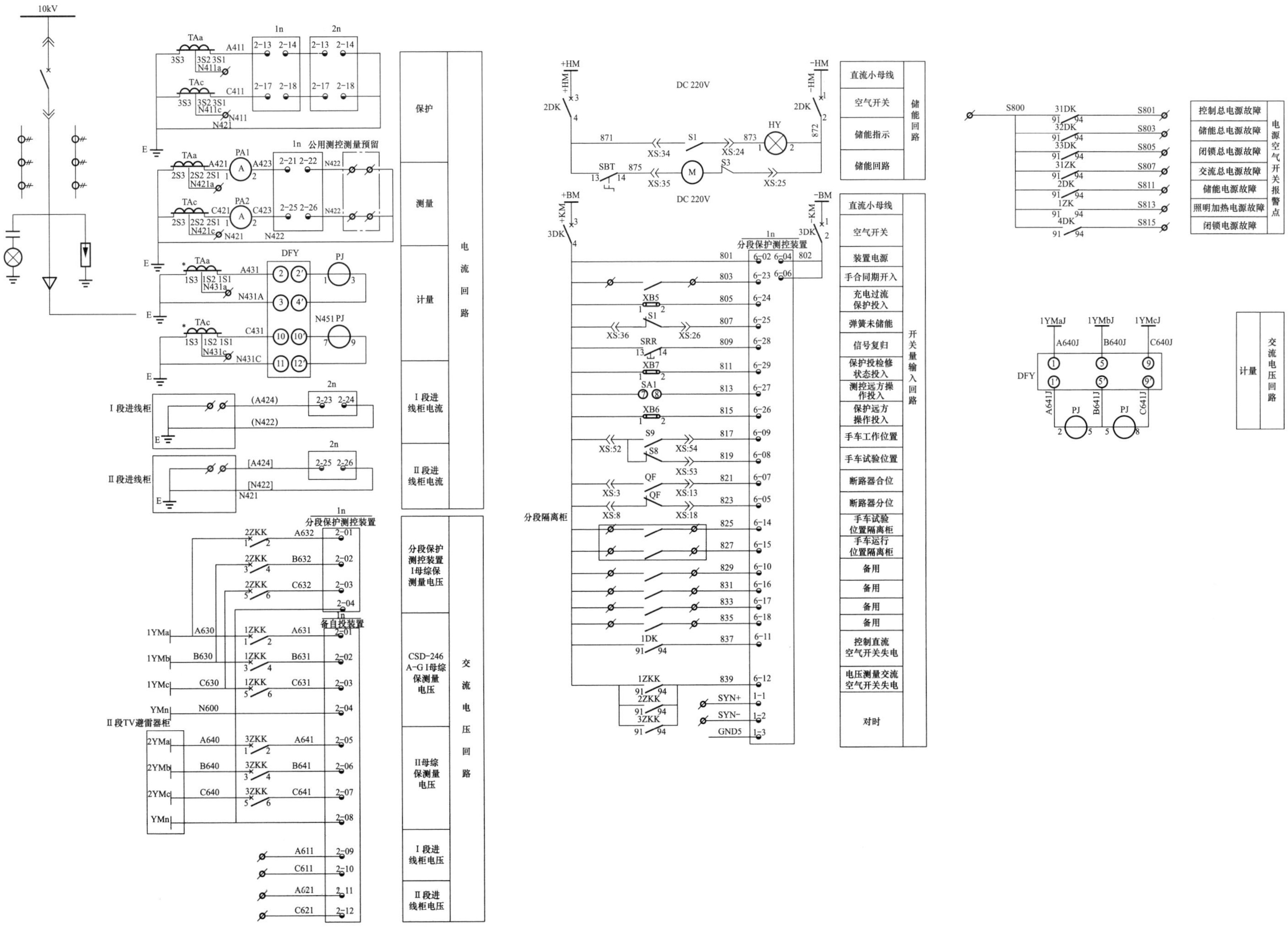

图 7-21-7　分段开关柜二次原理图（一）

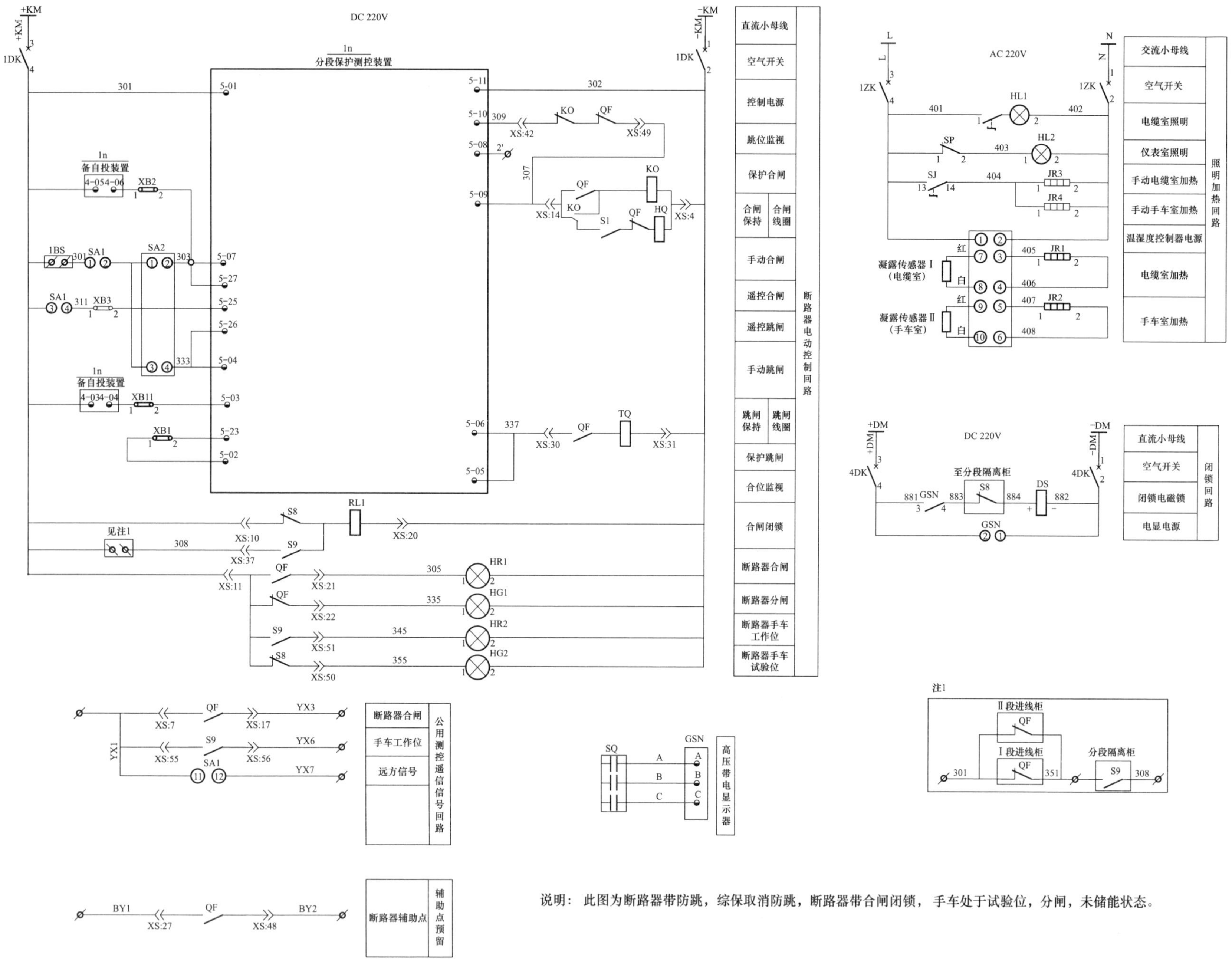

说明：此图为断路器带防跳，综保取消防跳，断路器带合闸闭锁，手车处于试验位，分闸，未储能状态。

图 7-21-8　分段开关柜二次原理图（二）

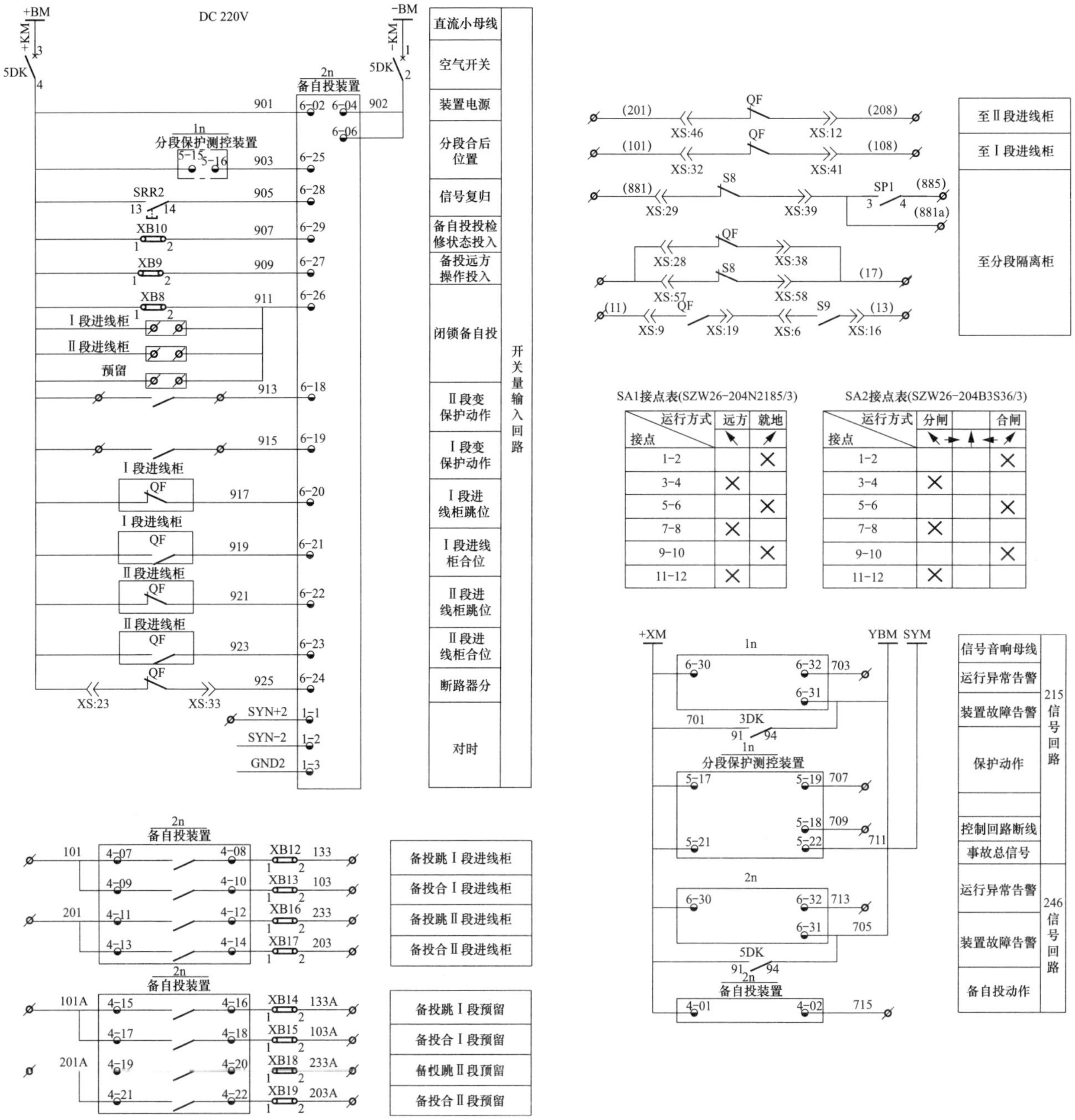

SA1接点表(SZW26-204N2185/3)

运行方式 / 接点	远方 ↖	就地 ↗
1-2		×
3-4	×	
5-6		×
7-8	×	
9-10		×
11-12	×	

SA2接点表(SZW26-204B3S36/3)

运行方式 / 接点	分闸 ↖→	↑	合闸 ←↗
1-2			×
3-4	×		
5-6			×
7-8	×		
9-10			×
11-12	×		

图 7-21-9 分段开关柜二次原理图（三）

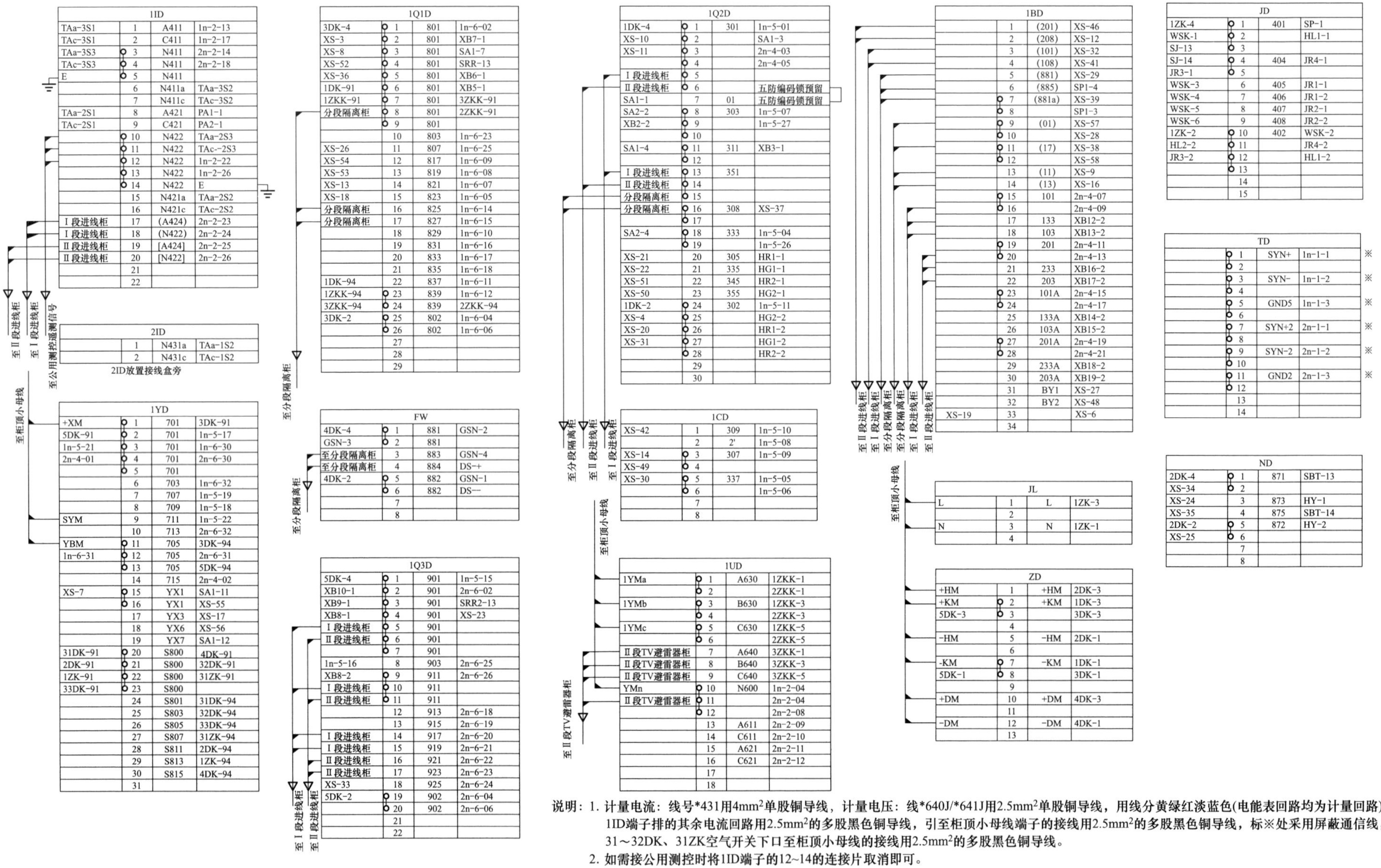

说明：1. 计量电流：线号*431用4mm²单股铜导线，计量电压：线*640J/*641J用2.5mm²单股铜导线，用线分黄绿红淡蓝色(电能表回路均为计量回路)，1ID端子排的其余电流回路用2.5mm²的多股黑色铜导线，引至柜顶小母线端子的接线用2.5mm²的多股黑色铜导线，标※处采用屏蔽通信线，31～32DK、31ZK空气开关下口至柜顶小母线的接线用2.5mm²的多股黑色铜导线。
2. 如需接公用测控时将1ID端子的12~14的连接片取消即可。
3. 预留计量表计的安装位置，安装2个计量表架。

图 7-21-10 分段开关柜端子排接线图

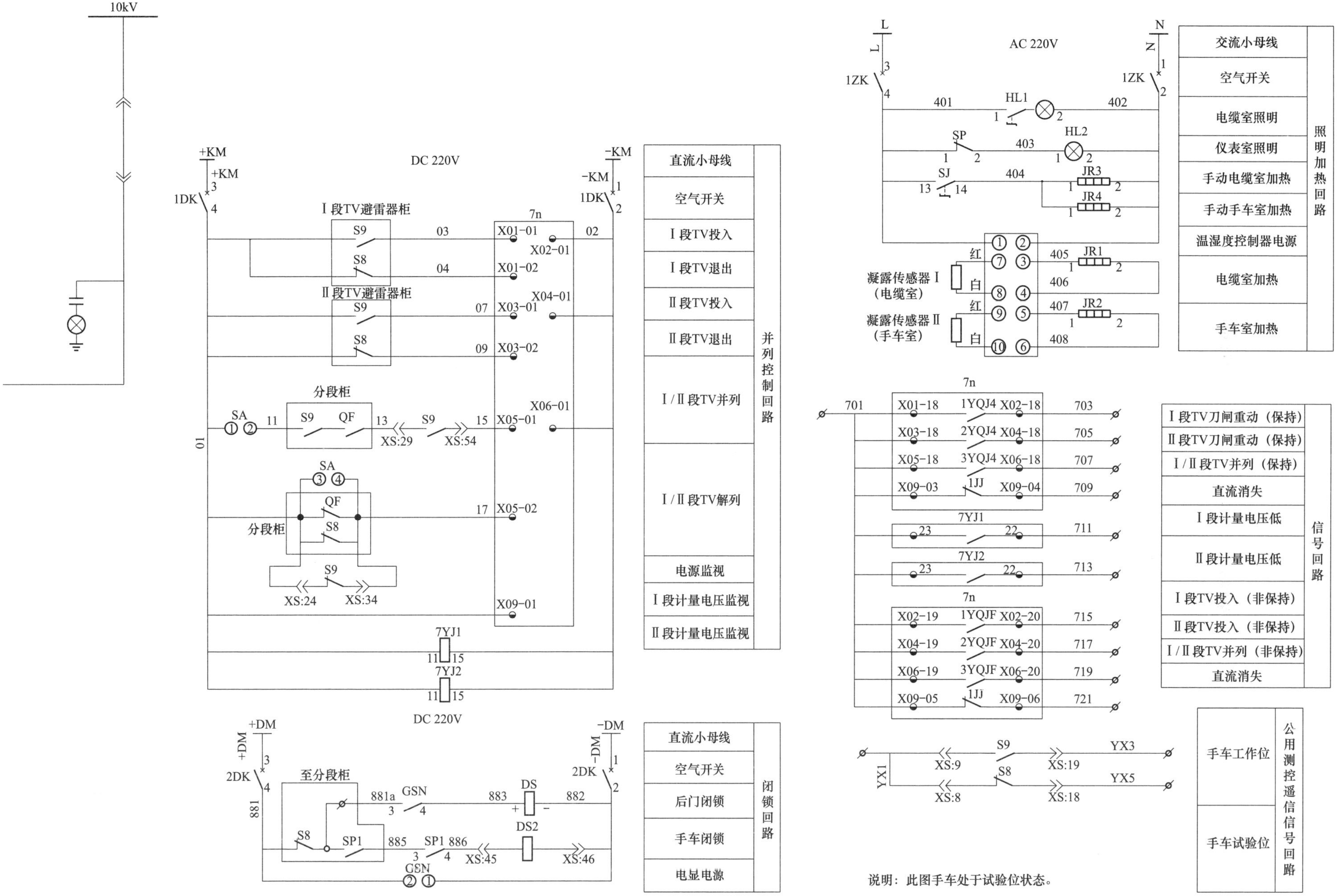

图 7-21-11　分段隔离柜二次原理图（一）

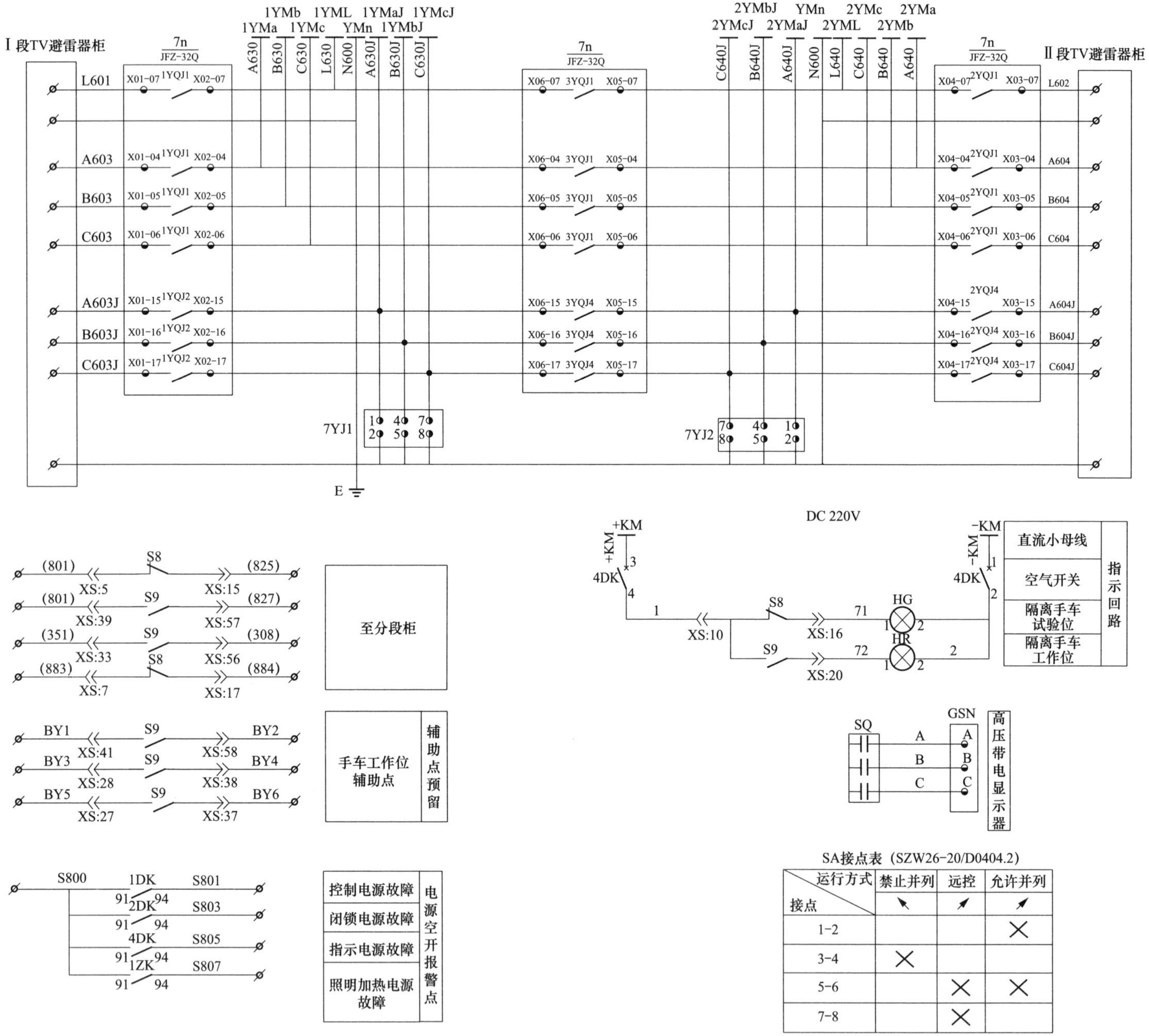

SA接点表（SZW26-20/D0404.2）

运行方式 / 接点	禁止并列	远控	允许并列
	↖	↗	↗
1-2			×
3-4	×		
5-6		×	×
7-8		×	

图 7-21-12　分段隔离柜二次原理图（二）

UD

Ⅰ段TV避雷器柜	1	L601	7n-X01-07
Ⅰ段TV避雷器柜	2	A603	7n-X01-04
Ⅰ段TV避雷器柜	3	B603	7n-X01-05
Ⅰ段TV避雷器柜	4	C603	7n-X01-06
Ⅰ段TV避雷器柜	5	A603J	7n-X01-15
Ⅰ段TV避雷器柜	6	B603J	7n-X01-16
Ⅰ段TV避雷器柜	7	C603J	7n-X01-17
1YMa	8	A630	7n-X02-04
	9		7n-X06-04
1YMb	10	B630	7n-X02-05
	11		7n-X06-05
1YMc	12	C630	7n-X02-06
	13		7n-X06-06
1YML	14	L630	7n-X02-07
	15		7n-X06-07
YMn	16	N600	7YJ2-2
7YJ2-5	17		7YJ2-8
7YJ1-2	18		7YJ1-5
7YJ1-8	19		E
Ⅰ段TV避雷器柜	20		
Ⅱ段TV避雷器柜	21		
1YMaJ	22	A630J	7YJ1-1
7n-X06-15	23		7n-X02-15
1YMbJ	24	B630J	7YJ1-4
7n-X06-16	25		7n-X02-16
1YMcJ	26	C630J	7YJ1-7
7n-X06-17	27		7n-X02-17
2YMa	28	A640	7n-X04-04
	29		7n-X05-04
2YMb	30	B640	7n-X04-05
	31		7n-X05-05
2YMc	32	C640	7n-X04-06
	33		7n-X05-06
2YML	34	L640	7n-X04-07
	35		7n-X05-07
2YMaJ	36	A640J	7YJ2-1
7n-X05-15	37		7n-X04-15
2YMbJ	38	B640J	7YJ2-4
7n-X05-16	39		7n-X04-16
2YMcJ	40	C640J	7YJ2-7
7n-X05-17	41		7n-X04-17
Ⅱ段TV避雷器柜	42	L602	7n-X03-07
Ⅱ段TV避雷器柜	43	A604	7n-X03-04
Ⅱ段TV避雷器柜	44	B604	7n-X03-05
Ⅱ段TV避雷器柜	45	C604	7n-X03-06
Ⅱ段TV避雷器柜	46	A604J	7n-X03-15
Ⅱ段TV避雷器柜	47	B604J	7n-X03-16
Ⅱ段TV避雷器柜	48	C604J	7n-X03-17
	49		
	50		

至Ⅱ段TV避雷器柜　至Ⅱ段TV避雷器柜　至Ⅰ段TV避雷器柜　至Ⅰ段TV避雷器柜

XD

4DK-4	1	1	XS-10
4DK-2	2	2	HG-2
	3		HR-2
HG-1	4	71	XS-16
HR-1	5	72	XS-20
	6		
	7		

至柜顶小母线

ZD

+KM	1	+KM	1DK-3
	2		4DK-3
	3		
-KM	4	-KM	1DK-1
	5		4DK-1
	6		
+DM	7	+DM	2DK-3
	8		
-DM	9	-DM	2DK-1
	10		

JL

L	1	L	1ZK-3
	2		
N	3	N	1ZK-1
	4		

JD

1ZK-4	1	401	SP-1
WSK-1	2		HL1-1
SJ-13	3		
SP-2	4	403	HL2-1
SJ-14	5	404	JR3-1
	6		JR4-1
WSK-3	7	405	JR1-1
WSK-4	8	406	JR1-2
WSK-5	9	407	JR2-1
WSK-6	10	408	JR2-2
1ZK-2	11	402	WSK-2
HL2-2	12		JR3-2
HL1-2	13		JR4-2
	14		
	15		
	16		

FW

至分段柜	1	881	2DK-4
	2		GSN-2
至分段柜	3	881a	GSN-3
	4		
至分段柜	5	885	SP1-3
SP1-4	6	886	XS-45
GSN-4	7	883	DS-+
2DK-2	8	882	DS-−
XS-46	9		GSN-1
	10		
	11		

至分段开关柜

1YD

7YJ2-23	1	701	7n-X01-18
7YJ1-23	2		7n-X02-19
	3		7n-X03-18
	4		7n-X04-19
	5		7n-X05-18
	6		7n-X06-19
	7		7n-X09-03
	8		7n-X09-05
	9	703	7n-X02-18
	10	705	7n-X04-18
	11	707	7n-X06-18
	12	709	7n-X09-04
	13	711	7YJ1-22
	14	713	7YJ2-22
	15	715	7n-X02-20
	16	717	7n-X04-20
	17	719	7n-X06-20
	18	721	7n-X09-06
	19	YX1	XS-8
	20		XS-9
	21	YX3	XS-19
	22	YX5	XS-18
1DK-91	23	S800	2DK-91
	24		4DK-91
	25		1ZK-91
	26	S801	1DK-94
	27	S803	2DK-94
	28	S805	4DK-94
	29	S807	1ZK-94
	30		
	31		

1Q1D

1DK-4	1	01	7n-X09-01
SA-1	2	01	SA-3
7YJ2-11	3	01	7YJ1-11
Ⅰ段TV避雷器柜	4	01	XS-24
Ⅱ段TV避雷器柜	5	01	
分段柜	6	01	
Ⅰ段TV避雷器柜	7	03	7n-X01-01
Ⅰ段TV避雷器柜	8	04	7n-X01-02
Ⅱ段TV避雷器柜	9	07	7n-X03-01
Ⅱ段TV避雷器柜	10	09	7n-X03-02
分段柜	11	11	SA-2
分段柜	12	13	XS-29
XS-54	13	15	7n-X05-01
分段柜	14	17	7n-X05-02
SA-4	15	17	XS-34
1DK-2	16	02	7n-X02-01
7YJ2-15	17	02	7n-X04-01
7YJ1-15	18	02	7n-X06-01
	19	02	

至Ⅰ段TV避雷器柜　至分段柜　至Ⅱ段TV避雷器柜

1BD

	1	(801)	XS-39
	2		XS-5
	3	(825)	XS-15
	4	(827)	XS-57
	5	(351)	XS-33
	6	(308)	XS-56
	7	(883)	XS-7
	8	(884)	XS-17
	9	BY1	XS-41
	10	BY2	XS-58
	11	BY3	XS-28
	12	BY4	XS-38
	13	BY5	XS-27
	14	BY6	XS-37
	15		
	16		

至分段柜　至分段柜　至分段柜

说明：引至柜顶小母线端子的接线用2.5mm²的多股铜导线，标※处采用屏蔽通信线。

图 7-21-13　分段隔离柜端子排接线图

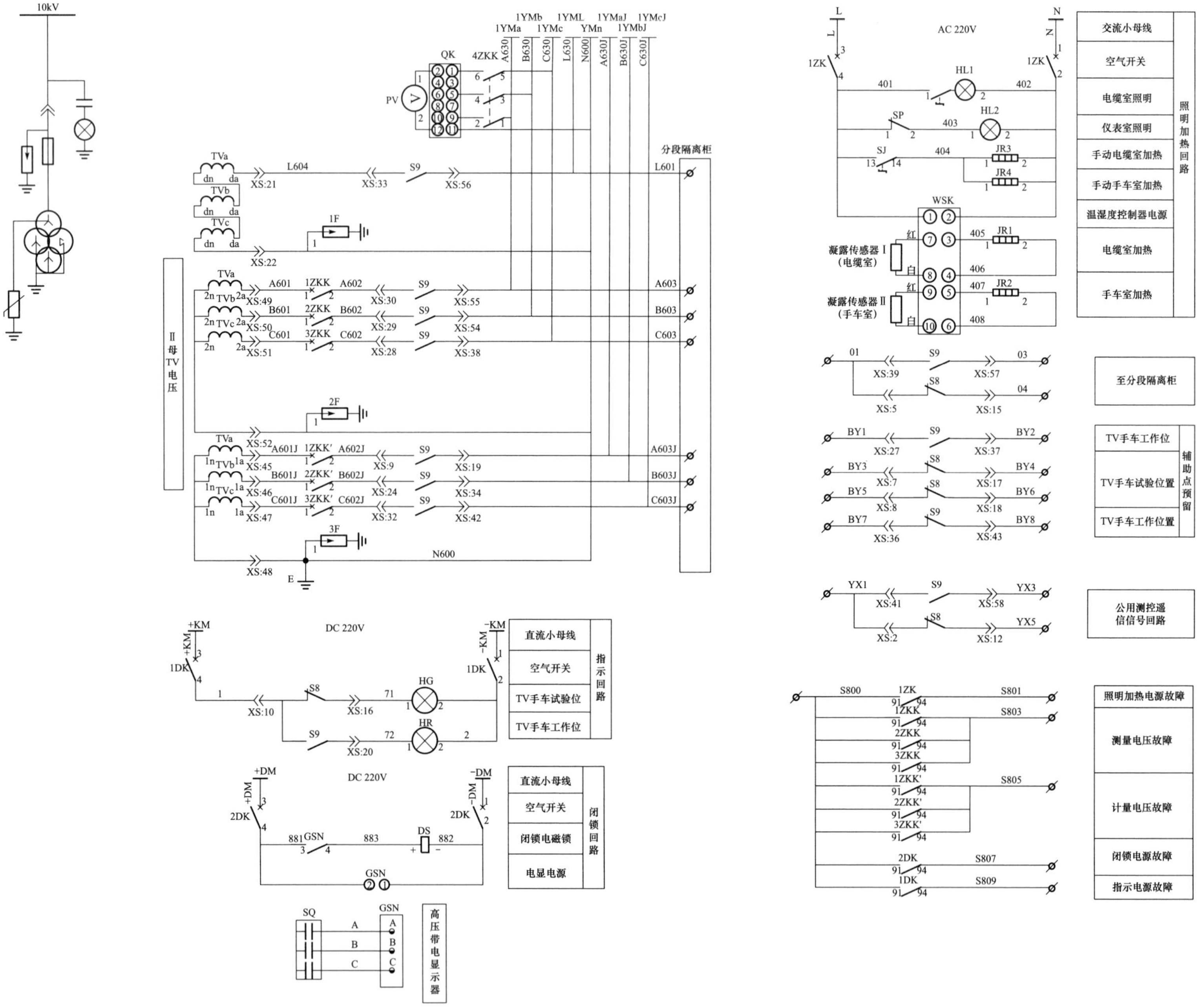

图 7-21-14　Ⅰ段母线 TV 避雷器柜二次原理图

至柜顶小母线

UD			
XS-49	1	A601	1ZKK-1
XS-50	2	B601	2ZKK-1
XS-51	3	C601	3ZKK-1
1YMa	4	A630	4ZKK-1
	5		
1YMb	6	B630	4ZKK-3
	7		
1YMc	8	C630	4ZKK-5
	9		
1YML	10	L630	
	11		
YMn	12	N600	XS-22
QK-11	13		XS-52
1F-1	14		3F-1
2F-1	15		XS-48
E	16		
	17		
1YMaJ	18	A630J	
	19		
1YMbJ	20	B630J	
	21		
1YMcJ	22	C630J	
	23		
分段隔离柜	24	L601	XS-56
XS-21	25	L604	XS-33
分段隔离柜	26	A603	XS-55
分段隔离柜	27	B603	XS-54
分段隔离柜	28	C603	XS-38
1ZKK-2	29	A602	XS-30
2ZKK-2	30	B602	XS-29
3ZKK-2	31	C602	XS-28
分段隔离柜	32	A603J	XS-19
分段隔离柜	33	B603J	XS-34
分段隔离柜	34	C603J	XS-42
1ZKK′-1	35	A601J	XS-45
2ZKK′-1	36	B601J	XS-46
3ZKK′-1	37	C601J	XS-47
1ZKK′-2	38	A602J	XS-9
2ZKK′-2	39	B602J	XS-24
3ZKK′-2	40	C602J	XS-32
	41		
	42		
	43		

至分段隔离柜 至分段隔离柜

FW			
2DK-4	1	881	GSN-2
	2		GSN-3
GSN-4	3	883	DS-+
2DK-2	4	882	GSN-1
	5		DS--
	6		
	7		

1YD			
	1	YX1	XS-41
	2	YX1	XS-2
	3	YX3	XS-58
	4	YX5	XS-12
1ZK-91	5	S800	1DK-91
1ZKK-91	6		2DK-91
2ZKK-91	7		3ZKK-91
1ZKK′-91	8		2ZKK′-91
	9		3ZKK′-91
	10	S801	1ZK-94
1ZKK-94	11	S803	2ZKK-94
	12		3ZKK-94
1ZKK′-94	13	S805	2ZKK′-94
	14		3ZKK′-94
	15	S807	2DK-94
	16	S809	1DK-94
	17		
	18		

1BD			
	1	01	XS-39
	2		XS-5
	3	03	XS-57
	4	04	XS-15
	5	BY1	XS-27
	6	BY2	XS-37
	7	BY3	XS-7
	8	BY4	XS-17
	9	BY5	XS-8
	10	BY6	XS-18
	11	BY7	XS-36
	12	BY8	XS-43
	13		
	14		

至分段隔离柜

JD			
1ZK-4	1	401	SP-1
WSK-1	2		HL1-1
SJ-13	3		
SJ-14	4	404	JR4-1
JR3-1	5		
WSK-3	6	405	JR1-1
WSK-4	7	406	JR1-2
WSK-5	8	407	JR2-1
WSK-6	9	408	JR2-2
1ZK-2	10	402	WSK-2
HL2-2	11		JR4-2
JR3-2	12		HL1-2
	13		
	14		
	15		

至柜顶小母线

ZD			
+KM	1	+KM	1DK-3
	2		
-KM	3	-KM	1DK-1
	4		
+DM	5	+DM	2DK-3
	6		
-DM	7	-DM	2DK-1
	8		

JL			
L	1	L	1ZK-3
	2		
N	3	N	1ZK-1
	4		

XD			
1DK-4	1	1	XS-10
	2		
HG-1	3	71	XS-16
HR-1	4	72	XS-20
1DK-2	5	2	HR-2
HG-2	6		
	7		
	8		

说明：UD端子排和引至柜顶小母线端子的接线用2.5mm²的多股铜导线，
标※处采用屏蔽通信线。

图 7-21-15 Ⅰ段母线 TV 避雷器柜端子排接线图

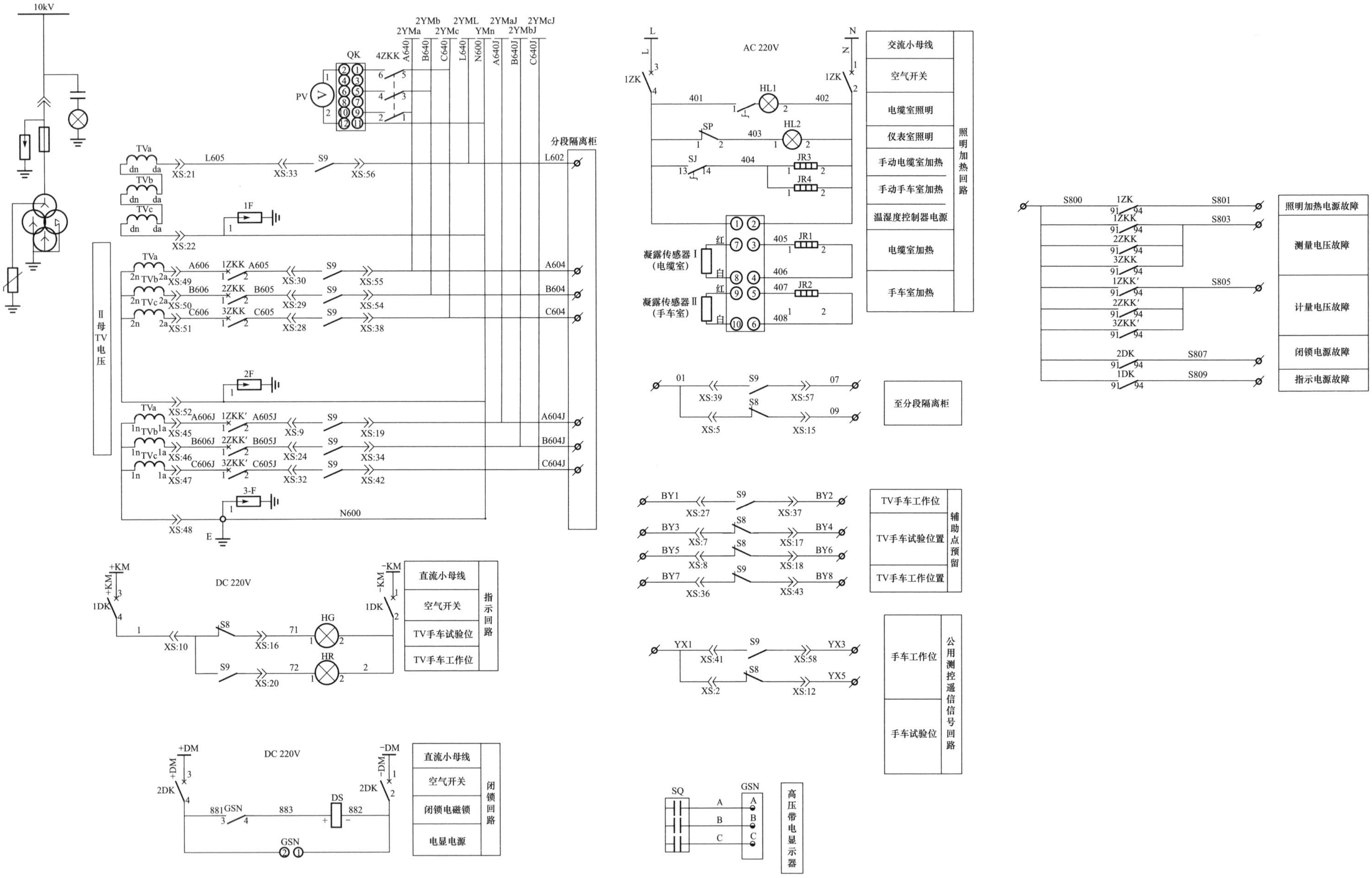

图 7-21-16　Ⅱ段母线 TV 避雷器柜二次原理图

至柜顶小母线

UD			
XS-49	1	A606	1ZKK-1
XS-50	2	B606	2ZKK-1
XS-51	3	C606	3ZKK-1
2YMa	4	A640	4ZKK-1
	5		
2YMb	6	B640	4ZKK-3
	7		
2YMc	8	C640	4ZKK-5
	9		
2YML	10	L640	
	11		
YMn	12	N600	XS-22
QK-11	13		XS-52
1F-1	14		3F-1
2F-1	15		XS-48
E	16		
	17		
2YMaJ	18	A640J	
	19		
2YMbJ	20	B640J	
	21		
2YMcJ	22	C640J	
	23		
分段隔离柜	24	L602	XS-56
XS-21	25	L605	XS-33
分段隔离柜	26	A604	XS-55
分段隔离柜	27	B604	XS-54
分段隔离柜	28	C604	XS-38
1ZKK-2	29	A605	XS-30
2ZKK-2	30	B605	XS-29
3ZKK-2	31	C605	XS-28
分段隔离柜	32	A604J	XS-19
分段隔离柜	33	B604J	XS-34
分段隔离柜	34	C604J	XS-42
1ZKK′-1	35	A606J	XS-45
2ZKK′-1	36	B606J	XS-46
3ZKK′-1	37	C606J	XS-47
1ZKK′-2	38	A605J	XS-9
2ZKK′-2	39	B605J	XS-24
3ZKK′-2	40	C605J	XS-32
	41		
	42		
	43		

至分段隔离柜

至分段隔离柜

至分段柜

FW			
2DK-4	1	881	GSN-2
	2		GSN-3
GSN-4	3	883	DS-+
2DK-2	4	882	GSN-1
	5		DS--
	6		
	7		

1YD			
	1	YX1	XS-41
	2		XS-2
	3	YX3	XS-58
	4	YX5	XS-12
1ZK-91	5	S800	1DK-91
1ZKK-91	6		2DK-91
2ZKK-91	7		3ZKK-91
1ZKK′-91	8		2ZKK′-91
	9		3ZKK-91
	10	S801	1ZK-94
1ZKK-94	11	S803	2ZKK-94
	12		3ZKK-94
1ZKK′-94	13	S805	2ZKK′-94
	14		3ZKK′-94
	15	S807	2DK-94
	16	S809	1DK-94
	17		
	18		

1BD			
	1	01	XS-39
	2		XS-5
	3	07	XS-57
	4	09	XS-15
	5	BY1	XS-27
	6	BY2	XS-37
	7	BY3	XS-7
	8	BY4	XS-17
	9	BY5	XS-8
	10	BY6	XS-18
	11	BY7	XS-36
	12	BY8	XS-43
	13		
	14		

至分段隔离柜

JD			
1ZK-4	1	401	SP-1
WSK-1	2		HL1-1
SJ-13	3		
SJ-14	4	404	JR4-1
JR3-1	5		
WSK-3	6	405	JR1-1
WSK-4	7	406	JR1-2
WSK-5	8	407	JR2-1
WSK-6	9	408	JR2-2
1ZK-2	10	402	WSK-2
HL2-2	11		JR4-2
JR3-2	12		HL1-2
	13		
	14		
	15		

至柜顶小母线

ZD			
+KM	1	+KM	1DK-3
	2		
-KM	3	-KM	1DK-1
	4		
+DM	5	+DM	2DK-3
	6		
-DM	7	-DM	2DK-1
	8		

JL			
L	1	L	1ZK-3
	2		
N	3	N	1ZK-1
	4		

XD			
1DK-4	1	1	XS-10
	2		
HG-1	3	71	XS-16
HR-1	4	72	XS-20
1DK-2	5	2	HR-2
HG-2	6		
	7		
	8		

说明：UD端子排和引至柜顶小母线端子的接线用2.5mm²的多股铜导线，标※处采用屏蔽通信线。

图 7-21-17　Ⅱ段母线 TV 避雷器柜端子排接线图

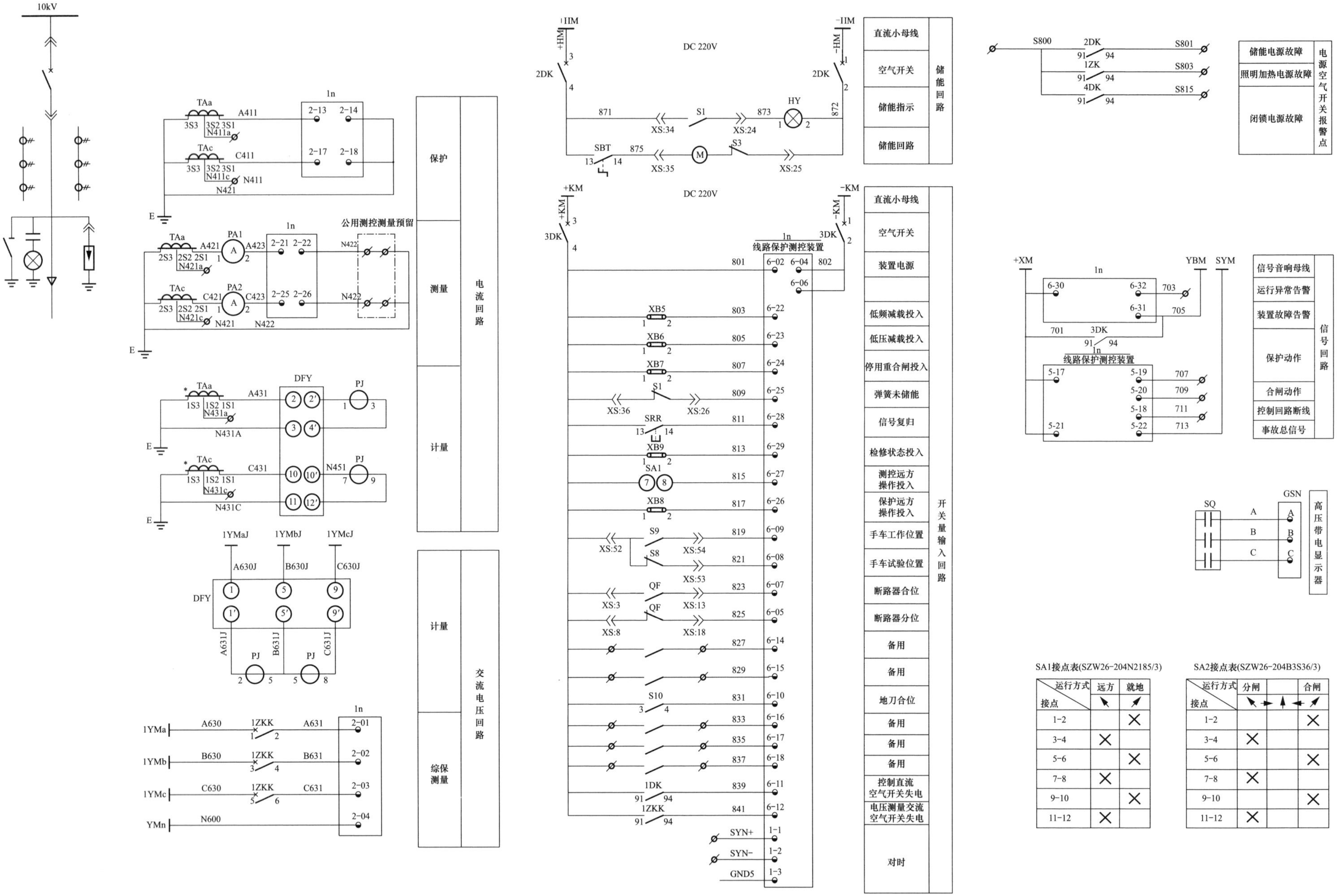

SA1接点表(SZW26-204N2185/3)

运行方式 / 接点	远方	就地
1-2		×
3-4	×	
5-6		×
7-8	×	
9-10		×
11-12	×	

SA2接点表(SZW26-204B3S36/3)

运行方式 / 接点	分闸		合闸
1-2			×
3-4	×		
5-6			×
7-8	×		
9-10			×
11-12	×		

图 7-21-18 馈线柜二次原理图（一）

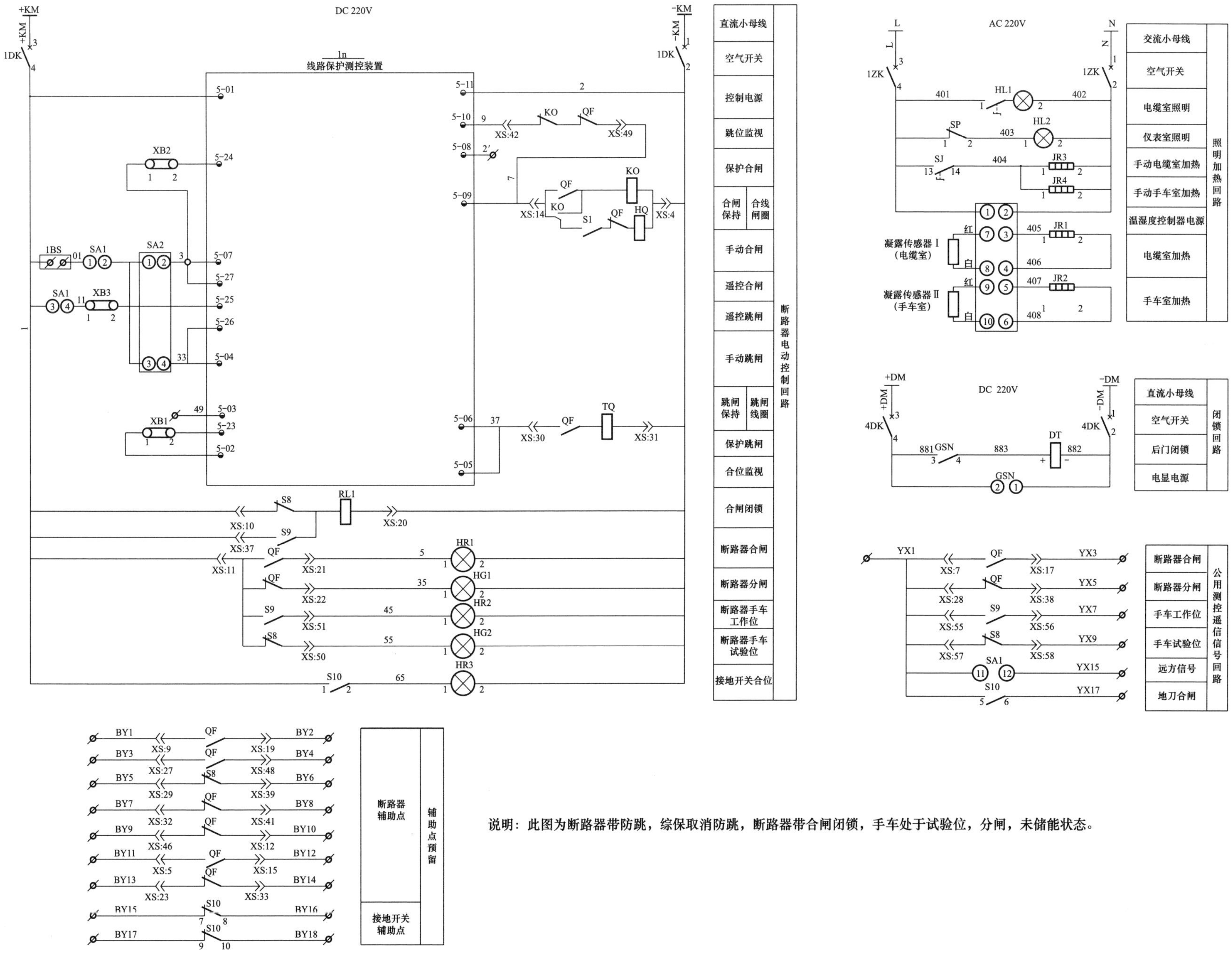

说明：此图为断路器带防跳，综保取消防跳，断路器带合闸闭锁，手车处于试验位，分闸，未储能状态。

图 7-21-19　馈线柜二次原理图（二）

至公用测控遥测信号

1ID			
TAa-3S1	1	A411	1n-2-13
TAc-3S1	2	C411	1n-2-17
TAa-3S3	3	N411	1n-2-14
TAc-3S3	4		1n-2-18
E	5		
	6	N411a	TAa-3S2
	7	N411c	TAc-3S2
TAa-2S1	8	A421	PA1-1
TAc-2S1	9	C421	PA2-1
	10	N422	TAa-2S3
	11		TAc-2S3
	12		1n-2-22
	13		1n-2-26
	14		E
	15	N421a	TAa-2S2
	16	N421c	TAc-2S2
	17		

2ID			
	1	N431a	TAa-1S2
	2	N431c	TAc-1S2
ND			
2DK-4	1	871	SBT-13
XS-34	2		
XS-24	3	873	HY-1
XS-35	4	875	SBT-14
2DK-2	5	872	HY-2
XS-25	6		
	7		

至柜顶小母线

1UD			
1YMa	1	A630	1ZKK-1
1YMb	2	B630	1ZKK-3
1YMc	3	C630	1ZKK-5
YMn	4	N600	1n-2-04
	5		
	6		

FW			
4DK-4	1	881	GSN-2
	2		GSN-3
GSN-4	3	883	DT-+
4DK-2	4	882	GSN-1
	5		DT--
	6		
	7		

1Q1D			
3DK-4	1	801	1n-6-02
XS-3	2		XB7-1
XS-8	3		SA1-7
XS-52	4		SRR-13
XS-36	5		XB6-1
S10-3	6		XB5-1
1DK-91	7		1ZKK-91
XB8-1	8		XB9-1
	9		
XS-26	10	809	1n-6-25
XS-54	11	819	1n-6-09
XS-53	12	821	1n-6-08
XS-13	13	823	1n-6-07
XS-18	14	825	1n-6-05
	15	827	1n-6-14
	16	829	1n-6-15
S10-4	17	831	1n-6-10
	18	833	1n-6-16
	19	835	1n-6-17
	20	837	1n-6-18
1DK-94	21	839	1n-6-11
1ZKK-94	22	841	1n-6-12
3DK-2	23	802	1n-6-04
	24		1n-6-06
	25		
	26		
	27		

至柜顶小母线

JL			
L	1	L	1ZK-3
	2		
N	3	N	1ZK-1
	4		

ZD			
+HM	1	+HM	2DK-3
	2		
+KM	3	+KM	1DK-3
	4		3DK-3
	5		
-HM	6	-HM	2DK-1
	7		
-KM	8	-KM	1DK-1
	9		3DK-1
	10		
+DM	11	+DM	4DK-3
	12		
-DM	13	-DM	4DK-1
	14		

1Q2D			
1DK-4	1	1	1n-5-01
XS-10	2	1	SA1-3
XS-11	3		S10-1
XS-37	4		
	5		五防编码锁预留
SA1-1	6	01	五防编码锁预留
SA2-2	7	3	1n-5-07
	8		1n-5-27
	9		XB2-1
XB3-1	10	11	SA1-4
	11		
SA2-4	12	33	1n-5-04
	13		1n-5-26
	14		
	15	49	1n-5-03
	16		
	17		
	18		
XS-21	19	5	HR1-1
XS-22	20	35	HG1-1
XS-51	21	45	HR2-1
XS-50	22	55	HG2-1
S10-2	23	65	HR3-1
	24		
1DK-2	25	2	1n-5-11
XS-4	26		HG1-2
XS-20	27		
XS-31	28		HR3-2
HG2-2	29		HR2-2
	30		HR1-2
	31		
	32		
	33		
	34		

1CD			
XS-42	1	9	1n-5-10
	2	2'	1n-5-08
XS-14	3	7	1n-5-09
XS-49	4		
XS-30	5	37	1n-5-05
	6		1n-5-06
	7		
	8		

TD			
※	1	SYN+	1n-1-1
	2		
※	3	SYN-	1n-1-2
	4		
※	5	GND5	1n-1-3
	6		
	7		
	8		

1BD			
	1	BY1	XS-9
	2	BY2	XS-19
	3	BY3	XS-27
	4	BY4	XS-48
	5	BY5	XS-29
	6	BY6	XS-39
	7	BY7	XS-32
	8	BY8	XS-41
	9	BY9	XS-46
	10	BY10	XS-12
	11	BY11	XS-5
	12	BY12	XS-15
	13	BY13	XS-23
	14	BY14	XS-33
	15	BY15	S10-7
	16	BY16	S10-8
	17	BY17	S10-9
	18	BY18	S10-10
	19		
	20		

至柜顶小母线

1YD			
+XM	1	701	3DK-91
1n-5-17	2		1n-5-21
	3		1n-6-30
	4	703	1n-6-32
YBM	5	705	1n-6-31
	6		3DK-94
	7	707	1n-5-19
	8	709	1n-5-20
	9	711	1n-5-18
SYM	10	713	1n-5-22
XS-7	11	YX1	SA1-11
XS-28	12		XS-55
XS-57	13		S10-5
	14		
	15	YX3	XS-17
	16	YX5	XS-38
	17	YX7	XS-56
	18	YX9	XS-58
	19	YX15	SA1-12
	20	YX17	S10-6
4DK-91	21	S800	2DK-91
	22		1ZK-91
	23	S801	2DK-94
	24	S803	1ZK-94
	25	S815	4DK-94
	26		
	27		

JD			
1ZK-4	1	401	SP-1
WSK-1	2		HL1-1
SJ-13	3		
SP-2	4	403	HL2-1
SJ-14	5	404	JR4-1
JR3-1	6		
WSK-3	7	405	JR1-1
WSK-4	8	406	JR1-2
WSK-5	9	407	JR2-1
WSK-6	10	408	JR2-2
1ZK-2	11	402	WSK-2
JR4-2	12		HL2-2
JR3-2	13		HL1-2
	14		
	15		
	16		

说明：1. ID端子排的其余电流回路用2.5mm²的多股黑色铜导线，引至柜顶小母线端子的接线用2.5mm²的多股黑色铜导线，标※处采用屏蔽通信线。

2. 如需接公用测控时将1ID端子的12~14的连接片取消即可。

3. 本图以Ⅰ段母线馈线柜为例所制：Ⅰ段母线馈线柜线号标号为*630，*631，1YMa/1YMb/1YMc，1YMaJ/1YMbJ/1YMcJ；Ⅱ段母线馈线柜线号标号为*640，*641，2YMa/2YMb/2YMc，2YMaJ/2YMbJ/2YMcJ。

4. 预留计量表计的安装位置，安装2个计量表架。

图 7-21-20　馈线柜端子排接线图

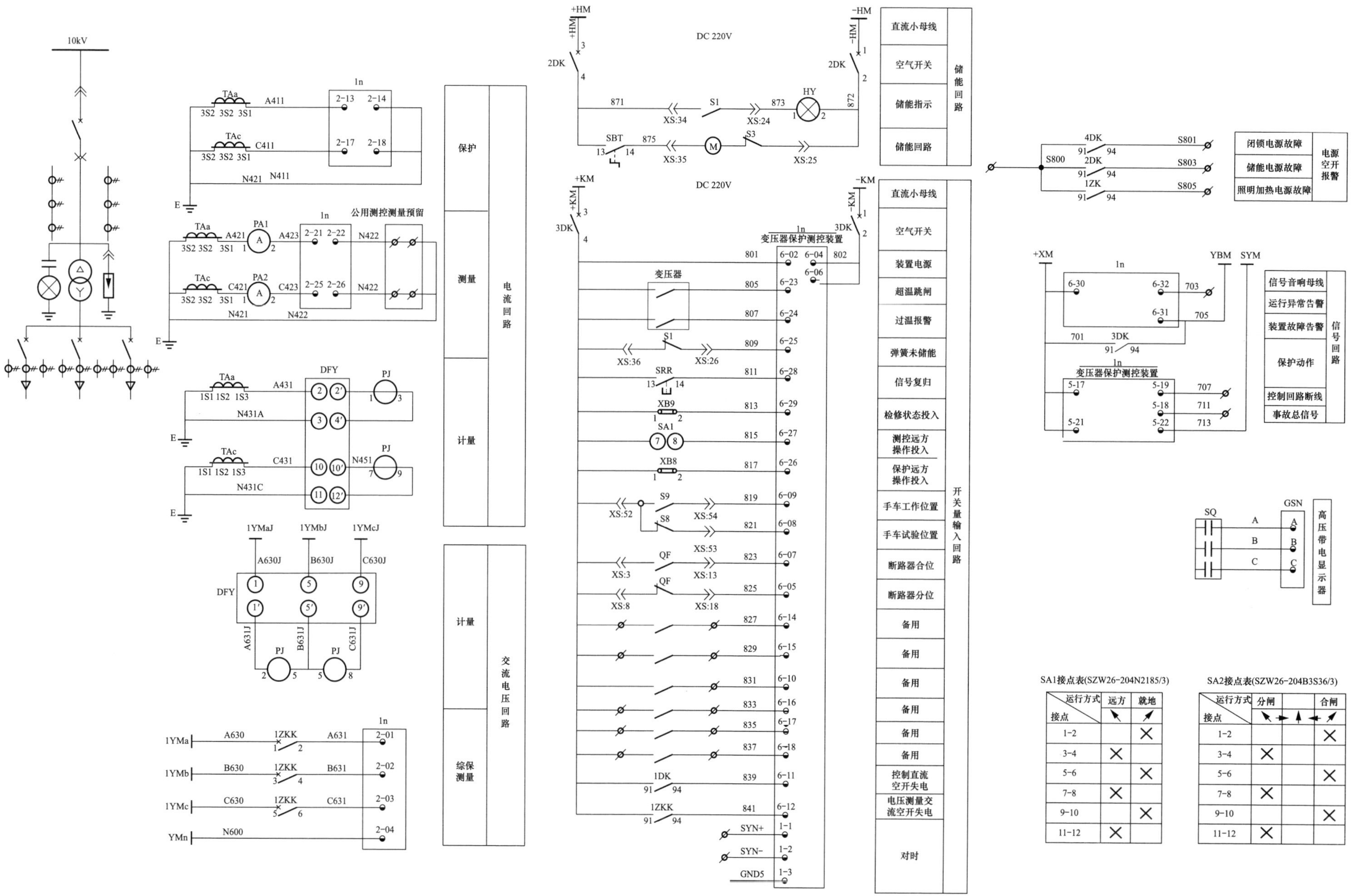

SA1接点表(SZW26-204N2185/3)

运行方式 / 接点	远方 ↖	就地 ↗
1-2		×
3-4	×	
5-6		×
7-8	×	
9-10		×
11-12	×	

SA2接点表(SZW26-204B3S36/3)

运行方式 / 接点	分闸 ↖ →	↑	合闸 ← ↗
1-2			×
3-4	×		
5-6			×
7-8	×		
9-10			×
11-12	×		

图 7-21-21 站用变压器柜二次原理图（一）

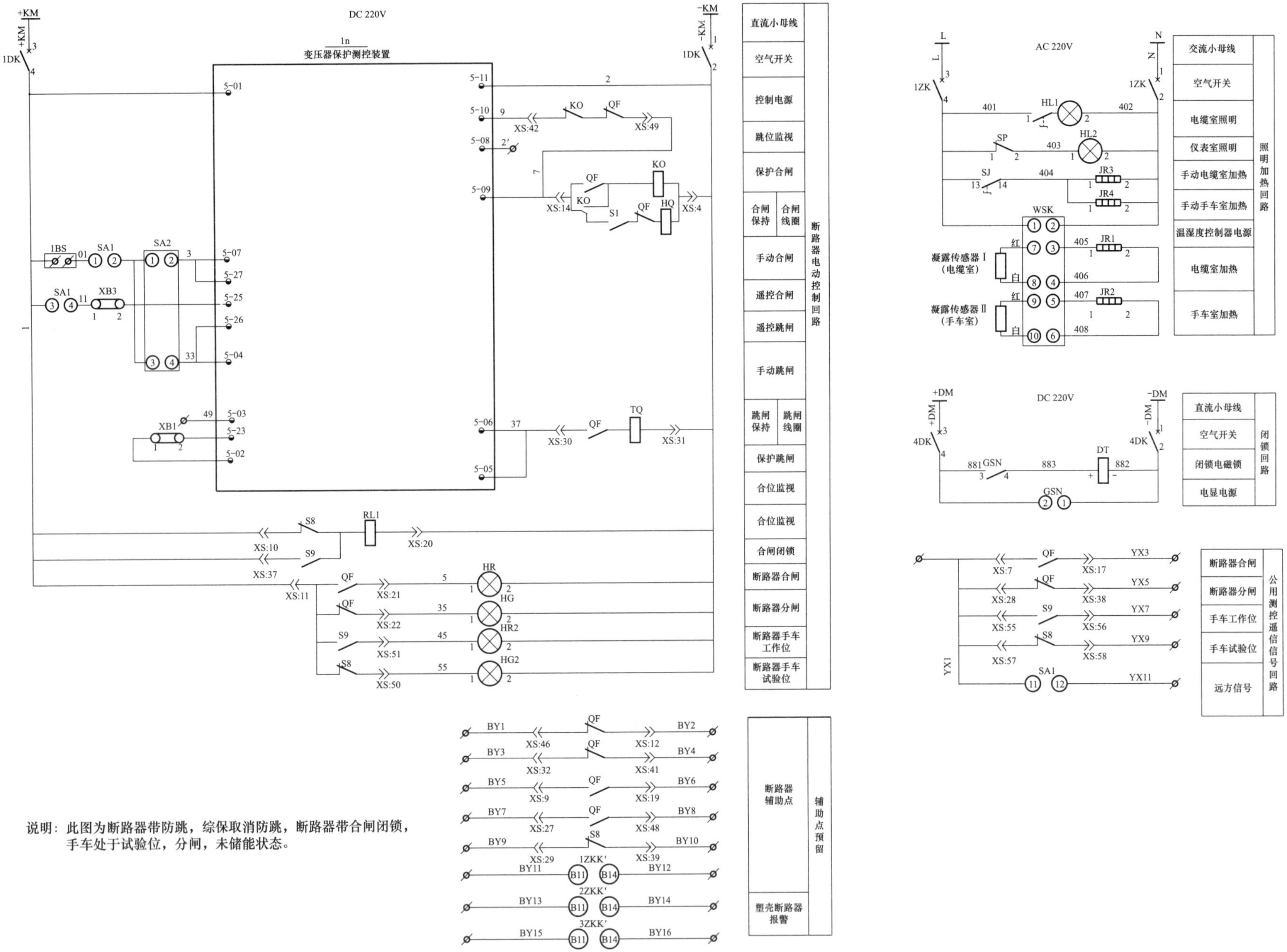

说明：此图为断路器带防跳，综保取消防跳，断路器带合闸闭锁，手车处于试验位，分闸，未储能状态。

图 7-21-22　站用变压器柜二次原理图（二）

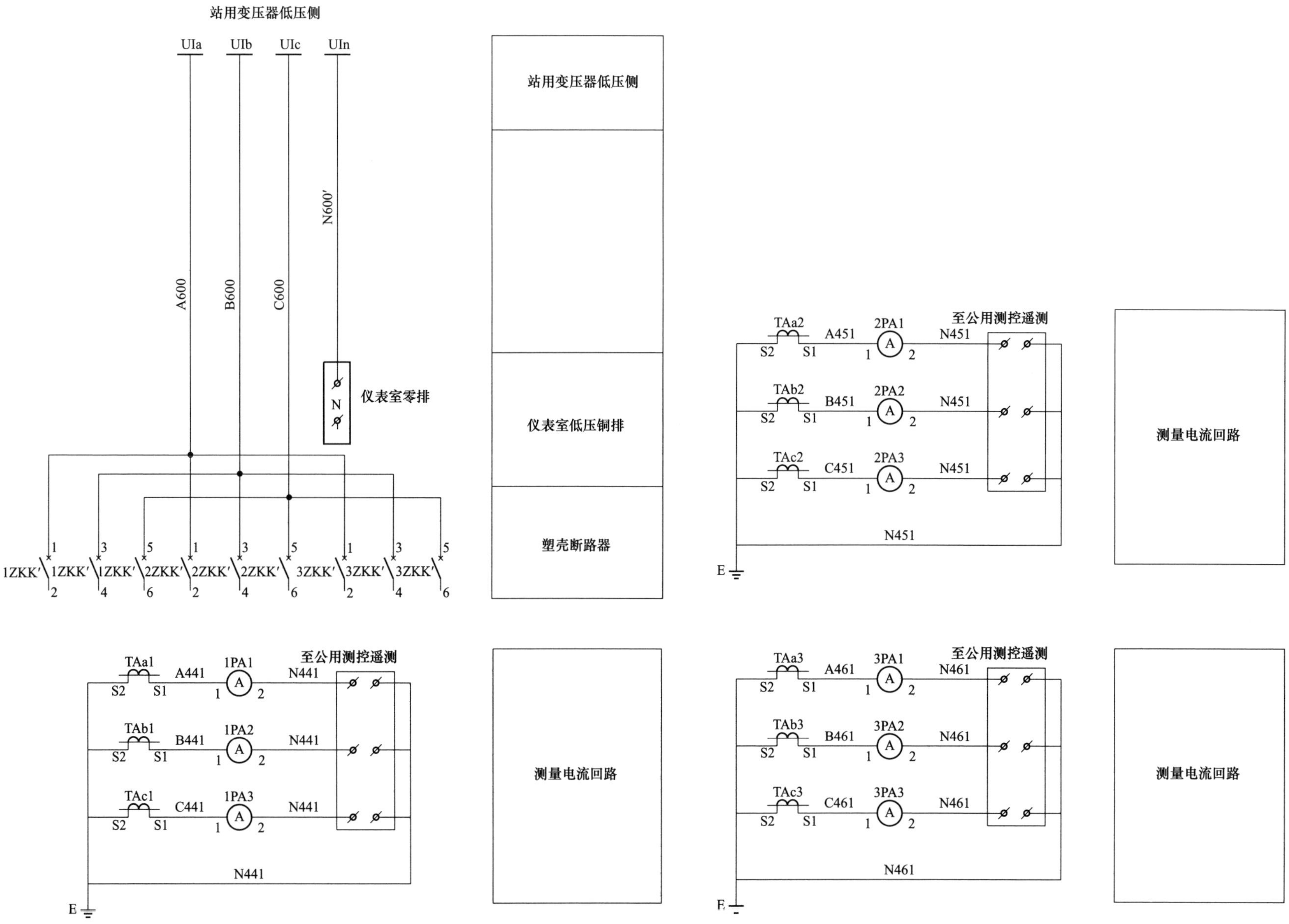

图 7-21-23　站用变压器柜二次原理图（三）

1ID			
TAa-3S1	1	A411	1n-2-13
TAc-3S1	2	C411	1n-2-17
TAa-3S2	3	N411	1n-2-14
TAc-3S2	4		1n-2-18
E	5		
TAa-2S1	6	A421	PA1-1
TAc-2S1	7	C421	PA2-1
	8	N422	TAa-2S2
	9		TAc-2S2
	10		1n-2-22
	11		1n-2-26
	12		E
1PA1-1	13	A441	TAa1-S1
1PA2-1	14	B441	TAb1-S1
1PA3-1	15	C441	TAc1-S1
	16	N441	TAc1-S2
	17		TAb1-S2
	18		TAa1-S2
	19		1PA3-2
	20		1PA2-2
	21		1PA1-2
	22		E
2PA1-1	23	A451	TAa2-S1
2PA2-1	24	B451	TAb2-S1
2PA3-1	25	C451	TAc2-S1
	26	N451	TAa2-S2
	27		TAb2-S2
	28		TAc2-S2
	29		2PA3-2
	30		2PA2-2
	31		2PA1-2
	32		E
3PA1-1	33	A461	TAa3-S1
3PA2-1	34	B461	TAb3-S1
3PA3-1	35	C461	TAc3-S1
	36	N461	TAa3-S2
	37	N461	TAb3-S2
	38		TAc3-S2
	39		3PA3-2
	40		3PA2-2
	41		3PA1-2
	42		E
	43		
	44		

至公用测控遥测信号

FW			
4DK-4	1	881	GSN-2
	2		GSN-3
GSN-1	3	882	4DK-2
	4		DS--
GSN-4	5	883	DS-+
	6		
	7		

1Q1D			
3DK-4	1	801	1n-6-02
XB9-1	2		1DK-91
XS-8	3		SA1-7
XS-52	4		SRR-13
XS-36	5		XB8-1
1ZKK-91	6		XS-3
	7		
变压器	8	805	1n-6-23
变压器	9	807	1n-6-24
XS-26	10	809	1n-6-25
XS-54	11	819	1n-6-09
XS-53	12	821	1n-6-08
XS-13	13	823	1n-6-07
XS-18	14	825	1n-6-05
	15	827	1n-6-14
	16	829	1n-6-15
	17	831	1n-6-10
	18	833	1n-6-16
	19	835	1n-6-17
	20	837	1n-6-18
1DK-94	21	839	1n-6-11
1ZKK-94	22	841	1n-6-12
3DK-2	23	802	1n-6-04
	24		1n-6-06
	25		
	26		

变压器

至柜顶小母线

JL			
L	1	L	1ZK-3
	2		
N	3	N	1ZK-1
	4		

ZD			
+HM	1	+HM	2DK-3
	2		
+KM	3	+KM	1DK-3
	4		3DK-3
	5		
	6		
-HM	7	-HM	2DK-1
-KM	8	-KM	1DK-1
	9		3DK-1
	10		
	11		
+DM	12	+DM	4DK-3
	13		
-DM	14	-DM	4DK-1
	15		
	16		

1Q2D			
1DK-4	1	1	1n-5-01
XS-10	2		SA1-3
XS-11	3		XS-37
	4		五防编码锁预留
SA1-1	5	01	五防编码锁预留
SA2-2	6	3	1n-5-07
	7		1n-5-27
	8		
	9	11	XB3-1
	10		SA1-4
SA2-4	11	33	1n-5-04
	12		1n-5-26
	13		
	14	49	1n-5-03
XS-21	15	05	HR-1
XS-22	16	35	HG-1
XS-51	17	45	HR2-1
XS-50	18	55	HG2-1
1DK-2	19	2	1n-5-11
XS-4	20		HR-2
XS-31	21		HG-2
HR2-2	22		HG2-2
	23		XS-20
	24		
	25		
	26		

1CD			
XS-42	1	9	1n-5-10
	2	2′	1n-5-08
XS-14	3	7	1n-5-09
	4		XS-49
XS-30	5	37	1n-5-05
	6		1n-5-06
	7		
	8		

	TD			
※		1	SYN+	1n-1-1
		2		
※		3	SYN-	1n-1-2
		4		
※		5	GND5	1n-1-3
		6		
※		7		
		8		

1BD			
	1	BY1	XS-46
	2	BY2	XS-12
	3	BY3	XS-32
	4	BY4	XS-41
	5	BY5	XS-9
	6	BY6	XS-19
	7	BY7	XS-27
	8	BY8	XS-48
	9	BY9	XS-29
	10	BY10	XS-39
	11	BY11	1ZKK′-B11
	12	BY12	1ZKK′-B14
	13	BY13	2ZKK′-B11
	14	BY14	2ZKK′-B14
	15	BY15	3ZKK′-B11
	16	BY16	3ZKK′-B14
	17		
	18		

至柜顶小母线

1YD			
+XM	1	701	3DK-91
	2		1n-5-17
	3		1n-5-21
	4		1n-6-30
	5	703	1n-6-32
YBM	6	705	3DK-94
	7		1n-6-31
	8	707	1n-5-19
	9	711	1n-5-18
SYM	10	713	1n-5-22
XS-28	11	YX1	SA1-11
XS-55	12		XS-7
	13		XS-57
	14	YX3	XS-17
	15	YX5	XS-38
	16	YX7	XS-56
	17	YX9	XS-58
	18	YX11	SA1-12
	19	S800	4DK-91
	20		2DK-91
	21		1ZK-91
	22		
	23	S801	4DK-94
	24	S803	2DK-94
	25	S805	1ZK-94
	26		
	27		

JD			
1ZK-4	1	401	SP-1
HL1-1	2		WSK-1
SJ-13	3		
SP-2	4	403	HL2-1
SJ-14	5	404	JR4-1
JR3-1	6		
WSK-3	7	405	JR1-1
WSK-4	8	406	JR1-2
WSK-5	9	407	JR2-1
WSK-6	10	408	JR2-2
1ZK-2	11	402	WSK-2
HL2-2	12		
JR4-2	13		HL1-2
	14		JR3-2
	15		
	16		

ND			
2DK-4	1	871	SBT-13
XS-34	2		
XS-24	3	873	HY-1
XS-35	4	875	SBT-14
2DK-2	5	872	HY-2
XS-25	6		
	7		
	8		

至柜顶小母线

1UD			
1YMa	1	A630	1ZKK-1
1YMb	2	B630	1ZKK-3
1YMc	3	C630	1ZKK-5
YMn	4	N600	1n-2-04
	5		
	6		

说明：1. 计量电流：线号*431用4mm²单股铜导线，计量电压：线*630J/*631J用2.5mm²单股铜导线，用线分黄绿红淡蓝色(电能表回路均为计量回路)，1ID端子排的其余电流回路用2.5mm²的多股黑色铜导线，引至柜顶小母线端子的接线用2.5mm²的多股黑色铜导线，标※处采用屏蔽通信线。

2. 如需接公用测控时将1ID端子的8、9、16、17、26、27、36、37之间的连接片取消即可。

3. 本图以Ⅰ段母线馈线柜为例所制：Ⅰ段母线馈线柜线号标号为*630，*631，1YMa/1YMb/1YMc，1YMaJ/1YMbJ/1YMcJ；Ⅱ段母线馈线柜线号标号为*640，*641，2YMa/2YMb/2YMc，2YMaJ/2YMbJ/2YMcJ。

4. 预留计量表计的安装位置，安装2个计量表架。

图 7-21-24　站用变压器柜端子排接线图

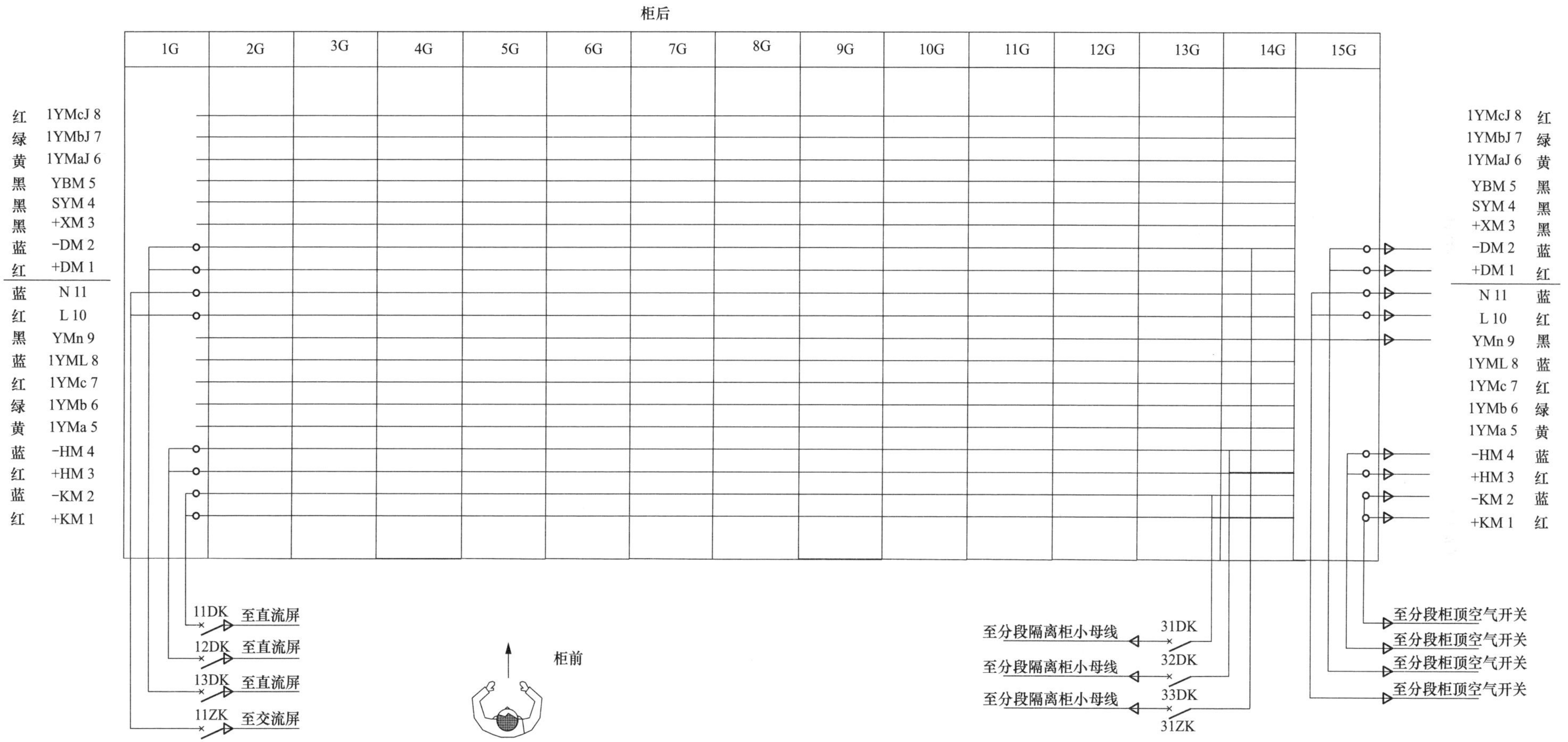

技术要求：小母线为ϕ6mm小铜棒，所有的小母线均按图示长度制作。

图 7-21-25 柜顶小母线布置图（一）

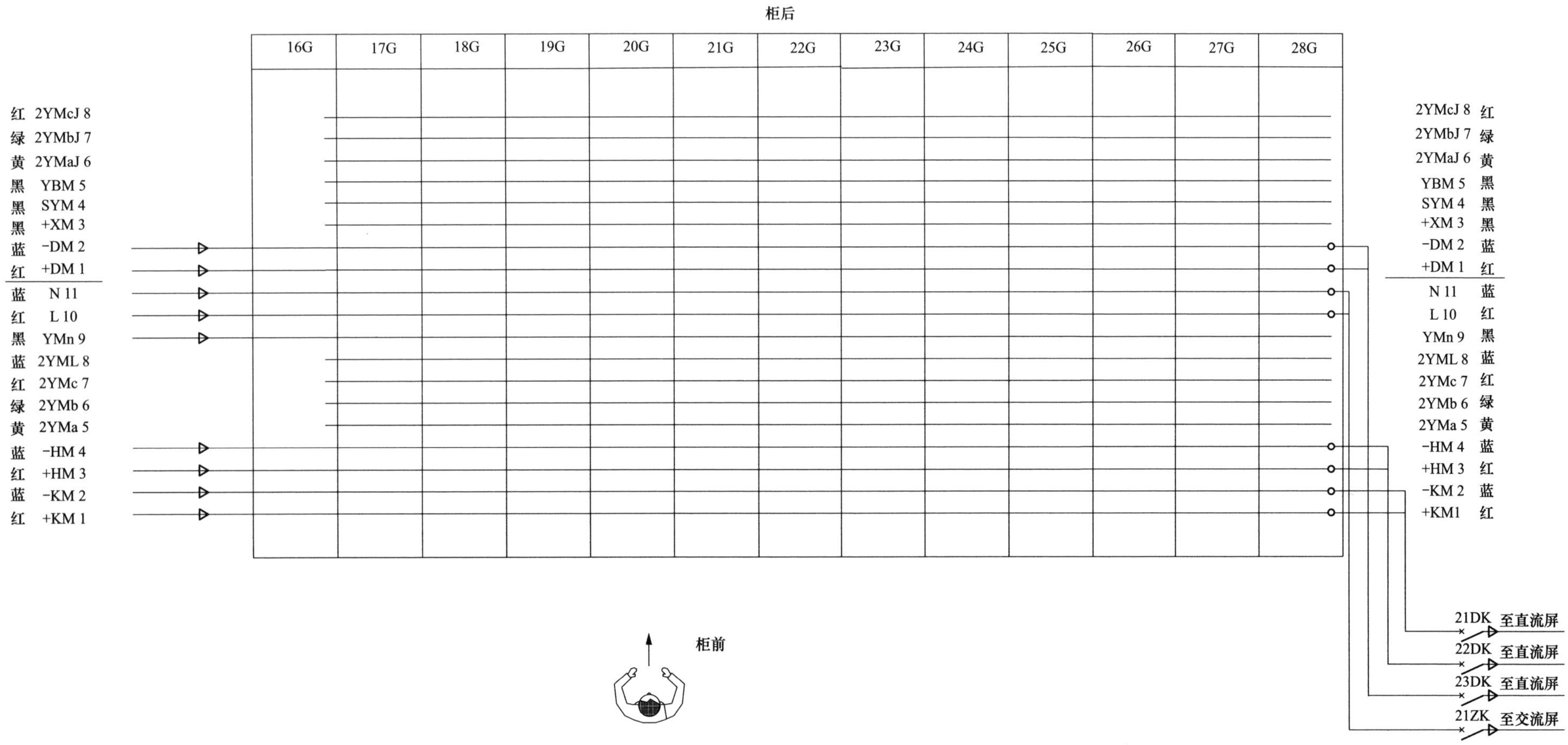

技术要求：小母线为ϕ6mm小铜棒，所有的小母线均按图示长度制作。

图 7-21-26　柜顶小母线布置图（二）

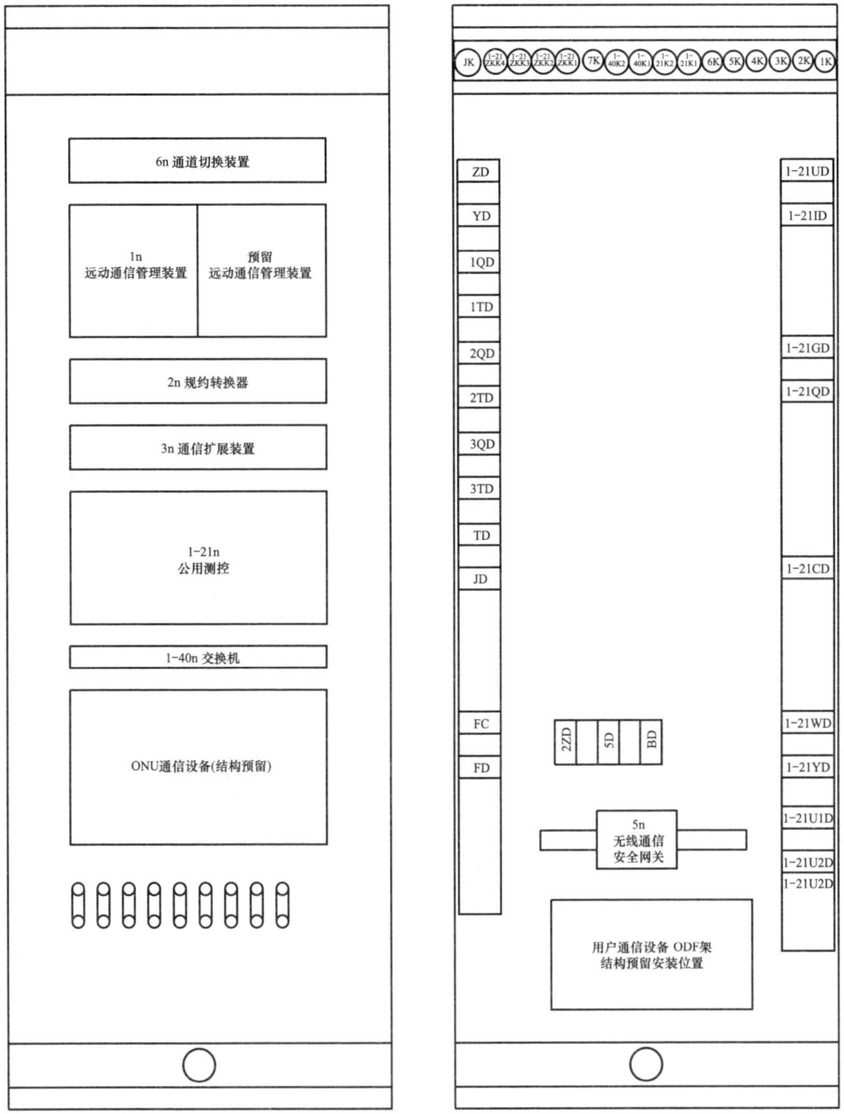

正面　　　　背面

图 7-21-27　远动通信及公用测控柜柜面布置示意图

说明：1. 本工程远动通信及公共测控屏内包括无线通信网关设备、ONU设备、ODF架等通信所需设备，具体要求按通信设备技术规范书执行。
2. 柜内散热采用自然风冷及强制风冷方式。
3. 远动柜设备需与站内微机保护装置相配合，站内通信采用IEC 61850规约，至调度端通信规约采用IEC 60870-5-101、IEC 60870-5-104，具体要求按远动屏技术规范书执行。
4. 对时方式采用B码差分对时。
5. 屏柜尺寸（高×宽×深）为2260mm×800mm×600mm。

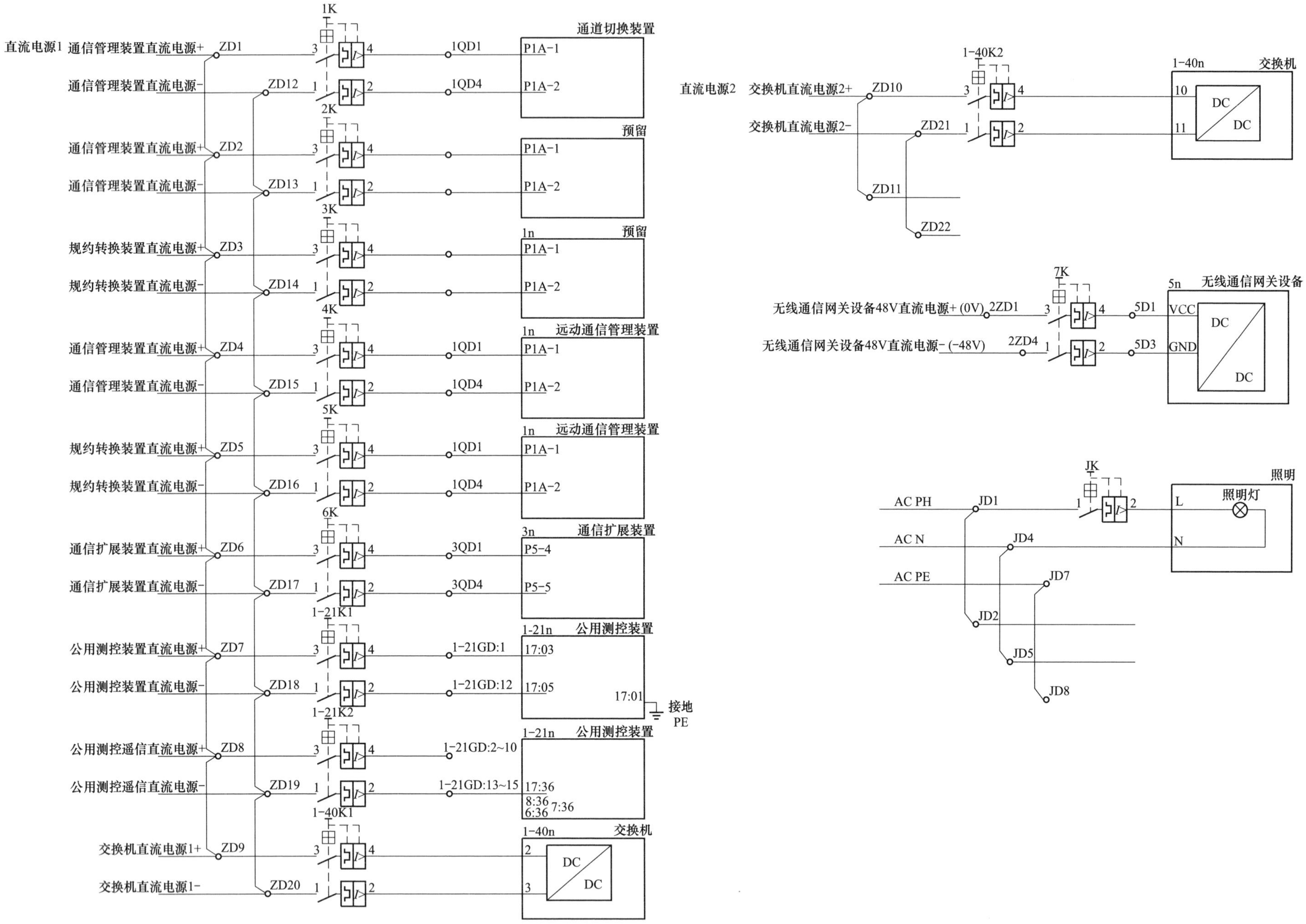

图 7-21-28　远动通信及公用测控柜交、直流电源回路图

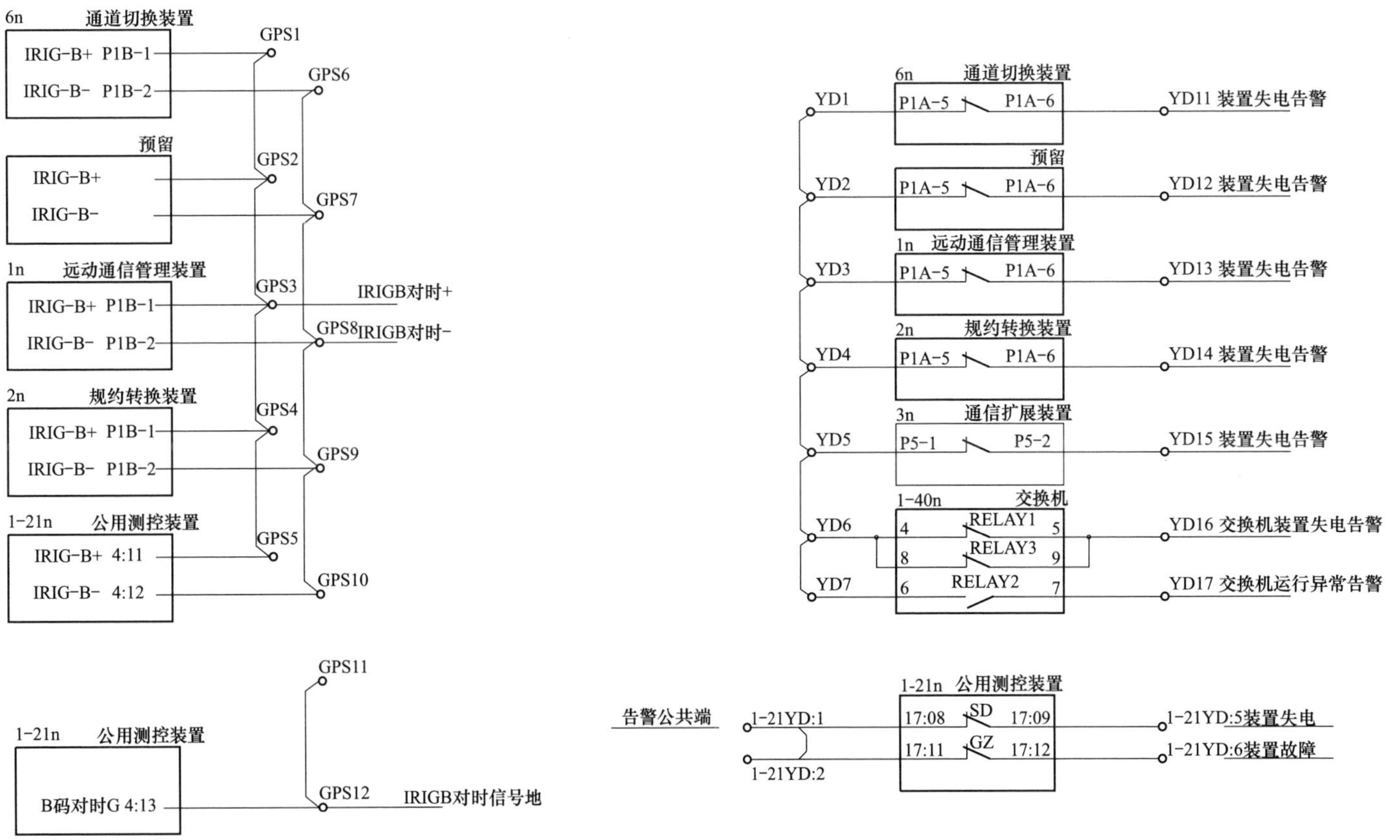

图 7-21-29 远动通信及公用测控柜通信对时及告警回路联系图

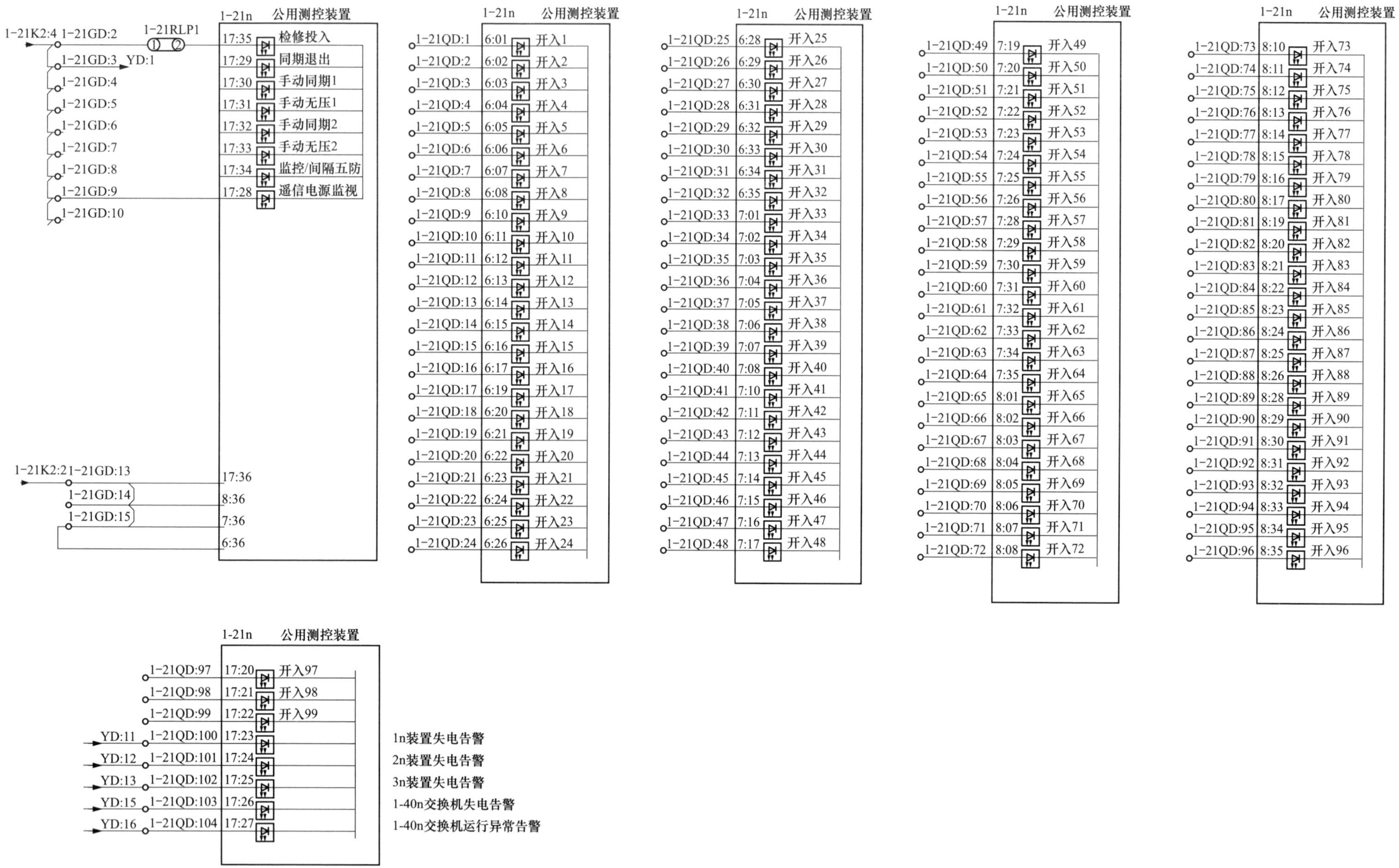

图 7-21-30　远动通信及公用测控柜公用测控装置接点联系图

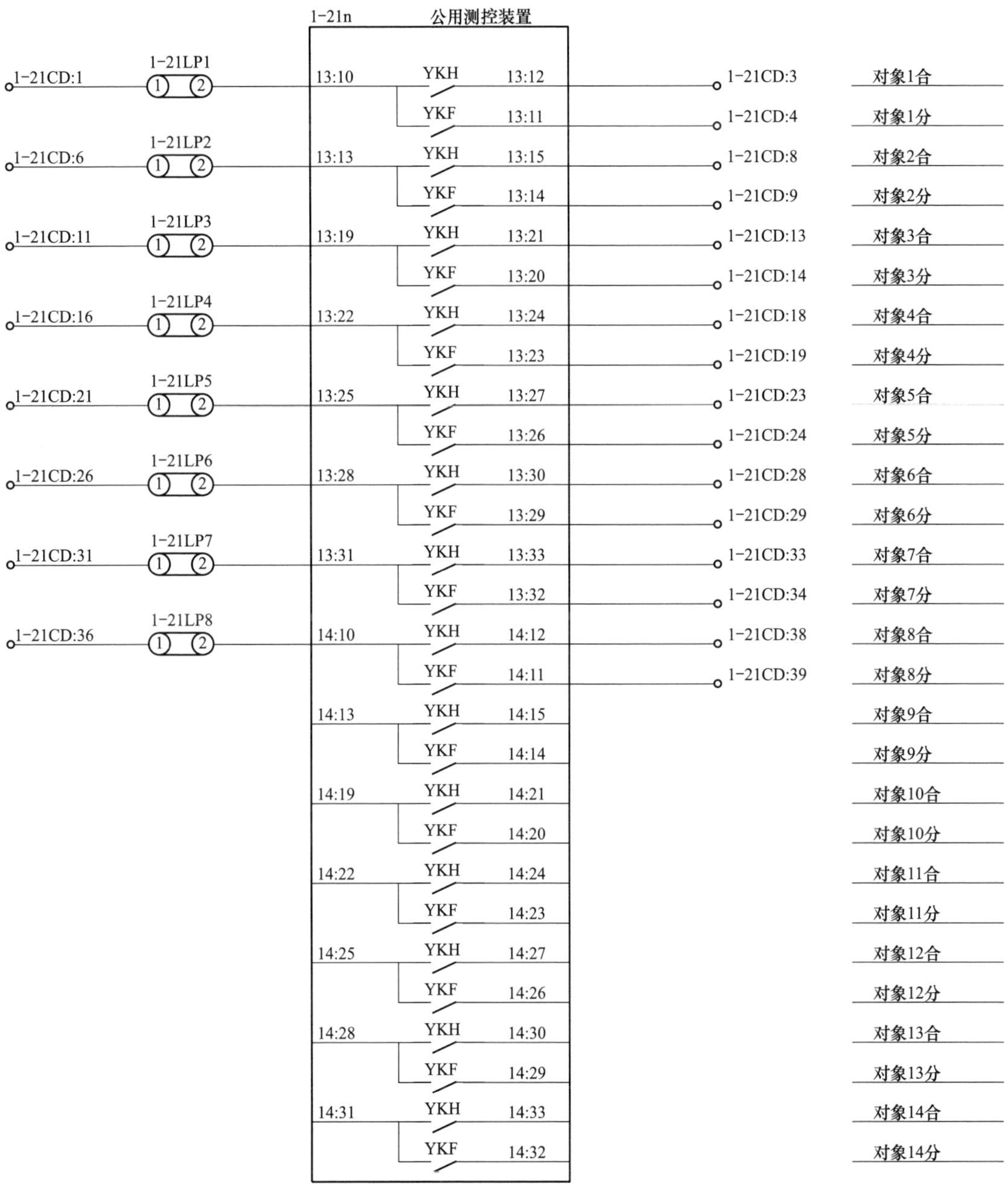

图 7-21-31　远动通信及公用测控柜公用测控装置遥控接点联系图

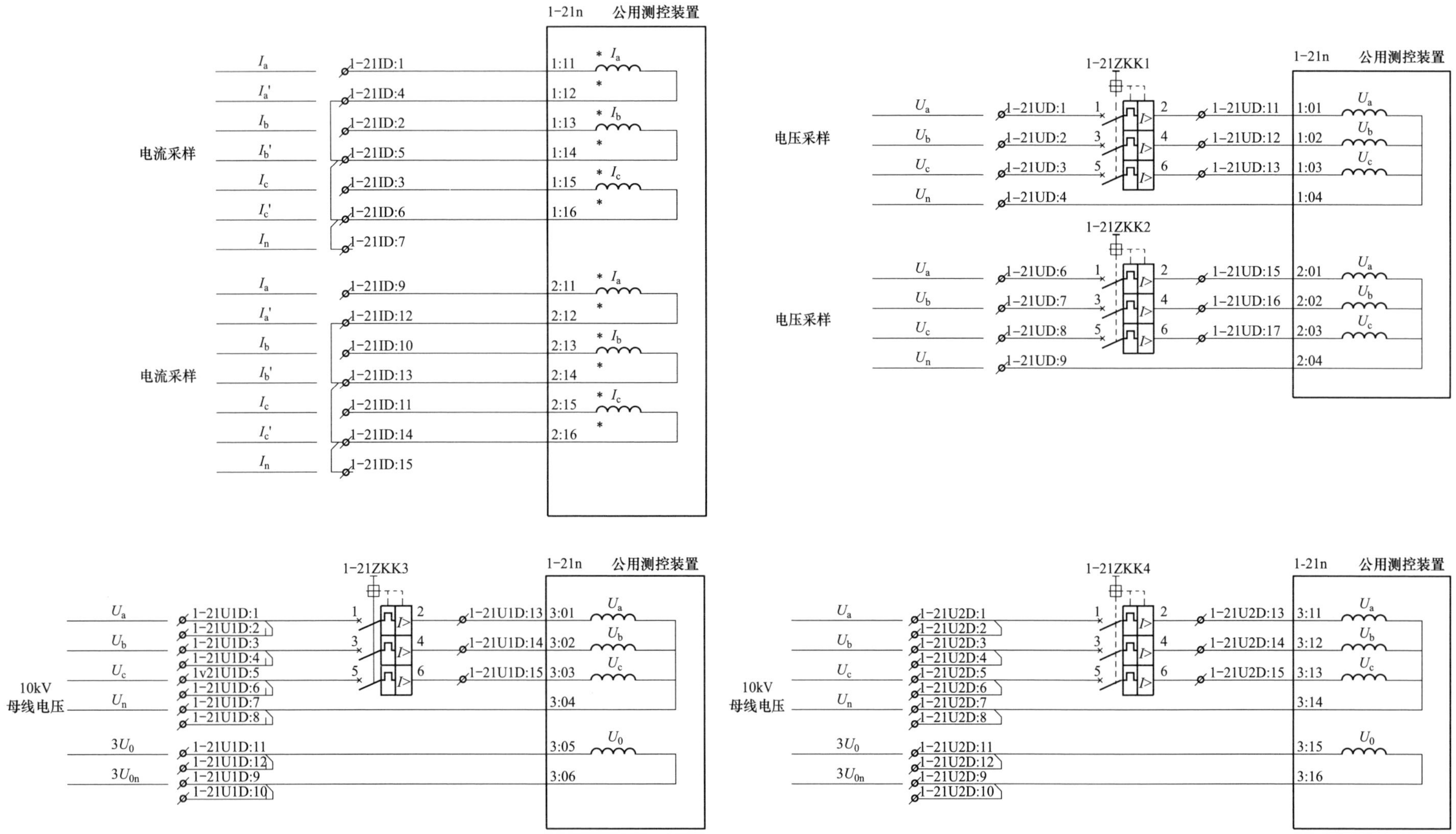

图 7-21-32 远动通信及公用测控柜电流、电压采集回路

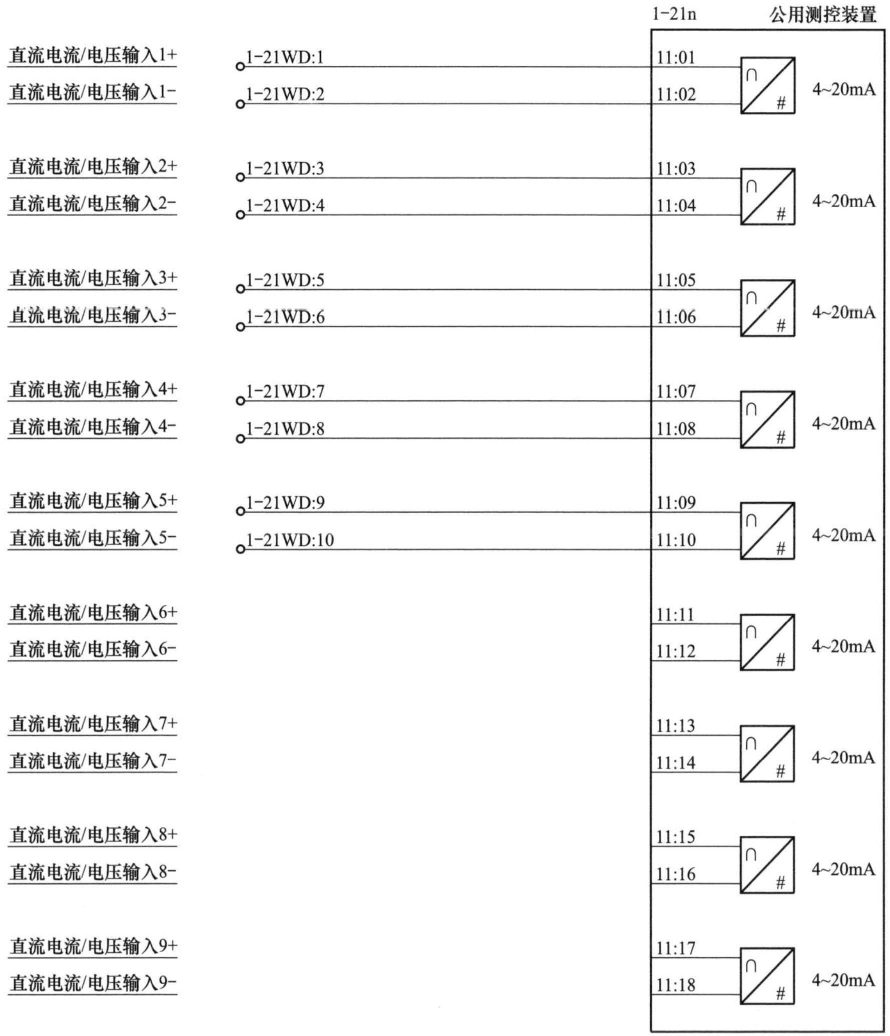

说明：每路均可通过板内跳线设置为电流输入或电压输入模式。
电流为4~20mA输入、电压为0~5V输入。

图 7-21-33　远动通信及公用测控柜直流采集回路

第 22 章　双电源二次设备在固体绝缘开关柜方案中的应用案例

22.1　概述

本典型设计为双电源二次部分典型设计的二次设备在固体绝缘开关柜中的应用案例。本二次典型设计配套一次部分电气主接线、运行方式及设备配置，以二次设备部分设计原则和组屏（柜）原则为依据进行设计，内容主要包括变电站监控系统屏柜布置及原理、微机保护及安全自动装置用于固定式固体绝缘开关柜时的二次回路。

22.2　一次建设方案

（1）系统概况。

1）系统标称电压：10kV。

2）系统额定频率：50Hz。

3）系统中性点接地方式：不接地。

（2）电气一次设备类型。10kV 开关柜采用固定式固体绝缘开关柜。

（3）主接线方式。10kV 母线接线方式为单母线分段接线。

（4）运行方式。

运行方式一：正常运行时两路电源各带一段母线运行，分段开关处于分闸位置；当任一路电源失压后，电源进线开关跳闸，由另一路电源带全部负荷运行，此时分段开关应处于合闸位置。

运行方式二：正常运行时一路电源带两段母线运行，分段开关处于合闸位置；当运行电源失压后，该路电源进线开关跳闸，由另一路电源带全部负荷运行。

（5）建设规模。10kV 设备规模为 2 进 10 出，10kV 高压开关柜共 18 台，其中电源进线开关柜 2 台，分段开关柜 1 台，分段隔离柜 1 台，母线 TV 柜 2 台，站用变压器柜 2 台，馈线柜 10 台。

22.3　二次设备配置

本案例中，微机保护及安全自动装置就地分布安装于开关柜上，不单独组屏。其中，进线及馈线采用微机线路保护，分段开关采用微机分段保护；配置 TV 并列装置 1 台、备自投装置 1 台。

配置远动及公用测控屏 1 面，远动信息从间隔层微机保护及安全自动装置获取并向调度端传送。

二次部分设备选择见表 7-22-1。

表 7-22-1　　二次部分设备选择

序号	项目名称	内容
1	线路保护	12 套
2	变压器保护	2 套
3	分段保护	1 套
4	备自投装置	1 套
5	TV 并列装置	1 套
6	远动及公用测控屏	1 台
7	微机五防	1 套
8	网线及附件	厂家配套提供
9	控制电缆，KVVP2，2.5，4，ZR，22	根据现场确定
10	控制电缆，KVVP2，2.5，10，ZR，22	根据现场确定
11	控制电缆，KVVP2，4，4，ZR，22	根据现场确定

22.4　设计图纸

微机保护及安全自动装置安装于固定式固体绝缘开关柜中双电源二次计图纸目录见表 7-22-2。

表 7-22-2　　固定式固体绝缘开关柜中双电源二次设计图纸目录

图号	图纸名称
图 7-22-1	1 号进线柜二次原理图（一）
图 7-22-2	1 号进线柜二次原理图（二）
图 7-22-3	1 号进线柜二次原理图（三）
图 7-22-4	1 号进线柜二次原理图（四）
图 7-22-5	1 号进线柜二次原理图（五）
图 7-22-6	1 号进线柜二次原理图（六）

续表

图号	图纸名称
图 7-22-7	1 号电源进线柜端子排图（一）
图 7-22-8	1 号电源进线柜端子排图（二）
图 7-22-9	Ⅰ段母线 TV 避雷器柜二次原理图（一）
图 7-22-10	Ⅰ段母线 TV 避雷器柜二次原理图（二）
图 7-22-11	Ⅰ段母线 TV 避雷器柜二次原理图（三）
图 7-22-12	Ⅰ段母线 TV 避雷器柜二次原理图（四）
图 7-22-13	Ⅰ段母线 TV 避雷器柜端子排图（一）
图 7-22-14	Ⅰ段母线 TV 避雷器柜端子排图（二）
图 7-22-15	分段柜二次原理图（一）
图 7-22-16	分段柜二次原理图（二）
图 7-22-17	分段柜二次原理图（三）
图 7-22-18	分段柜二次原理图（四）
图 7-22-19	分段柜二次原理图（五）
图 7-22-20	分段柜二次原理图（六）
图 7-22-21	分段柜端子排图（一）
图 7-22-22	分段柜端子排图（二）
图 7-22-23	隔离柜二次原理图（一）
图 7-22-24	隔离柜二次原理图（二）
图 7-22-25	隔离柜二次原理图（三）
图 7-22-26	隔离柜二次原理图（四）
图 7-22-27	隔离柜端子排图（一）
图 7-22-28	隔离柜端子排图（二）
图 7-22-29	Ⅱ段母线 TV 避雷器柜二次原理图（一）
图 7-22-30	Ⅱ段母线 TV 避雷器柜二次原理图（二）
图 7-22-31	Ⅱ段母线 TV 避雷器柜二次原理图（三）
图 7-22-32	Ⅱ段母线 TV 避雷器柜二次原理图（四）

续表

图号	图纸名称
图 7-22-33	Ⅱ段母线 TV 避雷器柜端子排图（一）
图 7-22-34	Ⅱ段母线 TV 避雷器柜端子排图（二）
图 7-22-35	2 号进线柜二次原理图（一）
图 7-22-36	2 号进线柜二次原理图（二）
图 7-22-37	2 号进线柜二次原理图（三）
图 7-22-38	2 号进线柜二次原理图（四）
图 7-22-39	2 号进线柜二次原理图（五）
图 7-22-40	2 号进线柜二次原理图（六）
图 7-22-41	2 号电源进线柜端子排图（一）
图 7-22-42	2 号电源进线柜端子排图（二）
图 7-22-43	馈线柜二次原理图（一）
图 7-22-44	馈线柜二次原理图（二）
图 7-22-45	馈线柜二次原理图（三）
图 7-22-46	馈线柜二次原理图（四）
图 7-22-47	馈线柜二次原理图（五）
图 7-22-48	馈线柜二次原理图（六）
图 7-22-49	馈线柜端子排图（一）
图 7-22-50	馈线柜端子排图（二）
图 7-22-51	站用变压器柜二次原理图（一）
图 7-22-52	站用变压器柜二次原理图（二）
图 7-22-53	站用变压器柜二次原理图（三）
图 7-22-54	站用变压器柜二次原理图（四）
图 7-22-55	站用变压器柜二次原理图（五）
图 7-22-56	站用变压器柜二次原理图（六）
图 7-22-57	站用变压器柜端子排图（一）
图 7-22-58	站用变压器柜端子排图（二）

断路器弹簧储能回路	保护与信号回路	控制回路	带电显示器闭锁回路	故障指示器电源	冷凝除湿器回路		保护电压小母线信号

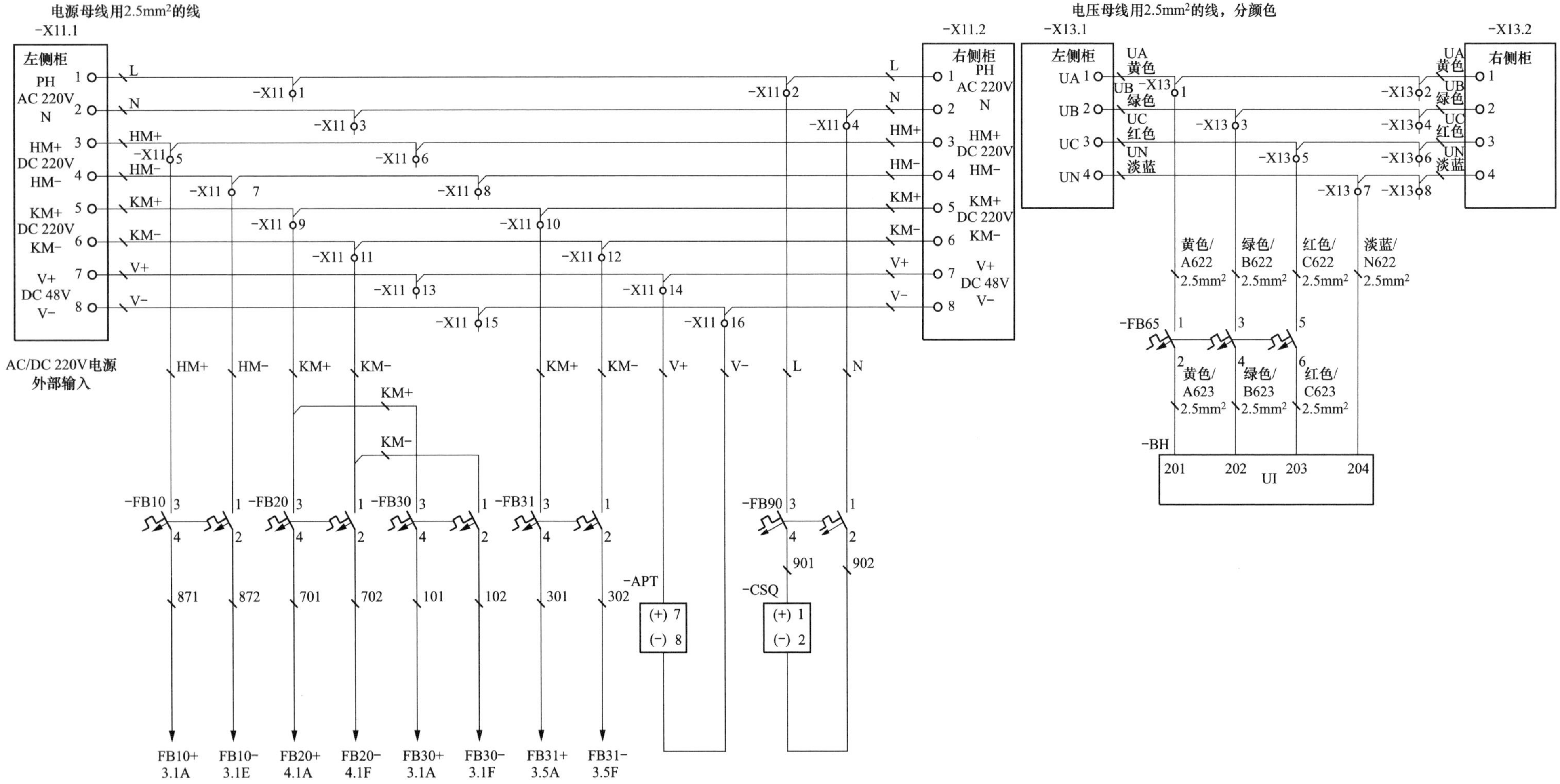

图 7-22-1　1 号进线柜二次原理图（一）

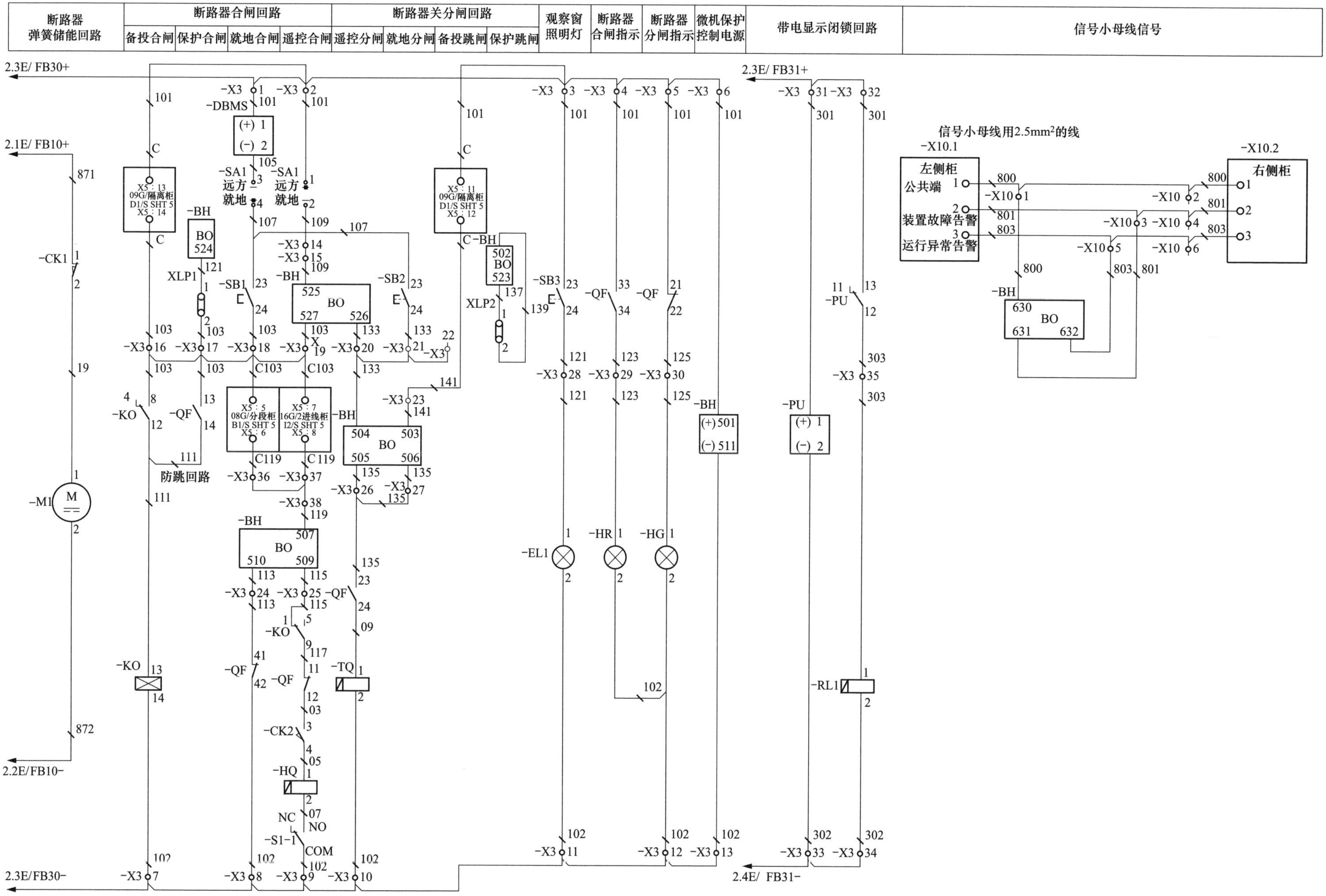

图 7-22-2　1 号进线柜二次原理图（二）

微机保护装置电源	强电开关量输入											
	弹簧未储能	断路器分位	断路器合位	备用信号	隔离开关合位	备用信号	停用重合闸投入	保护远方操作投入	检修状态投入	测控远方操作投入	信号复归	带电显示器回路

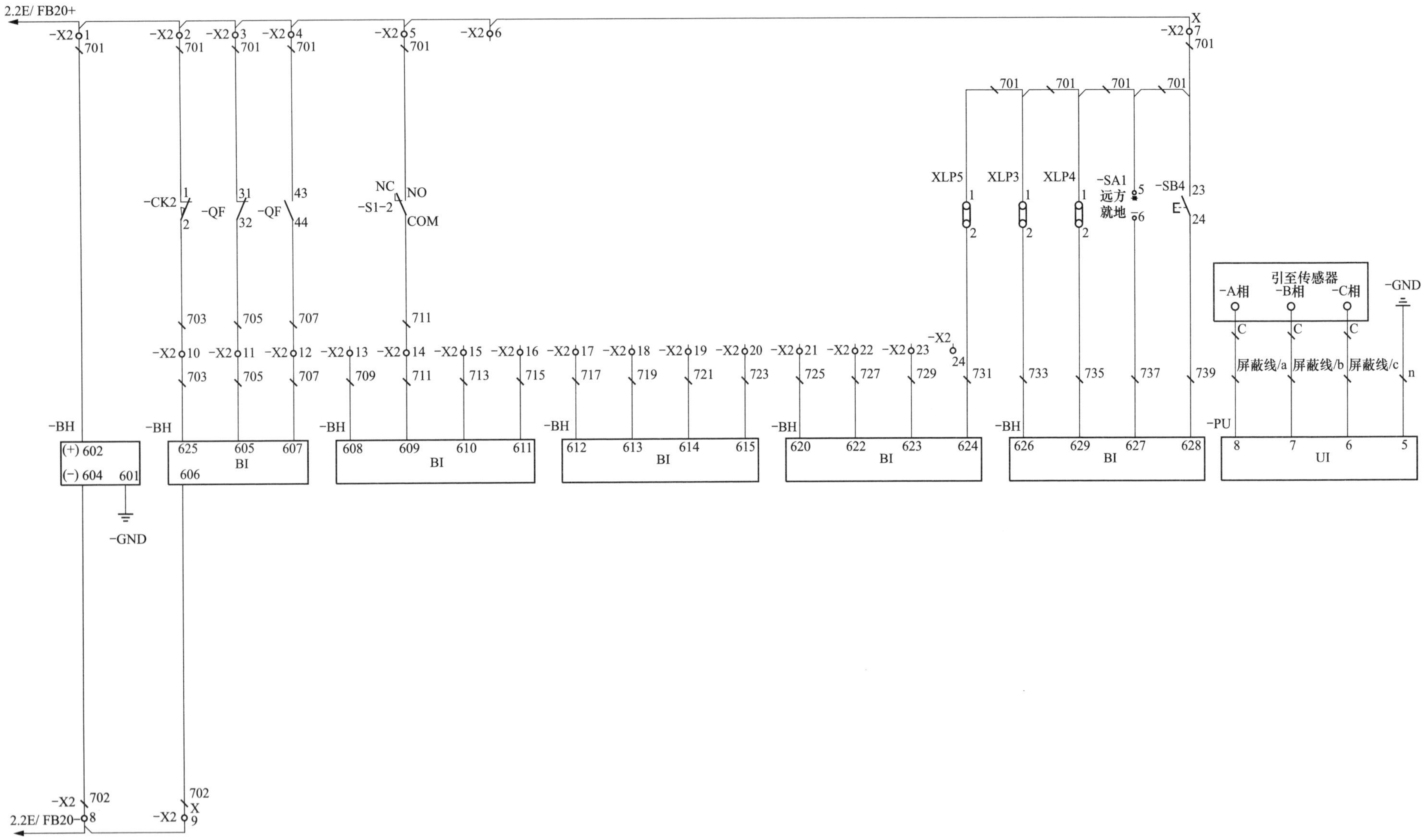

图 7-22-3　1 号进线柜二次原理图（三）

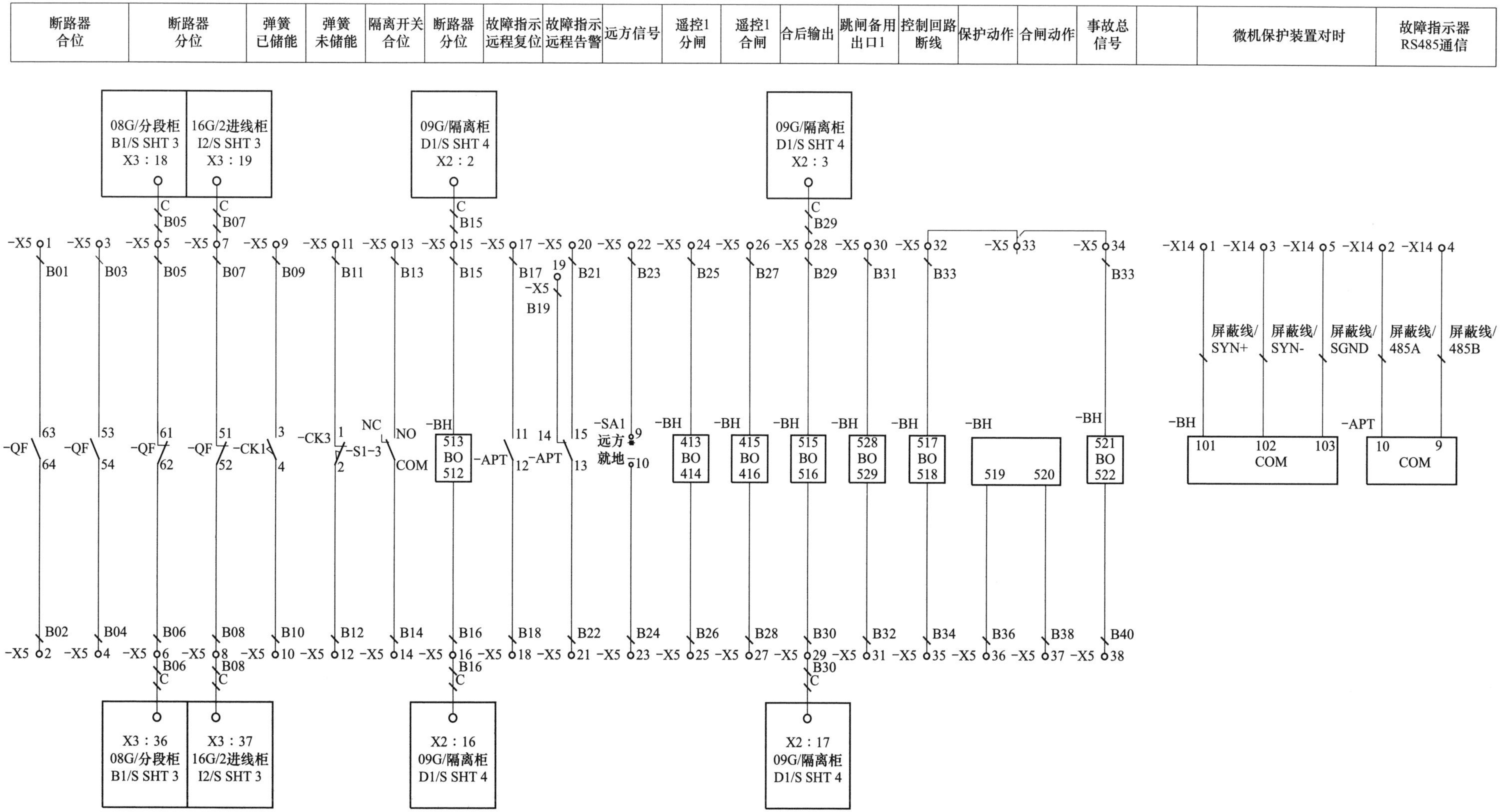

图 7-22-4　1 号进线柜二次原理图（四）

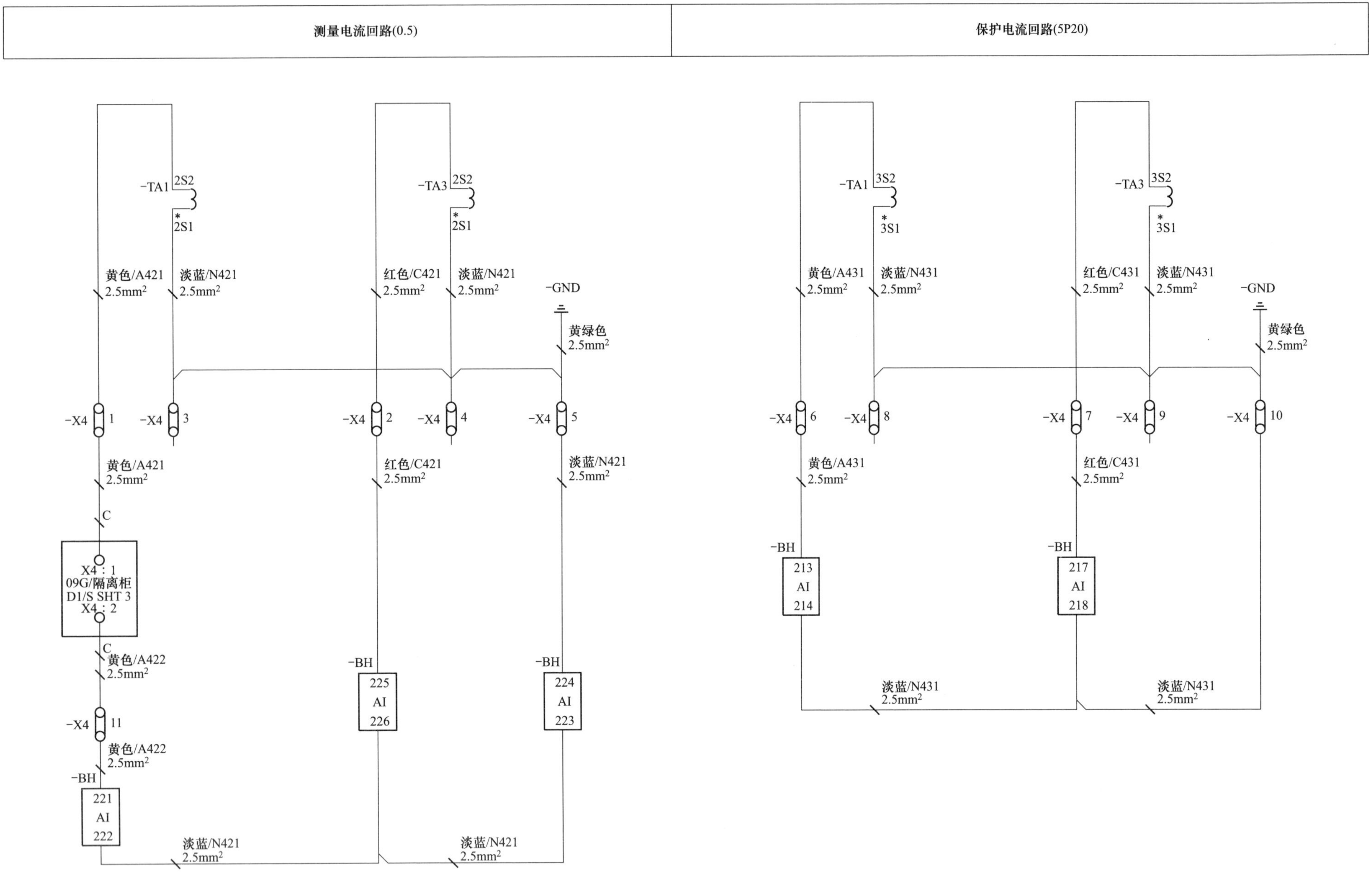

电流互感器二次回路导线截面：2.5mm²，颜色按照A、B、C相对应黄、绿、红。

图 7-22-5　1 号进线柜二次原理图（五）

计量电压小母线信号	计量电流回路(0.2S)

计量电压小母线用2.5mm²的硬线，分颜色

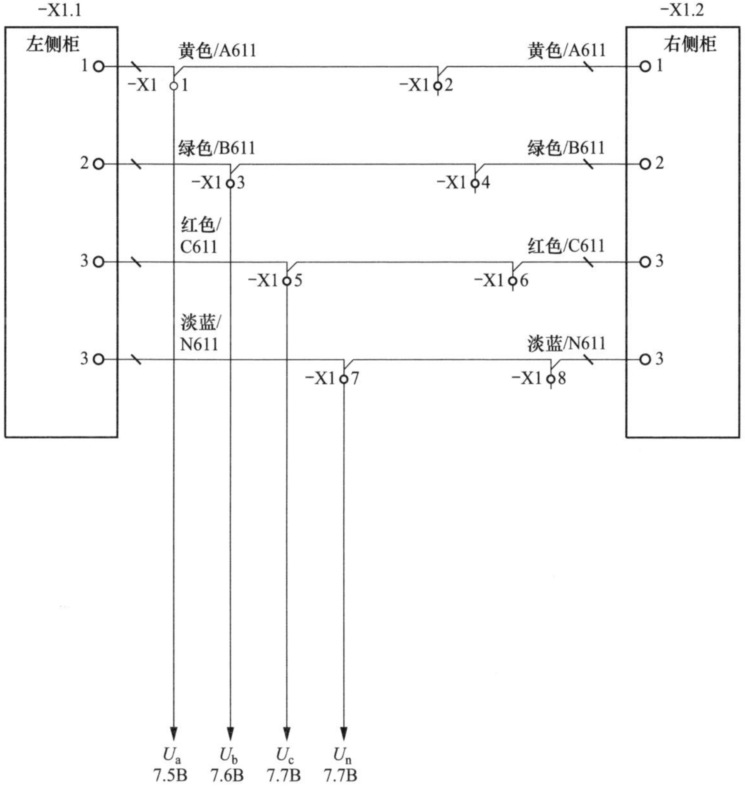

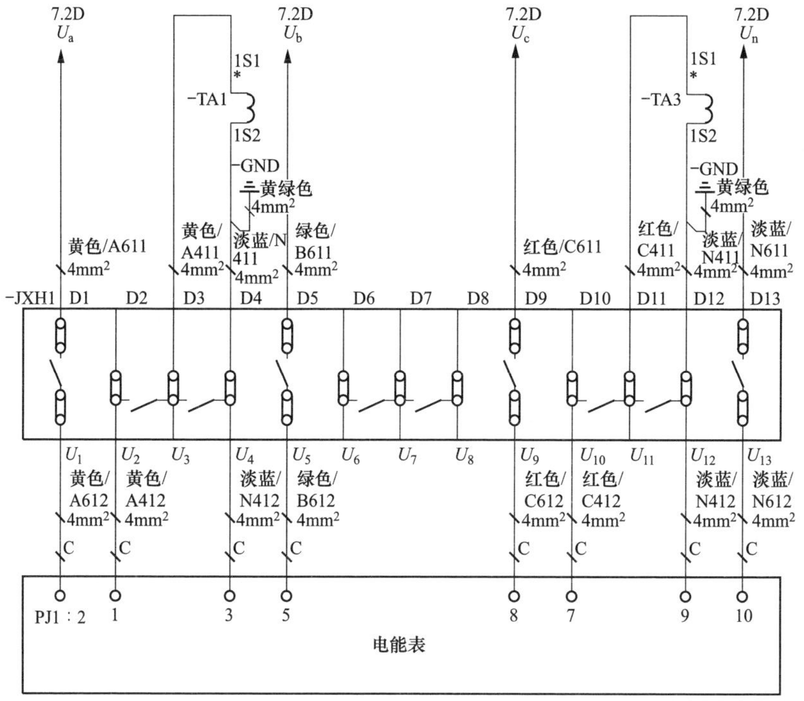

电流感器二次回路导线：极性端采用BV-4mm²硬线，黄、绿、红；非极性端采用BV-4mm²硬线，淡蓝色。
电压感器二次回路导线：采用BV-4mm²硬线，黄、绿、红、淡蓝。

图 7-22-6　1号进线柜二次原理图（六）

===I1+-X1

外引电缆	连接设备	线号	端子号	连接设备	外引电缆
	-X1.1:1	黄色/A611	1	-JXH1:D1	
	-X1.2:1	黄色/A611	2		
	-X1.1:2	绿色/B611	3	-JXH1:D5	
	-X1.2:2	绿色/B611	4		
	-X1.1:3	红色/C611	5	-JXH1:D9	
	-X1.2:3	红色/C611	6		
	-X1.1:3	淡蓝/N611	7	-JXH1:D13	
	-X1.2:3	淡蓝/N611	8		

===I1+-X2

外引电缆	连接设备	线号	端子号	连接设备	外引电缆
	-BH:602	701	1	-FB20:4	
		701	2	-CK2:1	
		701	3	-QF:31	
		701	4	-QF:43	
		701	5	-S1-2:NO	
			6		
	-SB4:23	701	7 X		
	-BH:604	702	8	-FB20:2	
	-BH:606	702	9 X		
	-BH:625	703	10	-CK2:2	
	-BH:605	705	11	-QF:32	
	-BH:607	707	12	-QF:44	
	-BH:608	709	13		
	-BH:609	711	14	-S1-2:COM	
	-BH:610	713	15		
	-BH:611	715	16		
	-BH:612	717	17		
	-BH:613	719	18		
	-BH:614	721	19		
	-BH:615	723	20		
	-BH:620	725	21		
	-BH:622	727	22		
	-BH:623	729	23		
			24		

===I1+-X3

外引电缆	连接设备	线号	端子号	连接设备	外引电缆
	-FB30:4	101	1	-DBMS:1	
	-09G/隔离柜-X5:13	101	2	-SA1:1	
	-09G/隔离柜-X5:11	101	3	-SB3:23	
	-QF:33	101	4		
	-QF:21	101	5		
		101	6 X	-BH:501	
	-FB30:2	102	7	-KO:14	
	-QF:42	102	8		
	-S1-1:COM	102	9		
	-TQ:2	102	10		
	-EL1:2	102	11		
		102	12	-HG:2	
		102	13 X	-BH:511	
		109	14	-SA1:2	
		109	15 X	-BH:525	
	-09G/隔离柜-X5:14	103	16	-KO:8	
	-QF:13	103	17	-XLP1:2	
	-08G/分段柜-X5:5	103	18	-SB1:24	
	-BH:527	103	19 X	-16G/2进线柜-X5:7	
	-BH:526	133	20	-BH:504	
		133	21	-SB2:24	
			22 X		
	-09G/隔离柜-X5:12	141	23	-BH:503	
	-QF:41	113	24	-BH:510	
	-KO:1	115	25 X	-BH:509	
	-QF:23	135	26	-BH:505	
		135	27 X	-BH:506	
	-EL1:1	121	28	-SB3:24	
	-QF:34	123	29	-HR:1	
	-QF:22	125	30	-HG:1	
	-FB31:4	301	31	-PU:1	
		301	32 X	-PU:13	
	-FB31:2	302	33	-PU:2	
	-RL1:2	302	34 X		
	-RL1:1	303	35	-PU:12	
		119	36	-08G/分段柜-X5:6	
		119	37	-16G/2进线柜-X5:8	
		119	38	-BH:507	

===I1+-X4

外引电缆	连接设备	线号	端子号	连接设备	外引电缆
	-TA1:2S2	黄色/A421	1	-09G/隔离柜-X4:1	
	-TA3:2S2	红色/C421	2	-BH:225	
	-TA1:2S1	淡蓝/N421	3		
	-TA3:2S1	淡蓝/N421	4		
	-GND	黄绿色	5	-BH:224	
	-TA1:3S2	黄色/A431	6	-BH:213	
	-TA3:3S2	红色/C431	7	-BH:217	
	-TA1:3S1	淡蓝/N431	8		
	-TA3:3S1	淡蓝/N431	9		
	-GND	黄绿色	10	-BH:218	
	-09G/隔离柜-X4:2	黄色/A422	11	-BH:221	

至10kV隔离柜

至10kV分段柜

至10kV 2号进线柜

至10kV隔离开关柜

图 7-22-7　1 号电源进线柜端子排图（一）

===I1+-X5

外引电缆	连接设备	线号	端子号	连接设备	外引电缆
		B01	1	-QF:63	
		B02	2	-QF:64	
		B03	3	-QF:53	
		B04	4	-QF:54	
	-08G/分段柜-X3:18	B05	5	-QF:61	
	-08G/分段柜-X3:36	B06	6	-QF:62	
	-16G/2进线柜-X3:19	B07	7	-QF:51	
	-16G/2进线柜-X3:37	B08	8	-QF:52	
	储能指示灯：2	B09	9	-CK1:3	
	-X11:8	B10	10	-CK1:4	
		B11	11	-CK3:1	
		B12	12	-CK3:2	
		B13	13	-S1-3:NO	
		B14	14	-S1-3:COM	
	-09G/隔离柜-X2:2	B15	15	-BH:513	
	-09G/隔离柜-X2:16	B16	16	-BH:514	
		B17	17	-APT:11	
		B18	18	-APT:12	
		B19	19	-APT:14	
		B21	20	-APT:15	
		B22	21	-APT:13	
		B23	22	-SA1:9	
		B24	23	-SA1:10	
		B25	24	-BH:413	
		B26	25	-BH:414	
		B27	26	-BH:415	
		B28	27	-BH:416	
	-09G/隔离柜-X2:3	B29	28	-BH:515	
	-09G/隔离柜-X2:17	B30	29	-BH:516	
		B31	30	-BH:528	
		B32	31	-BH:529	
		B33	32	-BH:517	
			33		
		B33	34	-BH:521	
		B34	35	-BH:518	
		B36	36	-BH:519	
		B38	37	-BH:520	
		B40	38	-BH:522	

至10kV分段柜

至10kV 2号进线柜

至10kV隔离柜

===I1+-X10

外引电缆	连接设备	线号	端子号	连接设备	外引电缆
	-X10.1:1	800	1	-BH:630	
	-X10.2:1	800	2 X		
	-X10.1:2	801	3	-BH:631	
	-X10.2:2	801	4 X		
	-X10.1:3	803	5	-BH:632	
	-X10.2:3	803	6 X		

===I1+-X11

外引电缆	连接设备	线号	端子号	连接设备	外引电缆
	-X11.1:1	L	1		
	-X11.2:1	L	2 X	-FB90:3	
	-X11.1:2	N	3		
	-X11.2:2	N	4 X	-FB90:1	
	-X11.1:3	HM+	5	-FB10:3	
	-X11.2:3	HM+	6 X	储能指示灯：1	
	-X11.1:4	HM-	7	-FB10:1	
	-X11.2:4	HM-	8 X	-X5:10	
	-X11.1:5	KM+	9	-FB20:3	
	-X11.2:5	KM+	10 X	-FB31:3	
	-X11.1:6	KM-	11	-FB20:1	
	-X11.2:6	KM-	12 X	-FB31:1	
	-X11.1:7	V+	13		
	-X11.2:7	V+	14 X	-APT:7	
	-X11.1:8	V-	15		
	-X11.2:8	V-	16 X	-APT:8	

至远动及公用测控屏

===I1+-X13

外引电缆	连接设备	线号	端子号	连接设备	外引电缆
	-X13.1:1	黄色/A622	1	-FB65:1	
	-X13.2:1		2 X		
	-X13.1:2	绿色/B622	3	-FB65:3	
	-X13.2:2		4 X		
	-X13.1:3	红色/C622	5	-FB65:5	
	-X13.2:3		6 X		
	-X13.1:4	淡蓝/N622	7	-BH:204	
	-X13.2:4		8 X		

===I1+-X14

外引电缆	连接设备	线号	端子号	连接设备	外引电缆
		屏蔽线/SYN+	1	-BH:101	
		屏蔽线/485A	2	-APT:10	
		屏蔽线/SYN-	3	-BH:102	
		屏蔽线/485B	4	-APT:9	
		屏蔽线/SGND	5	-BH:103	

图 7-22-8　1 号电源进线柜端子排图（二）

控制回路	带电显示器闭锁回路		冷凝除湿器回路		保护电压小母线信号	
					保护电压输入	保护电压并列

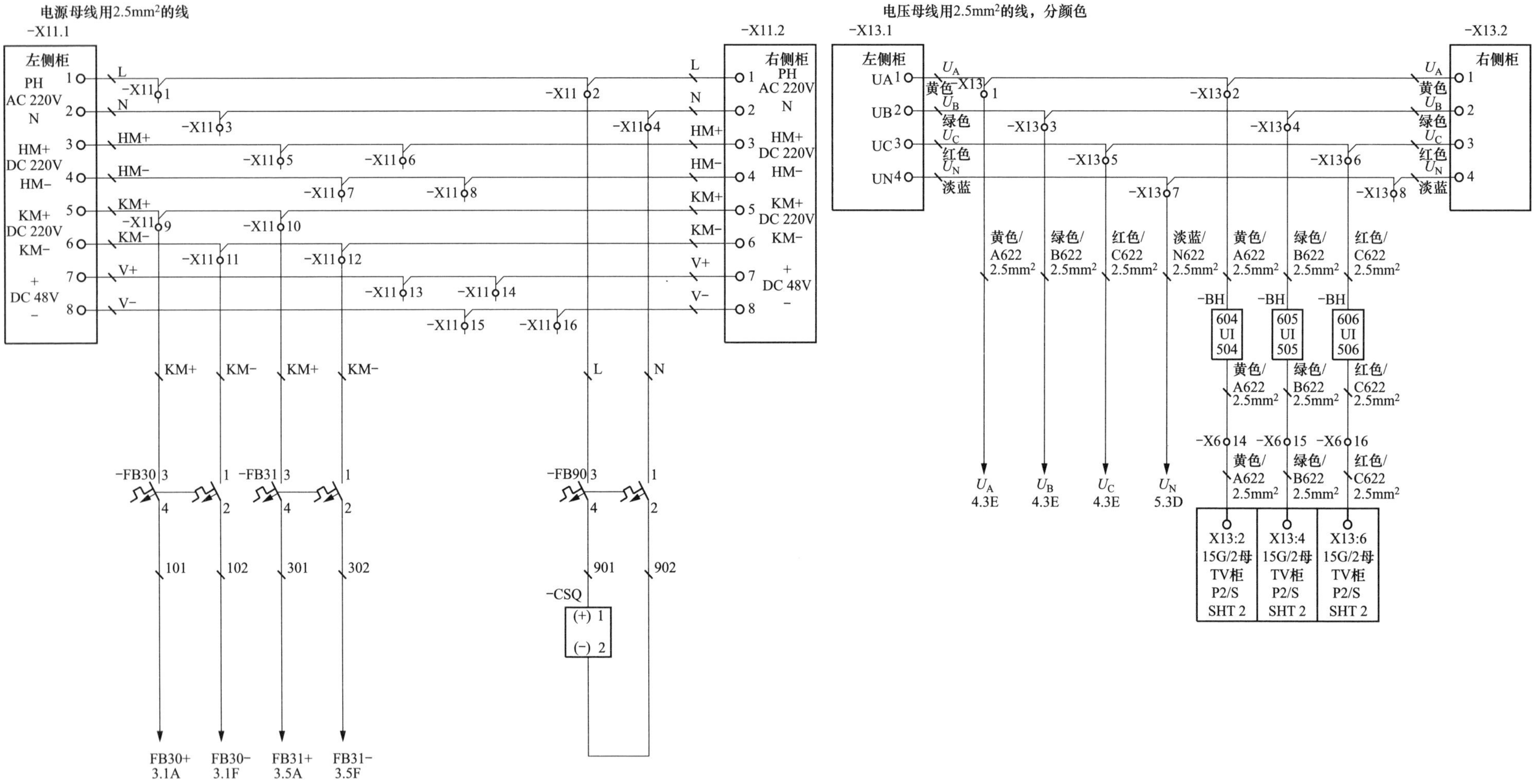

图 7-22-9　Ⅰ段母线 TV 避雷器柜二次原理图（一）

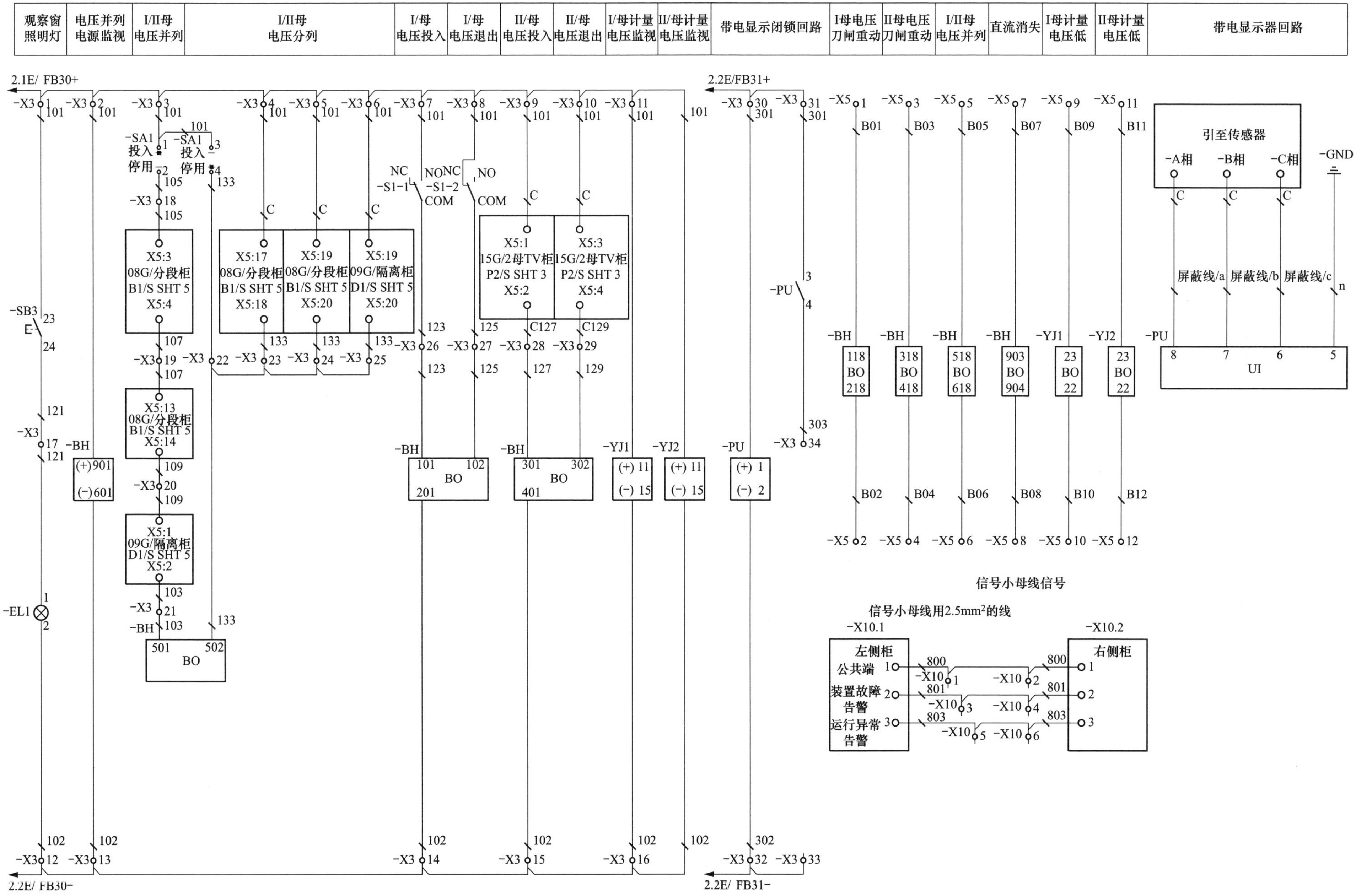

图 7-22-10 Ⅰ段母线 TV 避雷器柜二次原理图（二）

TV回路			II母保护电压输入
0.1/√3 0.2 计量回路	0.1/√3 0.5 测量回路	0.1/3 3P 零序电压回路	

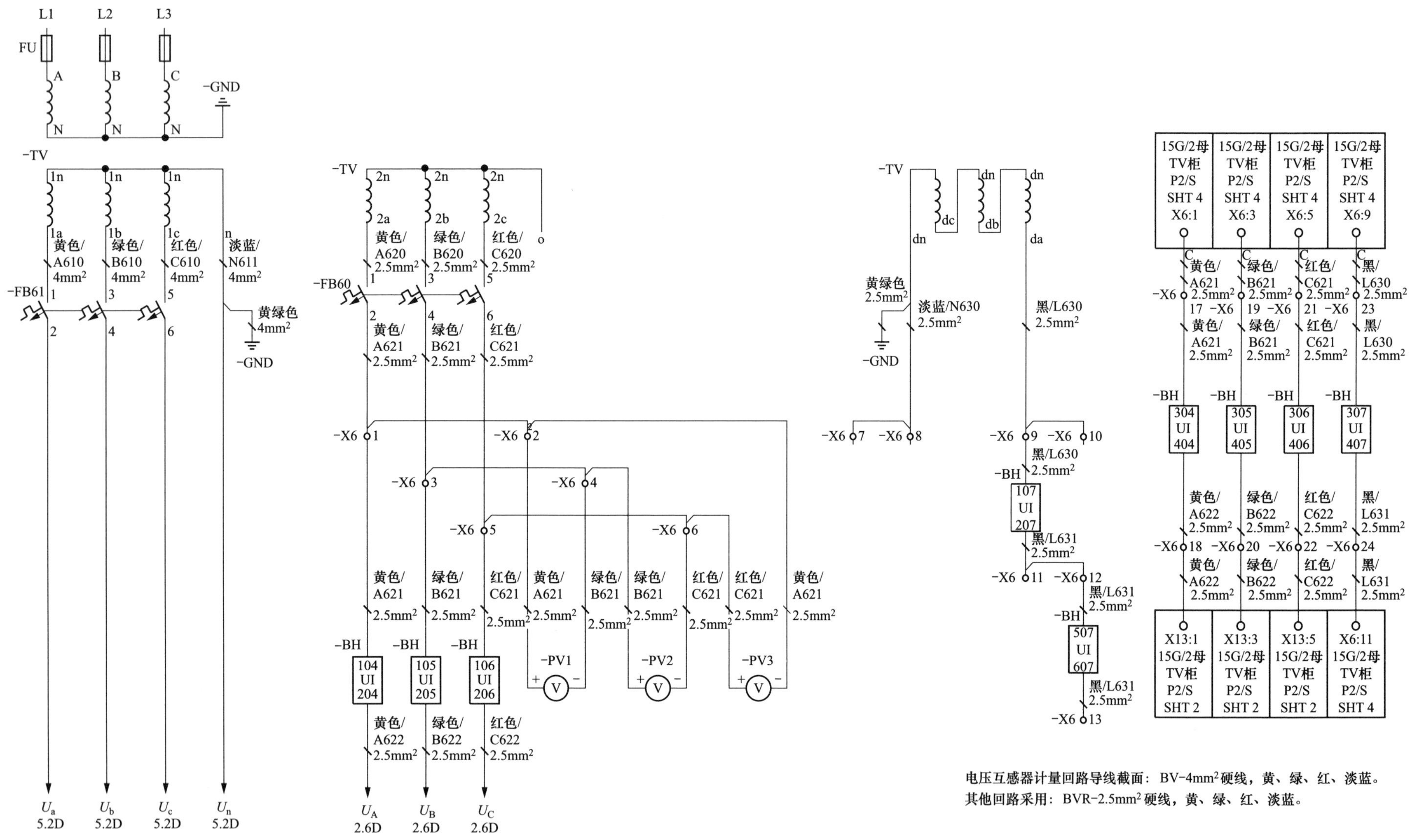

电压互感器计量回路导线截面：BV-4mm²硬线，黄、绿、红、淡蓝。

其他回路采用：BVR-2.5mm²硬线，黄、绿、红、淡蓝。

图 7-22-11　Ⅰ段母线 TV 避雷器柜二次原理图（三）

计量电压小母线信号				Ⅱ母计量电压输入	Ⅱ母计量电压监视
计量电压输入	计量电压并列	计量电压监视			

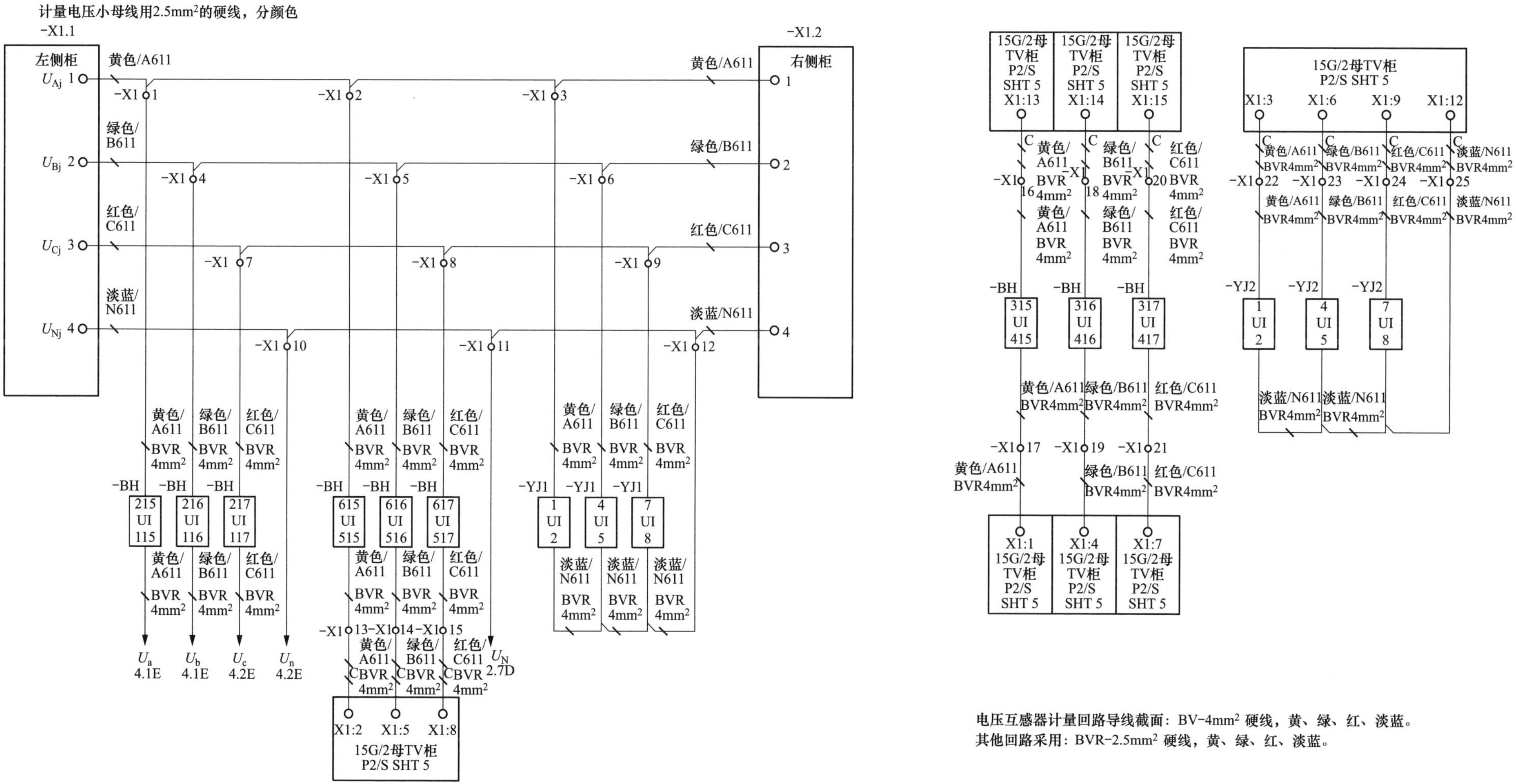

电压互感器计量回路导线截面：BV-4mm² 硬线，黄、绿、红、淡蓝。
其他回路采用：BVR-2.5mm² 硬线，黄、绿、红、淡蓝。

图 7-22-12　Ⅰ段母线 TV 避雷器柜二次原理图（四）

===P1+-X1

外引电缆	连接设备	线号	端子号	连接设备	外引电缆
	-X1.1:1	黄色/A611	1	-BH:215	
		黄色/A611	2	-BH:615	
	-X1.2:1	黄色/A611	3	-YJ1:1	
	-X1.1:2	绿色/B611	4	-BH:216	
		绿色/B611	5	-BH:616	
	-X1.2:2	绿色/B611	6	-YJ1:4	
	-X1.1:3	红色/C611	7	-BH:217	
		红色/C611	8	-BH:617	
	-X1.2:3	红色/C611	9	-YJ1:7	
	-X1.1:4	淡蓝/N611	10	-TV:n	
		淡蓝/N622	11	-X13:7	
	-X1.2:4	淡蓝/N611	12	-YJ1:8	
	-15G/2母TV柜-X1:2	黄色/A610	13	-BH:515	
	-15G/2母TV柜-X1:5	绿色/B610	14	-BH:516	
	-15G/2母TV柜-X1:8	红色/C610	15	-BH:517	
	-15G/2母TV柜-X1:13	黄色/A610	16	-BH:315	
	-15G/2母TV柜-X1:1	黄色/A611	17	-BH:415	
	-15G/2母TV柜-X1:14	绿色/B610	18	-BH:316	
	-15G/2母TV柜-X1:4	绿色/B611	19	-BH:416	
	-15G/2母TV柜-X1:15	红色/C610	20	-BH:317	
	-15G/2母TV柜-X1:7	红色/C611	21	-BH:417	
	-15G/2母TV柜-X1:3	黄色/A611	22	-YJ2:1	
	-15G/2母TV柜-X1:6	绿色/B611	23	-YJ2:4	
	-15G/2母TV柜-X1:9	红色/C611	24	-YJ2:7	
	-15G/2母TV柜-X1:12	淡蓝/N611	25	-YJ2:8	

至10kV Ⅱ段母线TV避雷器柜

至10kV Ⅱ段母线TV避雷器柜

至10kV Ⅱ段母线TV避雷器柜

至10kV Ⅱ段母线TV避雷器柜

===P1+-X3

外引电缆	连接设备	线号	端子号	连接设备	外引电缆
	-FB30:4	101	1	-SB3:23	
			2	-BH:901	
			3	-SA1:1	
			4	-08G/分段柜-X5:17	
			5	-08G/分段柜-X5:19	
			6	-09G/隔离柜-X5:19	
			7	-S1-1:NO	
			8	-S1-2:NC	
			9	-15G/2母TV柜-X5:1	
			10	-15G/2母TV柜-X5:3	
	-YJ2:11	101	11	-YJ1:11	
	-FB30:2	102	X 12	-EL1:2	
			13	-BH:601	
			14	-BH:201	
			15	-BH:401	
	-YJ2:15	102	16	-YJ1:15	
	-EL1:1	121	X 17	-SB3:24	
	-08G/分段柜-X5:3	105	18	-SA1:2	
	-08G/分段柜-X5:13	107	19	-08G/分段柜-X5:4	
	-09G/隔离柜-X5:1	109	20	-08G/分段柜-X5:14	
	-09G/隔离柜-X5:2	103	21	-BH:501	
	-SA1:4	133	22	-BH:502	
	-08G/分段柜-X5:18	133	23		
	-08G/分段柜-X5:20	133	24		
	-09G/隔离柜-X5:20	133	25		
	-S1-1:COM	123	26	-BH:101	
	-S1-2:COM	125	27	-BH:102	
	-15G/2母TV柜-X5:2	127	28	-BH:301	
	-15G/2母TV柜-X5:4	129	29	-BH:302	
	-FB31:4	301	30	-PU:1	
			31	-PU:3	
	-FB31:2	302	X 32	-PU:2	
			33		
			X 34	-PU:4	

至10kV隔离柜

至10kV Ⅱ段母线TV避雷器柜

至10kV分段柜

至10kV分段柜

图 7-22-13 Ⅰ段母线 TV 避雷器柜端子排图（一）

===P1+-X5

外引电缆	连接设备	线号	端子号	连接设备	外引电缆
		B01	1	-BH:118	
		B02	2	-BH:218	
		B03	3	-BH:318	
		B04	4	-BH:418	
		B05	5	-BH:518	
		B06	6	-BH:618	
		B07	7	-BH:903	
		B08	8	-BH:904	
		B09	9	-YJ1:23	
		B10	10	-YJ1:22	
		B11	11	-YJ2:23	
		B12	12	-YJ2:22	

===P1+-X6

外引电缆	连接设备	线号	端子号	连接设备	外引电缆
	-FB60:2	黄色/A621	1	-BH:104	
	-PV3:-	黄色/A621	2	-PV1:+	
	-FB60:4	绿色/B621	3	-BH:105	
	-PV2:+	绿色/B621	4	-PV1:-	
	-FB60:6	红色/C621	5	-BH:106	
	-PV3:+	红色/C621	6	-PV2:-	
			7		
	-TV:dn	淡蓝/N630	8		
	-TV:da	黑/L630	9	-BH:107	
			10		
			11	-BH:207	
			12	-BH:507	
			13	-BH:607	
	-15G/2母TV柜-X13:2	黄色/A622	14	-BH:504	
	-15G/2母TV柜-X13:4	绿色/B622	15	-BH:505	
	-15G/2母TV柜-X13:6	红色/C622	16	-BH:506	
	-15G/2母TV柜-X6:1	黄色/A621	17	-BH:304	
	-15G/2母TV柜-X13:1	黄色/A622	18	-BH:404	
	-15G/2母TV柜-X6:3	绿色/B621	19	-BH:305	
	-15G/2母TV柜-X13:3	绿色/B622	20	-BH:405	
	-15G/2母TV柜-X6:5	红色/C621	21	-BH:306	
	-15G/2母TV柜-X13:5	红色/C622	22	-BH:406	
	-15G/2母TV柜-X6:9	黑/L630	23	-BH:307	
	-15G/2母TV柜-X6:11	黑/L631	24	-BH:407	

至10kV II段母线TV避雷器柜
至10kV II段母线TV避雷器柜
至10kV II段母线TV
避雷器柜

===P1+-X10

外引电缆	连接设备	线号	端子号	连接设备	外引电缆
	-X10.1:1	800	1		
	-X10.2:1	800	2 X		
	-X10.1:2	801	3		
	-X10.2:2	801	4 X		
	-X10.1:3	803	5		
	-X10.2:3	803	6 X		

===P1+-X11

外引电缆	连接设备	线号	端子号	连接设备	外引电缆
	-X11.1:1	L	1		
	-X11.2:1	L	2 X	-FB90:3	
	-X11.1:2	N	3		
	-X11.2:2	N	4 X	-FB90:1	
	-X11.1:3	HM+	5		
	-X11.2:3	HM+	6 X		
	-X11.1:4	HM-	7		
	-X11.2:4	HM-	8 X		
	-X11.1:5	KM+	9	-FB30:3	
	-X11.2:5	KM+	10 X	-FB31:3	
	-X11.1:6	KM-	11	-FB30:1	
	-X11.2:6	KM-	12 X	-FB31:1	
	-X11.1:7	V+	13		
	-X11.2:7	V+	14 X		
	-X11.1:8	V-	15		
	-X11.2:8	V-	16 X		

===P1+-X13

外引电缆	连接设备	端子号	线号	连接设备	外引电缆
	-X13.1:1	1	黄色/A622	-BH:204	
	-X13.2:1	2 X	黄色/A622	-BH:604	
	-X13.1:2	3	绿色/B622	-BH:205	
	-X13.2:2	4 X	绿色/B622	-BH:605	
	-X13.1:3	5	红色/C622	-BH:206	
	-X13.2:3	6 X	红色/C622	-BH:606	
	-X13.1:4	7	淡蓝/N622	-X1:11	
	-X13.2:4	8 X			

图 7-22-14　Ⅰ段母线 TV 避雷器柜端子排图（二）

	断路器弹簧储能回路	保护与信号回路	控制回路	带电显示器闭锁回路		冷凝除湿器回路		保护电压小母线信号

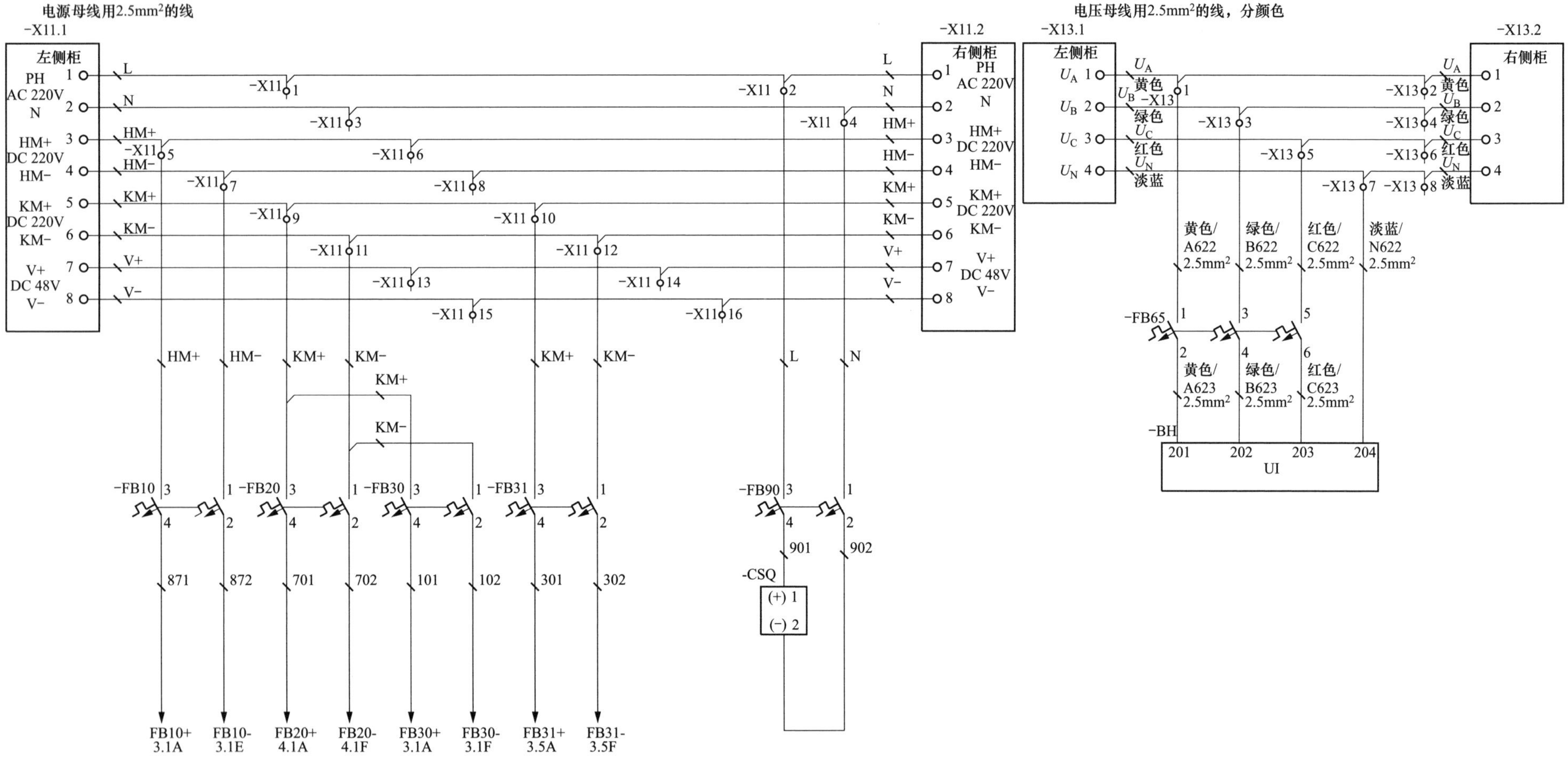

图 7-22-15　分段柜二次原理图（一）

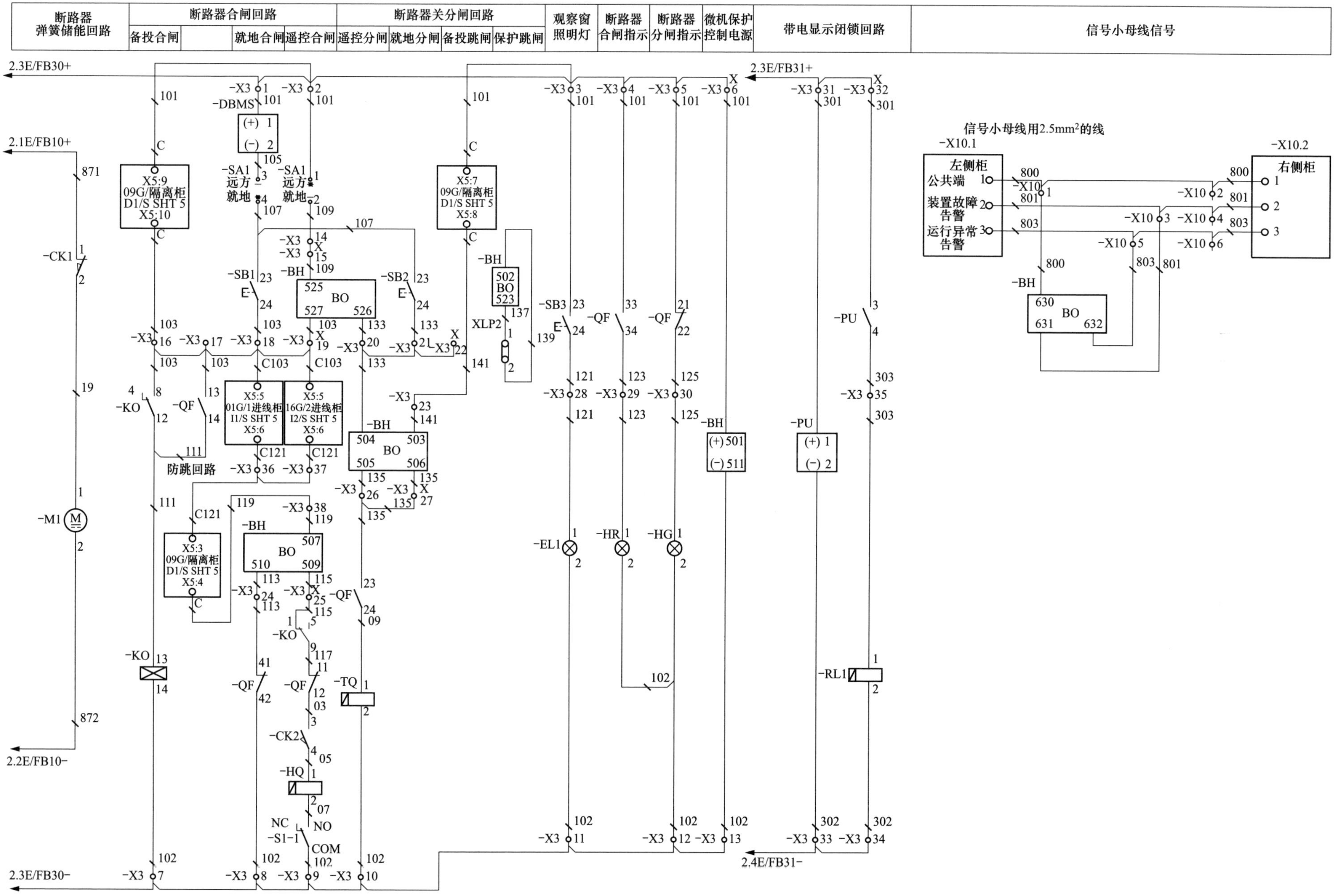

图 7-22-16　分段柜二次原理图（二）

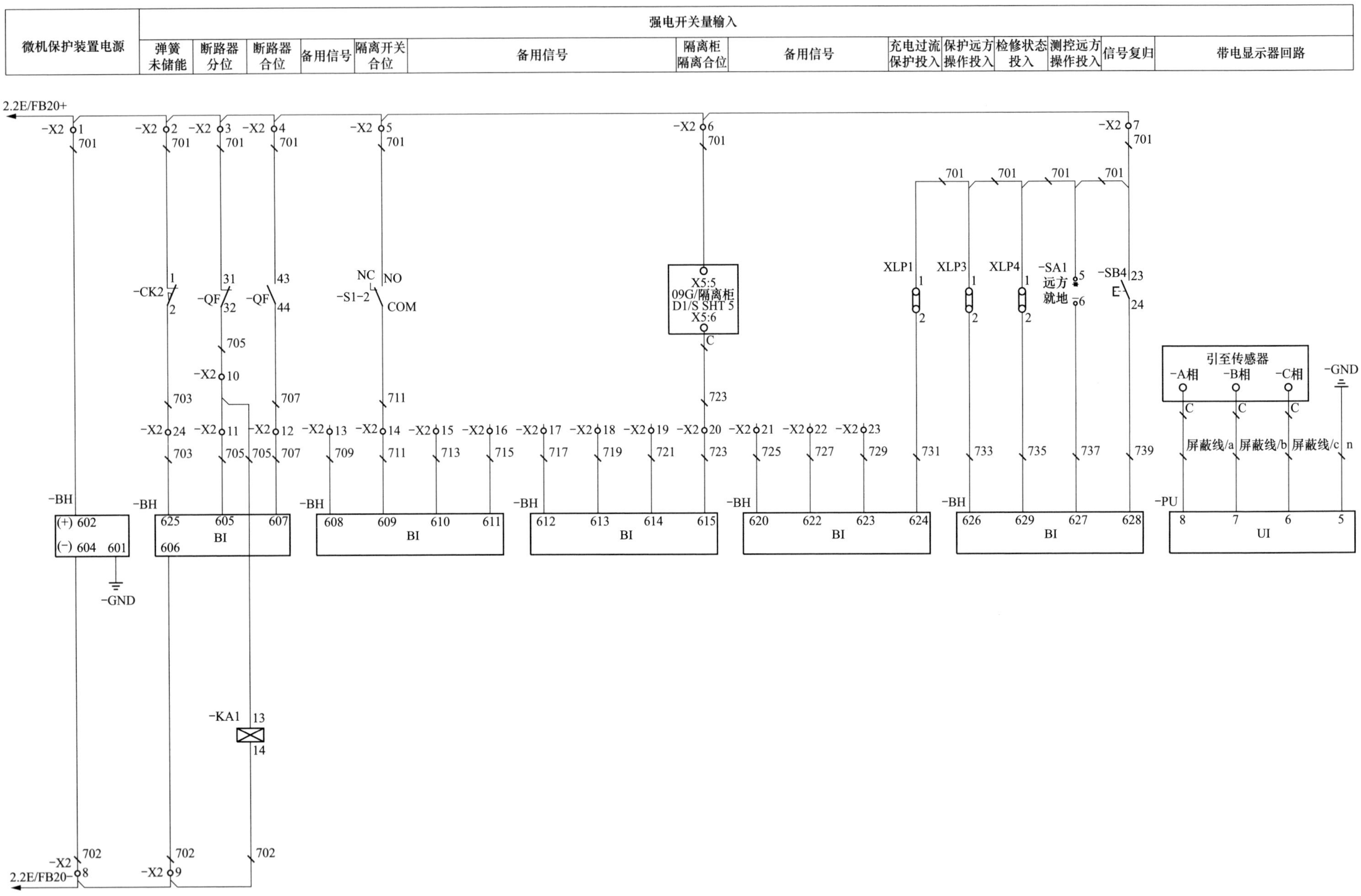

图 7-22-17　分段柜二次原理图（三）

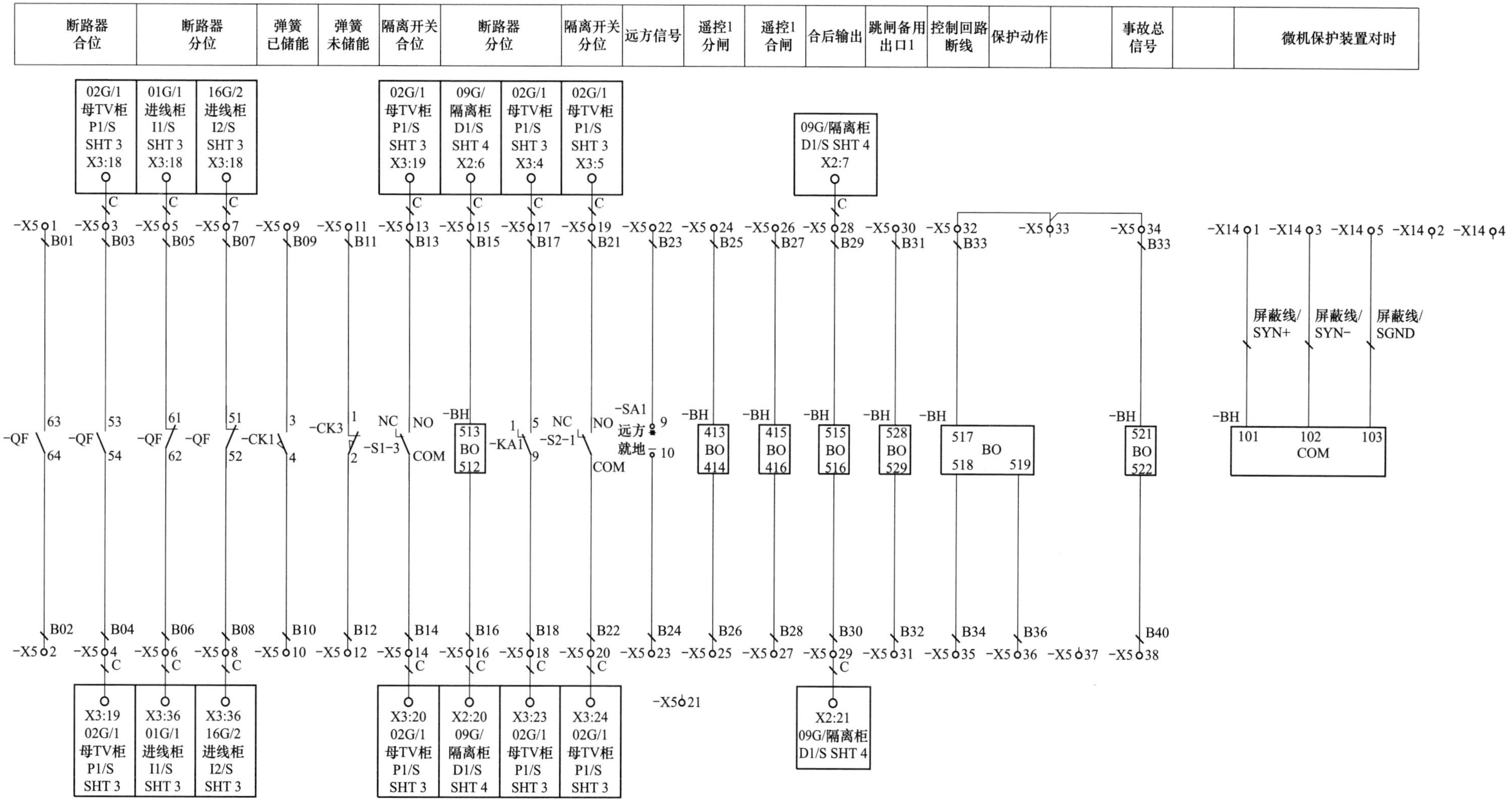

图 7-22-18 分段柜二次原理图（四）

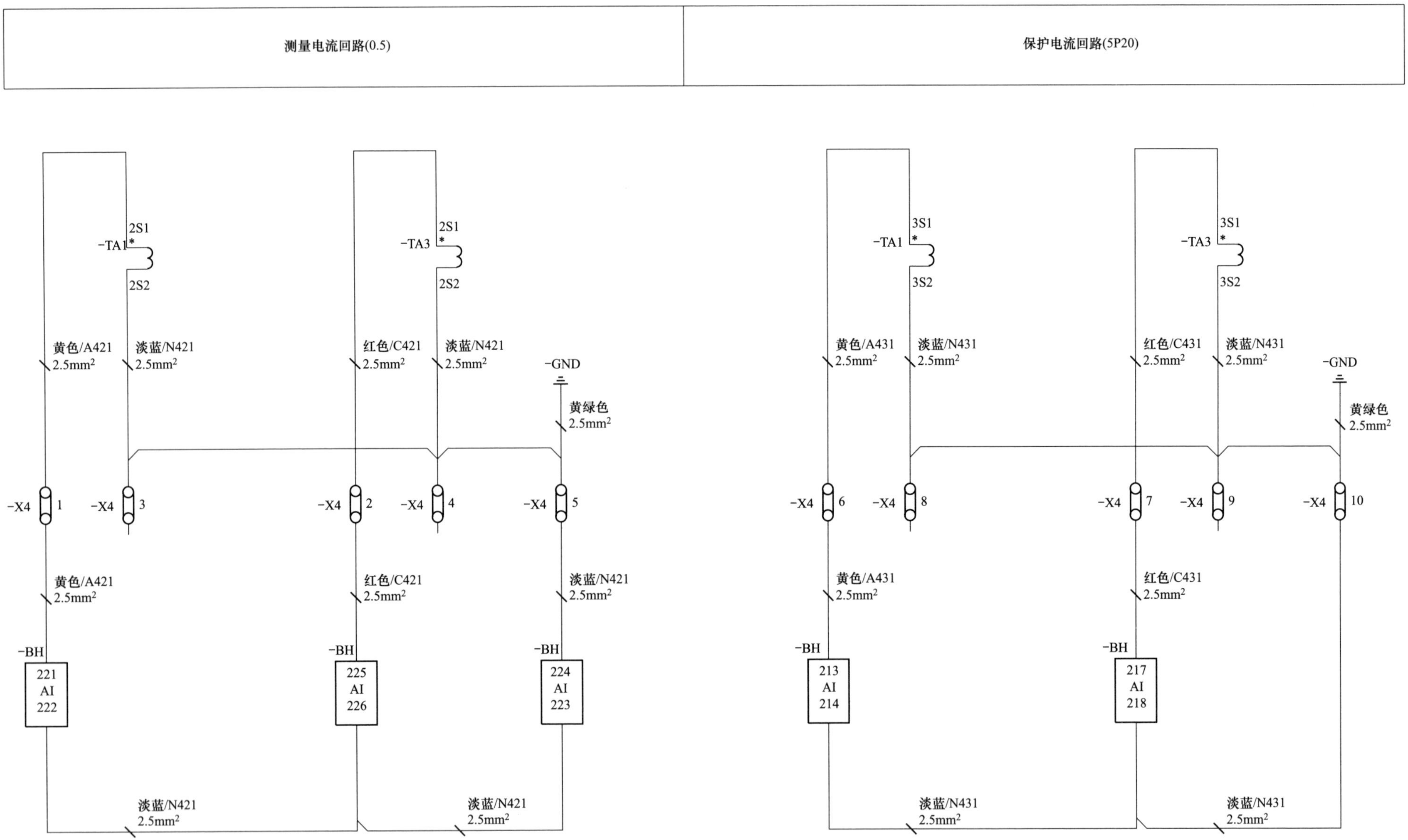

电流互感器二次回路导线截面：2.5mm²，颜色按照A、B、C相对应黄、绿、红。

图 7-22-19　分段柜二次原理图（五）

计量电压小母线信号	计量电流回路(0.2S)

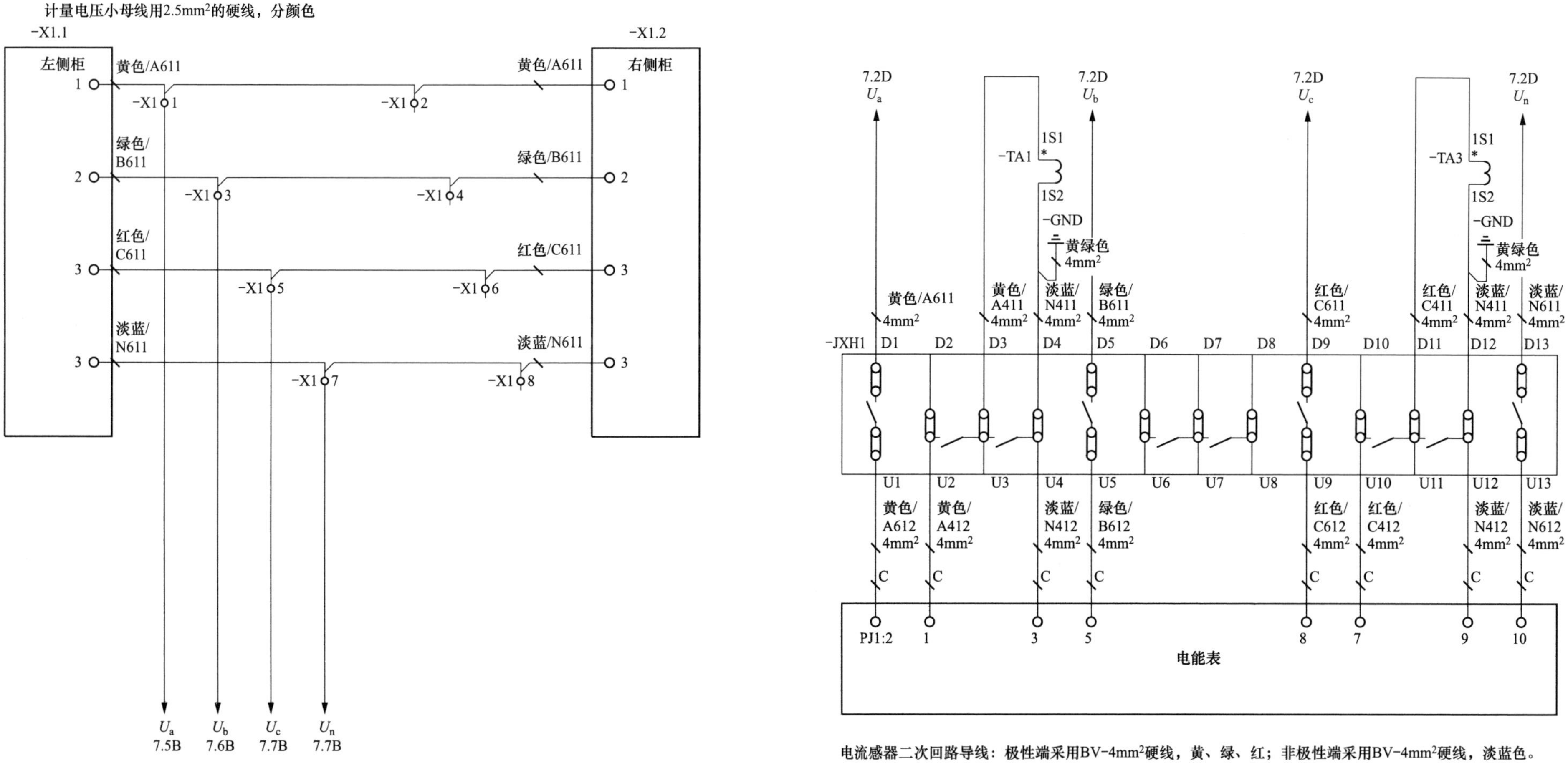

电流感器二次回路导线：极性端采用BV-4mm²硬线，黄、绿、红；非极性端采用BV-4mm²硬线，淡蓝色。

电压感器二次回路导线：采用BV-4mm²硬线，黄、绿、红、淡蓝。

图 7-22-20　分段柜二次原理图（六）

===B1+-X1

外引电缆	连接设备	线号	端子号	连接设备	外引电缆
	-X1.1:1	黄色/A611	1	-JXH1:D1	
	-X1.2:1	黄色/A611	2		
	-X1.1:2	绿色/B611	3	-JXH1:D5	
	-X1.2:2	绿色/B611	4		
	-X1.1:3	红色/C611	5	-JXH1:D9	
	-X1.2:3	红色/C611	6		
	-X1.1:3	淡蓝/N611	7	-JXH1:D13	
	-X1.2:3	淡蓝/N611	8		

===B1+-X2

外引电缆	连接设备	线号	端子号	连接设备	外引电缆
	-BH:602	701	1	-FB20:4	
			2	-CK2:1	
			3	-QF:31	
			4	-QF:43	
			5	-S1-2:NO	
			6	-09G/隔离柜-X5:5	
	-SB4:23	701	7 X		
	-BH:604	702	8	-FB20:2	
	-BH:606	702	9 X	-KA1:14	
	-KA1:13	705	10	-QF:32	
	-BH:605	705	11		
	-BH:607	707	12	-QF:44	
	-BH:608	709	13		
	-BH:609	711	14	-S1-2:COM	
	-BH:610	713	15		
	-BH:611	715	16		
	-BH:612	717	17		
	-BH:613	719	18		
	-BH:614	721	19		
	-BH:615	723	20	-09G/隔离柜-X5:6	
	-BH:620	725	21		
	-BH:622	727	22		
	-BH:623	729	23		
	-BH:625	703	24	-CK2:2	

===B1+-X3

外引电缆	连接设备	线号	端子号	连接设备	外引电缆
	-FB30:4	101	1	-DBMS:1	
	-09G/隔离柜-X5:9	101	2	-SA1:1	
	-09G/隔离柜-X5:7	101	3	-SB3:23	
	-QF:33	101	4		
	-QF:21	101	5		
			6 X	-BH:501	
	-FB30:2	102	7	-KO:14	
	-QF:42	102	8		
	-S1-1:COM	102	9		
	-TQ:2	102	10		
	-EL1:2	102	11		
			12	-HG:2	
			13 X	-BH:511	
			14	-SA1:2	
			15 X	-BH:525	
	-09G/隔离柜-X5:10	103	16	-KO:8	
			17	-QF:13	
	-01G/1进线柜-X5:5	103	18	-SB1:24	
	-BH:527	103	19 X	-16G/2进线柜-X5:5	
	-BH:526	133	20	-BH:504	
			21	-SB2:24	
			22 X		
	-09G/隔离柜-X5:8	141	23	-BH:503	
	-QF:41	113	24	-BH:510	
	-KO:1	115	25 X	-BH:509	
	-QF:23	135	26	-BH:505	
			27 X	-BH:506	
	-EL1:1	121	28	-SB3:24	
	-QF:34	123	29	-HR:1	
	-QF:22	125	30	-HG:1	
	-FB31:4	301	31	-PU:1	
			32 X	-PU:3	
	-FB31:2	302	33	-PU:2	
	-RL1:2	302	34 X		
	-RL1:1	303	35	-PU:4	
	-09G/隔离柜-X5:3	121	36	-01G/1进线柜-X5:6	
			37	-16G/2进线柜-X5:6	
	-09G/隔离柜-X5:4	119	38	-BH:507	

===B1+-X4

外引电缆	连接设备	线号	端子号	连接设备	外引电缆
	-TA1:2S1	黄色/A421	1	-BH:221	
	-TA3:2S1	红色/C421	2	-BH:225	
	-TA1:2S2	淡蓝/N421	3		
	-TA3:2S2	淡蓝/N421	4		
	-GND	黄绿色	5	-BH:224	
	-TA1:3S1	黄色/A431	6	-BH:213	
	-TA3:3S1	红色/C431	7	-BH:217	
	-TA1:3S2	淡蓝/N431	8		
	-TA3:3S2	淡蓝/N431	9		
	-GND	黄绿色	10	-BH:218	

至10kV隔离柜

至10kV隔离柜

至10kV隔离柜

至10kV 1号进线柜

至10kV 2号进线柜

图 7-22-21　分段柜端子排图（一）

===B1+-X5

外引电缆	连接设备	线号	端子号	连接设备	外引电缆
		B01	1	-QF:63	
		B02	2	-QF:64	
	-02G/1母TV柜-X3:18	B03	3	-QF:53	
	-02G/1母TV柜-X3:19	B04	4	-QF:54	
	-01G/1进线柜-X3:18	B05	5	-QF:61	
	-01G/1进线柜-X3:36	B06	6	-QF:62	
	-16G/2进线柜-X3:18	B07	7	-QF:51	
	-16G/2进线柜-X3:36	B08	8	-QF:52	
	储能指示灯：2	B09	9	-CK1:3	
	-X11:8	B10	10	-CK1:4	
		B11	11	-CK3:1	
		B12	12	-CK3:2	
	-02G/1母TV柜-X3:19	B13	13	-S1-3:NO	
	-02G/1母TV柜-X3:20	B14	14	-S1-3:COM	
	-09G/隔离柜-X2:6	B15	15	-BH:513	
	-09G/隔离柜-X2:20	B16	16	-BH:512	
	-02G/1母TV柜-X3:4	B17	17	-KA1:5	
	-02G/1母TV柜-X3:23	B18	18	-KA1:9	
	-02G/1母TV柜-X3:5	B21	19	-S2-1:NO	
	-02G/1母TV柜-X3:24	B22	20	-S2-1:COM	
			21		
		B23	22	-SA1:9	
		B24	23	-SA1:10	
		B25	24	-BH:413	
		B26	25	-BH:414	
		B27	26	-BH:415	
		B28	27	-BH:416	
	-09G/隔离柜-X2:7	B29	28	-BH:515	
	-09G/隔离柜-X2:21	B30	29	-BH:516	
		B31	30	-BH:528	
		B32	31	-BH:529	
		B33	32	-BH:517	
			33		
		B33	34	-BH:521	
		B34	35	-BH:518	
		B36	36	-BH:519	
			37		
		B40	38	-BH:522	

至10kV I段母线TV避雷器柜

至10kV I段母线TV避雷器柜

至10kV 1号进线柜

至10kV 2号进线柜

至10kV隔离柜

===B1+-X10

外引电缆	连接设备	线号	端子号	连接设备	外引电缆
	-X10.1:1	800	1	-BH:630	
	-X10.2:1	800	2		
	-X10.1:2	801	3	-BH:631	
	-X10.2:2	801	4		
	-X10.1:3	803	5	-BH:632	
	-X10.2:3	803	6		

===B1+-X11

外引电缆	连接设备	线号	端子号	连接设备	外引电缆
	-X11.1:1	L	1		
	-X11.2:1	L	2	-FB90:3	
	-X11.1:2	N	3		
	-X11.2:2	N	4	-FB90:1	
	-X11.1:3	HM+	5	-FB10:3	
	-X11.2:3	HM+	6	储能指示灯：1	
	-X11.1:4	HM-	7	-FB10:1	
	-X11.2:4	HM-	8	-X5:10	
	-X11.1:5	KM+	9	-FB20:3	
	-X11.2:5	KM+	10	-FB31:3	
	-X11.1:6	KM-	11	-FB20:1	
	-X11.2:6	KM-	12	-FB31:1	
	-X11.1:7	V+	13		
	-X11.2:7	V+	14		
	-X11.1:8	V-	15		
	-X11.2:8	V-	16		

===B1+-X13

外引电缆	连接设备	线号	端子号	连接设备	外引电缆
	-X13.1:1	UA	1	-FB65:1	
	-X13.2:1	UA	2		
	-X13.1:2	UB	3	-FB65:3	
	-X13.2:2	UB	4		
	-X13.1:3	UC	5	-FB65:5	
	-X13.2:3	UC	6		
	-X13.1:4	UN	7	-BH:204	
	-X13.2:4	UN	8		

===B1+-X14

外引电缆	连接设备	线号	端子号	连接设备	外引电缆
		屏蔽线/SYN+	1	-BH:101	
			2		
		屏蔽线/SYN-	3	-BH:102	
			4		
		屏蔽线/SGND	5	-BH:103	

图 7-22-22　分段柜端子排图（二）

保护与信号回路	控制回路	带电显示器闭锁回路		冷凝除湿器回路		Ⅰ段保护电压小母线信号	Ⅱ段保护电压小母线信号

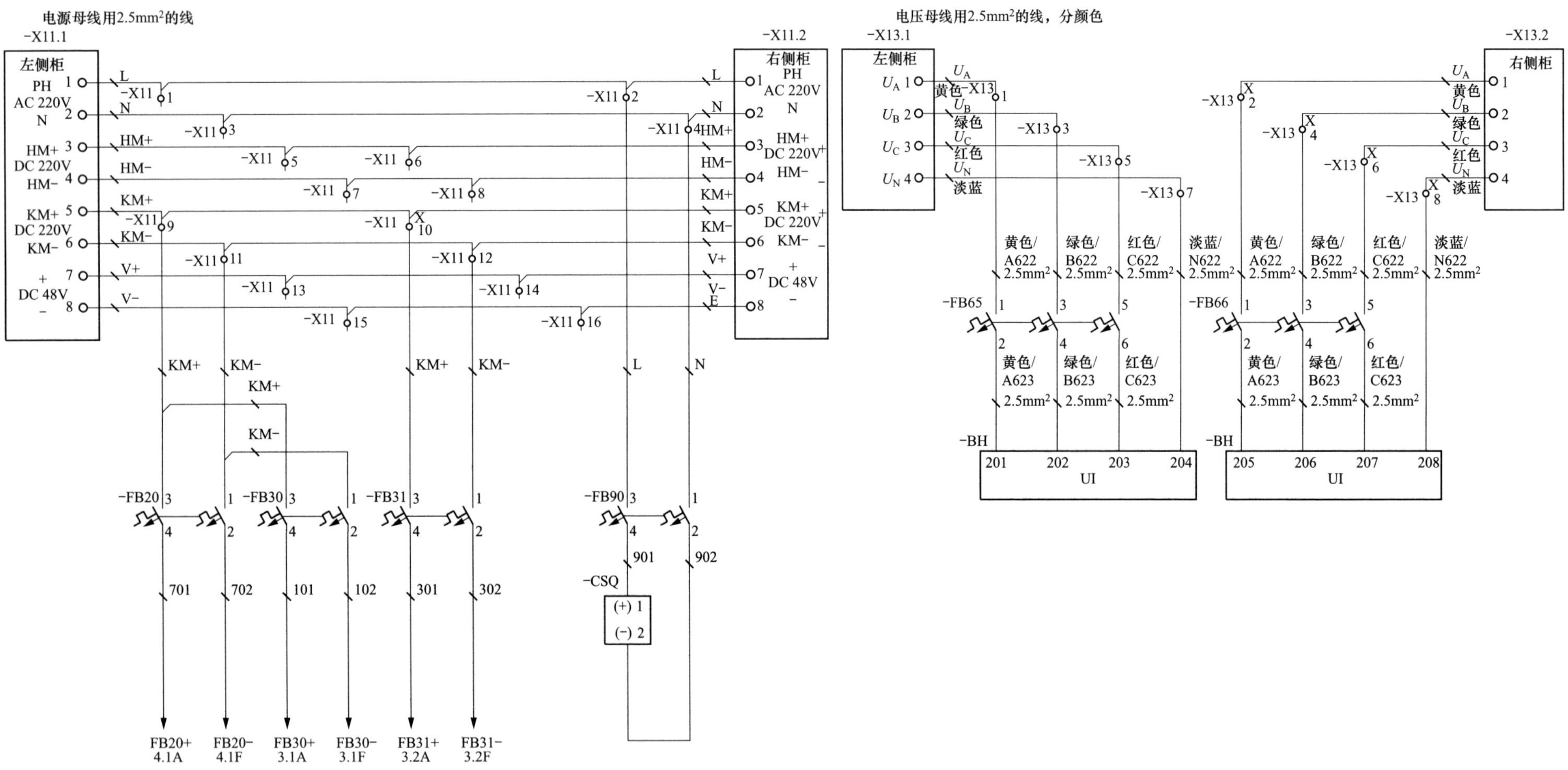

图 7-22-23　隔离柜二次原理图（一）

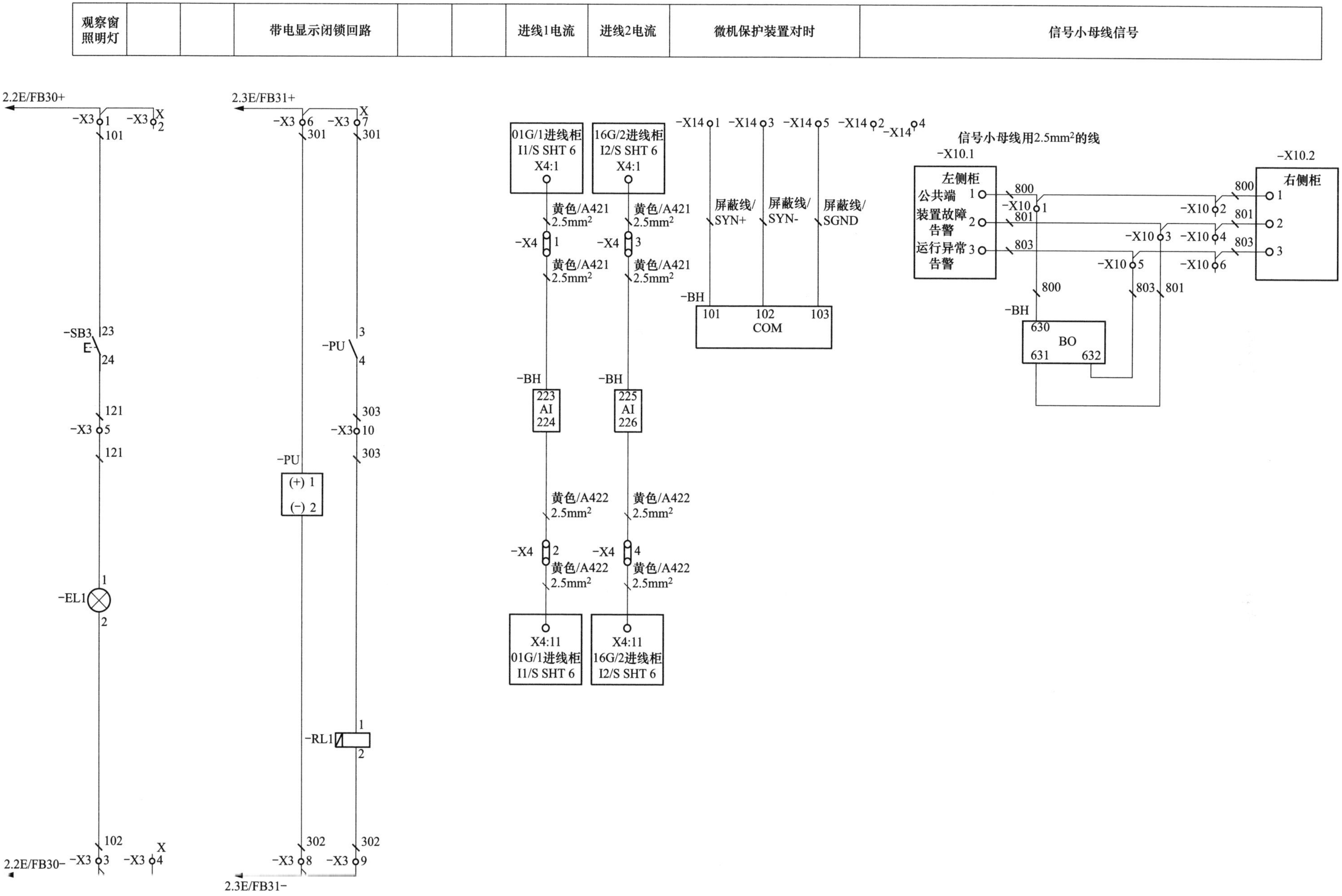

图 7-22-24　隔离柜二次原理图（二）

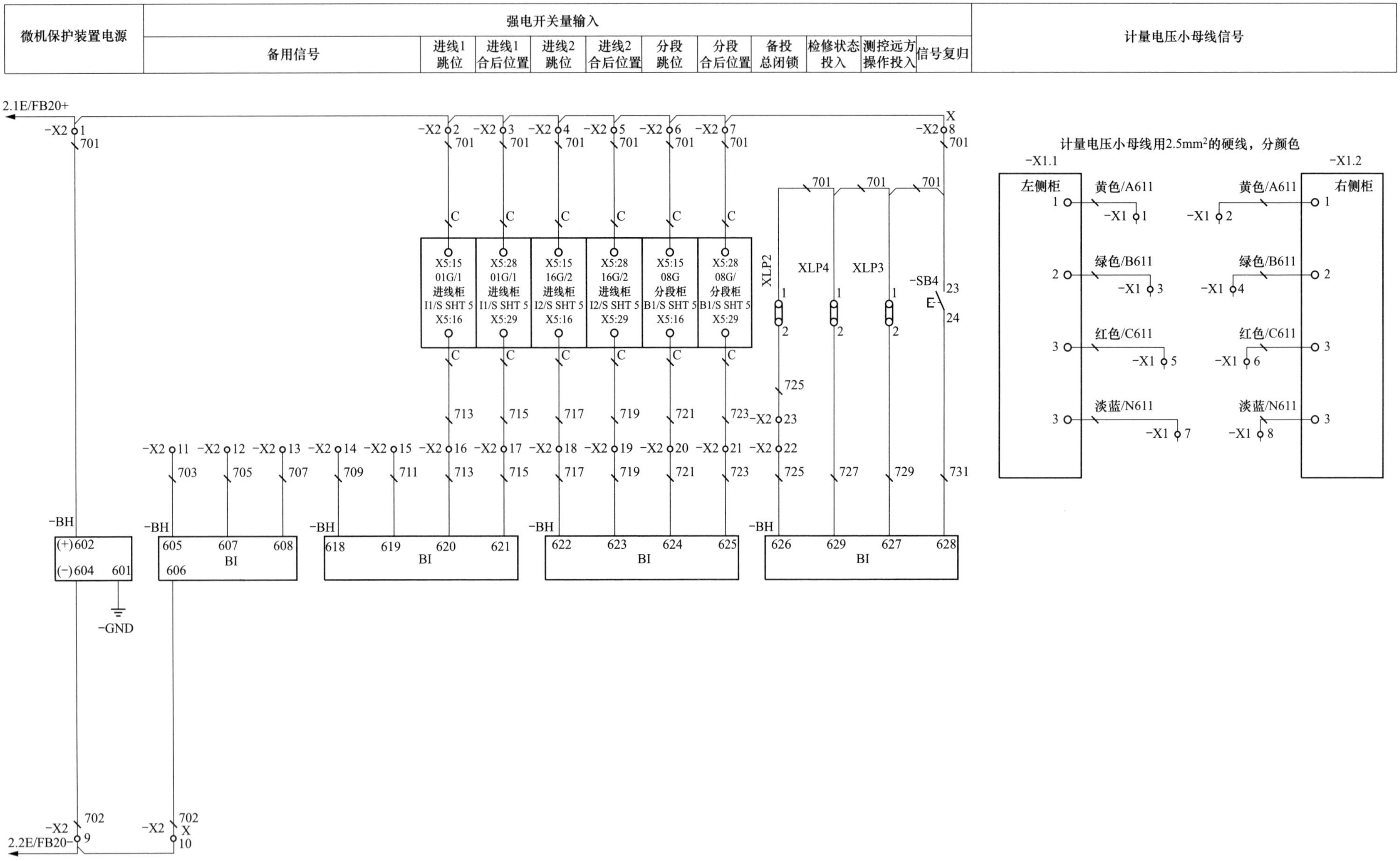

图 7-22-25　隔离柜二次原理图（三）

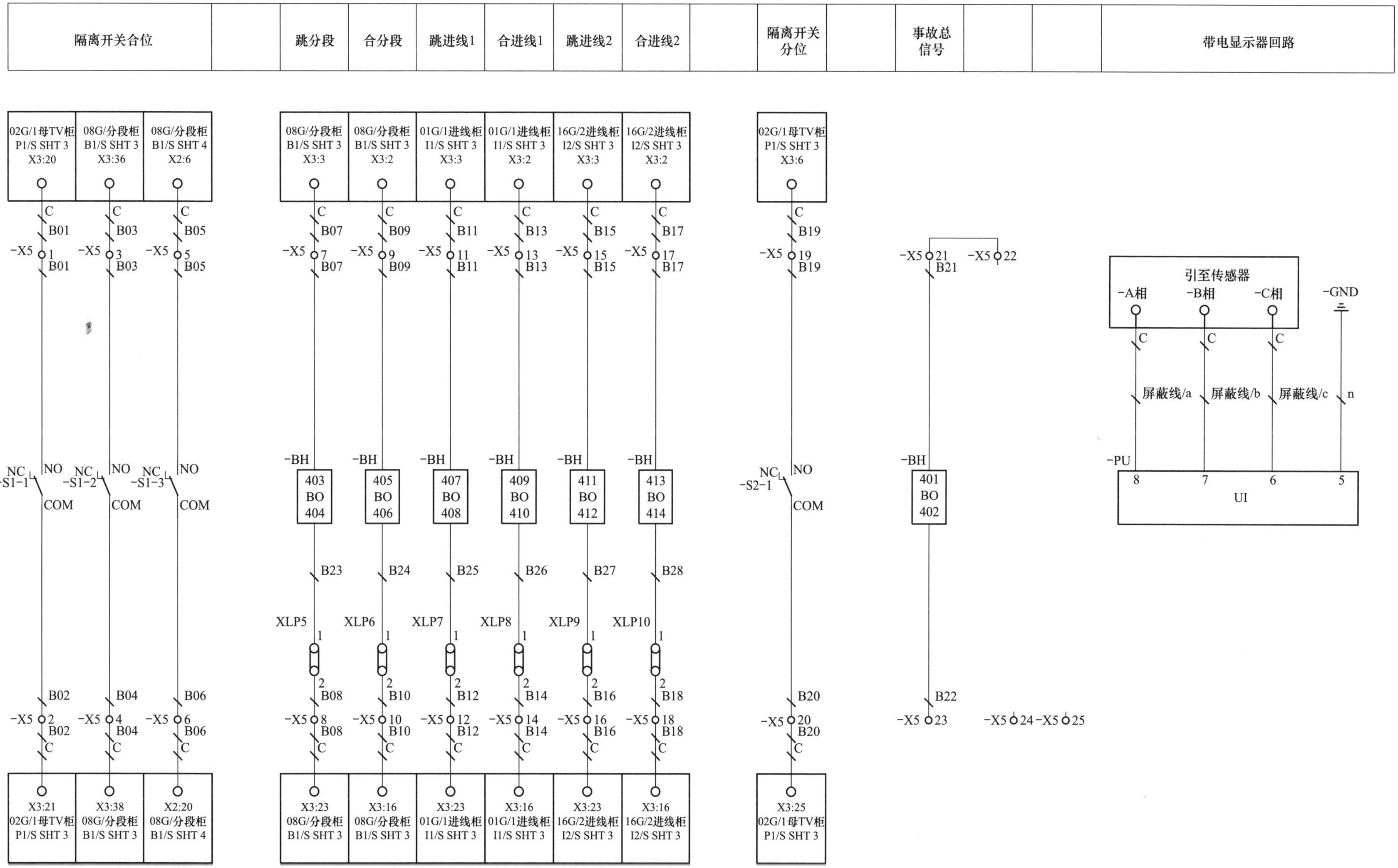

图 7-22-26　隔离柜二次原理图（四）

===D1+-X1

外引电缆	连接设备	线号	端子号	连接设备	外引电缆
	-X1.1:1	黄色/A611	1		
	-X1.2:1	黄色/A611	2		
	-X1.1:2	绿色/B611	3		
	-X1.2:2	绿色/B611	4		
	-X1.1:3	红色/C611	5		
	-X1.2:3	红色/C611	6		
	-X1.1:3	淡蓝/N611	7		
	-X1.2:3	淡蓝/N611	8		

===D1+-X2

外引电缆	连接设备	线号	端子号	连接设备	外引电缆
	-FB20:4	701	1	-BH:602	
	-01G/1进线柜-X5:15	701	2		
	-01G/1进线柜-X5:28	701	3		
	-16G/2进线柜-X5:15	701	4		
	-16G/2进线柜-X5:28	701	5		
	-08G/分段柜-X5:15	701	6		
	-08G/分段柜-X5:28	701	7		
			8 X	-SB4:23	
	-FB20:2	702	9	-BH:604	
			10 X	-BH:606	
			11	-BH:605	
			12	-BH:607	
			13	-BH:608	
			14	-BH:618	
			15	-BH:619	
	-01G/1进线柜-X5:16	713	16	-BH:620	
	-01G/1进线柜-X5:29	715	17	-BH:621	
	-16G/2进线柜-X5:16	717	18	-BH:622	
	-16G/2进线柜-X5:29	719	19	-BH:623	
	-08G/分段柜-X5:16	721	20	-BH:624	
	-08G/分段柜-X5:29	723	21	-BH:625	
			22	-BH:626	
			23	-XLP2:2	

至10kV 1号进线柜

至10kV 2号进线柜

至10kV分段柜

===D1+-X3

外引电缆	连接设备	线号	端子号	连接设备	外引电缆
	-FB30:4	101	1	-SB3:23	
			2 X		
	-EL1:2	102	3	-FB30:2	
			4 X		
	-EL1:1	121	5	-SB3:24	
	-FB31:4	301	6	-PU:1	
			7 X	-PU:3	
	-FB31:2	302	8	-PU:2	
	-RL1:2	302	9 X		
	-RL1:1	303	10	-PU:4	

===D1+-X4

外引电缆	连接设备	线号	端子号	连接设备	外引电缆
	-01G/1进线柜-X4:1	黄色/A421	1	-BH:223	
	-BH:224	黄色/A422	2	-01G/1进线柜-X4:11	
	-16G/2进线柜-X4:1	黄色/A421	3	-BH:225	
	-BH:226	黄色/A422	4	-16G/2进线柜-X4:11	

至10kV 1号进线柜

至10kV 2号进线柜

===D1+-X5

外引电缆	连接设备	线号	端子号	连接设备	外引电缆
	-02G/1母TV柜-X3:20	B01	1	-S1-1:NO	
	-02G/1母TV柜-X3:21	B02	2	-S1-1:COM	
	-08G/分段柜-X3:36	B03	3	-S1-2:NO	
	-08G/分段柜-X3:38	B04	4	-S1-2:COM	
	-08G/分段柜-X2:6	B05	5	-S1-3:NO	
	-08G/分段柜-X2:20	B06	6	-S1-3:COM	
	-08G/分段柜-X3:3	B07	7	-BH:403	
	-08G/分段柜-X3:23	B08	8	-XLP5:2	
	-08G/分段柜-X3:2	B09	9	-BH:405	
	-08G/分段柜-X3:16	B10	10	-XLP6:2	
	-01G/1进线柜-X3:3	B11	11	-BH:407	
	-01G/1进线柜-X3:23	B12	12	-XLP7:2	
	-01G/1进线柜-X3:2	B13	13	-BH:409	
	-01G/1进线柜-X3:16	B14	14	-XLP8:2	
	-16G/2进线柜-X3:3	B15	15	-BH:411	
	-16G/2进线柜-X3:23	B16	16	-XLP9:2	
	-16G/2进线柜-X3:2	B17	17	-BH:413	
	-16G/2进线柜-X3:16	B18	18	-XLP10:2	
	-02G/1母TV柜-X3:6	B19	19	-S2-1:NO	
	-02G/1母TV柜-X3:25	B20	20	-S2-1:COM	
			21	-BH:401	
			22		
			23	-BH:402	
			24		
			25		

至10kV I段母线TV避雷器柜

至10kV分段柜

至10kV分段柜

至10kV分段柜

至10kV 1号进线柜

至10kV 2号进线柜

图 7-22-27　隔离柜端子排图（一）

===D1+-X10

外引电缆	连接设备	线号	端子号	连接设备	外引电缆
	-X10.1:1	800	1	-BH:630	
	-X10.2:1	800	2 X		
	-X10.1:2	801	3	-BH:631	
	-X10.2:2	801	4 X		
	-X10.1:3	803	5	-BH:632	
	-X10.2:3	803	6 X		

===D1+-X11

外引电缆	连接设备	线号	端子号	连接设备	外引电缆
	-X11.1:1	L	1		
	-X11.2:1	L	2 X	-FB90:3	
	-X11.1:2	N	3		
	-X11.2:2	N	4 X	-FB90:1	
	-X11.1:3	HM+	5		
	-X11.2:3	HM+	6 X		
	-X11.1:4	HM-	7		
	-X11.2:4	HM-	8 X		
	-X11.1:5	KM+	9	-FB20:3	
	-X11.2:5	KM+	10 X	-FB31:3	
	-X11.1:6	KM-	11	-FB20:1	
	-X11.2:6	KM-	12 X	-FB31:1	
	-X11.1:7	V+	13		
	-X11.2:7	V+	14 X		
	-X11.1:8	V-	15		
	-X11.2:8	V-	16 X		

===D1+-X13

外引电缆	连接设备	端子号	线号	连接设备	外引电缆
	-X13.1:1	1	黄色/A622	-FB65:1	
	-X13.2:1	2 X	黄色/A622	-FB66:1	
	-X13.1:2	3	绿色/B622	-FB65:3	
	-X13.2:2	4 X	绿色/B622	-FB66:3	
	-X13.1:3	5	红色/C622	-FB65:5	
	-X13.2:3	6 X	红色/C622	-FB66:5	
	-X13.1:4	7	淡蓝/N622	-BH:204	
	-X13.2:4	8 X	淡蓝/N622	-BH:208	

===D1+-X14

外引电缆	连接设备	线号	端子号	连接设备	外引电缆
		屏蔽线/SYN+	1	-BH:101	
			2		
		屏蔽线/SYN-	3	-BH:102	
			4		
		屏蔽线/SGND	5	-BH:103	

图 7-22-28　隔离柜端子排图（二）

控制回路	带电显示器闭锁回路		48V电源输入	电源模块电源输入	冷凝除湿器回路		保护电压小母线信号	
							保护电压输入	保护电压并列

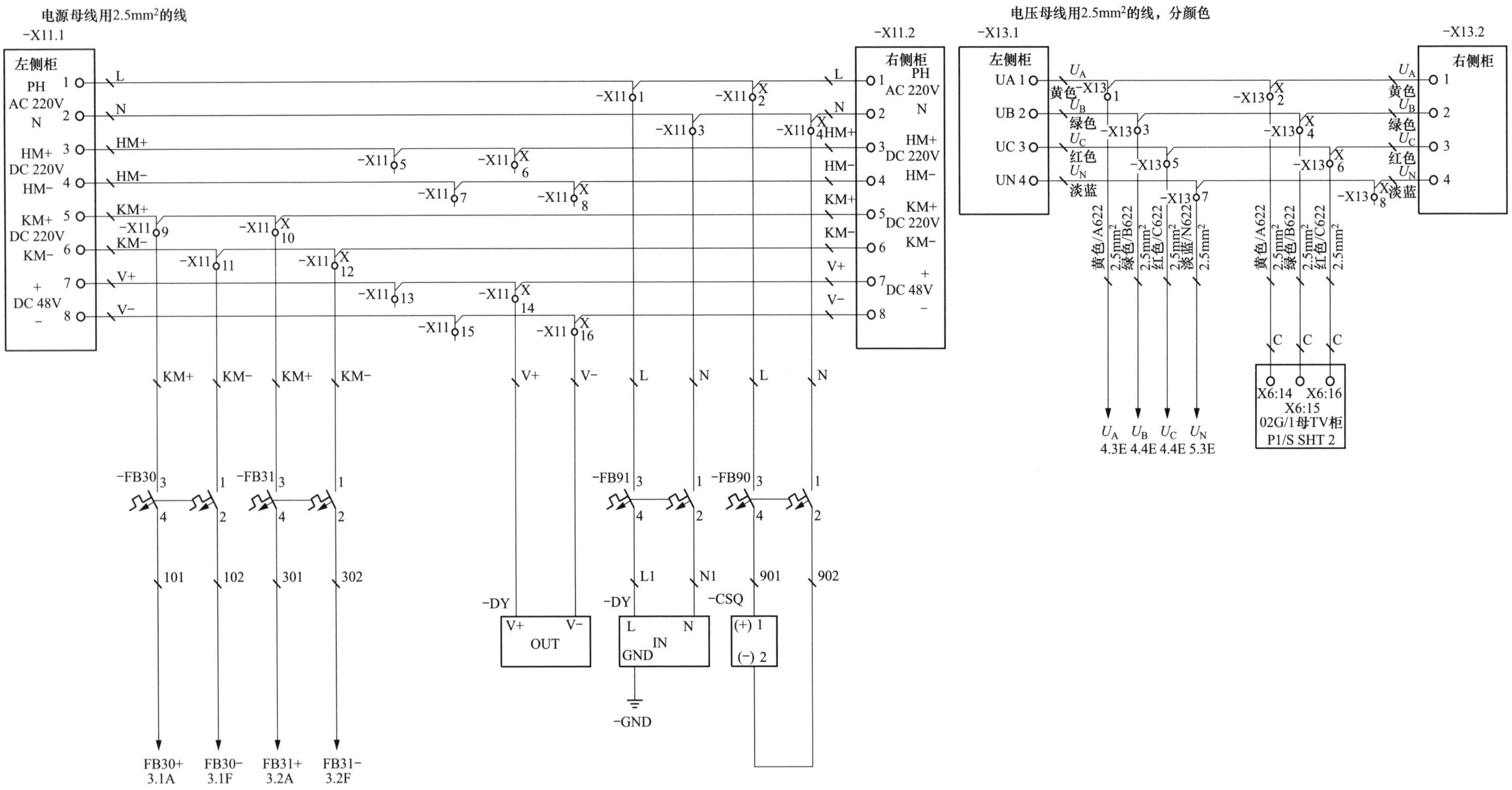

图 7-22-29 Ⅱ段母线 TV 避雷器柜二次原理图（一）

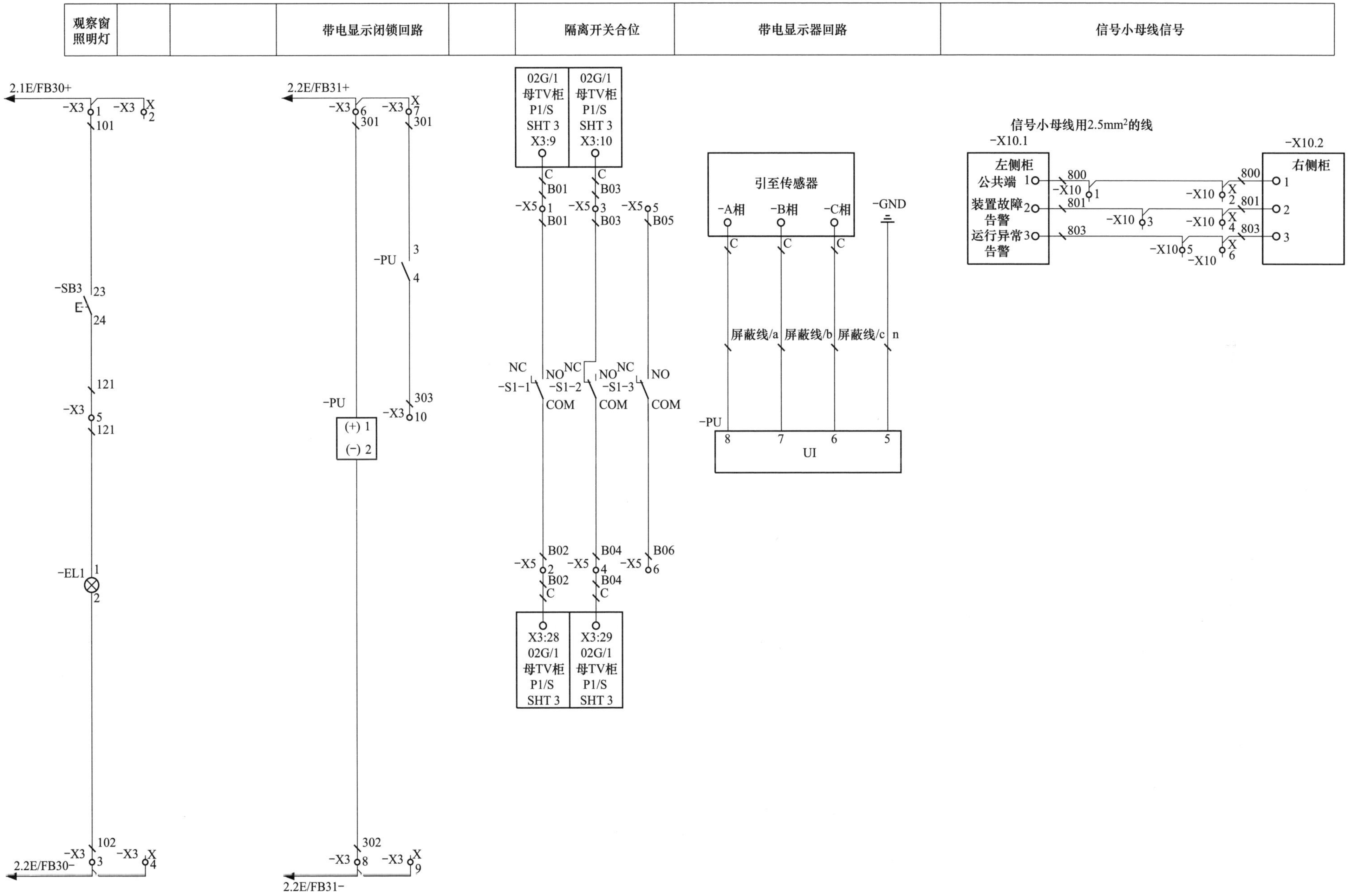

图 7-22-30　Ⅱ段母线 TV 避雷器柜二次原理图（二）

TV回路		
0.1/√3 0.2 计量回路	0.1/√3 0.5 测量回路	0.1/3 3P 零序电压回路

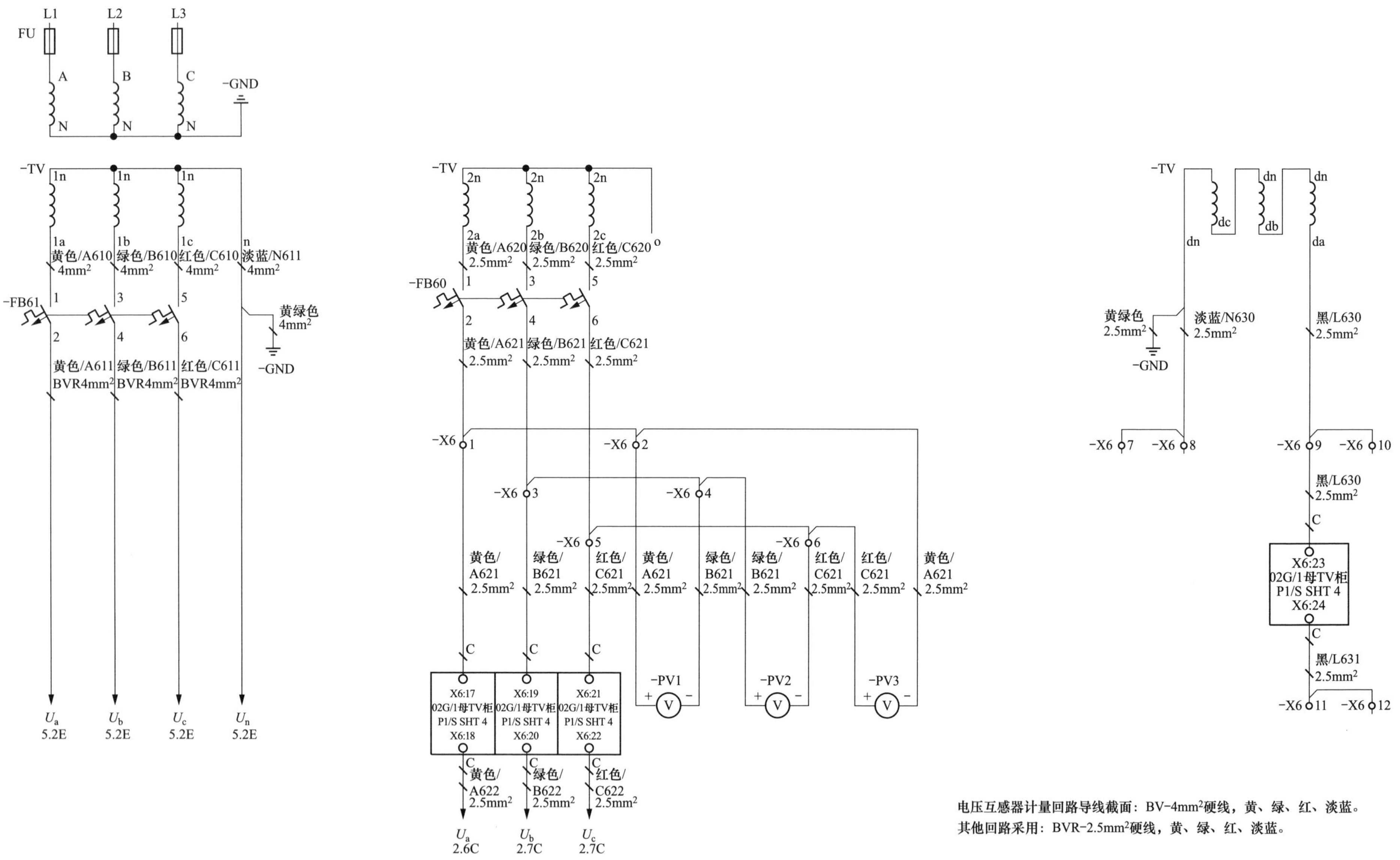

电压互感器计量回路导线截面：BV-4mm²硬线，黄、绿、红、淡蓝。

其他回路采用：BVR-2.5mm²硬线，黄、绿、红、淡蓝。

图 7-22-31 Ⅱ段母线 TV 避雷器柜二次原理图（三）

计量电压小母线信号		
计量电压输入	计量电压并列	计量电压监视

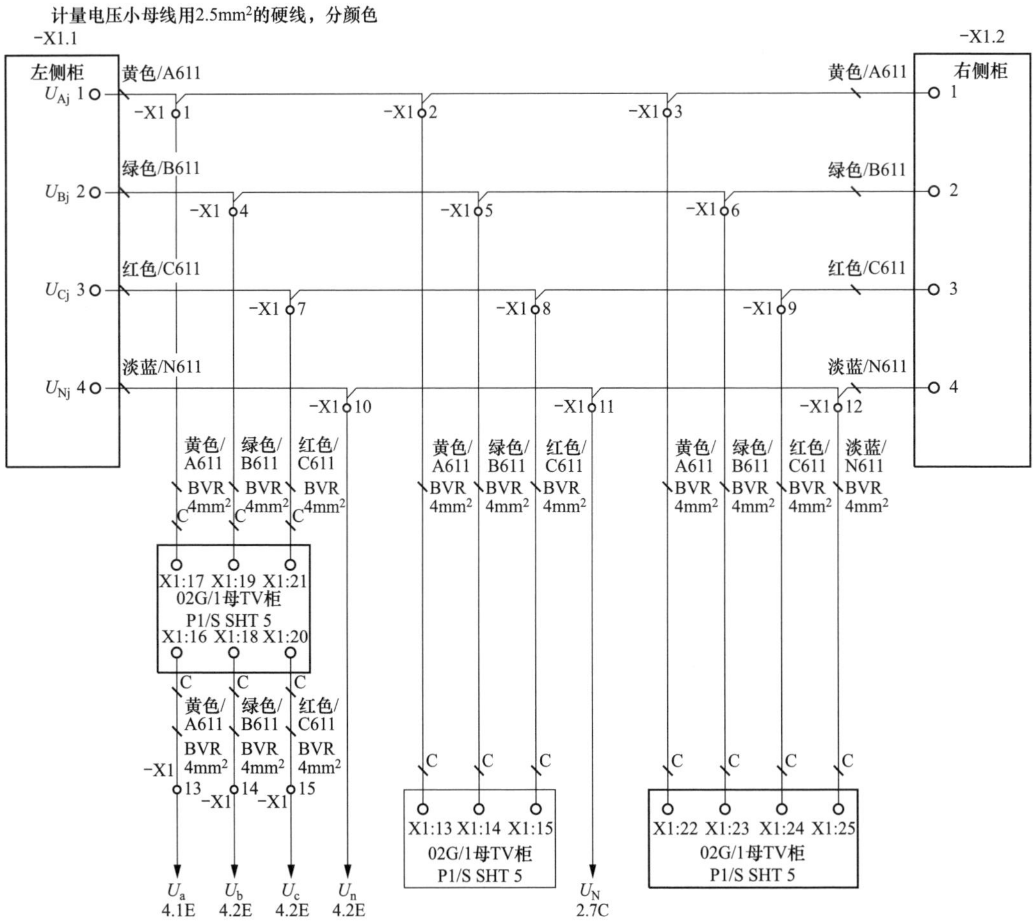

图 7-22-32　Ⅱ段母线 TV 避雷器柜二次原理图（四）

===P2+-X1

外引电缆	连接设备	线号	端子号	连接设备	外引电缆
	-X1.1:1	黄色/A611	1	-02G/1母TV柜-X1:17	
			2	-02G/1母TV柜-X1:13	
	-X1.2:1	黄色/A611	3	-02G/1母TV柜-X1:22	
	-X1.1:2	绿色/B611	4	-02G/1母TV柜-X1:19	
			5	-02G/1母TV柜-X1:14	
	-X1.2:2	绿色/B611	6	-02G/1母TV柜-X1:23	
	-X1.1:3	红色/C611	7	-02G/1母TV柜-X1:21	
			8	-02G/1母TV柜-X1:15	
	-X1.2:3	红色/C611	9	-02G/1母TV柜-X1:24	
	-X1.1:4	淡蓝/N611	10	-TV:n	
			11	-X13:7	
	-X1.2:4	淡蓝/N611	12	-02G/1母TV柜-X1:25	
	-TV:1a	黄色/A610	13	-02G/1母TV柜-X1:16	
	-TV:1b	绿色/B610	14	-02G/1母TV柜-X1:18	
	-TV:1c	红色/C610	15	-02G/1母TV柜-X1:20	

===P2+-X3

外引电缆	连接设备	线号	端子号	连接设备	外引电缆
	-FB30:4	101	1	-SB3:23	
			2 X		
	-FB30:2	102	3	-EL1:2	
			4 X		
	-EL1:1	121	5	-SB3:24	
	-FB31:4	301	6	-PU:1	
			7 X	-PU:3	
	-FB31:2	302	8	-PU:2	
			9 X		
			10	-PU:4	

===P2+-X5

外引电缆	连接设备	线号	端子号	连接设备	外引电缆
	-02G/1母TV柜-X3:9	B01	1	-S1-1:NO	
	-02G/1母TV柜-X3:28	B02	2	-S1-1:COM	
	-02G/1母TV柜-X3:10	B03	3	-S1-2:NC	
	-02G/1母TV柜-X3:29	B04	4	-S1-2:COM	
		B05	5	-S1-3:NO	
		B06	6	-S1-3:COM	

===P2+-X6

外引电缆	连接设备	线号	端子号	连接设备	外引电缆
	-FB60:2	黄色/A621	1	-02G/1母TV柜-X6:17	
	-PV3:-	黄色/A621	2	-PV1:+	
	-FB60:4	绿色/B621	3	-02G/1母TV柜-X6:19	
	-PV2:+	绿色/B621	4	-PV1:-	
	-FB60:6	红色/C621	5	-02G/1母TV柜-X6:21	
	-PV3:+	红色/C621	6	-PV2:-	
			7		
	-TV:dn	淡蓝/N630	8		
	-TV:da	黑/L630	9	-02G/1母TV柜-X6:23	
			10		
		黑/L631	11	-02G/1母TV柜-X6:24	
			12		

至10kV Ⅰ段母线TV避雷器柜

至10kV Ⅰ段母线TV避雷器柜

至10kV Ⅰ段母线TV避雷器柜

至10kV Ⅰ段母线TV避雷器柜

至10kV Ⅰ段母线TV避雷器柜

至10kV Ⅰ段母线TV避雷器柜

至10kV Ⅰ段母线TV避雷器柜

图 7-22-33　Ⅱ段母线 TV 避雷器柜端子排图（一）

===P2+-X10					
外引电缆	连接设备	线号	端子号	连接设备	外引电缆
	-X10.1:1	800	1		
	-X10.2:1	800	2 X		
	-X10.1:2	801	3		
	-X10.2:2	801	4 X		
	-X10.1:3	803	5		
	-X10.2:3	803	6 X		

===P2+-X11					
外引电缆	连接设备	线号	端子号	连接设备	外引电缆
	-X11.1:1	L	1	-FB91:3	
	-X11.2:1	L	2 X	-FB90:3	
	-X11.1:2	N	3	-FB91:1	
	-X11.2:2	N	4 X	-FB90:1	
	-X11.1:3	HM+	5		
	-X11.2:3	HM+	6 X		
	-X11.1:4	HM-	7		
	-X11.2:4	HM-	8 X		
	-X11.1:5	KM+	9	-FB30:3	
	-X11.2:5	KM+	10 X	-FB31:3	
	-X11.1:6	KM-	11	-FB30:1	
	-X11.2:6	KM-	12 X	-FB31:1	
	-X11.1:7	V+	13		
	-X11.2:7	V+	14 X	-DY:V+	
	-X11.1:8	V-	15		
	-X11.2:8	V-	16 X	-DY:V-	

===P2+-X13					
外引电缆	连接设备	端子号	线号	连接设备	外引电缆
	-X13.1:1	1	黄色/A622	-02G/1母TV柜-X6:18	
	-X13.2:1	2 X	黄色/A622	-02G/1母TV柜-X6:14	
	-X13.1:2	3	绿色/B622	-02G/1母TV柜-X6:20	
	-X13.2:2	4 X	绿色/B622	-02G/1母TV柜-X6:15	
	-X13.1:3	5	红色/C622	-02G/1母TV柜-X6:22	
	-X13.2:3	6 X	红色/C622	-02G/1母TV柜-X6:16	
	-X13.1:4	7	淡蓝/N622	-X1:11	
	-X13.2:4	8 X			

至10kV Ⅰ段母线TV避雷器柜

至10kV Ⅰ段母线TV避雷器柜

图 7-22-34　Ⅱ段母线 TV 避雷器柜端子排图（二）

	断路器弹簧储能回路	保护与信号回路	控制回路	带电显示器闭锁回路	故障指示器电源	冷凝除湿器回路		保护电压小母线信号

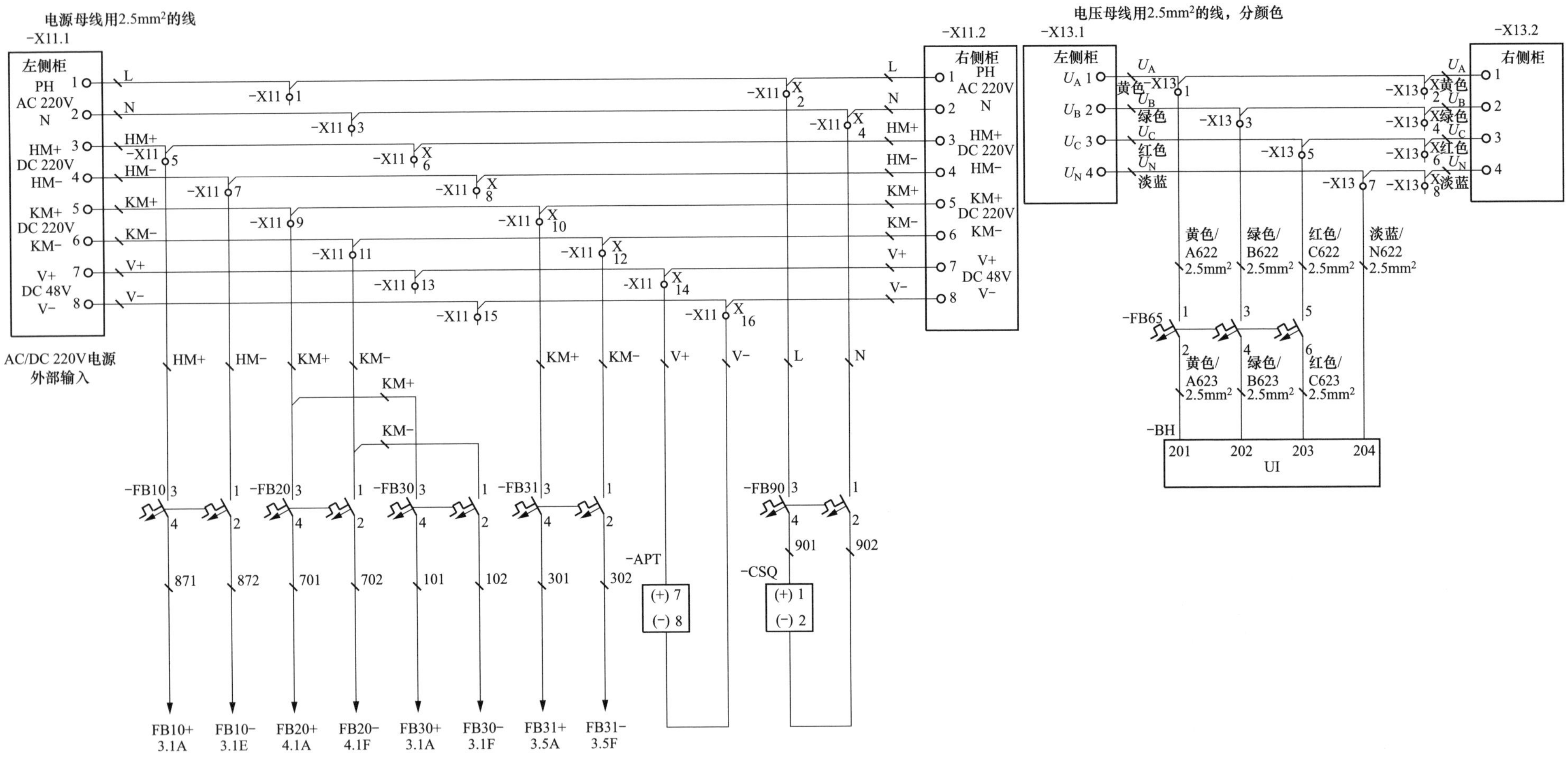

图 7-22-35　2 号进线柜二次原理图（一）

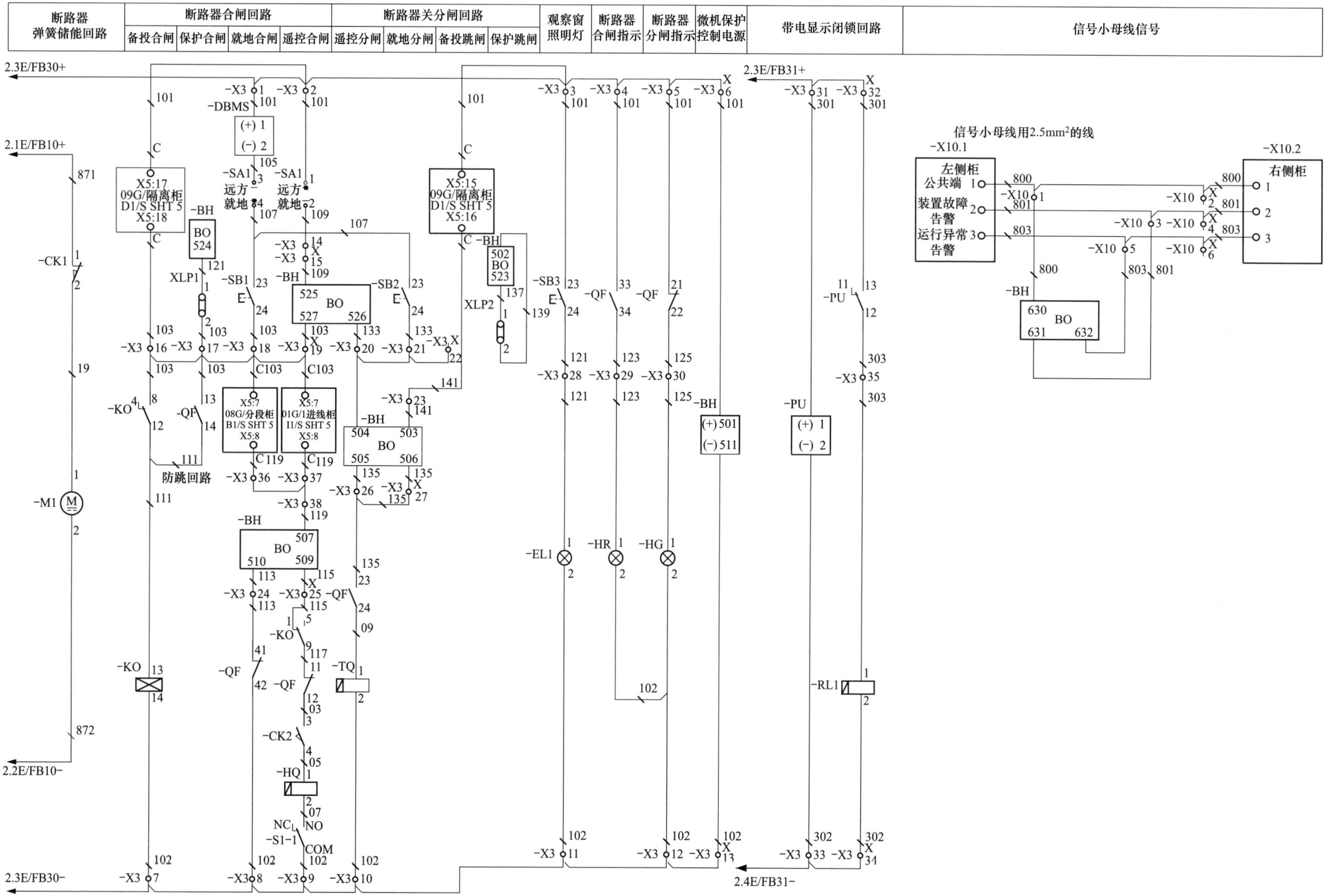

图 7-22-36　2 号进线柜二次原理图（二）

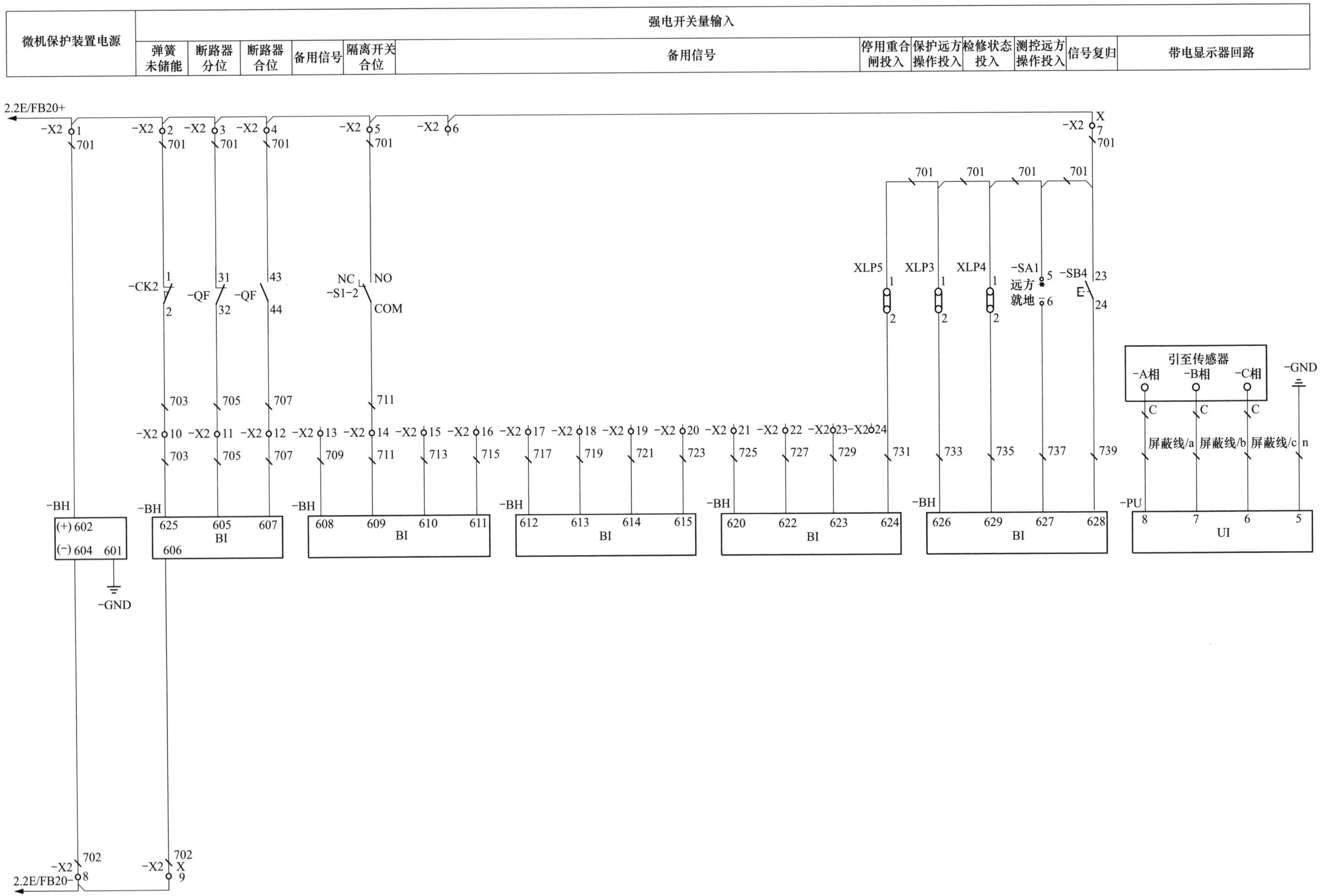

图 7-22-37　2 号进线柜二次原理图（三）

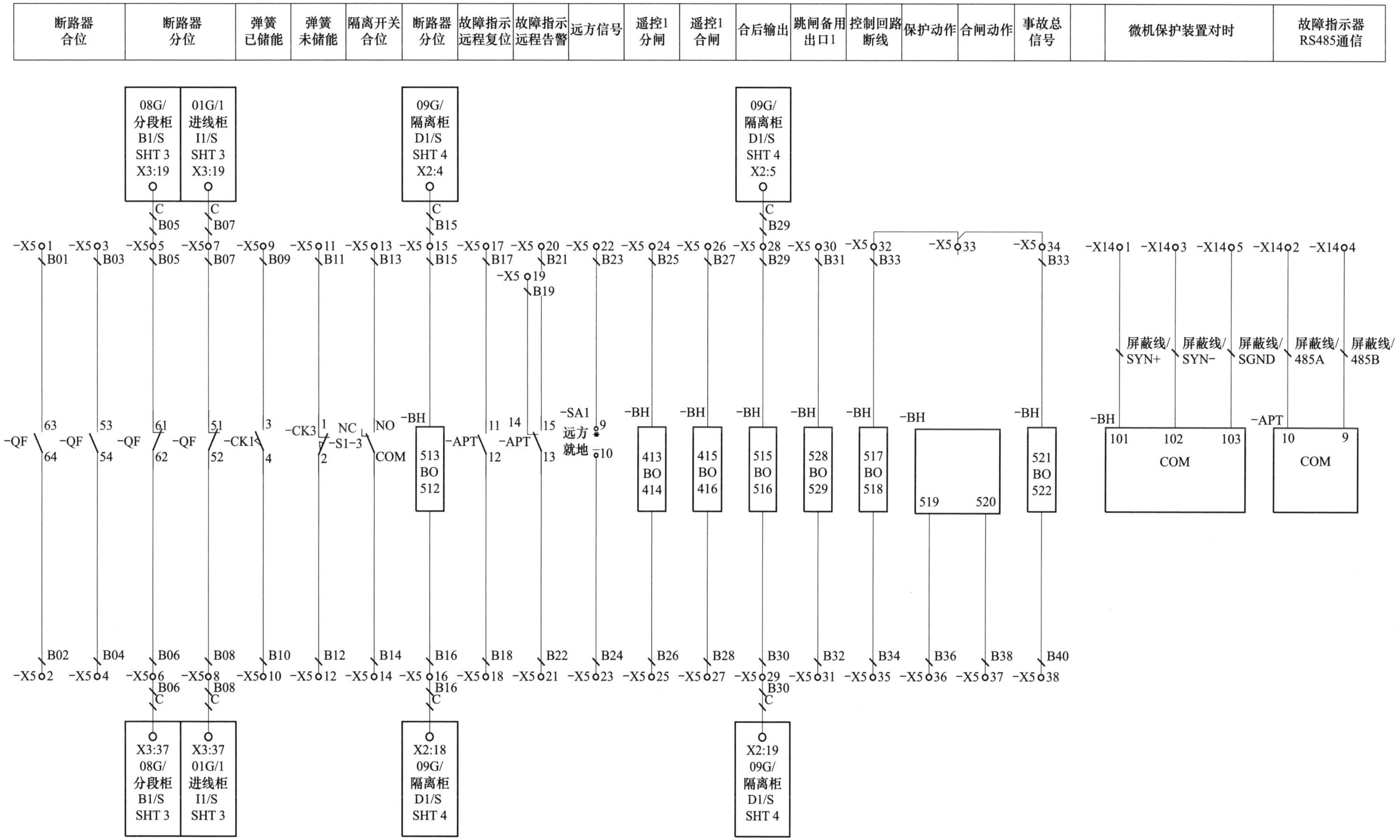

图 7-22-38　2 号进线柜二次原理图（四）

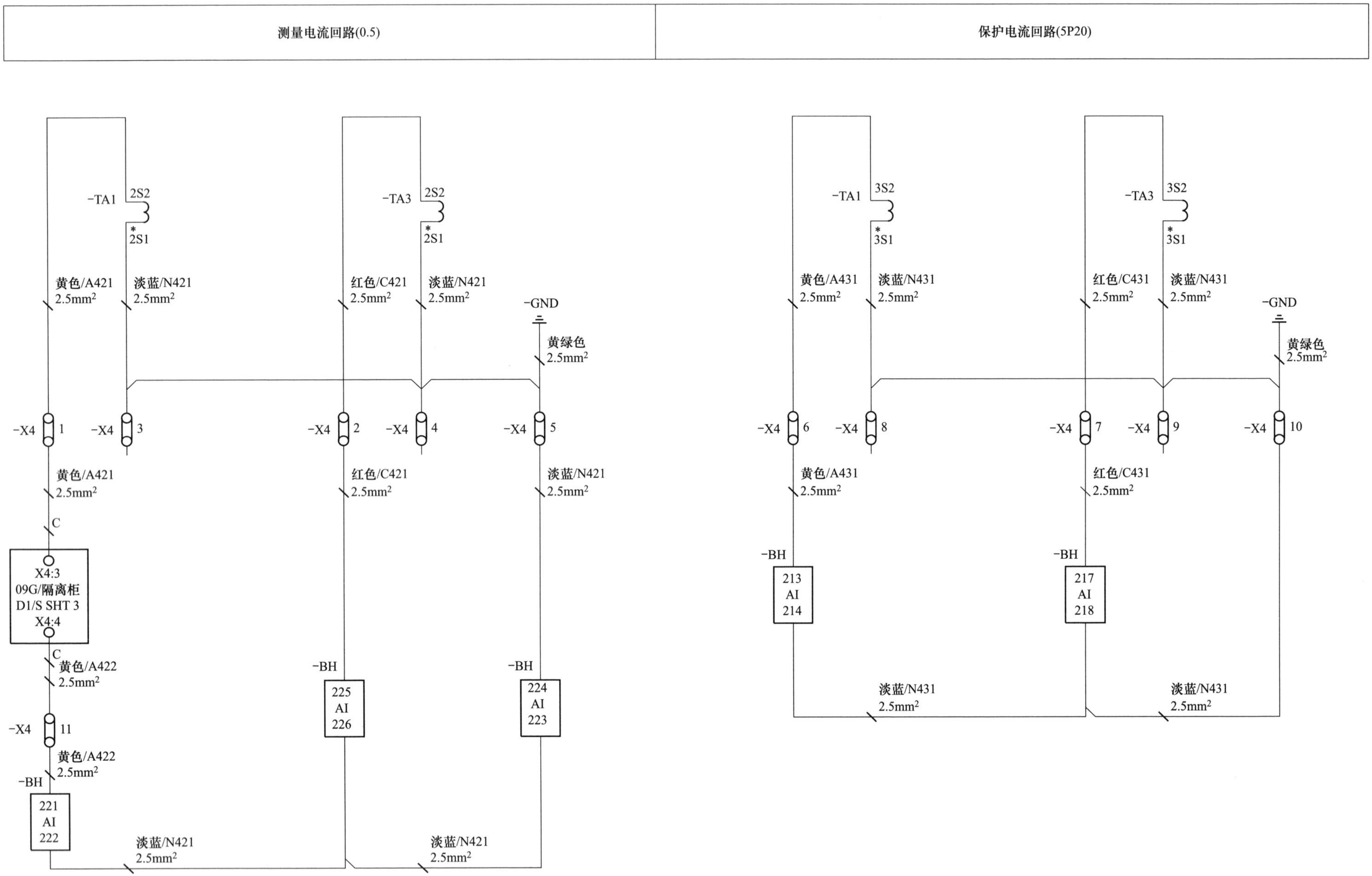

电流互感器二次回路导线截面：2.5mm²，颜色按照A、B、C相对应黄、绿、红。

图 7-22-39　2 号进线柜二次原理图（五）

计量电压小母线信号	计量电流回路(0.2S)

计量电压小母线用2.5mm²的硬线，分颜色

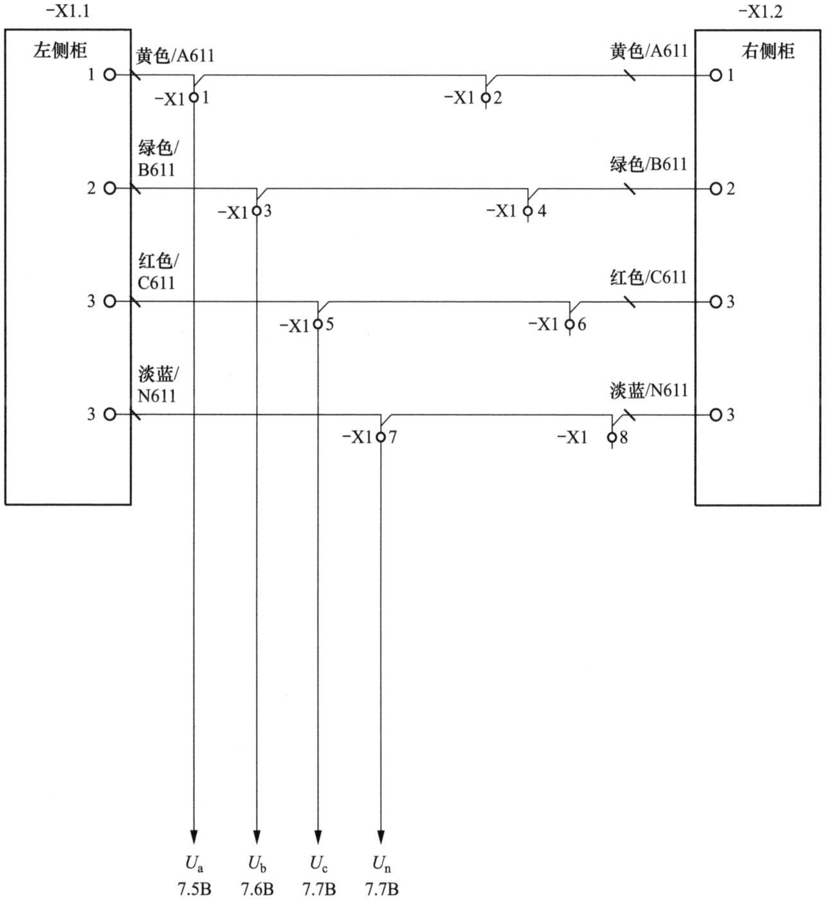

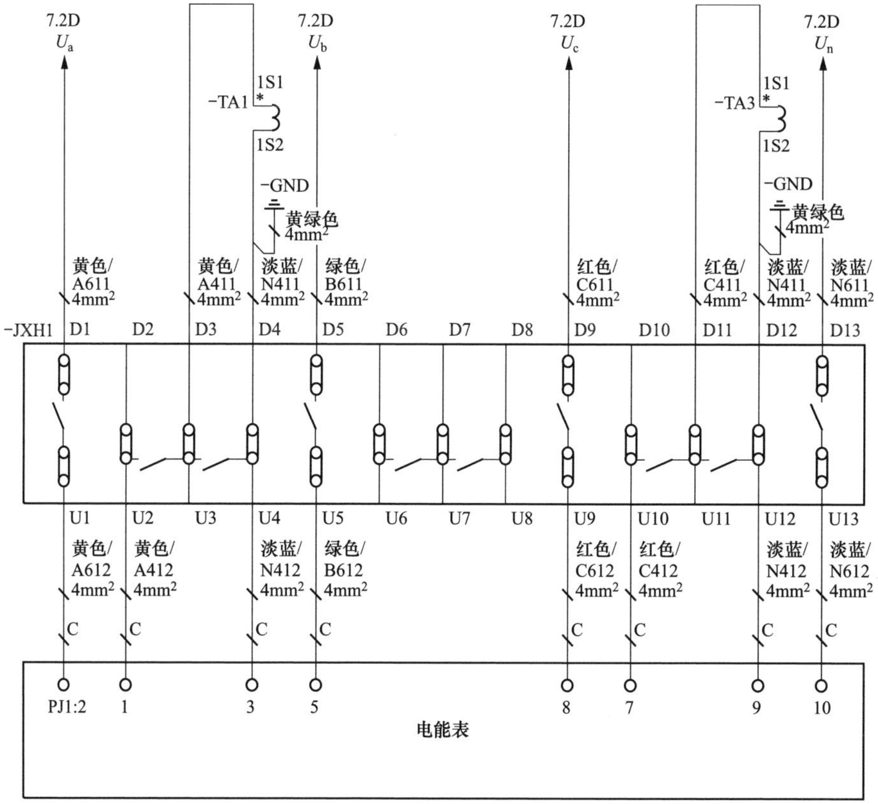

电流感器二次回路导线：极性端采用BV-4mm²硬线，黄、绿、红；非极性端采用BV-4mm²硬线，淡蓝色。
电压感器二次回路导线：采用BV-4mm²硬线，黄、绿、红、淡蓝。

图 7-22-40　2 号进线柜二次原理图（六）

===I2+-X1

外引电缆	连接设备	线号	端子号	连接设备	外引电缆
	-X1.1:1	黄色/A611	1	-JXH1:D1	
	-X1.2:1	黄色/A611	2		
	-X1.1:2	绿色/B611	3	-JXH1:D5	
	-X1.2:2	绿色/B611	4		
	-X1.1:3	红色/C611	5	-JXH1:D9	
	-X1.2:3	红色/C611	6		
	-X1.1:3	淡蓝/N611	7	-JXH1:D13	
	-X1.2:3	淡蓝/N611	8		

===I2+-X2

外引电缆	连接设备	线号	端子号	连接设备	外引电缆
	-BH:602	701	1	-FB20:4	
		701	2	-CK2:1	
		701	3	-QF:31	
		701	4	-QF:43	
		701	5	-S1-2:NO	
			6		
	-SB4:23	701	7		
	-BH:604	702	8	-FB20:2	
	-BH:606	702	9		
	-BH:625	703	10	-CK2:2	
	-BH:605	705	11	-QF:32	
	-BH:607	707	12	-QF:44	
	-BH:608	709	13		
	-BH:609	711	14	-S1-2:COM	
	-BH:610	713	15		
	-BH:611	715	16		
	-BH:612	717	17		
	-BH:613	719	18		
	-BH:614	721	19		
	-BH:615	723	20		
	-BH:620	725	21		
	-BH:622	727	22		
	-BH:623	729	23		
			24		

===I2+-X3

外引电缆	连接设备	线号	端子号	连接设备	外引电缆
	-FB30:4	101	1	-DBMS:1	
	-09G/隔离柜-X5:17	101	2	-SA1:1	
	-09G/隔离柜-X5:15	101	3	-SB3:23	
	-QF:33	101	4		
	-QF:21	101	5		
		101	6	-BH:501	
	-FB30:2	102	7	-KO:14	
	-QF:42	102	8		
	-S1-1:COM	102	9		
	-TQ:2	102	10		
	-EL1:2	102	11		
		102	12	-HG:2	
		102	13	-BH:511	
		109	14	-SA1:2	
		109	15	-BH:525	
	-09G/隔离柜-X5:18	103	16	-KO:8	
	-QF:13	103	17	-XLP1:2	
	-08G/分段柜-X5:7	103	18	-SB1:24	
	-BH:527	103	19	-01G/1进线柜-X5:7	
	-BH:526	133	20	-BH:504	
		133	21	-SB2:24	
			22		
	-09G/隔离柜-X5:16	141	23	-BH:503	
	-QF:41	113	24	-BH:510	
	-KO:1	115	25	-BH:509	
	-QF:23	135	26	-BH:505	
		135	27	-BH:506	
	-EL1:1	121	28	-SB3:24	
	-QF:34	123	29	-HR:1	
	-QF:22	125	30	-HG:1	
	-FB31:4	301	31	-PU:1	
		301	32	-PU:13	
	-FB31:2	302	33	-PU:2	
	-RL1:2	302	34		
	-RL1:1	303	35	-PU:12	
		119	36	-08G/分段柜-X5:8	
		119	37	-01G/1进线柜-X5:8	
		119	38	-BH:507	

===I2+-X4

外引电缆	连接设备	线号	端子号	连接设备	外引电缆
	-TA1:2S2	黄色/A421	1	-09G/隔离柜-X4:3	
	-TA3:2S2	红色/C421	2	-BH:225	
	-TA1:2S1	淡蓝/N421	3		
	-TA3:2S1	淡蓝/N421	4		
	-GND	黄绿色	5	-BH:224	
	-TA1:3S2	黄色/A431	6	-BH:213	
	-TA3:3S2	红色/C431	7	-BH:217	
	-TA1:3S1	淡蓝/N431	8		
	-TA3:3S1	淡蓝/N431	9		
	-GND	黄绿色	10	-BH:218	
	-09G/隔离柜-X4:4	黄色/A422	11	-BH:221	

2ZJ-203 ZR-KVV22-4×4 至隔离柜

BS-201 ZR-KVV22-4×4 至分段柜

BS-104 ZR-KVV22-4×2.5 至1号进线柜

2ZJ-204 ZR-KVV22-10×2.5 至隔离柜

图 7-22-41 2 号电源进线柜端子排图（一）

===I2+-X5

外引电缆	连接设备	线号	端子号	连接设备	外引电缆
		B01	1	-QF:63	
		B02	2	-QF:64	
		B03	3	-QF:53	
		B04	4	-QF:54	
	-08G/分段柜-X3:19	B05	5	-QF:61	
	-08G/分段柜-X3:37	B06	6	-QF:62	
	-01G/1进线柜-X3:19	B07	7	-QF:51	
	-01G/1进线柜-X3:37	B08	8	-QF:52	
	储能指示灯：2	B09	9	-CK1:3	
	-X11:8	B10	10	-CK1:4	
		B11	11	-CK3:1	
		B12	12	-CK3:2	
		B13	13	-S1-3:NO	
		B14	14	-S1-3:COM	
	-09G/隔离柜-X2:4	B15	15	-BH:513	
	-09G/隔离柜-X2:18	B16	16	-BH:514	
		B17	17	-APT:11	
		B18	18	-APT:12	
		B19	19	-APT:14	
		B21	20	-APT:15	
		B22	21	-APT:13	
		B23	22	-SA1:9	
		B24	23	-SA1:10	
		B25	24	-BH:413	
		B26	25	-BH:414	
		B27	26	-BH:415	
		B28	27	-BH:416	
	-09G/隔离柜-X2:5	B29	28	B29-BH:515	
	-09G/隔离柜-X2:19	B30	29	B30-BH:516	
		B31	30	-BH:528	
		B32	31	-BH:529	
		B33	32	-BH:517	
			33		
		B33	34	-BH:521	
		B34	35	-BH:518	
		B36	36	-BH:519	
		B38	37	-BH:520	
		B40	38	-BH:522	

===I2+-X10

外引电缆	连接设备	线号	端子号	连接设备	外引电缆
	-X10.1:1	800	1	-BH:630	
	-X10.2:1	800	2 X		
	-X10.1:2	801	3	-BH:631	
	-X10.2:2	801	4 X		
	-X10.1:3	803	5	-BH:632	
	-X10.2:3	803	6 X		

至分段柜 BS-202 ZR-KVV22-4×4

至1号进线柜 BS-102 ZR-KVV22-4×2.5

至隔离柜 2ZJ-205 ZR-KVV22-4×2.5

===I2+-X11

外引电缆	连接设备	线号	端子号	连接设备	外引电缆
	-X11.1:1	L	1		
	-X11.2:1	L	2 X	-FB90:3	
	-X11.1:2	N	3		
	-X11.2:2	N	4 X	-FB90:1	
	-X11.1:3	HM+	5	-FB10:3	
	-X11.2:3	HM+	6 X	储能指示灯：1	
	-X11.1:4	HM-	7	-FB10:1	
	-X11.2:4	HM-	8 X	-X5:10	
	-X11.1:5	KM+	9	-FB20:3	
	-X11.2:5	KM+	10 X	-FB31:3	
	-X11.1:6	KM-	11	-FB20:1	
	-X11.2:6	KM-	12 X	-FB31:1	
	-X11.1:7	V+	13		
	-X11.2:7	V+	14 X	-APT:7	
	-X11.1:8	V-	15		
	-X11.2:8	V-	16 X	-APT:8	

===I2+-X13

外引电缆	连接设备	端子号	线号	连接设备	外引电缆
	-X13.1:1	1	黄色/A622	-FB65:1	
	-X13.2:1	2 X			
	-X13.1:2	3	绿色/B622	-FB65:3	
	-X13.2:2	4 X			
	-X13.1:3	5	红色/C622	-FB65:5	
	-X13.2:3	6 X			
	-X13.1:4	7	淡蓝/N622	-BH:204	
	-X13.2:4	8 X			

===I2+-X14

外引电缆	连接设备	线号	端子号	连接设备	外引电缆
		屏蔽线/SYN+	1	-BH:101	
		屏蔽线/485A	2	-APT:10	
		屏蔽线/SYN-	3	-BH:102	
		屏蔽线/485B	4	-APT:9	
		屏蔽线/SGND	5	-BH:103	

图 7-22-42　2 号电源进线柜端子排图（二）

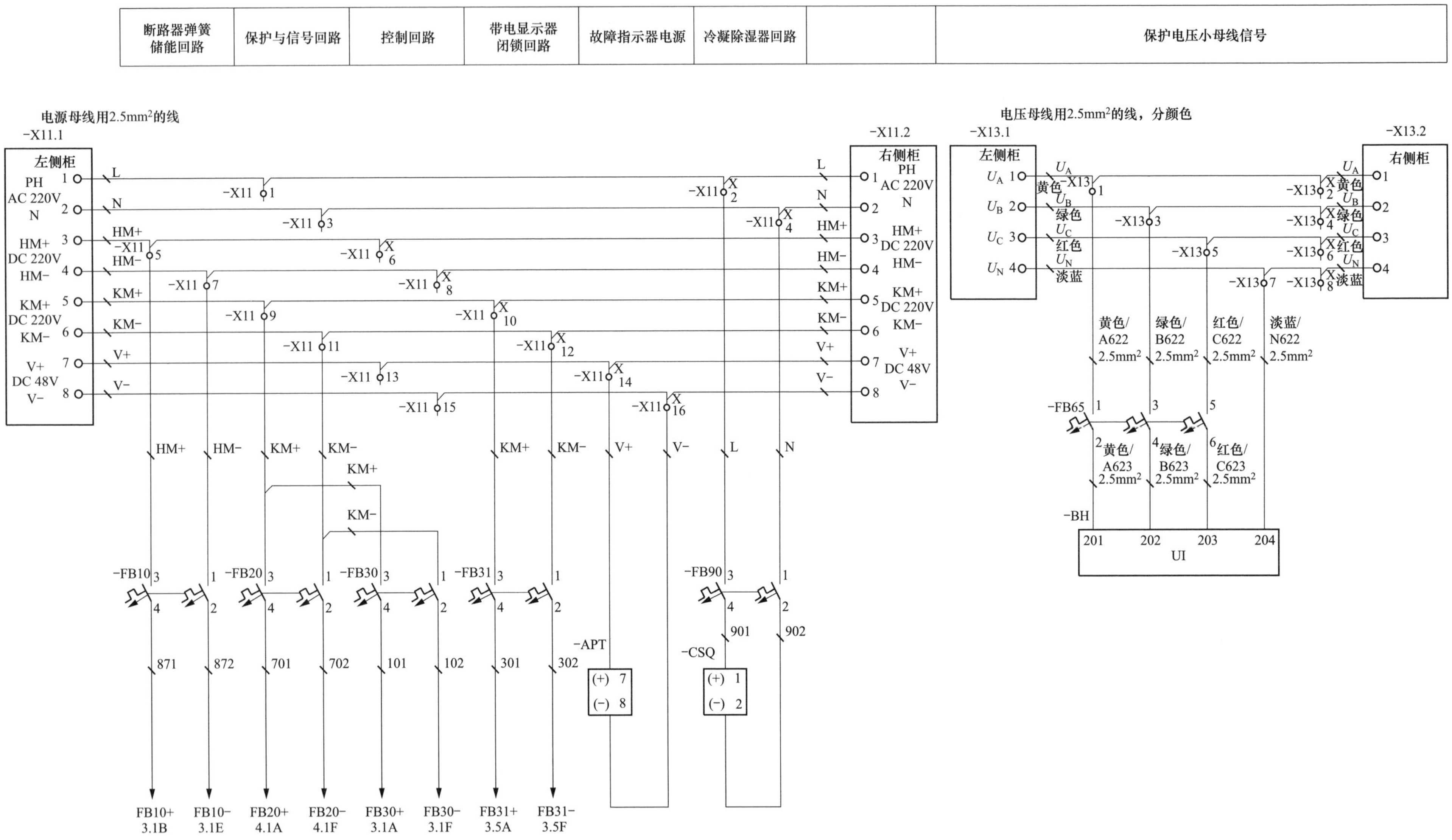

图 7-22-43　馈线柜二次原理图（一）

断路器弹簧储能回路	断路器合闸回路				断路器关分闸回路				观察窗照明灯	断路器合闸指示	断路器分闸指示	微机保护控制电源	带电显示闭锁回路	信号小母线信号
		保护合闸	就地合闸	遥控合闸	遥控分闸	就地分闸		保护跳闸						

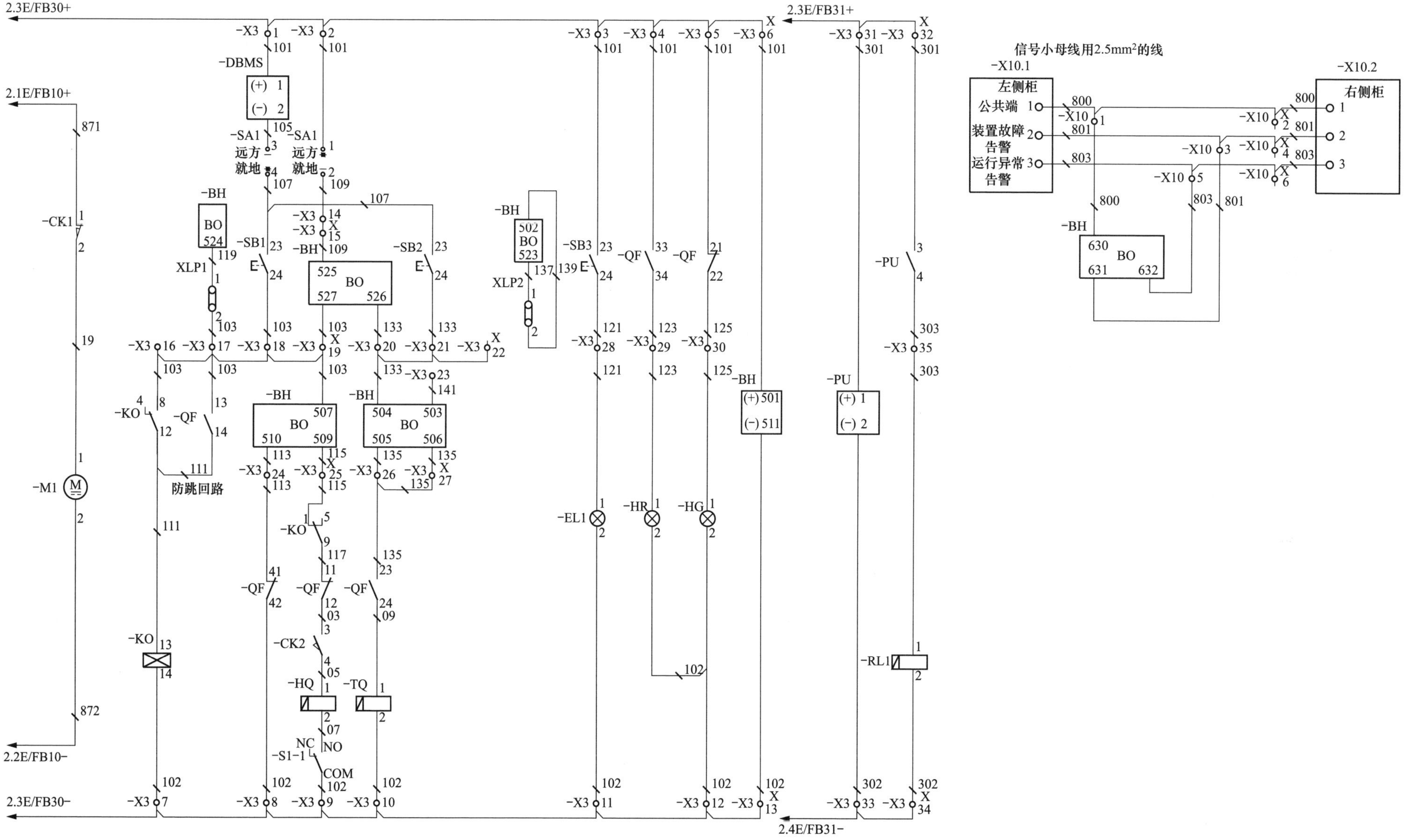

图 7-22-44　馈线柜二次原理图（二）

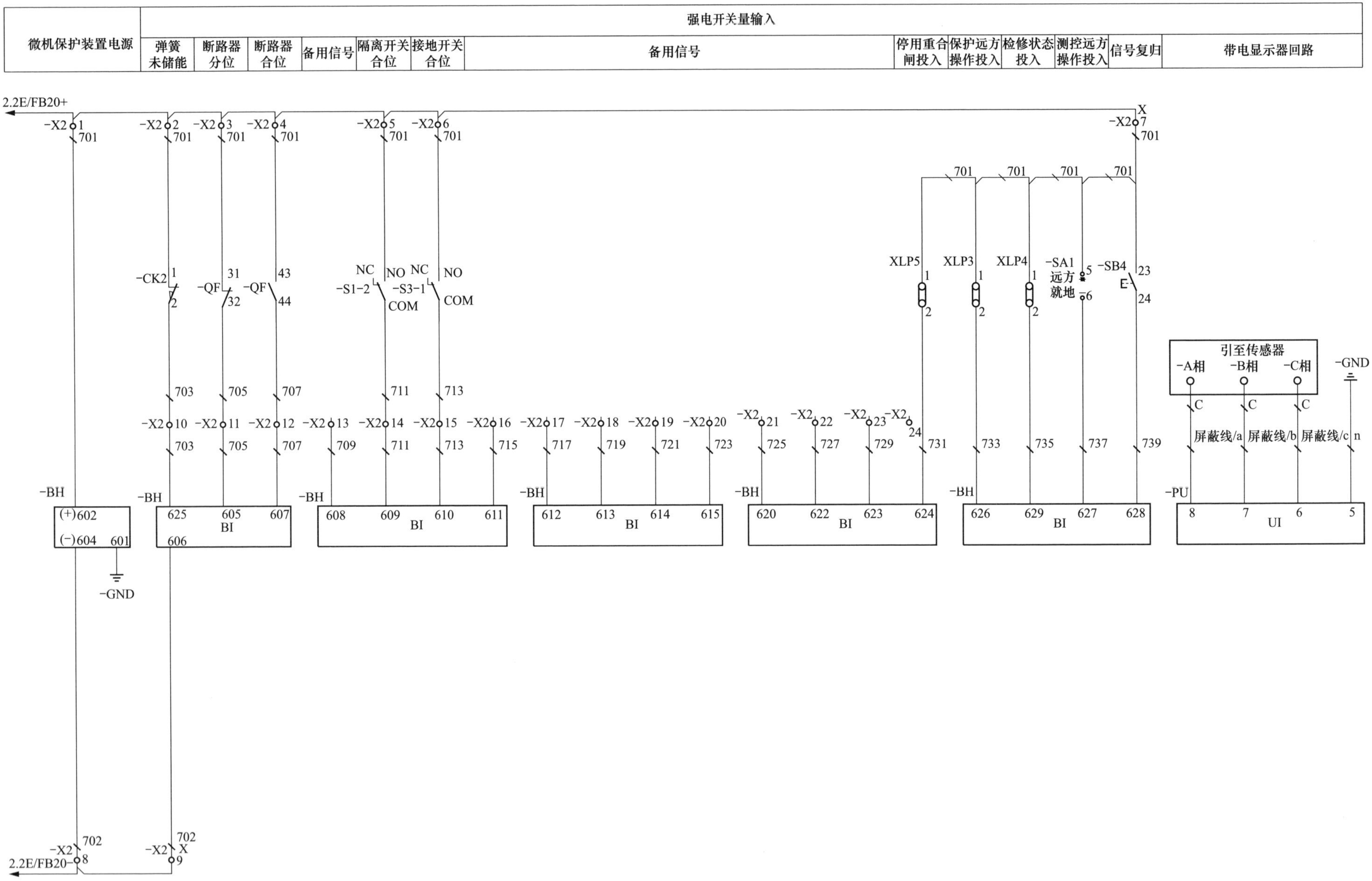

图 7-22-45　馈线柜二次原理图（三）

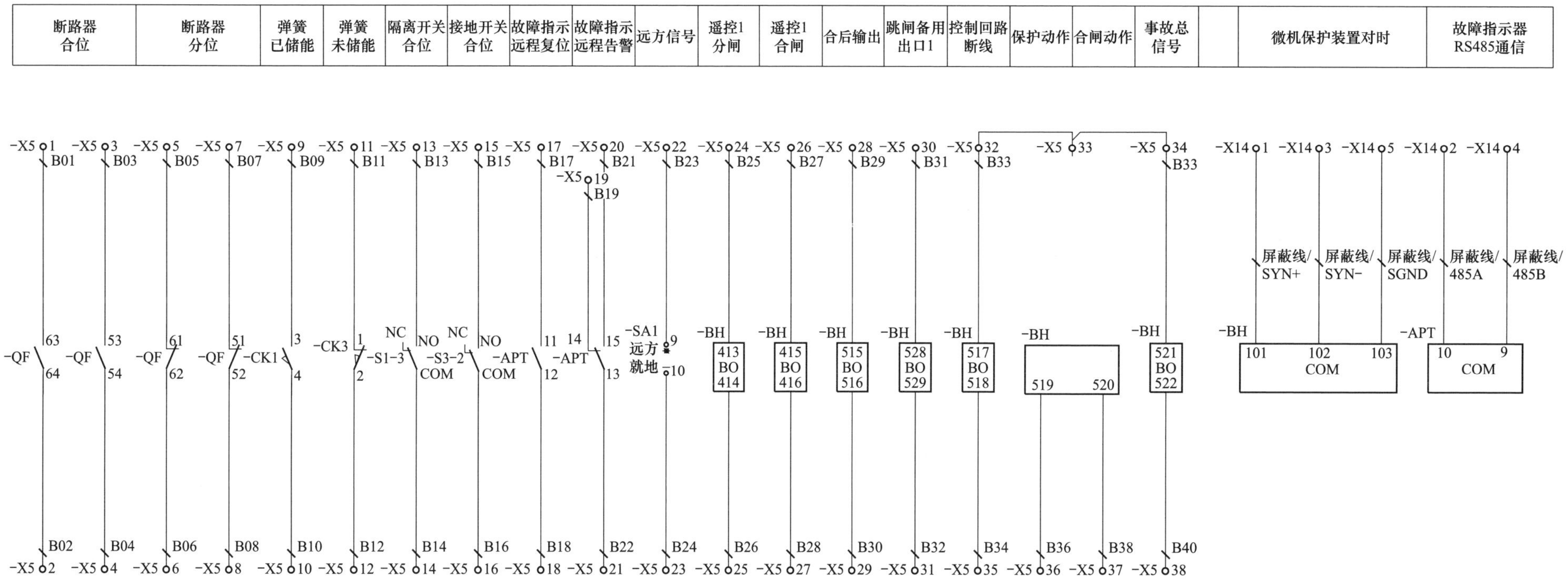

图 7-22-46　馈线柜二次原理图（四）

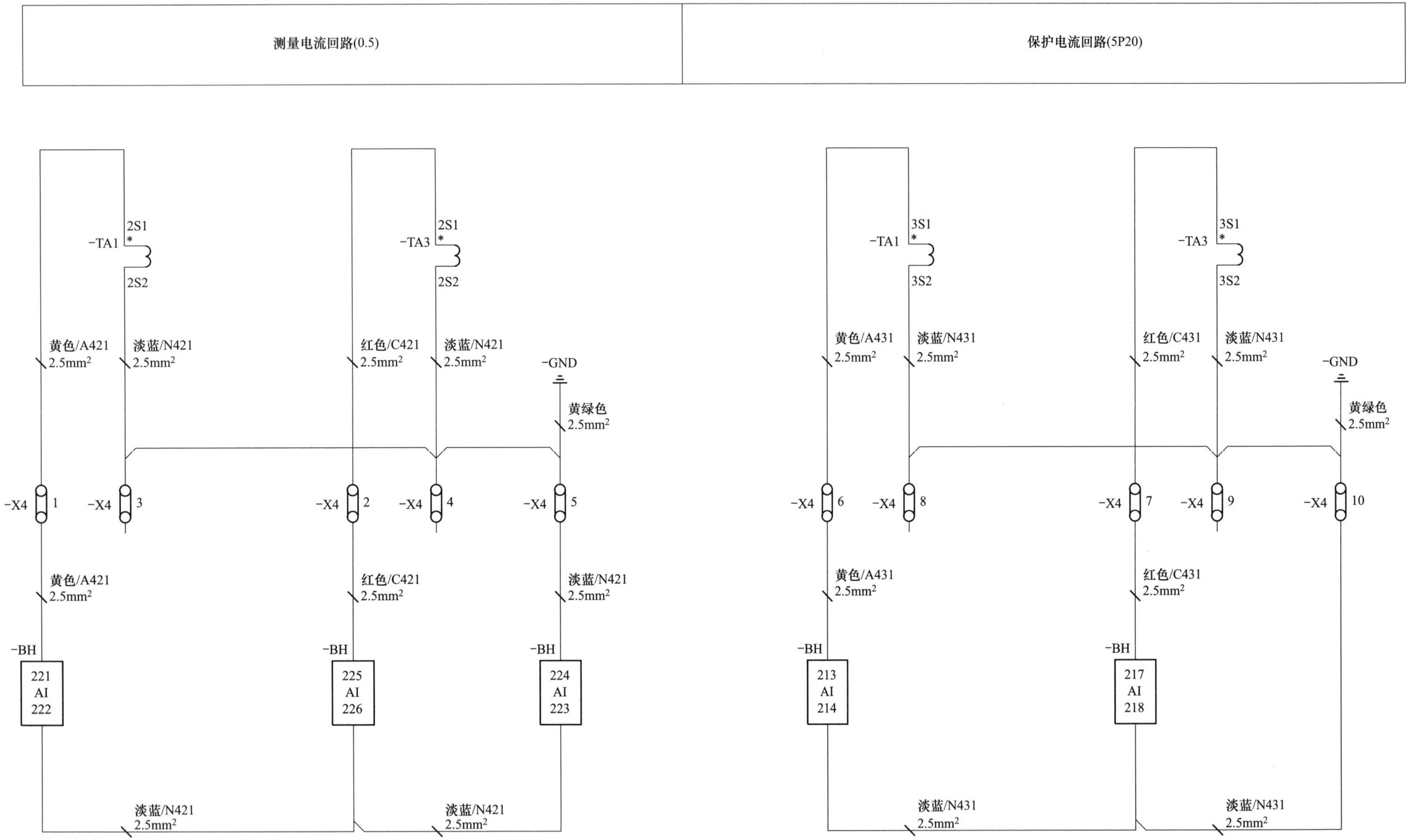

电流互感器二次回路导线截面：2.5mm²，颜色按照A、B、C相对应黄、绿、红。

图 7-22-47　馈线柜二次原理图（五）

计量电压小母线信号	计量电流回路(0.2S)

计量电压小母线用2.5mm²的硬线，分颜色

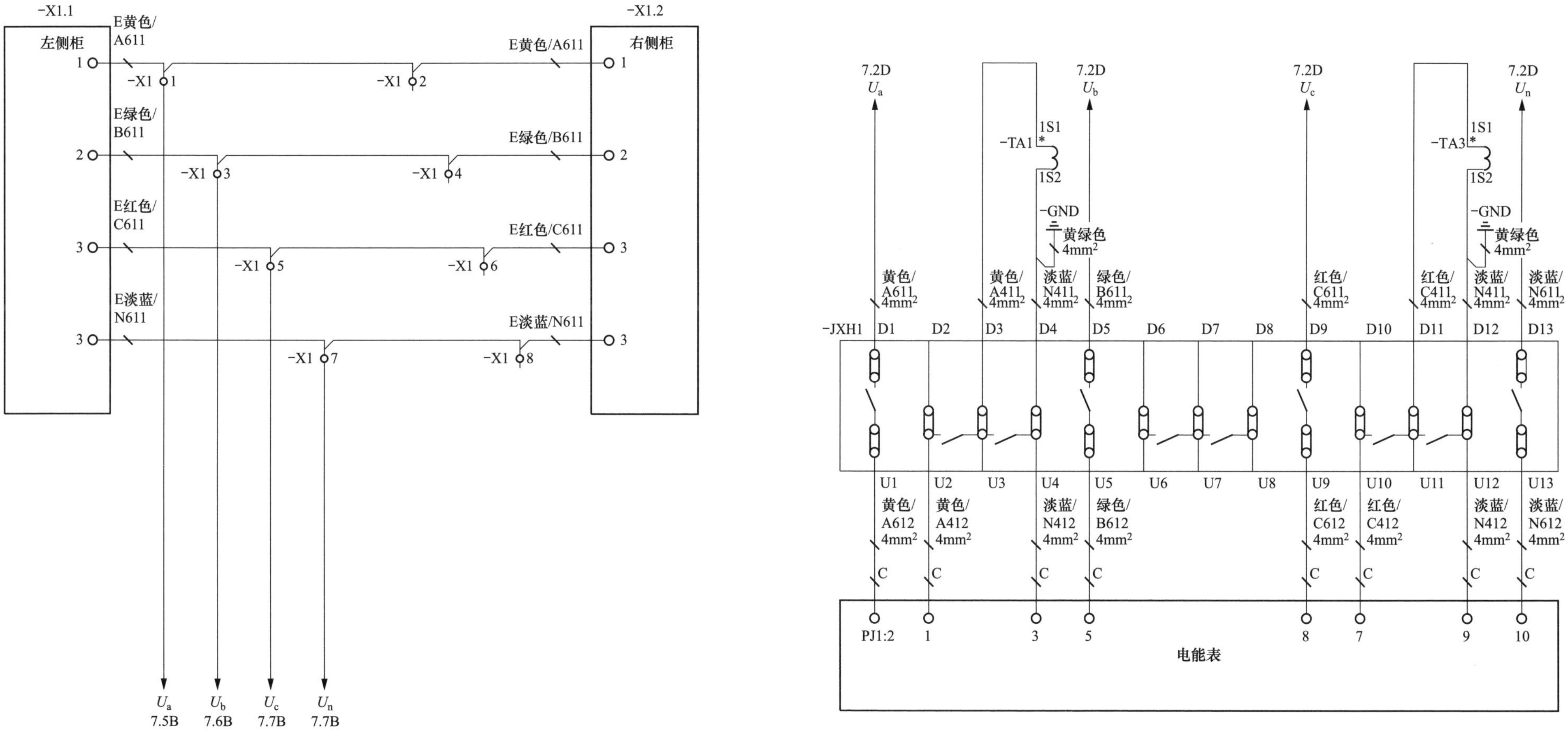

电流感器二次回路导线：极性端采用BV-4mm²硬线，黄、绿、红；非极性端采用BV-4mm²硬线，淡蓝色。
电压感器二次回路导线：采用BV-4mm²硬线，黄、绿、红、淡蓝。

图 7-22-48　馈线柜二次原理图（六）

===F+-X1

外引电缆	连接设备	线号	端子号	连接设备	外引电缆
	-X1.1:1	黄色/A611	1	-JXH1:D1	
	-X1.2:1	黄色/A611	2		
	-X1.1:2	绿色/B611	3	-JXH1:D5	
	-X1.2:2	绿色/B611	4		
	-X1.1:3	红色/C611	5	-JXH1:D9	
	-X1.2:3	红色/C611	6		
	-X1.1:3	淡蓝/N611	7	-JXH1:D13	
	-X1.2:3	淡蓝/N611	8		

===F+-X2

外引电缆	连接设备	线号	端子号	连接设备	外引电缆
	-BH:602	701	1	-FB20:4	
			2	-CK2:1	
			3	-QF:31	
			4	-QF:43	
			5	-S1-2:NO	
			6	S3 1:NO	
	-SB4:23	701	7		
	-BH:604	702	8	-FB20:2	
	-BH:606	702	9		
	-BH:625	703	10	-CK2:2	
	-BH:605	705	11	-QF:32	
	-BH:607	707	12	-QF:44	
	-BH:608	709	13		
	-BH:609	711	14	-S1-2:COM	
	-BH:610	713	15	-S3-1:COM	
	-BH:611	715	16		
	-BH:612	717	17		
	-BH:613	719	18		
	-BH:614	721	19		
	-BH:615	723	20		
	-BH:620	725	21		
	-BH:622	727	22		
	-BH:623	729	23		
			24		

===F+-X3

外引电缆	连接设备	线号	端子号	连接设备	外引电缆
	-FB30:4	101	1	-DBMS:1	
			2	-SA1:1	
			3	-SB3:23	
	-QF:33	101	4		
	-QF:21	101	5		
			6	-BH:501	
	-FB30:2	102	7	-KO:14	
	-QF:42	102	8		
	-S1-1:COM	102	9		
	-TQ:2	102	10		
	-EL1:2	102	11		
			12	-HG:2	
			13	-BH:511	
			14	-SA1:2	
			15	-BH:525	
			16	-KO:8	
	-QF:13	103	17	-XLP1:2	
			18	-SB1:24	
	-BH:527	103	19	-BH:507	
	-BH:526	133	20	-BH:504	
			21	-SB2:24	
			22		
			23	-BH:503	
	-QF:41	113	24	-BH:510	
	-KO:1	115	25	-BH:509	
	-QF:23	135	26	-BH:505	
			27	-BH:506	
	-EL1:1	121	28	-SB3:24	
	-QF:34	123	29	-HR:1	
	-QF:22	125	30	-HG:1	
	-FB31:4	301	31	-PU:1	
			32	-PU:3	
	-FB31:2	302	33	-PU:2	
	-RL1:2	302	34		
	-RL1:1	303	35	-PU:4	

图 7-22-49　馈线柜端子排图（一）

===F+-X4

外引电缆	连接设备	线号	端子号	连接设备	外引电缆
	-TA21:1S1	黄色/A421	1	-BH:221	
	-TA23:1S1	红色/C421	2	-BH:225	
	-TA21:1S2	淡蓝/N421	3		
	-TA23:1S2	淡蓝/N421	4		
	-GND	黄绿色	5	-BH:224	
	-TA21:2S1	黄色/A431	6	-BH:213	
	-TA23:2S1	红色/C431	7	-BH:217	
	-TA21:2S2	淡蓝/N431	8		
	-TA23:2S2	淡蓝/N431	9		
	-GND	黄绿色	10	-BH:218	

===F+-X5

外引电缆	连接设备	线号	端子号	连接设备	外引电缆
		B01	1	-QF:63	
		B02	2	-QF:64	
		B03	3	-QF:53	
		B04	4	-QF:54	
		B05	5	-QF:61	
		B06	6	-QF:62	
		B07	7	-QF:51	
		B08	8	-QF:52	
	储能指示灯：2	B09	9	-CK1:3	
	-X11:8	B10	10	-CK1:4	
		B11	11	-CK3:1	
		B12	12	-CK3:2	
		B13	13	-S1-3:NO	
		B14	14	-S1-3:COM	
		B15	15	-S3-2:NO	
		B16	16	-S3-2:COM	
		B17	17	-APT:11	
		B18	18	-APT:12	
		B19	19	-APT:14	
		B21	20	-APT:15	
		B22	21	-APT:13	
		B23	22	-SA1:9	
		B24	23	-SA1:10	
		B25	24	-BH:413	
		B26	25	-BH:414	
		B27	26	-BH:415	
		B28	27	-BH:416	
		B29	28	-BH:515	
		B30	29	-BH:516	
		B31	30	-BH:528	
		B32	31	-BH:529	
		B33	32	-BH:517	
			33		
		B33	34	-BH:521	
		B34	35	-BH:518	
		B36	36	-BH:519	
		B38	37	-BH:520	
		B40	38	-BH:522	

===F+-X10

外引电缆	连接设备	线号	端子号	连接设备	外引电缆
	-X10.1:1	800	1	-BH:630	
	-X10.2:1	800	2 X		
	-X10.1:2	801	3	-BH:631	
	-X10.2:2	801	4 X		
	-X10.1:3	803	5	-BH:632	
	-X10.2:3	803	6 X		

===F+-X11

外引电缆	连接设备	线号	端子号	连接设备	外引电缆
	-X11.1:1	L	1		
	-X11.2:1	L	2 X	-FB90:3	
	-X11.1:2	N	3		
	-X11.2:2	N	4 X	-FB90:1	
	-X11.1:3	HM+	5	-FB10:3	
	-X11.2:3	HM+	6 X	储能指示灯：1	
	-X11.1:4	HM-	7	-FB10:1	
	-X11.2:4	HM-	8 X	-X5:10	
	-X11.1:5	KM+	9	-FB20:3	
	-X11.2:5	KM+	10 X	-FB31:3	
	-X11.1:6	KM-	11	-FB20:1	
	-X11.2:6	KM-	12 X	-FB31:1	
	-X11.1:7	V+	13		
	-X11.2:7	V+	14 X	-APT:7	
	-X11.1:8	V-	15		
	-X11.2:8	V-	16 X	-APT:8	

===F+-X13

外引电缆	连接设备	线号	端子号	连接设备	外引电缆
	-X13.1:1	UA	1	-FB65:1	
	-X13.2:1	UA	2 X		
	-X13.1:2	UB	3	-FB65:3	
	-X13.2:2	UB	4 X		
	-X13.1:3	UC	5	-FB65:5	
	-X13.2:3	UC	6 X		
	-X13.1:4	UN	7	-BH:204	
	-X13.2:4	UN	8 X		

===F+-X14

外引电缆	连接设备	线号	端子号	连接设备	外引电缆
		屏蔽线/SYN+	1	-BH:101	
		屏蔽线/485A	2	-APT:10	
		屏蔽线/SYN-	3	-BH:102	
		屏蔽线/485B	4	-APT:9	
		屏蔽线/SGND	5	-BH:103	

图 7-22-50　馈线柜端子排图（二）

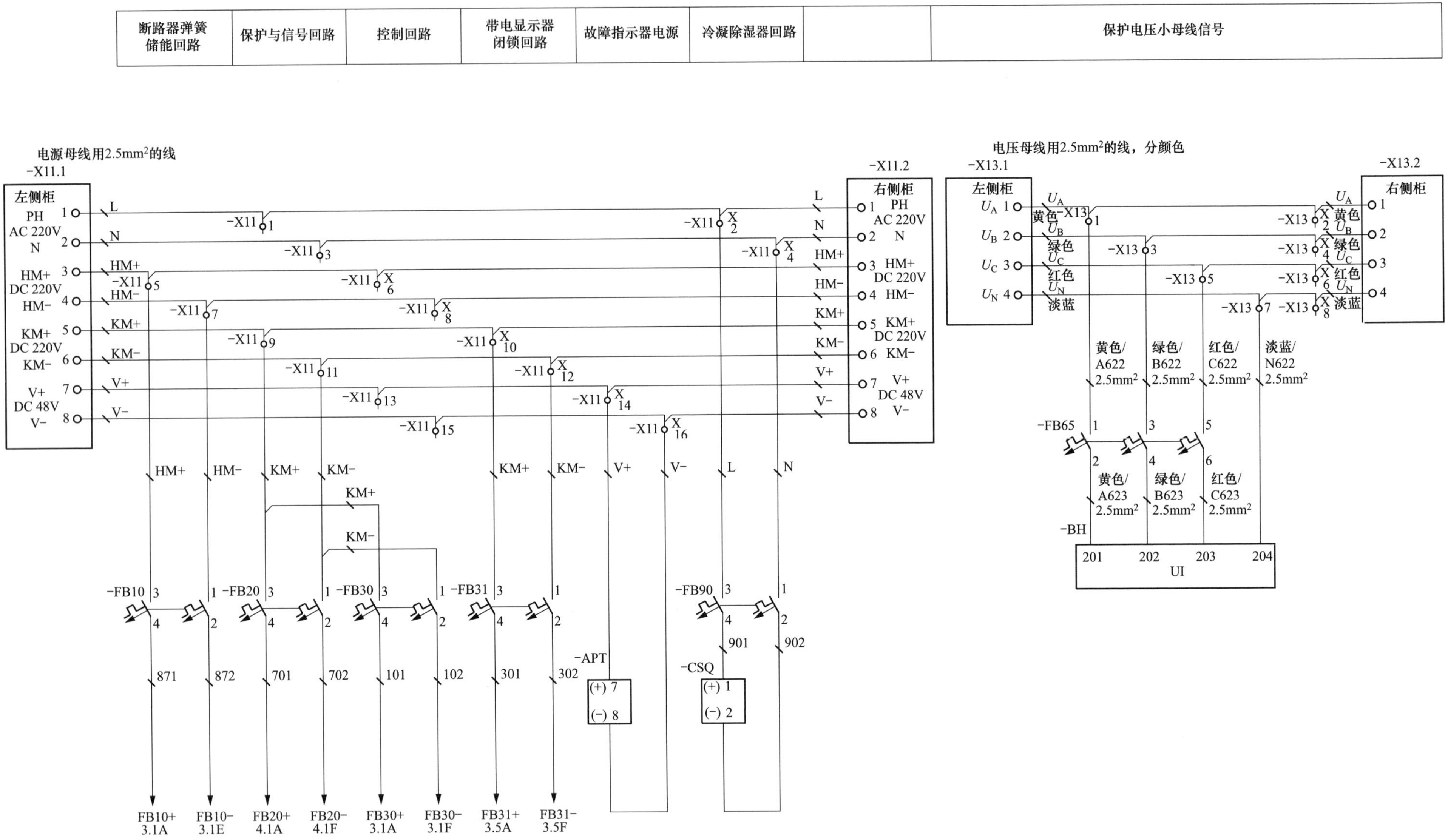

图 7-22-51 站用变压器柜二次原理图（一）

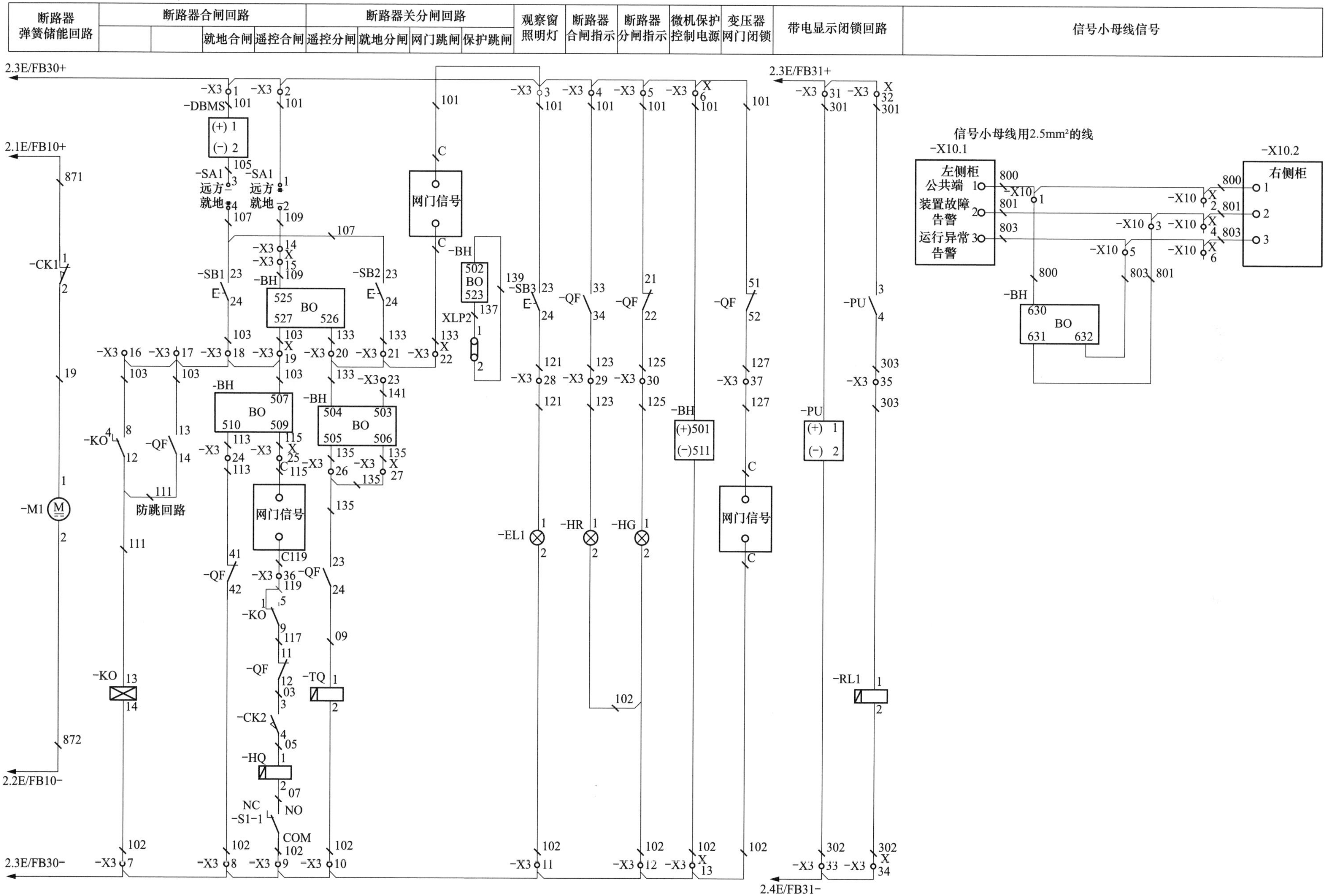

图 7-22-52　站用变压器柜二次原理图（二）

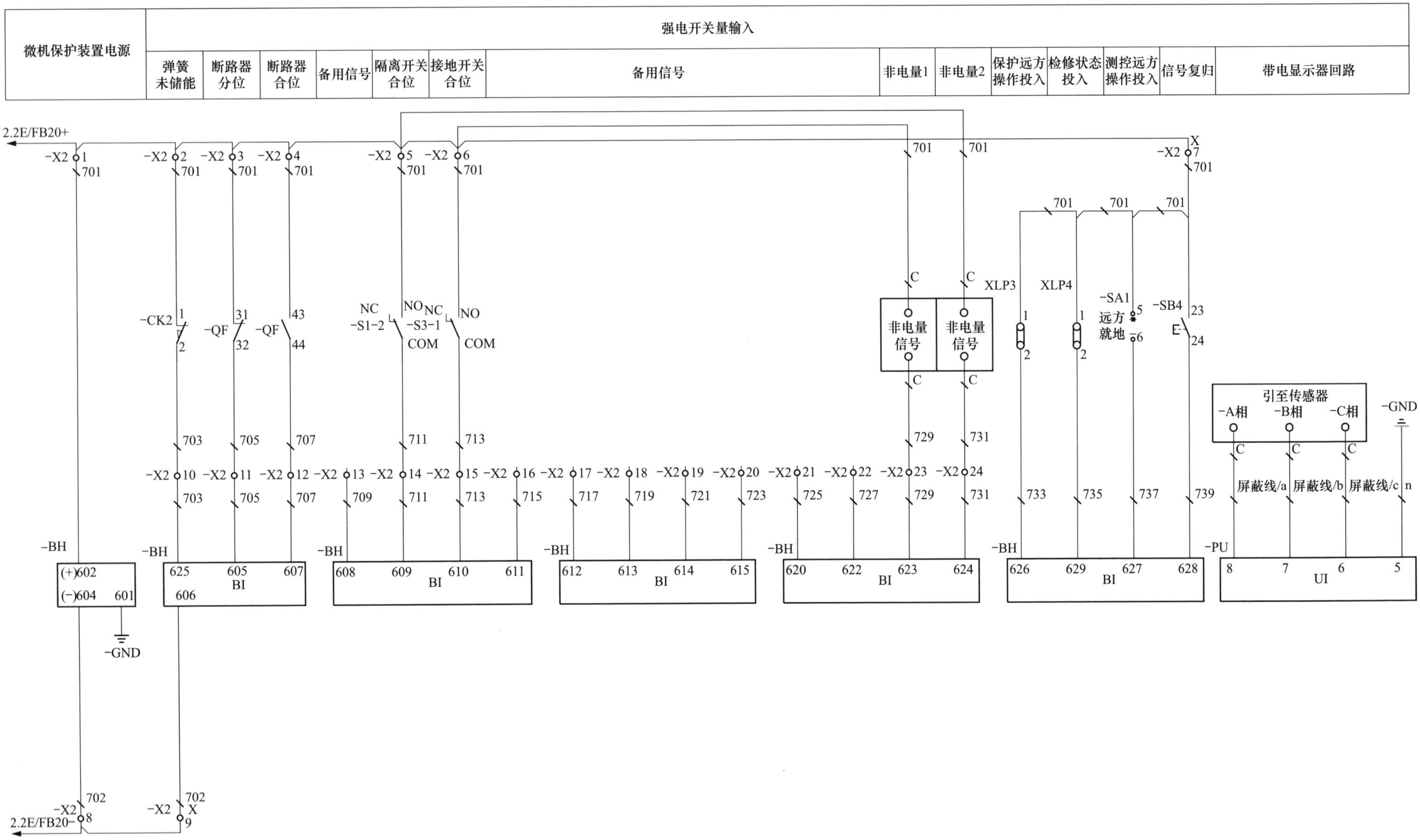

图 7-22-53 站用变压器柜二次原理图（三）

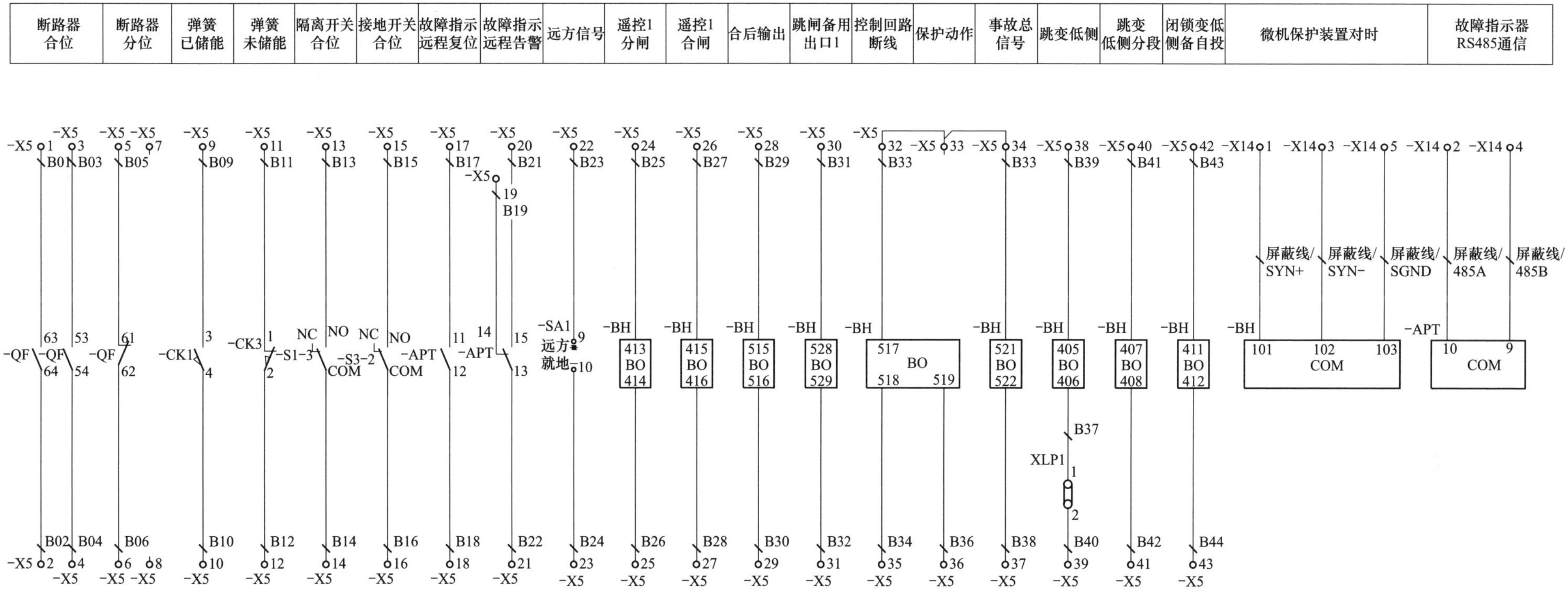

图 7-22-54　站用变压器柜二次原理图（四）

计量电压小母线信号	计量电流回路(0.2S)

计量电压小母线用2.5mm²的硬线，分颜色

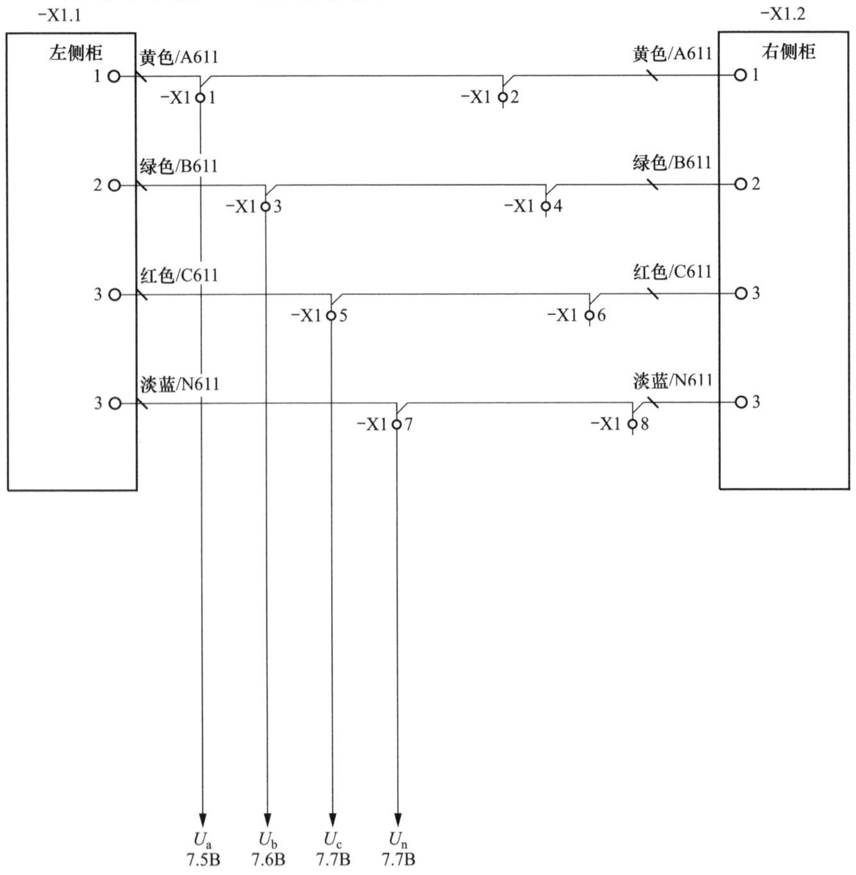

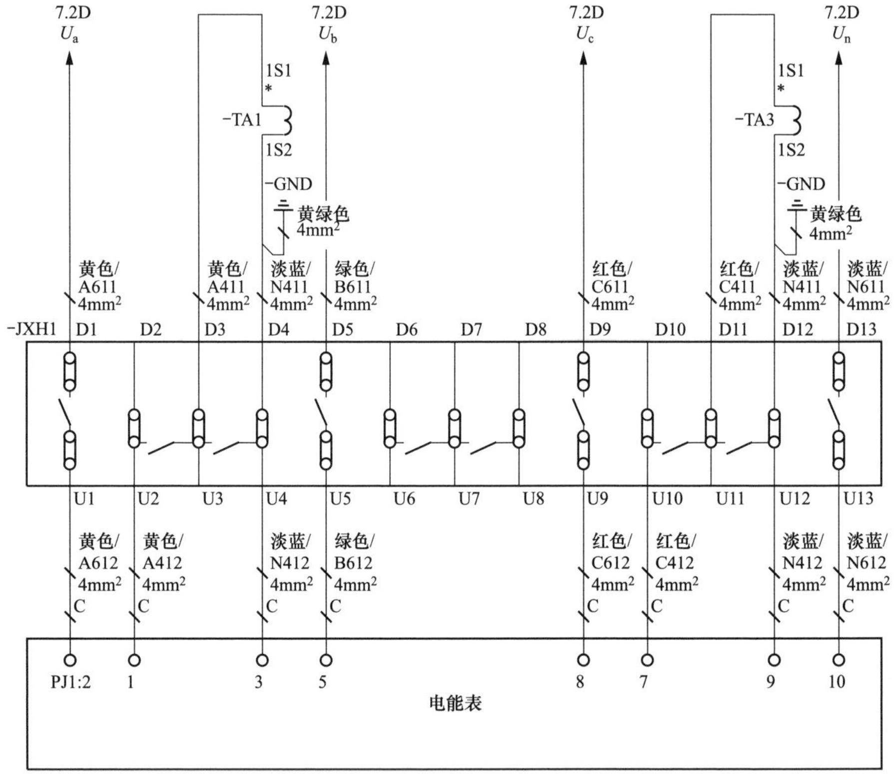

电流感器二次回路导线：极性端采用BV-4mm²硬线，黄、绿、红；非极性端采用BV-4mm²硬线，淡蓝色。
电压感器二次回路导线：采用BV-4mm²硬线，黄、绿、红、淡蓝。

图 7-22-55　站用变压器柜二次原理图（五）

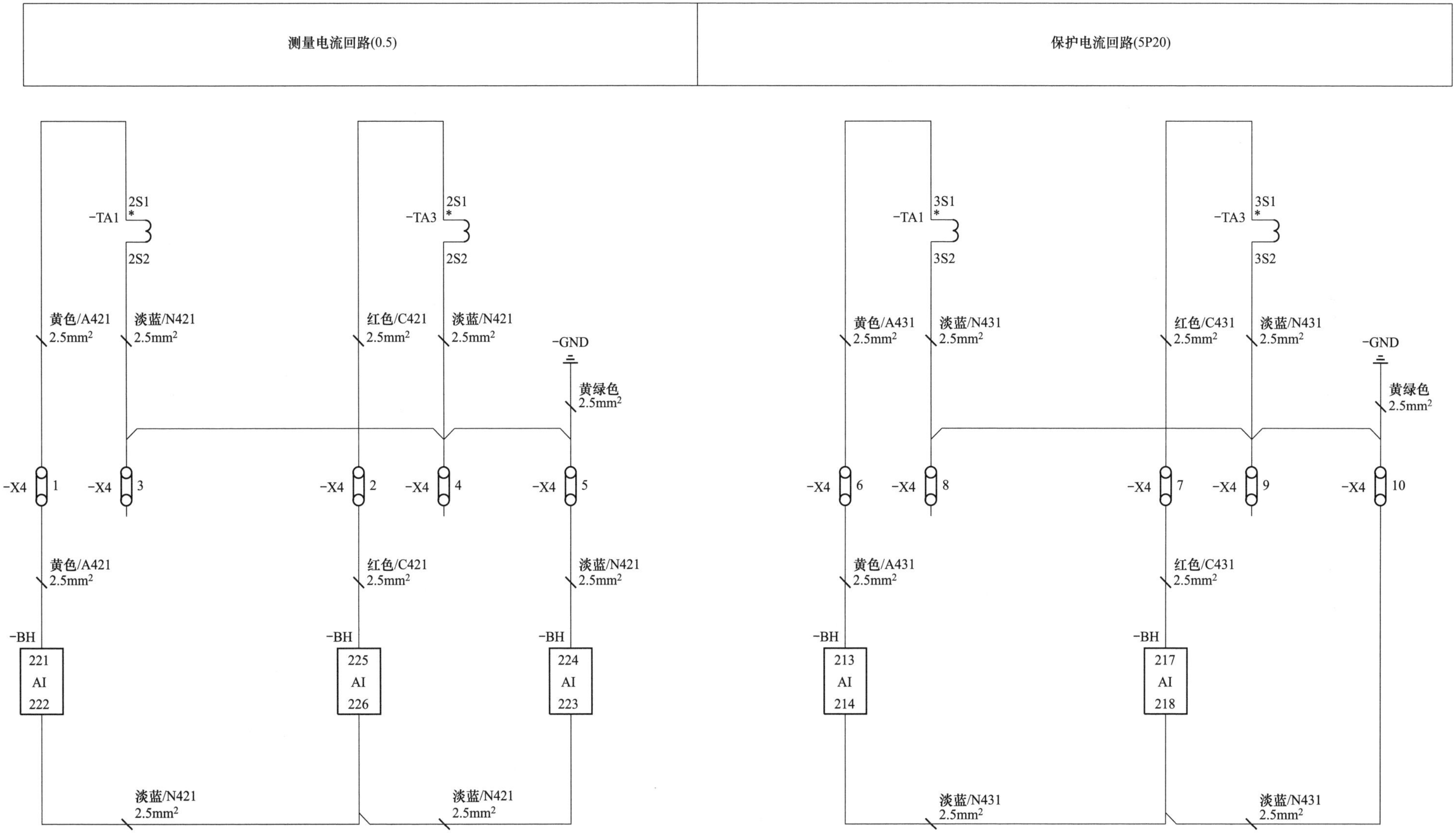

电流互感器二次回路导线截面：2.5mm^2，颜色按照A、B、C相对应黄、绿、红。

图 7-22-56　站用变压器柜二次原理图（六）

==F+-X3

外引电缆	连接设备	线号	端子号	连接设备	外引电缆
	-FB30:4	101	1	-DBMS:1	
			2	-SA1:1	
	-网门信号	101	3	-SB3:23	
	-QF:33	101	4		
	-QF:21	101	5		
	-QF:51	101	6	-BH:501	
	-FB30:2	102	7	-KO:14	
	-QF:42	102	8		
	-S1-1:COM	102	9		
	-TQ:2	102	10		
	-EL1:2	102	11		
			12	-HG:2	
	-网门信号	102	13	-BH:511	
			14	-SA1:2	
			15	-BH:525	
			16	-KO:8	
	-QF:13	103	17		
			18	-SB1:24	
	-BH:527	103	19	-BH:507	
	-BH:526	133	20	-BH:504	
			21	-SB2:24	
			22	-网门信号	
			23	-BH:503	
	-QF:41	113	24	-BH:510	
	-网门信号	115	25	-BH:509	
	-QF:23	135	26	-BH:505	
			27	-BH:506	
	-EL1:1	121	28	-SB3:24	
	-QF:34	123	29	-HR:1	
	-QF:22	125	30	-HG:1	
	-FB31:4	301	31	-PU:1	
			32	-PU:3	
	-FB31:2	302	33	-PU:2	
	-RL1:2	302	34		
	-RL1:1	303	35	-PU:4	
	-网门信号	119	36	-KO:1	
	-QF:52	127	37	-网门信号	

==F+-X4

外引电缆	连接设备	线号	端子号	连接设备	外引电缆
	-TA1:2S1	黄色/A421	1	-BH:221	2.5mm²
	-TA3:2S1	红色/C421	2	-BH:225	2.5mm²
	-TA1:2S2	淡蓝/N421	3		
	-TA3:2S2	淡蓝/N421	4		
	-GND	黄绿色	5	-BH:224	2.5mm²
	-TA1:3S1	黄色/A431	6	-BH:213	2.5mm²
	-TA3:3S1	红色/C431	7	-BH:217	2.5mm²
	-TA1:3S2	淡蓝/N431	8		
	-TA3:3S2	淡蓝/N431	9		
	-GND	黄绿色	10	-BH:218	2.5mm²

至10kV变压器

==F+-X1

外引电缆	连接设备	线号	端子号	连接设备	外引电缆
	-X1.1:1	黄色/A611	1	-JXH1:D1	BVR4mm²
	-X1.2:1	黄色/A611	2		
	-X1.1:2	绿色/B611	3	-JXH1:D5	BVR4mm²
	-X1.2:2	绿色/B611	4		
	-X1.1:3	红色/C611	5	-JXH1:D9	BVR4mm²
	-X1.2:3	红色/C611	6		
	-X1.1:3	淡蓝/N611	7	-JXH1:D13	BVR4mm²
	-X1.2:3	淡蓝/N611	8		

==F+-X2

外引电缆	连接设备	线号	端子号	连接设备	外引电缆
	-BH:602	701	1	-FB20:4	
			2	-CK2:1	
			3	-QF:31	
			4	-QF:43	
	-非电量信号	701	5	-S1-2:NO	
	-非电量信号	701	6	-S3-1:NO	
	-SB4:23	701	7		
	-BH:604	702	8	-FB20:2	
	-BH:606	702	9		
	-BH:625	703	10	-CK2:2	
	-BH:605	705	11	-QF:32	
	-BH:607	707	12	-QF:44	
	-BH:608	709	13		
	-BH:609	711	14	-S1-2:COM	
	-BH:610	713	15	-S3-1:COM	
	-BH:611	715	16		
	-BH:612	717	17		
	-BH:613	719	18		
	-BH:614	721	19		
	-BH:615	723	20		
	-BH:620	725	21		
	-BH:622	727	22		
	-BH:623	729	23	-非电量信号	
	-BH:624	731	24	-非电量信号	

至10kV变压器

图 7-22-57 站用变压器柜端子排图（一）

===F+-X5

外引电缆	连接设备	线号	端子号	连接设备	外引电缆
		B01	1	-QF:63	
		B02	2	-QF:64	
		B03	3	-QF:53	
		B04	4	-QF:54	
		B05	5	-QF:61	
		B06	6	-QF:62	
			7		
			8		
	储能指示灯：2	B09	9	-CK1:3	
	-X11:8	B10	10	-CK1:4	
		B11	11	-CK3:1	
		B12	12	-CK3:2	
		B13	13	-S1-3:NO	
		B14	14	-S1-3:COM	
		B15	15	-S3-2:NO	
		B16	16	-S3-2:COM	
		B17	17	-APT:11	
		B18	18	-APT:12	
		B19	19	-APT:14	
		B21	20	-APT:15	
		B22	21	-APT:13	
		B23	22	-SA1:9	
		B24	23	-SA1:10	
		B25	24	-BH:413	
		B26	25	-BH:414	
		B27	26	-BH:415	
		B28	27	-BH:416	
		B29	28	-BH:515	
		B30	29	-BH:516	
		B31	30	-BH:528	
		B32	31	-BH:529	
		B33	32	-BH:517	
			33		
		B33	34	-BH:521	
		B34	35	-BH:518	
		B36	36	-BH:519	
		B38	37	-BH:522	
		B39	38	-BH:405	
		B40	39	-XLP1:2	
		B41	40	-BH:407	
		B42	41	-BH:408	
		B43	42	-BH:411	
		B44	43	-BH:412	

===F+-X10

外引电缆	连接设备	线号	端子号	连接设备	外引电缆
	-X10.1:1	800	1	-BH:630	
	-X10.2:1	800	2 X		
	-X10.1:2	801	3	-BH:631	
	-X10.2:2	801	4 X		
	-X10.1:3	803	5	-BH:632	
	-X10.2:3	803	6 X		

===F+-X11

外引电缆	连接设备	线号	端子号	连接设备	外引电缆
	-X11.1:1	L	1		
	-X11.2:1	L	2 X	-FB90:3	
	-X11.1:2	N	3		
	-X11.2:2	N	4 X	-FB90:1	
	-X11.1:3	HM+	5	-FB10:3	
	-X11.2:3	HM+	6 X	储能指示灯：1	
	-X11.1:4	HM-	7	-FB10:1	
	-X11.2:4	HM-	8 X	-X5:10	
	-X11.1:5	KM+	9	-FB20:3	
	-X11.2:5	KM+	10 X	-FB31:3	
	-X11.1:6	KM-	11	-FB20:1	
	-X11.2:6	KM-	12 X	-FB31:1	
	-X11.1:7	V+	13		
	-X11.2:7	V+	14 X	-APT:7	
	-X11.1:8	V-	15		
	-X11.2:8	V-	16 X	-APT:8	

===F+-X13

外引电缆	连接设备	线号	端子号	连接设备	外引电缆
	-X13.1:1	黄色/A622	1	-FB65:1	
	-X13.2:1		2 X		
	-X13.1:2	绿色/B622	3	-FB65:3	
	-X13.2:2		4 X		
	-X13.1:3	红色/C622	5	-FB65:5	
	-X13.2:3		6 X		
	-X13.1:4	淡蓝/N622	7	-BH:204	
	-X13.2:4		8 X		

===F+-X14

外引电缆	连接设备	线号	端子号	连接设备	外引电缆
		屏蔽线/SYN+	1	-BH:101	
		屏蔽线/485A	2	-APT:10	
		屏蔽线/SYN-	3	-BH:102	
		屏蔽线/485B	4	-APT:9	
		屏蔽线/SGND	5	-BH:103	

图 7-22-58　站用变压器柜端子排图（二）

第八篇

国家电网有限公司
STATE GRID
CORPORATION OF CHINA

单电源二次部分典型设计

第 23 章　单电源二次设备在中置式开关柜方案中的应用案例

23.1　概述

本典型设计为单电源二次部分典型设计的二次设备在中置式开关柜中的应用案例。本二次典型设计配套一次部分电气主接线、运行方式及设备配置，以二次设备部分设计原则和组屏（柜）原则为依据进行设计，内容主要包括变电站监控系统屏柜布置及原理、微机保护及安全自动装置用于 KYN28-12 型金属铠装中置式手车柜时的二次回路。

23.2　一次建设方案

（1）系统概况。

1）系统标称电压：10kV。

2）系统额定频率：50Hz。

3）系统中性点接地方式：不接地。

（2）电气一次设备类型。10kV 开关柜采用金属铠装中置式手车柜。

（3）主接线方式。10kV 母线接线方式为单母线接线。

（4）运行方式。由一路电源带整站负荷运行。

（5）建设规模。10kV 设备规模为 1 进 N 出（含主变压器受电柜），母线 TV 柜 1 台。

23.3　二次设备配置

本案例中，微机保护及安全自动装置就地分布安装于开关柜上，不单独组屏。其中，进线及馈线采用微机线路保护，分段开关采用微机分段保护。

配置远动及公用测控屏 1 面，远动信息从间隔层微机保护及安全自动装置获取并向调度端传送。

二次部分设备选择见表 8-23-1。

表 8-23-1　　二次部分设备选择

序号	项目名称	内容
1	线路保护	按需配置
2	变压器保护	按需配置
3	远动及公用测控屏	1 台
4	微机五防	1 套
5	网线及附件	厂家配套提供
6	控制电缆，KVVP2，2.5，4，ZR，22	根据现场确定
7	控制电缆，KVVP2，2.5，10，ZR，22	根据现场确定
8	控制电缆，KVVP2，4，4，ZR，22	根据现场确定

23.4　设计图纸

微机保护及安全自动装置安装于金属铠装中置式手车柜中单电源二次设计图纸目录见表 8-23-2。

表 8-23-2　　金属铠装中置式手车柜单电源二次设计图纸目录

图号	图纸名称
图 8-23-1	进线（馈线）柜二次原理图（一）
图 8-23-2	进线（馈线）柜二次原理图（二）
图 8-23-3	进线（馈线）柜端子排接线图
图 8-23-4	母线 TV 避雷器柜二次原理图
图 8-23-5	母线 TV 避雷器柜端子排接线图

续表

图号	图纸名称
图 8-23-6	主变压器受电柜二次原理图（一）
图 8-23-7	主变压器受电柜二次原理图（二）
图 8-23-8	主变压器受电柜端子排接线图
图 8-23-9	柜顶小母线布置图

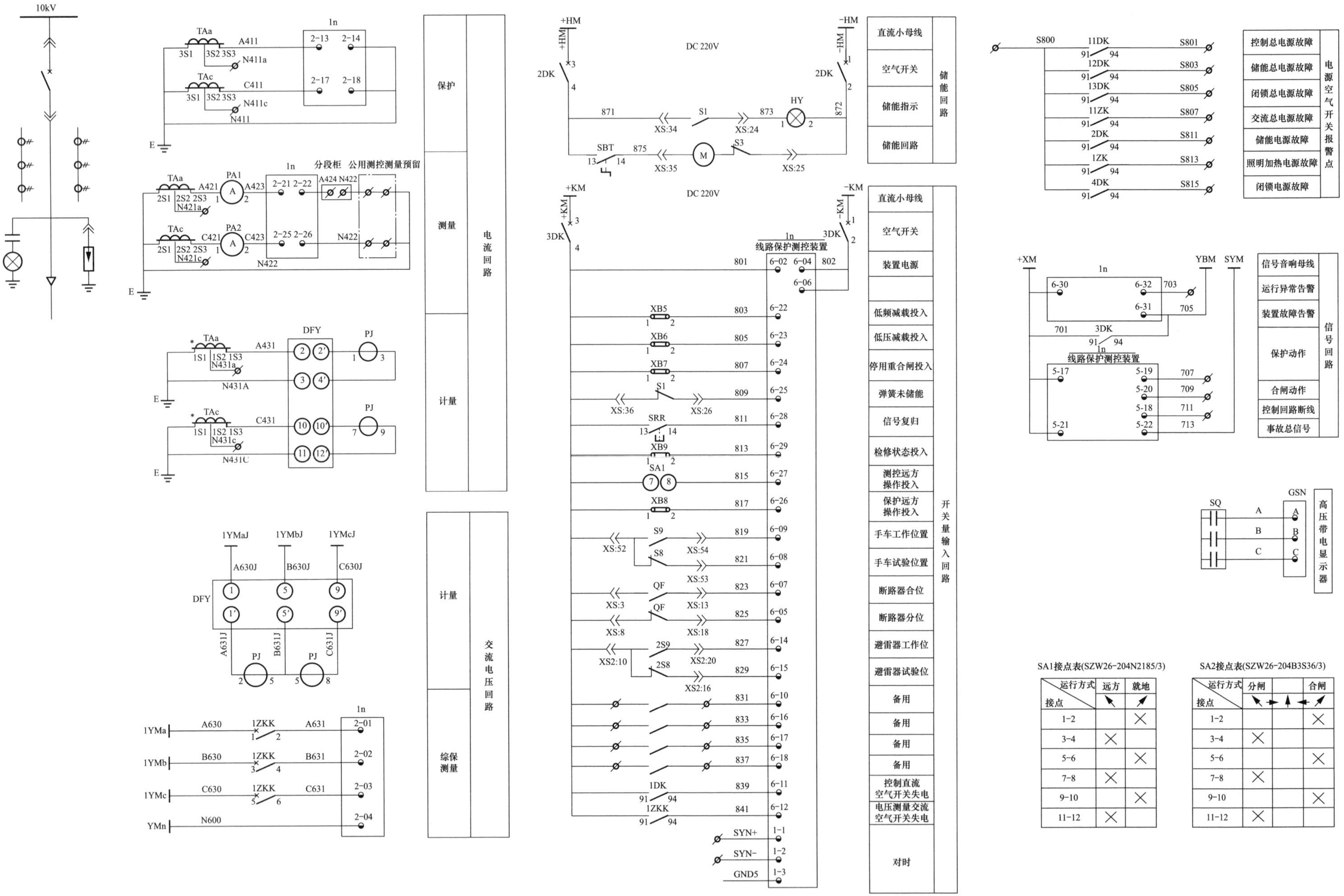

SA1接点表(SZW26-204N2185/3)

运行方式 / 接点	远方	就地
	↖	↗
1-2		×
3-4	×	
5-6		×
7-8	×	
9-10		×
11-12	×	

SA2接点表(SZW26-204B3S36/3)

运行方式 / 接点	分闸		合闸
	↖	→ ↑ ←	↗
1-2			×
3-4	×		
5-6			×
7-8	×		
9-10			×
11-12	×		

图 8-23-1　进线（馈线）柜二次原理图（一）

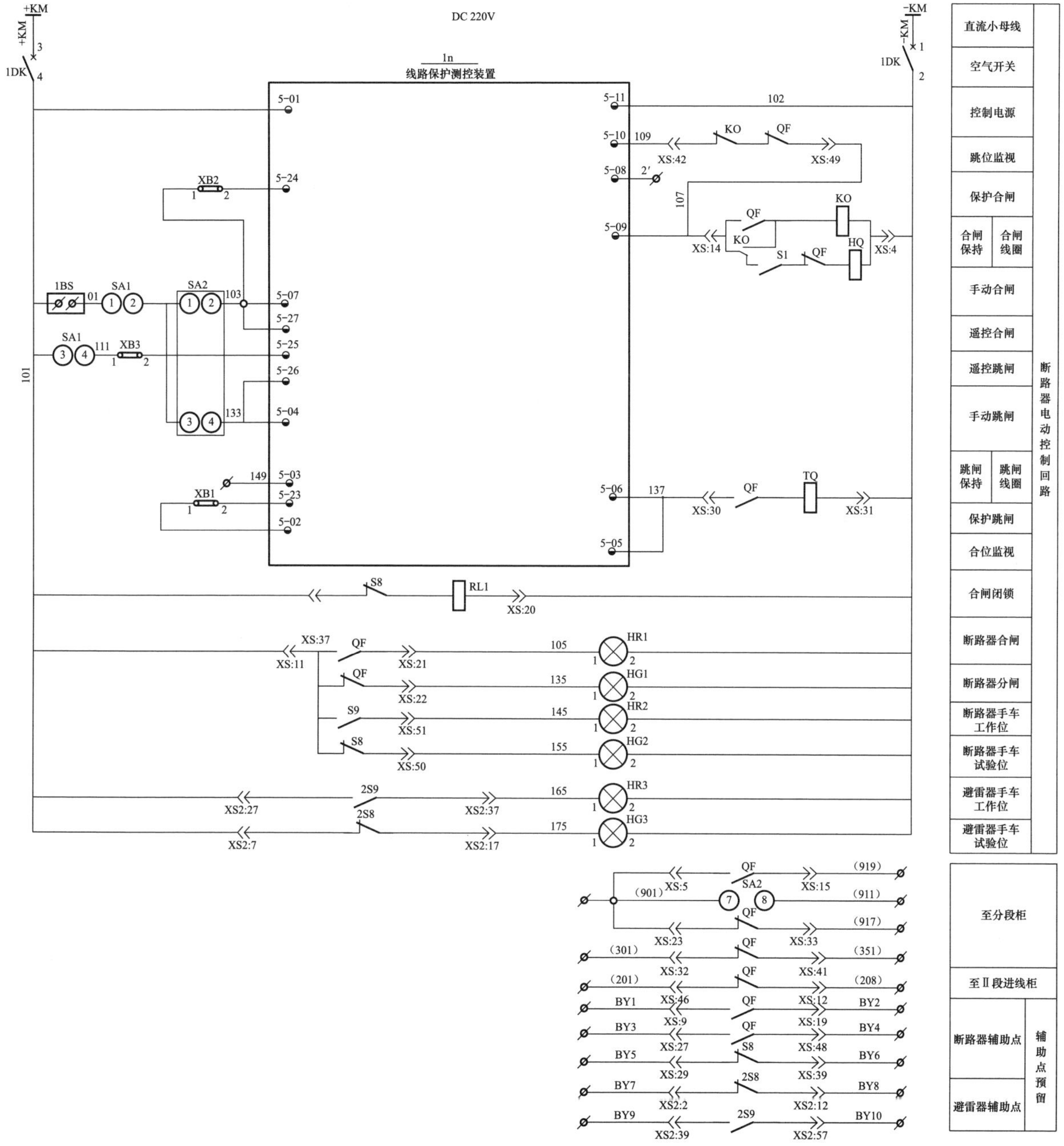

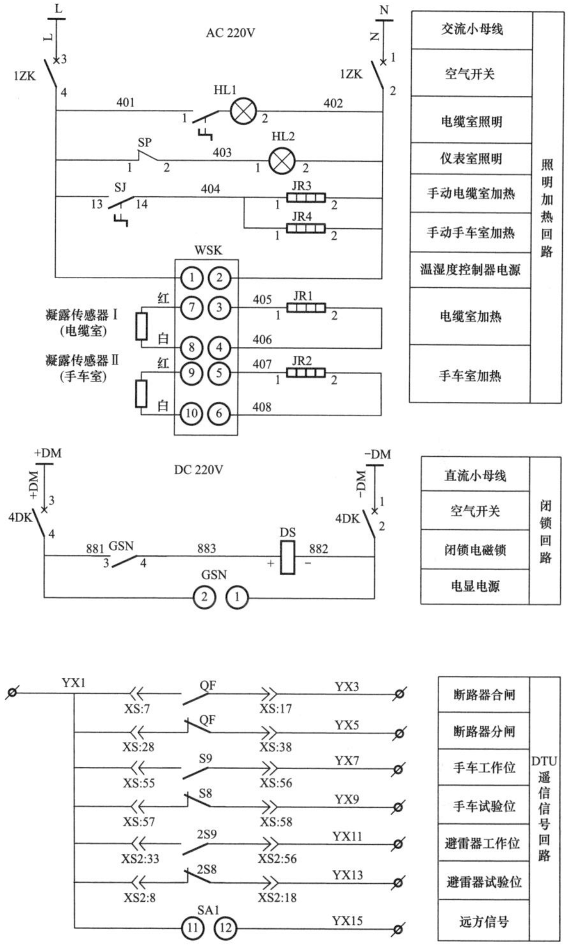

说明：此图为断路器带防跳，综保取消防跳，断路器带合闸闭锁，手车处于试验位，分闸，未储能状态。

图 8-23-2　进线（馈线）柜二次原理图（二）

至分段柜

至公用测控遥测信号

1ID			
TAa-3S3	1	A411	1n-2-13
TAc-3S3	2	C411	1n-2-17
TAa-3S1	3	N411	1n-2-14
TAc-3S1	4		1n-2-18
E	5		
	6	N411a	TAa-3S2
	7	N411c	TAc-3S2
TAa-2S3	8	A421	PA1-1
TAc-2S3	9	C421	PA2-1
分段柜	10	A424	1n-2-22
分段柜	11	N422	
	12		TAa-2S1
	13		TAc-2S1
	14		1n-2-26
	15		E
	16	N421a	TAa-2S2
	17	N421c	TAc-2S2
	18		

2ID			
	1	N431a	TAa-1S2
	2	N431c	TAc-1S2

2ID放置接线盒旁

ND			
2DK-4	1	871	SBT-13
XS-34	2		
XS-24	3	873	HY-1
XS-35	4	875	SBT-14
2DK-2	5	872	HY-2
XS-25	6		
	7		

至柜顶小母线

1UD			
1YMa	1	A630	1ZKK-1
1YMb	2	B630	1ZKK-3
1YMc	3	C630	1ZKK-5
YMn	4	N600	1n-2-04
	5		
	6		

FW			
4DK-4	1	881	GSN-2
	2		GSN-3
GSN-4	3	883	DS-+
4DK-2	4	882	GSN-1
	5		DS--
	6		
	7		

1Q1D			
3DK-4	1	801	1n-6-02
XS-3	2		XB7-1
XS-8	3		SA1-7
XS-52	4		SRR-13
XS-36	5		XB6-1
XS2-10	6		XB5-1
1DK-91	7		1ZKK-91
XB8-1	8		XB9-1
	9		
XS-26	10	809	1n-6-25
XS-54	11	819	1n-6-09
XS-53	12	821	1n-6-08
XS-13	13	823	1n-6-07
XS-18	14	825	1n-6-05
XS2-20	15	827	1n-6-14
XS2-16	16	829	1n-6-15
	17	831	1n-6-10
	18	833	1n-6-16
	19	835	1n-6-17
	20	837	1n-6-18
1DK-94	21	839	1n-6-11
1ZKK-94	22	841	1n-6-12
3DK-2	23	802	1n-6-04
	24		1n-6-06
	25		
	26		
	27		

至柜顶小母线

JL			
L	1	L	1ZK-3
	2		
N	3	N	1ZK-1
	4		

ZD			
+HM	1	+HM	2DK-3
	2		
+KM	3	+KM	1DK-3
	4		3DK-3
	5		
-HM	6	-HM	2DK-1
	7		
-KM	8	-KM	1DK-1
	9		3DK-1
	10		
+DM	11	+DM	4DK-3
	12		
-DM	13	-DM	4DK-1
	14		

1Q2D			
1DK-4	1	101	1n-5-01
XS-10	2		SA1-3
XS-11	3		XS2-7
	4		XS2-27
分段柜	5		五防编码锁预留
SA1-1	6	01	五防编码锁预留
1n-5-07	7	103	SA2-2
分段柜	8		1n-5-27
遥控合闸	9		XB2-1
XB3-1	10	111	SA1-4
遥控公共端	11		
SA2-4	12	133	1n-5-04
分段柜	13		1n-5-26
遥控跳闸	14		
	15	149	1n-5-03
	16		XS-37
分段柜	17		
	18		
XS-21	19	105	HR1-1
XS-22	20	135	HG1-1
XS-51	21	145	HR2-1
XS-50	22	155	HG2-1
XS2-37	23	165	HR3-1
XS2-17	24	175	HG3-1
1DK-2	25	102	1n-5-11
XS-4	26		HG1-2
XS-20	27		HG3-2
XS-31	28		HR3-2
HG2-2	29		HR2-2
	30		HR1-2
	31		
	32		
	33		
	34		

1CD			
XS-42	1	109	1n-5-10
	2	2'	1n-5-08
XS-14	3	107	1n-5-09
XS-49	4		
XS-30	5	137	1n-5-05
	6		1n-5-06
	7		
	8		

TD			
※	1	SYN+	1n-1-1
	2		
※	3	SYN-	1n-1-2
	4		
※	5	GND5	1n-1-3
	6		
	7		
	8		

1BD			
	1	(901)	XS-23
	2		SA2-7
	3		XS-5
	4	(919)	XS-15
	5	(911)	SA2-8
	6	(917)	XS-33
	7	(301)	XS-32
	8	(351)	XS-41
	9	(201)	XS-46
	10	(208)	XS-12
	11	BY1	XS-9
	12	BY2	XS-19
	13	BY3	XS-27
	14	BY4	XS-48
	15	BY5	XS-29
	16	BY6	XS-39
	17	BY7	XS2-2
	18	BY8	XS2-12
	19	BY9	XS2-39
	20	BY10	XS2-57
	21		
	22		

至柜顶小母线

1YD			
+XM	1	701	3DK-91
1n-5-17	2		1n-5-21
	3		1n-6-30
	4	703	1n-6-32
YBM	5	705	1n-6-31
	6		3DK-94
	7	707	1n-5-19
	8	709	1n-5-20
	9	711	1n-5-18
SYM	10	713	1n-5-22
XS-7	11	YX1	SA1-11
XS-28	12		XS-55
XS-57	13		XS2-8
	14		XS2-33
	15	YX3	XS-17
	16	YX5	XS-38
	17	YX7	XS-56
	18	YX9	XS-58
	19	YX11	XS2-56
	20	YX13	XS2-18
	21	YX15	SA1-12
11DK-91	22	S800	4DK-91
2DK-91	23		12DK-91
1ZK-91	24		11ZK-91
	25		13DK-91
	26	S801	11DK-94
	27	S803	12DK-94
	28	S805	13DK-94
	29	S807	11ZK-94
	30	S811	2DK-94
	31	S813	1ZK-94
	32	S815	4DK-94

JD			
1ZK-4	1	401	SP-1
WSK-1	2		HL1-1
SJ-13	3		
SP-2	4	403	HL2-1
SJ-14	5	404	JR4-1
JR3-1	6		
WSK-3	7	405	JR1-1
WSK-4	8	406	JR1-2
WSK-5	9	407	JR2-1
WSK-6	10	408	JR2-2
1ZK-2	11	402	WSK-2
JR4-2	12		HL2-2
JR3-2	13		HL1-2
	14		
	15		
	16		

说明：1. 计量电流：线号 *431 用 4mm^2 单股铜导线，计量电压：线 *630J/*631J 用 2.5mm^2 单股铜导线，用线分黄、绿、红、淡蓝色（电能表回路均为计量回路），1ID 端子排的其余电流回路用 2.5mm^2 的多股黑色铜导线，引至柜顶小母线端子的接线用 2.5mm^2 的多股黑色铜导线，标※处采用屏蔽通信线，11~12DK、11ZK 空气开关下口至柜顶小母线的接线用。

2. 如需接公用测控时将 1ID 端子的 12~14 的连接片取消即可。

3. 预留计量表计的安装位置，安装 2 个计量表架。

图 8-23-3 进线（馈线）柜端子排接线图

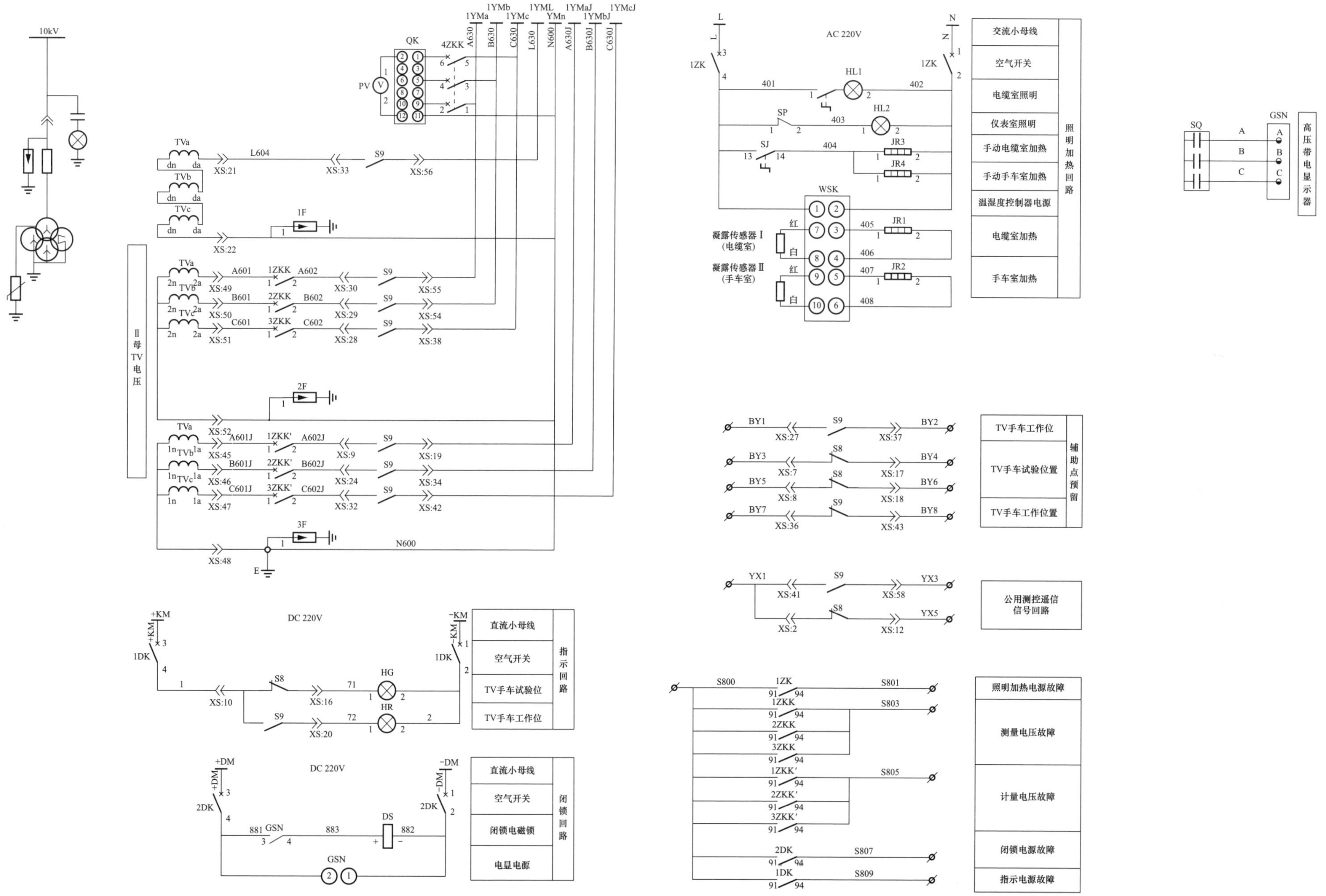

图 8-23-4　母线 TV 避雷器柜二次原理图

至柜顶小母线

UD			
XS-49	1	A601	1ZKK-1
XS-50	2	B601	2ZKK-1
XS-51	3	C601	3ZKK-1
1YMa	4	A630	4ZKK-1
	5		
1YMb	4	B630	4ZKK-3
	7		
1YMc	8	C630	4ZKK-5
	9		
1YML	10	L630	
	11		
YMn	12	N600	XS-22
QK-11	13		XS-52
1F-1	14		3F-1
2F-1	15		XS-48
E	16		
	17		
1YMaJ	18	A630J	
	19		
1YMbJ	18	B630J	
	21		
1YMcJ	22	C630J	
	23		
	24	L601	XS-56
Xs-21	25	L604	XS-33
	26	A603	XS-55
	27	B603	XS-54
	28	C603	XS-38
1ZKK-2	29	A602	XS-30
2ZKK-2	30	B602	XS-29
3ZKK-2	31	C602	XS-28
	32	A603J	XS-19
	33	B603J	XS-34
	34	C603J	XS-42
1ZKK′-1	35	A601J	XS-45
2ZKK′-1	36	B601J	XS-46
3ZKK′-1	37	C601J	XS-47
1ZKK′-2	38	A602J	XS-9
2ZKK′-2	39	B602J	XS-24
3ZKK′-2	40	C602J	XS-32
	41		
	42		
	43		

FW			
2DK-4	1	881	GSN-2
	2		GSN-3
GSN-4	3	883	DS-+
2DK-2	4	882	GSN-1
	5		DS--
	6		
	7		

1YD			
	1	YX1	XS-41
	2		XS-2
	3	YX3	XS-58
	4	YX5	XS-12
1ZK-91	5	S800	1DK-91
1ZKK-91	6		2DK-91
2ZKK-91	7		3ZKK-91
1ZKK′-91	8		2ZKK′-91
	9		3ZKK′-91
	10	S801	1ZK-94
1ZKK-94	11	S803	2ZKK-94
	12		3ZKK-94
1ZKK′-94	13	S805	2ZKK′-94
	14		3ZKK′-94
	15	S807	2DK-94
	16	S809	1DK-94
	17		
	18		

1BD			
	1	01	XS-39
	2		XS-5
	3	03	XS-57
	4	04	XS-15
	5	BY1	XS-27
	6	BY2	XS-37
	7	BY3	XS-7
	8	BY4	XS-17
	9	BY5	XS-8
	10	BY6	XS-18
	11	BY7	XS-36
	12	BY8	XS-43
	13		
	14		

JD			
1ZK-4	1	401	SP-1
WSK-1	2		HL1-1
SJ-13	3		
SJ-14	4	404	JR4-1
JR3-1	5		
WSK-3	6	405	JR1-1
WSK-4	7	406	JR1-2
WSK-5	8	407	JR2-1
WSK-6	9	408	JR2-2
1ZK-2	10	402	WSK-2
HL2-2	11		JR4-2
JR3-2	12		HL1-2
	13		
	14		
	15		

XD			
1DK-4	1	1	XS-10
	2		
HG-1	3	71	XS-16
HR-1	4	72	XS-20
1DK-2	5	2	HR-2
HG-2	6		
	7		
	8		

至柜顶小母线

ZD			
+KM	1	+KM	1DK-3
	2		
-KM	3	-KM	1DK-1
	4		
+DM	5	+DM	2DK-3
	6		
-DM	7	-DM	2DK-1
	8		

JL			
L	1	L	1ZK-3
	2		
N	3	N	1ZK-1
	4		

说明：UD端子排和引至柜顶小母线端子的接线用2.5mm²的多股铜导线，标※处采用屏蔽通信线。

图 8-23-5　母线 TV 避雷器柜端子排接线图

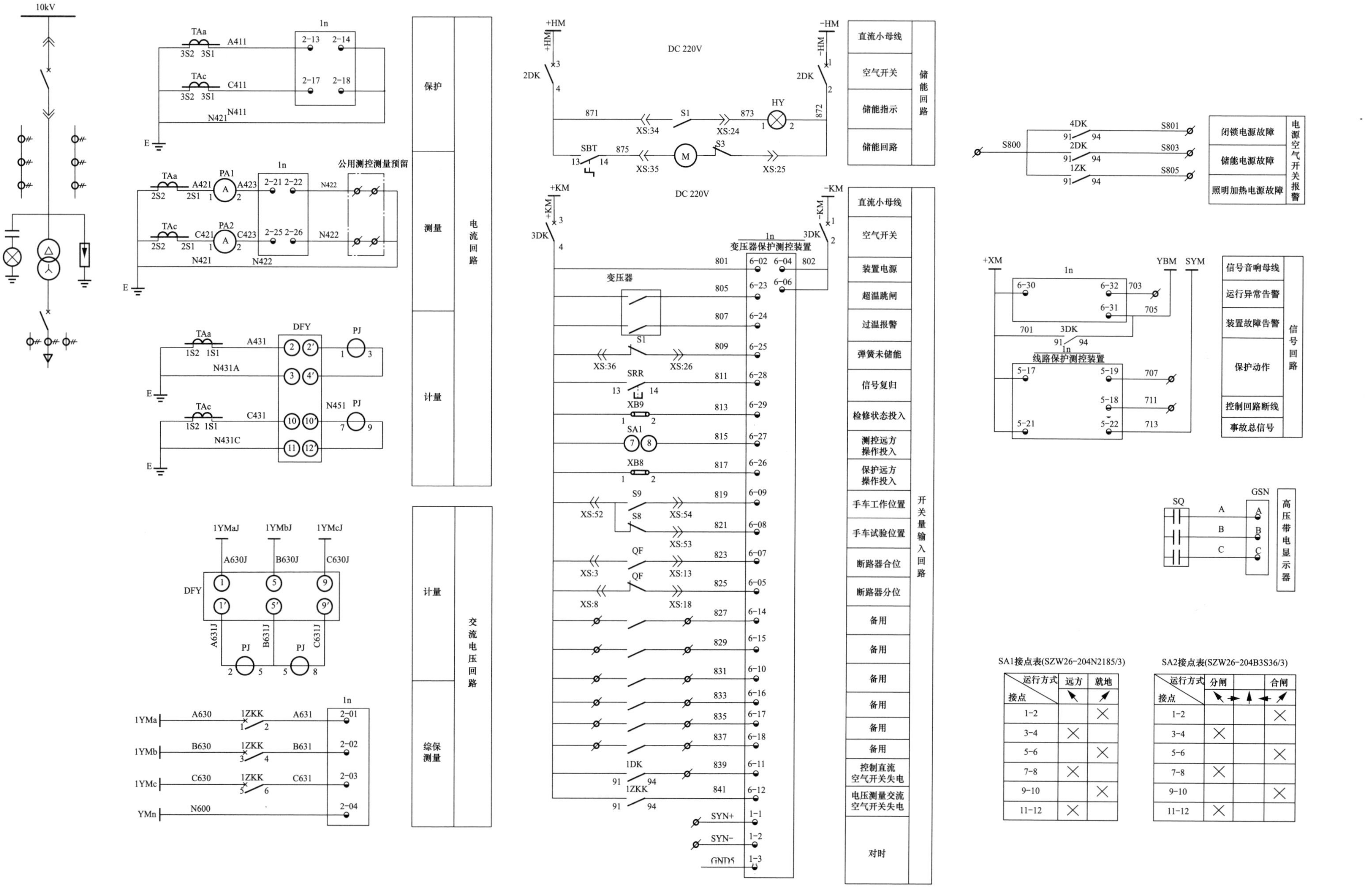

SA1接点表(SZW26-204N2185/3)

运行方式 / 接点	远方 ↖	就地 ↗
1-2		×
3-4	×	
5-6		×
7-8	×	
9-10		×
11-12	×	

SA2接点表(SZW26-204B3S36/3)

运行方式 / 接点	分闸 ↖ →	↑	合闸 ← ↗
1-2			×
3-4	×		
5-6			×
7-8	×		
9-10			×
11-12	×		

图 8-23-6　主变压器受电柜二次原理图（一）

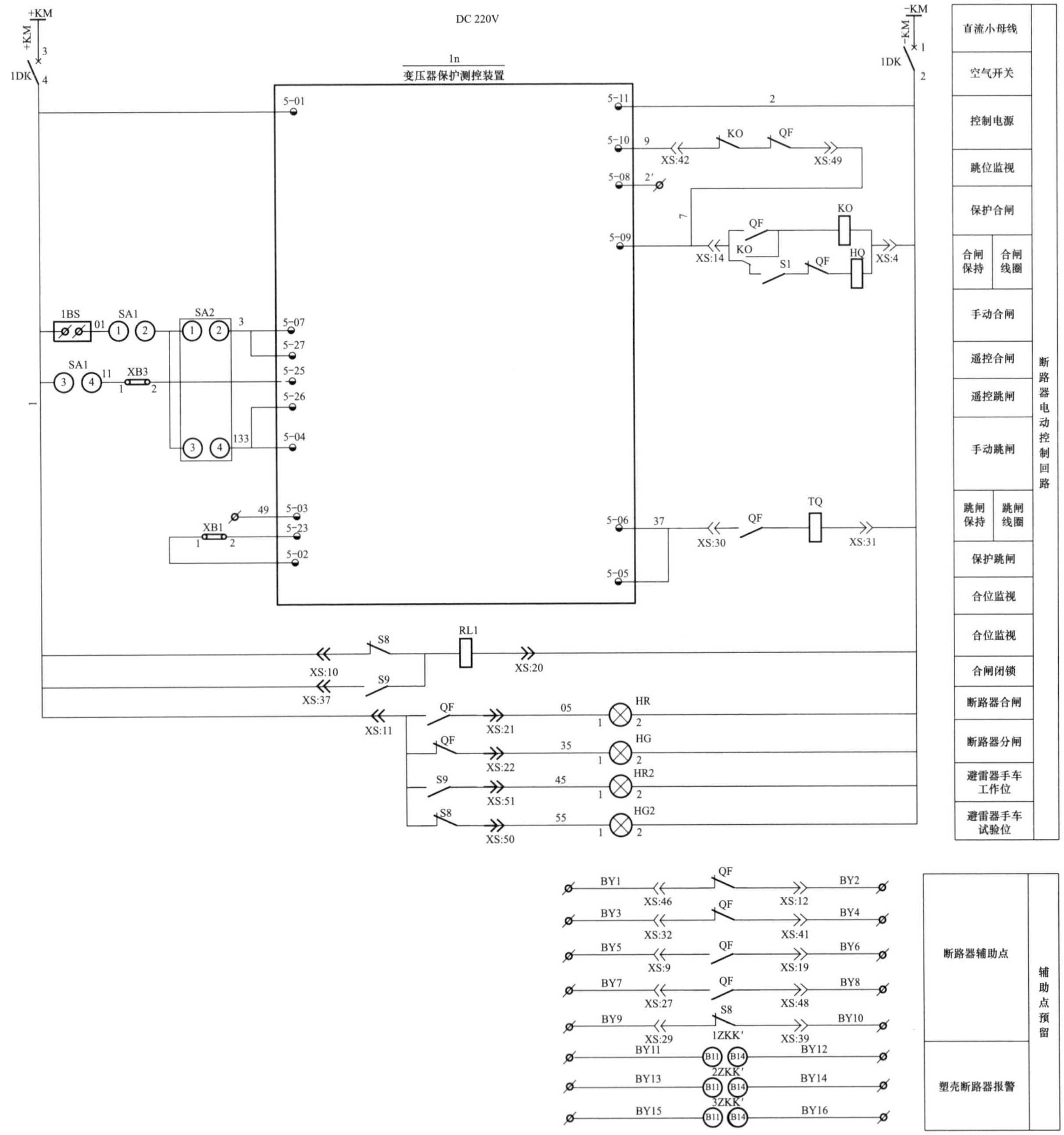

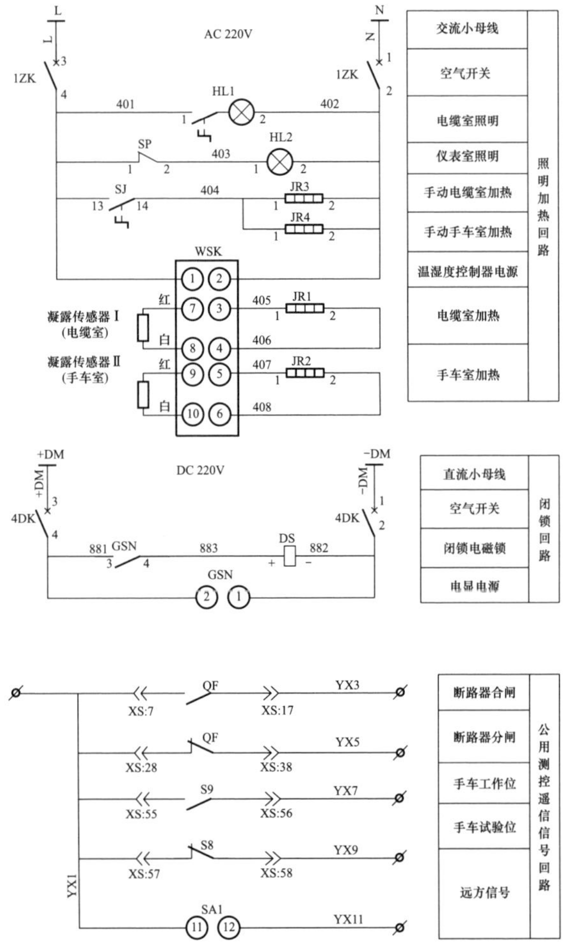

说明：此图为断路器带防跳，综保取消防跳，断路器带合闸闭锁，手车处于试验位，分闸，未储能状态。

图 8-23-7　主变压器受电柜二次原理图（二）

1ID

TAa-3S1	1	A411	1n-2-13
TAc-3S1	2	C411	1n-2-17
TAa-3S2	3	N411	1n-2-14
TAc-3S2	4		1n-2-18
E	5		
TAa-2S1	6	A421	PA1-1
TAc-2S1	7	C421	PA2-1
	8	N422	TAa-2S2
	9		TAc-2S2
	10		1n-2-22
	11		1n-2-26
	12		E
1PA1-1	13	A441	TAa1-S1
1PA2-1	14	B441	TAb1-S1
1PA3-1	15	C441	TAc1-S1
	16	N441	TAc1-S2
	17		TAb1-S2
	18		TAa1-S2
	19		1PA3-2
	20		1PA2-2
	21		1PA1-2
	22		E
2PA1-1	23	A451	TAa2-S1
2PA2-1	24	B451	TAb2-S1
2PA3-1	25	C451	TAc2-S1
	26	N451	TAa2-S2
	27		TAb2-S2
	28		TAc2-S2
	29		2PA3-2
	30		2PA2-2
	31		2PA1-2
	32		E
3PA1-1	33	A461	TAa3-S1
3PA2-1	34	B461	TAb3-S1
3PA3-1	35	C461	TAc3-S1
	36	N461	TAa3-S2
	37		TAb3-S2
	38		TAc3-S2
	39		3PA3-2
	40		3PA2-2
	41		3PA1-2
	42		E
	43		
	44		

至公用测控遥测信号

FW

4DK-4	1	881	GSN-2
	2		GSN-3
GSN-1	3	882	4DK-2
	4		DS--
GSN-4	5	883	DS-+
	6		
	7		

1Q1D

3DK-4	1	801	1n-6-02
XB9-1	2		1DK-91
XS-8	3		SA1-7
XS-52	4		SRR-13
XS-36	5		XB8-1
1ZKK-91	6		XS-3
	7		
变压器	8	805	1n-6-23
变压器	9	807	1n-6-24
XS-26	10	809	1n-6-25
XS-54	11	819	1n-6-09
XS-53	12	821	1n-6-08
XS-13	13	823	1n-6-07
XS-18	14	825	1n-6-05
	15	827	1n-6-14
	16	829	1n-6-15
	17	831	1n-6-10
	18	833	1n-6-16
	19	835	1n-6-17
	20	837	1n-6-18
1DK-94	21	839	1n-6-11
1ZKK-94	22	841	1n-6-12
3DK-2	23	802	1n-6-04
	24		1n-6-06
	25		
	26		

变压器

至柜顶小母线

JL

L	1	L	1ZK-3
	2		
N	3	N	1ZK-1
	4		

ZD

+HM	1	+HM	2DK-3
	2		
+KM	3	+KM	1DK-3
	4		3DK-3
	5		
	6		
-HM	7	-HM	2DK-1
-KM	8	-KM	1DK-1
	9		3DK-1
	10		
	11		
+DM	12	+DM	4DK-3
	13		
-DM	14	-DM	4DK-1
	15		
	16		

1Q2D

1DK-4	1	1	1n-5-01
XS-10	2		SA1-3
XS-11	3		XS-37
	4		五防编码锁预留
SA1-1	5	01	五防编码锁预留
SA2-2	6	3	1n-5-07
遥控合闸	7		1n-5-27
	8		
	9	11	XB3-1
遥控公共端	10		SA1-4
SA2-4	11	33	1n-5-04
遥控跳闸	12		1n-5-26
	13		
	14	49	1n-5-03
XS-21	15	05	HR-1
XS-22	16	35	HG-1
XS-51	17	45	HR2-1
XS-50	18	55	HG2-1
1DK-2	19	2	1n-5-11
XS-4	20		HR-2
XS-31	21		HG-2
HR2-2	22		HG2-2
	23		XS-20
	24		
	25		
	26		

至公用测控遥控

1CD

XS-42	1	9	1n-5-10
	2	2'	1n-5-08
XS-14	3	7	1n-5-09
	4		XS-49
XS-30	5	37	1n-5-05
	6		1n-5-06
	7		
	8		

TD

※		1	SYN+	1n-1-1
		2		
※		3	SYN-	1n-1-2
		4		
※		5	GND5	1n-1-3
		6		
※		7		
		8		

1BD

	1	BY1	XS-46
	2	BY2	XS-12
	3	BY3	XS-32
	4	BY4	XS-41
	5	BY5	XS-9
	6	BY6	XS-19
	7	BY7	XS-27
	8	BY8	XS-48
	9	BY9	XS-29
	10	BY10	XS-39
	11	BY11	1ZKK'-B11
	12	BY12	1ZKK'-B14
	13	BY13	2ZKK'-B11
	14	BY14	2ZKK'-B14
	15	BY15	3ZKK'-B11
	16	BY16	3ZKK'-B14
	17		
	18		

至柜顶小母线

1YD

+XM	1	701	3DK-91
	2		1n-5-17
	3		1n-5-21
	4		1n-6-30
	5	703	1n-6-32
YBM	6	705	3DK-94
	7		1n-6-31
	8	707	1n-5-19
	9	711	1n-5-18
SYM	10	713	1n-5-22
XS-28	11	YX1	SA1-11
XS-55	12		XS-7
	13		XS-57
	14	YX3	XS-17
	15	YX5	XS-38
	16	YX7	XS-56
	17	YX9	XS-58
	18	YX11	SA1-12
	19	S800	4DK-91
	20		2DK-91
	21		1ZK-91
	22		
	23	S801	4DK-94
	24	S803	2DK-94
	25	S805	1ZK-94
	26		
	27		

JD

1ZK-4	1	401	SP-1
HL1-1	2		WSK-1
SJ-13	3		
SP-2	4	403	HL2-1
SJ-14	5	404	JR4-1
JR3-1	6		
WSK-3	7	405	JR1-1
WSK-4	8	406	JR1-2
WSK-5	9	407	JR2-1
WSK-6	10	408	JR2-2
1ZK-2	11	402	WSK-2
HL2-2	12		
JR4-2	13		HL1-2
	14		JR3-2
	15		
	16		

ND

2DK-4	1	871	SBT-13
XS-34	2		
XS-24	3	873	HY-1
XS-35	4	875	SBT-14
2DK-2	5	872	HY-2
XS-25	6		
	7		
	8		

至柜顶小母线

1UD

1YMa	1	A630	1ZKK-1
1YMb	2	B630	1ZKK-3
1YMc	3	C630	1ZKK-5
YMn	4	N600	1n-2-04
	5		
	6		

图 8-23-8 主变压器受电柜端子排接线图

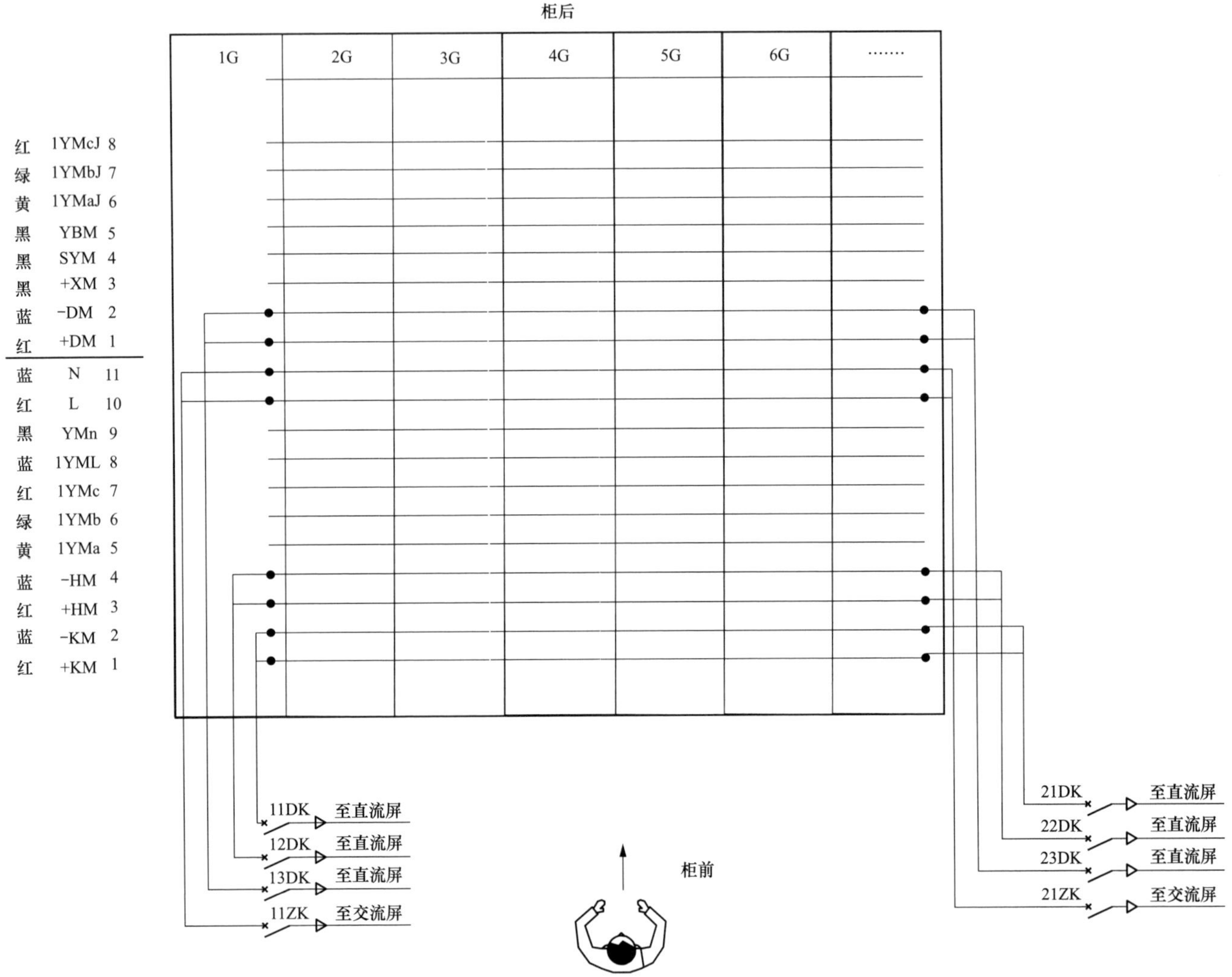

说明：小母线为ϕ6mm小铜棒，所有的小母线均按图示长度制作。

图 8-23-9 柜顶小母线布置图

第 24 章　单电源二次设备在固体绝缘开关柜方案中的应用案例

24.1　概述

本典型设计为双电源二次部分典型设计的二次设备在固体绝缘开关柜中的应用案例。本二次典型设计配套一次部分电气主接线、运行方式及设备配置，以二次设备部分设计原则和组屏（柜）原则为依据进行设计，内容主要包括变电站监控系统屏柜布置及原理、微机保护及安全自动装置用于固定式固体绝缘开关柜时的二次回路。

24.2　一次建设方案

（1）系统概况。

1）系统标称电压：10kV。

2）系统额定频率：50Hz。

3）系统中性点接地方式：不接地。

（2）电气一次设备类型。10kV 开关柜采用固定式固体绝缘开关柜。

（3）主接线方式。10kV 母线接线方式为单母线接线。

（4）运行方式。由一路电源带整站负荷运行。

（5）建设规模。10kV 设备规模为 1 进 *N* 出（含主变压器受电柜），母线 TV 柜 1 台。

24.3　二次设备配置

本案例中，微机保护及安全自动装置就地分布安装于开关柜上，不单独组屏。其中，进线及馈线采用微机线路保护，分段开关采用微机分段保护。

配置远动及公用测控屏 1 面，远动信息从间隔层微机保护及安全自动装置获取并向调度端传送。

二次部分设备选择见表 8-24-1。

表 8-24-1　　二次部分设备选择

序号	项目名称	内容
1	线路保护	按需配置
2	变压器保护	按需配置
3	远动及公用测控屏	1 台
4	微机五防	1 套
5	网线及附件	厂家配套提供
6	控制电缆，KVVP2，2.5，4，ZR，22	根据现场确定
7	控制电缆，KVVP2，2.5，10，ZR，22	根据现场确定
8	控制电缆，KVVP2，4，4，ZR，22	根据现场确定

24.4　设计图纸

微机保护及安全自动装置安装于固定式固体绝缘开关柜中单电源二次设计图纸目录见表 8-24-2。

表 8-24-2　　固体绝缘开关柜单电源二次设计图纸目录

图号	图纸名称
图 8-24-1	进线（馈线）柜二次原理图（一）
图 8-24-2	进线（馈线）柜二次原理图（二）
图 8-24-3	进线（馈线）柜二次原理图（三）
图 8-24-4	进线（馈线）柜二次原理图（四）
图 8-24-5	进线（馈线）柜二次原理图（五）
图 8-24-6	进线（馈线）柜二次原理图（六）
图 8-24-7	进线（馈线）柜端子排图（一）
图 8-24-8	进线（馈线）柜端子排图（二）
图 8-24-9	母线 TV 避雷器柜二次原理图（一）
图 8-24-10	母线 TV 避雷器柜二次原理图（二）
图 8-24-11	母线 TV 避雷器柜二次原理图（三）
图 8-24-12	母线 TV 避雷器柜端子排图
图 8-24-13	主变压器受电柜二次原理图（一）
图 8-24-14	主变压器受电柜二次原理图（二）
图 8-24-15	主变压器受电柜二次原理图（三）
图 8-24-16	主变压器受电柜二次原理图（四）
图 8-24-17	主变压器受电柜二次原理图（五）
图 8-24-18	主变压器受电柜二次原理图（六）
图 8-24-19	主变压器受电柜端子排图（一）
图 8-24-20	主变压器受电柜端子排图（二）

	断路器弹簧储能回路	保护与信号回路	控制回路	带电显示器闭锁回路	故障指示器电源	冷凝除湿器回路		保护电压小母线信号

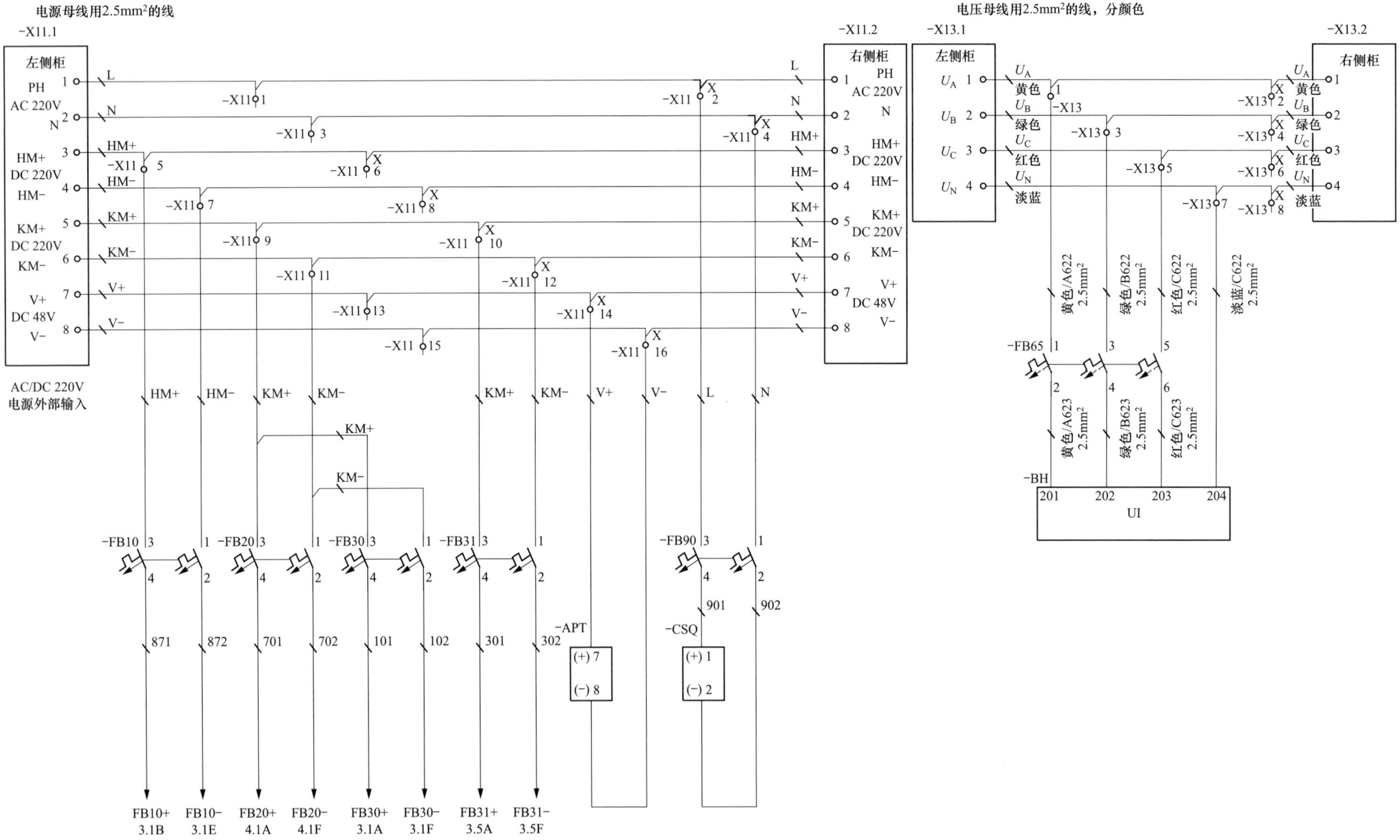

图 8-24-1 进线（馈线）柜二次原理图（一）

断路器弹簧储能回路	断路器合闸回路				断路器关分闸回路				观察窗照明灯	断路器合闸指示	断路器分闸指示	微机保护控制电源	带电显示闭锁回路	信号小母线信号
		保护合闸	就地合闸	遥控合闸	遥控分闸	就地分闸		保护跳闸						

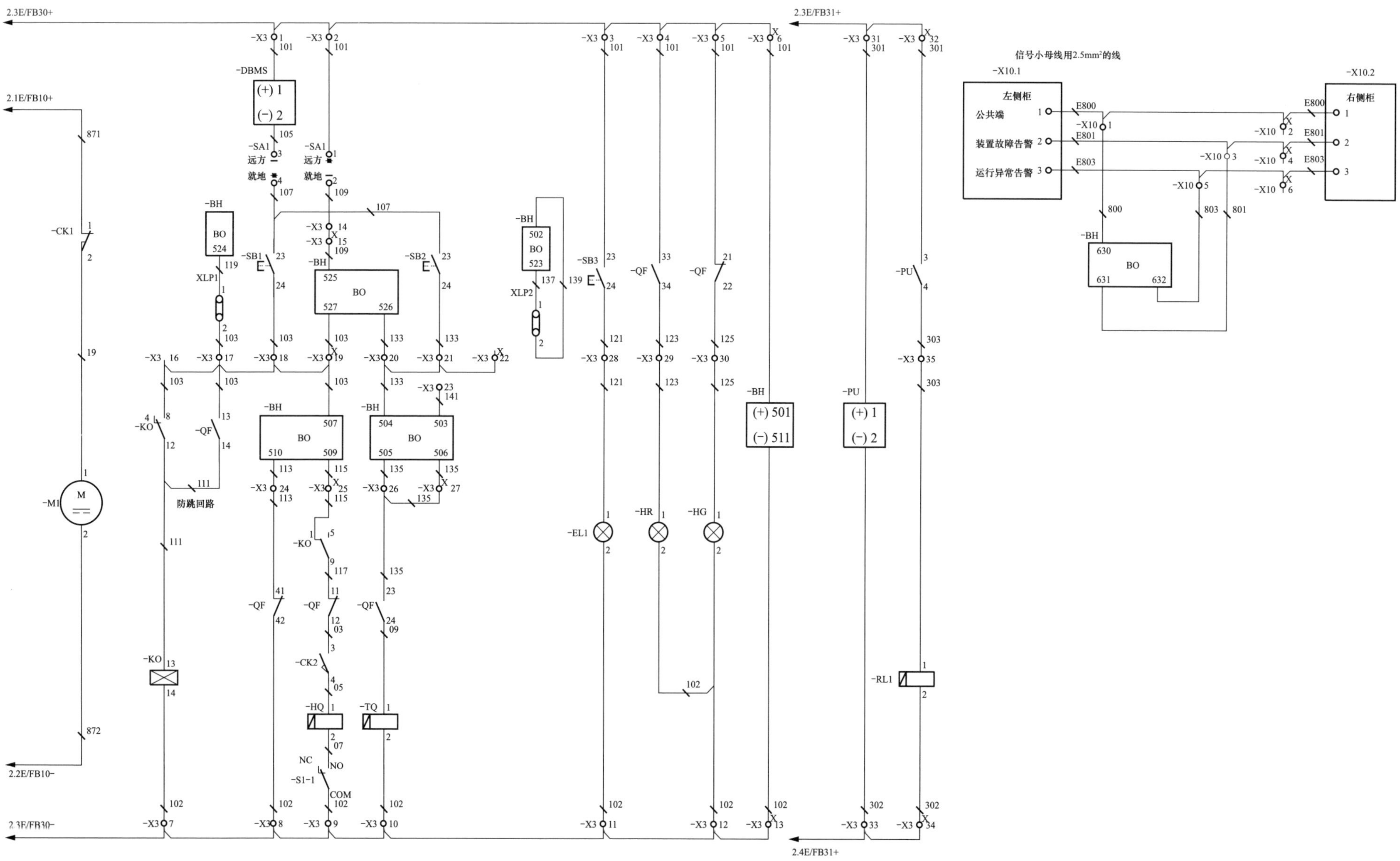

图 8-24-2　进线（馈线）柜二次原理图（二）

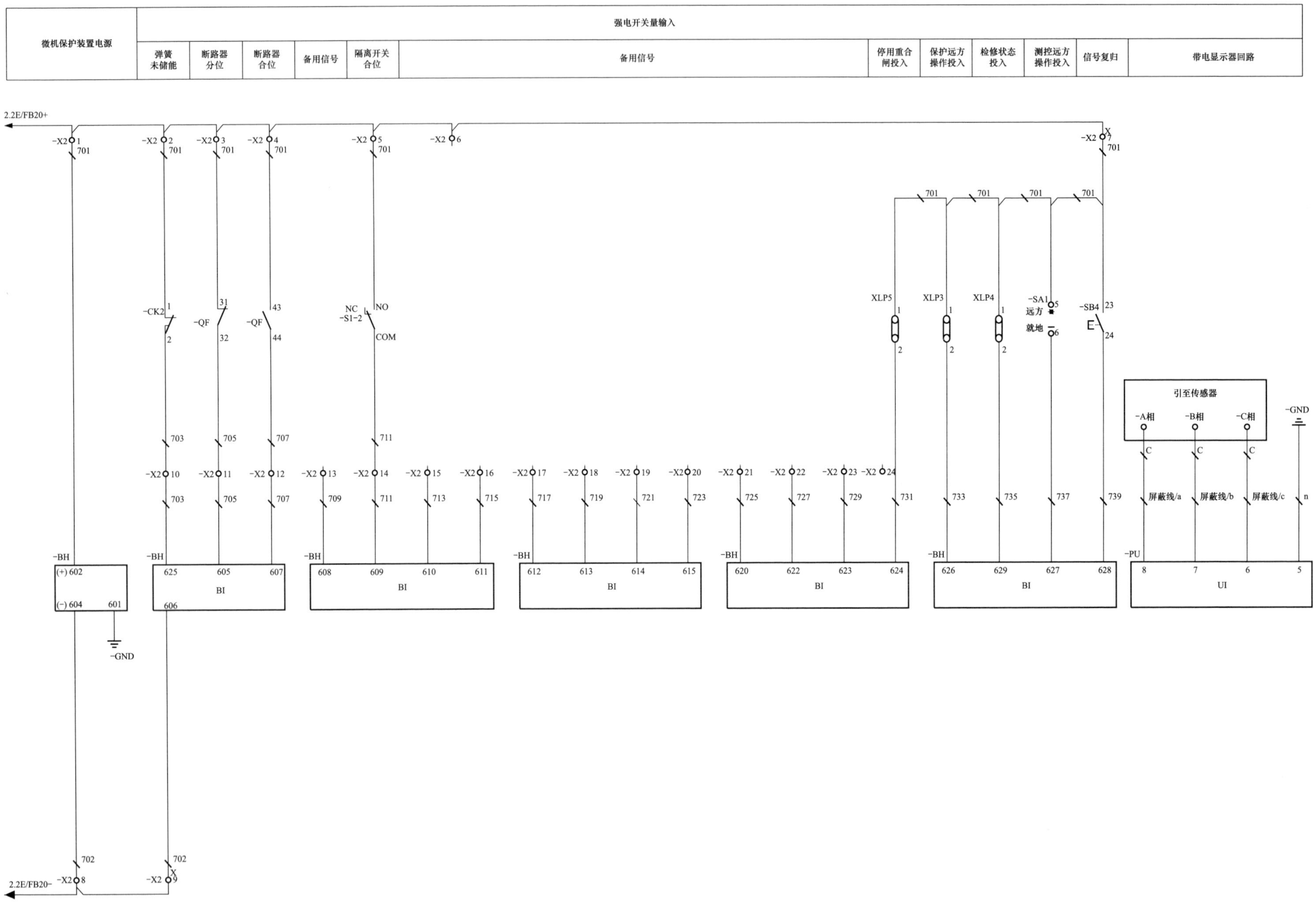

图 8-24-3　进线（馈线）柜二次原理图（三）

断路器合位	断路器分位	弹簧已储能	弹簧未储能	隔离开关合位		故障指示远程复位	故障指示远程告警	远方信号	遥控1分闸	遥控1合闸	合后输出	跳闸备用出口1	控制回路断线	保护动作	合闸动作	事故总信号		微机保护装置对时	故障指示器RS485通信

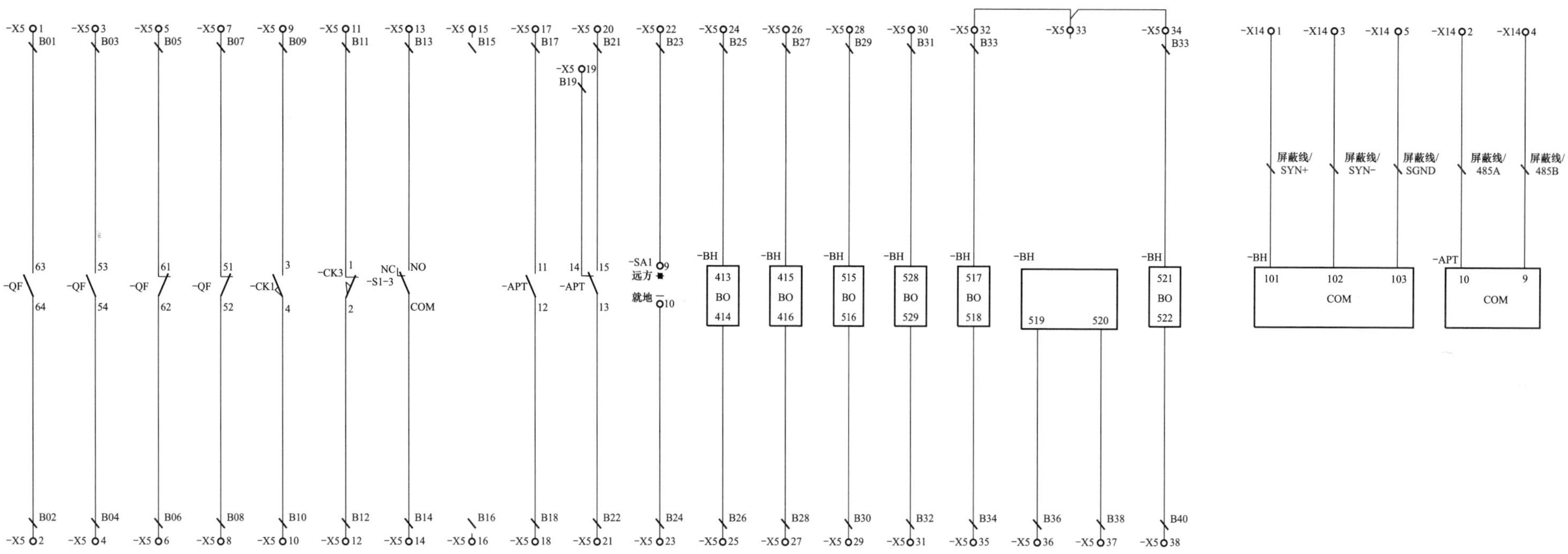

图 8-24-4　进线（馈线）柜二次原理图（四）

测量电流回路(0.5)	保护电流回路(5P20)

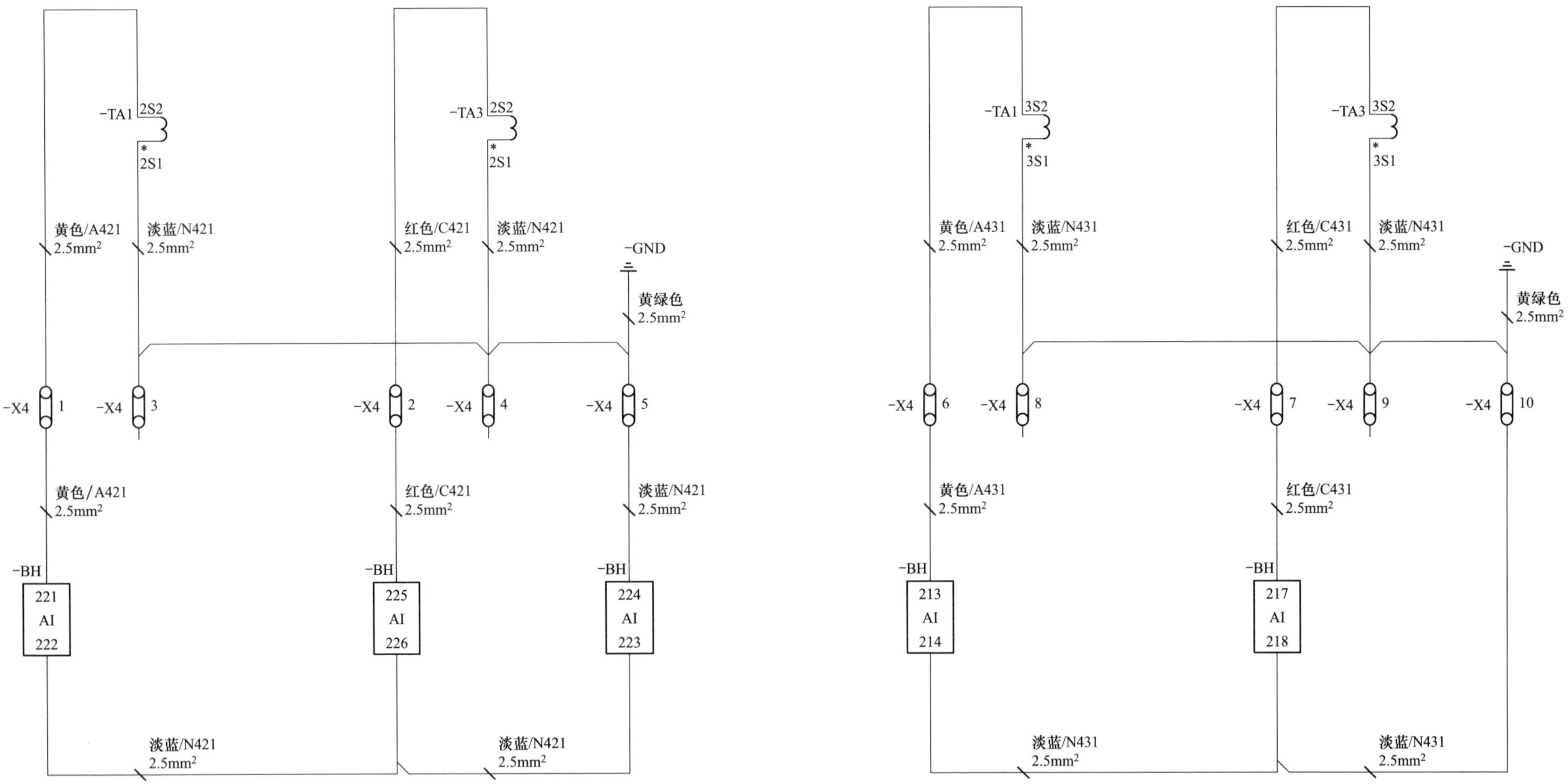

电流互感器二次回路导线截面：2.5mm²，颜色按照A、B、C相对应黄、绿、红。

图 8-24-5　进线（馈线）柜二次原理图（五）

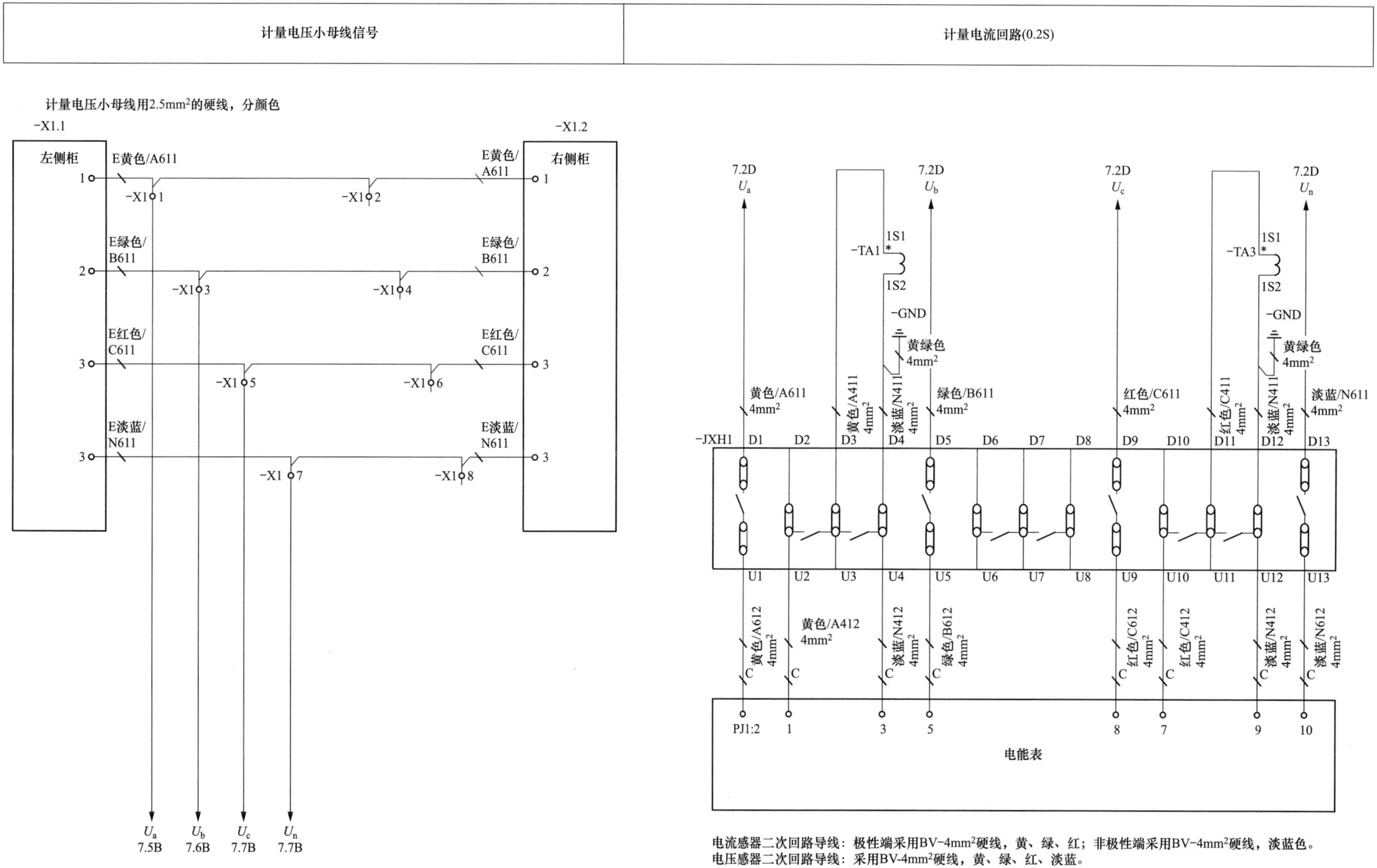

电流感器二次回路导线：极性端采用BV-4mm²硬线，黄、绿、红；非极性端采用BV-4mm²硬线，淡蓝色。
电压感器二次回路导线：采用BV-4mm²硬线，黄、绿、红、淡蓝。

图 8-24-6　进线（馈线）柜二次原理图（六）

===F+-X1

外引电缆	连接设备	线号	端子号	连接设备	外引电缆
	-X1.1:1	黄色/A611	1	-JXH1:D1	
	-X1.2:1	黄色/A611	2		
	-X1.1:2	绿色/B611	3	-JXH1:D5	
	-X1.2:2	绿色/B611	4		
	-X1.1:3	红色/C611	5	-JXH1:D9	
	-X1.2:3	红色/C611	6		
	-X1.1:3	淡蓝/N611	7	-JXH1:D13	
	-X1.2:3	淡蓝/N611	8		

===F+-X2

外引电缆	连接设备	线号	端子号	连接设备	外引电缆
	-BH:602	701	1	-FB20:4	
			2	-CK2:1	
			3	-QF:31	
			4	-QF:43	
			5	-S1-2:NO	
			6	-S3-1:NO	
	-SB4:23	701	7		
	-BH:604	702	8	-FB20:2	
	-BH:606	702	9		
	-BH:625	703	10	-CK2:2	
	-BH:605	705	11	-QF:32	
	-BH:607	707	12	-QF:44	
	-BH:608	709	13		
	-BH:609	711	14	-S1-2:COM	
	-BH:610	713	15	-S3-1:COM	
	-BH:611	715	16		
	-BH:612	717	17		
	-BH:613	719	18		
	-BH:614	721	19		
	-BH:615	723	20		
	-BH:620	725	21		
	-BH:622	727	22		
	-BH:623	729	23		
			24		

===F+-X3

外引电缆	连接设备	线号	端子号	连接设备	外引电缆
	-FB30:4	101	1	-DBMS:1	
			2	-SA1:1	
			3	-SB3:23	
	-QF:33	101	4		
	-QF:21	101	5		
			6	-BH:501	
	-FB30:2	102	7	-KO:14	
	-QF:42	102	8		
	-S1-1:COM	102	9		
	-TQ:2	102	10		
	-EL1:2	102	11		
			12	-HG:2	
			13	-BH:511	
			14	-SA1:2	
			15	-BH:525	
			16	-KO:8	
	-QF:13	103	17	-XLP1:2	
			18	-SB1:24	
	-BH:527	103	19	-BH:507	
	-BH:526	133	20	-BH:504	
			21	-SB2:24	
			22		
			23	-BH:503	
	-QF:41	113	24	-BH:510	
	-KO:1	115	25	-BH:509	
	-QF:23	135	26	-BH:505	
			27	-BH:506	
	-EL1:1	121	28	-SB3:24	
	-QF:34	123	29	-HR:1	
	-QF:22	125	30	-HG:1	
	-FB31:4	301	31	-PU:1	
			32	-PU:3	
	-FB31:2	302	33	-PU:2	
	-RL1:2	302	34		
	-RL1:1	303	35	-PU:4	

图 8-24-7　进线（馈线）柜端子排图（一）

===F+-X4

外引电缆	连接设备	线号	端子号	连接设备	外引电缆
	-TA21:1S1	黄色/A421	1	-BH:221	
	-TA23:1S1	红色/C421	2	-BH:225	
	-TA21:1S2	淡蓝/N421	3		
	-TA23:1S2	淡蓝/N421	4		
	-GND	黄绿色	5	-BH:224	
	-TA21:2S1	黄色/A431	6	-BH:213	
	-TA23:2S1	红色/C431	7	-BH:217	
	-TA21:2S2	淡蓝/N431	8		
	-TA23:2S2	淡蓝/N431	9		
	-GND	黄绿色	10	-BH:218	

===F+-X5

外引电缆	连接设备	线号	端子号	连接设备	外引电缆
		B01	1	-QF:63	
		B02	2	-QF:64	
		B03	3	-QF:53	
		B04	4	-QF:54	
		B05	5	-QF:61	
		B06	6	-QF:62	
		B07	7	-QF:51	
		B08	8	-QF:52	
		B09	9	-CK1:3	
		B10	10	-CK1:4	
		B11	11	-CK3:1	
		B12	12	-CK3:2	
		B13	13	-S1-3:NO	
		B14	14	-S1-3:COM	
		B15	15	-S3-2:NO	
		B16	16	-S3-2:COM	
		B17	17	-APT:11	
		B18	18	-APT:12	
		B19	19	-APT:14	
		B21	20	-APT:15	
		B22	21	-APT:13	
		B23	22	-SA1:9	
		B24	23	-SA1:10	
		B25	24	-BH:413	
		B26	25	-BH:414	
		B27	26	-BH:415	
		B28	27	-BH:416	
		B29	28	-BH:515	
		B30	29	-BH:516	
		B31	30	-BH:528	
		B32	31	-BH:529	
		B33	32	-BH:517	
			33		
		B33	34	-BH:521	
		B34	35	-BH:518	
		B36	36	-BH:519	
		B38	37	-BH:520	
		B40	38	-BH:522	

===F+-X10

外引电缆	连接设备	线号	端子号	连接设备	外引电缆
	-X10.1:1	800	1	-BH:630	
	-X10.2:1	800	2		
	-X10.1:2	801	3	-BH:631	
	-X10.2:2	801	4		
	-X10.1:3	803	5	-BH:632	
	-X10.2:3	803	6		

===F+-X11

外引电缆	连接设备	线号	端子号	连接设备	外引电缆
	-X11.1:1	L	1		
	-X11.2:1	L	2	-FB90:3	
E	-X11.1:2	N	3		
	-X11.2:2	N	4	-FB90:1	
	-X11.1:3	HM+	5	-FB10:3	
	-X11.2:3	HM+	6		
	-X11.1:4	HM-	7	-FB10:1	
	-X11.2:4	HM-	8		
	-X11.1:5	KM+	9	-FB20:3	
	-X11.2:5	KM+	10	-FB31:3	
	-X11.1:6	KM-	11	-FB20:1	
	-X11.2:6	KM-	12	-FB31:1	
	-X11.1:7	V+	13		
	-X11.2:7	V+	14	-APT:7	
	-X11.1:8	V-	15		
	-X11.2:8	V-	16	-APT:8	

===F+-X13

外引电缆	连接设备	线号	端子号	连接设备	外引电缆
	-X13.1:1	UA	1	-FB65:1	
	-X13.2:1	UA	2		
	-X13.1:2	UB	3	-FB65:3	
	-X13.2:2	UB	4		
	-X13.1:3	UC	5	-FB65:5	
	-X13.2:3	UC	6		
	-X13.1:4	UN	7	-BH:204	
	-X13.2:4	UN	8		

===F+-X14

外引电缆	连接设备	线号	端子号	连接设备	外引电缆
		屏蔽线/SYN+	1	-BH:101	
		屏蔽线/485A	2	-APT:10	
		屏蔽线/SYN-	3	-BH:102	
		屏蔽线/485B	4	-APT:9	
		屏蔽线/SGND	5	-BH:103	

图 8-24-8　进线（馈线）柜端子排图（二）

		控制回路	带电显示器闭锁回路	48V电源输入	电源模块电源输入	冷凝除湿器回路		保护电压小母线信号

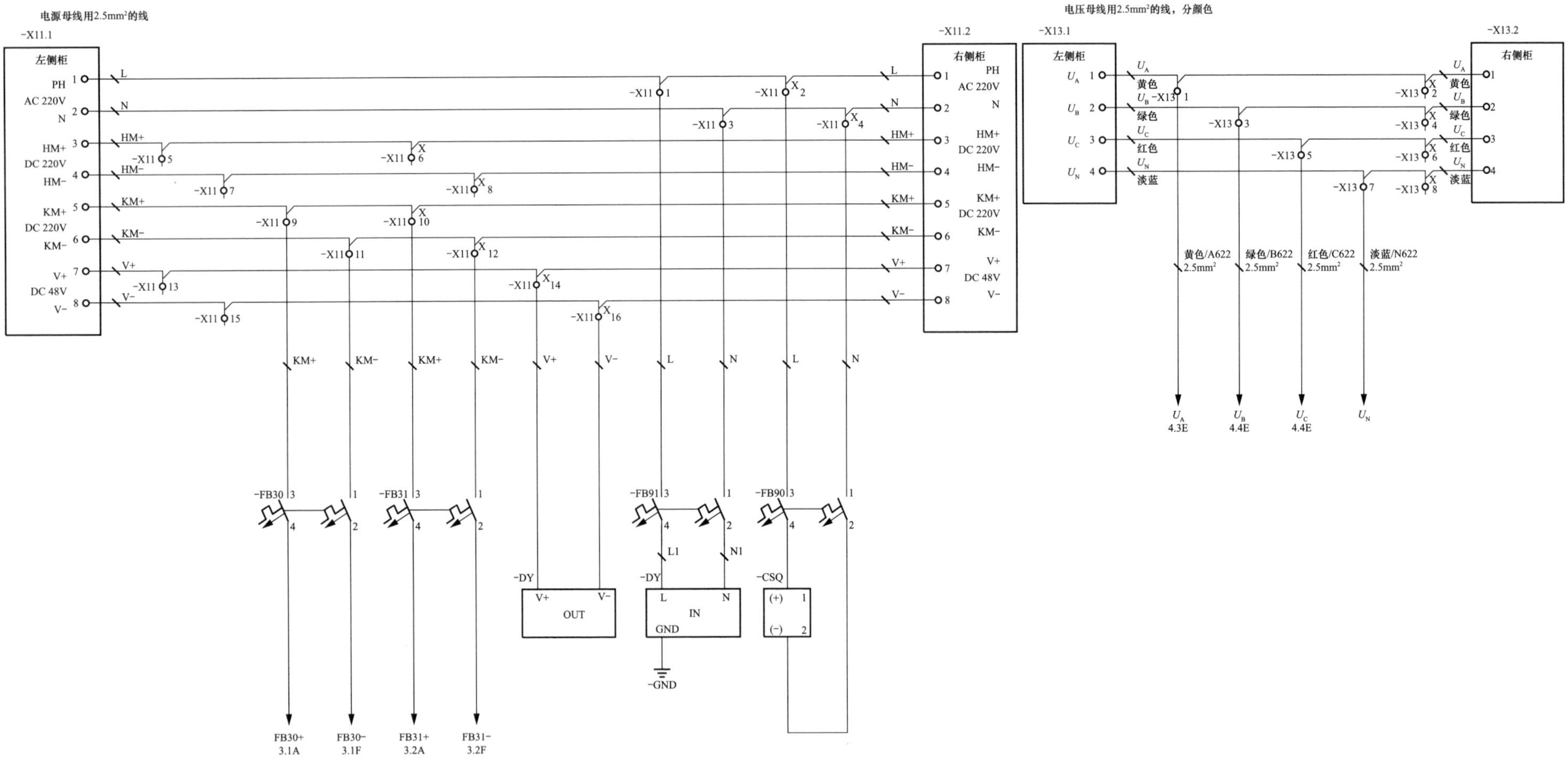

图 8-24-9　母线 TV 避雷器柜二次原理图（一）

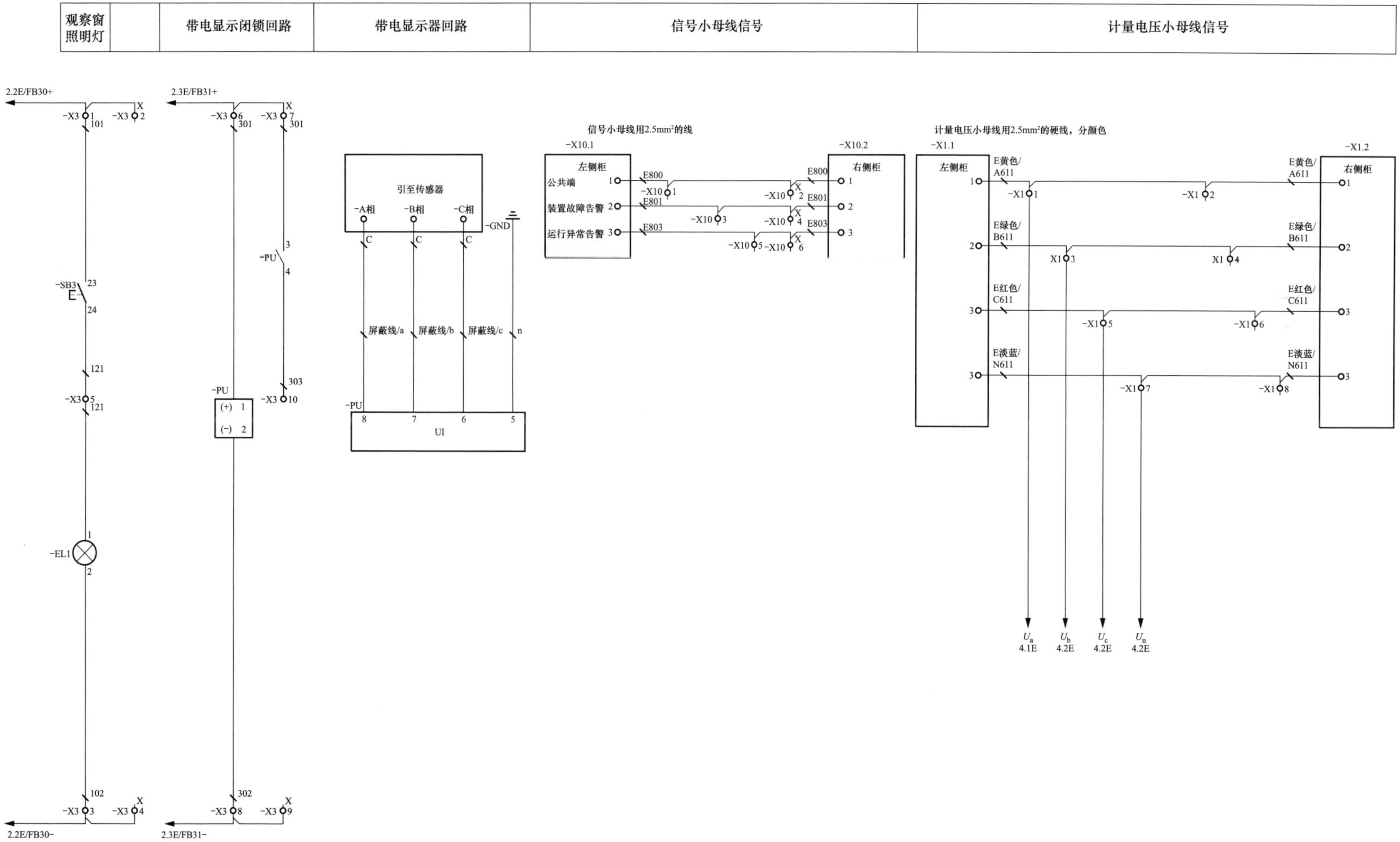

图 8-24-10　母线 TV 避雷器柜二次原理图（二）

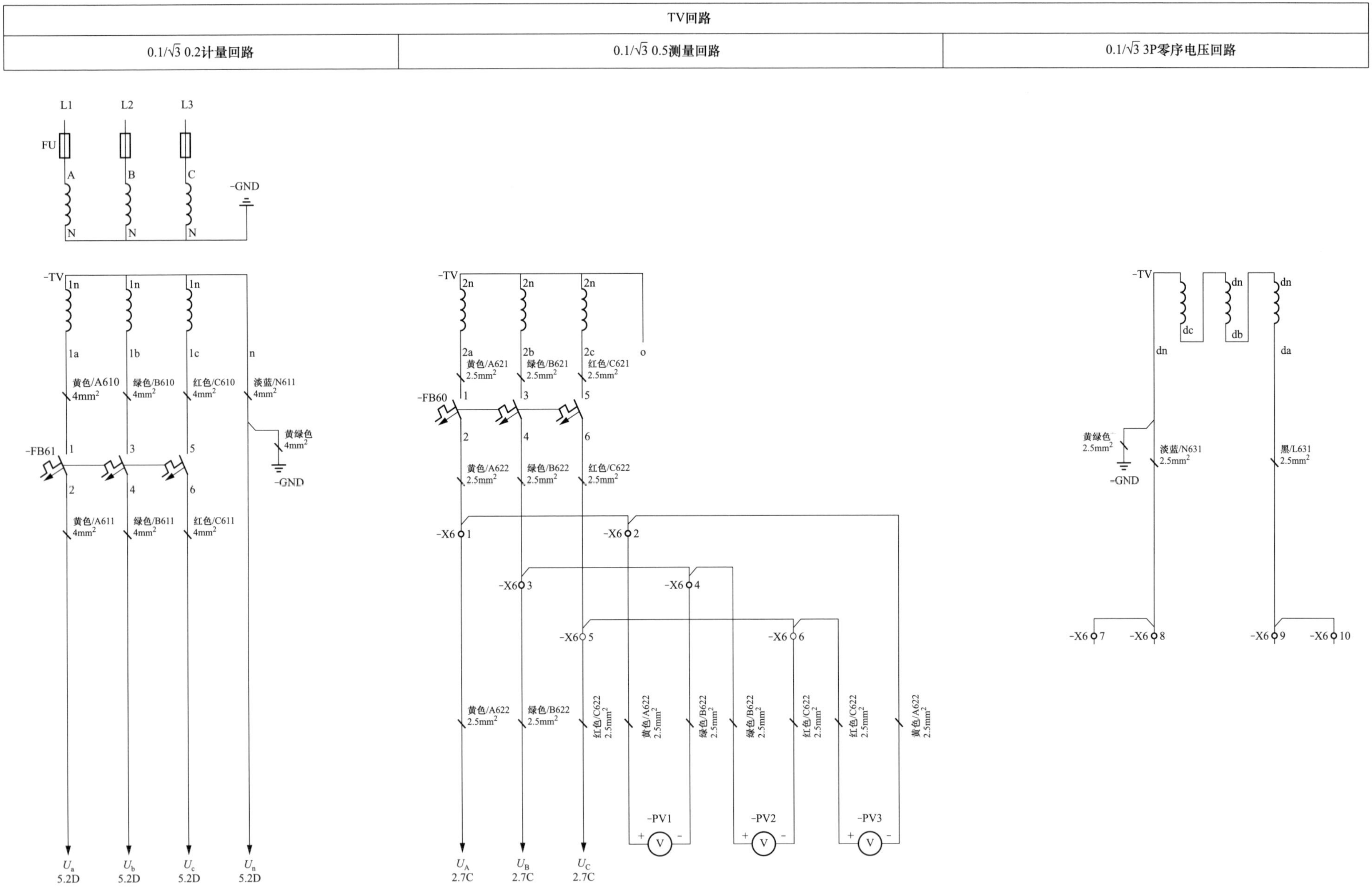

电压互感器计量回路导线截面：BV-4mm²硬线，黄、绿、红、淡蓝；
其他回路采用：BVR-2.5mm²硬线，黄、绿、红、淡蓝。

图 8-24-11　母线 TV 避雷器柜二次原理图（三）

===P1+-X10

外引电缆	连接设备	线号	端子号	连接设备	外引电缆
	-X10.1:1	800	● 1		
	-X10.2:1	800	● 2 X		
	-X10.1:2	801	● 3		
	-X10.2:2	801	● 4 X		
	-X10.1:3	803	● 5		
	-X10.2:3	803	● 6 X		

===P1+-X11

外引电缆	连接设备	线号	端子号	连接设备	外引电缆
	-X11.1:1	L	● 1	-FB91:3	
	-X11.2:1	L	● 2 X	-FB90:3	
	-X11.1:2	N	● 3	-FB91:1	
	-X11.2:2	N	● 4 X	-FB90:1	
	-X11.1:3	HM+	● 5		
	-X11.2:3	HM+	● 6 X		
	-X11.1:4	HM-	● 7		
	-X11.2:4	HM-	● 8 X		
	-X11.1:5	KM+	● 9	-FB30:3	
	-X11.2:5	KM+	● 10 X	-FB31:3	
	-X11.1:6	KM-	● 11	-FB30:1	
	-X11.2:6	KM-	● 12 X	-FB31:1	
	-X11.1:7	V+	● 13		
	-X11.2:7	V+	● 14 X	-DY:V+	
	-X11.1:8	V-	● 15		
	-X11.2:8	V-	● 16 X	-DY:V-	

===P1+-X13

外引电缆	连接设备	线号	端子号	连接设备	外引电缆
	-X13.1:1	UA	● 1	-X6:1	
	-X13.2:1	UA	● 2 X		
	-X13.1:2	UB	● 3	-X6:3	
	-X13.2:2	UB	● 4 X		
	-X13.1:3	UC	● 5	-X6:5	
	-X13.2:3	UC	● 6 X		
	-X13.1:4	UN	● 7		
	-X13.2:4	UN	● 8 X		

===P1+-X3

外引电缆	连接设备	线号	端子号	连接设备	外引电缆
	-FB30:4		● 1	-SB3:23	
			● 2 X		
	-FB30:2		● 3	-EL1:2	
			● 4 X		
	-EL1:1	121	5	-SB3:24	
	-FB31:4		● 6	-PU:1	
			● 7 X	-PU:3	
	-FB31:2		● 8	-PU:2	
			● 9 X		
			10	-PU:4	

===P1+-X6

外引电缆	连接设备	线号	端子号	连接设备	外引电缆
	-FB60:2	黄色/A622	● 1	-X13:1	
	-PV3:-	黄色/A622	● 2	-PV1:+	
	-FB60:4	绿色/B622	● 3	-X13:3	
	-PV2:+	绿色/B622	● 4	-PV1:-	
	-FB60:6	红色/C622	● 5	-X13:5	
	-PV3:+	红色/C622	● 6	-PV2:-	
			● 7		
	-TV:dn	淡蓝/N631	● 8		
	-TV:da	黑/L631	● 9		
			● 10		

===P1+-X13

外引电缆	连接设备	线号	端子号	连接设备	外引电缆
	-X1.1:1	黄色/A611	● 1	-TV:1a	
	-X1.2:1	黄色/A611	● 2		
	-X1.1:2	绿色/B611	● 3	-TV:1b	
	-X1.2:2	绿色/B611	● 4		
	-X1.1:3	红色/C611	● 5	-TV:1c	
	-X1.2:3	红色/C611	● 6		
	-X1.1:3	淡蓝/N611	● 7	-TV:n	
	-X1.2:3	淡蓝/N611	● 8		

图 8-24-12　母线 TV 避雷器柜端子排图

断路器弹簧储能回路	保护与信号回路	控制回路	带电显示器闭锁回路	故障指示器电源	冷凝除湿器回路		保护电压小母线信号

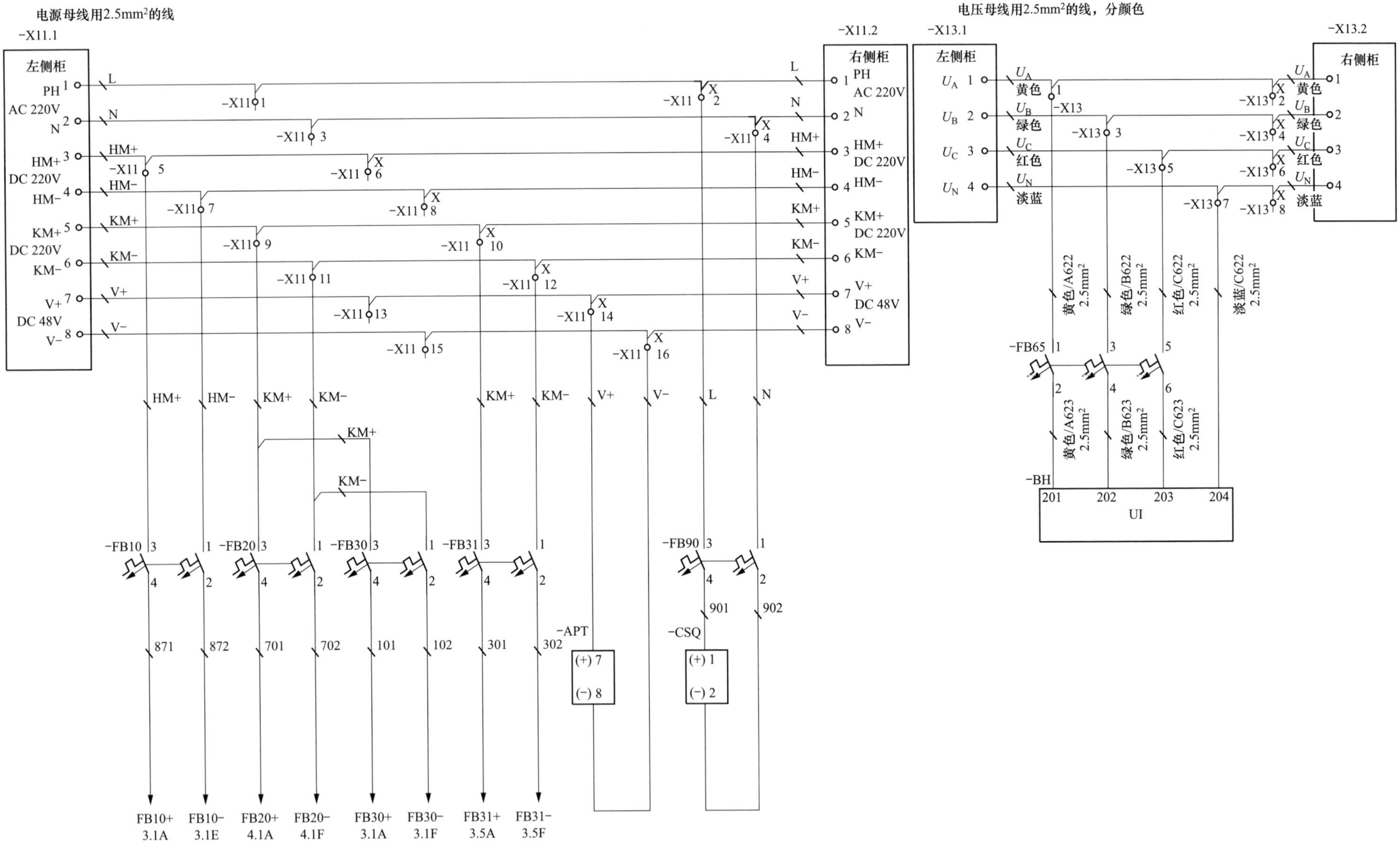

图 8-24-13　主变压器受电柜二次原理图（一）

断路器弹簧储能回路	断路器合闸回路				断路器关分闸回路				观察窗照明灯	断路器合闸指示	断路器分闸指示	微机保护控制电源	变压器网门闭锁	带电显示闭锁回路	信号小母线信号
			就地合闸	遥控合闸	遥控分闸	就地分闸	网门跳闸	保护跳闸							

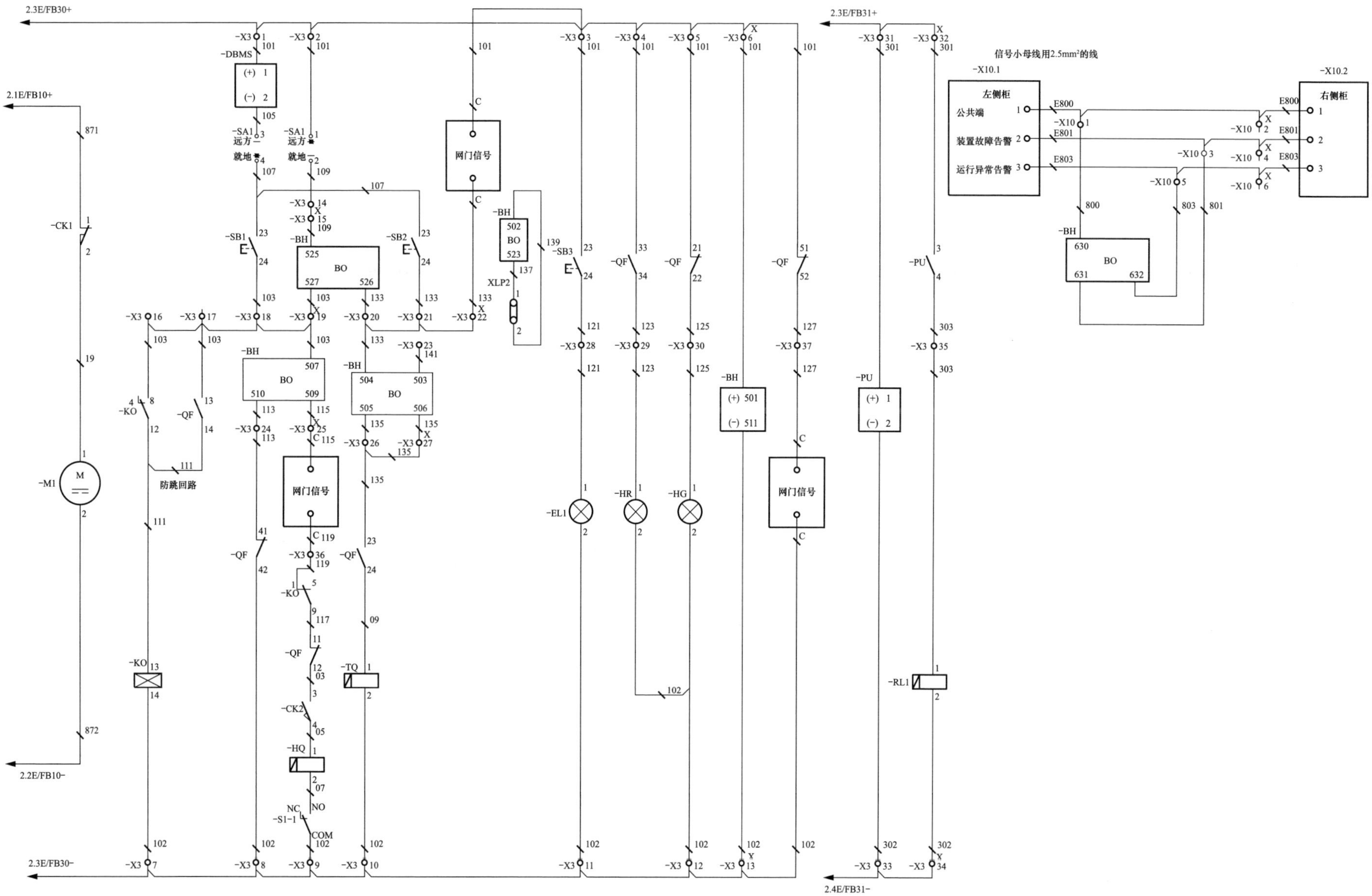

图 8-24-14　主变压器受电柜二次原理图（二）

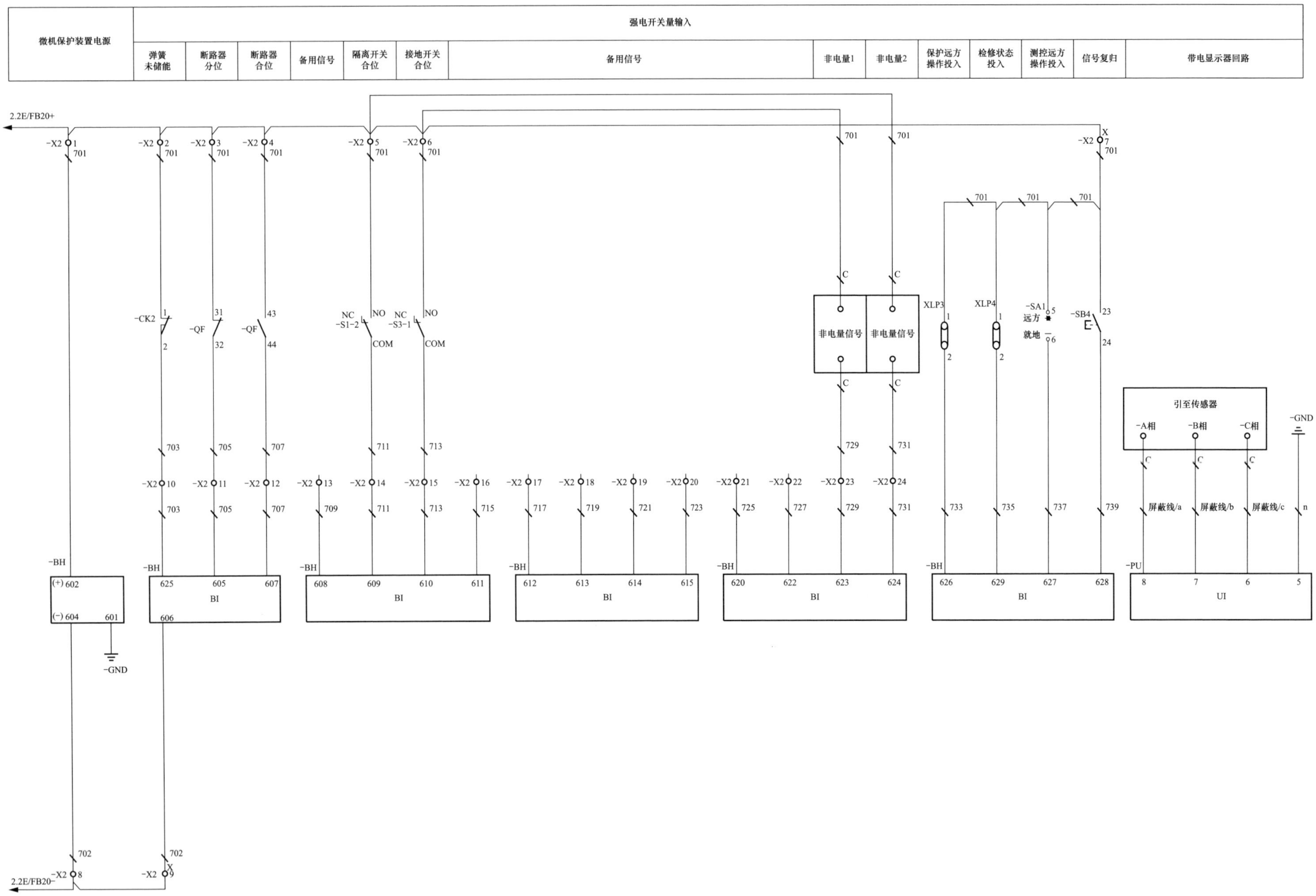

图 8-24-15　主变压器受电柜二次原理图（三）

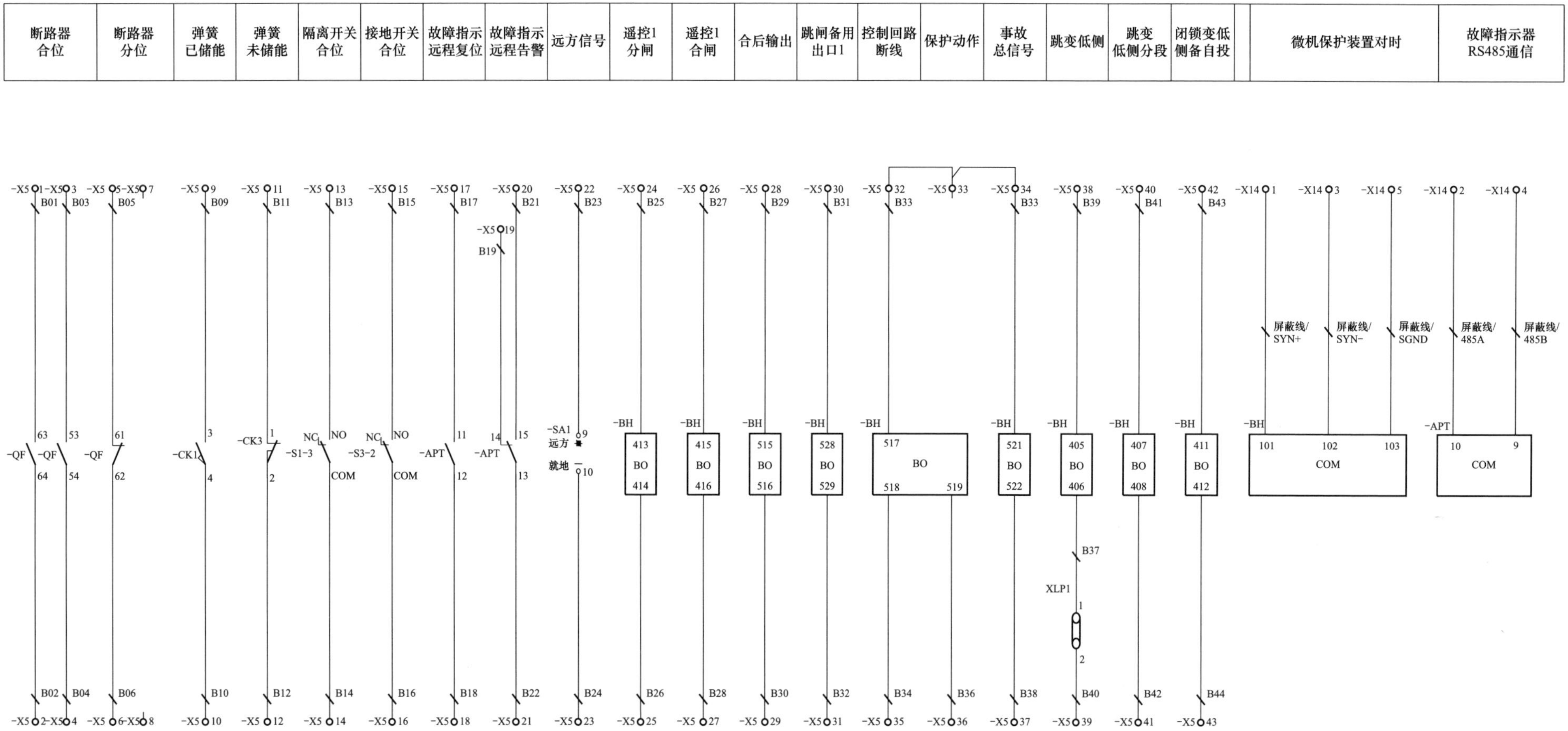

图 8-24-16　主变压器受电柜二次原理图（四）

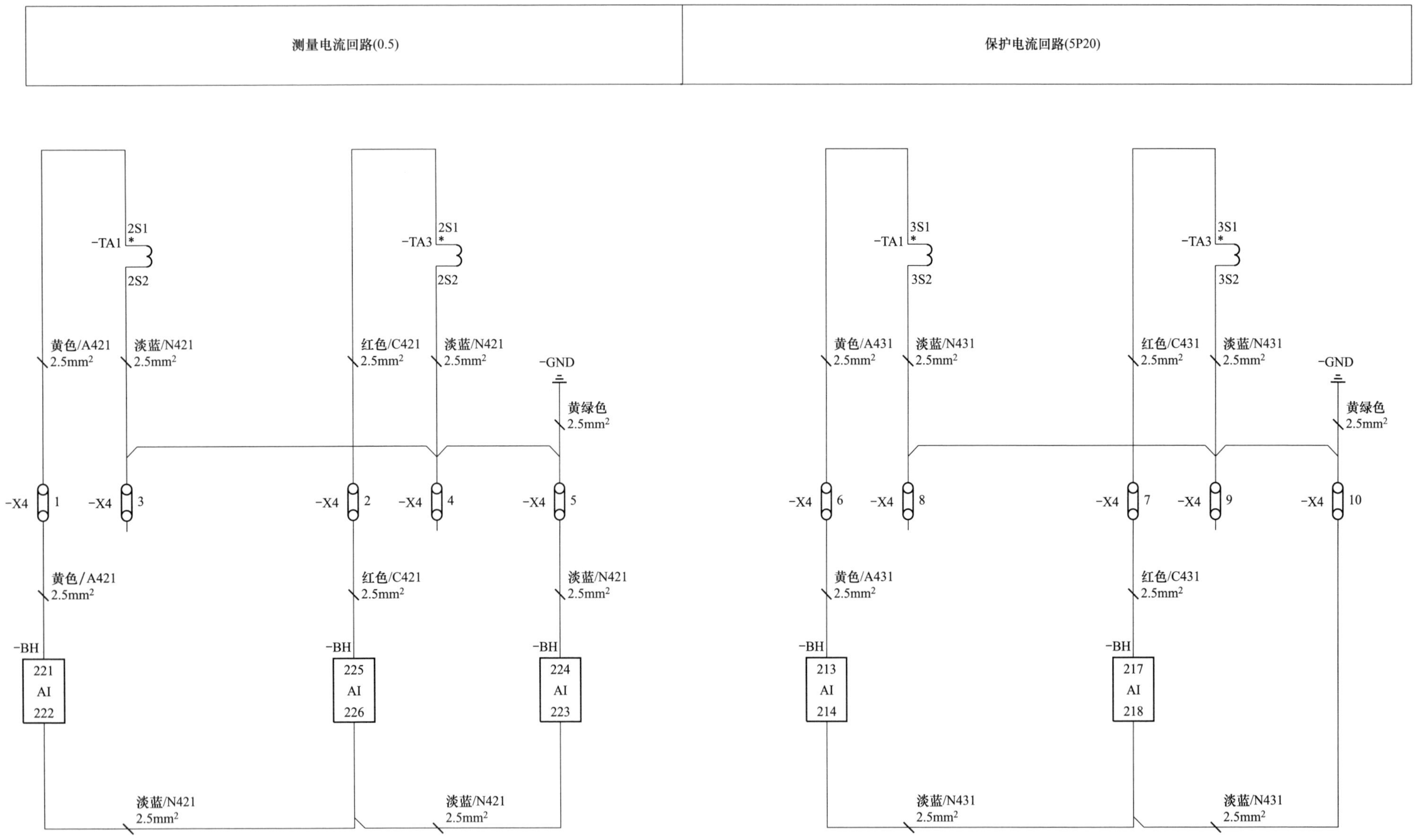

电流互感器二次回路导线截面：2.5mm²，颜色按照A、B、C相对应黄、绿、红。

图 8-24-17　主变压器受电柜二次原理图（五）

计量电压小母线信号	计量电流回路(0.2S)

计量电压小母线用2.5mm²的硬线，分颜色

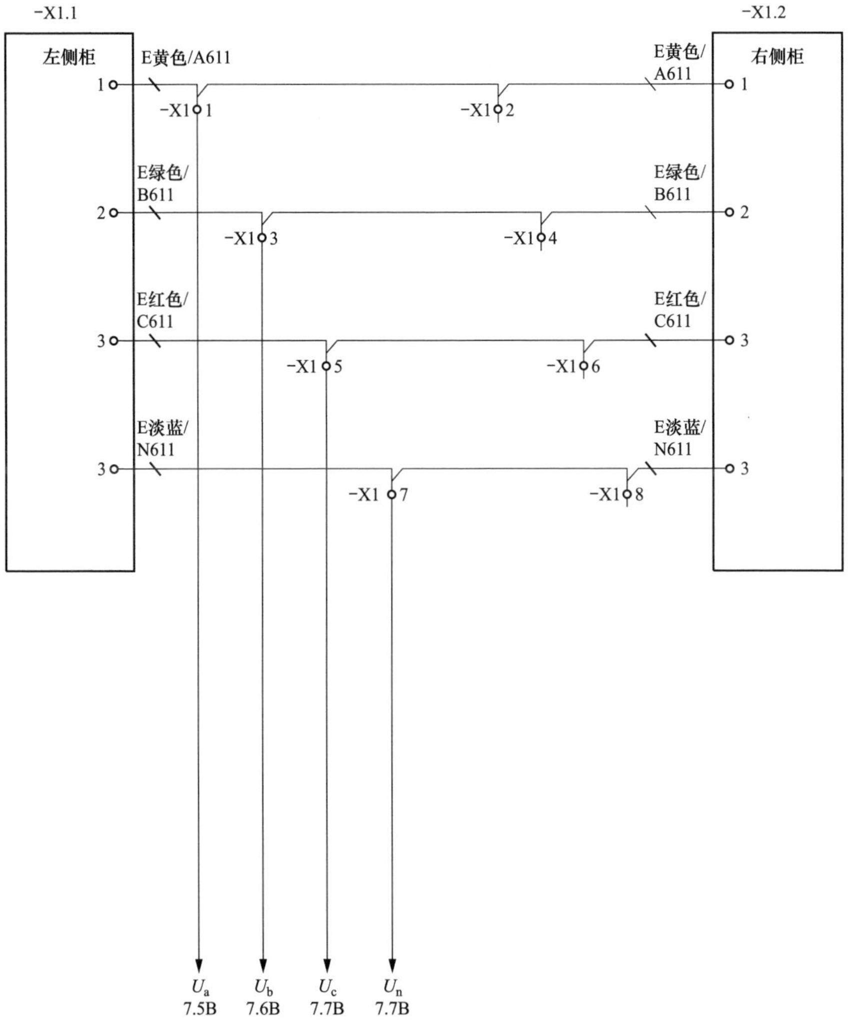

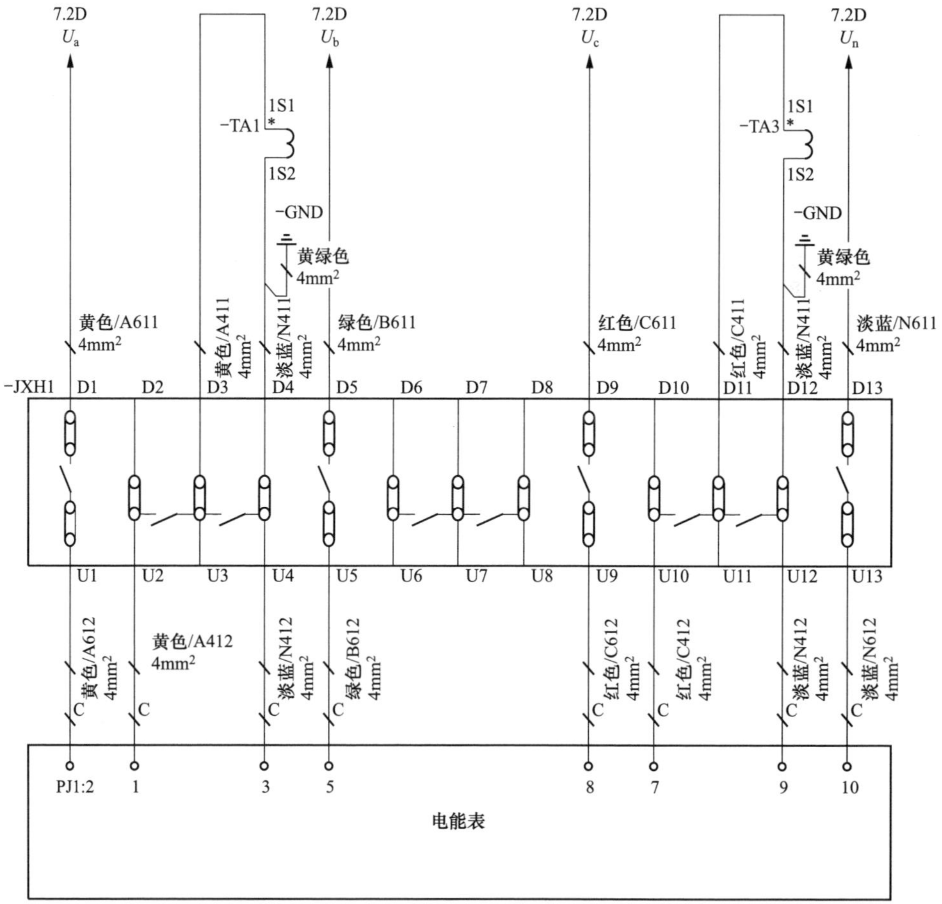

电流感器二次回路导线：极性端采用BV-4mm²硬线，黄、绿、红；非极性端采用BV-4mm²硬线，淡蓝色。
电压感器二次回路导线：采用BV-4mm²硬线，黄、绿、红、淡蓝。

图 8-24-18　主变压器受电柜二次原理图（六）

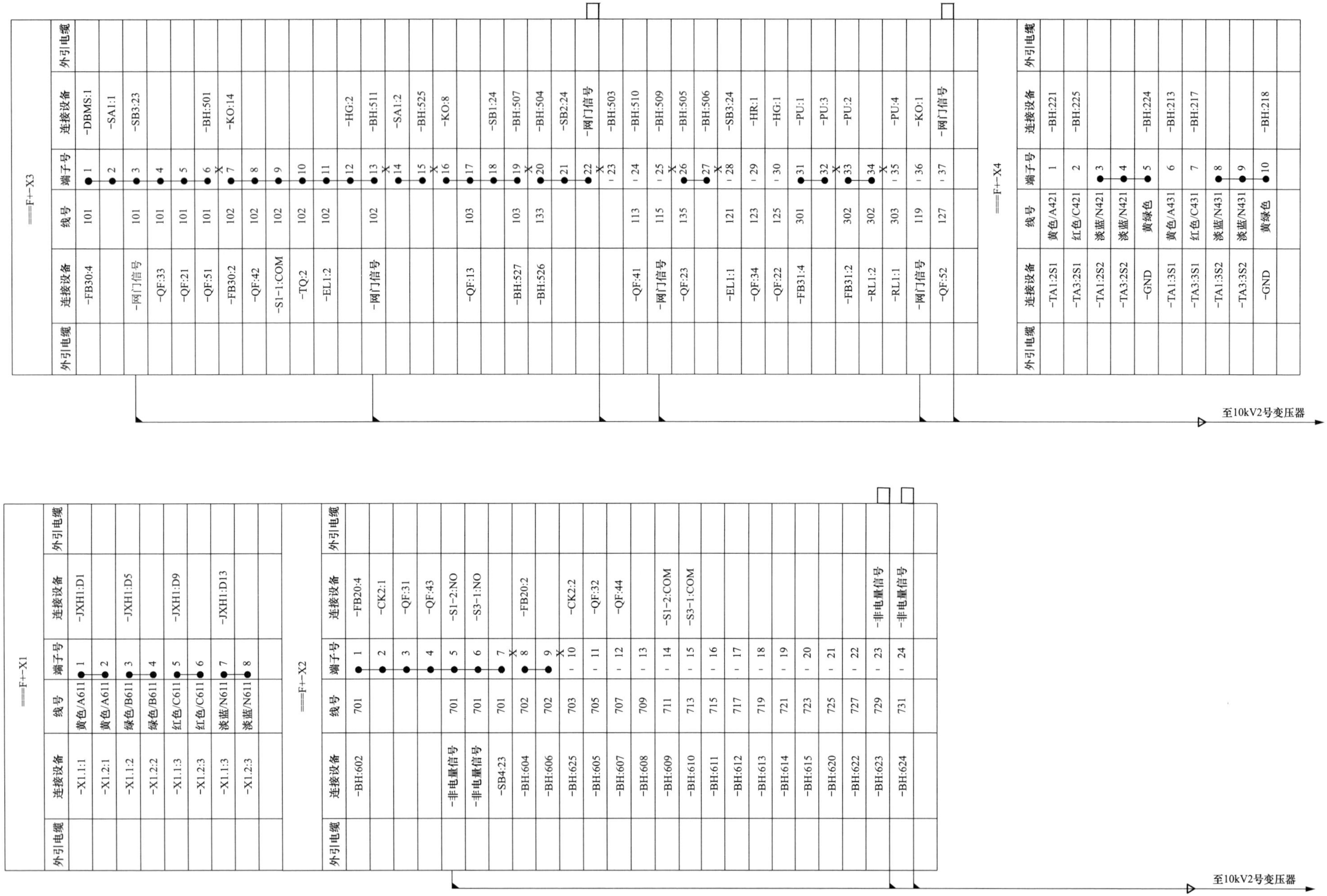

图 8-24-19 主变压器受电柜端子排图（一）

===F+-X5					
外引电缆	连接设备	线号	端子号	连接设备	外引电缆
		B01	1	-QF:63	
		B02	2	-QF:64	
		B03	3	-QF:53	
		B04	4	-QF:54	
		B05	5	-QF:61	
		B06	6	-QF:62	
			7		
			8		
		B09	9	-CK1:3	
		B10	10	-CK1:4	
		B11	11	-CK3:1	
		B12	12	-CK3:2	
		B13	13	-S1-3:NO	
		B14	14	-S1-3:COM	
		B15	15	-S3-2:NO	
		B16	16	-S3-2:COM	
		B17	17	-APT:11	
		B18	18	-APT:12	
		B19	19	-APT:14	
		B21	20	-APT:15	
		B22	21	-APT:13	
		B23	22	-SA1:9	
		B24	23	-SA1:10	
		B25	24	-BH:413	
		B26	25	-BH:414	
		B27	26	-BH:415	
		B28	27	-BH:416	
		B29	28	-BH:515	
		B30	29	-BH:516	
		B31	30	-BH:528	
		B32	31	-BH:529	
		B33	32	-BH:517	
			33		
		B33	34	-BH:521	
		B34	35	-BH:518	
		B36	36	-BH:519	
		B38	37	-BH:522	
		B39	38	-BH:405	
		B40	39	-XLP1:2	
		B41	40	-BH:407	
		B42	41	-BH:408	
		B43	42	-BH:411	
		B44	43	-BH:412	

===F+-X10					
外引电缆	连接设备	线号	端子号	连接设备	外引电缆
	-X10.1:1	800	1	-BH:630	
	-X10.2:1	800	2 X		
	-X10.1:2	801	3	-BH:631	
	-X10.2:2	801	4 X		
	-X10.1:3	803	5	-BH:632	
	-X10.2:3	803	6 X		

===F+-X11					
外引电缆	连接设备	线号	端子号	连接设备	外引电缆
	-X11.1:1	L	1		
	-X11.2:1	L	2 X	-FB90:3	
	-X11.1:2	N	3		
	-X11.2:2	N	4 X	-FB90:1	
	-X11.1:3	HM+	5	-FB10:3	
	-X11.2:3	HM+	6 X		
	-X11.1:4	HM-	7	-FB10:1	
	-X11.2:4	HM-	8 X		
	-X11.1:5	KM+	9	-FB20:3	
	-X11.2:5	KM+	10 X	-FB31:3	
	-X11.1:6	KM-	11	-FB20:1	
	-X11.2:6	KM-	12 X	-FB31:1	
	-X11.1:7	V+	13		
	-X11.2:7	V+	14 X	-APT:7	
	-X11.1:8	V-	15		
	-X11.2:8	V-	16 X	-APT:8	

===F+-X13					
外引电缆	连接设备	线号	端子号	连接设备	外引电缆
	-X13.1:1	黄色/A622	1	-FB65:1	
	-X13.2:1		2 X		
	-X13.1:2	绿色/B622	3	-FB65:3	
	-X13.2:2		4 X		
	-X13.1:3	红色/C622	5	-FB65:5	
	-X13.2:3		6 X		
	-X13.1:4	淡蓝/N622	7	-BH:204	
	-X13.2:4		8 X		

===F+-X14					
外引电缆	连接设备	线号	端子号	连接设备	外引电缆
		屏蔽线/SYN+	1	-BH:101	
		屏蔽线/485A	2	-APT:10	
		屏蔽线/SYN-	3	-BH:102	
		屏蔽线/485B	4	-APT:9	
		屏蔽线/SGND	5	-BH:103	

图 8-24-20　主变压器受电柜端子排图（二）

国家电网有限公司
STATE GRID
CORPORATION OF CHINA

第九篇

室外环网箱、箱式变电站典型设计

第 25 章　室外环网箱典型设计

25.1　概述

本典型设计为室外环网箱典型设计部分。

25.1.1　适用范围

（1）适用城镇电缆区域。

（2）适宜站房选址困难区域。

25.1.2　方案技术条件

室外环网箱典型设计技术方案组合见表 9-25-1。

表 9-25-1　　室外环网箱典型设计技术方案组合

序号	项目名称	内容
1	10kV 进线回路数	2 回
2	0.4kV 出线回路数	4 回
3	电气主接线	选用单母线接线
4	设备短路电流水平	20kA 或 25kA
5	主要设备选型	选用固体绝缘断路器柜开关。 配置独立的 TV 间隔。 进出线间隔配置三绕组电流互感器。 配置独立的计量表箱。 站用电具备照明、检修维护等功能
6	布置方式	一字型布置
7	排气通风	采用自然进风，自然出风
8	消防	配置化学灭火器 1 只

25.2　电气一次部分

25.2.1　电气主接线

单母线接线。

25.2.2　短路电流及主要电气设备、导体选择

（1）设备短路电流。10kV 电压等级设备短路电流水平：20kA 或 25kA。

（2）主要设备选择。主要电气设备选择按照可用寿命期内综合优化原则：选择免检修、少维护、好使用的电气设备，其性能应能满足高可靠性、技术先进、易扩展、模块化的要求。

10kV 选用固体绝缘断路器柜。

室外环网箱主要设备选择表见表 9-25-2。

表 9-25-2　　室外环网箱主要设备选择表

项目名称	型式及主要参数	备注
10kV 断路器	进出线回路：额定电压 12kV。 额定电流：630A。 热稳定电流：20kA 或 25kA	
10kV 负荷开关（三位置）	进出线回路：额定电压 12kV。 额定电流：630A。 热稳定电流：20kA 或 25kA	
电流互感器	计量/测量/保护精度：0.5S/0.5/5P20（5P30）级。 TA 变比：根据工程需求选择	保护精度按照短路电流进行选择
避雷器	根据中性点运行方式和需要确定参数与安装	
主母线	630A	

25.2.3 绝缘配合及过电压保护

（1）绝缘配合。

1）电气设备的绝缘配合参照 GB/T 50064《交流电气装置的过电压保护和绝缘配合设计规范》确定的原则进行。

2）氧化锌避雷器按 GB 11032《交流无间隙金属氧化物避雷器》中的规定进行选择。

（2）接地。环网箱交流电气装置的接地应符合 GB/T 50065《交流电气装置的接地设计规范》要求。接地体的截面和材料选择应考虑热稳定和腐蚀的要求。接地体一般采用镀锌钢，腐蚀性高的地区宜采用铜包钢或者石墨。

环网箱接地电阻、跨步电压和接触电压应满足有关 GB/T 50065《交流电气装置的接地设计规范》要求。采用水平和垂直接地的混合接地网。具体工程中如接地电阻不能满足要求，则需要采取降阻措施。

25.2.4 站用电及照明

站用电由 TV 间隔提供电源，具备照明、检修维护、不停电电源等功能。

25.3 电气二次部分

25.3.1 二次设备布置

（1）配置配电自动化远方终端（DTU 装置），统一布置于环网箱箱体内。

（2）满足通风、散热、防污秽、防凝露的要求，可安装温湿度控制器及除湿装置，选用电压互感器柜供电。

25.3.2 保护及配电自动化配置原则

（1）保护配置。进、出线选用 DTU 装置保护功能。

（2）配电自动化配置。根据供电区域类别、Q/GDW 11184《配电自动化规划设计技术导则》要求配置遮蔽立式“三遥”DTU。

1）遮蔽立式“三遥”DTU 参考尺寸 600mm×400mm×1200mm（宽×深×高）。采用无线方式与主站通信时，通信设备由 DTU 终端集成；有线通信方式单独配置通信箱。

2）遮蔽立式“三遥”站所终端外部接口采用航空插头形式。

3）DTU 工作电源由电压互感器提供。

4）DTU 为通信设备提供 DC 48V 工作电源，为电操机构提供 DC 48V 操作电源，并布置在终端柜内。DTU 宜配置免维护阀控铅酸蓄电池或超级电容，并可为站内保护等设备提供后备电源。遮蔽立式 DTU 屏可与电源通信装置共同组屏。

5）站内配置计量电流互感器绕组及计量箱，满足进出线的计量需求。

25.4 结构要求

（1）在具体工程设计时，按照国家电网公司相关规定制作标示牌及警示牌。

（2）箱体外观：箱体外观与周边人文地理环境协调统一；外观设计应简洁、稳重、实用。

（3）箱体外壳的材料采用 316 不锈钢，并能耐受一定的机械力作用，采用耐老化阻燃材料，并应采用静电屏蔽或加大电气距离等方法，以防止产生危险的静电荷。外壳应有足够的机械强度，在起吊、运输和安装时不应变形或损伤。

25.5 设计图纸

室外环网箱图纸目录见表 9-25-3。

表 9-25-3　　室外环网箱图纸目录

图号	图纸名称
图 9-25-1	室外环网箱电气主接线图
图 9-25-2	室外环网箱电气平面布置图
图 9-25-3	室外环网箱接地平面布置图
图 9-25-4	TV 单元原理图
图 9-25-5	TV 单元接线图
图 9-25-6	断路器单元原理图
图 9-25-7	断路器单元计量原理图
图 9-25-8	断路器单元接线图
图 9-25-9	DTU 电源回路联系图
图 9-25-10	DTU 1n 采样回路接点联系图（一）
图 9-25-11	DTU 1n 采样回路接点联系图（二）
图 9-25-12	DTU 1n 开入回路接点联系图（一）
图 9-25-13	DTU 1n 开入回路接点联系图（二）
图 9-25-14	DTU 1n 出口回路接点联系图
图 9-25-15	DTU 屏柜端子接线图（一）
图 9-25-16	DTU 屏柜端子接线图（二）

柜体编号	DTU	G1		G2		G3		G4		G5		G6		G7	
柜体尺寸(宽×深×高)(mm×mm×mm)	600×400×(1300+400)	600×810×2000		420×810×2000		420×810×2000		420×810×2000		420×810×2000		420×810×2000		420×810×2000	
一次主接线图	集中式DTU 含通信模块 线损模块 后备电源 配件通信箱 计量表箱	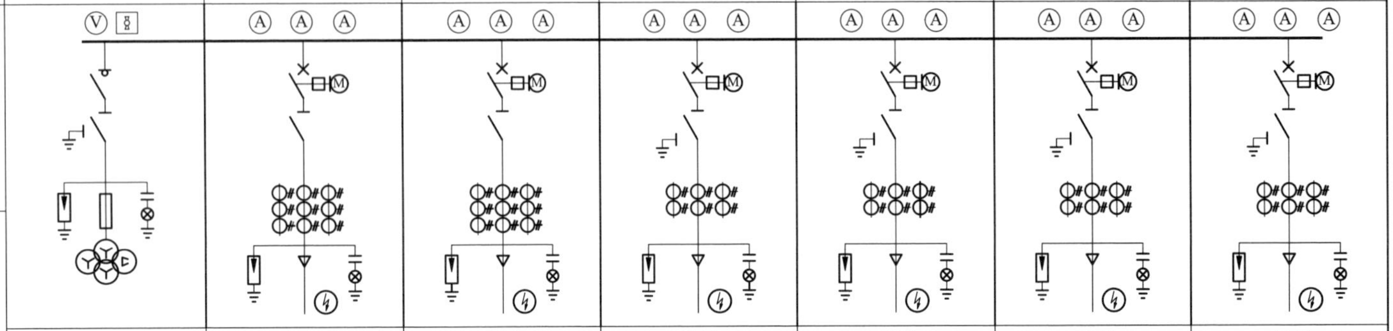													
额定电压		12kV		12kV		12kV		12kV		12kV		12kV		12kV	
额定电流		630A		630A		630A		630A		630A		630A		630A	
开关柜型号		JH(JGXGN)-12/G(TV)		JH(JGXGN)-12/V		JH(JGXGN)-12/V		JH(JGXGN)-12/V		JH(JGXGN)-12/V		JH(JGXGN)-12/V		JH(JGXGN)-12/V	
开关柜用途	DTU	TV柜		进线柜1		进线柜2		出线柜1		出线柜2		出线柜1		出线柜4	
名　称		规格型号	数量	规格型号	数量	规格型号	数量	规格型号	数量	规格型号	数量	规格型号	数量	规格型号	数量
断路器				630A，20kA	1	630A，20kA	1	630A，20kA	1	630A，20kA	1	630A，20kA	1	630A，20kA	1
负荷开关		630A，20kA	1												
隔离开关		630A	1	630A	1	630A	1	630A	1	630A	1	630A	1	630A	1
接地开关		开关配套	1					开关配套	1	开关配套	1	开关配套	1	开关配套	1
操作机构		弹操，手动	1	弹操，电动DC 48V	1	弹操，电动DC 48V	1	弹操，电动DC 48V	1	弹操，电动DC 48V	1	弹操，电动DC 48V	1	弹操，电动DC 48V	1
高压熔断器		XRNP-12/0.5A	3												
电压互感器		JSZWF16-10R (10/√3)/(0.1/√3)/(0.22/√3) /(0.1/3) 0.2/3/3P级 20/500/50VA													
电流互感器				2×300/5 0.5/5P20	3	2×300/5 0.5/5P20	3	2×200/5(可选) 0.5/5P20	3	2×200/5(可选) 0.5/5P20	3	2×100/5(可选) 0.5/5P20	3	2×100/5(可选) 0.5/5P20	3
零序电流互感器															
计量电流互感器				LDZC-10 2×300/5 0.2S 5VA	3	LDZC-10 2×300/5 0.2S 5VA	3								
带电显示装置		提示型	1	闭锁型	1	闭锁型	1	提示型	1	提示型	1	提示型	1	提示型	1
电磁锁				DSN2	1	DSN2	1								
短路故障指示器					1		1		1		1		1		1
电流表/电压表		99T-V	1	99T-A	3	99T-A	3	99T-A	3	99T-A	3	99T-A	3	99T-A	3
微机保护装置				DTU提供保护功能	1	DTU提供保护功能	1	DTU提供保护功能	1	DTU提供保护功能	1	DTU提供保护功能	1	DTU提供保护功能	1
交流-直流系统															
防凝露装置		WSK-SH(50W加热)	1	WSK-SH(50W加热)	1	WSK-SH(50W加热)	1	WSK-SH(50W加热)	1	WSK-SH(50W加热)	1	WSK-SH(50W加热)	1	WSK-SH(50W加热)	1
一次消谐器		TV内置	1												
避雷器		YH5WZ-17/45(后插)	3	YH5WZ-17/45(后插)	3	YH5WZ-17/45(后插)	3	YH5WZ-17/45(后插)	3	YH5WZ-17/45(后插)	3	YH5WZ-17/45(后插)	3	YH5WZ-17/45(后插)	3
电缆插头(冷缩附件)			3		3		3		3		3		3		3
电缆规格				AC 10kV，YJV，400		AC 10kV，YJV，400		AC 10kV，YJV，240(可选)		AC 10kV，YJV，240(可选)		AC 10kV，YJV，70(可选)		AC 10kV，YJV，70(可选)	
容量(kVA)								1600							
户外箱外形尺寸(宽×深×高)(mm×mm×mm)	4200×1150×2500														

图 9-25-1　室外环网箱电气主接线图

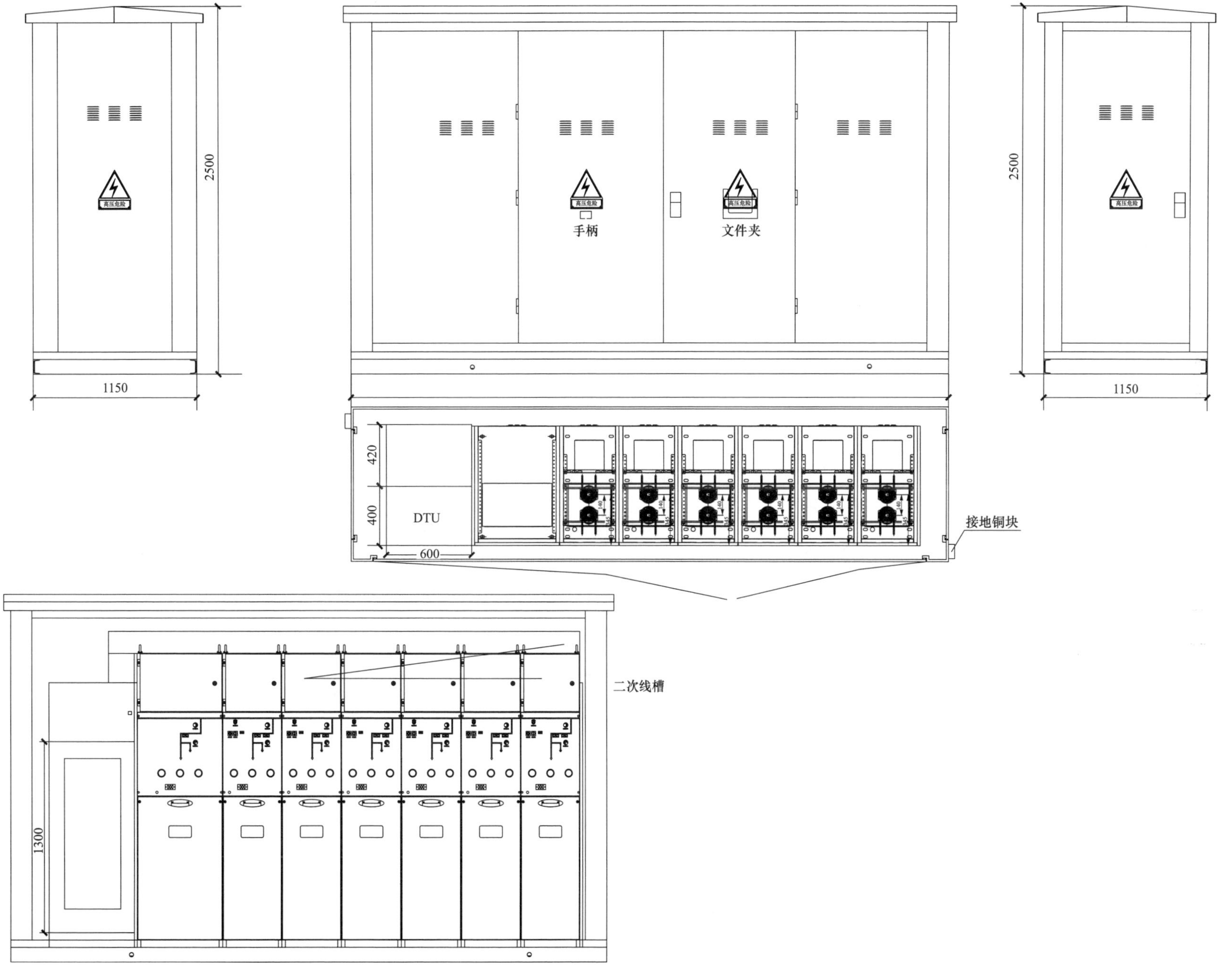

图 9-25-2　室外环网箱电气平面布置图

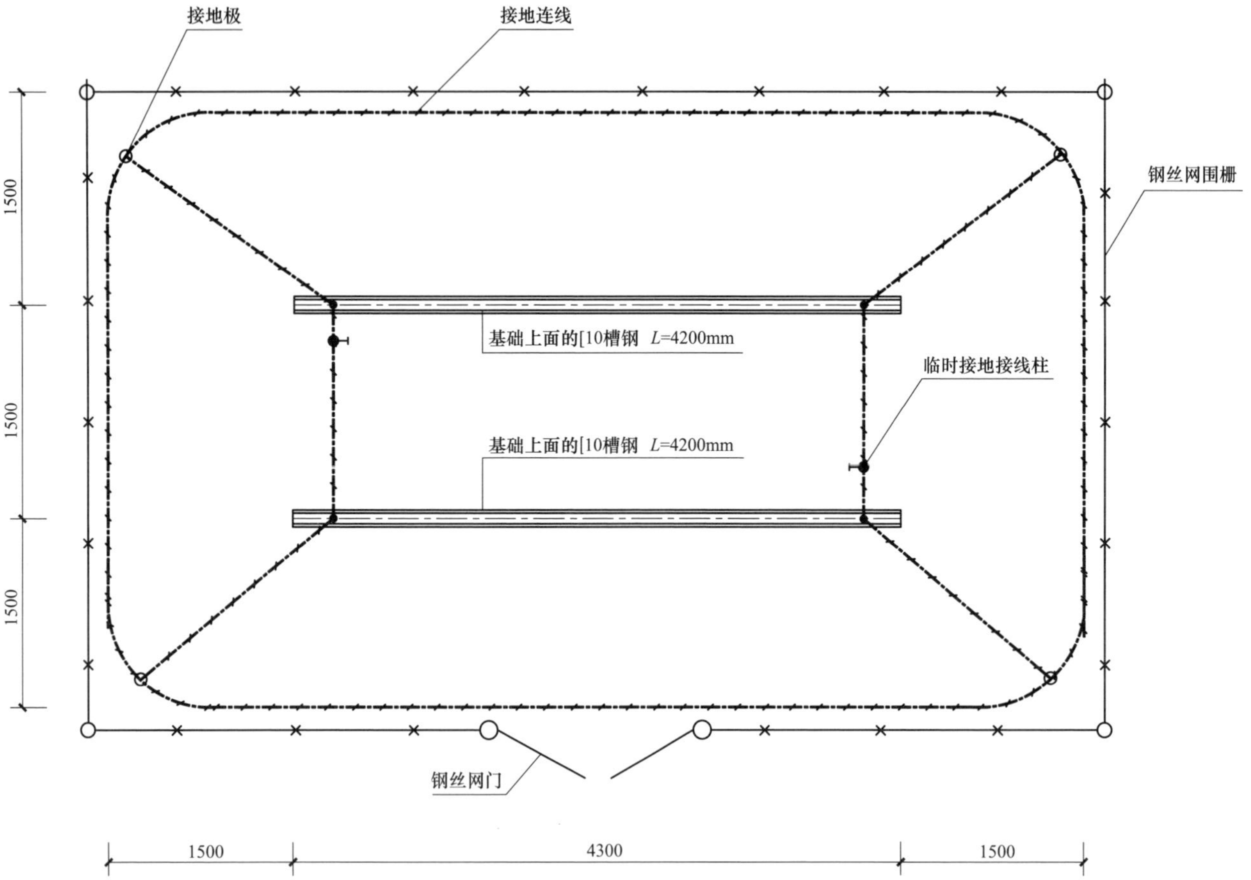

图 9-25-3　室外环网箱接地平面布置图

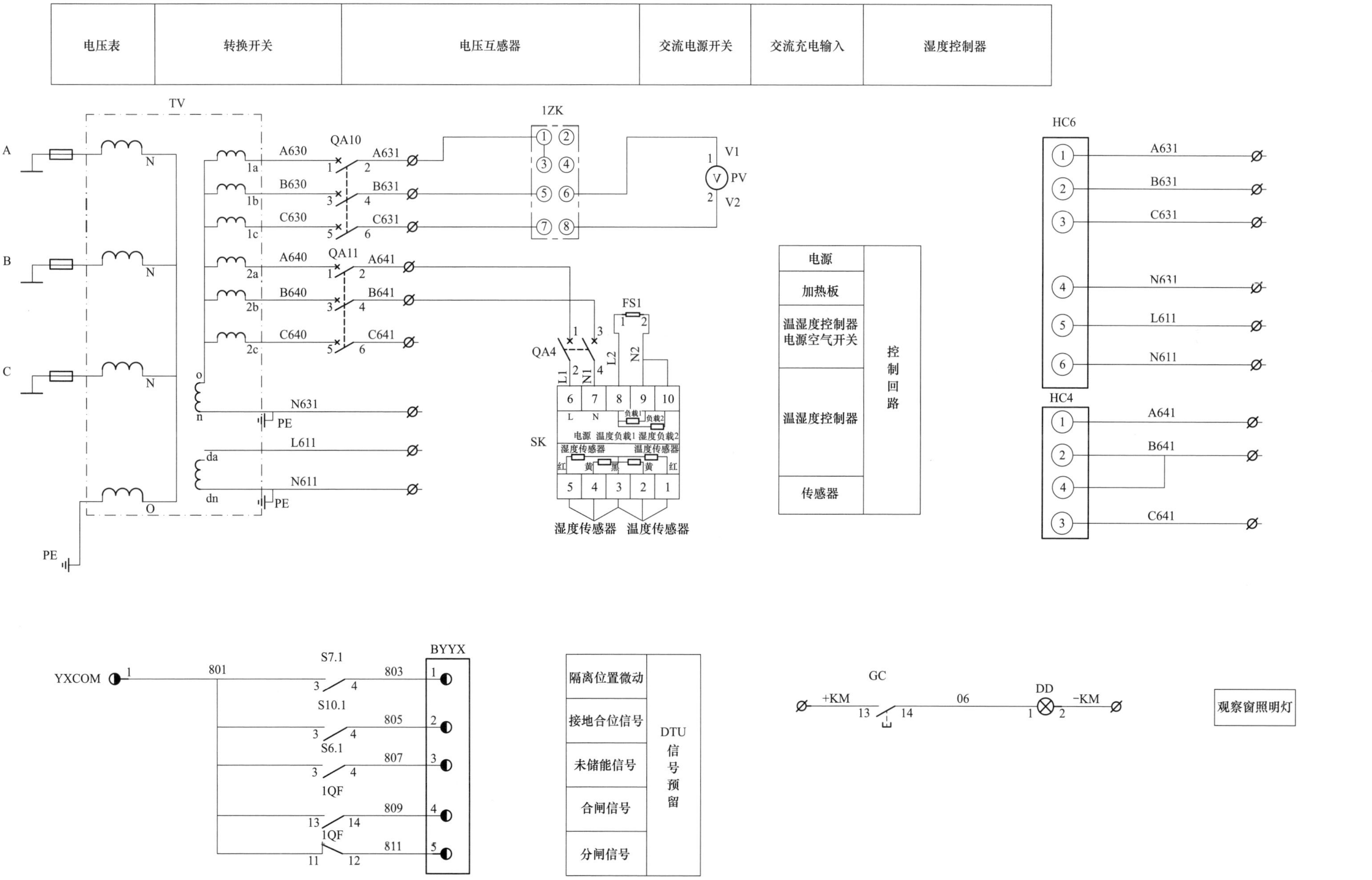

图 9-25-4 TV 单元原理图

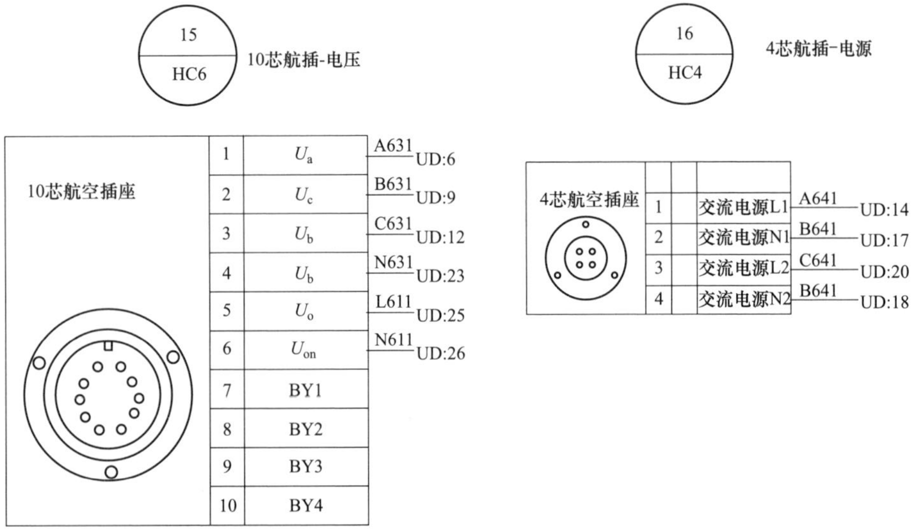

D2	信号回路		
1QF:13	1	801	YXCOM:1
S6.1:3	2		
	3		
S7.1:4	4	803	BYYX:1
S10.1:4	5	805	BYYX:2
S6.1:4	6	807	BYYX:3
1QF:14	7	809	BYYX:4
1QF:12	8	811	BYYX:5

至DTU

UD	电压回路		
QA16:3	1	+KM	+KM
GC:13	2		
QA16:1	3	-KM	-KM
DD:2	4		
QA10:2	5	A631	1ZK:1
	6		HC6:1
	7		
QA10:4	8	B631	1ZK:5
	9		HC6:2
	10		
QA10:6	11	C631	1ZK:7
	12		HC6:3
	13		
QA11:2	14	A641	HC4:1
QA4:1	15		
	16		
QA11:4	17	B641	HC4:2
QA4:3	18		HC4:4
	19		
QA11:6	20	C641	HC4:3
	21		
	22		
TV:n	23	N631	HC6:4
	24		
TV:da	25	L611	HC6:5
TV:dn	26	N611	HC6:6

遥测电压预留

AC220V至下单元

图 9-25-5 TV 单元接线图

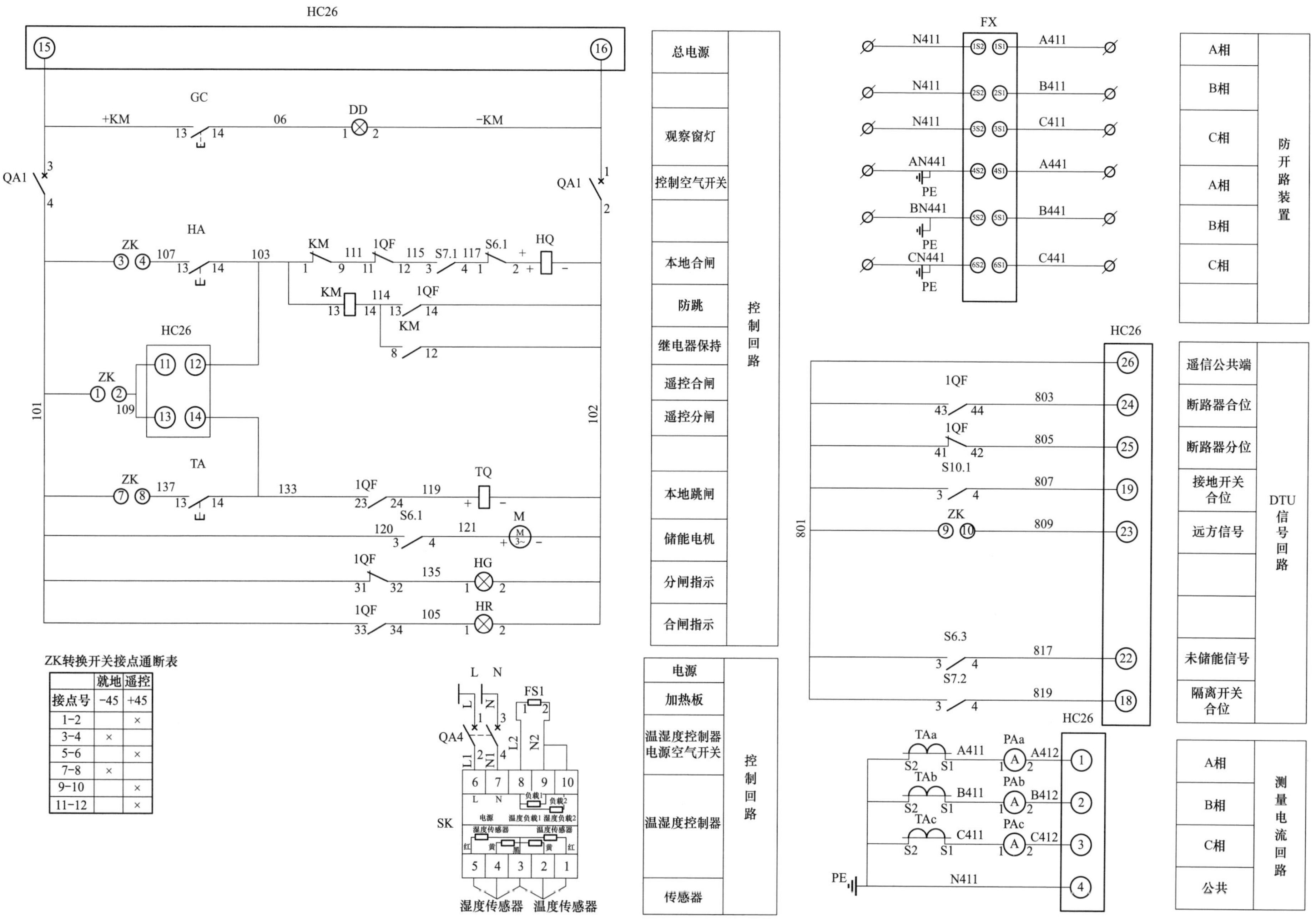

ZK转换开关接点通断表

	就地	遥控
接点号	-45	+45
1-2		×
3-4	×	
5-6		×
7-8	×	
9-10		×
11-12		×

图 9-25-6　断路器单元原理图

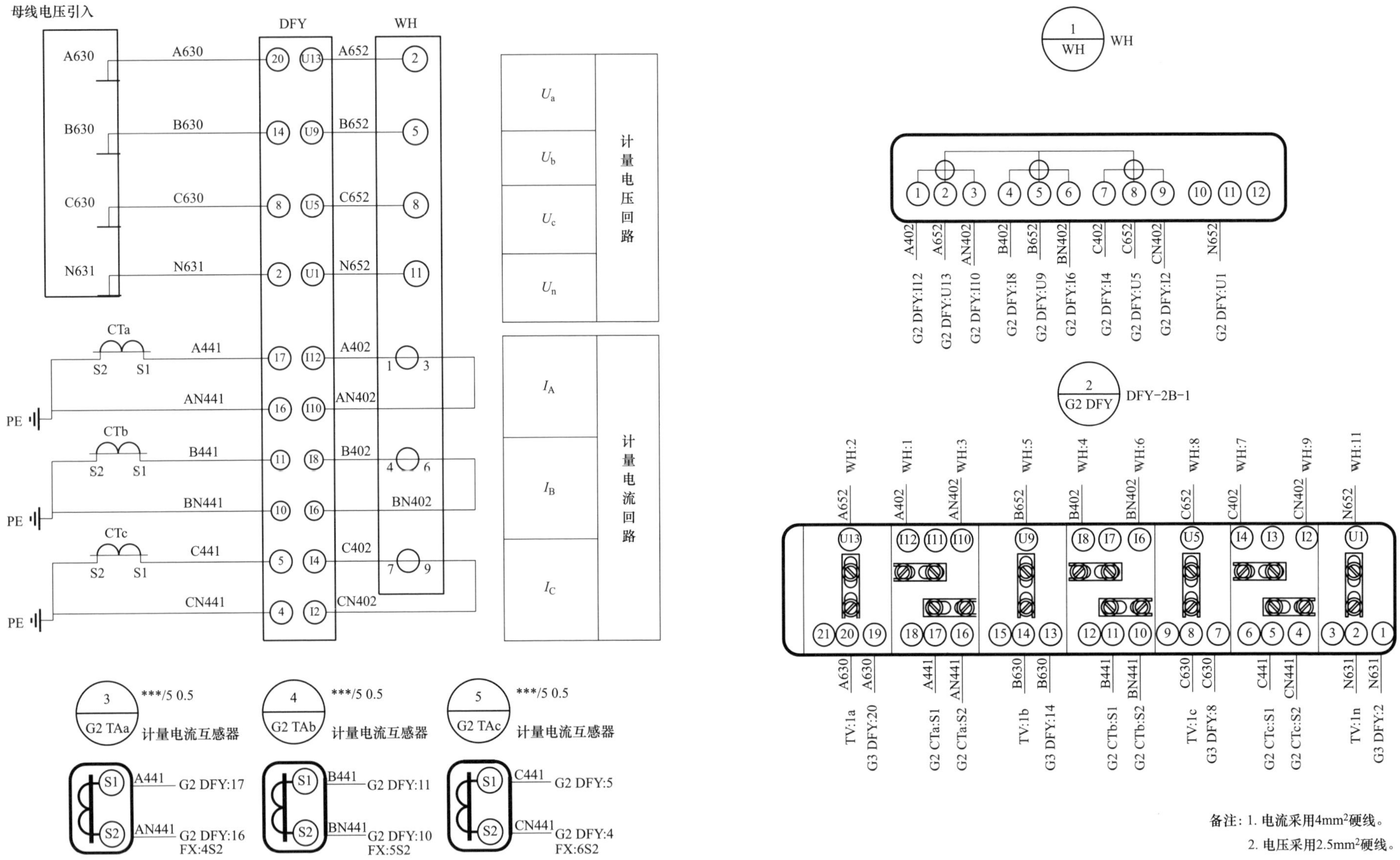

备注：1. 电流采用4mm²硬线。

2. 电压采用2.5mm²硬线。

图 9-25-7 断路器单元计量原理图

32

HC26

HC26-G

I:4	A412	1	I_a	FZ−	14	133	KD:12
I:5	B412	2	I_b	CN+	15	+KM	YD:1
I:6	C412	3	I_c	CN−	16	−KM	YD:4
I:7	N411	4	I_n	BY	17		
		5	I_0	GKW	18	819	KD:28
		6	I_{0com}	DKW	19	807	KD:23
		7		DQYBJ	20		
		8		DQYBS	21		
		9		WCN	22	817	KD:27
		10		YF	23	809	KD:24
KD:9	109	11	HZ+	HW	24	803	KD:21
KD:10	103	12	HZ−	FW	25	805	KD:22
KD:9	109	13	FZ+	YXCOM	26	801	KD:17

I	电流/测量电压回路		
TAa:S1	1	A411	PAa:1
TAb:S1	2	B411	PAb:1
TAc:S1	3	C411	PAc:1
PAa:2	4	A412	HC26:1
PAb:2	5	B412	HC26:2
PAc:2	6	C412	HC26:3
TAa:S2	7	N411	HC26:4
PE	8		

遥测接口预留

注：电流端子接线至DTU时需断开4~7预留接口处的短接线。

YD	交/直流电源回路		
QA1:3	1	+KM	HC26:15
GC:13	2		
	3		
QA1:1	4	−KM	HC26:16
DD:2	5		
	6		
QA4:1	7	L	L
	8		
	9		
QA4:3	10	N	N
	11		

AC 220V电源引入

AC 220V电源引入下一单元

KD	控制及信号回路		
1QF:31	1	101	
S6.1:3	2		
ZK:3	3		
QA1:4	4		
TQ:−	5	102	KM:12
HQ:−	6		HG:2
1QF:14	7		
QA1:2	8		
ZK:2	9	109	HC26:11，HC26:13
HA:14	10	103	HC26:12
KM:13	11		
TA:14	12	133	HC26:14
1QF:23	13		
	14		
1QF:34	15	105	HR:1
1QF:32	16	135	HG:1
1QF:41	17	801	HC26:26
	18		ZK:9
	19		
S6.3:3	20		
1QF:44	21	803	HC26:24
1QF:42	22	805	HC26:25
S10.1:4	23	807	HC26:19
ZK:10	24	809	HC26:23
	25	811	
	26		
S6.3:4	27	817	HC26:22
S7.2:4	28	819	HC26:18
DD:1	29	06	GC:14

遥控接口预留

遥信接口预留

图 9-25-8　断路器单元接线图

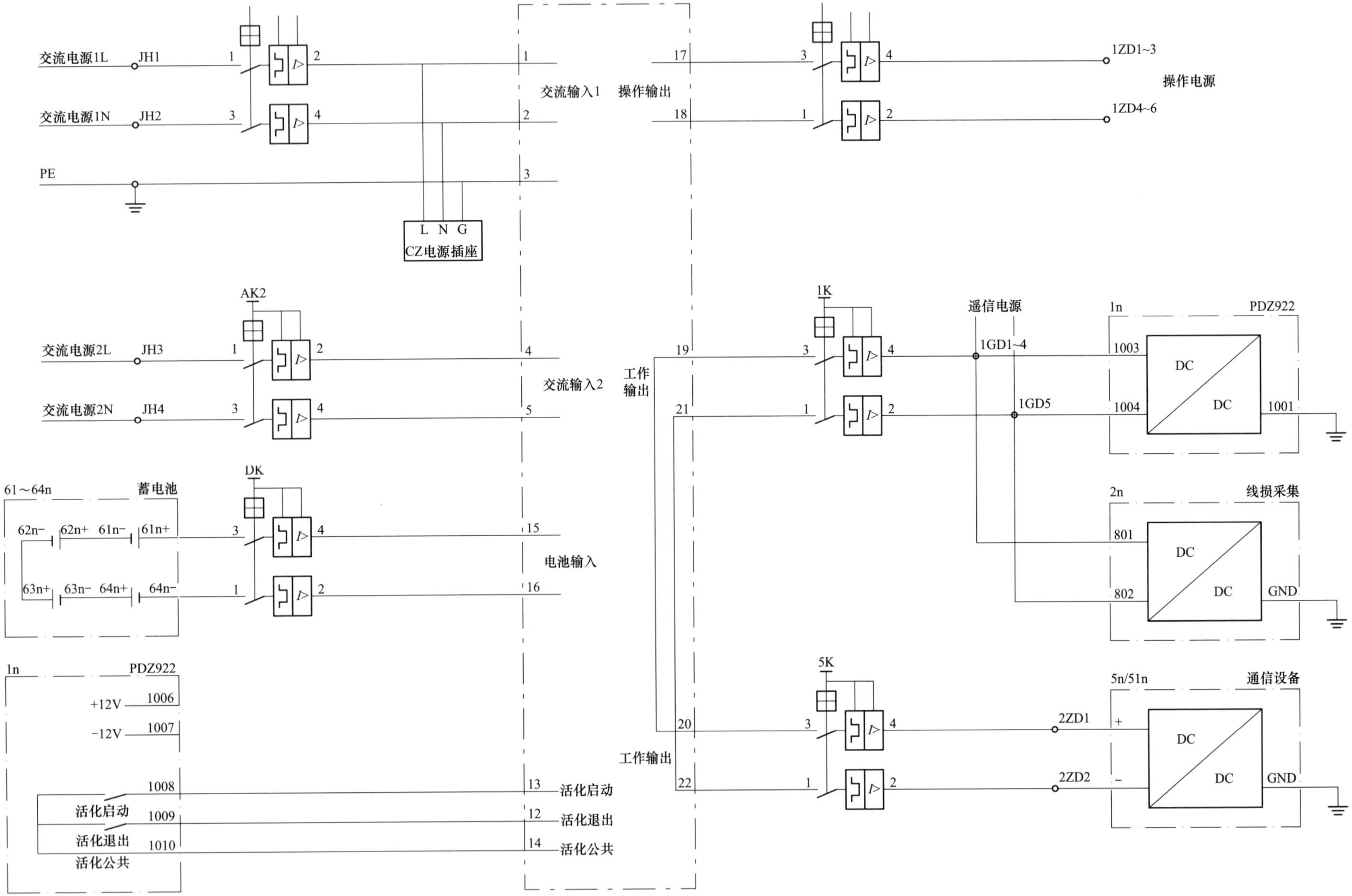

图 9-25-9 DTU 电源回路联系图

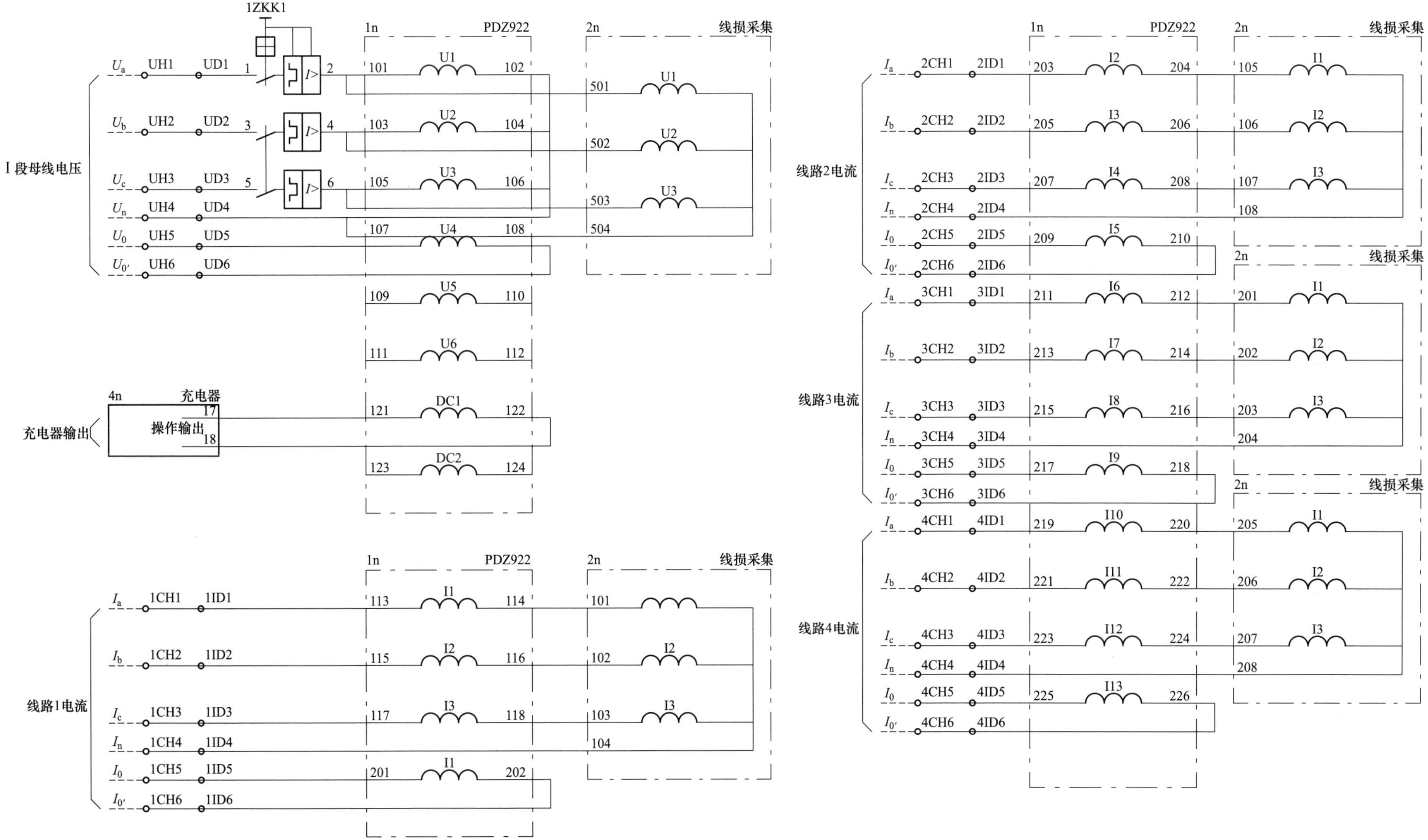

说明：VV接线时将UD2与UD4短接。

图 9-25-10　DTU 1n 采样回路接点联系图（一）

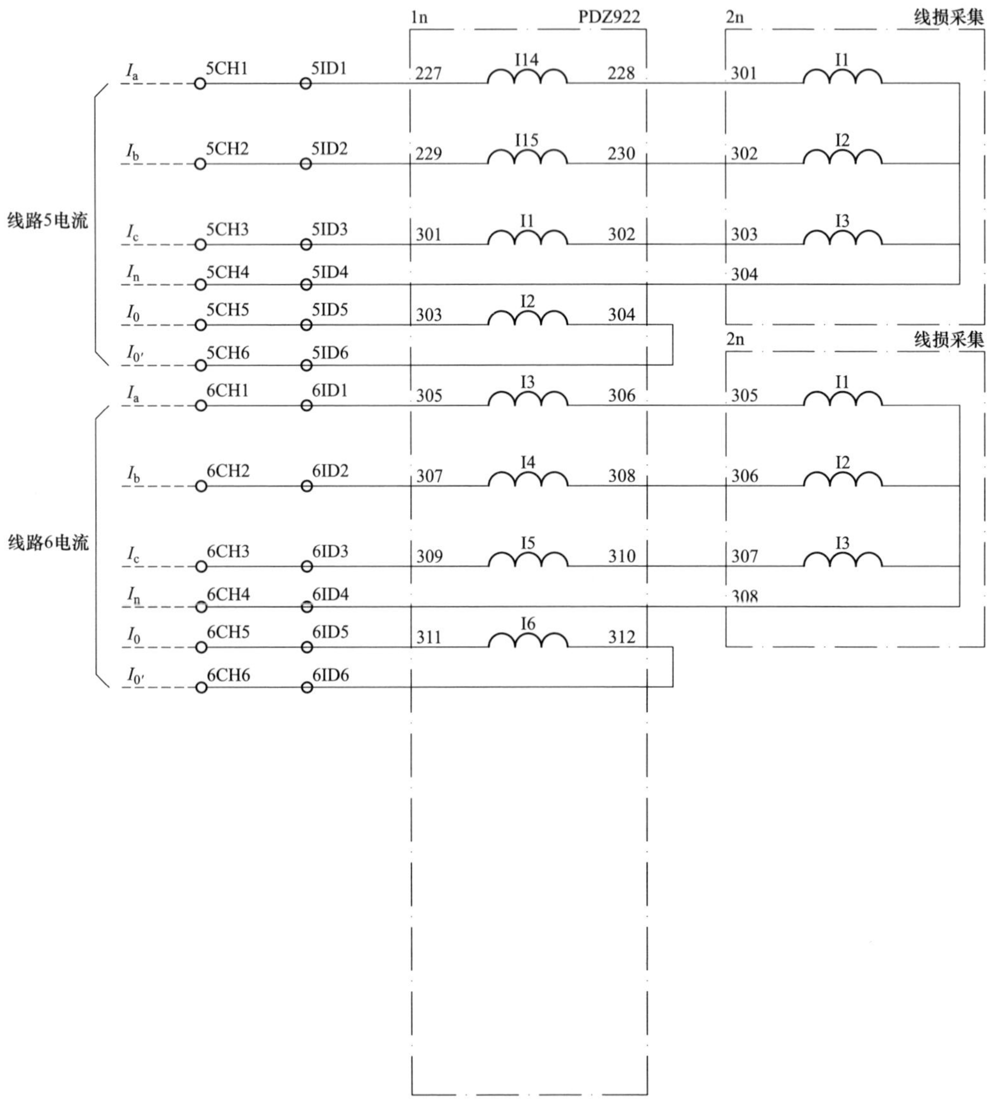

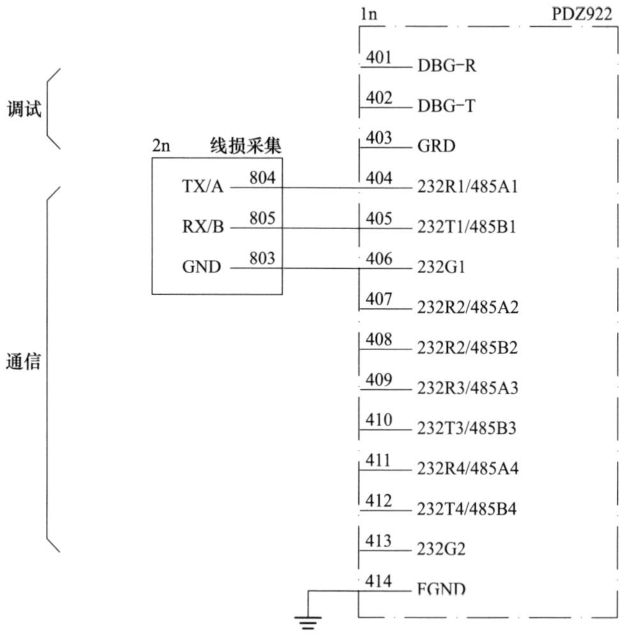

说明：外部通信接线直接接入装置背板。

图 9-25-11　DTU 1n 采样回路接点联系图（二）

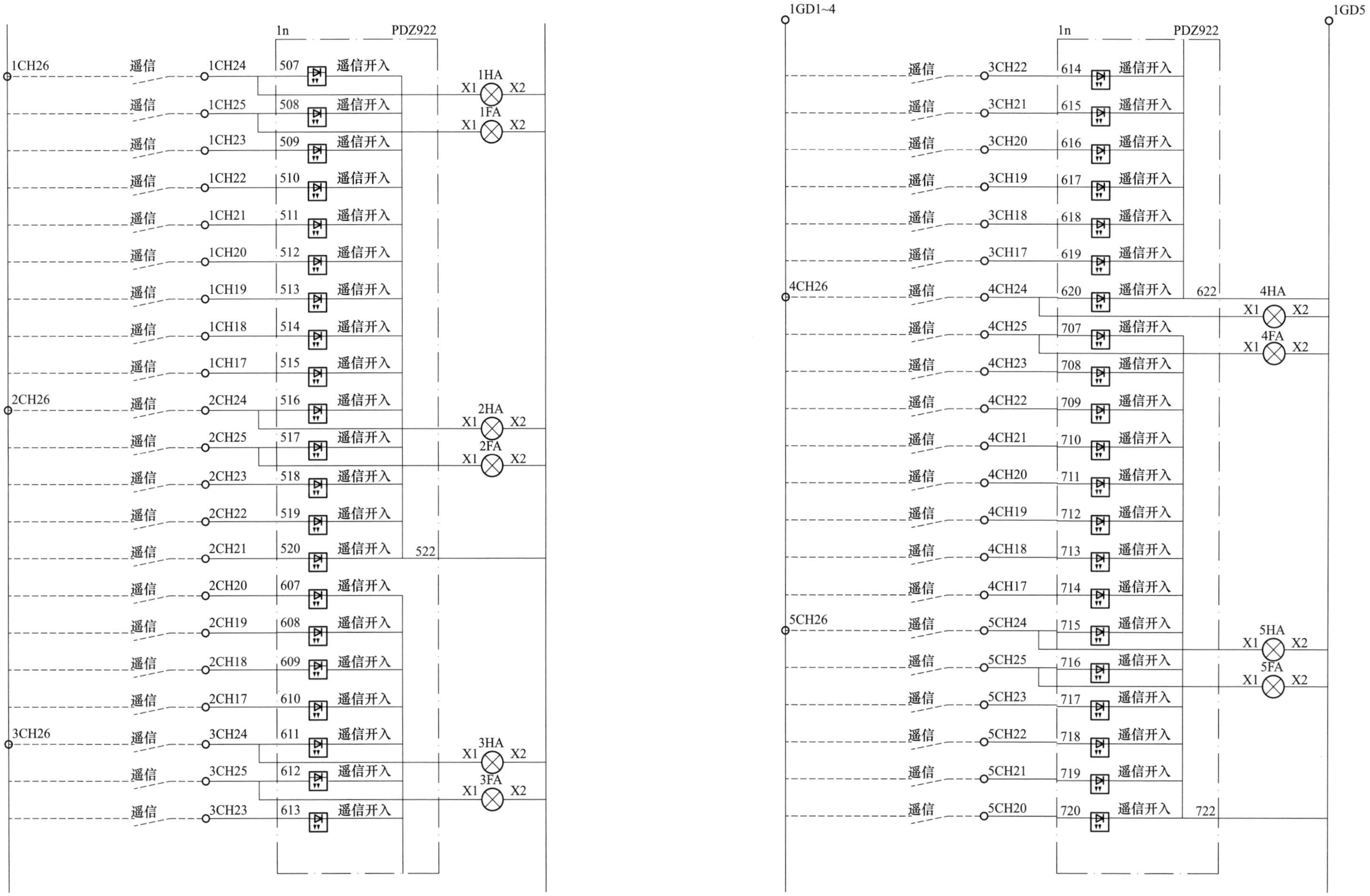

图 9-25-12　DTU 1n 开入回路接点联系图（一）

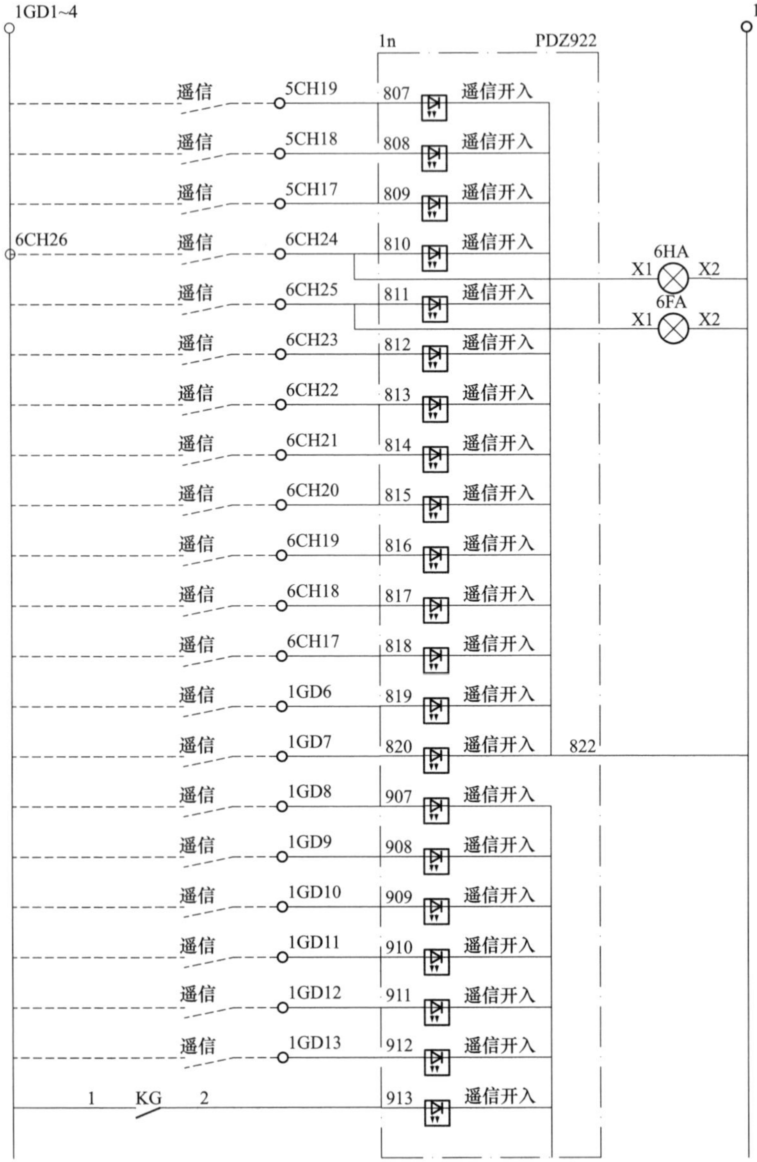

SA接点位置表
(BLW-164DNR03-PW/4)

运行方式 / 接点	远方	切除	就地
	↖	↑	↗
1-2	×		
3-4			×
5-6			×
7-8			×
9-10			×
11-12			×
13-14			×
15-16			×

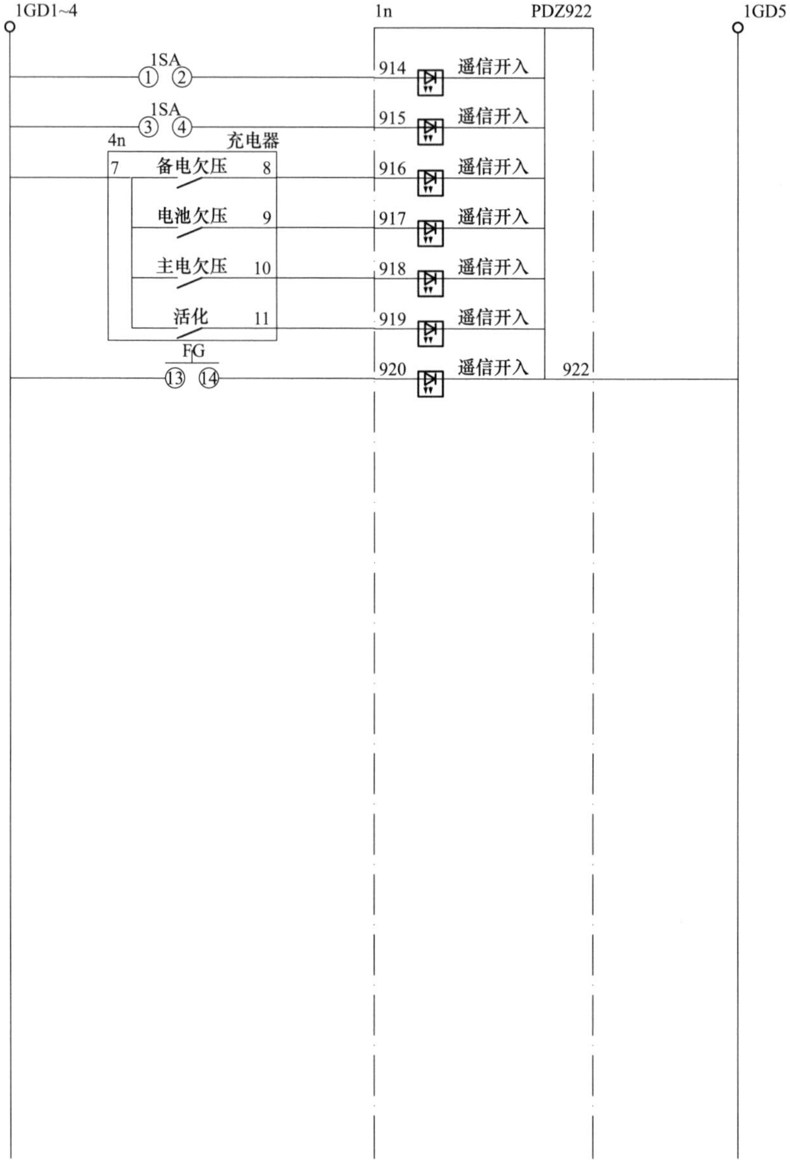

图 9-25-13　DTU 1n 开入回路接点联系图（二）

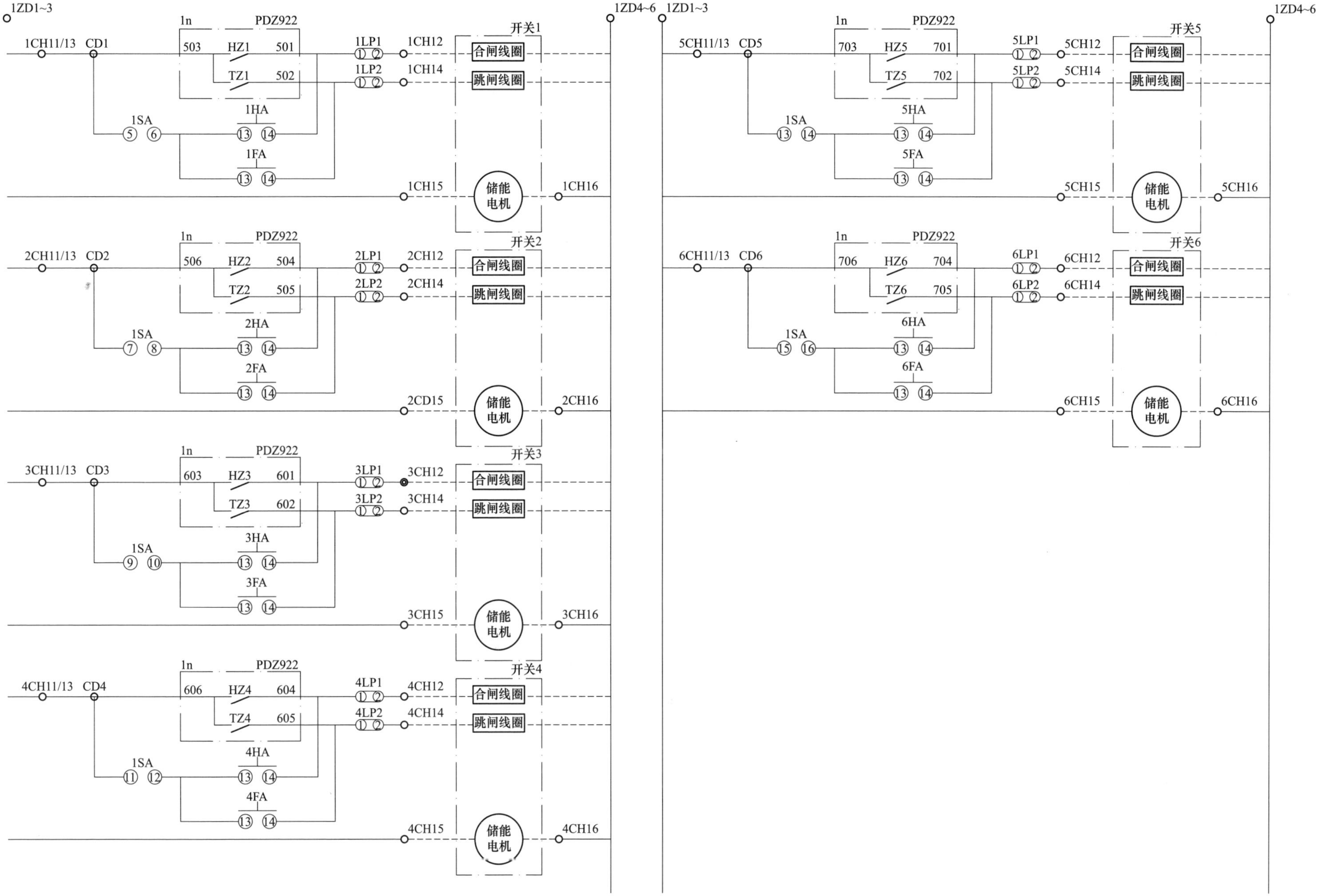

图 9-25-14　DTU 1n 出口回路接点联系图

1ID 电流内部转接 下侧		上侧		
1CH1	1	1n113	I_a	*
1CH2	2	1n115	I_b	*
1CH3	3	1n117	I_c	*
1CH4	4	2n104	I_n	*
1CH5	5	1n201	I_0	*
1CH6	6	1n202	I_0'	*

2ID 电流内部转接 下侧		上侧		
2CH1	1	1n203	I_a	*
2CH2	2	1n205	I_b	*
2CH3	3	1n207	I_c	*
2CH4	4	2n108	I_n	*
2CH5	5	1n209	I_0	*
2CH6	6	1n210	I_0'	*

3ID 电流内部转接 下侧		上侧		
3CH1	1	1n211	I_a	*
3CH2	2	1n213	I_b	*
3CH3	3	1n215	I_c	*
3CH4	4	2n204	I_n	*
3CH5	5	1n217	I_0	*
3CH6	6	1n218	I_0'	*

4ID 电流内部转接 下侧		上侧		
4CH1	1	1n219	I_a	*
4CH2	2	1n221	I_b	*
4CH3	3	1n223	I_c	*
4CH4	4	2n208	I_n	*
4CH5	5	1n225	I_0	*
4CH6	6	1n226	I_0'	*

5ID 电流内部转接 下侧		上侧		
5CH1	1	1n227	I_a	*
5CH2	2	1n229	I_b	*
5CH3	3	1n301	I_c	*
5CH4	4	2n304	I_n	*
5CH5	5	1n303	I_0	*
5CH6	6	1n304	I_0'	*

6ID 电流内部转接 下侧		上侧		
6CH1	1	1n305	I_a	*
6CH2	2	1n307	I_b	*
6CH3	3	1n309	I_c	*
6CH4	4	2n308	I_n	*
6CH5	5	1n311	I_0	*
6CH6	6	1n312	I_0'	*

2ZD 通信电源 下侧		上侧		
5K-4	1	5n+	通信电源+	=
5K-2	2	5n-	通信电源-	=

UD 电压内部转接 下侧		上侧		
UH1	1	1ZKK1-1	U_a	--
UH2	2	1ZKK1-3	U_b	--
UH3	3	1ZKK1-5	U_c	--
UH4	4	1n106	U_n	--
UH5	5	1n107	U_0	--
UH6	6	1n108	U_0'	

1ZD 操作电源内部转接 下侧		上侧		
1CH15，2CH15	1	CK-4(2.5)	操作电源+	=
3CH15，4CH15	2			=
5CH15，6CH15	3			=
1CH16，2CH16	4	CK-2(2.5)	操作电源-	=
3CH16，4CH16	5			=
5CH16，6CH16	6			=

CD 控制内部转接 下侧		上侧		
1CH11，1CH13	1	1SA-5，1n503	控制公共1	=
2CH11，2CH13	2	1SA-7，1n506	控制公共2	=
3CH11，3CH13	3	1SA-9，1n603	控制公共3	=
4CH11，4CH13	4	1SA-11，1n606	控制公共4	=
5CH11，5CH13	5	1SA-13，1n703	控制公共5	=
6CH11，6CH13	6	1SA-15，1n706	控制公共6	=

1GD 公用遥信及电源内部转接 下侧		上侧	5CH26，6CH26	
1CH26，2CH26	1	1K-4，1n1003	遥信电源内部转接+	=
3CH26，4CH26	2	2n801，4n-7	遥信公共端	=
	3	1SA-1，KG-1		=
	4			=
2n802，1HA-X2	5	1K-2，1n1004	遥信电源内部转接-	=
1n819	6		遥信	
1n820	7		遥信	
1n907	8		遥信	
1n908	9		遥信	
1n909	10		遥信	
1n910	11		遥信	
1n911	12		遥信	
1n912	13		遥信	

说明：1. VV接线时将UD2与UD4短接。
2. 标=的为双进双出端子，可接两根电缆。

图 9-25-15　DTU 屏柜端子接线图(一)

1CH线路 外部电缆线径			
1.5	1	1ID1	I_a
1.5	2	1ID2	I_b
1.5	3	1ID3	I_c
1.5	4	1ID4	I_n
1.5	5	1ID5	I_0
1.5	6	1ID6	I_0'
	7		
	8		
	9		
	10		
1.5	11	CD1	合闸公共端
1.5	12	1LP1-2	合闸输出
1.5	13	CD1	分闸公共端
1.5	14	1LP2-2	分闸输出
1.5	15	1ZD1	储能+
1.5	16	1ZD4	储能-
1.0	17	1n515	备用
1.0	18	1n514	隔离开关位置
1.0	19	1n513	接地开关位置
1.0	20	1n512	低气压报警
1.0	21	1n511	低气压闭锁
1.0	22	1n510	未储能位
1.0	23	1n509	远方/当地
1.0	24	1n507	合位
1.0	25	1n508	分位
1.0	26	1GD1	遥信公共端

2CH线路			
	1	2ID1	I_a
	2	2ID2	I_b
	3	2ID3	I_c
	4	2ID4	I_n
	5	2ID5	I_0
	6	2ID6	I_0'
	7		
	8		
	9		
	10		
	11	CD2	合闸公共端
	12	2LP1-2	合闸输出
	13	CD2	分闸公共端
	14	2LP2-2	分闸输出
	15	1ZD1	储能+
	16	1ZD4	储能-
	17	1n610	备用
	18	1n609	隔离开关位置
	19	1n608	接地开关位置
	20	1n607	低气压报警
	21	1n520	低气压闭锁
	22	1n519	未储能位
	23	1n518	远方/当地
	24	1n516	合位
	25	1n517	分位
	26	1GD1	遥信公共端

3CH线路			
	1	3ID1	I_a
	2	3ID2	I_b
	3	3ID3	I_c
	4	3ID4	I_n
	5	3ID5	I_0
	6	3ID6	I_0'
	7		
	8		
	9		
	10		
	11	CD3	合闸公共端
	12	3LP1-2	合闸输出
	13	CD3	分闸公共端
	14	3LP2-2	分闸输出
	15	1ZD2	储能+
	16	1ZD5	储能-
	17	1n619	备用
	18	1n618	隔离开关位置
	19	1n617	接地开关位置
	20	1n616	低气压报警
	21	1n615	低气压闭锁
	22	1n614	未储能位
	23	1n613	远方/当地
	24	1n611	合位
	25	1n612	分位
	26	1GD2	遥信公共端

4CH线路			
	1	4ID1	I_a
	2	4ID2	I_b
	3	4ID3	I_c
	4	4ID4	I_n
	5	4ID5	I_0
	6	4ID6	I_0'
	7		
	8		
	9		
	10		
	11	CD4	合闸公共端
	12	4LP1-2	合闸输出
	13	CD4	分闸公共端
	14	4LP2-2	分闸输出
	15	1ZD2	储能+
	16	1ZD5	储能-
	17	1n714	备用
	18	1n713	隔离开关位置
	19	1n712	接地开关位置
	20	1n711	低气压报警
	21	1n710	低气压闭锁
	22	1n709	未储能位
	23	1n708	远方/当地
	24	1n620	合位
	25	1n707	分位
	26	1GD2	遥信公共端

5CH线路			
	1	5ID1	I_a
	2	5ID2	I_b
	3	5ID3	I_c
	4	5ID4	I_n
	5	5ID5	I_0
	6	5ID6	I_0'
	7		
	8		
	9		
	10		
	11	CD5	合闸公共端
	12	5LP1-2	合闸输出
	13	CD5	分闸公共端
	14	5LP2-2	分闸输出
	15	1ZD3	储能+
	16	1ZD6	储能-
	17	1n809	备用
	18	1n808	隔离开关位置
	19	1n807	接地开关位置
	20	1n720	低气压报警
	21	1n719	低气压闭锁
	22	1n718	未储能位
	23	1n717	远方/当地
	24	1n715	合位
	25	1n716	分位
	26	1GD3	遥信公共端

6CH线路			
	1	6ID1	I_a
	2	6ID2	I_b
	3	6ID3	I_c
	4	6ID4	I_n
	5	6ID5	I_0
	6	6ID6	$I_{0'}$
	7		
	8		
	9		
	10		
	11	CD6	合闸公共端
	12	6LP1-2	合闸输出
	13	CD6	分闸公共端
	14	6LP2-2	分闸输出
	15	1ZD3	储能+
	16	1ZD6	储能-
	17	1n818	备用
	18	1n817	隔离开关位置
	19	1n816	接地开关位置
	20	1n815	低气压报警
	21	1n814	低气压闭锁
	22	1n813	未储能位
	23	1n812	远方/当地
	24	1n810	合位
	25	1n811	分位
	26	1GD3	遥信公共端

UH采样电压输入 外部电缆线径			
1.5	1	UD1	U_a
1.5	2	UD2	U_b
1.5	3	UD3	U_c
1.5	4	UD4	U_d
1.5	5	UD5	U_0
1.5	6	UD6	U_0'
	7		BY
	8		BY
	9		BY
	10		BY

JH电源输入 外部电缆线径			
1.5	1	AK1-1	L1
1.5	2	AK1-3	N1
1.5	3	AK2-1	L2
1.5	4	AK2-3	N2

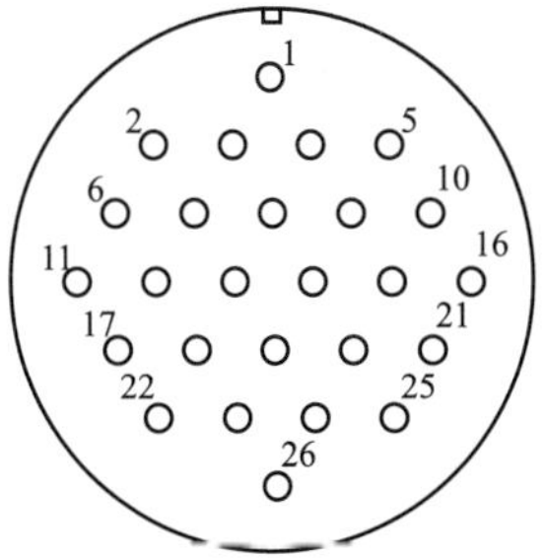

CH线路航空插座

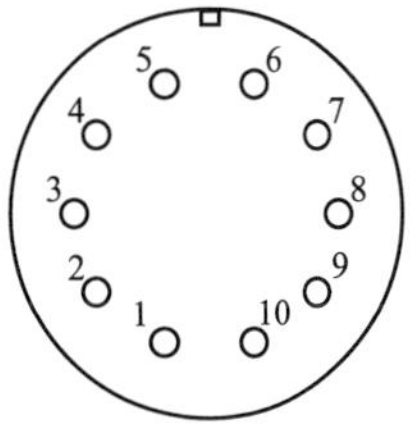

UH采样电压输入航空插座

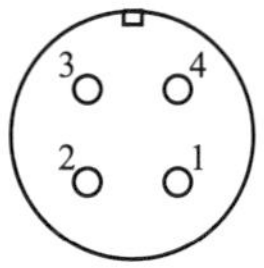

JH电源输入航空插座

说明：航空插座安装方向以实物为准。

图 9-25-16　DTU 屏柜端子接线图（二）

第 26 章　环网型箱式变电站设计方案

26.1　概述

本方案为环网型箱式变电站设计部分。

26.1.1　适用范围

（1）适用城镇电缆区域。

（2）适宜站房选址困难区域。

26.1.2　方案技术条件

10kV 箱式变电站典型设计技术方案组合见表 9-26-1。

表 9-26-1　　10kV 箱式变电站典型设计技术方案组合

序号	项目名称	内容
1	10kV 进出线回路数	10kV 进线 1 回，馈线 1 回，主变压器 1 回，电缆进出线
2	0.4kV 出线回路数	0.4kV 馈线 4 回
3	电气主接线	10kV 选用单母线接线，0.4kV 侧选用单母线接线
4	设备短路电流水平	25kA
5	主要设备选型	10kV 开关柜：选用固体绝缘断路器柜开关或固体绝缘负荷开关+熔断器组合柜。 0.4kV 配电柜：出线采用固定式塑壳式空气断路器。 进出线间隔配置电流互感器。 变压器：环保、节能型 S18 及以上油浸式变压器，容量为 630kVA。 电容补偿：配置配电智能终端并控制无功补偿，无功补偿容量可按变压器容量 10%～30%考虑。补偿方式为共补加分补，建议按照 70%共补、30%分补配置电容器。 站用电：站用电具备照明、检修维护等功能。 配电网自动化：DTU 装置 1 台，ONU 及加密装置 1 台
6	布置方式	品字型布置
7	土建部分	基础钢筋混凝土结构
8	排气通风	采用自然进风，自然出风
9	消防	配置化学灭火器 1 只

26.2　电气一次部分

26.2.1　电气主接线

（1）10kV 部分：单母线接线。

（2）0.4kV 部分：单母线接线。

26.2.2　短路电流及主要电气设备、导体选择

（1）设备短路电流。

1）10kV 电压等级设备短路电流水平：25kA。

2）负荷开关一熔断器组合柜额定短路开断电流：25kA。

（2）主要设备选择。主要电气设备选择按照可用寿命期内综合优化原则：选择免检修、少维护、好使用的电气设备，其性能应能满足高可靠性、技术先进、易扩展、模块化的要求。

1）10kV 环网柜。10kV 选用固体绝缘断路器柜或固体绝缘负荷开关+熔断器组合柜。

2）变压器。节能环保型、全密封、油浸式变压器，能效等级须满足 GB 20052—2020《电力变压器能效限定值及能效等级》中 2 级及以上标准，宜采用 S18 及以上油浸式变压器。

电压额定变比：10(10.5)±2×2.5%/0.4kV；

额定容量：630kVA；

阻抗电压：U_k%=4(4.5)；

变压器接线组别：Dyn11。

3）0.4kV 开关柜。出线断路器壳体额定电流 I_{nm}：630A；脱扣器额定电流 I_n：630A；

断路器极数：3 极。不设失压保护。

4）电容补偿装置。可根据实际情况按变压器容量的 10%～30%补偿，采用自动补偿方式，按三相、单相混合补偿，配置配变综合测控装置。

10kV 环网型箱式变电站主要设备选择结果见表 9-26-2。

26.2.3　绝缘配合及过电压保护

（1）接地。箱式变电站接地按有关技术规程的要求设计，接地装置采用水

表 9-26-2　　10kV 环网型箱式变电站主要设备选择表

项目名称	型式及主要参数	备注
10kV 断路器	进出线回路：额定电压 12kV。 额定电流：630A。 热稳定电流：25kA	
10kV 负荷开关（三位置）	进出线回路：额定电压 12kV。 额定电流：630A。 热稳定电流：25kA	
	变压器回路：额定电压 12kV。 额定电流：630A。 熔断器开断电流：25kA	
电流互感器	计量/测量/保护精度：0.2S/0.5/5P20（5P30）级。 TA 变比：50/5	保护精度按照短路电流进行选择
避雷器	根据中性点运行方式和需要确定参数与安装	
主母线	630A	

平接地体与垂直接地体组成。接地网接地电阻应符合 GB/T 50065《交流电气装置的接地设计规范》的规定。

具体工程中需按短路电流校验接地引下线及接地体截面，接地电阻、跨步电压和接触电压应满足规程要求；如接地电阻不能满足要求，则应通过比选选择更好的接地措施，如接地体采用镀锌钢，腐蚀性高的地区宜采用铜包钢或者石墨等。

（2）过电压保护。电气设备的绝缘配合参照 GB/T 50064《交流电气装置的过电压保护和绝缘配合》确定的原则进行。金属氧化物避雷器按 GB 11032《交流无间隙金属氧化物避雷器》的规定进行选择。采用金属氧化物避雷器作为雷电侵入波及内部过电压保护装置。

26.2.4　电气设备布置

10kV 箱式变电站采用品字型布置，分别为变压器室、10kV 室、0.4kV 室、自动化室；低压开关采用组屏式。

26.2.5　站用电及照明

站用电具备照明、检修维护、不停电电源等功能。

26.3　电气二次部分

26.3.1　二次设备布置

（1）预留配电自动化远方终端（DTU 装置）安装位置，统一布置于箱式变电站内。

（2）满足防污秽、防凝露的要求，可安装温湿度控制器及除湿装置。

26.3.2　五防

10kV 箱式变电站的高压侧和低压侧均应装门，门上应有把手、锁、暗闩，门的开启角不得小于 90°。在无电压讯号指示时，方能对带电部分进行检修。

高低压侧门打开后，设照明装置，确保操作检修的安全。

26.3.3　电能计量

箱式变电站可在 0.4kV 侧进线总柜加装计量装置和配变终端，控制无功补偿，满足常规电参数采集和系统内线损计量考核。计量表计的装设执行国家电网公司计量规程规定，电能计量装置按如下原则配置：

（1）电能计量装置选用及配置应满足 DL/T 448—2000《电能计量装置技术管理规程》和 GB/T 50063—2008《电力装置的电测量仪表装置设计规范》规定。

（2）互感器采用专用计量二次绕组。

26.3.4　保护配置原则

配置微机保护装置，就地安装于 10kV 开关柜内。

26.4　结构要求

（1）在具体工程设计时，按照国家电网公司相关规定制作悬挂标示及警示牌。

（2）箱体外观：箱体外观与周边人文地理环境协调统一；外观设计应简洁、稳重、实用。

（3）箱体外壳的材料采用 304 不锈钢，并能耐受一定的机械力作用。外壳应有足够的机械强度，在起吊、运输和安装时不应变形或损伤。

（4）基座宜采用金属基座，应有足够的机械强度，以确保欧变在吊装、运输和使用过程中不发生变形和损坏。基座上需有至少 4 个以上可伸缩式起重销，确保安全运输。

（5）隔室之间采用隔板分隔。

（6）箱式变电站内部应采取除湿、防爆和防凝露措施。

26.5 设计图纸

环网型箱式变电站图纸目录见表 9-26-3。

表 9-26-3　　环网型箱式变电站图纸目录

图号	图名
图 9-26-1	630kVA 环网型箱式变电站（断路器柜）电气接线图
图 9-26-2	630kVA 环网型箱式变电站（负荷开关+熔断器组合柜）电气接线图
图 9-26-3	630kVA 环网型箱式变电站电气平面布置图
图 9-26-4	630kVA 箱式变电站接地平面布置图

续表

图号	图纸名称
图 9-26-5	断路器柜控制原理图（一）
图 9-26-6	断路器柜控制原理图（二）
图 9-26-7	DTU 电源原理图
图 9-26-8	DTU 遥测、遥信、遥控原理图
图 9-26-9	直流模块电源二次接线图
图 9-26-10	电源转换模块二次接线图

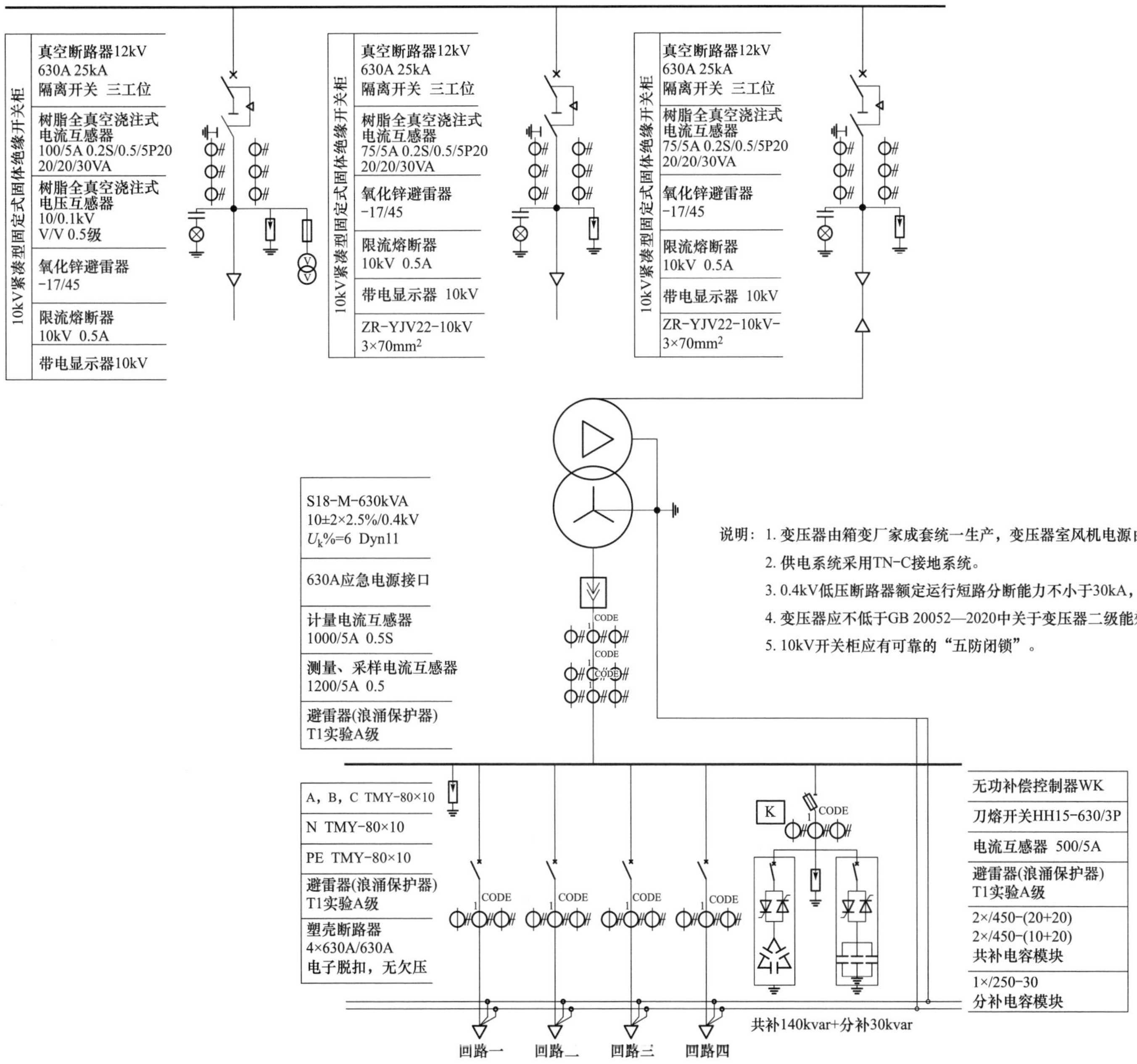

说明：1. 变压器由箱变厂家成套统一生产，变压器室风机电源由厂家配套提供。
2. 供电系统采用TN-C接地系统。
3. 0.4kV低压断路器额定运行短路分断能力不小于30kA，额定极限短路分断能力不小于55kA。
4. 变压器应不低于GB 20052—2020中关于变压器二级能效的要求。
5. 10kV开关柜应有可靠的“五防闭锁”。

图 9-26-1 630kVA 环网型箱式变电站（断路器柜）电气接线图

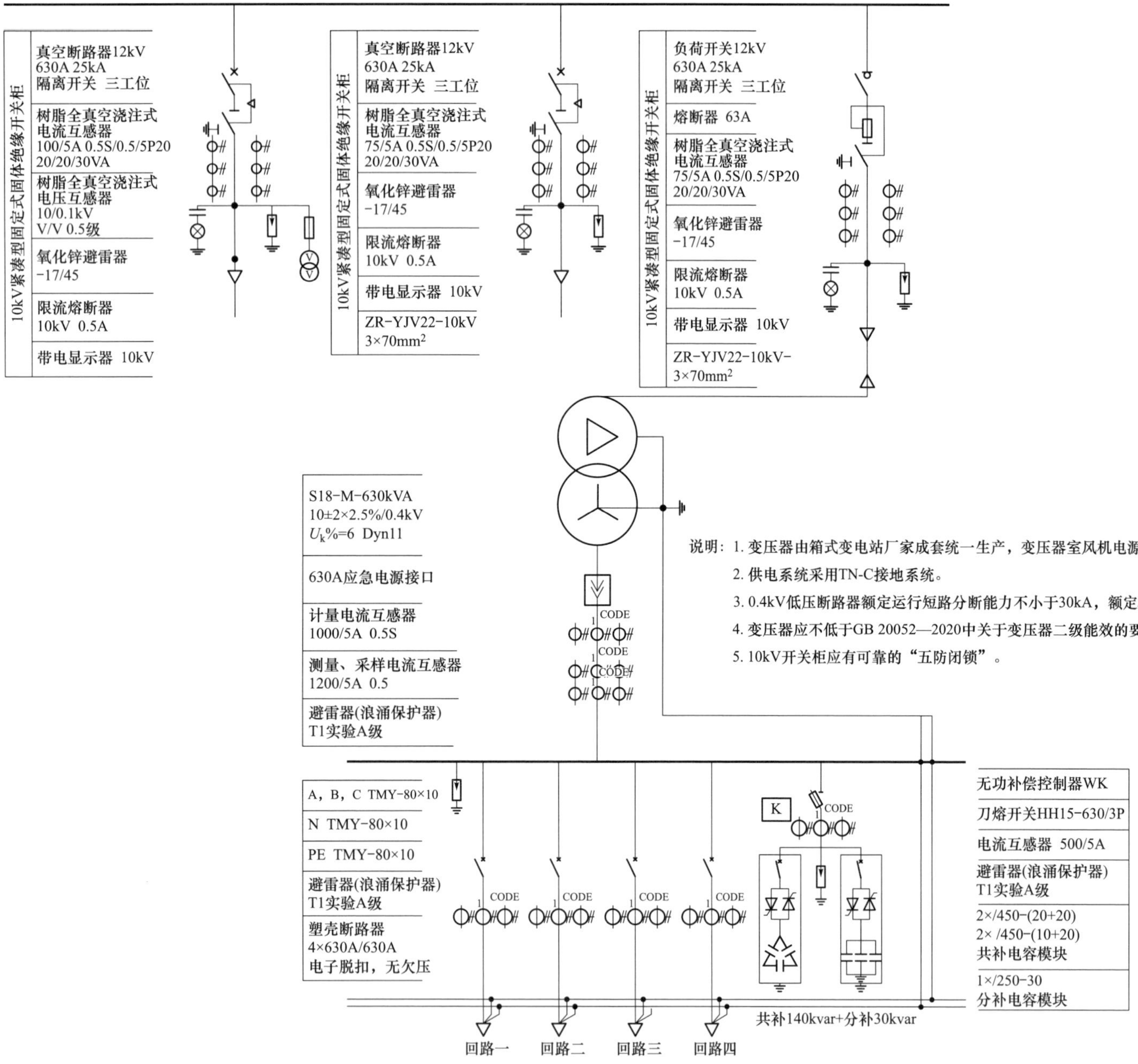

说明：1. 变压器由箱式变电站厂家成套统一生产，变压器室风机电源由厂家配套提供。

2. 供电系统采用TN-C接地系统。

3. 0.4kV低压断路器额定运行短路分断能力不小于30kA，额定极限短路分断能力不小于55kA。

4. 变压器应不低于GB 20052—2020中关于变压器二级能效的要求。

5. 10kV开关柜应有可靠的“五防闭锁”。

图 9-26-2 630kVA 环网型箱式变电站（负荷开关+熔断器组合柜）电气接线图

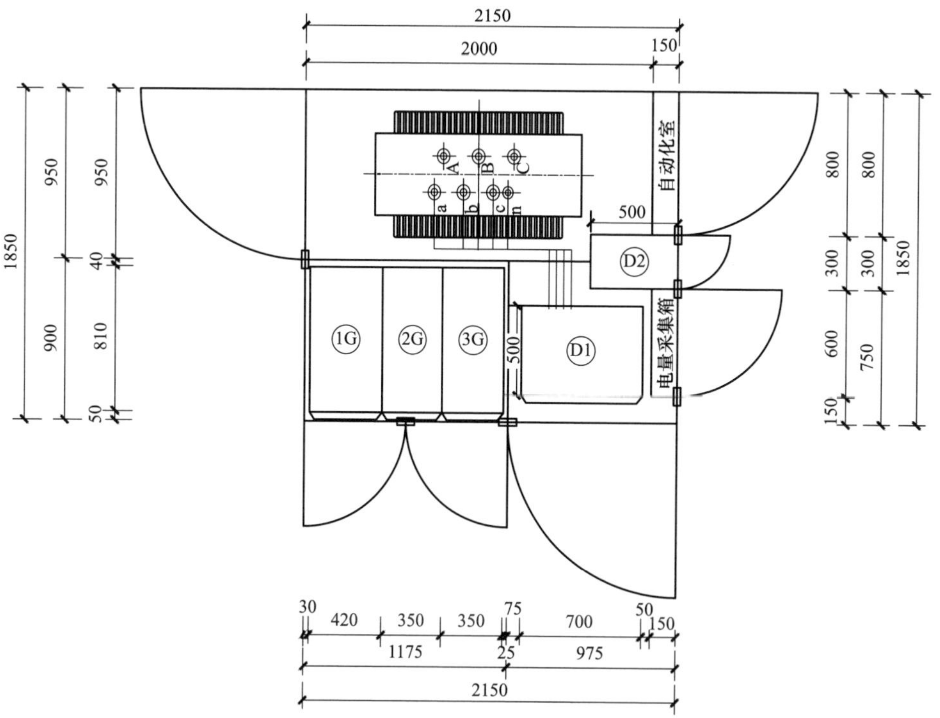

说明：1. 该箱式变电站本体结构形式为“品”字形构造(R型)，箱变尺寸大小为长2150mm×宽1850mm×高(含顶盖)2100mm。
2. 箱式变电站主变压器室至少应安装一台轴流风机，以利散热。
3. 箱体应有足够的机械强度，凡骨架槽钢的焊接处应牢固可靠、密封良好，保证在整体吊装及运输过程中不变形，且在运行中不渗漏雨水。
4. 要求箱体外表面采用304不锈钢，铝合金型材镶边，复合彩板色泽颜色为国网绿。

设备材料表

序号	编号	名称	技术规范	单位	数量	备注
1		10kV箱式变电站壳体	长2150mm×宽1850mm×高2100mm	台	1	
2	1G	10kV电源进线及TV柜	宽420mm×深810mm×高1600mm	台	1	
3	2G	10kV馈线柜	宽350mm×深810mm×高1600mm	台	1	
4	3G	10kV主变受电柜	宽350mm×深810mm×高1600mm	台	1	
5	D1	0.4kV进出线柜	宽700mm×深500mm×高1600mm	台	1	
6	D2	0.4kV电容补偿柜	宽300mm×深500mm×高1600mm	台	1	
7	ZB	电力变压器	S18-M-630/10 U_k=6% 10+2×2.5%/0.4kV D，yn11	台	1	
8	DTU	配电终端，站所终端	宽800mm×深150mm×高1700mm	台	1	

图 9-26-3 630kVA 环网型箱式变电站电气平面布置图

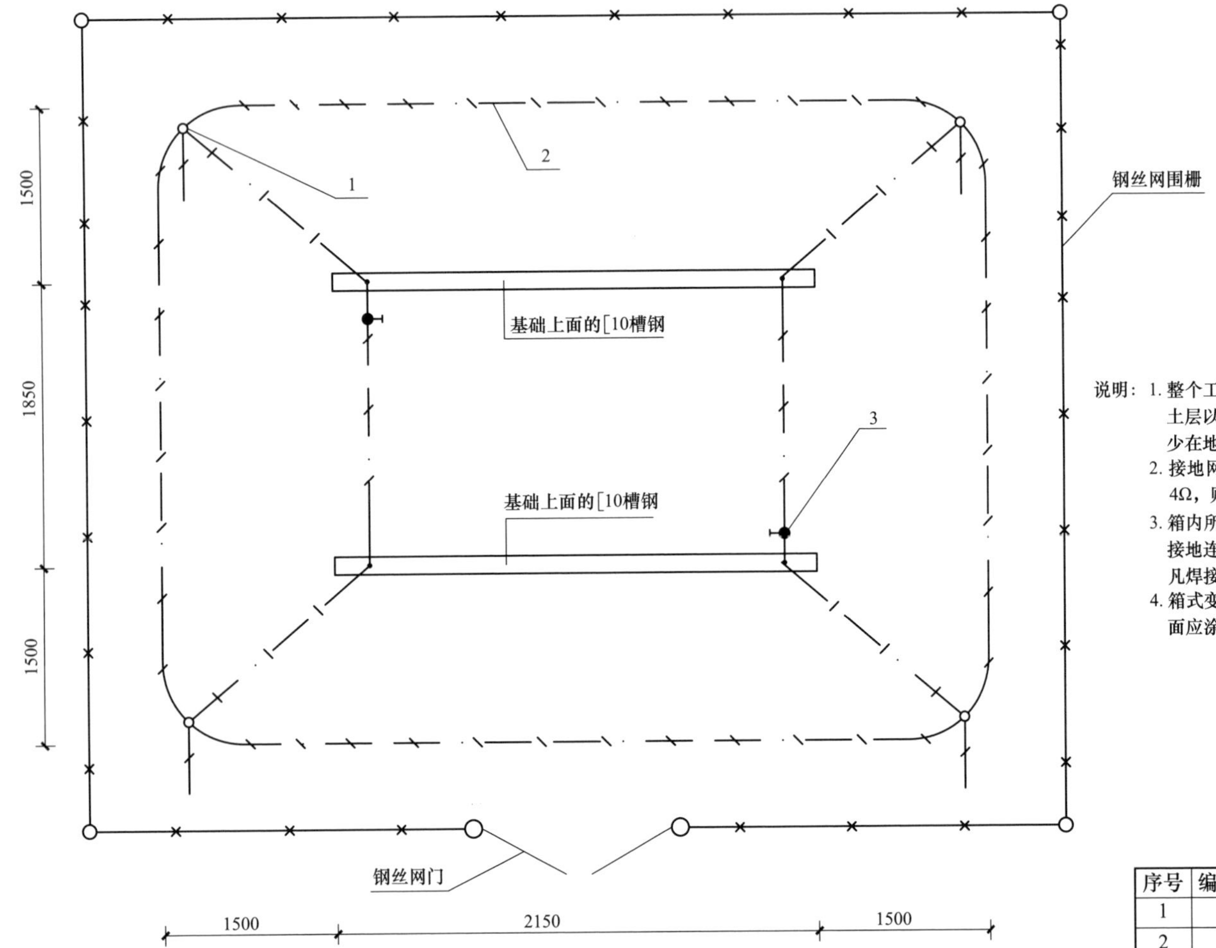

说明：1. 整个工程采用棒带接地，接地网接地扁钢埋在冻土层以下，接地体从冻土层以下垂直打入地下，若不能确定冻土层深度时，则接地网埋深应至少在地表 0.8m以下。

2. 接地网建成后应实测接地电阻，接地电阻应不大4Ω，若接地电阻大于4Ω，则应补打接地极或延长接地连线，使接地电阻满足规程要求。

3. 箱内所有电气设备外壳与铁件，应用50×5镀锌扁钢与接地网可靠连接，接地连线应与箱体下面的槽钢牢固焊接，接地引线应与接地极牢固焊接，凡焊接处均应刷防锈漆。

4. 箱式变电站四周应以钢丝网围栏围护，防止非操作人员进入，钢丝网表面应涂刷银粉漆。

设备材料表

序号	编号	名称	技术规范	单位	数量	备注
1		接地极	∠50mm×5mm L=2500mm	根	10	壁厚3.5mm
2		接地连线	−50mm×5mm 镀锌扁钢	m	45	
3		临时接地接线柱	M10×30 镀锌螺栓	只	2	

图 9-26-4　630kVA 箱式变电站接地平面布置图

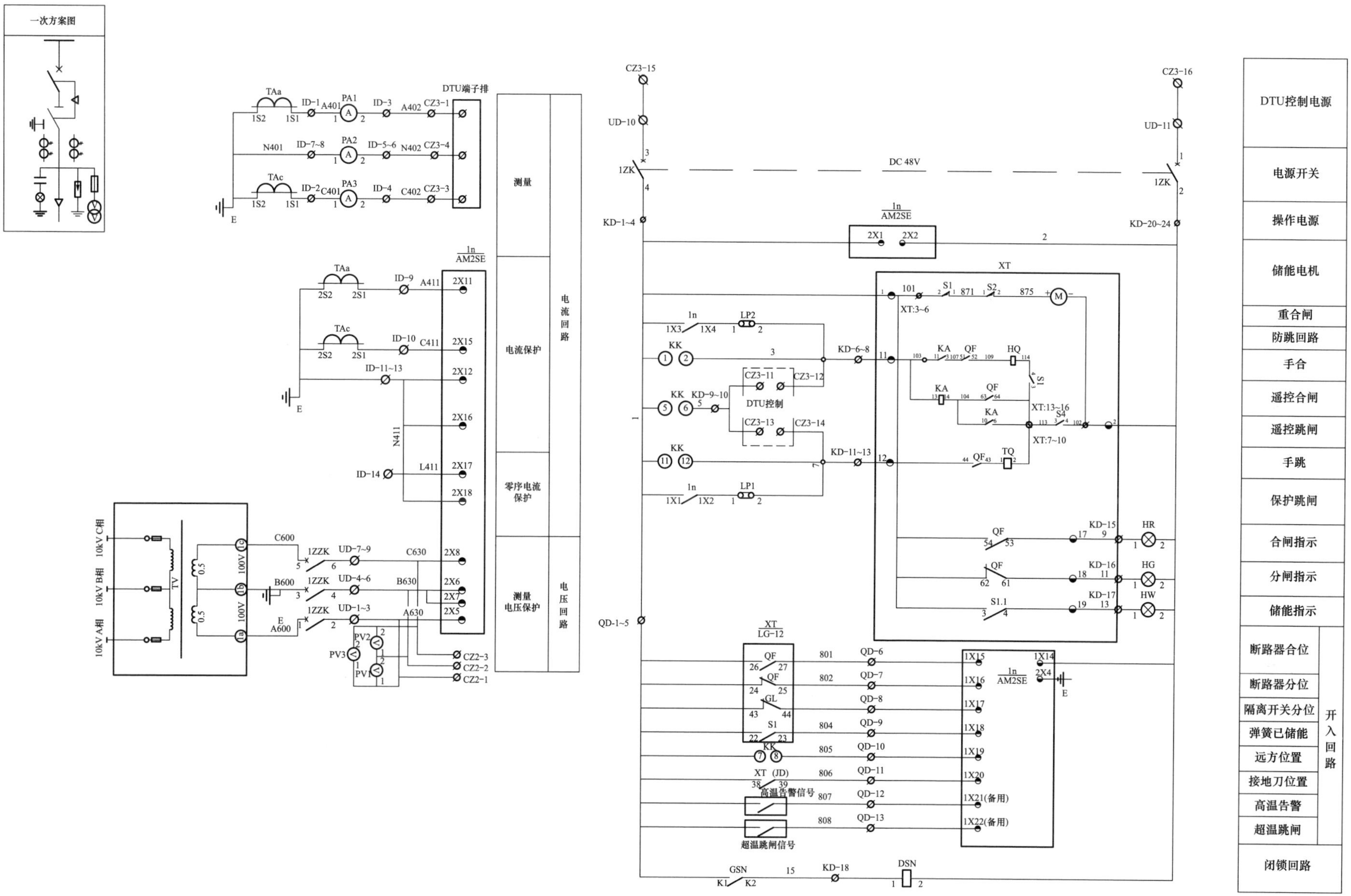

图 9-26-5 断路器柜控制原理图（一）

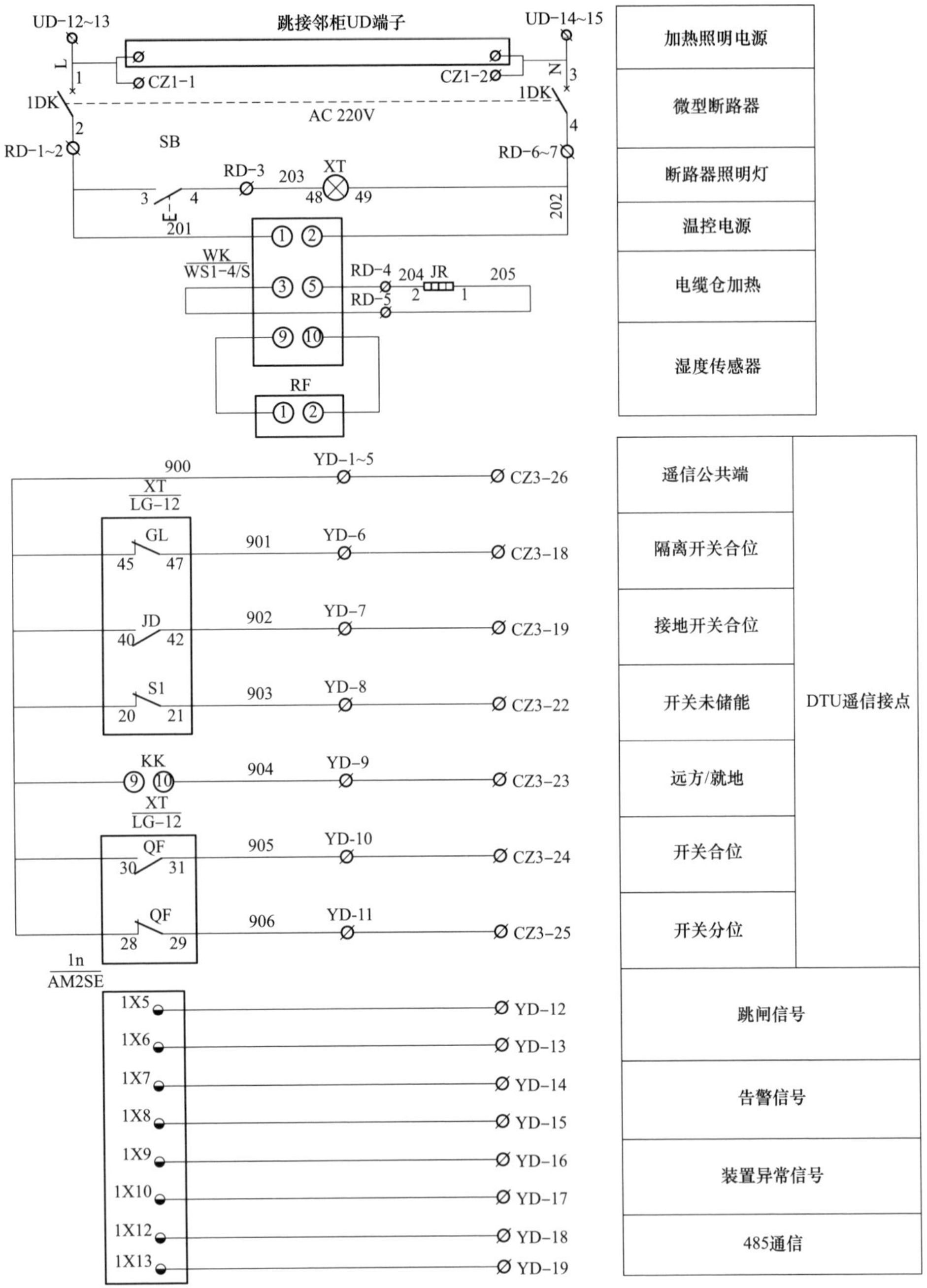

序号	标号	名称	型号规格	数量	备注
1	1n	微机保护		1	
2	1ZK	微型断路器	C6/2P	1	
3	XT	固体绝缘开关	LG-12	1	
4	LP1~2		JL1	2	
5	HG，HR，HW	指示灯	AD11-21/22/45	3	
6	RF	湿度传感器		1	
7	JR	加热器	JR 50W	1	
8	WK	温湿度控制器	WS1-4/S	1	
9	1DK		NB1-C6/2P	1	
10	PA1~3	电流表	6L2-A	3	
11	CG	传感器	CG	1	
12	GSN	带电显示器	GSN-10	1	
13	DSN	电磁锁	DSN2	1	
14	1ZZK	微型断路器	NB1-C6/3P	1	
15	SB	按钮	LA3-203	1	
16	TAa，TAc	电流互感器	LZCT-10	2	
17	KK	控制开关	KK LW12-12	1	
18	TV	组合式电压互感器	JSZV18-10AR-单绕组	1	
19	PV1~3	交流电压表	99T1-V	3	

图 9-26-6　断路器柜控制原理图（二）

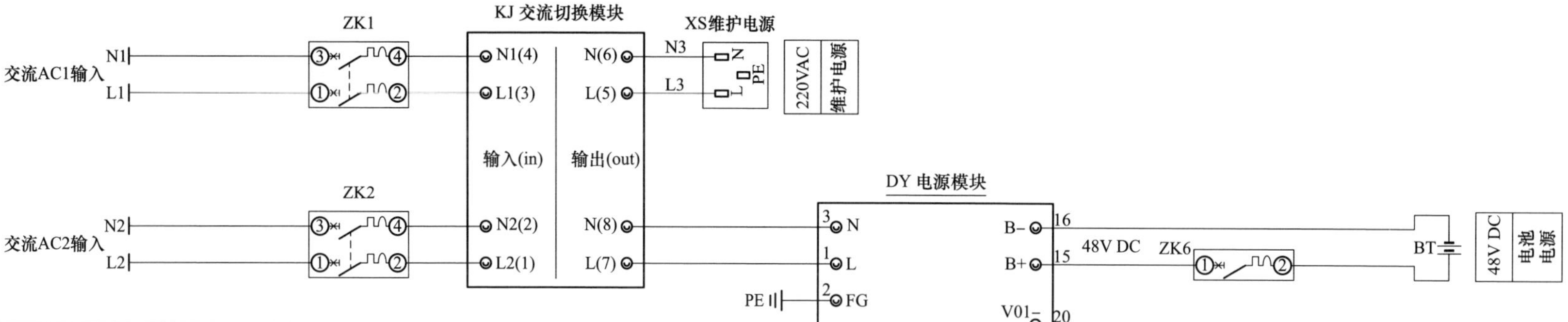

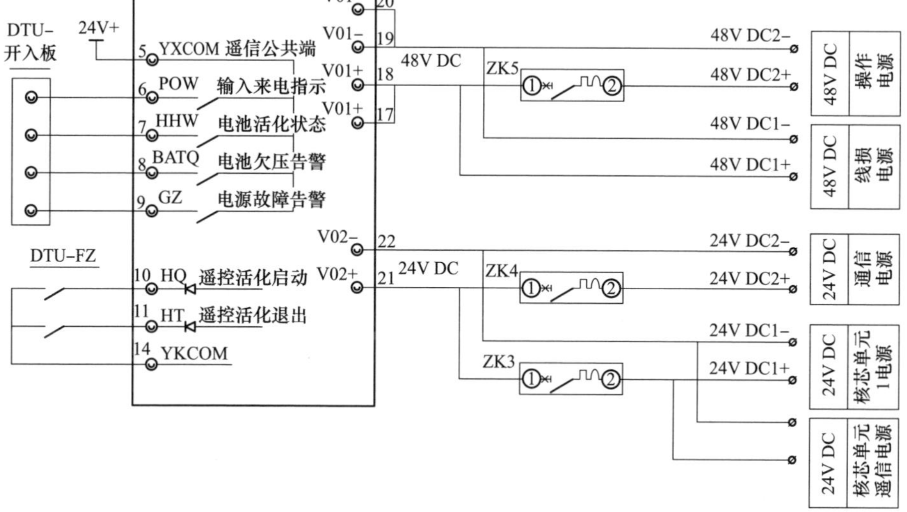

序号	标号	名称	型号规格	数量	单位	备注
1	DTU 3.0	核心装置	DTU 3.0	1	台	
2	ZK1、ZK2	交流开关	TGBG63A2PC10	2	台	
3	ZK3~ZK6	直流开关	TGBG−63DC/1P C10A DC 250V	4	台	
4	XS	模数化插座	TG/AC30−3 16A	1	台	
5	KJ	单回路配电终端继电器板	GH−F308−5000 HV01.04	1	个	
6	SH1~2	按钮	LA135−10D/20A3 K10V 24V	2	个	带保护罩盖
7	ST1~2	按钮	LA135−10D/20A3 K10V 24V	2	只	带保护罩盖
8	KK	转换开关	LW51A−164D7621/9	1	台	
9	KLP1~4	压板	YB−1 660V 15A	4	台	
10	BT	蓄电池	电池 MF1207	4	台	
11	DY	电源模块	CED500−5424E−KD	1	台	
12	GM	门限开关	YBLXW−5/11G1	1	台	
13	GPRS	GPRS无线模块	F3X26Q−L	1	台	
14	JM	线损模块	8回路，F−PIC800	1	台	
15	HC10	4芯圆型连接器(插座)	YDH25−4ZJA	1	只	
16	HC9	10芯圆型连接器(插座)	YDH30−10ZJA	1	只	
17	HC1~2	26芯圆型连接器(插座)	YDA41−26ZJA	2	只	
18	YJ	液晶模块	HMI HV01.01	1	台	
19	ONU	EPON工业级光网络终端设备	LNK−MDU—ZXA10 F809	1	只	
20		分光器	一分二 非均分 分光比10%：90%	1	只	盒式，与ONU配套使用
21		ODF(12芯光配)	12芯 满配	1	只	

图 9-26-7 DTU 电源原理图

LW51A-164D7621/9

位置	远方	闭锁	就地
角度	45°	0°	45°
触点	↖	↑	↗
1-2	×		
3-4			×
5-6	×		
7-8			×
9-10	×		
11-12			×
13-14	×		
15-16			×
17-18	×		
19-20			×
21-22	×		
23-24			×
25-26	×		
27-28			×
29-30	×		
31-32			×
33-34	×		
35-36			×

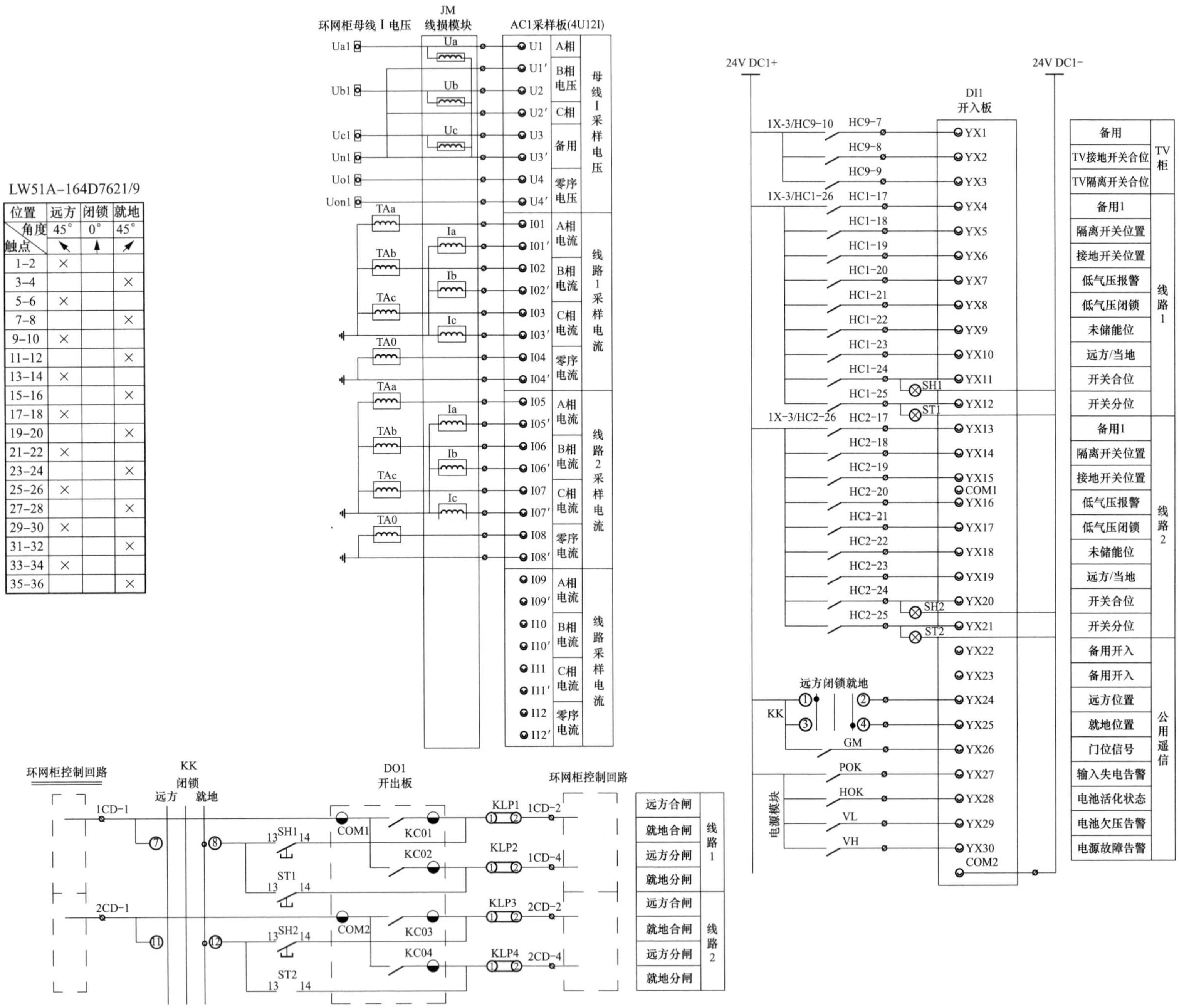

图 9-26-8　DTU 遥测、遥信、遥控原理图

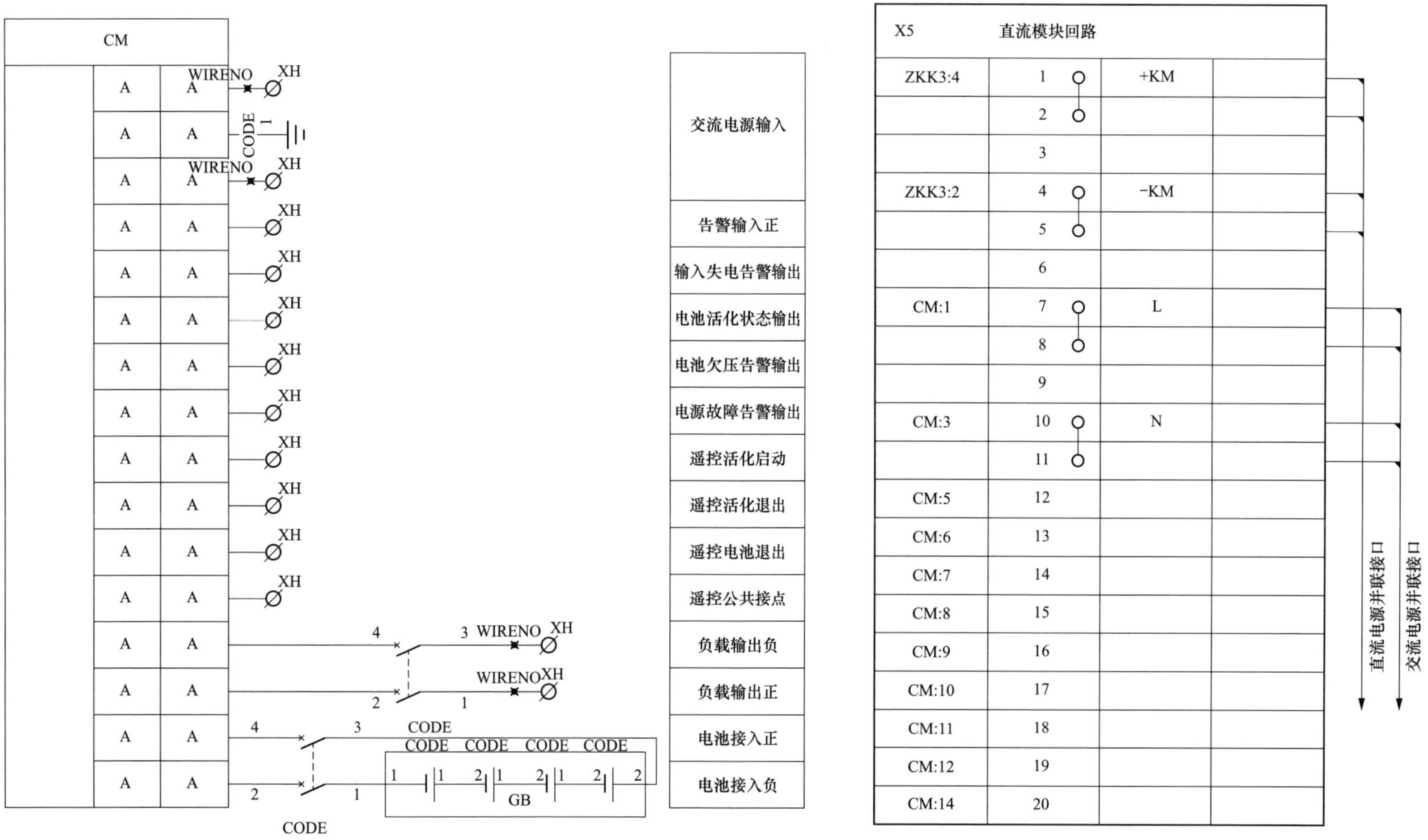

图 9-26-9　直流模块电源二次接线图

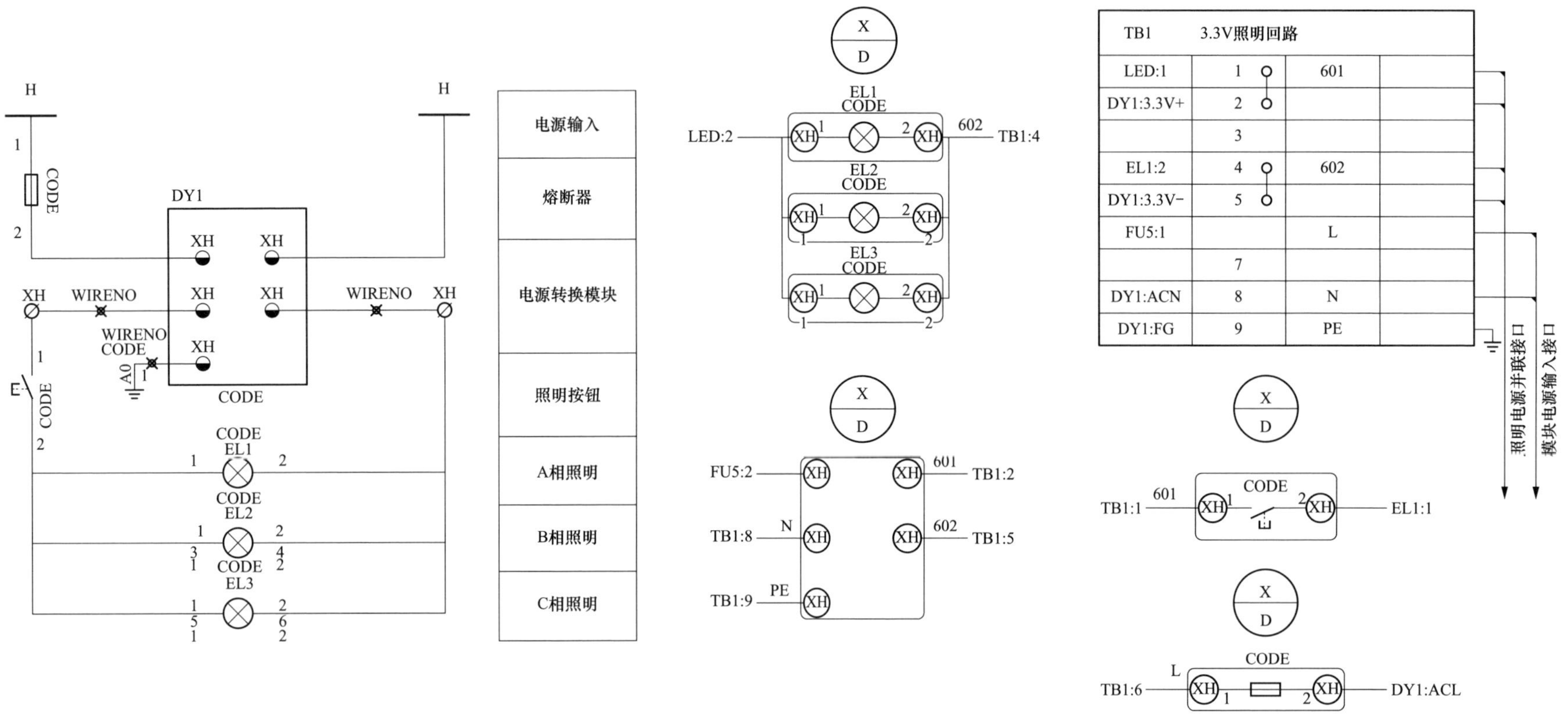

图 9-26-10　电源转换模块二次接线图

第27章 终端型箱式变电站设计方案

27.1 概述

本方案为终端型箱式变电站设计部分。

27.1.1 适用范围

(1) 适用城镇电缆区域。

(2) 适宜站房选址困难区域，如架空线路入地改造地区、配电室无法扩容改造的场所以及施工用电、临时用电等。

27.1.2 方案技术条件

10kV箱式变电站典型设计技术方案组合见表9-27-1。

表9-27-1 10kV箱式变电站典型设计技术方案组合

序号	项目名称	内容
1	10kV进出线回路数	10kV进线1回，主变压器1回，电缆进出线
2	0.4kV出线回路数	0.4kV馈线6回
3	电气主接线	10kV选用单母线接线，0.4kV侧选用单母线接线
4	设备短路电流水平	20kA或25kA
5	主要设备选型	10kV开关柜：选用固体绝缘断路器柜开关或固体绝缘负荷开关+熔断器组合柜。 0.4kV配电柜：进线采用框架式空气断路器；出线采用固定式塑壳式空气断路器。 进出线间隔配置电流互感器。 变压器：环保、节能型S18及以上油浸式变压器，容量为630kVA。 电容补偿：配置配电智能终端并控制无功补偿，无功补偿容量可按变压器容量10%～30%考虑。补偿方式为共补加分补，建议按照70%共补、30%分补配置电容器。 站用电：站用电具备照明、检修维护等功能
6	布置方式	品字型布置
7	土建部分	基础钢筋混凝土结构
8	排气通风	采用自然进风，自然出风
9	消防	配置化学灭火器1只

27.2 电气一次部分

27.2.1 电气主接线

(1) 10kV部分：单母线接线。

(2) 0.4kV部分：单母线接线。

27.2.2 短路电流及主要电气设备、导体选择

(1) 设备短路电流。

1) 10kV电压等级设备短路电流水平：25kA。

2) 负荷开关一熔断器组合柜额定短路开断电流：25kA。

(2) 主要设备选择。主要电气设备选择按照可用寿命期内综合优化原则：选择免检修、少维护、好使用的电气设备，其性能应能满足高可靠性、技术先进、易扩展、模块化的要求。

1) 10kV环网柜。10kV选用固体绝缘断路器柜或固体绝缘负荷开关+熔断器组合柜。

2) 变压器。节能环保型、全密封、油浸式变压器，能效等级须满足GB 20052—2020《电力变压器能效限定值及能效等级》中2级及以上标准，宜采用S18及以上油浸式变压器。

电压额定变比：10(10.5)±2×2.5%/0.4kV；

额定容量：630kVA；

阻抗电压U_k%=4(4.5)；

变压器接线组别：Dyn11。

3) 0.4kV开关柜。出线断路器壳体额定电流I_{nm}：630A；脱扣器额定电流I_n：630A；

断路器极数：3极。不设失压保护。

4) 电容补偿装置。可根据实际情况按变压器容量的10%～30%补偿，采用自动补偿方式，按三相、单相混合补偿，配置配电变压器综合测控装置。

10kV终端型箱式变电站主要设备选择结果见表9-27-2。

27.2.3 绝缘配合及过电压保护

(1) 接地。箱式变电站接地按有关技术规程的要求设计，接地装置采用水

表 9-27-2　　10kV 终端型箱式变电站主要设备选择结果表

项目名称	型式及主要参数	备注
10kV 断路器	进出线回路：额定电压 12kV。 额定电流：630A。 热稳定电流：25kA	
10kV 负荷开关（三位置）	进出线回路：额定电压 12kV。 额定电流：630A。 热稳定电流：25kA	
	变压器回路：额定电压 12kV。 额定电流：630A。 熔断器开断电流：25kA	
电流互感器	计量/测量/保护精度：0.2S/0.5/5P20（5P30）级。 TA 变比：50/5	保护精度按照短路电流进行选择
避雷器	根据中性点运行方式和需要确定参数与安装	
主母线	630A	

平接地体与垂直接地体组成。接地网接地电阻应符合 GB/T 50065《交流电气装置的接地设计规范》的规定。

具体工程中需按短路电流校验接地引下线及接地体截面，接地电阻、跨步电压和接触电压应满足规程要求；如接地电阻不能满足要求，则应通过比选选择更好的接地措施，如接地体采用镀锌钢，腐蚀性高的地区宜采用铜包钢或者石墨等。

（2）过电压保护。电气设备的绝缘配合参照 GB/T 50064《交流电气装置的过电压保护和绝缘配合》确定的原则进行。金属氧化物避雷器按 GB 11032《交流无间隙金属氧化物避雷器》的规定进行选择。采用金属氧化物避雷器作为雷电侵入波及内部过电压保护装置。

27.2.4　电气设备布置

10kV 箱式变电站采用品字型布置，分别为变压器室、10kV 室、0.4kV 室、自动化室；低压开关采用组屏式。

27.2.5　站用电及照明

站用电具备照明、检修维护、不停电电源等功能。

27.3　电气二次部分

27.3.1　二次设备布置

（1）预留配电自动化远方终端（DTU 装置）安装位置，统一布置于箱式变电站内。

（2）满足防污秽、防凝露的要求，可安装温湿度控制器及除湿装置。

27.3.2　“五防”

10kV 箱式变电站的高压侧和低压侧均应装门，门上应有把手、锁、暗闩，门的开启角不得小于 90°。在无电压信号指示时，方能对带电部分进行检修。

高低压侧门打开后，设照明装置，确保操作检修的安全。

27.3.3　电能计量

箱式变电站可在 0.4kV 侧进线总柜加装计量装置和配变终端，控制无功补偿，满足常规电参数采集和系统内线损计量考核。计量表计的装设执行国家电网公司计量规程规定，电能计量装置按如下原则配置：

（1）电能计量装置选用及配置应满足 DL/T 448《电能计量装置技术管理规程》和 GB/T 50063《电力装置的电测量仪表装置设计规范》规定。

（2）互感器采用专用计量二次绕组。

27.3.4　保护配置原则

配置微机保护装置，就地安装于 10kV 开关柜内。

27.4　结构要求

（1）在具体工程设计时，按照国家电网公司相关规定制作悬挂标示及警示牌。

（2）箱体外观：箱体外观要具备现代工业建筑气息，建筑造型和立面色调要与周边人文地理环境协调统一；外观设计应简洁、稳重、实用。

（3）箱体外壳的材料可采用金属、非金属或者两者的组合，并能耐受一定的机械力作用，若外壳采用非金属的，应是耐老化阻燃材料，并应采用静电屏蔽或加大电气距离等方法，以防止产生危险的静电荷。外壳应有足够的机械强度，在起吊、运输和安装时不应变形或损伤。

（4）基座宜采用金属基座，应有足够的机械强度，以确保欧变在吊装、运输和使用过程中不发生变形和损坏。基座上需有至少 4 个以上可伸缩式起重销，确保安全运输。

（5）隔室之间采用隔板分隔。

（6）箱式变电站内部应采取除湿、防爆和防凝露措施。

27.5 设计图纸

终端型箱式变电站图纸目录见表 9-27-3。

表 9-27-3　　终端型箱式变电站图纸目录

图号	图名
图 9-27-1	630kVA 箱式变电站（断路器柜）电气接线图
图 9-27-2	630kVA 箱式变电站（负荷开关+熔断器组合柜）电气接线图
图 9-27-3	630kVA 箱式变电站电气平面布置图
图 9-27-4	630kVA 箱式变电站电气接地布置图
图 9-27-5	断路器柜控制原理图
图 9-27-6	断路器柜机构闭锁原理图
图 9-27-7	负荷开关柜控制原理图
图 9-27-8	负荷开关柜机构闭锁原理图
图 9-27-9	直流模块电源二次接线图
图 9-27-10	电源转换模块二次接线图

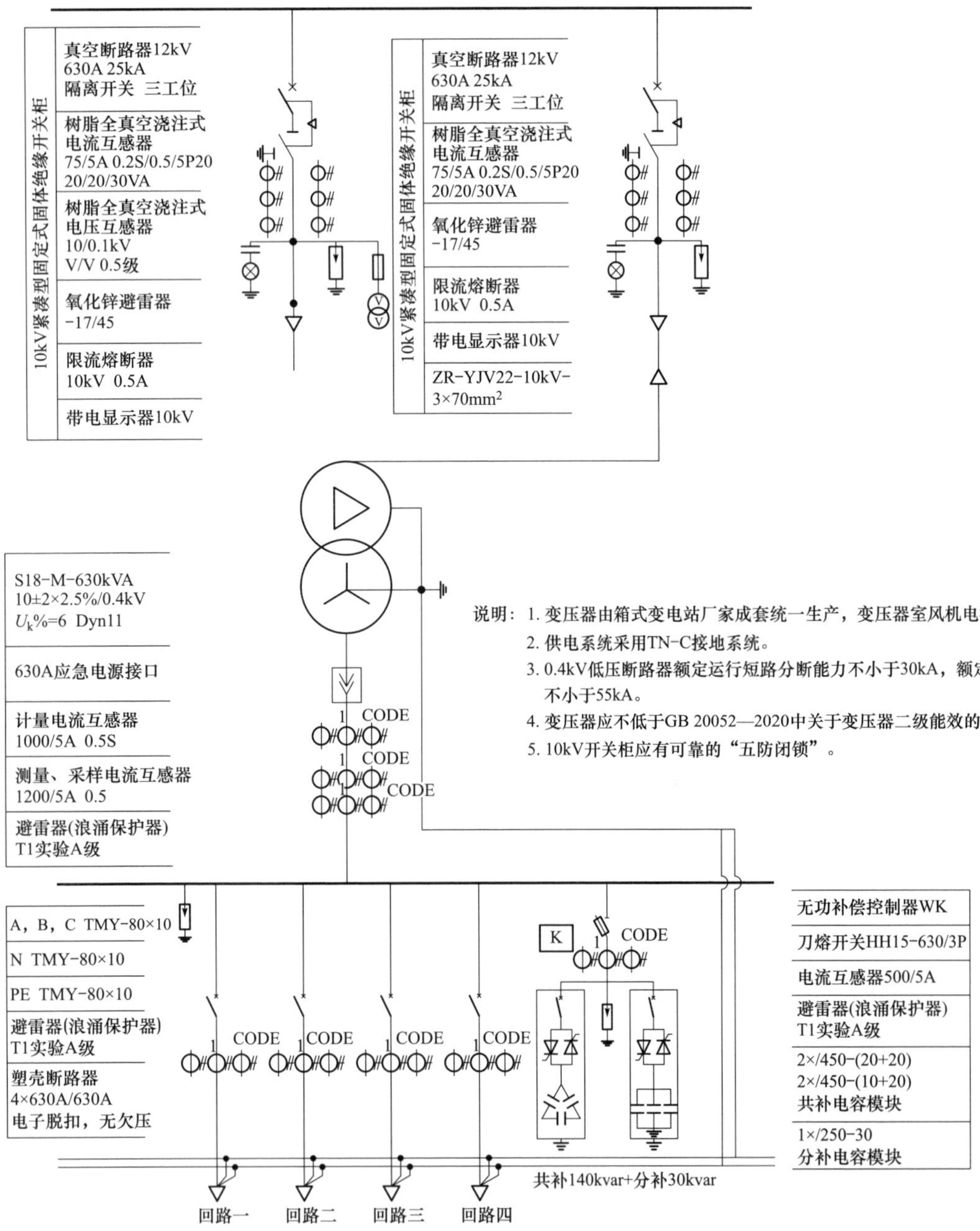

说明：1. 变压器由箱式变电站厂家成套统一生产，变压器室风机电源由厂家配套提供。
2. 供电系统采用TN-C接地系统。
3. 0.4kV低压断路器额定运行短路分断能力不小于30kA，额定极限短路分断能力不小于55kA。
4. 变压器应不低于GB 20052—2020中关于变压器二级能效的要求。
5. 10kV开关柜应有可靠的“五防闭锁”。

图 9-27-1 630kVA 箱式变电站（断路器柜）电气接线图

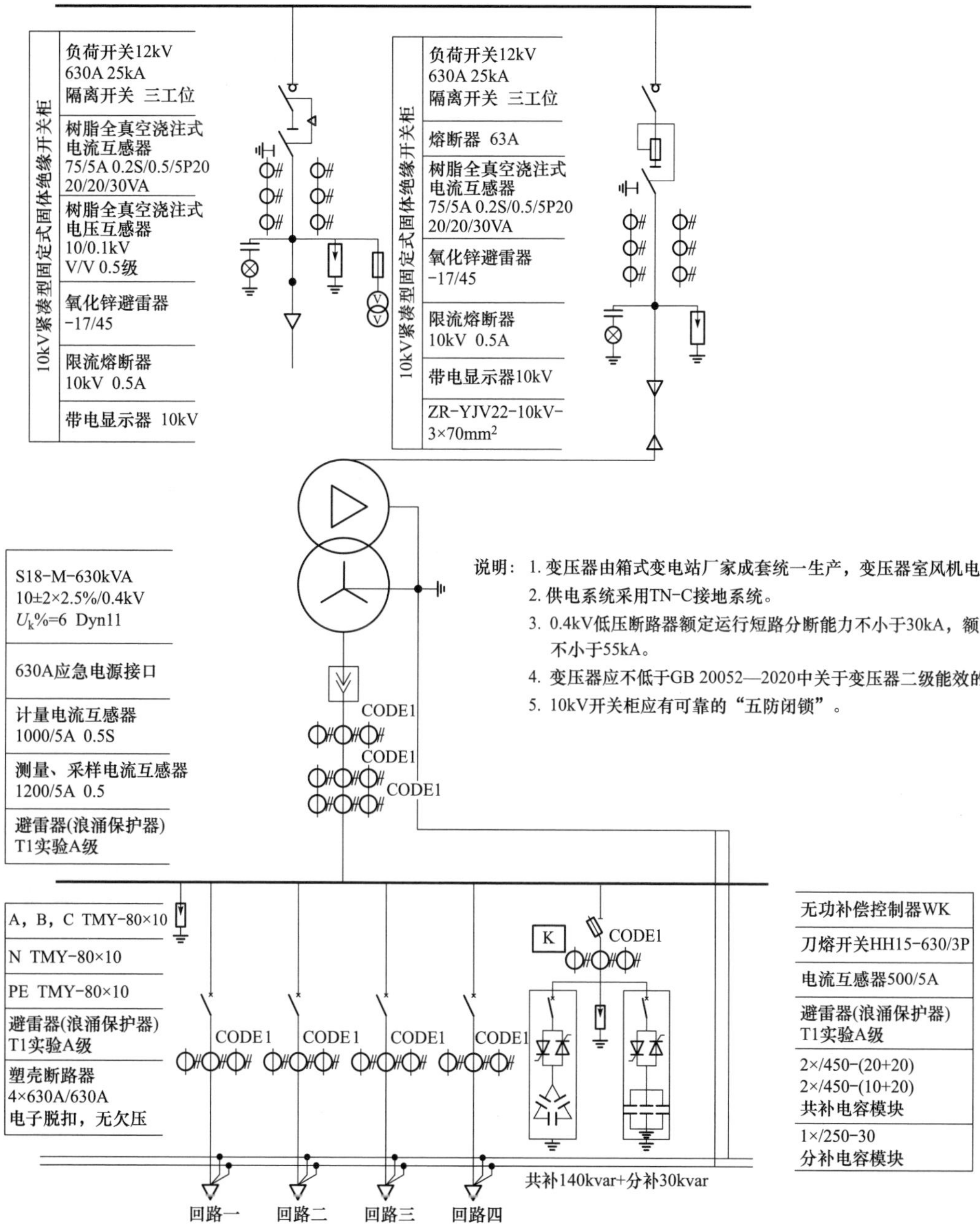

说明：1. 变压器由箱式变电站厂家成套统一生产，变压器室风机电源由厂家配套提供。
2. 供电系统采用TN-C接地系统。
3. 0.4kV低压断路器额定运行短路分断能力不小于30kA，额定极限短路分断能力不小于55kA。
4. 变压器应不低于GB 20052—2020中关于变压器二级能效的要求。
5. 10kV开关柜应有可靠的“五防闭锁”。

图 9-27-2　630kVA 箱式变电站（负荷开关＋熔断器组合柜）电气接线图

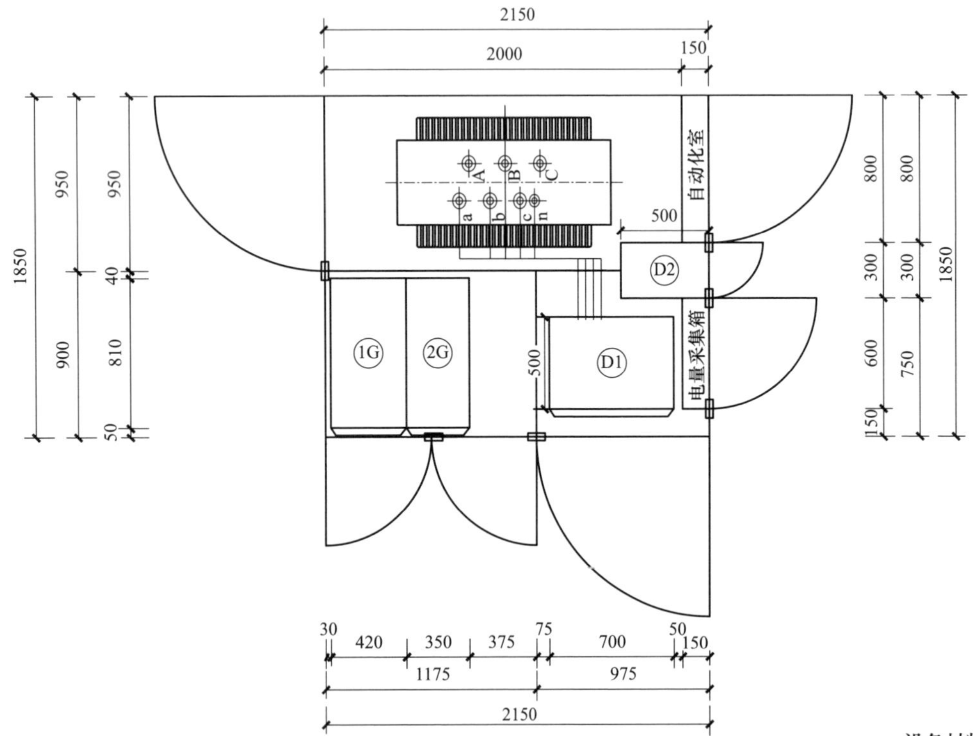

设备材料表

序号	编号	名称	技术规范	单位	数量	备注
1		10kV箱式变电站壳体	长2150mm×宽1850mm×高2100mm	台	1	
2	1G	10kV电源进线及TV柜	宽420mm×深810mm×高1600mm	台	1	
3	2G	10kV主变受电柜	宽350mm×深810mm×高1600mm	台	1	
4	D1	0.4kV进出线柜	宽700mm×深500mm×高1600mm	台	1	
5	D2	0.4kV电容补偿柜	宽300mm×深500mm×高1600mm	台	1	
6	ZB	电力变压器	S18-M-630/10 U_k=6% 10+2×2.5%/0.4kV Dyn11	台	1	
7	DTU	配电终端，站所终端	宽800mm×深150mm×高1700mm	台	1	

说明：1. 该箱式变电站本体结构形式为“品”字形构造(R型)，箱变尺寸大小为长2150mm×宽1850mm×高(含顶盖)2100mm。
2. 箱式变电站主变压器室至少应安装一台轴流风机，以利散热。
3. 箱体应有足够的机械强度，凡骨架槽钢的焊接处应牢固可靠、密封良好，保证在整体吊装及运输过程中不变形，且在运行中不渗漏雨水。
4. 要求箱体外表面采用304不锈钢，铝合金型材镶边，复合彩板色泽颜色为国网绿。

图 9-27-3　630kVA 箱式变电站电气平面布置图

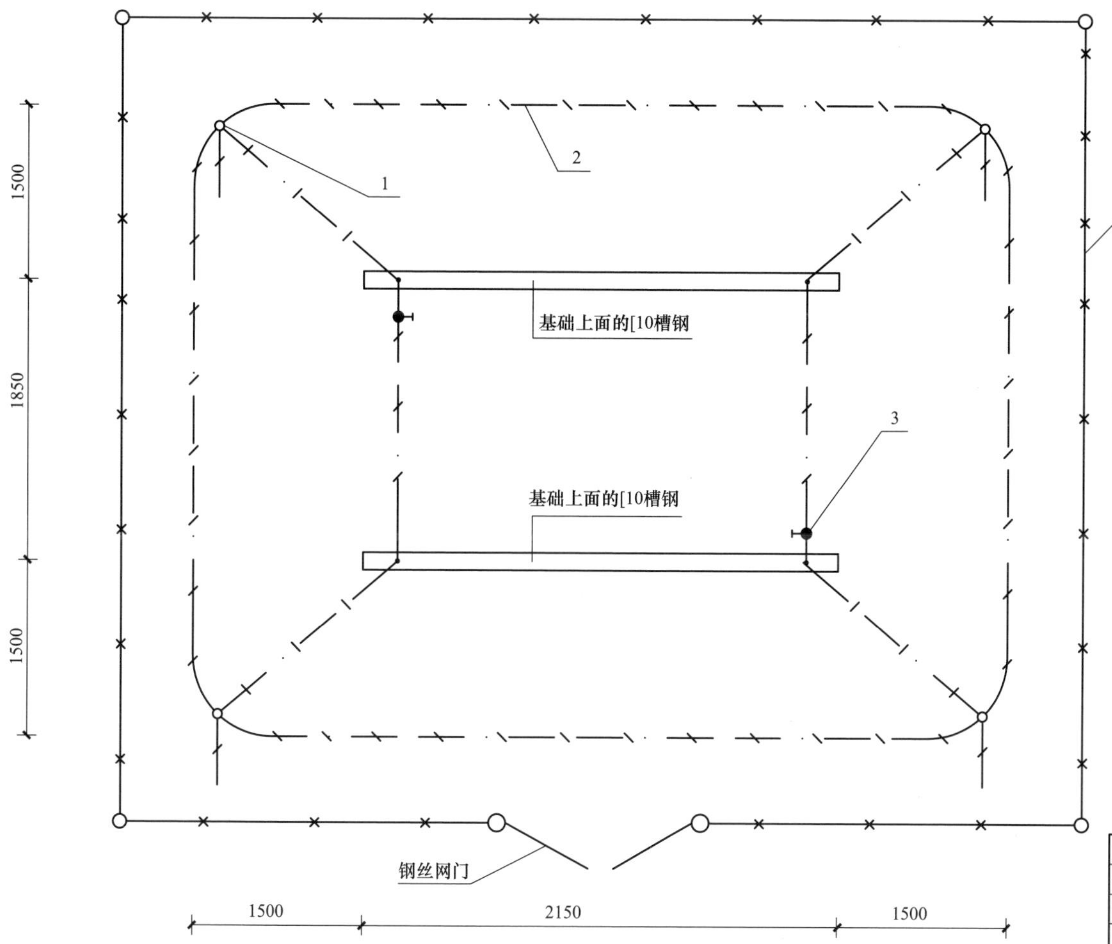

说明：1. 整个工程采用棒带接地，接地网接地扁钢埋在冻土层以下，接地体从冻土层以下垂直打入地下，若不能确定冻土层深度时，则接地网埋深应至少在地表 0.8m以下。

2. 接地网建成后应实测接地电阻，接地电阻应不大4Ω，若接地电阻大于4Ω，则应补打接地极或延长接地连线，使接地电阻满足规程要求。

3. 箱内所有电气设备外壳与铁件，应用50×5镀锌扁钢与接地网可靠连接，接地连线应与箱体下面的槽钢牢固焊接，接地引线应与接地极牢固焊接，凡焊接处均应刷防锈漆。

4. 箱变四周应以钢丝网围栏围护，防止非操作人员进入，钢丝网表面应涂刷银粉漆。

设备材料表

序号	编号	名称	技术规范	单位	数量	备注
1		接地极	∠50mm×5mm L=2500mm	根	10	壁厚3.5mm
2		接地连线	−50mm×5mm　镀锌扁钢	m	45	
3		临时接地接线柱	M10×30　镀锌螺栓	只	2	

图 9-27-4　630kVA 箱式变电站电气接地布置图

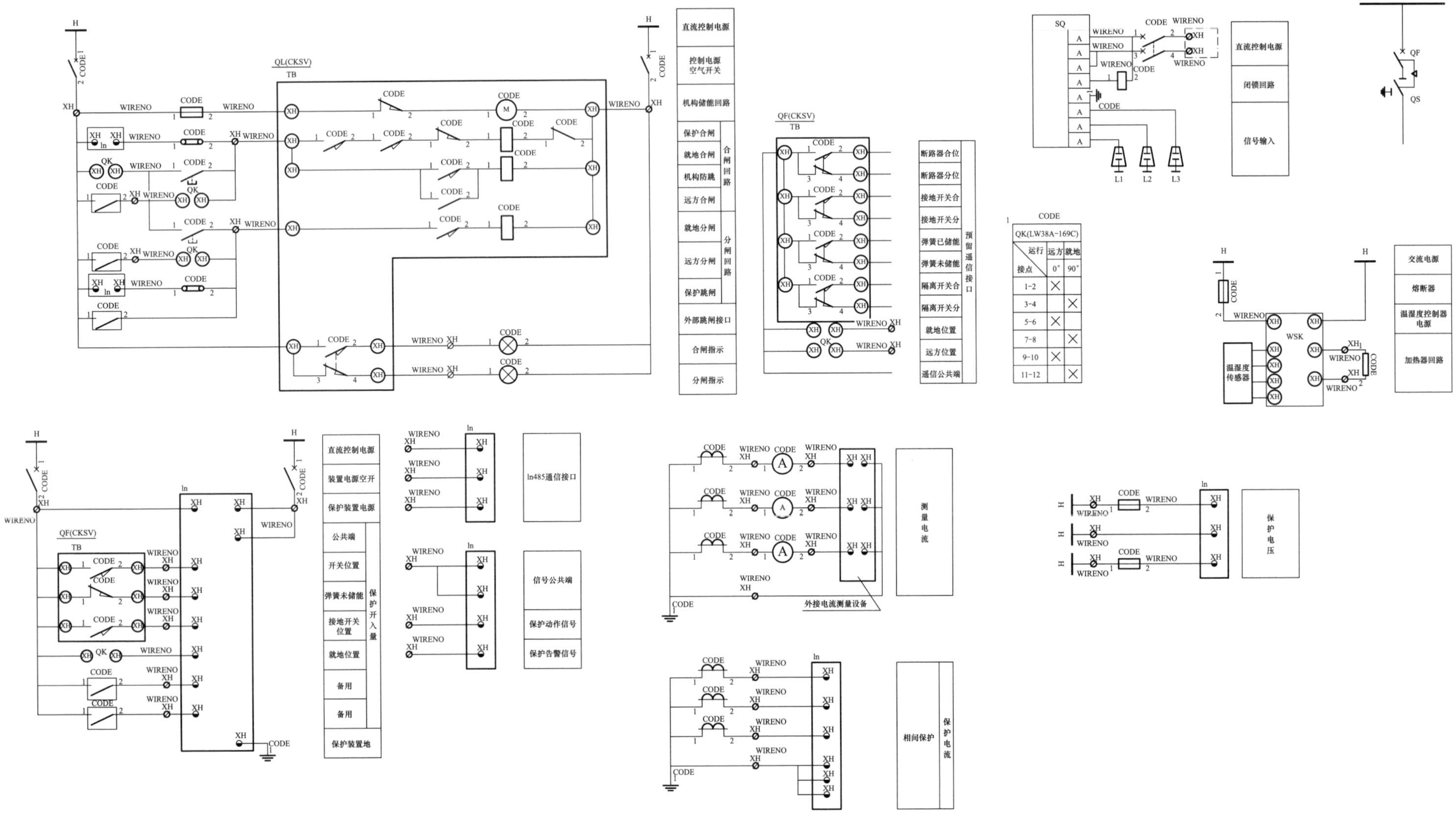

QK(LW38A-169C)		
运行	远方	就地
接点	0°	90°
1-2	×	
3-4		×
5-6	×	
7-8		×
9-10	×	
11-12		×

图 9-27-5　断路器柜控制原理图

TB	机构端子		
	1		S6:11
	2		S9:33
	3		S7:13
	4		S7:23
	5		
	6		M:蓝
	7		KA:13
	8		TQ:A2
	9		S7:33
	10		S10:13
	11		S10:14
	12		S7:32
	13		S7:34
	14		S6:33
	15		S7:63
	16		S9:23
	17		S10:33
	18		S6:32
	19		S6:34
	20		S7:62
	21		S7:64
	22		S9:22
	23		S9:24
	24		S10:32
	25		S10:34
	26		S6:21
	27		S6:22
	28		S6:13
	29		S6:14
	30		S7:21
	31		S7:22
	32		S7:41
	33		S7:42
	34		S7:43
	35		S7:44
	36		S7:51
	37		S7:52
	38		S7:53
	39		S7:54
	40		S9:11
	41		S9:12
	42		S9:13
	43		S9:14
	44		S10:11
	45		S10:12
	46		S10:21
	47		S10:22
	48		S10:23
	49		S10:24

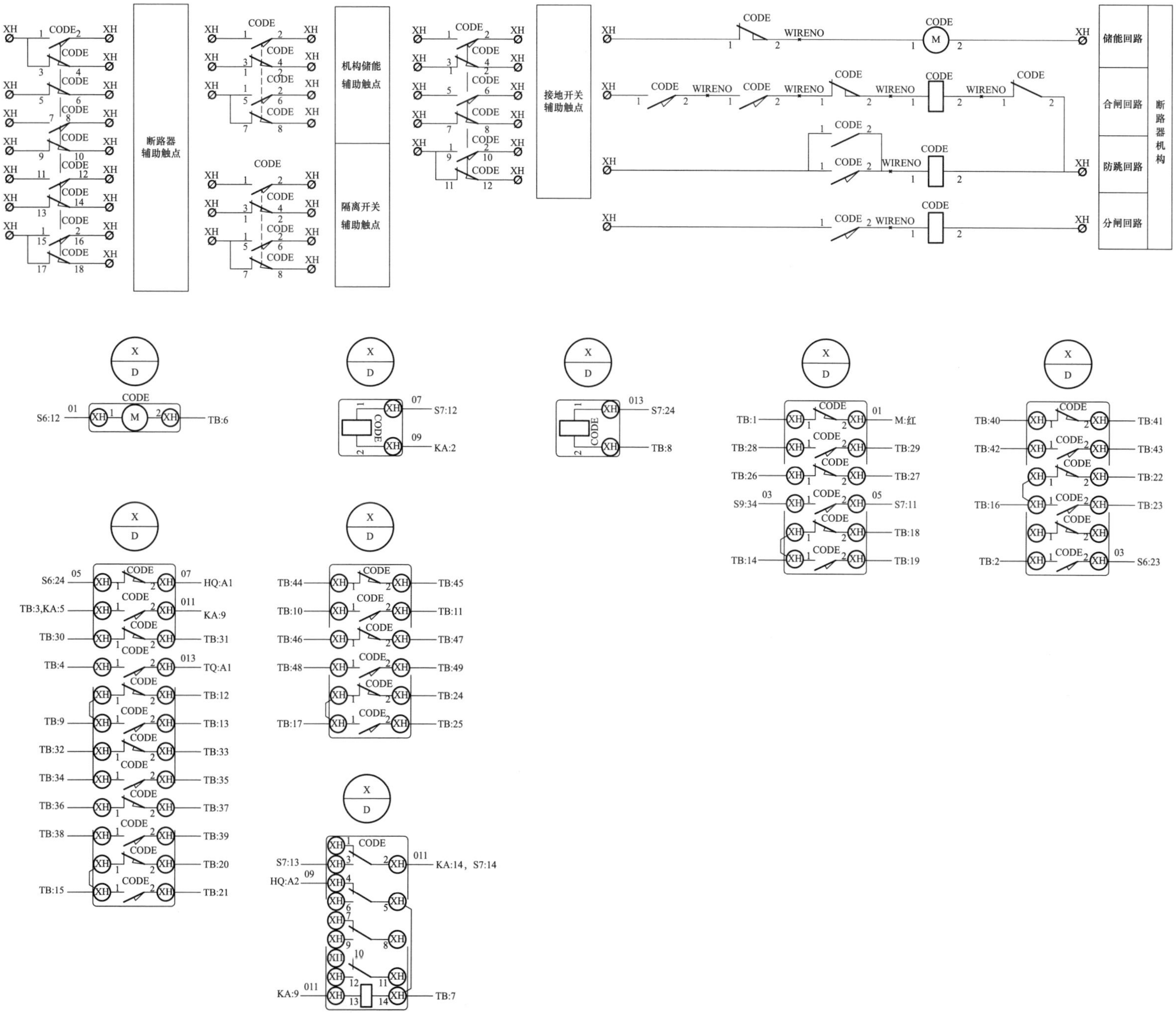

图 9-27-6　断路器柜机构闭锁原理图

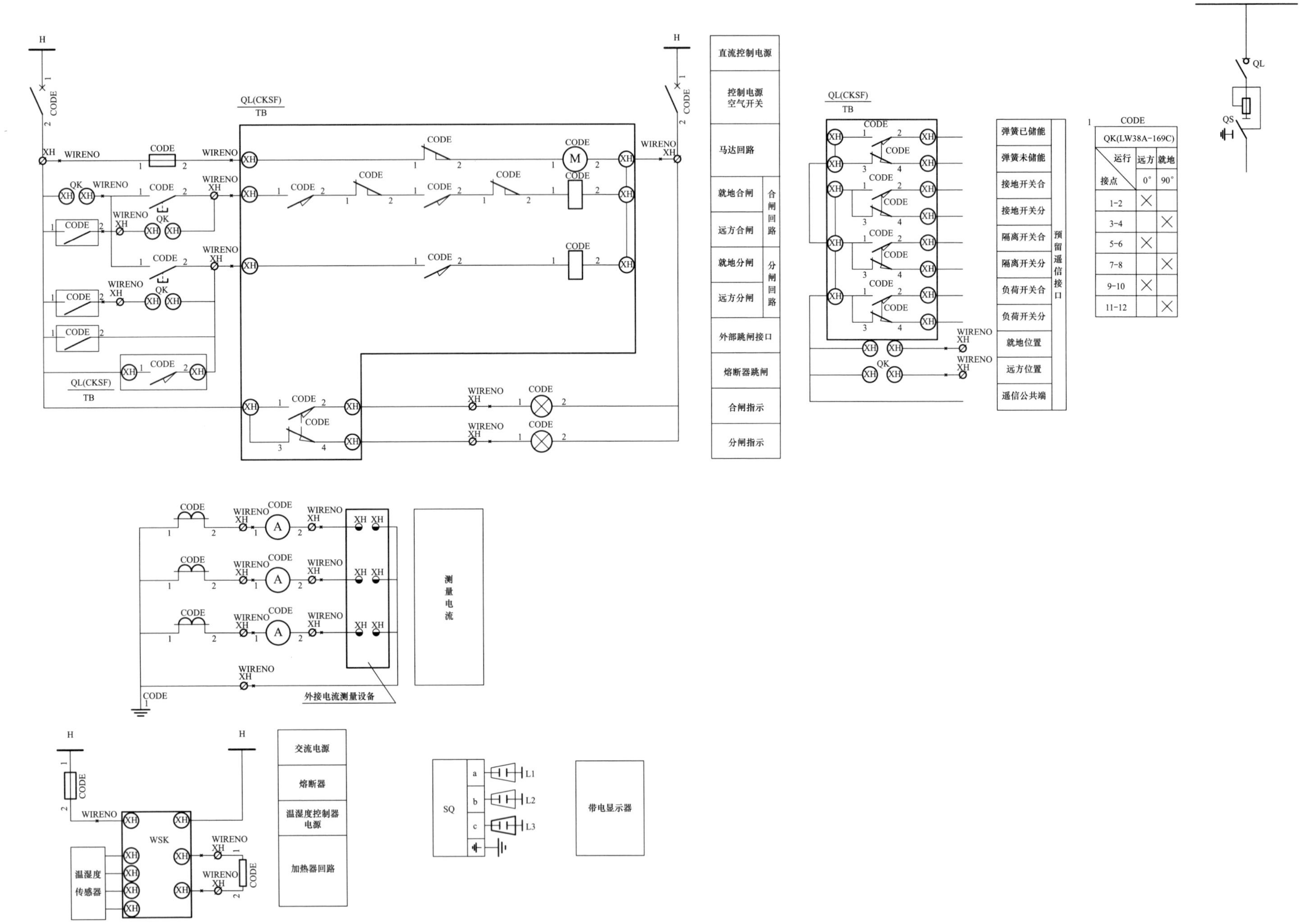

图 9-27-7 负荷开关柜控制原理图

TB	接线端子	
	1	S6:11
	2	S9:33
	3	
	4	S7:23
	5	
	6	M:蓝
	7	HQ:A2
	8	TQ:A2
	9	S7:33
	10	S10:13
	11	S10:14
	12	S7:32
	13	S7:34
	14	S7:43
	15	S9:23
	16	S10:23
	17	S7:42
	18	S7:44
	19	S9:22
	20	S9:24
	21	S10:22
	22	S10:24
	23	S6:21
	24	S6:22
	25	S6:13
	26	S6:14
	27	S7:21
	28	S7:22
	29	S7:13
	30	S7:14
	31	S9:11
	32	S9:12
	33	S9:13
	34	S9:14
	35	S10:11
	36	S10:12
	37	S11:3
	38	S11:4

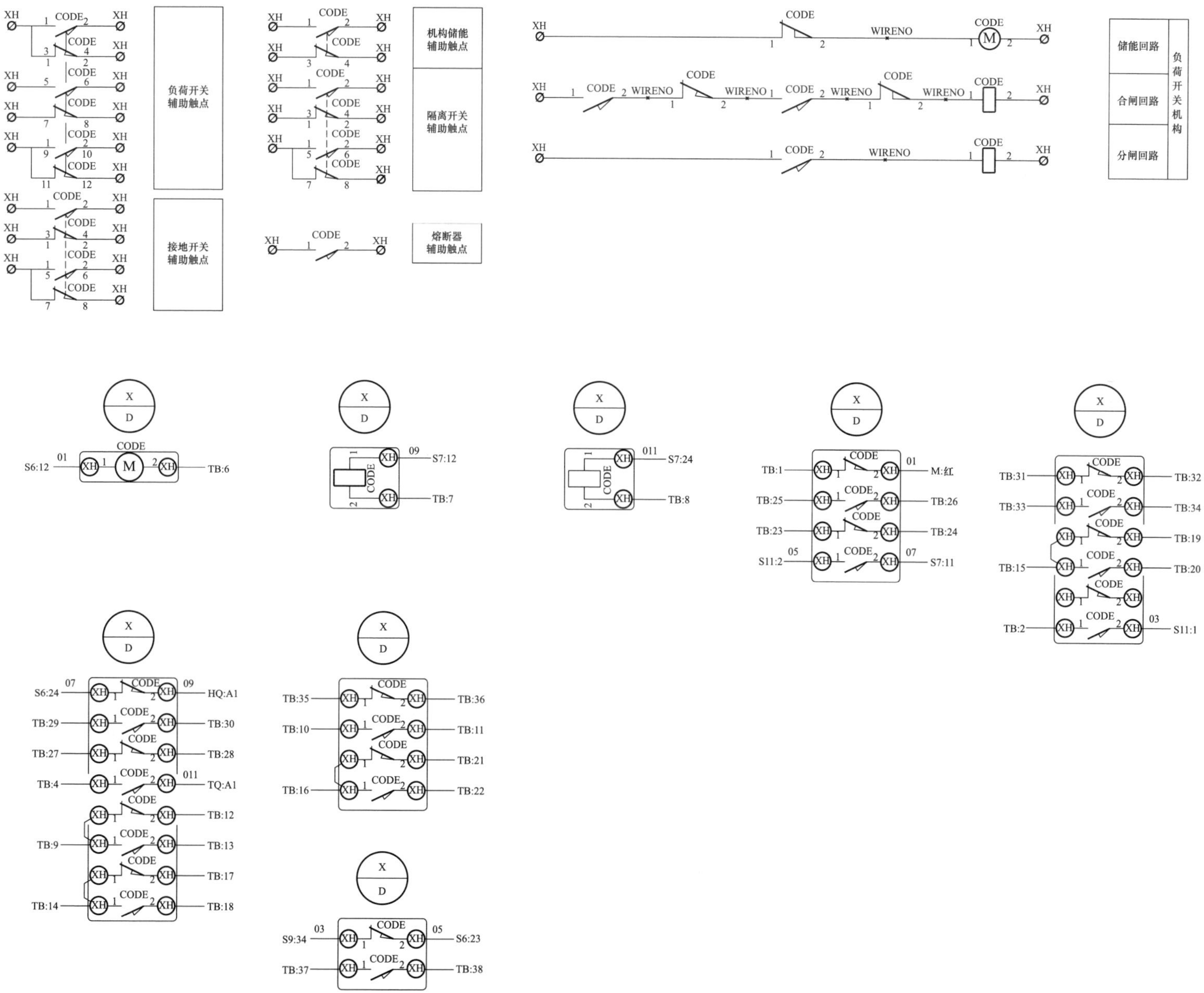

图 9-27-8　负荷开关柜机构闭锁原理图

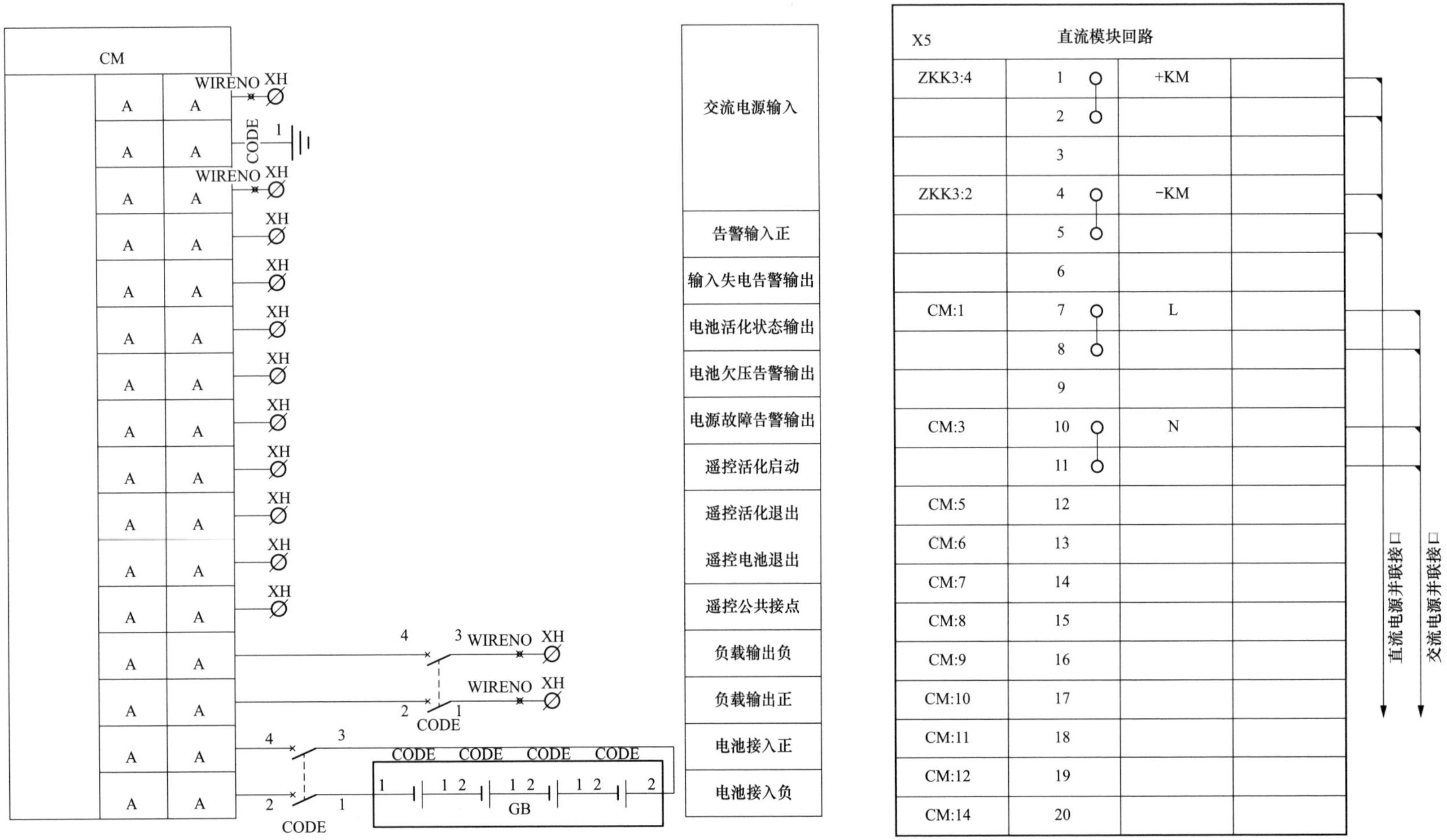

图 9-27-9　直流模块电源二次接线图

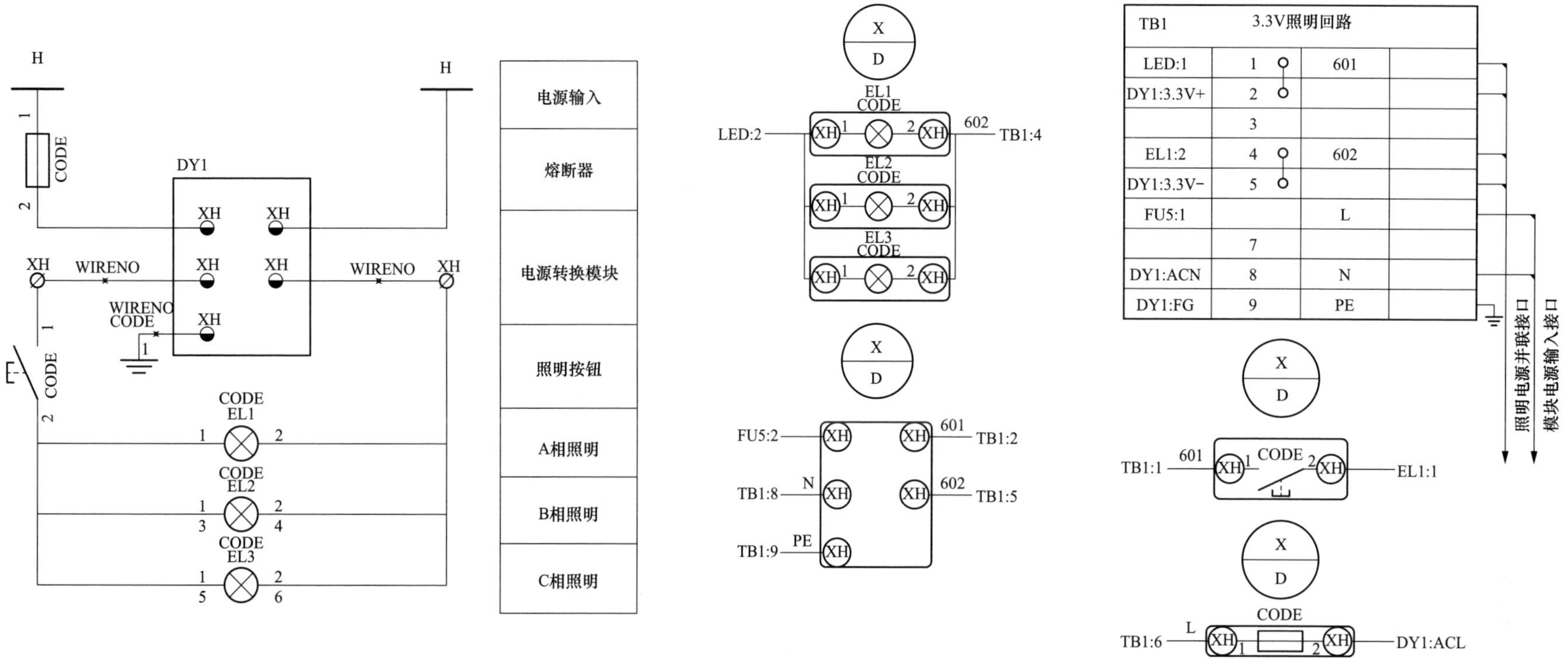

图 9-27-10　电源转换模块二次接线图

第十篇

交直流电源典型设计

第28章 交流电源设计方案

28.1 概述

本典型设计为交流电源典型设计部分。

28.1.1 适用范围

站房内的交流用电系统，用于站房日常照明、插座、通风机电源及动力检修电源。

28.1.2 方案技术条件

（1）站内配置交流配电箱，配电箱采用2回电源进线。

1）开闭站内交流电源分别取自2个不同的站用变压器。

2）配变站内交流电源分别取自2段不同的低压母线。

（2）开关配置。

1）进线开关配置带分断能力的63A/4P双切开关，开关之间具备可靠的机械闭锁，保证两路电源不并列运行。

2）馈线配置具有漏电保护功能的20A/2P微型断路器3只、16A/2P微型断路器2只、32A/2P微型断路器1只、32A/3P微型断路器1只，漏电电流为30mA。

（3）线缆配置及敷设方式。

1）进线电缆选用ZR-YJV-1kV-4×16+1×10mm^{2}型电力电缆。

2）插座配线选用ZR-BV-4mm^{2}绝缘电线，照明干线用ZR-BV-2.5mm^{2}绝缘电线。

3）新建站房室内照明配线采用穿管暗敷方式，改造站房室内照明配线采用穿管明线敷设，但均应有镀锌钢管保护。

28.2 设计图纸

站内交流电源图纸目录见表10-28-1。

表10-28-1　站内交流电源图纸目录

图号	图纸名称
图10-28-1	交流配电箱系统图

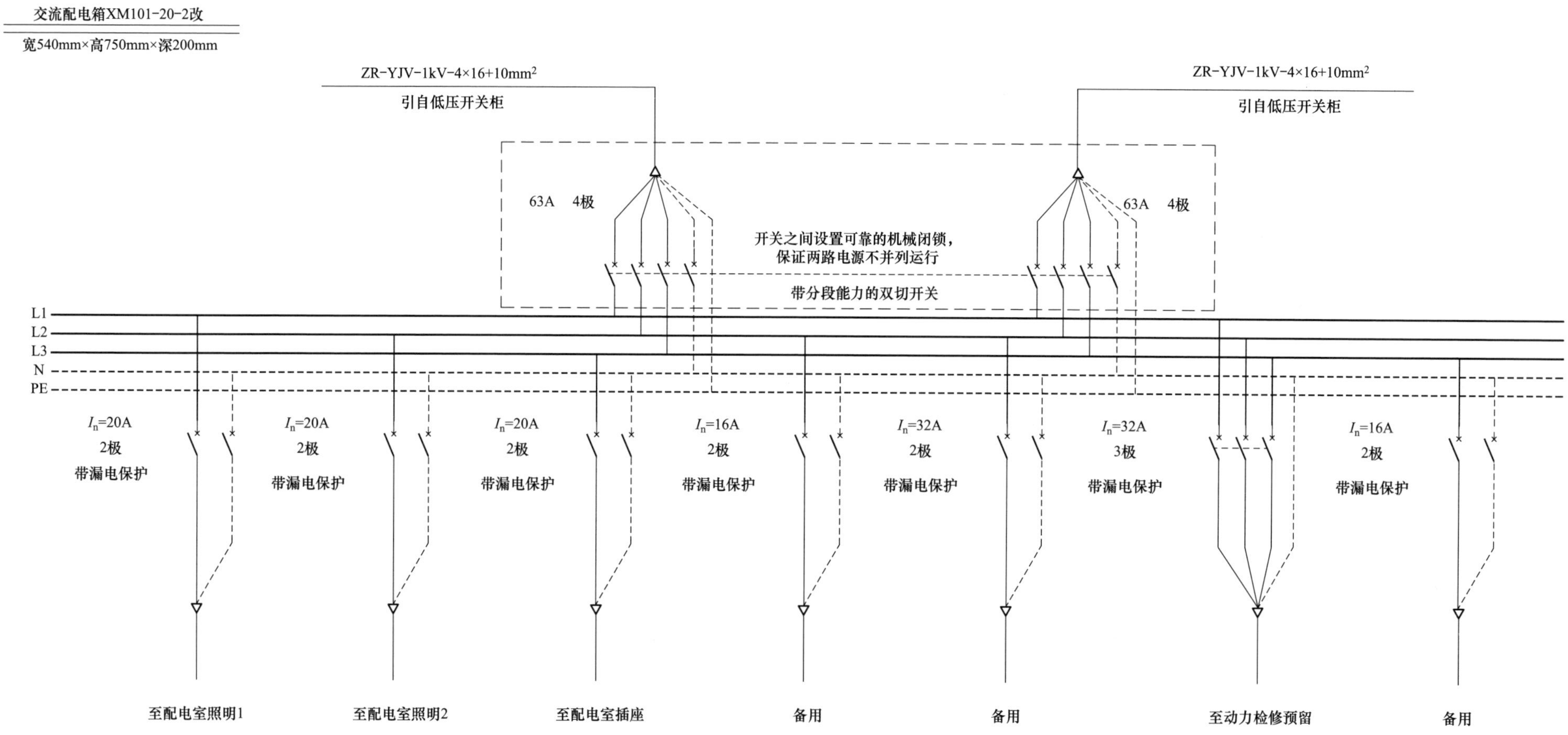

出线配置	BV-2×2.5mm²	BV-2×2.5mm²	BV-2×4mm²	BV-2×2.5mm²	BV-2×4mm²	BV-3×4mm²	BV-2×2.5mm²
敷设方式	ϕ20热镀锌钢管明敷	ϕ20热镀锌钢管明敷	ϕ20热镀锌钢管明敷				

图 10-28-1　交流配电箱系统图

第29章　直流电源设计方案

29.1　概述

本典型设计为直流电源典型设计部分。

29.1.1　适用范围

站房内的直流用电系统，为开关柜的保护、操作、远动屏、事故照明提供直流电源。

29.1.2　方案技术条件

（1）站内配置 38Ah 直流电源系统，直流屏采用 2 回电源进线。

1）开闭站内电源分别由 2 个站用变压器提供。

2）配变站内电源分别由 2 段低压母线提供。

（2）开关配置。

1）进线选用带分断能力的 63A/3P 双切开关，开关之间设置可靠的机械闭锁，保证两路电源不并列运行。

2）馈线配置选用 40A/3P 微型断路器 1 只、32A/3P 微型断路器 2 只、32A/2P 微型断路器 1 只、20A/2P 微型断路器 4 只，漏电电流为 30mA。

3）直流动力回路出线选用 20A/2P 微断 4 只、10A/2P 微断 2 只，控制回路出线选用 20A/2P 微断 4 只、10A/2P 微断 2 只，通信回路出线选用 16A/2P 微断 2 只、10A/2P 微断 2 只，微断均配置报警节点。

（3）线缆配置。

1）进线电缆选用 ZR-YJV-1kV-4×16+1×10mm^2 型电力电缆。

2）交流 32A 及以上配线用 ZR-BV-6mm^2 绝缘电线，交流 32A 以下回路及直流回路配线用 ZR-BV-4mm^2 绝缘电线。

3）直流母线应采用阻燃绝缘铜母线。

29.2　设计图纸

站内直流电源图纸目录见表 10-29-1。

表 10-29-1　　站内直流电源图纸目录

图号	图纸名称
图 10-29-1	直流系统原理图

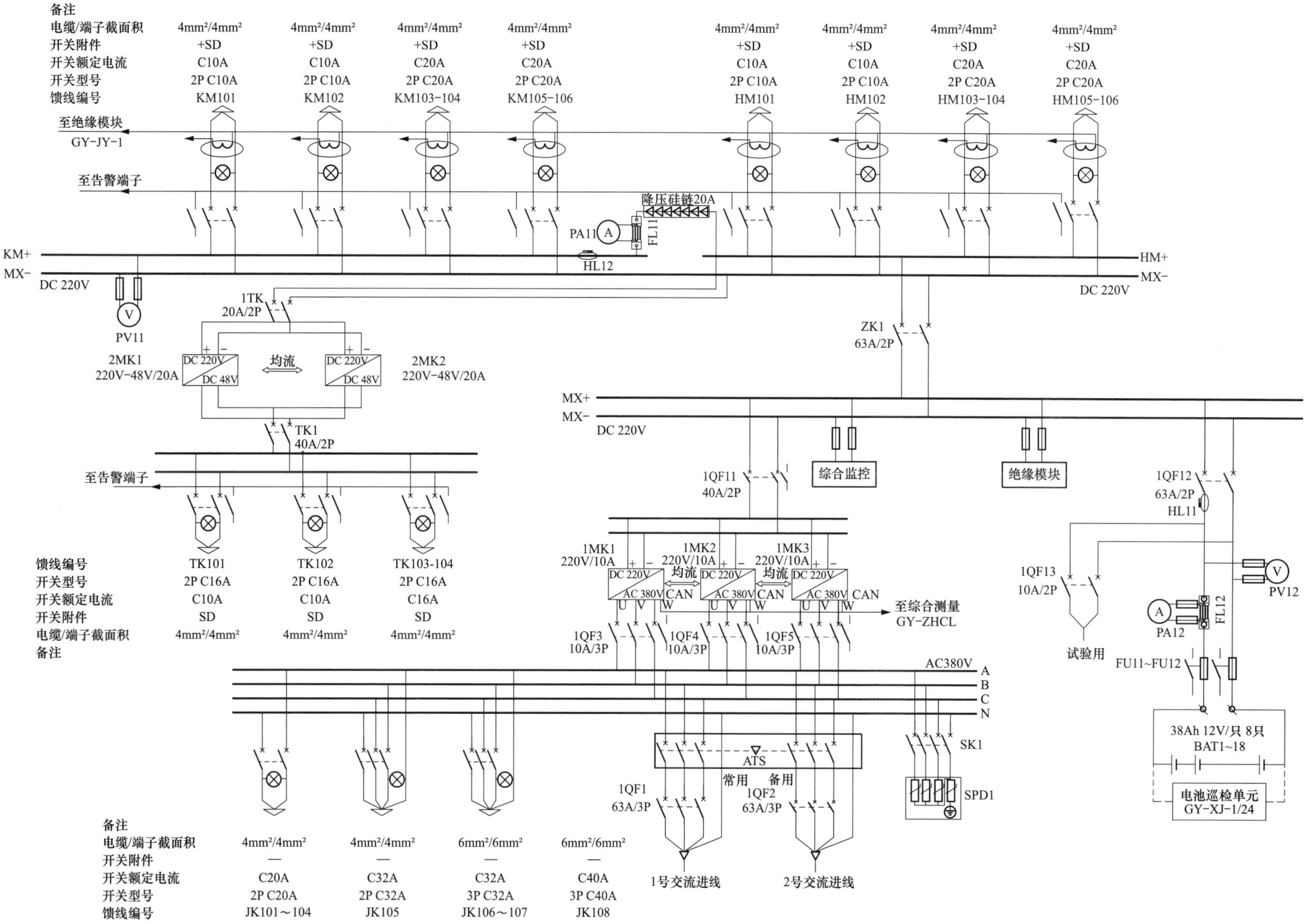

图 10-29-1　直流系统原理图

第十一篇

配电网通信部分典型设计

第30章　通信技术在配变站、开闭站方案中的应用

30.1　概述

本章通信部分典型设计依据一次配电网结构、运行方式，在全面性、适用性、经济性、安全性、差异性的设计原则下，将典设中的模块合理的组合应用，形成符合实际要求的10kV配变站、开闭站通信部分设计，内容主要包括配电网通信系统组网方案、设备配置及图纸部分设计。

30.2　建设规模

本次配变站、开闭站通信典型设计按供电区域全光组网方案进行设计，按照不同的组网方案进行光缆路由规划设计、网络拓扑组织设计、通信设备配置、纤芯分配设计等。供电区域应根据配电终瑞的配置方式确定采用光纤、无线通信方式、载波通信方式。

30.3　配电网通信系统组网方案

30.3.1　供电区域全光组网方案

（1）高可靠性大规模全光组网方案。该方案为配电网通信系统建设规模较大城市的典型组网方案，具体部署要求及方式如下：

1）适合供电区域进行高可靠大规模组网部署。

2）骨干网已采用MSTP组网，接入网可直连骨干网或通过交换机汇聚再连接骨干网。

3）接入网中EPON组网采用双PON口保护组网方式，满足配电自动化“三遥”业务的高可靠性要求。

4）安全防护：在主站层配置主站安全模块（双配置），主站安全模块（双配置）优先选择配网安全网关，部署在专网前置机之前，实现下发指令数字签名，终端安全模块配置安全硬件或软件模块，实现安全防护加密。

5）具体方案：采用SDH/MSTP＋EPON＋ONU＋裸纤直连的“树”型结构组网，接入层设备OLT每台设备实现双上联保护，上行2路，一路接入本站SDH-DW-Ⅰ平面传输设备，经过SDH骨干网直传至地调2套核心路由器，另一路利用变电站至局端骨干通信网富裕光纤纤芯上行汇聚与局端节点的配电通信核心路由器连接，最终配电通信核心路由器与配电自动化主站系统连接；下行通过变电站节点并利用EPON层接入通信接入层；该组网方案解决了主、配电网通信不同业务应用和维护矛盾的问题，充分利用骨干通信光纤纤芯资源，不占用其通信网的光传输设备资源，提高配电网网络通信骨干层可靠性，独立组网便于维护，可扩展性强。

骨干通信层局端节点至变电站节点之间设置了通信汇聚层，通信汇聚层包括通信汇聚交换机（或分区域以太网交换机），汇聚层采用双CE平行交叉组网，用于汇聚配电网自动化接入层OLT回传各类数据流，通过MPLSVPN IP技术将生产控制类Ⅰ、Ⅱ区业务，综合数据类Ⅲ、Ⅳ区业务通过VLAN划分，实现终端接入ONU物理端口区分，接入层OLT回传业务逻辑路由划分，经过SDH骨干网和裸纤直传至地调核心汇聚CE，通过防火墙保证信息安全性，最终接入现网运行配电主站系统。

接入层设备OLT每台设备实现双上联保护，上行2路，一路接入本站SDH-DW-Ⅰ平面传输设备，一路采用GE裸纤直联方式接入主站核心交换机，

预留通道后期回传接入站点综合数据及视频信息流。总体架构如图 11-30-1 所示。

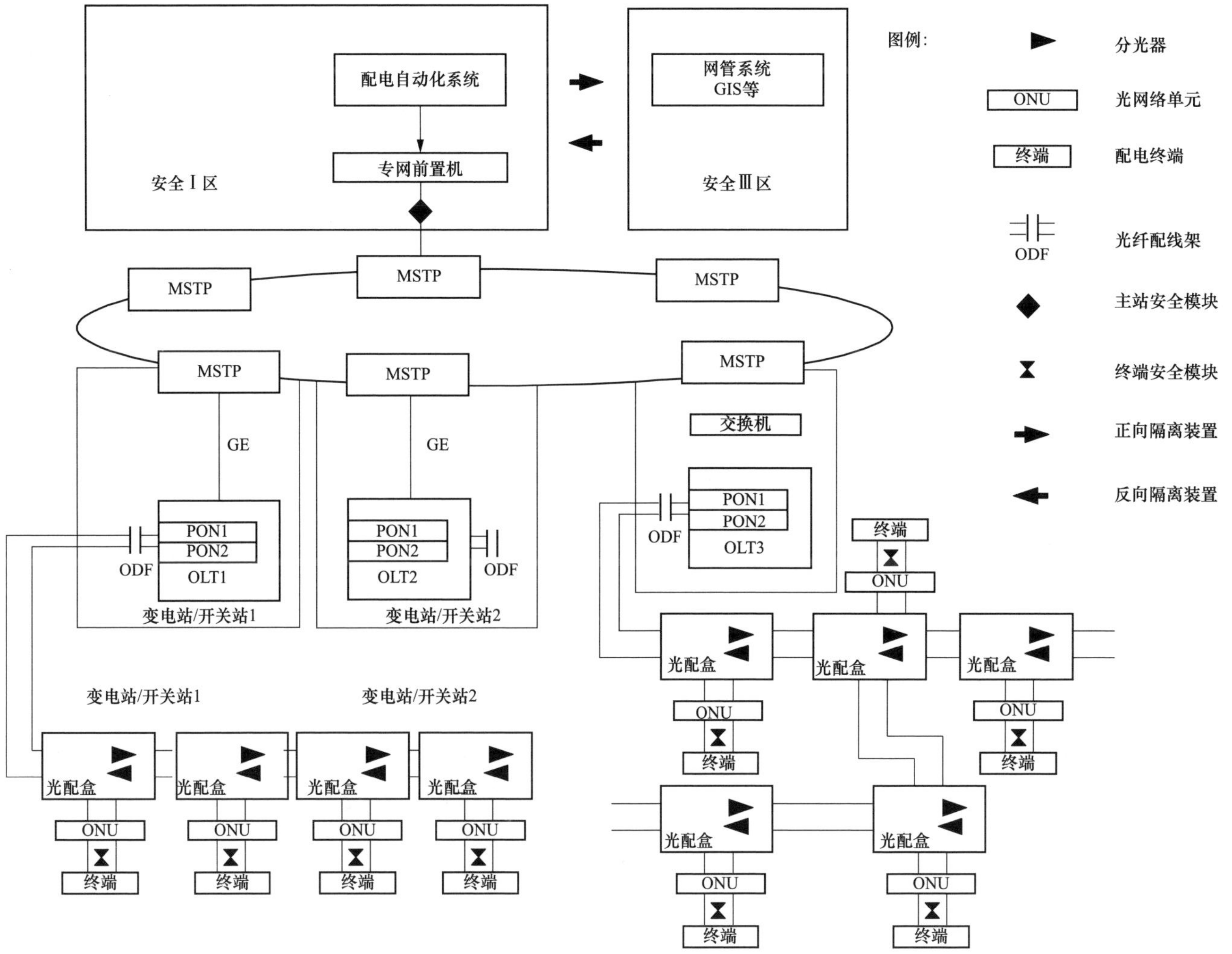

图 11-30-1　高可靠性大规模全光组网方案图

(2) 高可靠性中等规模组网全光纤通信方案（见图 11-30-2）。

1）高可靠性中等规模 EPON 组网方案。本方案为城市配电网通信系统建设规模中等的典型组网方案，具体部署要求及方式如下：

a. 适合供电区域的中等规模进行高可靠区域组网。

b. 优先采用 MSTP 方式进行业务上联。

c. EPON 系统采用双 PON 口保护组网方式，满足配电自动化“三遥”业务高可靠性要求。

d. 在主站层配置主站安全模块（双配置），主站安全模块（双配置）部署在专网前置机之前，优先选择配电网安全网关，实现下发指令数字签名，终端安全模块配置安全硬件或软件模块，实现安全防护加密。

e. 具体方案：SDH+EPON+OUN 组网采用“树”型结构组网，接入层设备 OLT 每台设备实现双上联保护，上行 1 路以太网接口接入本站 SDH-DW-Ⅰ平面传输设备，经过 SDH 骨干网直传至地调现网运行配电主站系统。最终实现配网自动化系统安全、稳定、高效运行。该方案适用于周边县城与配网主站之间信息传输。

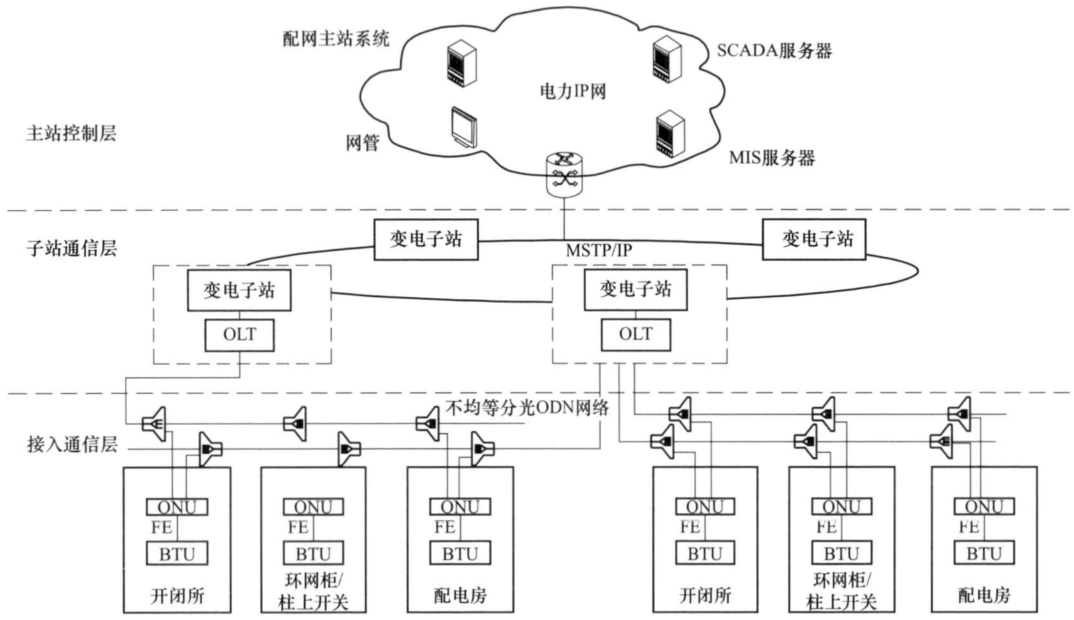

图 11-30-2　高可靠性中等规模 EPON 组网方案

2）经济型工业以太网交换机组网方案（见图 11-30-3）。本方案为经济型工业以太网交换机组网方式典型设计，适用于供电区域低成本组网部署，具体部署要求及方式如下：

a. 上联工业以太网交换机部署在变电站，与所上联的骨干网设备部署的变电站一致，同时组网规模较小，上联工业以太网交换机直接连接骨干通信网。

b. 采用工业以太网交换机构建双网络保护组网方式，满足配电自动化“三遥”业务高可靠性需求。

c. 在主站层，配置主站安全模块（双配置），主站安全模块（双配置）优先选择配网安全网关，部署在专网前置机之前，实现下发指令数字签名，终端安全模块配置安全硬件或软件模块，实现安全防护加密。

（3）光纤与载波通信融合部署方案。在无法敷设光缆情况下，可选择光与载波融合部署方式。配电线载波用于配电线路末端设备的点对点传输，主载波机将从载波机信息汇聚至光—载波融合装置，再接入光纤网络进行传输，典型组网方式如图 11-30-4 所示，具体部署要求及方式如下：

1）适合供电区域部分无法敷设光缆的场景。

2）优先采用 MSTP 方式进行业务上联。

3）接入网采用光与载波融合实现组网，包括环网结构的载波组网方式，树型结构的载波组网方式，以满足供电区域的配电自动化通信需求。

4）在主站层配置主站安全模块（双配置），主站安全模块（双配置）部署在专网前置机前面，优先选择配网安全网关，实现下发指令数字签名，终端安全模块配置安全硬件或软件模块，实现安全防护加密。

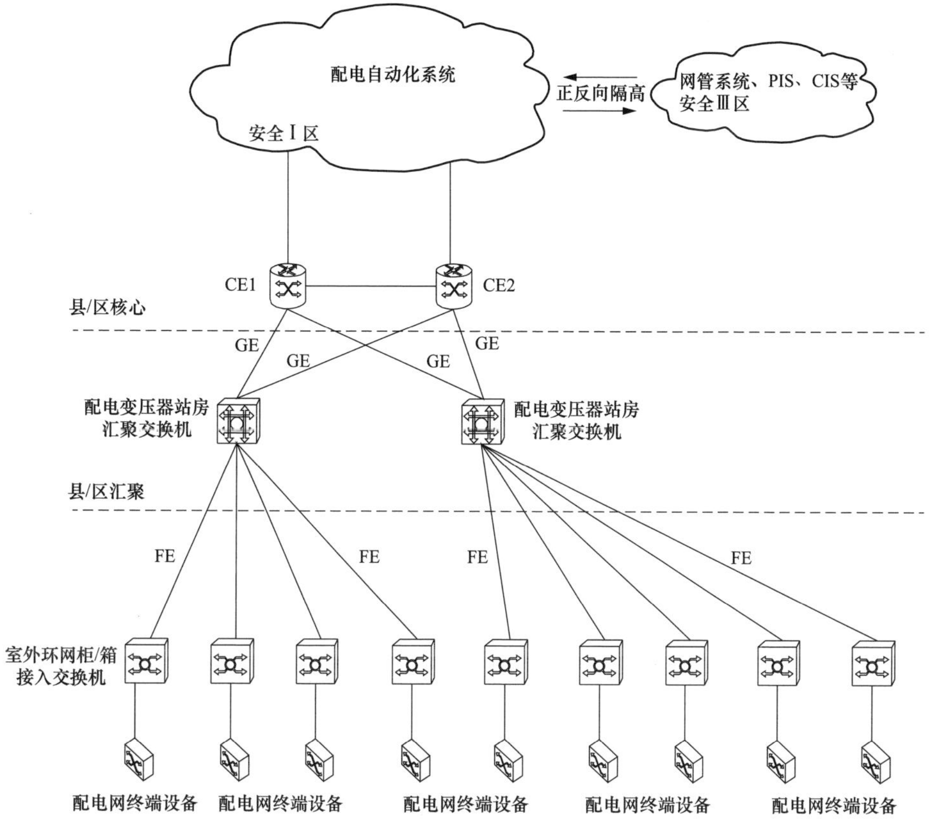

图 11-30-3 经济型工业以太网交换机组网方案

30.3.2 供电区域无线方案

目前，无线公网通信主要采用 4G 网络，中国移动、中国电信和中国联通运营商的无线通信技术均适合供电区域应用典型设计。图 11-30-5 为以移动 GPRS 为例的组网方式图。

对配电自动化业务数据传输的安全性、实时性要求较高的用户，一般采用专线接入方式。适合部署在相应供电区域。上图为运营商无线公网组网专线部署方式，具体部署要求及方式如下：

（1）在主站层配置安全接入网关、安全数据过滤系统、正反向隔离装置。终端侧部署安全模块（可选择配置安全硬件或软件模块），实现安全防护加密。

（2）安全防护：在主站层，配置安全接入网关、安全数据过滤系统、正反向隔离装置。终端侧部署安全模块（可选择配置安全硬件或软件模块），实现

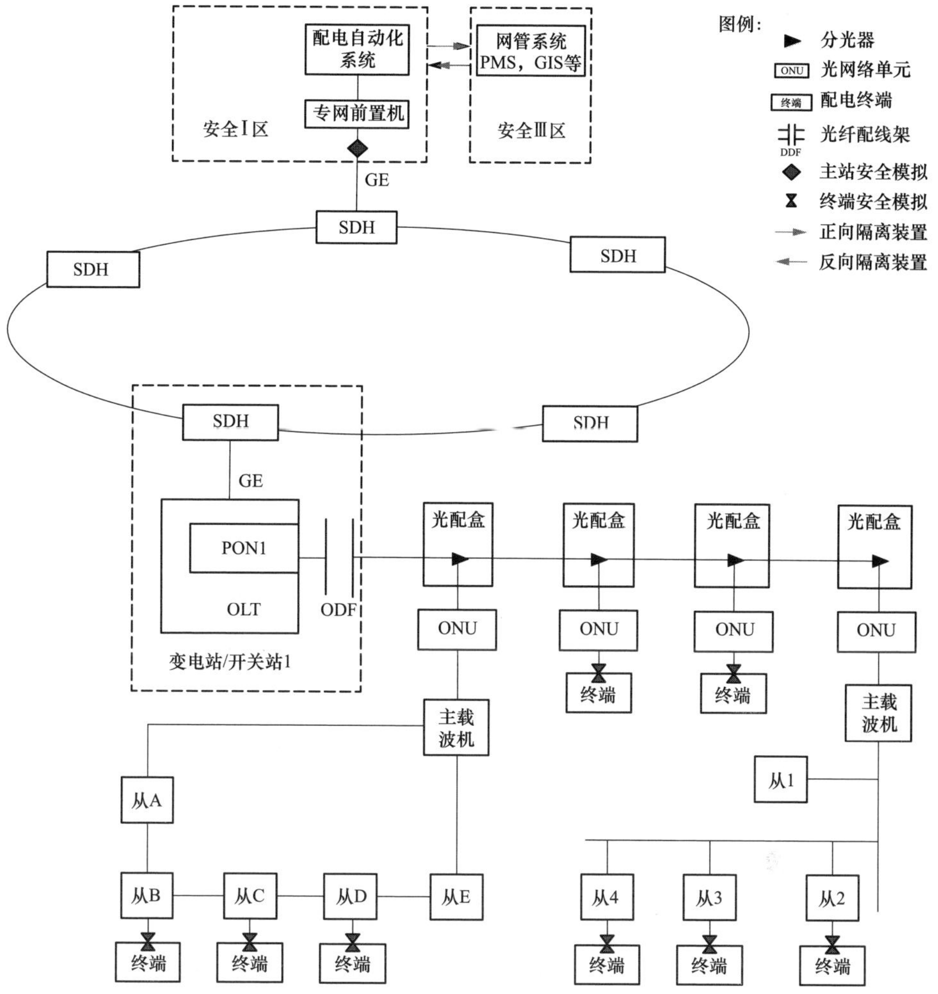

图 11-30-4 光纤与载波通信融合组网部署方案

安全防护加密。

终端侧具体设备配置详见配电自动化终端 DTU 典型设计中。

30.3.3 各种配电网结构的通信接入层 EPON 组网方案

配电子站（OLT）至配电远方终端（ONU）采用电力无源光网络（电力 EPON）组成接入层通信网，10kV 配电站（所）按照各种配电网结构组成的 EPON 网络。

（1）同一变电站的多分段适度联络结构的 EPON 组网方案（见图 11-30-6）。

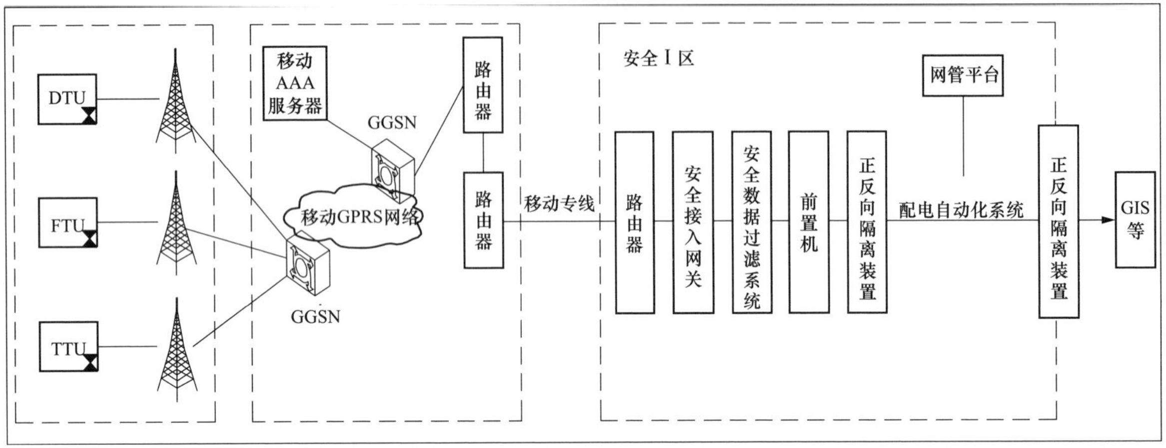

图 11-30-5　租用移动 GPRS 无线公网组网方案图

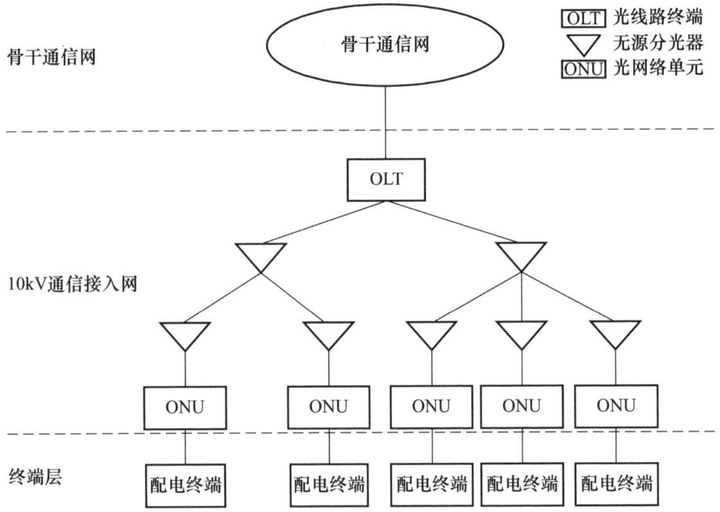

图 11-30-6　同一变电站的多分段适度联络结构的 EPON 组网方案图

从变电站出发，光缆沿电力管线敷设至每个 10kV 配电站（所）。变电站至 10kV 配电站（所）光缆链路采用星型接线方式，变电站的 OLT 设备对多个方向的光缆链路实现千兆光口汇聚。分支网采用 EPON 技术，任何一个终端设备故障都不会影响其他终端设备，使得设备的故障率低，容易维护。

（2）不同变电站的辐射状结构的 EPON 组网方案（见图 11-30-7）。

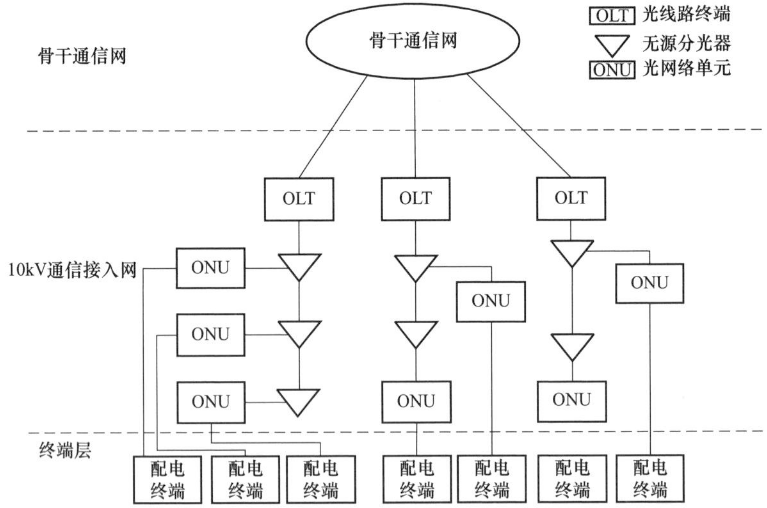

图 11-30-7　不同变电站的辐射状结构的 EPON 组网方案图

从不同变电站出发，光缆沿不同电力管线敷设至每个10kV配电站（所）。每个变电站至10kV配电站（所）光缆链路采用星型接线方式，变电站的OLT设备对多个方向的光缆链路实现千兆光口汇聚。分支网采用EPON技术，任何一个终端设备故障都不会影响其他终端设备，使得设备的故障率低，容易维护。

（3）单/双环式结构（不同变电站）的双保护EPON组网方案（见图11-30-8）。

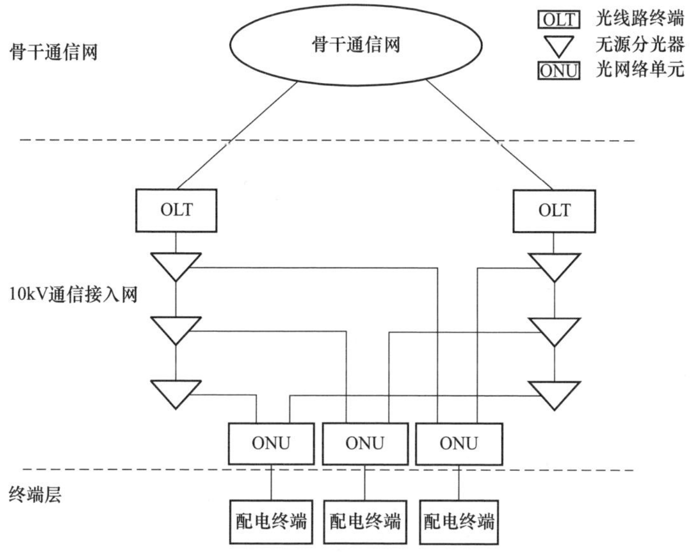

图11-30-8 单/双环式结构（不同变电站）的双保护EPON组网方案图

10kV配电站（所）单/双环式结构采用EPON手拉手组网方案，分别两个从变电站出发，光缆沿电力管线敷设至每个10kV配电站（所）。两个变电站的OLT设备之间ONU采用手拉手连接方式。该方案具备小于50ms的保护倒换能力的通信保护功能，信息能够可靠上传。

OLT/ONU间通道实时监测：当OLT PON口、ONU PON口、主干光纤、分支光纤、分光器异常时，能迅速做出判断，并进行通道倒换。

OLT上联口实时监测：当OLT跟直接上联设备之间的光口、光纤出现异常时候，能迅速做出判断并及时通知下挂的ONU进行通道切换。

EPON网络跟主站系统间的实时监测：当EPON网络跟主站系统之间某一通道出现异常时，EPON网络能及时感知，并将所有流量切换到备用通道。

适用范围：OLT设备分别放置在两座变电站，两台OLT之间的线型或带状区域是最适合的建设点；同一期的工程尽量以同一地区进行规划，而不是同一类配电设备（台式变压器、配变站、环网柜）；考虑到后期将会增加新的站点，应尽量做到“承前启后”的布局。

（4）辐射状结构/单环式结构-EPON组网方案（见图11-30-9）。

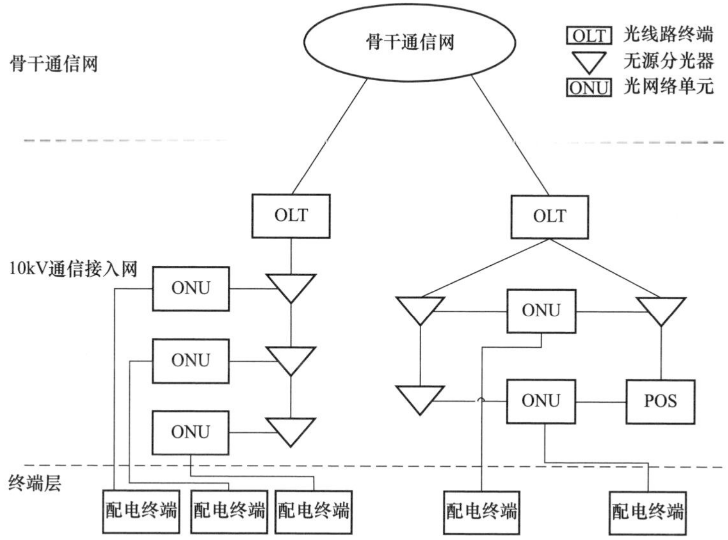

图11-30-9 辐射状结构/单环式结构-EPON组网方案图

辐射状结构-EPON组网方案：从变电站出发，光缆沿电力管线敷设至每个10kV配电站（所）。变电站至10kV配电站（所）光缆链路采用星型接线方式，变电站的OLT设备对多个方向的光缆链路实现千兆光口汇聚。

30.3.4 光缆路径规划设计

配电网光缆设计应以10kV出线变电站为中心，配电站（所）等大型配电变压器站点为汇聚节点，充分利用配电网管（线）资源，并根据配电终端站点的地理分布结构、建设规模、选定EPON组网方案及线路专业实际踏勘后提供资料，进行光缆路径规划，最终确定EPON光纤网络拓扑。光纤通道组织形式与适用技术见表11-30-1。

表 11-30-1　　光纤通道组织形式与适用技术

<table>
<tr><th>光纤通道组织形式</th><th>适用技术</th></tr>
<tr><td>点到点
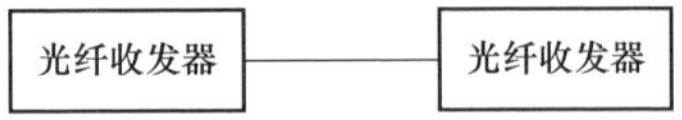

优点：通道组织简单。
缺点：仅支持简单通信，无通道保护。
适用范围：点对点通</td><td>光纤收发器</td></tr>
<tr><td>星型
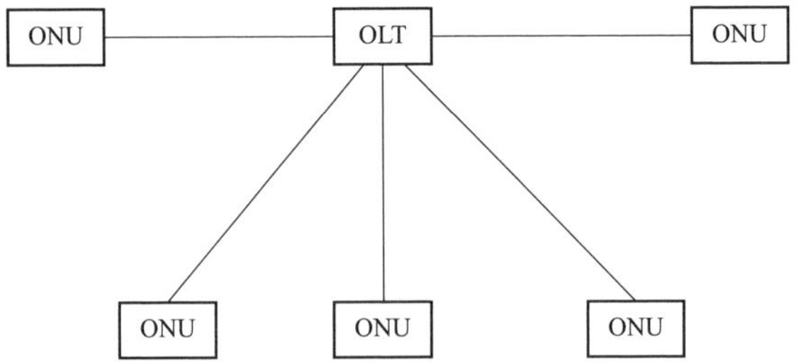

优点：多点数据汇聚，单一节点故障对全网业务无影响。
缺点：无通道保护功能。
适用范围：适用于城区配电网通信系统业务汇</td><td>工业以太网交换机、无线技术、EPON</td></tr>
<tr><td>手拉手
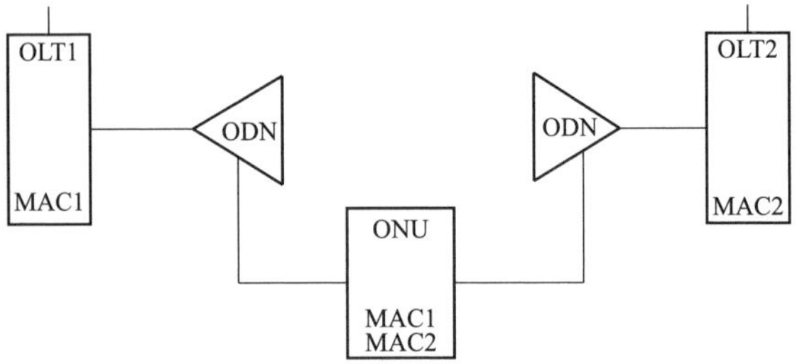

优点：具备通道保护功能。
缺点：组网复杂。
适用范围：适用于配电网通信系统末端设备接入的通道保护形式组网</td><td>EPON</td></tr>
</table>

（1）单/双环式结构的10kV配电站（所）采用EPON手拉手组网方案，每个10kV配电站（所）分别来自两个从变电站方向光缆路由，每个在单/双环式结构配电网上的10kV配电站（所）具备来自不同变电站的主备用两条光缆链路，具备小于50ms的保护倒换能力的通信保护功能，信息能够可靠上传。

其他配电网结构的10kV配电站（所）至变电站光缆链路采用星型接线方式，每个10kV配电站（所）只有一条来自变电站的光缆链路。

采用链形组网方式时站点数一般不宜超过16个。

（2）在进行配电网电缆管道规划设计过程中应统筹考虑光缆管道建设，新建、改建、扩建架空或入地配电网电缆线路，应同步考虑配用电通信光缆建设或预留通信专用管孔，宜采用普通非金属阻燃光缆。架空线路宜采用ADSS自承式光缆，管道和直埋宜采用普通非金属阻燃光缆，并增加防护套管。

（3）光缆芯数以24芯为主，光纤类型采用ITU-T G.652。利用裸纤承载继电保护、输变电线路状态监测等业务的光缆区段，以及入城光缆、核心网络等重要区段可适当增加光缆芯数。具体详见线路部分设计。

30.4　通信设备配置

30.4.1　高可靠性大规模全光网络组网方案配置

开闭站、配变站接入供电公司配电通信系统，以配电自动化主站为中心，骨干通信层局端节点至变电站节点之间设置了通信汇聚层，通信汇聚层2台核心交换机用于汇聚配电网自动化接入层OLT回传各类数据流层，每台OLT设备实现双上联保护，上行2路，一路接入本站SDH-DW-Ⅰ平面传输设备，一路采用GE裸纤直联方式接入主站核心交换机，预留通道后期回传接入站点综合数据及视频信息流。

核心层：地调侧配置2台汇聚交换机作为业务边界CE平行交叉互联运行，实现后期业务VLAN划分、VPN加密通道调制等工作。配置2台防火墙保证向主站传送数据信息的安全性，配置一台OLT网管、配置1台PON口≥32口OLT（原则上配置2块16口PON板）设备。地调侧四级网SDH光传输设备上配置1块以太网百兆（千兆）接口板与地调接入层OLT连接，用于收集各类数据流至配网自动化主站。

汇聚层：110kV变电站SDH光传输设备上配置1块以太网百兆（千兆）接口板，经过SDH骨干网和裸纤直传至地调核心汇聚CE，通过防火墙保证信息安全性，最终接入现网运行配电主站系统。

110kV变电站（10kV配变站、开闭站）配置1套PON口≥32口OLT，每站配置机架式插槽分光器1套、72芯ODF 2套。

高可靠性大规模全光组网方案设备配置见表 11-30-2。

表 11-30-2　高可靠性大规模全光组网方案设备配置

序号	类型	物料名称	物料编码	物料描述	数量	备注
核心层						
1	光线路终端设备	光缆终端设备（OLT）	500117700	PON 口数 96，双电源供电，双主控，直流－48V	1	新建
2	机柜	机柜	500138808	2260(高)×600(宽)×600(深)；颜色 GY09，冰灰橘纹。柜顶部含直流分配单元	1	新建
3	OLT 网管	通信网络管理系统	500009677		1	新建
4	以太网接口板				1	新建/扩容
5	核心交换机	核心交换机	500139486	交换容量≥500G（全双工状态）；整机包转发能力≥200Mpps	2	新建
配电汇聚站						
1	光线路终端设备	光缆终端设备（OLT）	500117700	PON 口数 96，双电源供电，双主控，直流－48V	1	新建/扩容
2	机柜	机柜	500138808	2260(高)×600(宽)×600(深)；颜色 GY09，冰灰橘纹。柜顶部含直流分配单元	1	新建/扩容
3	分光器	一分八，均分	500072065	机架式分光器，一分八，含尾纤	1	新建/扩容
4	光纤配线架（ODF）	光纤配线架（ODF），≤72 芯	500009695	19 英寸，单模，12 芯/排，含全套熔配一体化熔接盘、束状尾纤、适配器	2	新建/扩容
5	以太网接口板				1	新建/扩容

30.4.2　高可靠性中等规模 EPON 组网方案配置

10kV 开闭站、配变站接入地区供电公司配电通信系统，以配电自动化主站为中心，骨干层采用 SDH＋EPON＋OUN 组网结构，接入层设备 OLT 每台设备实现双上联保护，上行以太网接口接入 110kV 变电站 SDH-DW-Ⅰ平面传输设备，经过 SDH 骨干网直传至地调现网运行配电主站系统。

主站控制层：配电网自动化侧配置 1 台 PON 口≥32 口 OLT（原则上配置 2 块 16 口 PON 板）设备，OLT 网管一台。地调侧四级网 SDH 光传输设备上配置 1 块 4 端口以太网百兆（千兆）接口板与配网自动化接入层 OLT 连接，用于收集各类数据流至配网自动化主站。

子站通信层：10kV 变电站地区四级网 SDH 光传输设备上配置 1 块 4 端口以太网百兆（千兆）接口板，经过 SDH 骨干网和裸纤直传至地调核心汇聚 CE，通过防火墙保证信息安全性，最终接入现网运行配电主站系统。

110kV 变电站（10kV 配变站、开闭站）配置 PON 口≥32 口 OLT（原则上配置 2 块 16 口 PON 板），每站配置机架式插槽分光器 1 套（内置 1：8 分光器 16 个）、ODF 含子框 96 芯 2 套。

高可靠性中等规模 EPON 组网方案设备配置见表 11-30-3。

表 11-30-3　高可靠性中等规模 EPON 组网方案设备配置

序号	类型	物料名称	物料编码	物料描述	数量	备注
主站侧						
1	光线路终端设备	光缆终端设备（OLT）	500117700	PON 口数 96，双电源供电，双主控，直流－48V	1	新建
2	机柜	机柜	500138808	2260(高)×600(宽)×600(深)；颜色 GY09，冰灰橘纹。柜顶部含直流分配单元	1	新建
3	OLT 网管	通信网络管理系统	500009677		1	新建
4	以太网接口板				1	新建/扩容
配电汇聚站						
1	光线路终端设备	光缆终端设备（OLT）	500117700	PON 口数 96，双电源供电，双主控，直流－48V	1	新建
2	机柜	机柜	500138808	2260(高)×600(宽)×600(深)；颜色 GY09，冰灰橘纹。柜顶部含直流分配单元	1	新建
3	分光器	一分八，均分	500072065	机架式分光器，一分八，含尾纤	1	新建
4	光纤配线架（ODF）	光纤配线架（ODF），≤72 芯	500009695	19 英寸，单模，12 芯/排，含全套熔配一体化熔接盘、束状尾纤、适配器	1	新建
5	以太网接口板				1	新建/扩容

30.4.3　经济型工业以太网交换机组网方案配置

10kV 开闭站、配变站接入县/区供电公司配电通信系统，以配电自动化主站为中心，核心层采用 2 台工业以太网核心交换机 CE1、CE2。采用“口”

字型组网，互为主备；汇聚层在县/区公司所辖配电站（所）内配置三层汇聚交换机，每台汇聚交换机采用 GE 裸纤双上联至核心站点 CE1、CE2；接入层在室外环网柜/箱内配置二层普通交换机，为配电终端提供业务接入端口。采用扁平化“星”型结构组网。所有终端采集回传信息通过 MSTP 以太网络，经业务汇聚后直传至县调现网运行配电主站系统。经济型工业以太网交换机组网设备配置见表 11-30-4。

表 11-30-4　　经济型工业以太网交换机组网设备配置

序号	类型	物料名称	物料编码	物料描述	数量	备注
核心层						
1	核心交换机	局域网交换机	500024262	交换容量≥500G（全双工状态）；整机包转发能力≥200Mpps	2	新建
2	机柜	机柜	500138808	2260(高)×600(宽)×600(深)；颜色 GY09，冰灰橘纹。柜顶部含直流分配单元	2	新建
配电汇聚站（开闭站）						
1	汇聚交换机	局域网交换机	500024262	交换容量≥500G（全双工状态）；整机包转发能力≥200Mpps	1	新建
2	光纤配线架（ODF）	光纤配线架（ODF），≤72 芯	500009695	19 英寸，单模，12 芯/排，含全套熔配一体化熔接盘、束状尾纤、适配器	1	新建

30.4.4　EPON 接入层通信终端设备配置

在 10kV 配变站、开闭站侧配置双 PON 口的远端光接入单元（ONU 设备），配置 12 芯（根据站内光缆数量可增加为 24 芯或 36 芯 ODF，分开口盘和直熔盘）ODF 终端盒 1 个。

通信设备（ONU 及光缆终端盒等）与自动化信息采集装置共同安装于同一远动通信柜内。ONU 设备外观与结构组成：1U 盒式设备，支持多种设备形态；直流电源输入，4 GE/FE+4 RS485/RS232。配电终端设备以 TCP/IP 方式接入 EPON，配变站 ONU 设备具备 RS485/RS232、RJ45 端口，支持 TCP/IP 协议。远动终端设备利用网线就近接入。

EPON 接入层通信设备配置见表 11-30-5。

经济型工业以太网组网接入层通信设备配置见表 11-30-6。

表 11-30-5　　EPON 接入层通信设备配置

1	光网络单元设备（ONU）	光网络单元设备（ONU）	500117707	直流－48V 输入，工业级，双 PON 口，8 个 GE 口，4 个 RS232/485 口，宜支持双 MAC	1	新建/扩容
2	光纤配线架（ODF）	光纤配线架（ODF），≤72 芯	500009695	19 英寸，单模，12 芯/排，含全套熔配一体化熔接盘、束状尾纤、适配器	1	新建/扩容

表 11-30-6　　经济型工业以太网组网接入层通信设备配置

1	接入交换机	局域网交换机	500024262	交换容量≥100G（全双工状态）；整机包转发能力≥100Mpps	1	新建/扩容
2	光纤配线架（ODF）	光纤配线架（ODF），≤72 芯	500009695	19 英寸，单模，12 芯/排，含全套熔配一体化熔接盘、束状尾纤、适配器	1	新建/扩容

30.4.5　光纤与载波通信融合部署方案设备配置

随着配电自动化光通信网络建设过程中，主要存在敷设光缆时，涉及大量城市路面开挖工作，光缆建设施工困难；采用无线公网 GPRS/CDMA 的通信方式，普遍存在信号盲区、设备在线率低、维护不及时等问题。

载波技术可直接通过现有的电力线路进行通信，大大减少了通信媒介二次敷设的周期及成本，施工简单。受配电线路运行情况影响，适合实时性、并发性要求不敏感的使用场合，可作为光纤网络的末端补充。目前中压载波主要技术问题包括通信质量低、误码高、时延大、信息安全有隐患，组网方式依赖网架结构，受配电线路影响较大，覆盖距离小，10kV 架空线路需停电安装等制约因素。中压混合线路应用示意图如图 11-30-10 所示。中压配电网应用示意图如图 11-30-11 所示。中压电力载波通信设备配置见表 11-30-7。

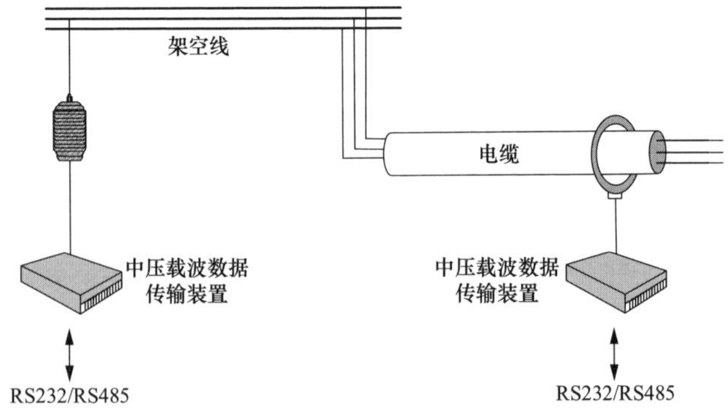

图 11-30-10　中压混合线路应用示意图

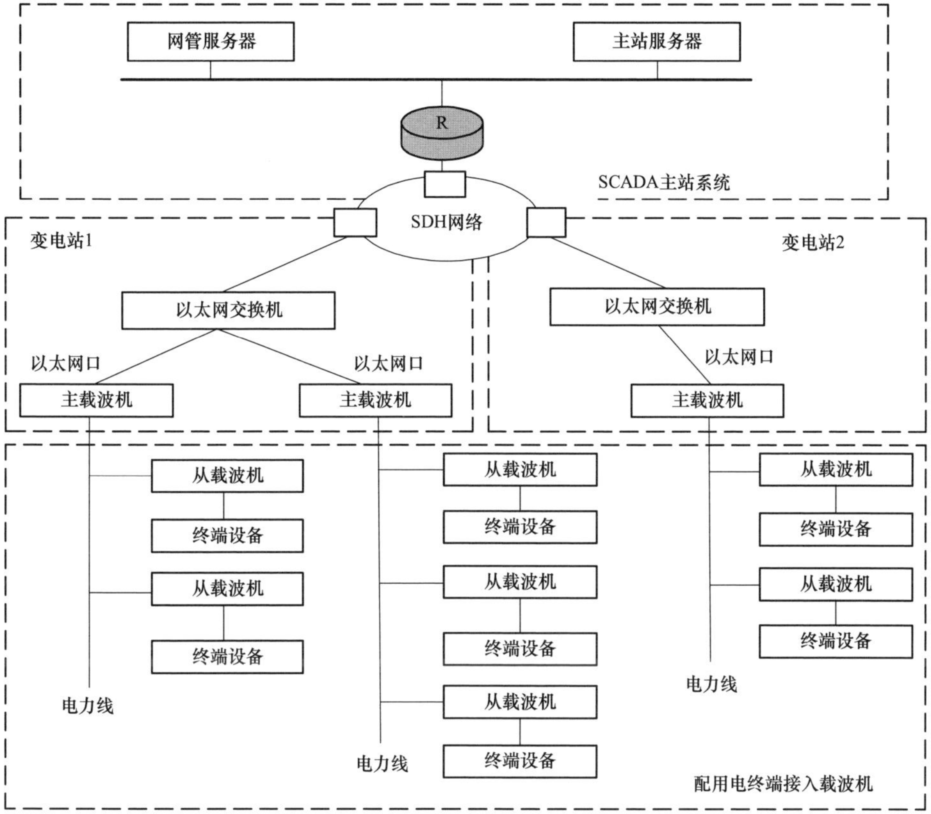

图 11-30-11 中压配电网应用示意图

表 11-30-7 中压电力载波通信设备配置

序号	类型	物料名称	物料编码	物料描述	数量	备注
1	中压电力线宽带网络设备终端	电力线载波设备	500009179	数字，话路数量：四话二数，功率：40W	1	新建
2	卡接式电感耦合器	电力线载波设备配件	500140669	调谐装置	1	新建
3	注入式电容耦合器	电力线载波设备配件	500140669	调谐装置	1	新建
4	交换机	网络交换机，中端，通用	500139486	最小整机包转发率：中端，端口数：通用	1	新建

30.5 设计图纸

开闭站、配变站通信设计图纸详见表 11-30-8。

表 11-30-8 开闭站、配变站通信设计图纸

图序	图名	图纸编号
1. 高可靠性大规模全光组网方案		
图 11-30-14	高可靠性大规模全光组网方案拓扑图	
图 11-30-19	110kV 变电站 OLT 设备与 SDH 设备连接示意图	
图 11-30-20	110kV 变电站 OLT 设备安装图	
2. 高可靠性中等规模 EPON 组网方案		
图 11-30-13	高可靠性中等规模 EPON 组网拓扑图	
图 11-30-19	110kV 变电站 OLT 设备与 SDH 设备连接示意图	
图 11-30-20	110kV 变电站 OLT 设备安装图	
3. 经济型工业以太网交换机组网方案		
图 11-30-12	经济型工业以太网交换机组网拓扑图	
图 11-30-30	信息设备安装示意图	
4. 光纤与载波通信融合组网方案		
图 11-30-31	中压混合线路应用示意图	
图 11-30-32	中压配电网应用示意图	
5. 公共部分		
图 11-30-15	手拉手光纤通道组网方案拓扑图	
图 11-30-16	星型光纤通道组网方案拓扑图	
图 11-30-17	ONU 链路拓扑图	
图 11-30-18	光纤接续图	
图 11-30-21	EPON OLT 设备子框正视平面示意图	
图 11-30-22	110kV 变电站 OLT 设备供电系统接线图	
图 11-30-23	OLT 通信设备屏柜图	
图 11-30-24	机房平面布置图	
图 11-30-25	远动通信及公用测控柜柜面布置示意图	
图 11-30-26	远动通信及公用测控柜交流电源回路图	
图 11-30-27	ONU 设备安装示意图	
图 11-30-28	配变站进站光缆示意图	
图 11-30-29	开闭站平面布置图	
图 11-30-30	信息设备安装示意图	
图 11-30-31	中压混合线路应用示意图	
图 11-30-32	中压配电网应用示意图	

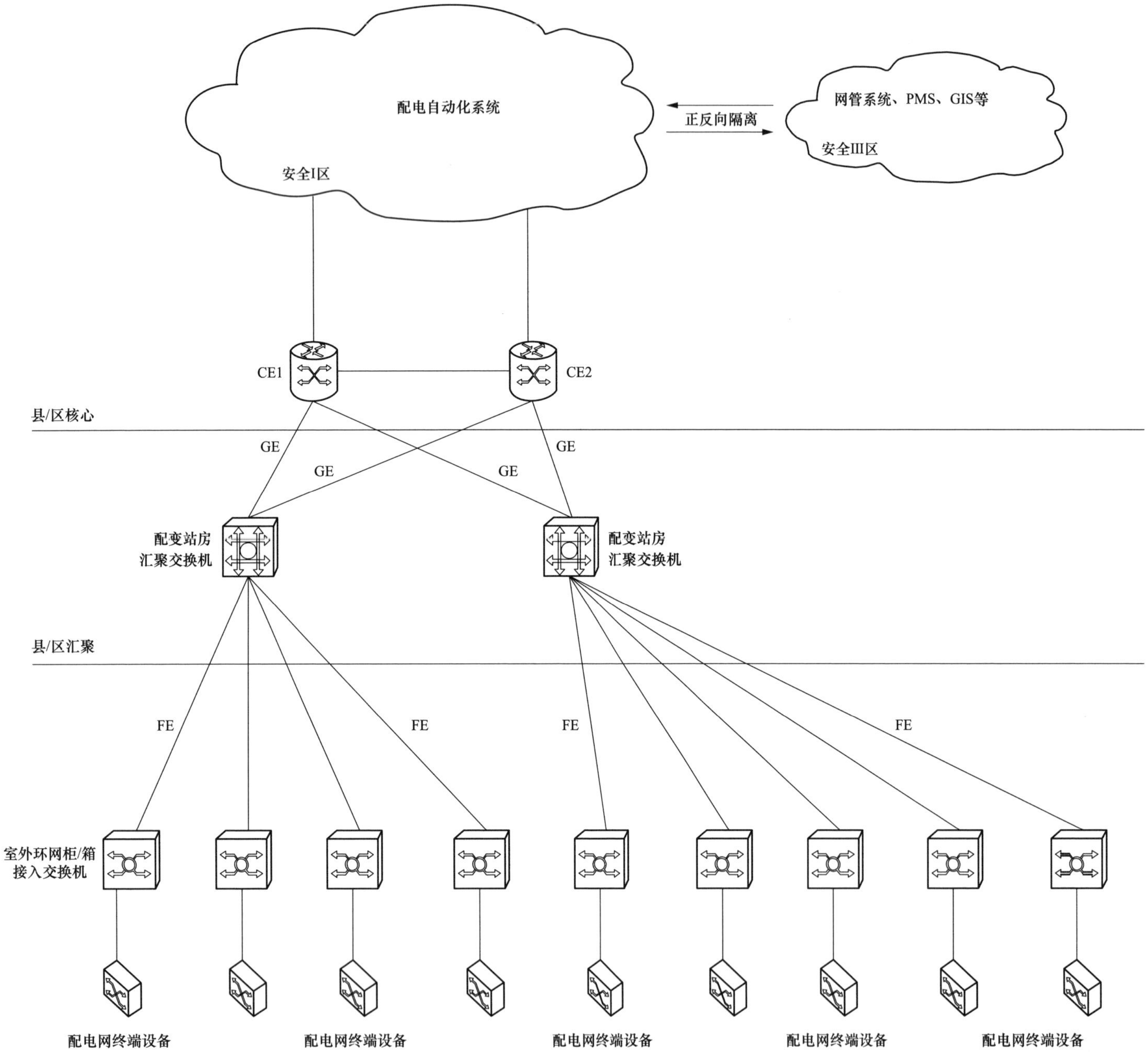

图 11-30-12　经济型工业以太网交换机组网拓扑图

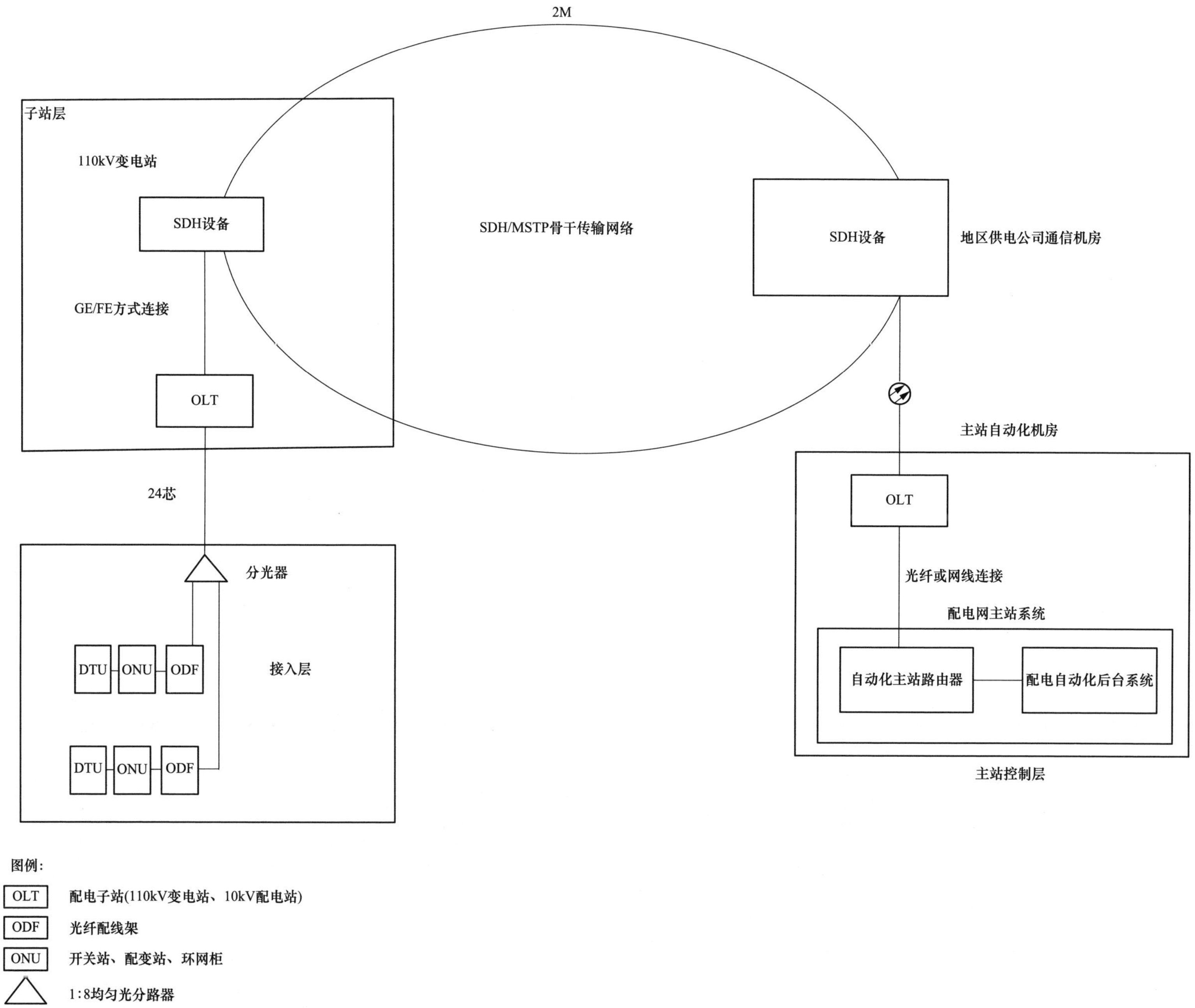

图 11-30-13　高可靠性中等规模 EPON 组网拓扑图

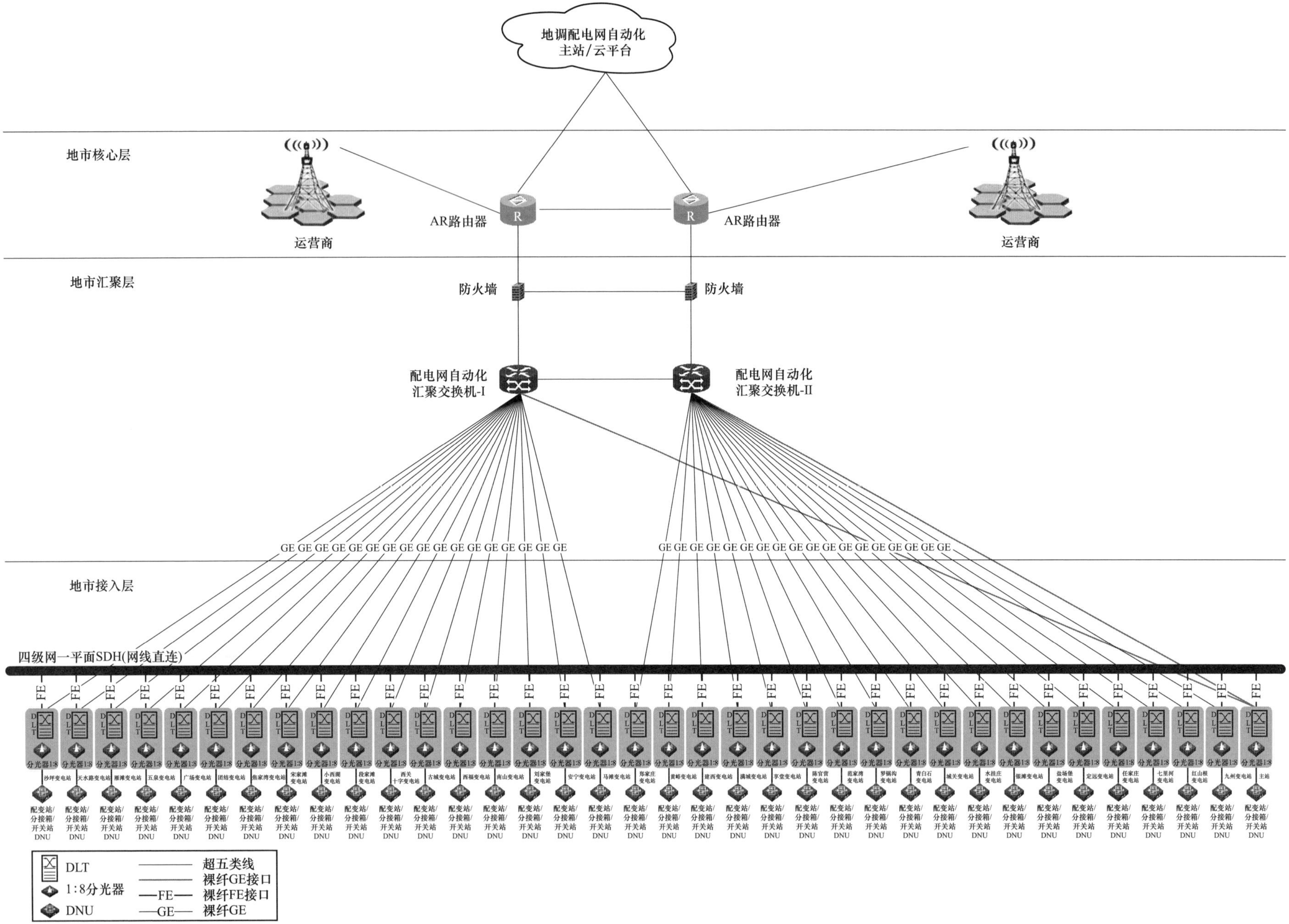

图 11-30-14　高可靠性大规模全光组网方案拓扑图

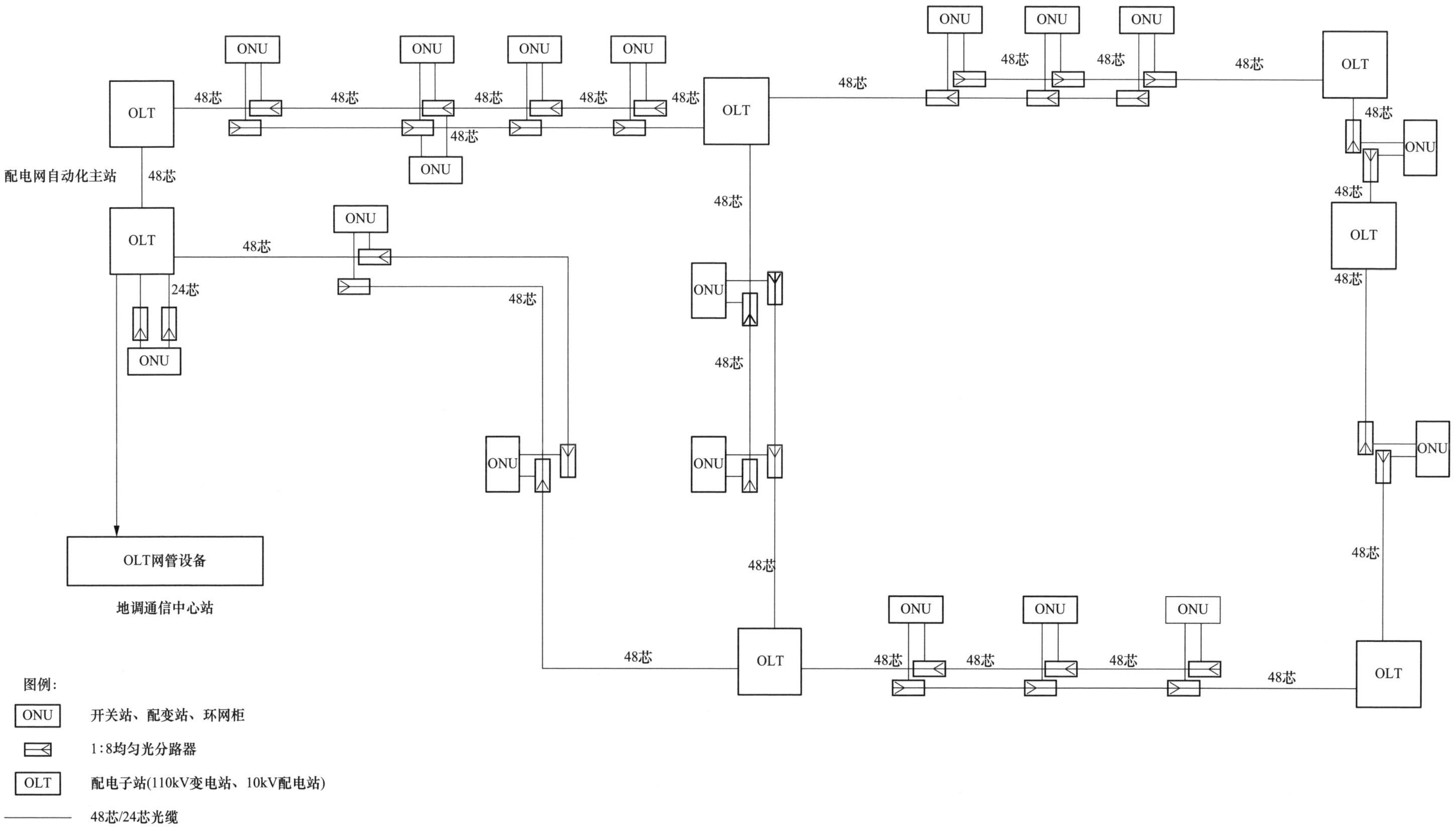

图 11-30-15　手拉手光纤通道组网方案拓扑图

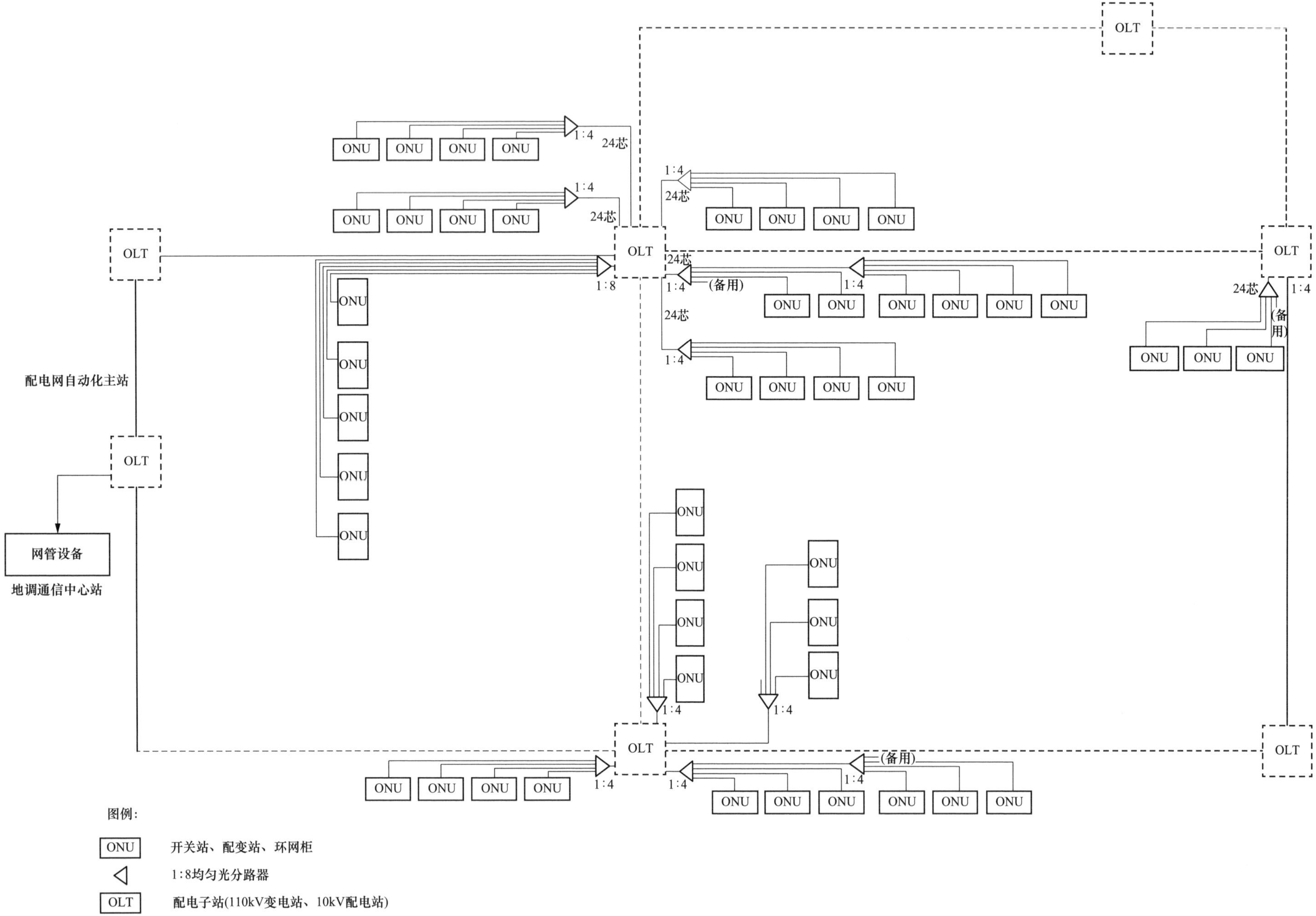

图 11-30-16 星型光纤通道组网方案拓扑图

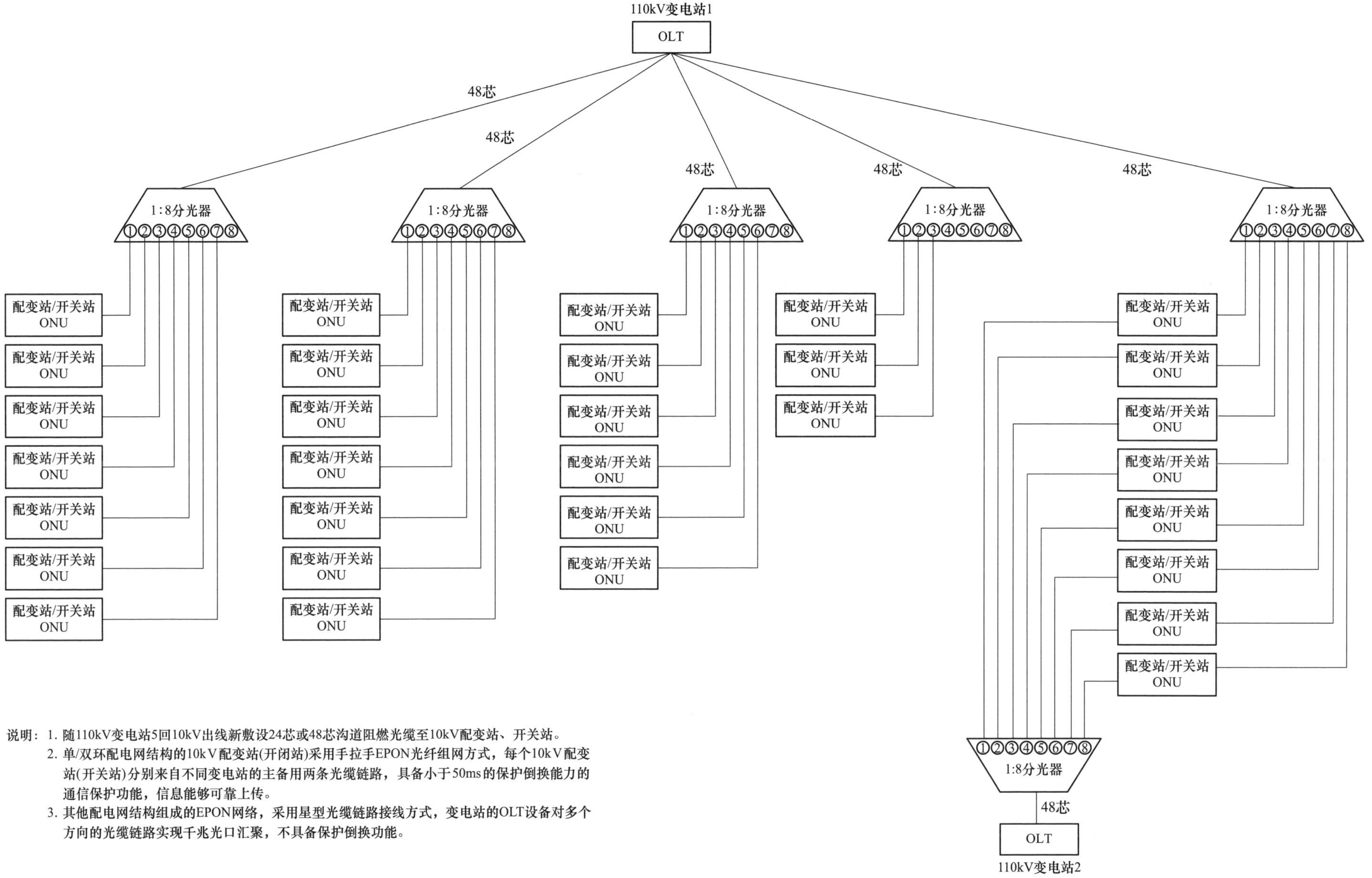

说明：1. 随110kV变电站5回10kV出线新敷设24芯或48芯沟道阻燃光缆至10kV配变站、开关站。

2. 单/双环配电网结构的10kV配变站(开闭站)采用手拉手EPON光纤组网方式，每个10kV配变站(开关站)分别来自不同变电站的主备用两条光缆链路，具备小于50ms的保护倒换能力的通信保护功能，信息能够可靠上传。

3. 其他配电网结构组成的EPON网络，采用星型光缆链路接线方式，变电站的OLT设备对多个方向的光缆链路实现千兆光口汇聚，不具备保护倒换功能。

图 11-30-17　ONU 链路拓扑图

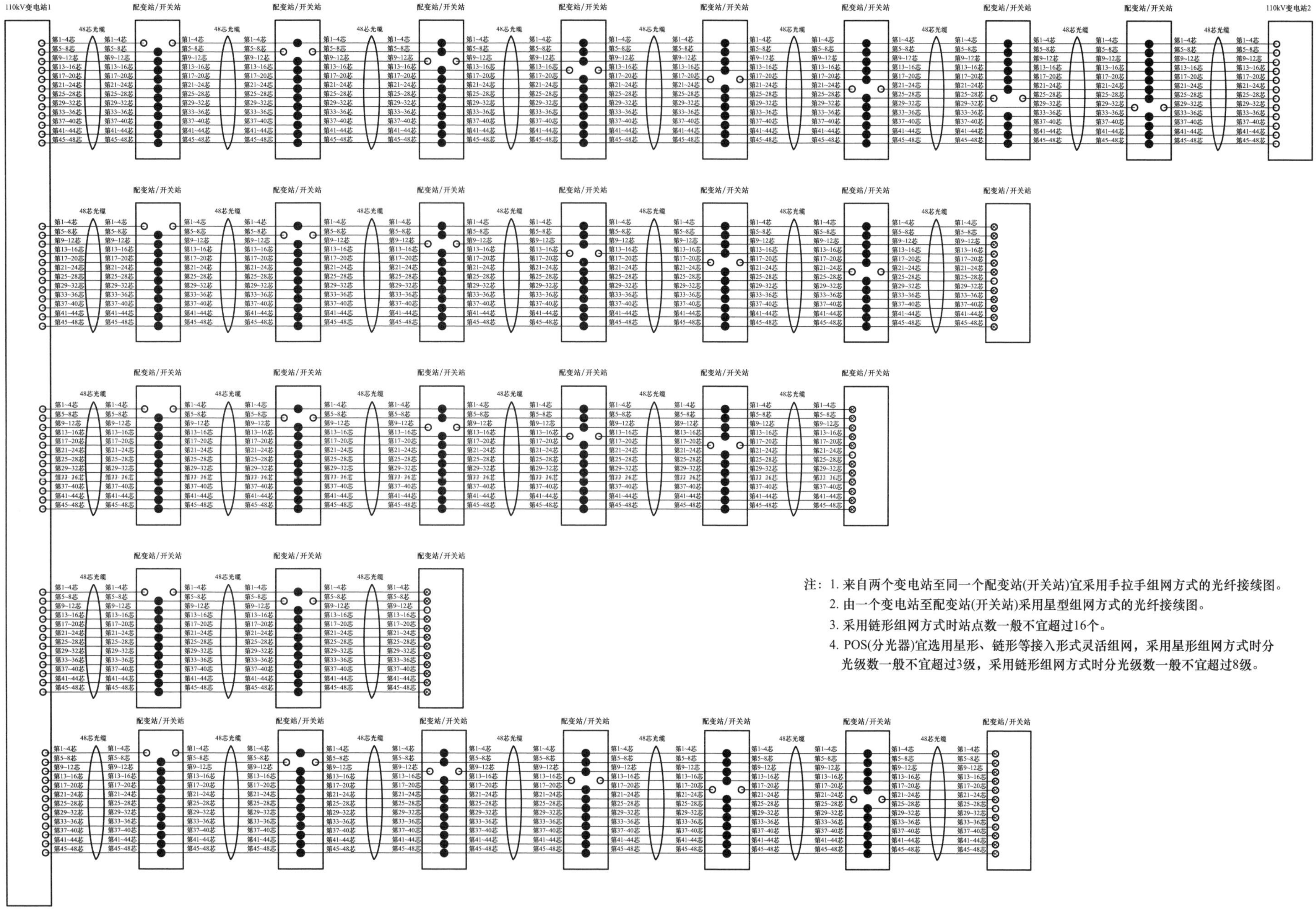

注：1. 来自两个变电站至同一个配变站(开关站)宜采用手拉手组网方式的光纤接续图。
2. 由一个变电站至配变站(开关站)采用星型组网方式的光纤接续图。
3. 采用链形组网方式时站点数一般不宜超过16个。
4. POS(分光器)宜选用星形、链形等接入形式灵活组网，采用星形组网方式时分光级数一般不宜超过3级，采用链形组网方式时分光级数一般不宜超过8级。

图 11-30-18　光纤接续图

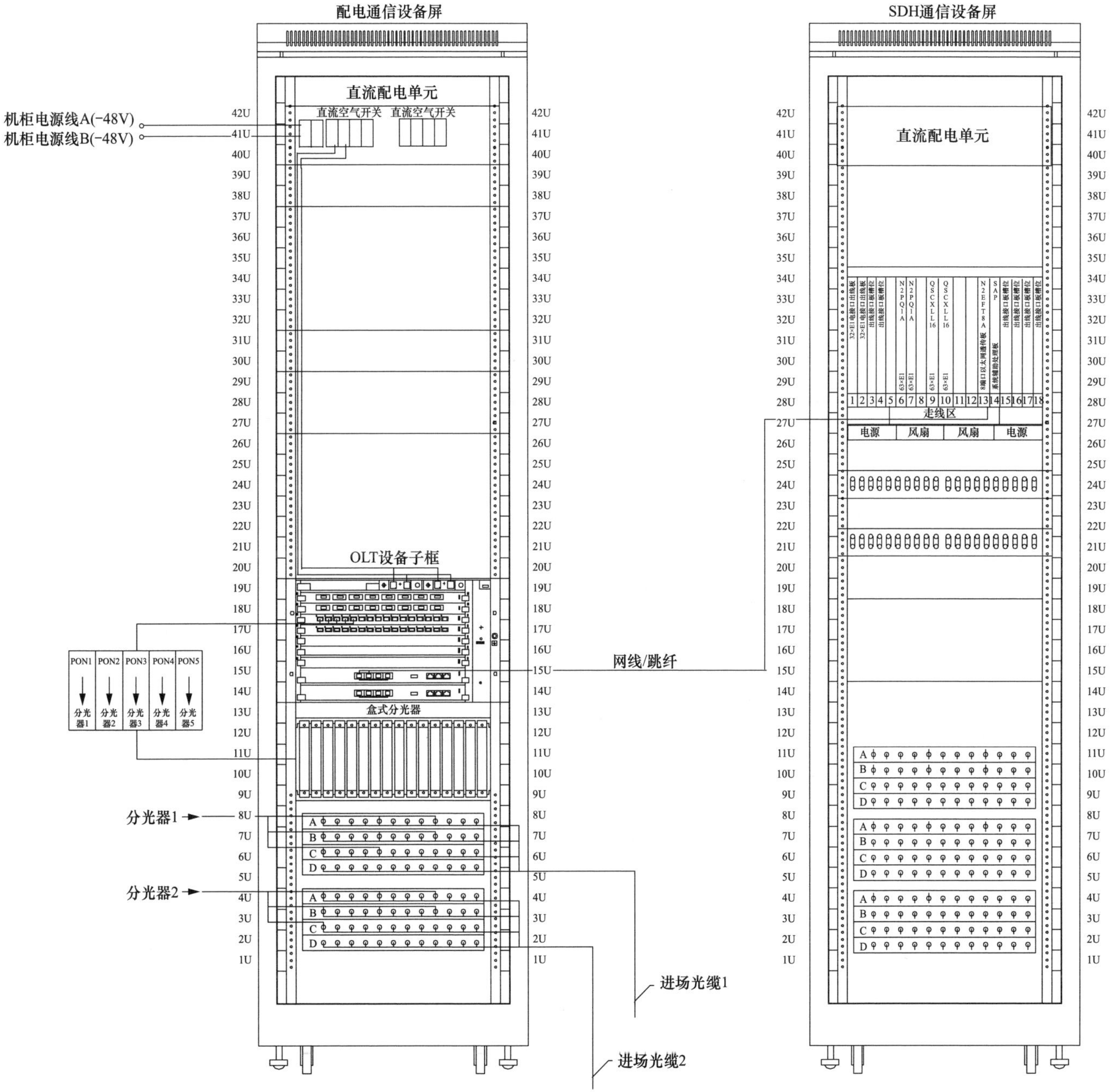

说明：1. 安装一面屏高2260mm×宽600mm×深600m的机柜，颜色为GY09冰灰桔纹。

2. 一屏机柜内安装：① 一套直流分配单元；② 一套子站光接入设备(OL设备)；③ 光纤配线单元(ODF)子框及熔纤托盘，将光缆剖开按顺序分别熔于托盘中。本次配置OTDB-48两套。

3. 另一屏为原有SDH机柜：OLT设备FE口通过网线与变电 站已有SDH百兆以太网口连接。

4. OLT设备子框中安装：① 两块GIU板，板件具体安装位置如图所示；② 两块SCUN板，板件具体安装位置如图所示；③ 三块PON版，板件具体安装位置如图所示；④ 两块电源板，板件具体安装位置如图所示；⑤ 空白槽位为空。

5. 图中所示的配电设备屏内设备为新安装设备。

图 11-30-19　110kV 变电站 OLT 设备与 SDH 设备连接示意图

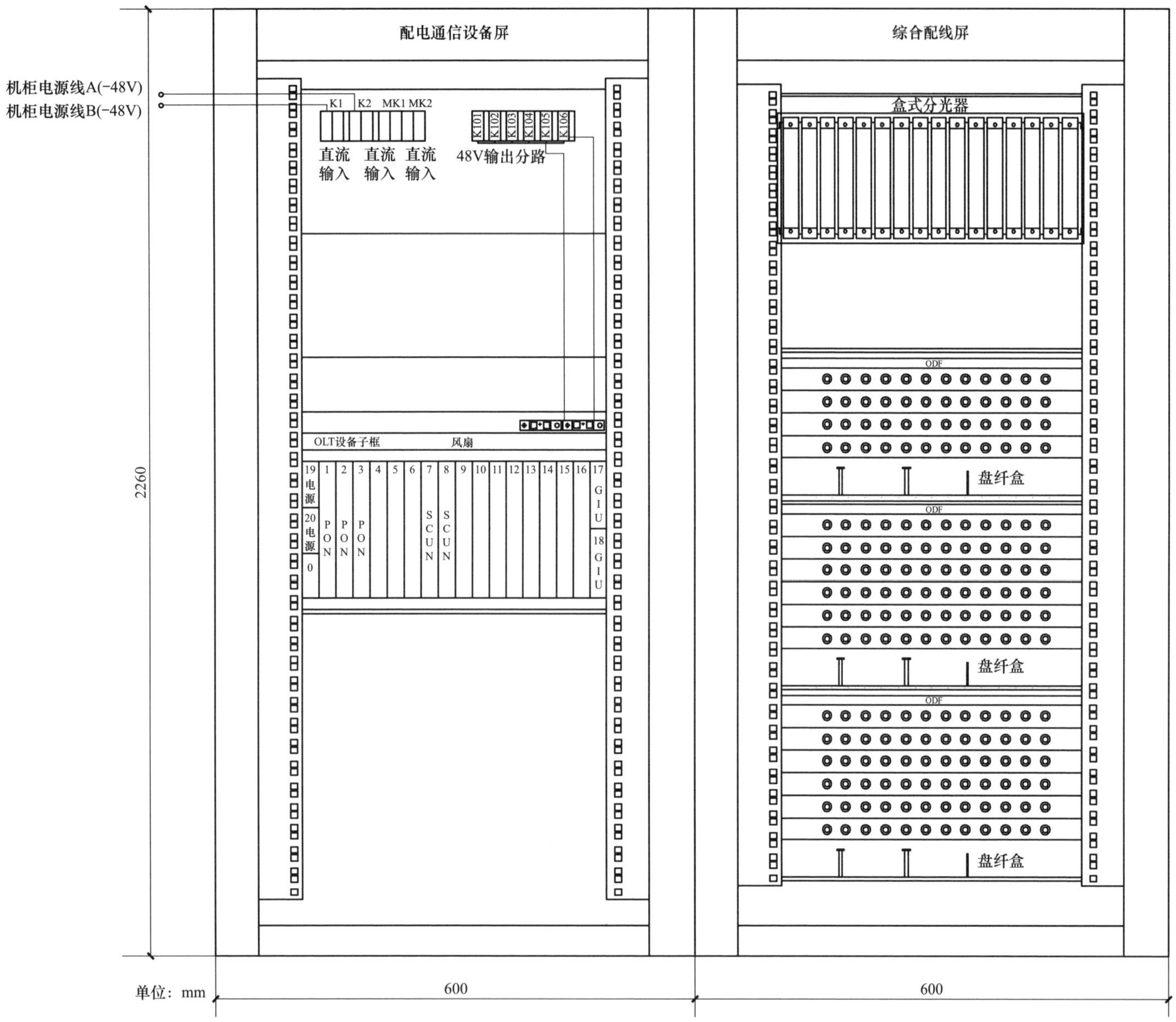

说明：1. 安装两屏高2260mm×宽600mm×深600m的机柜，颜色为GY09冰灰桔纹。

2. 一屏机柜内安装：① 一套直流分配单元；② 一套子站光接入设备(OLT设备)。

3. 另一屏机柜内安装：光纤配线单元(ODF)子框及熔纤托盘，将光缆剖开按顺序分别熔于托盘中。① OTDB-72两套；② OTDB-48一套。③ 盒式分光器(一分八/槽)一套(含跳纤)。

4. OLT设备子框中安装：① 两块GIU板，板件具体安装位置如图所示；② 两块SCUN版，板件具体安装位置如图所示；③ 三块PON版，板件具体安装位置如图所示；④ 两块电源板，板件具体安装位置如图所示；⑤ 空白槽位为空。

5. 图中所示的通信设备全部为新安装设备。

图 11-30-20　110kV 变电站 OLT 设备安装图

配电通信设备屏

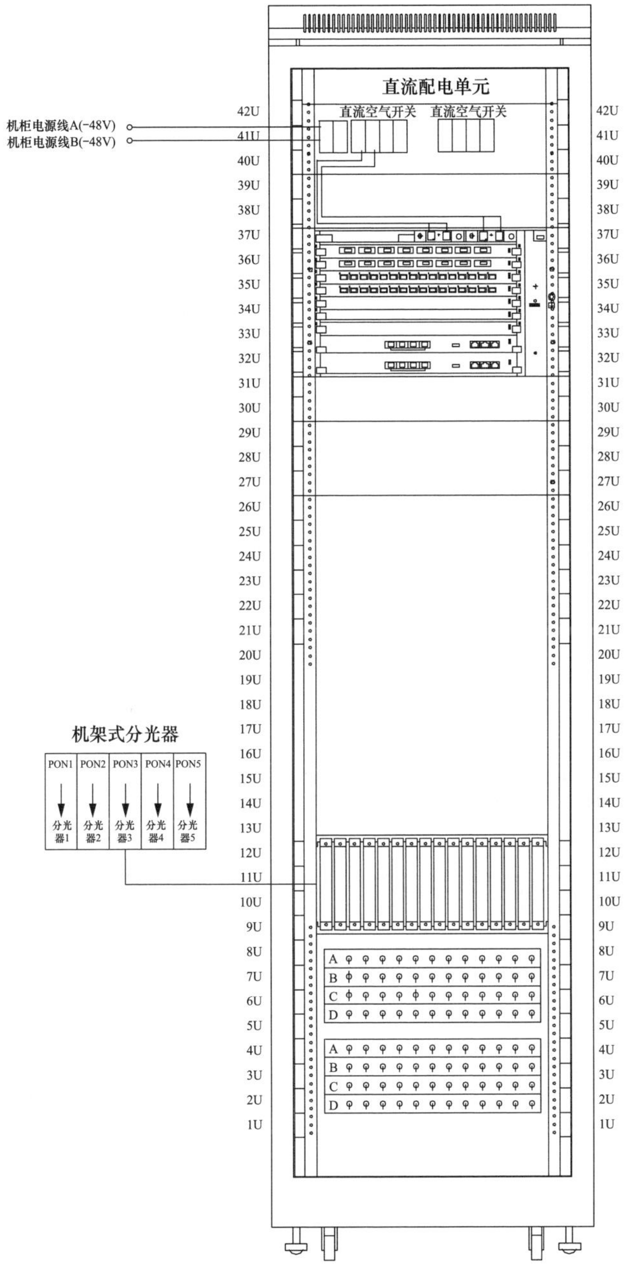

EPON 0LT设备子框正视版件平面示意图

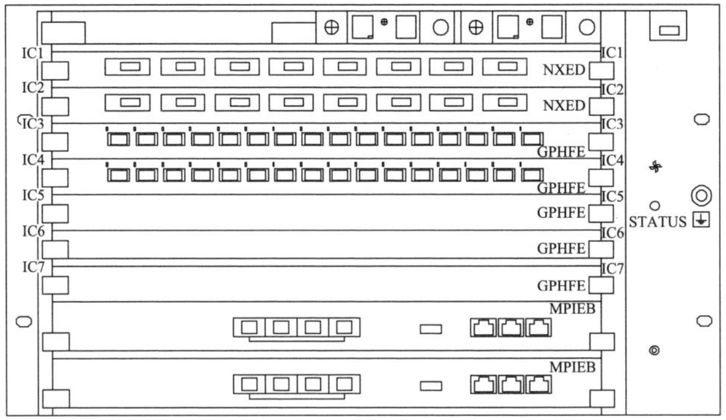

说明：1. 安装一面屏高2260mm×宽600mm×深600mm的机柜，颜色为GY09冰灰桔纹。

2. 屏内安装：①一套直流分配单元；②一套子站光接入设备(OLT设备)；③一套盒式分光器；④TDB-48两套。

3. 另一屏机柜内安装：光纤配线单元(ODF)子框及熔纤托盘，将光缆剖开按顺序分别熔于托盘中。①OTDB-72两套；②OTDB-48两套。

4. OLT设备采用国网入围厂家设备，同时为便于统一网管，尽量选用同一厂家产品。

5. 19英寸安装尺寸(宽/深/高)：①482.6mm×268.7mm×263.96mm(带挂耳)；②442mm×268.7mm×263.9mm(不带挂耳)。

6. 总插槽数：21槽(19英寸)。

7. 控制卡还支持主备方式，每个插框支持2块主控板，当主用主控板出现故障、复位等异常后，业务会自动切换到备用主控板上，保障主控功能及相关业务不会中断。

8. 控制卡还支持负荷分担的方式，负荷分担模式下系统的转发面是1+1备份的，当拔掉一块主控板后，系统的交换带宽减半，而控制面则是1∶1备份的，系统正常工作时，主板的控制面管理系统，而备板的控制面处于备份状态，主备倒换后，备板控制面接管系统。

9. PON接口数(单板/整机)：①16PON口/板；②448 PON口/框。

10. 上联板卡及接口：①提供2块GIU上联板卡，8×GE(光/电)接口/GIU板；②提供2块SCUN止联板卡，4×GE(光)接口/ SCUN主控板。

11. PON光接口PX20+光模块(dBm)；①发射光功率4.5~9dBm；②接收灵敏度-32dBm；③过载光功率-6dBm。

12. 空白槽位为空。

图 11-30-21　EPON OLT 设备子框正视平面示意图

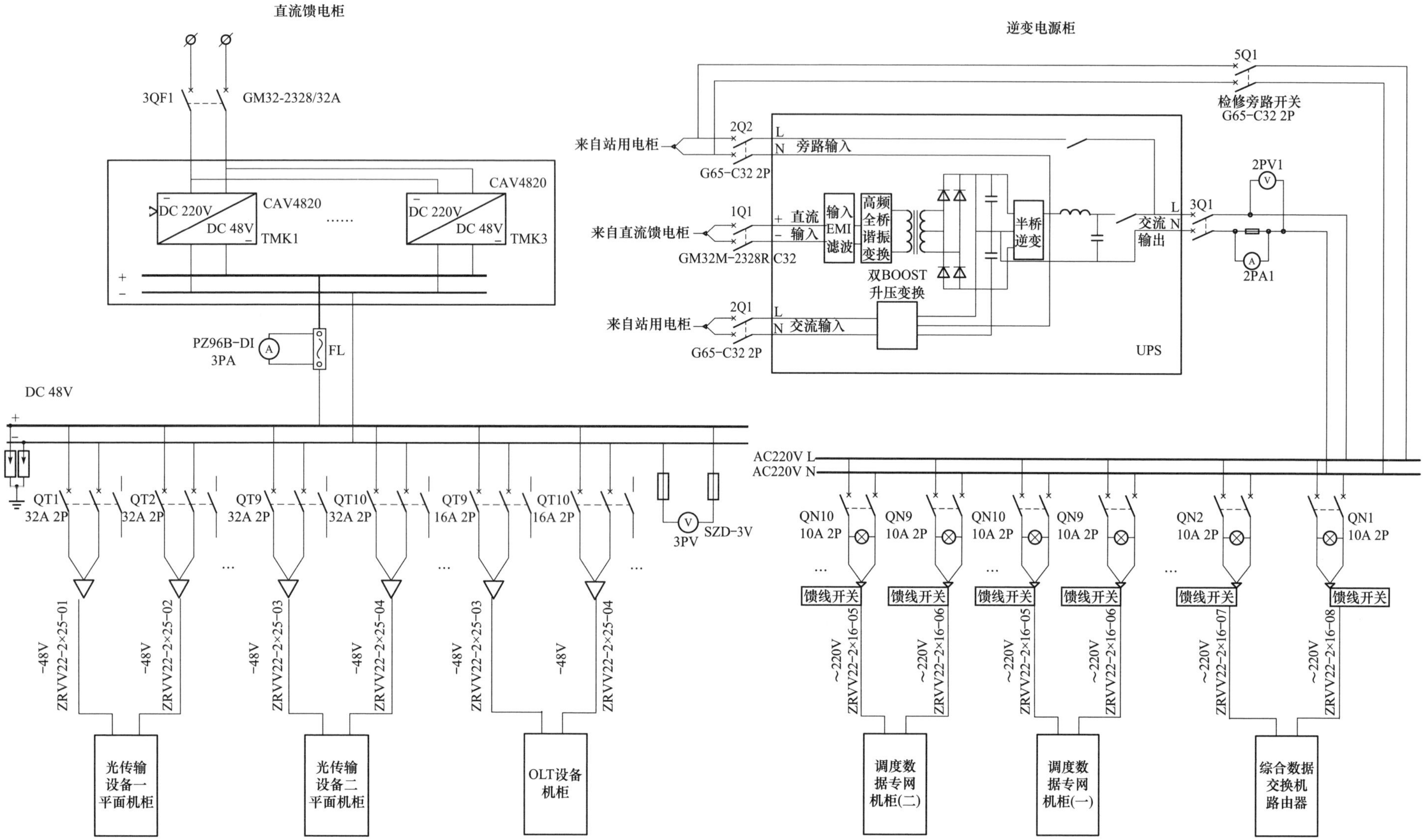

说明：OLT接入设备为2路-48V电源。

图 11-30-22　110kV 变电站 OLT 设备供电系统接线图

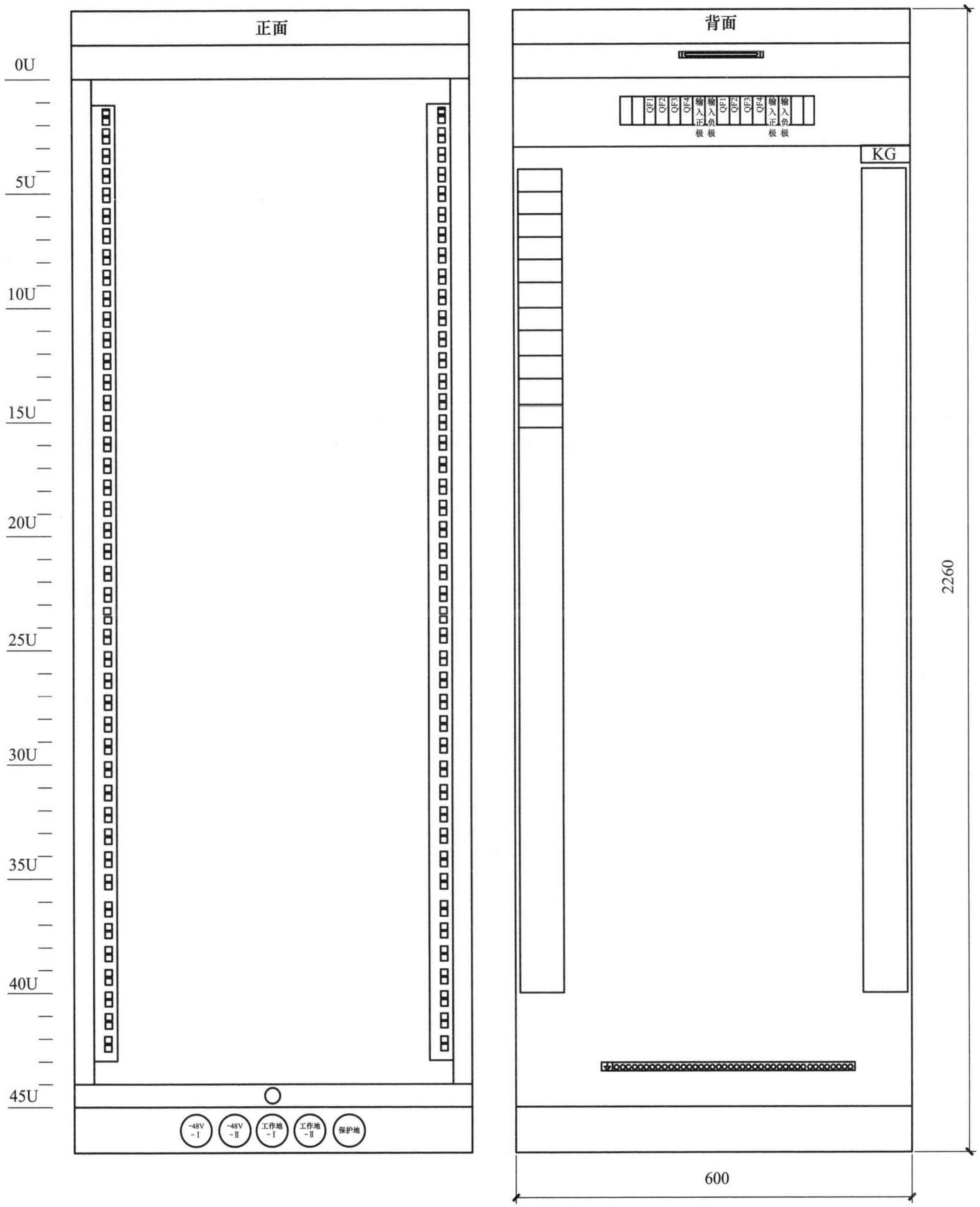

屏柜尺寸：	2260(高)×600(宽)×600(深)/ 2260(高)×800(宽)×600(深) 具体根据业主要求选择
屏柜类型：	右门轴
屏顶要求：	带直流分配屏
柜门要求：	前后均为网孔门
屏柜颜色：	TGB(GY09冰灰桔纹)
屏柜数量：	一面
技术参数：	AC/DC；220V/48V

图 11-30-23　OLT 通信设备屏柜图

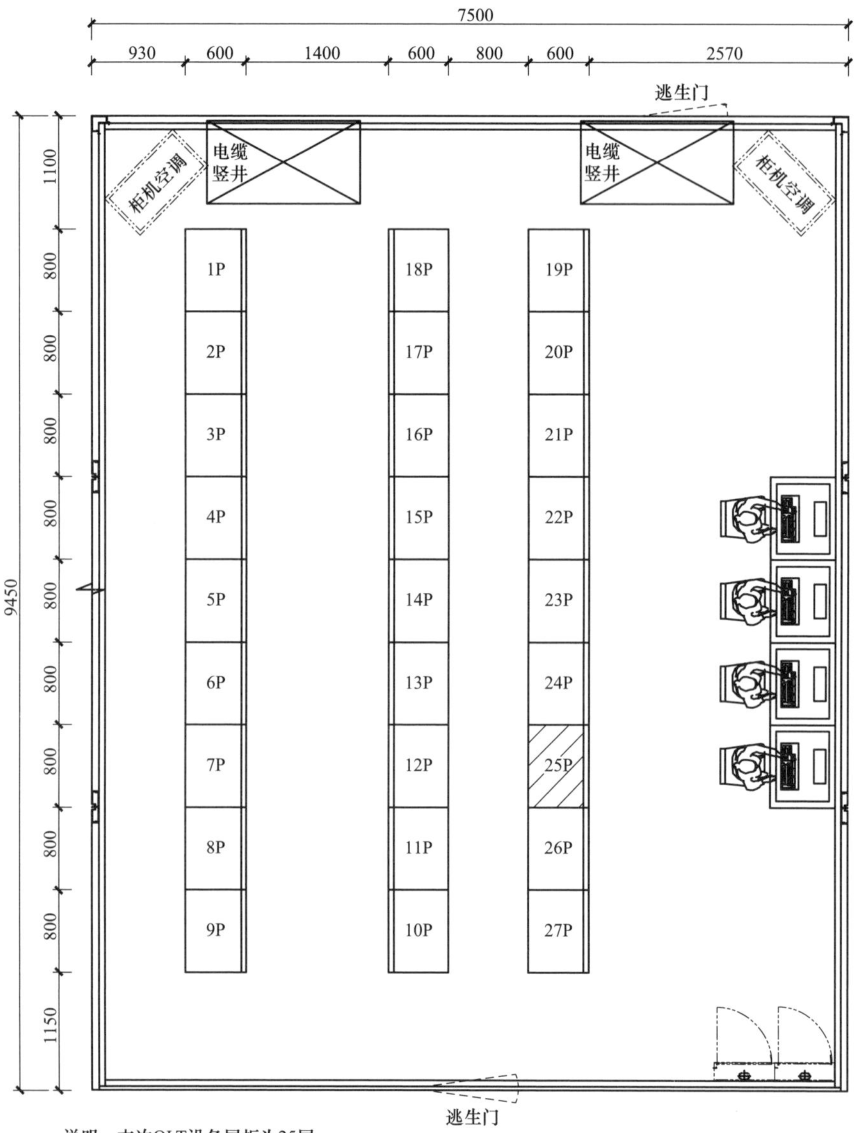

说明：本次OLT设备屏柜为25屏。

序号	名称	型式及规格(高×宽×深)(mm×mm×mm)	单位	数量	备注
1	预留				
2	预留				
3	OLT设备柜	2260×800×600	面	1	
4	通信二平面设备柜	2260×800×600	面	1	
5	综合配线柜(二)	2260×800×600	面	1	
6	综合配线柜(一)	2260×800×600	面	1	
7	通信一平面设备柜	2260×800×600	面	1	
8	数据专网柜(二)	2260×800×600	面	1	
9	数据专网柜(一)	2260×800×600	面	1	
10	1号主变压器保护柜	2260×800×600	面	1	
11	1号主变压器测控柜	2260×800×600	面	1	
12	2号主变压器保护柜	2260×800×600	面	1	
13	2号主变压器测控柜	2260×800×600	面	1	
14	数据通信网关机柜	2260×800×600	面	1	
15	公用测控柜	2260×800×600	面	1	
16	电能量采集及电度表柜	2260×800×600	面	1	
17	时钟同步系统柜	2260×800×600	面	1	
18	智能辅控系统柜	2260×800×600	面	1	
19	预留				
20	预留				
21	交流电源进出线柜	2260×800×600	面	1	
22	高频开关充电柜	2260×800×600	面	1	
23	直流馈线柜	2260×800×600	面	1	
24	通信电源柜	2260×800×600	面	1	
25	UPS电源柜	2260×800×600	面	1	
26	蓄电池柜1	2260×800×600	面	1	
27	蓄电池柜2	2260×800×600	面	1	

图 11-30-24　机房平面布置图

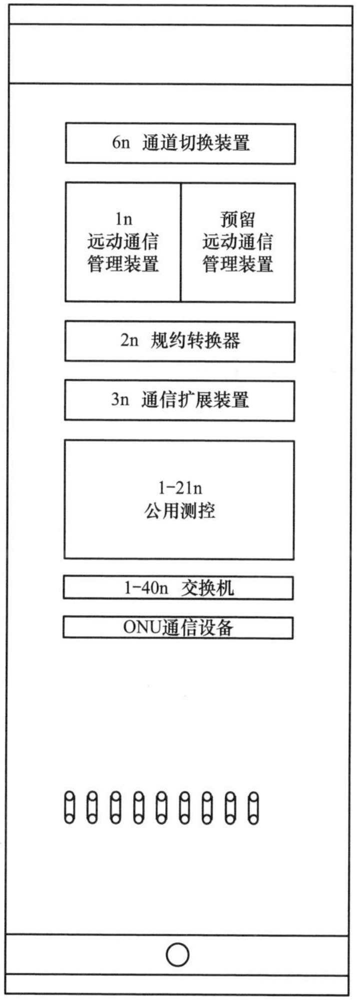

正面

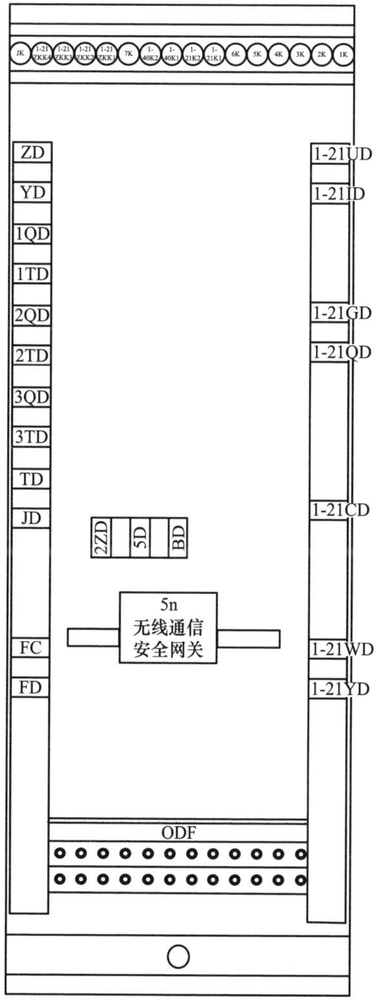

背面

主要设备表

序号	符号	名称	型号	数量	备注
1	1n	远动通信管理装置		1	
2	2n	规约转换装置		1	
3	3n	通信扩展装置		1	
4	1-21n	公用测控装置		1	
5	1-40n	交换机		1	24电2百兆光LC
6	5n	无线通信安全网关	220V交直流自适应	1	
7	6n	通道切换装置	4路通道，110~220V直流自适应	1	
8	FC	数字通道防雷器		2	
9	FD	模拟通道防雷器		2	
10	1K,2K,3K	直流空气开关	DC 2P B6A	2	
11	1-40K	直流空气开关	DC 2P B6A	2	
12	1-21K	直流空气开关	DC 2P C2A	2	
13	5DK	直流空气开关	DC 2P C2A	1	
14	1-21ZKK	交流空气开关	AC 3P C1A	4	
15	JK	交流空气开关	AC 1P C1A	1	
16		压板		9	
17	ONU	ONU通信设备	由直流电源屏提供-48V/～220V	1	

注：1. 远动通信及公共测控屏内包括无线通信网关设备、ONU设备、ODF架等通信所需设备，具体要求按通信设备技术规范书执行。
2. 柜内散热采用自然风冷及强制风冷方式。
3. 远动柜设备需与站内微机保护装置相配合，站内通信采用IEC 61850规约，至调度端通信规约采用IEC 60870-5-101、IEC 60870-5-104，具体要求按远动屏技术规范书执行。
4. 对时方式采用B码差分对时。
5. 屏柜尺寸(高×宽×深)为2260mm×800mm×600mm。

图 11-30-25　远动通信及公用测控柜柜面布置示意图

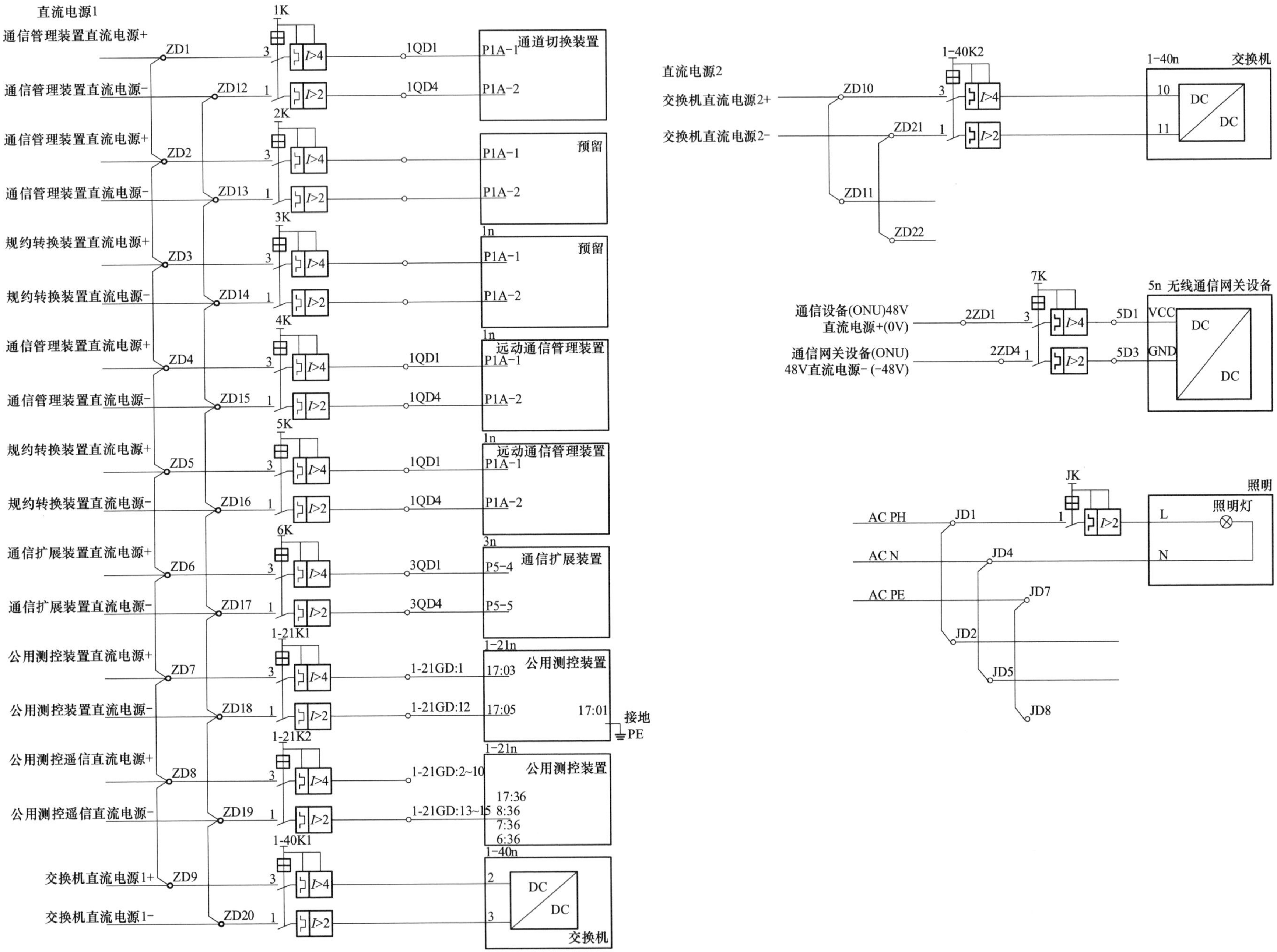

图 11-30-26 远动通信及公用测控柜交流电源回路图

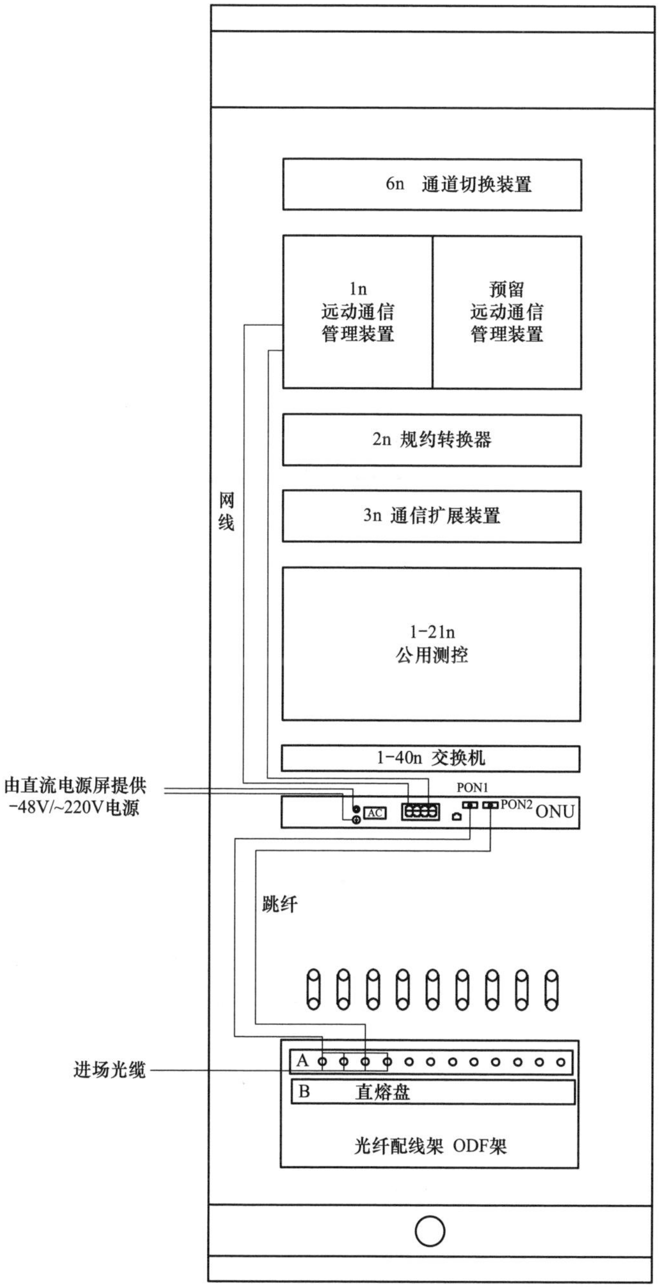

线缆布放表

序号	线缆起点	线缆终点	线缆型号	单位	条×长度	备注
1	新增ODF	新增ONU	FC-SC	m	2×1m	

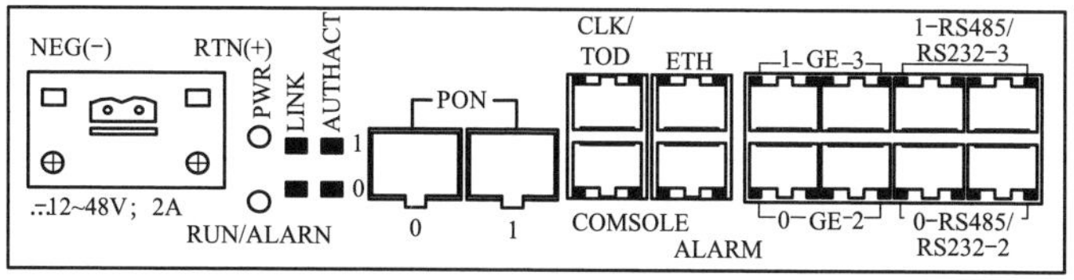

说明：1. ONU设备采用国家电网入围厂家设备，同时为便于统一网管，尽量选用同一厂家产品。
2. 尺寸(宽/深/高)：① 482.6mm ×180mm ×43.6mm(带19寸挂耳)；② 450mm ×180mm×43.6mu(不带挂耳)。
3. 重量：2.5kg。
4. 供电方式：① 交流供电(110V AC/220V AC)；② 直流供电(-48V DC)。
5. 工作电压范围：直流-57~-40V，交流~176~264V。
6. 功耗：12W。
7. ONU系统数据配置：① 上行端口：双EPON上行；② 业务端口：4个RS485/RS23接口，8个GF/FE电接口；③ 管理端口：1个调试串口(CONSOLE)，1个调试网口(ETH)，1个环境监控接口(ALARM)，1个时钟时间接口(CLK/TQD)。
8. PON光接口PX20×光模块(dBm)：① 发射光功率4.5~9dBm；② 接收灵敏度-32dBm；③ 过载光功率-6dBm。

指示灯状态说明：
1. FE电接口状态指示灯：① 绿灯亮，端口建立连接；② 绿灯灭，端口无连接；③ 黄灯闪烁，端口有数据传输；④ 黄灯灭，端口无数据传输。
2. EPON接口状态指示灯：① LINK绿灯常亮，EPON接口收到下行光信号；② LINK绿灯常灭，EPON接口没有收到下行光信号或设备未插光纤；③ AUTH绿灯常亮，设备注成功AUTH：绿灯闪烁设备正在进行注册；④ AUTH绿灯常灭，设备未插光纤。
3. PWR电源状态指示灯：① 绿灯常亮，设备正常上电；② 绿灯常灭，设备掉电。
4. RUN/ALARM运行状态指示灯：① 红灯0.25s亮0.25s灭周期闪烁，设备启动中；② 绿灯1s亮1s灭周期闪烁，设备工作正常；③ 红灯常亮，设备运行故障。

注：24芯/48芯ODF，前12芯全开口，后12芯(36芯)直熔。

图 11-30-27　ONU 设备安装示意图

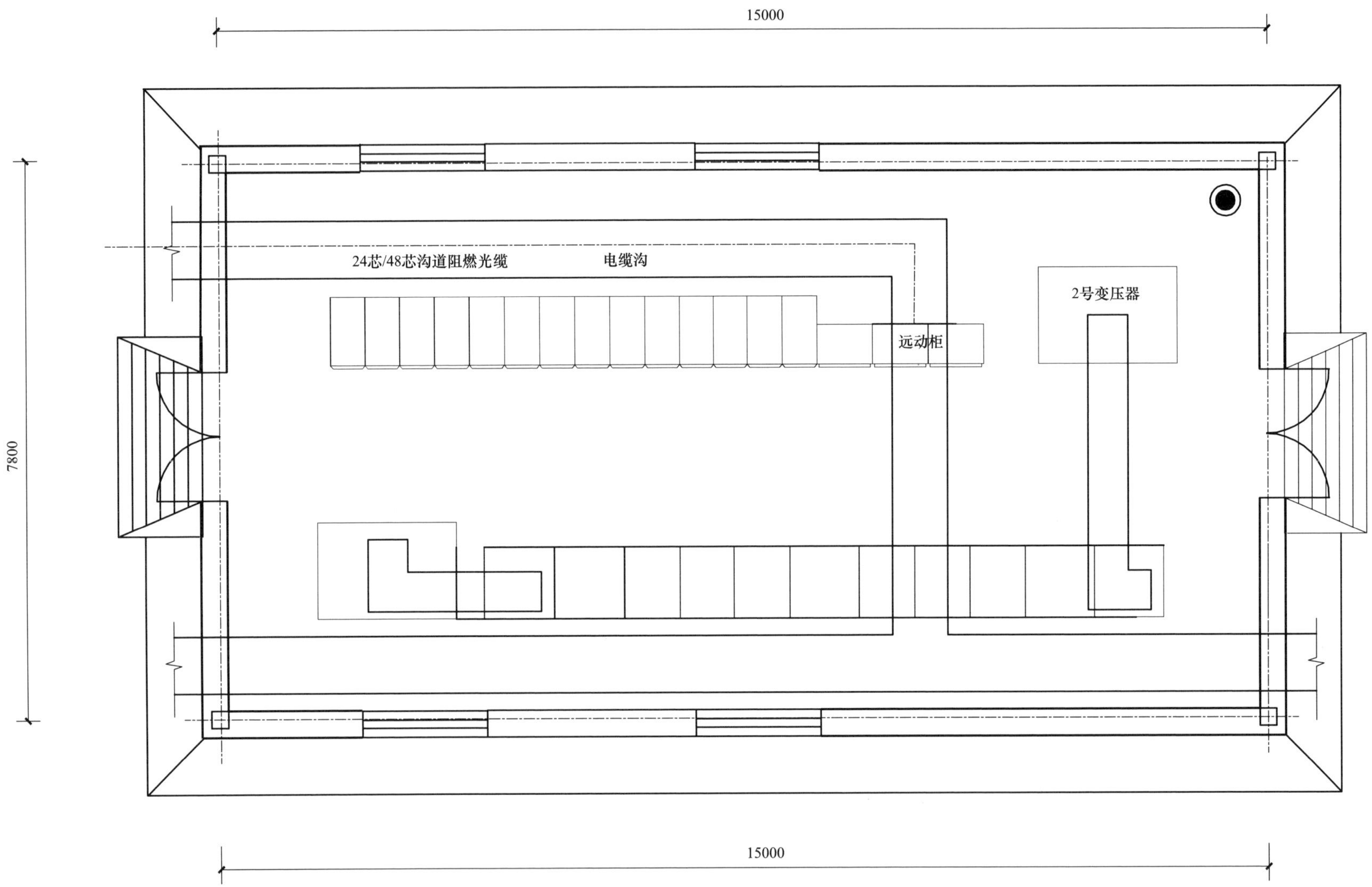

图 11-30-28　配变站进站光缆示意图

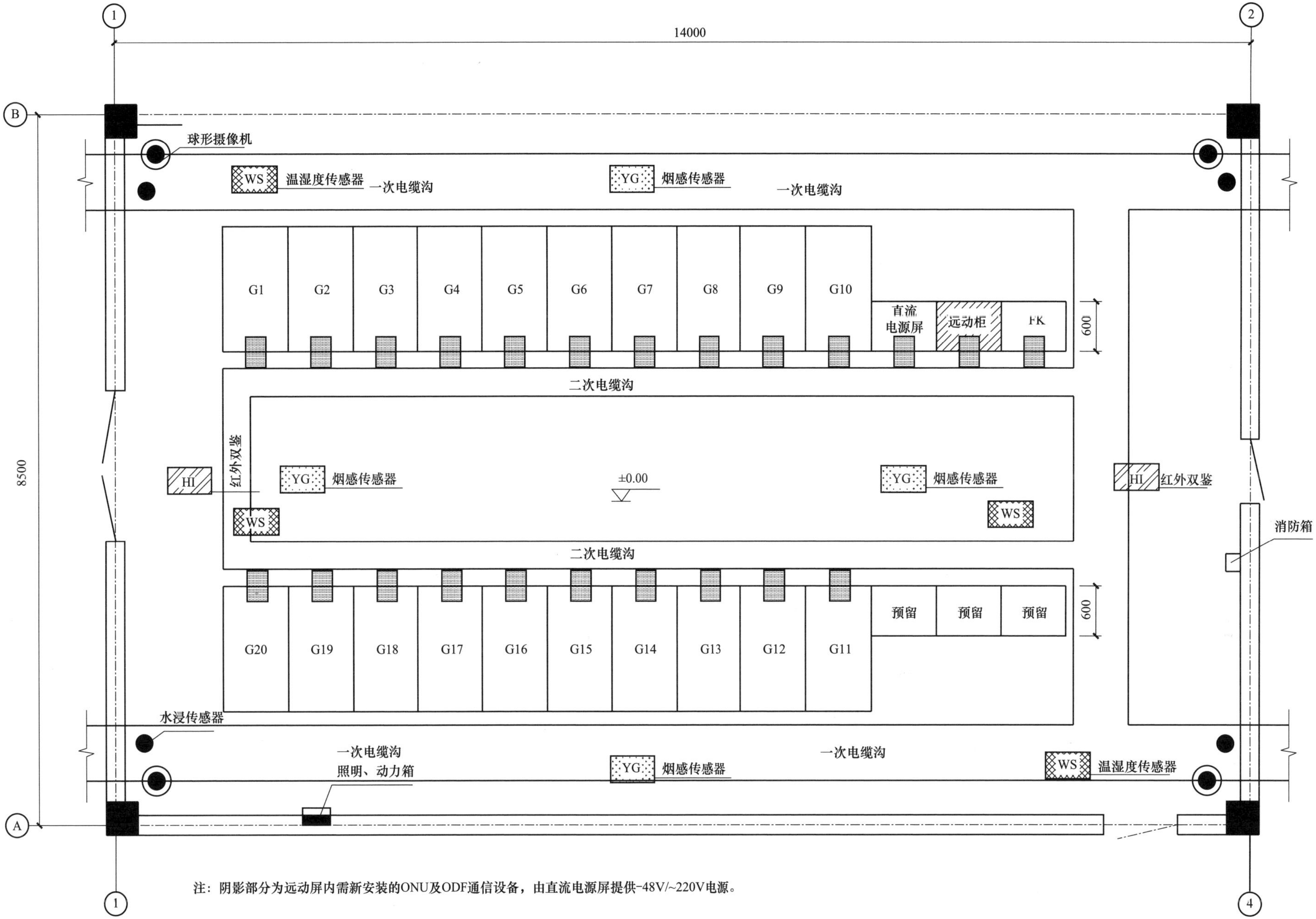

注：阴影部分为远动屏内需新安装的ONU及ODF通信设备，由直流电源屏提供-48V/~220V电源。

图 11-30-29 开闭站平面布置图

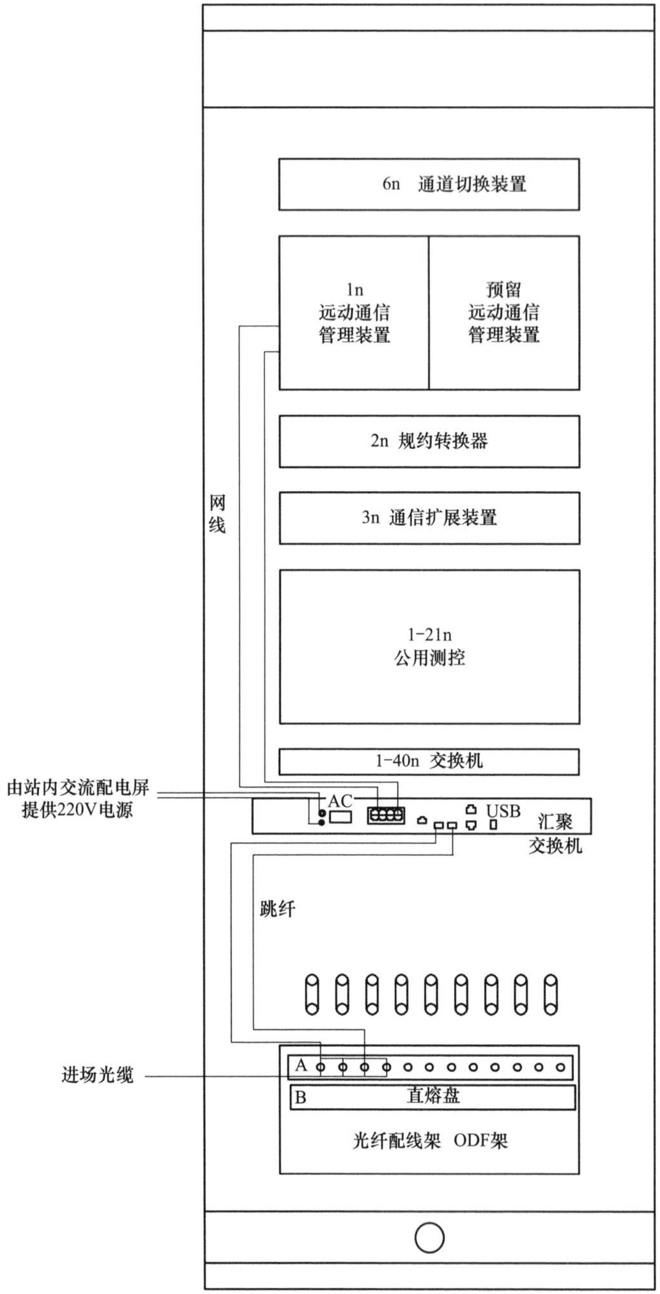

线缆布放表

序号	线缆起点	线缆终点	线缆型号	单位	条×长度	备注
1	新增ODF	新增交换机	FC-SC	m	2×1m	

说明：1. 汇聚站点72芯ODF全部成端，下级接入环网柜/箱，每个站点最低成端4芯，用2备。
2. 条件允许可适当增加。

图 11-30-30 信息设备安装示意图

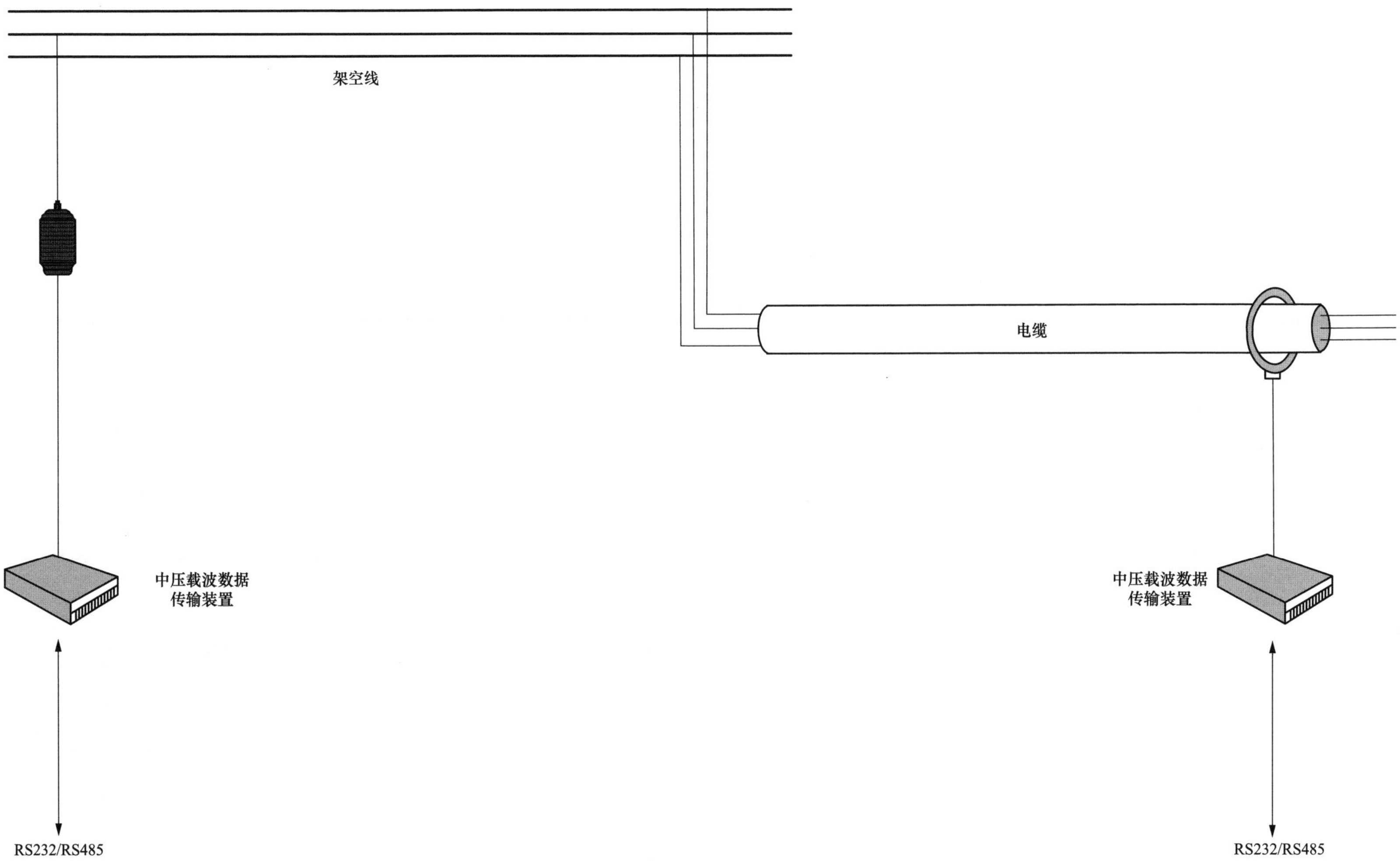

图 11-30-31　中压混合线路应用示意图

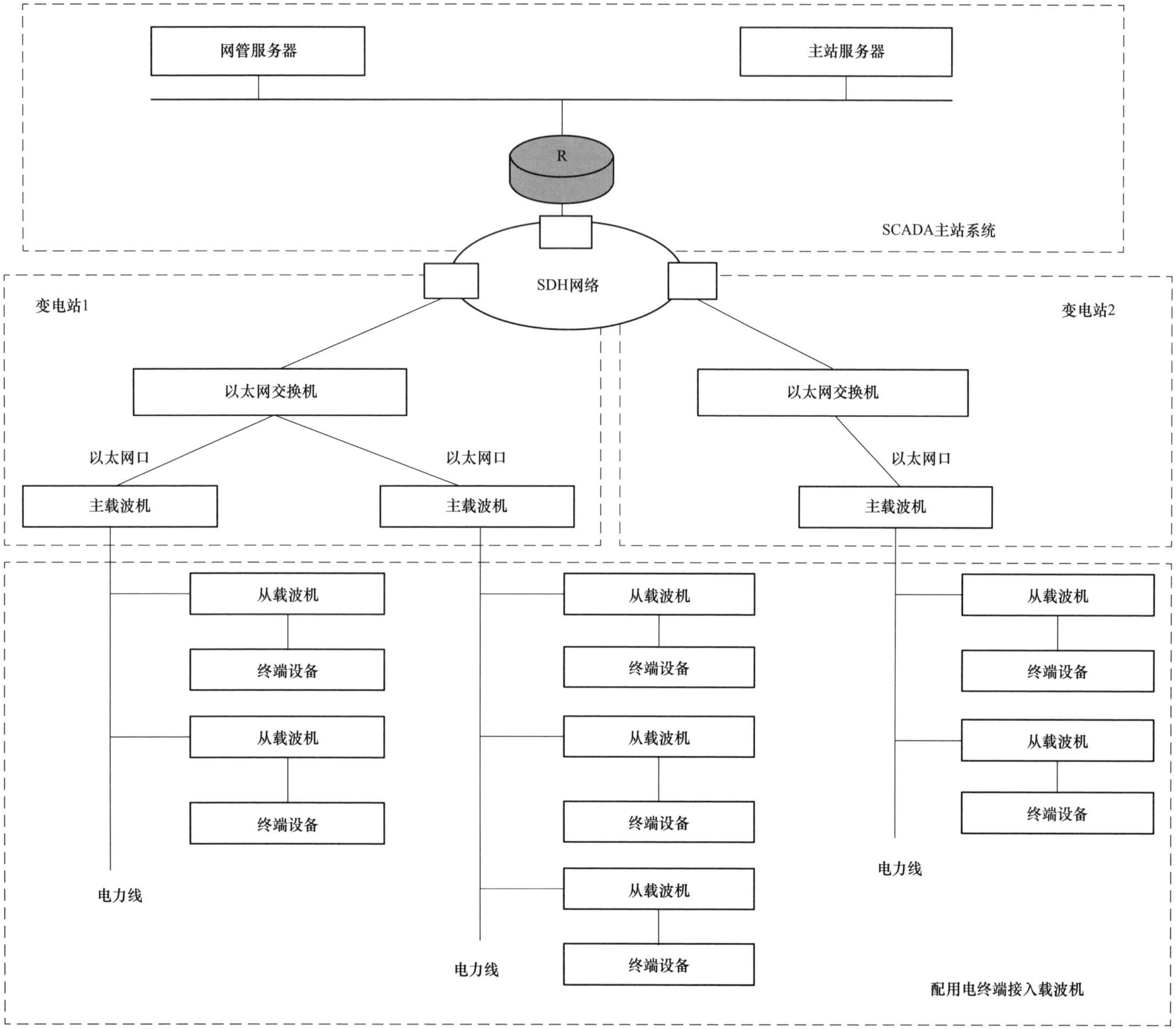

图 11-30-32　中压配电网应用示意图

第31章 通信技术在室外环网箱方案中的应用

31.1 概述

各单位在使用典型设计文件时，要根据实际情况，在全面性、适用性、经济性、安全性、差异性的设计原则下，将典设中的模块合理的组合应用，形成符合实际要求的10kV室外环网箱通信部分设计。

31.2 建设规模

室外环网箱通信方案包括接入通信网设计，按照不同的组网方案进行光缆路由规划设计、网络拓扑组织设计、通信设备配置、纤芯分配设计等。配电子站（OLT）至配电远方终端（ONU）采用电力无源光网络（电力EPON）组成接入层通信网，10kV配电站（所）按照各种配电网结构组成的EPON网络。

31.3 配电网通信系统组网方案

31.3.1 各种配电网结构的通信接入层EPON组网方案

（1）同一变电站的多分段适度联络结构的EPON组网方案。从变电站出发，光缆沿电力管线敷设至每个10kV配电站（所）。变电站至10kV配电站（所）光缆链路采用星型接线方式，变电站的OLT设备对多个方向的光缆链路实现千兆光口汇聚。分支网采用EPON技术，任何一个终端设备故障都不会影响其他终端设备，使得设备的故障率低，容易维护。

（2）不同变电站的辐射状结构的EPON组网方案。从不同变电站出发，光缆沿不同电力管线敷设至每个10kV配电站（所）。每个变电站至10kV配电站（所）光缆链路采用星型接线方式，变电站的OLT设备对多个方向的光缆链路实现千兆光口汇聚。分支网采用EPON技术，任何一个终端设备故障都不会影响其他终端设备，使得设备的故障率低，容易维护。

（3）单/双环式结构（不同变电站）的双保护EPON组网方案。10kV配电站（所）单/双环式结构采用EPON手拉手组网方案，分别两个从变电站出发，光缆沿电力管线敷设至每个10kV配电站（所）。变电站至10kV配电站（所）光缆链路采用星型接线方式，两个变电站的OLT设备之间ONU采用手拉手连接方式。该方案具备小于50ms的保护倒换能力的通信保护功能，信息能够可靠上传。

（4）辐射状结构/单环式结构-EPON组网方案。

1）辐射状结构-EPON组网方案：从变电站出发，光缆沿电力管线敷设至每个10kV配电站（所）。变电站至10kV配电站（所）光缆链路采用星型接线方式，变电站的OLT设备对多个方向的光缆链路实现千兆光口汇聚。

2）单环式结构-EPON组网方案：采用EPON手拉手组网方案，分别两个从变电站出发，光缆沿电力管线敷设至每个10kV配电站（所）。变电站至10kV配电站（所）光缆链路采用星型接线方式，两个变电站的OLT设备之间ONU采用手拉手连接方式。

31.3.2 无线公网组网方案

配电终端业务采用租用运营商网络通过无线公网APN/VPN专线方式接入，直连至配电主站，并增加安全防护措施，采取APN和VPN等安全隔离、访问控制、认证加密等安全措施，保障配电业务信息传输时延和可靠性。该部分内容包含在10kV配电站（所）二次设备部分的配电自动化终端（DTU）相关设计中。

31.4 通信设备配置

在10kV室外环网箱侧配置双PON口的远端光接入单元（ONU设备），配置12芯（根据站内光缆数量可增加为24芯或36芯ODF，分开口盘和直熔盘）ODF终端盒1个。

通信设备（ONU及光缆终端盒等）与自动化信息采集装置共同安装于同一远动通信柜内。ONU设备外观与结构组成：1U盒式设备，支持多种设备形态；直流电源输入，4 GE/FE＋4 RS485/RS232。配电终端设备以TCP/IP方式接入EPON，配变站ONU设备具备RS485/RS232、RJ45端口，支持TCP/IP协议。远动终端设备利用网线就近接入。

EPON接入层通信设备配置见表11-31-1。

表11-31-1　EPON接入层通信设备配置

序号	类型	物料名称	物料编码	物料描述	数量	备注
1	光网络单元设备（ONU）	光网络单元设备（ONU）	500117707	直流－48V输入，工业级，双PON口，8个GE口，4个RS232/485口，宜支持双MAC	1	新建/扩容

续表

序号	类型	物料名称	物料编码	物料描述	数量	备注
2	光纤配线架（ODF）	光纤配线架（ODF），≤72 芯	500009695	19 英寸，单模，12 芯/排，含全套熔配一体化熔接盘、束状尾纤、适配器	1	新建/扩容

经济型工业以太网组网接入层通信设备配置见表 11-31-2。

表 11-31-2　　经济型工业以太网组网接入层通信设备配置

序号	类型	物料名称	物料编码	物料描述	数量	备注
1	接入交换机	局域网交换机	500024262	交换容量≥100G（全双工状态）；整机包转发能力≥100Mpps	1	新建/扩容
2	光纤配线架（ODF）	光纤配线架（ODF），≤24 芯	500009695	19 英寸，单模，12 芯/排，含全套熔配一体化熔接盘、束状尾纤、适配器	1	新建/扩容
3	光电综合配线箱	光电综合配线箱，室外，≤72	500131978	≤450×300×250（宽×深×厚），三层托盘，12 芯全开口，24 芯直熔盘	1	新建/扩容

31.5　设计图纸

接入层（室外环网箱）设计图纸详见表 11-31-3。

表 11-31-3　　室外环网箱设计图纸

图序	图名
图 11-31-1	ONU 链路拓扑图
图 11-31-2	光纤接续图
图 11-31-3	ONU 设备安装示意图
图 11-31-4	光纤通信箱与 DTU 柜配合安装图
图 11-31-5	室外环网箱内部结构示意图
图 11-31-6	光纤通信箱接线图
图 11-31-7	接入交换机设备安装示意图

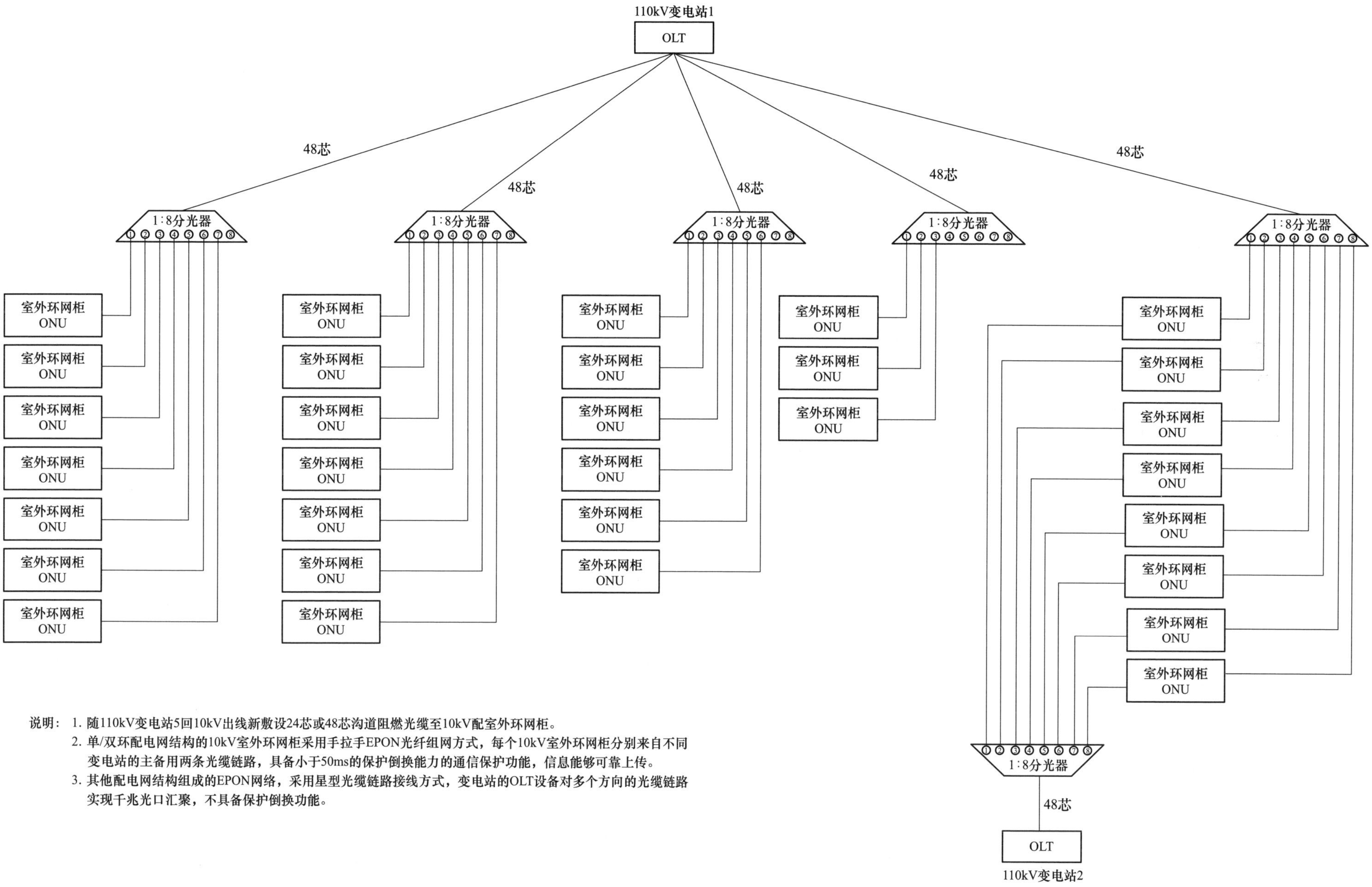

说明：1. 随110kV变电站5回10kV出线新敷设24芯或48芯沟道阻燃光缆至10kV配室外环网柜。
2. 单/双环配电网结构的10kV室外环网柜采用手拉手EPON光纤组网方式，每个10kV室外环网柜分别来自不同变电站的主备用两条光缆链路，具备小于50ms的保护倒换能力的通信保护功能，信息能够可靠上传。
3. 其他配电网结构组成的EPON网络，采用星型光缆链路接线方式，变电站的OLT设备对多个方向的光缆链路实现千兆光口汇聚，不具备保护倒换功能。

图 11-31-1 ONU 链路拓扑图

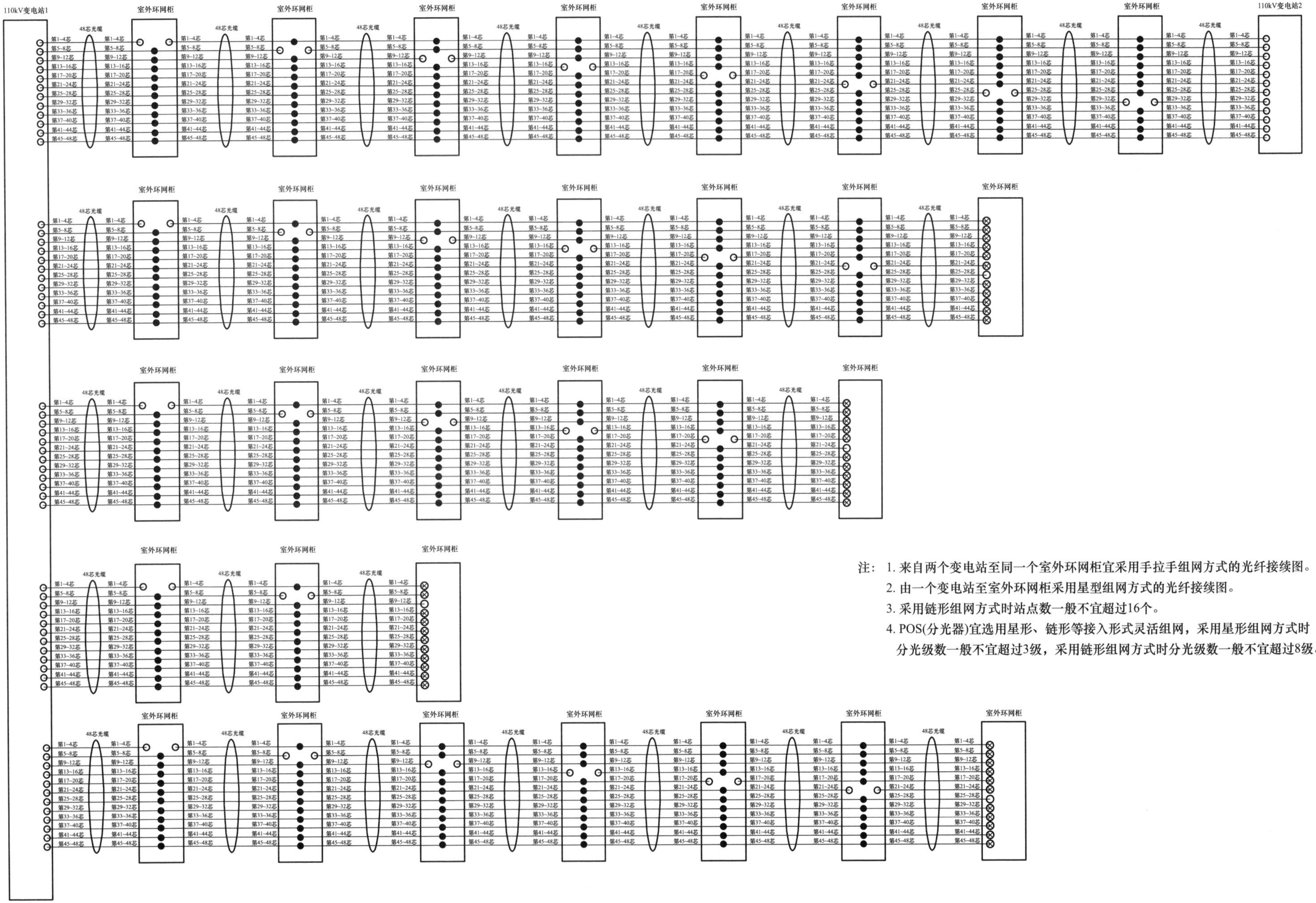

注：1. 来自两个变电站至同一个室外环网柜宜采用手拉手组网方式的光纤接续图。
2. 由一个变电站至室外环网柜采用星型组网方式的光纤接续图。
3. 采用链形组网方式时站点数一般不宜超过16个。
4. POS(分光器)宜选用星形、链形等接入形式灵活组网，采用星形组网方式时分光级数一般不宜超过3级，采用链形组网方式时分光级数一般不宜超过8级。

图 11-31-2 光纤接续图

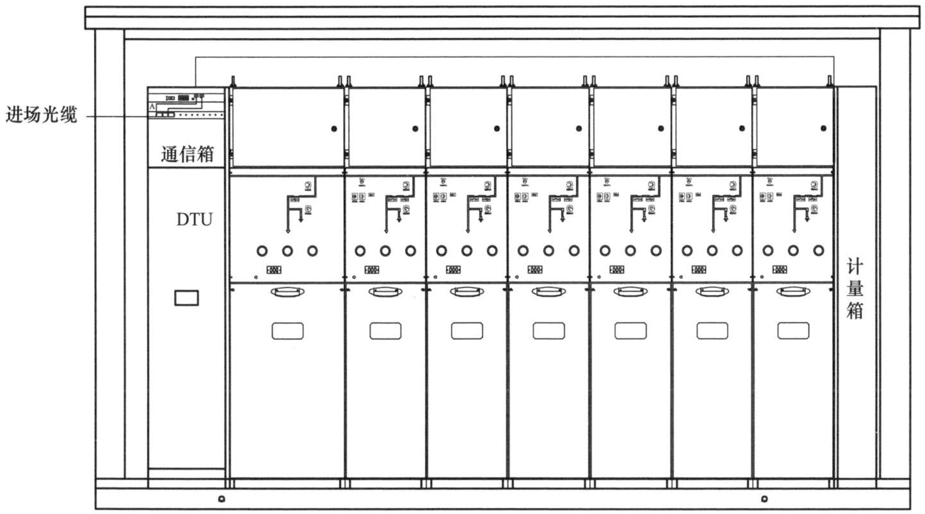

线缆布放表

序号	线缆起点	线缆终点	线缆型号	单位	条×长度	备注
1	新增ODF	新增ONU	FC-SC	m	2×1m	

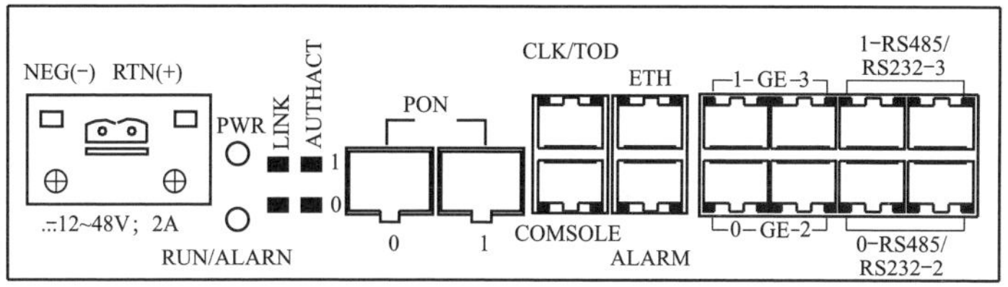

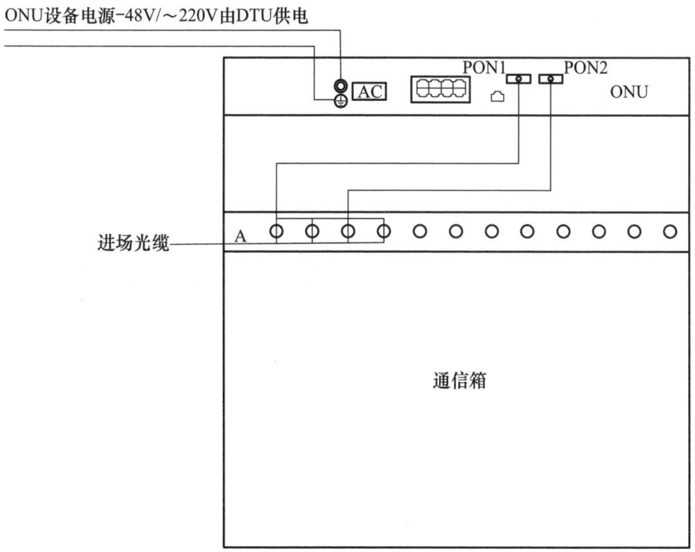

说明：1. ONU设备采用国家电网入围厂家设备，同时为便于统一网管，尽量选用同一厂家产品。

2. 尺寸(宽×深×高)：① 482.6mm ×180mm ×43.6mm(带19寸挂耳)；② 450mm ×180mm×43.6mm(不带挂耳)。

3. 重量：2.5kg

4. 供电方式：① 交流供电(110VAC/220V AC)；② 直流供电(-48V DC)。

5. 工作电压范围：直流-57~-40V，交流~176~264V。

6. 功耗：12W。

7. ONU系统数据配置：① 上行端口：双EPON上行；② 业务端口：4个RS485/RS232接口，8个GE/FE电接口；③ 管理端口：1个调试串口(CONSOLE)，1个调试网口(ETH)，1个环境监控接口(ALARM)，1个时钟时间接口(CLK/TQD)。

8. PON光接口PX20+光模块(dBm)：① 发射光功率4.5~9dBm；② 接收灵敏度-32dBm；③ 过载光功率-6dBm。

指示灯状态说明：

1. FE电接口状态指示灯：① 绿灯亮，端口建立连接；② 绿灯灭，端口无连接；③ 黄灯闪烁，端口有数据传输；④ 黄灯灭，端口无数据传输。

2. EPON接口状态指示灯：① LINK绿灯常亮，EPON接口收到下行光信号；② LINK绿灯常灭，EPON接口没有收到下行光信号或设备未插光纤；③ AUTH绿灯常亮，设备注成功AUTH：绿灯闪烁设备正在进行注册；④ AUTH绿灯常灭，设备未插光纤。

3. PWR电源状态指示灯：① 绿灯常亮，设备正常上电；② 绿灯常灭，设备掉电。

4. RUN/ALARM运行状态指示灯：① 红灯0.25s亮0.25s灭周期闪烁，设备启动中；② 绿灯1s亮1s灭周期闪烁，设备工作正常；③ 红灯常亮，设备运行故障。

图 11-31-3　ONU 设备安装示意图

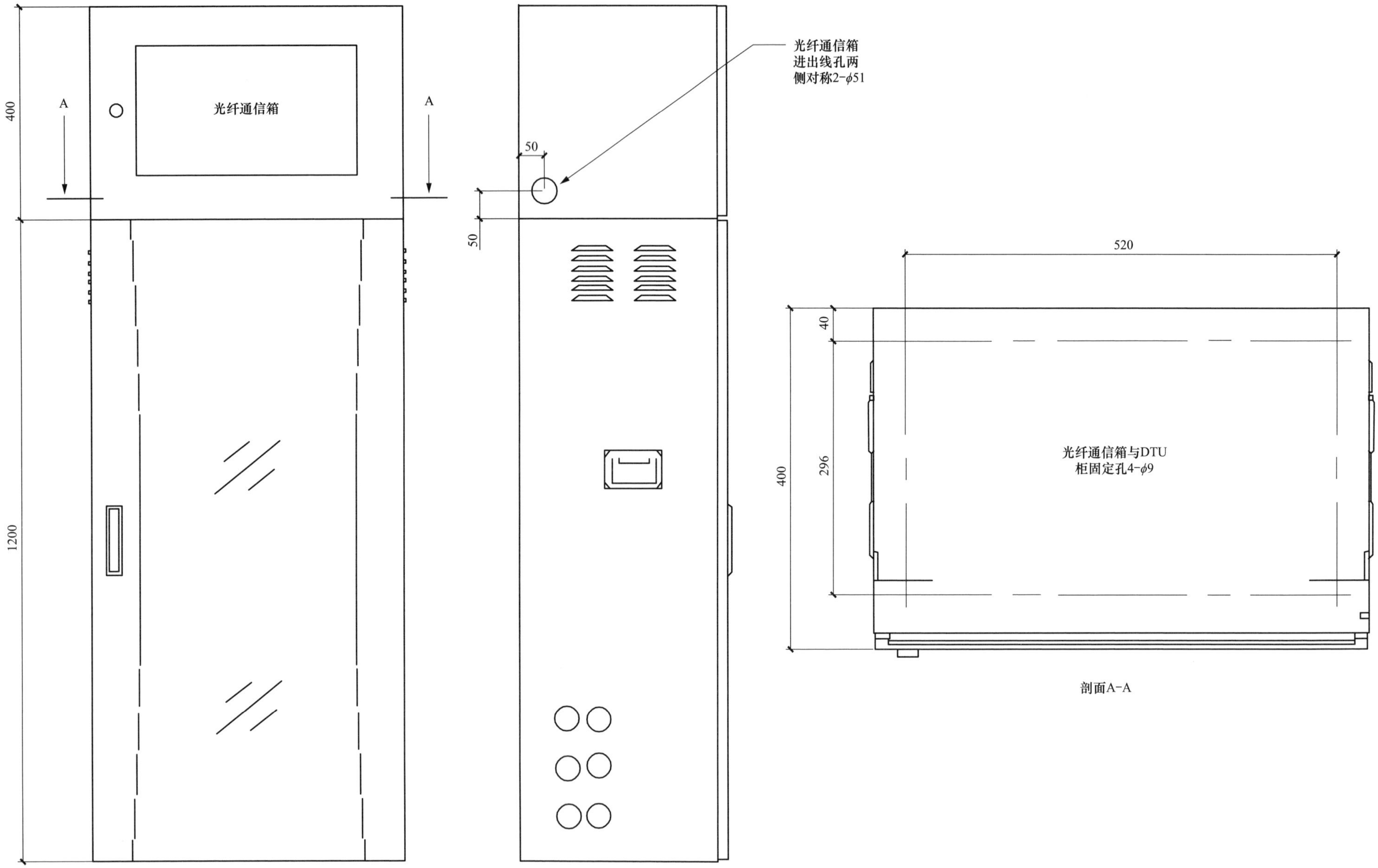

图 11-31-4　光纤通信箱与 DTU 柜配合安装图

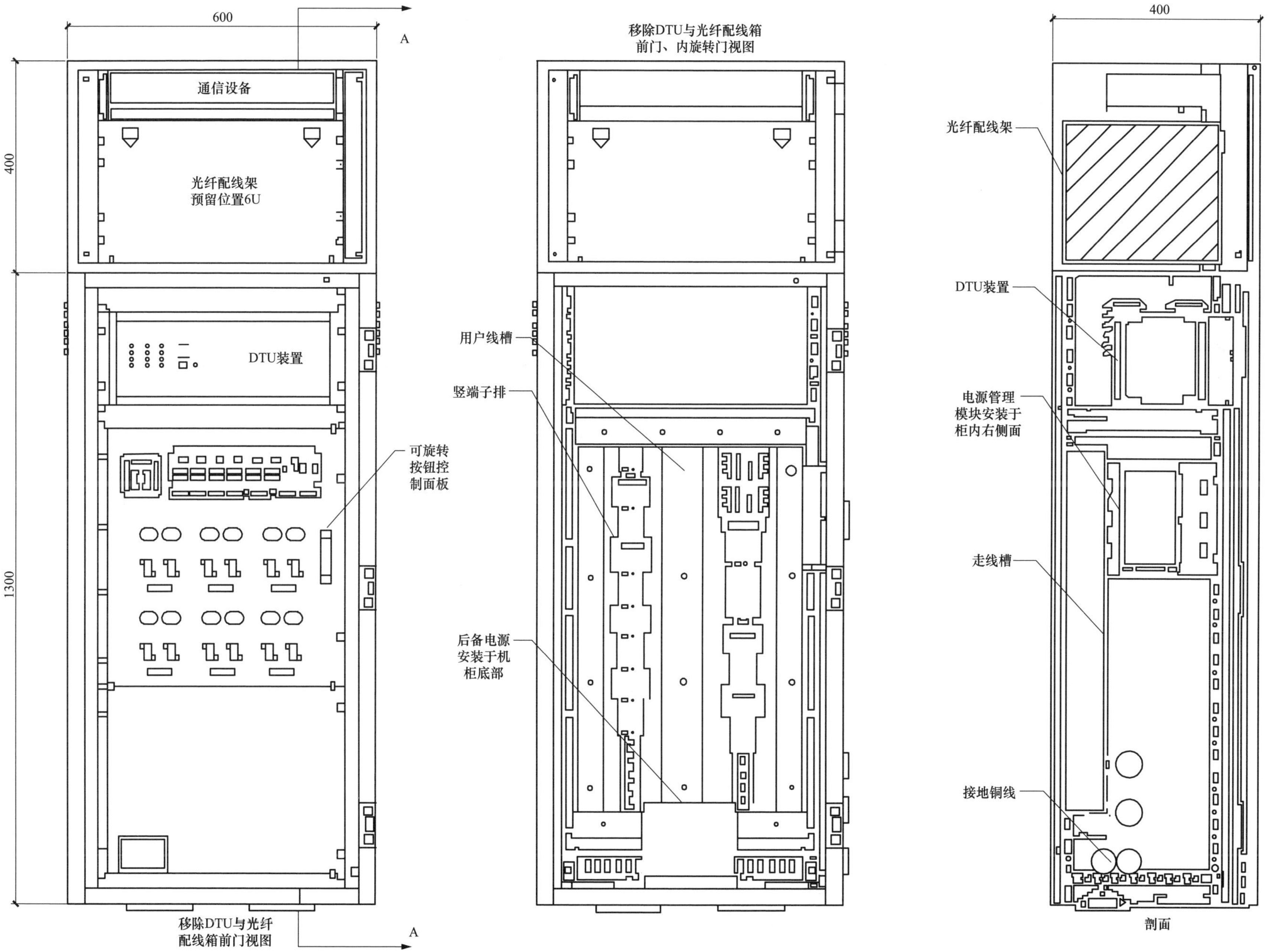

图 11-31-5　室外环网箱内部结构示意图

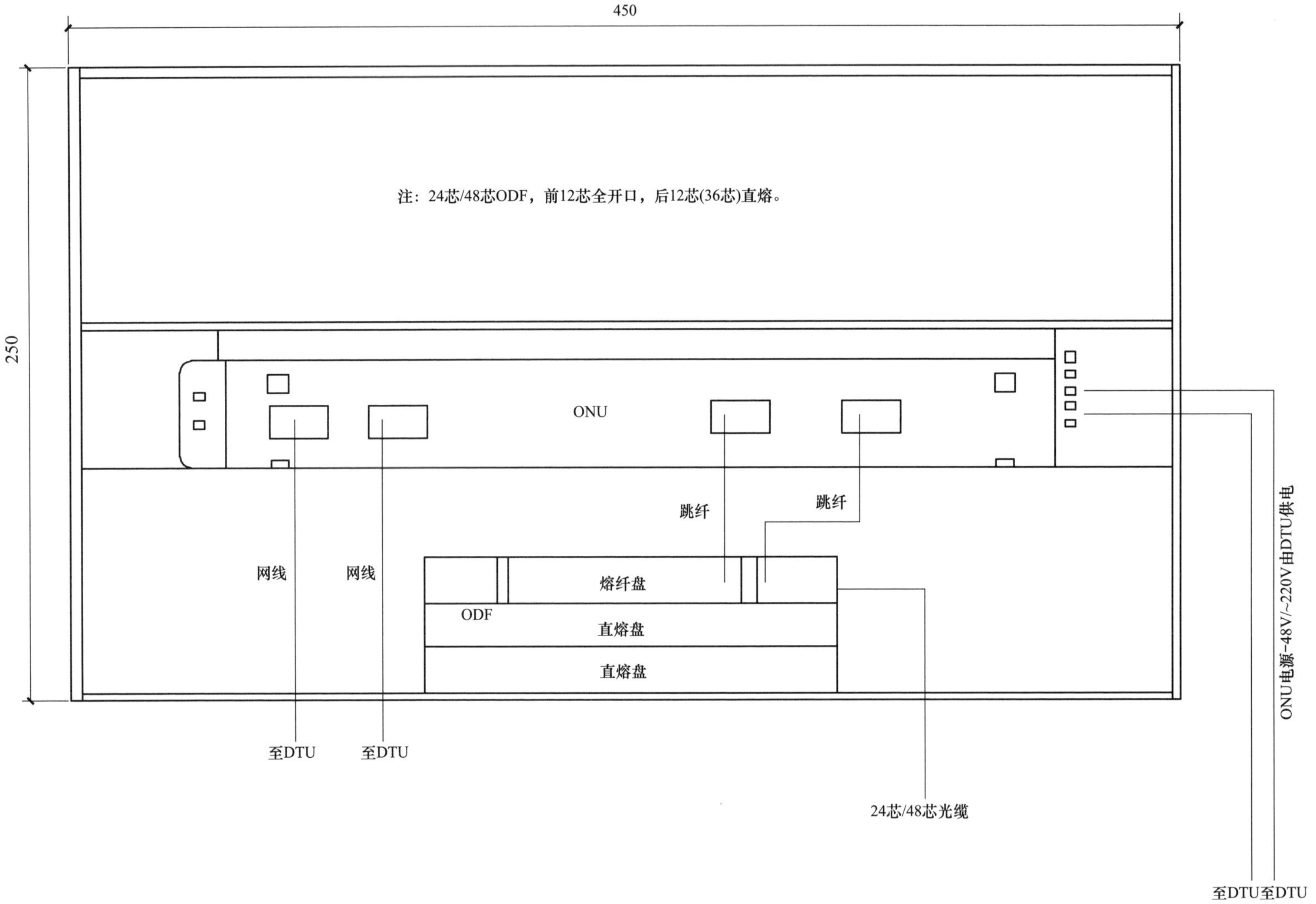

图 11-31-6　光纤通信箱接线图

线缆布放表

序号	线缆起点	线缆终点	线缆型号	单位	条×长度	备注
1	新增ODF	新增交换机	FC-SC	m	2×1m	

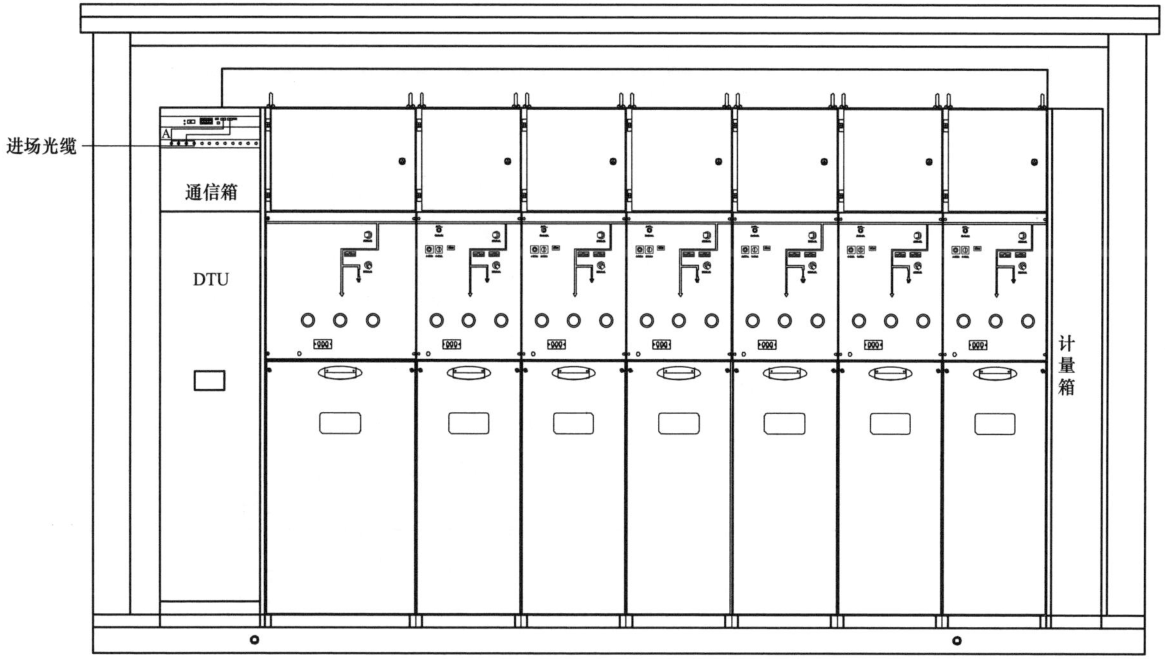

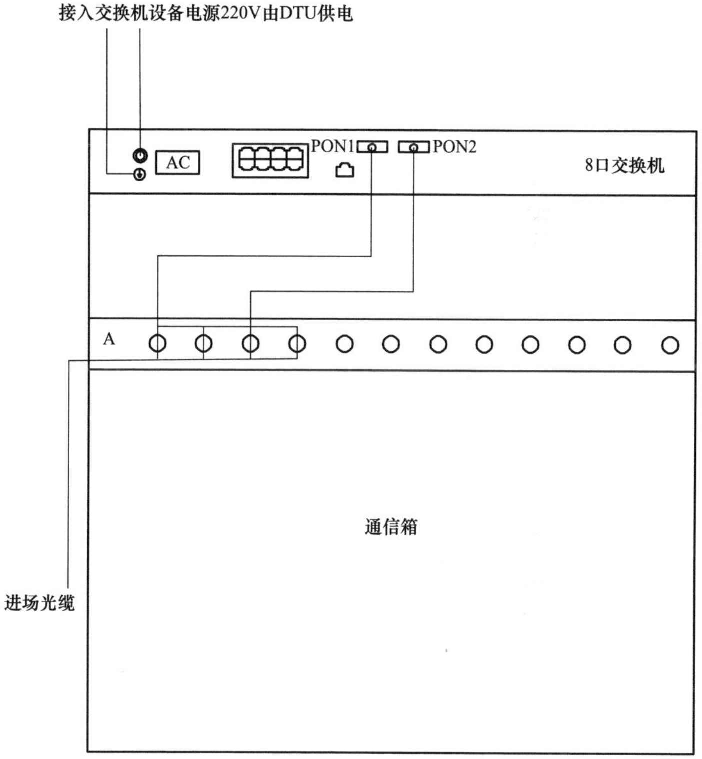

图 11-31-7　接入交换机设备安装示意图

第十二篇

辅助控制系统典型设计

第32章 开闭站辅助控制系统典型设计方案

32.1 概述

本典型设计为开闭站辅助控制系统典型设计部分。

32.1.1 适用范围

开闭站内的消防系统及辅助控制系统。

32.1.2 方案技术组合

开闭站内配置开关柜智能终端、环控系统、消控系统、安全管控系统及安防系统等。智能辅助控制系统配置见表12-32-1。

表 12-32-1 智能辅助控制系统配置

序号	类型	设备名称	内容
1	智能终端	智能传感器	23台
2	环控设备	水位探测器	4台
3	环控设备	温湿度传感器	4台
4	环控设备	红外双鉴	2台
5	环控设备	照明控制器	1台
6	环控设备	环境监控智能终端	1台
7	消控设备	烟雾探测器	4台
8	消控设备	风机控制器	1台
9	消控设备	水泵控制器	1台
10	消控设备	水泵	2台
11	消控设备	消防控制智能终端	1台
12	安全管控	人证一致系统	1套
13	安全管控	电子围栏	1套
14	硬件设备	POE交换机	1台
15	硬件设备	4G加密模块	3台
16	硬件设备	TF加密卡	2张
17	硬件设备	17英寸KVM	1台
18	控制柜	控制柜	1台
19	安防设备	网络球机	4只
20	安防设备	网络录像机	1台
21	安防设备	门禁系统	1套
22	辅材、线缆	电源线、网线、鸭嘴支架、水晶头、标识牌	1套

注 表内设备按照开闭站2进12出规模配置，具体配置可根据站房的开闭站的大小，自行调整站房内相应设备的数量。

开闭站智能辅助控制系统配置原则见表12-32-2。

表 12-32-2 开闭站智能辅助控制系统配置原则

序号	站房类型	配置建议
1	开闭站	智能终端
		环控设备
		消防设备
		安全管控
		硬件设备
		安防设备

32.2 设计图纸

开闭站内消防及辅控图纸目录见表12-32-3。

表 12-32-2 开闭站内消防及辅控图纸目录

图号	图纸名称
图12-32-1	开闭站智能辅助控制系统示意图

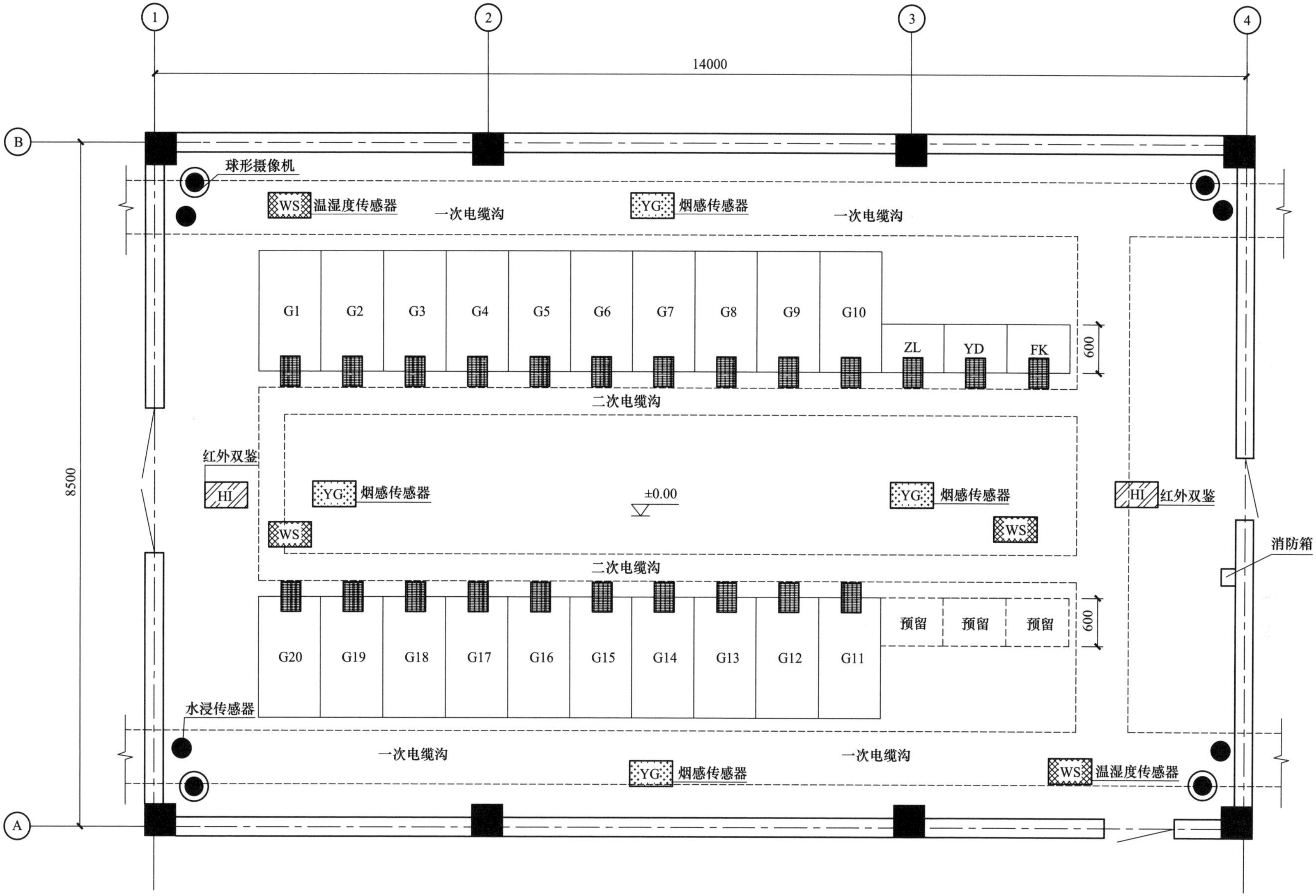

图 12-32-1 开闭站智能辅助控制系统示意图

第 33 章　配变站辅助控制系统典型设计方案

33.1　概述

本典型设计为配变站辅助控制系统典型设计部分。

33.1.1　适用范围

配变站内的消防系统及辅助控制系统。

33.1.2　方案技术条件

根据站房在环网中的重要性，分别配置环控系统、消控系统、安全管控系统及安防系统等。智能辅助控制系统配置见表 12-33-1。

表 12-33-1　智能辅助控制系统配置

序号	类型	设备名称	内容
1	环控设备	水位探测器	3 台
2		温湿度传感器	4 台
3		红外双鉴	2 台
4		照明控制器	1 台
5		环境监控智能终端	1 台
6	消控设备	烟雾探测器	4 台
7		风机控制器	1 台
8		水泵控制器	1 台
9		水泵	2 台
10		消防控制智能终端	1 台
11	安全管控	人证一致系统	1 套
12		电子围栏	1 套
13	硬件设备	POE 交换机	1 台
14		4G 加密模块	3 台
15		TF 加密卡	2 张
16		17 英寸 KVM	1 台
17	控制柜	控制柜	1 台
18	安防设备	网络球机	4 只
19		网络录像机	1 台
20		门禁系统	1 套

续表

序号	类型	设备名称	内容
21	辅材、线缆	电源线、网线、鸭嘴支架、水晶头、标识牌	1 套

注　1. 配变站内辅助控制配置可根据站房的类型及大小，自行调整站房内相应设备的数量。
2. 本方案内未配置开关柜智能终端，一级环网配变站可按需配置。

配变站智能辅助控制系统配置原则见表 12-33-2。

表 12-33-2　配变站智能辅助控制系统配置原则

序号	站房类型	配置建议	备注
1	一级环网配变站	智能终端	按需配置
		环控设备	
		消防系统	
		安全管控	
		硬件设备	
		安防设备	
2	二级环网配变站	环控设备	
		安全管控	
		消防系统	
		硬件设备	
		安防设备	
3	终端负荷配变站	环控设备	
		消防系统	
		硬件设备	
		安防设备	

33.2　设计图纸

配变站内消防及辅控图纸目录见表 12-33-3。

表 12-33-3　配变站内消防及辅控图纸目录

图号	图纸名称
图 12-33-1	配变站智能辅助控制系统示意图

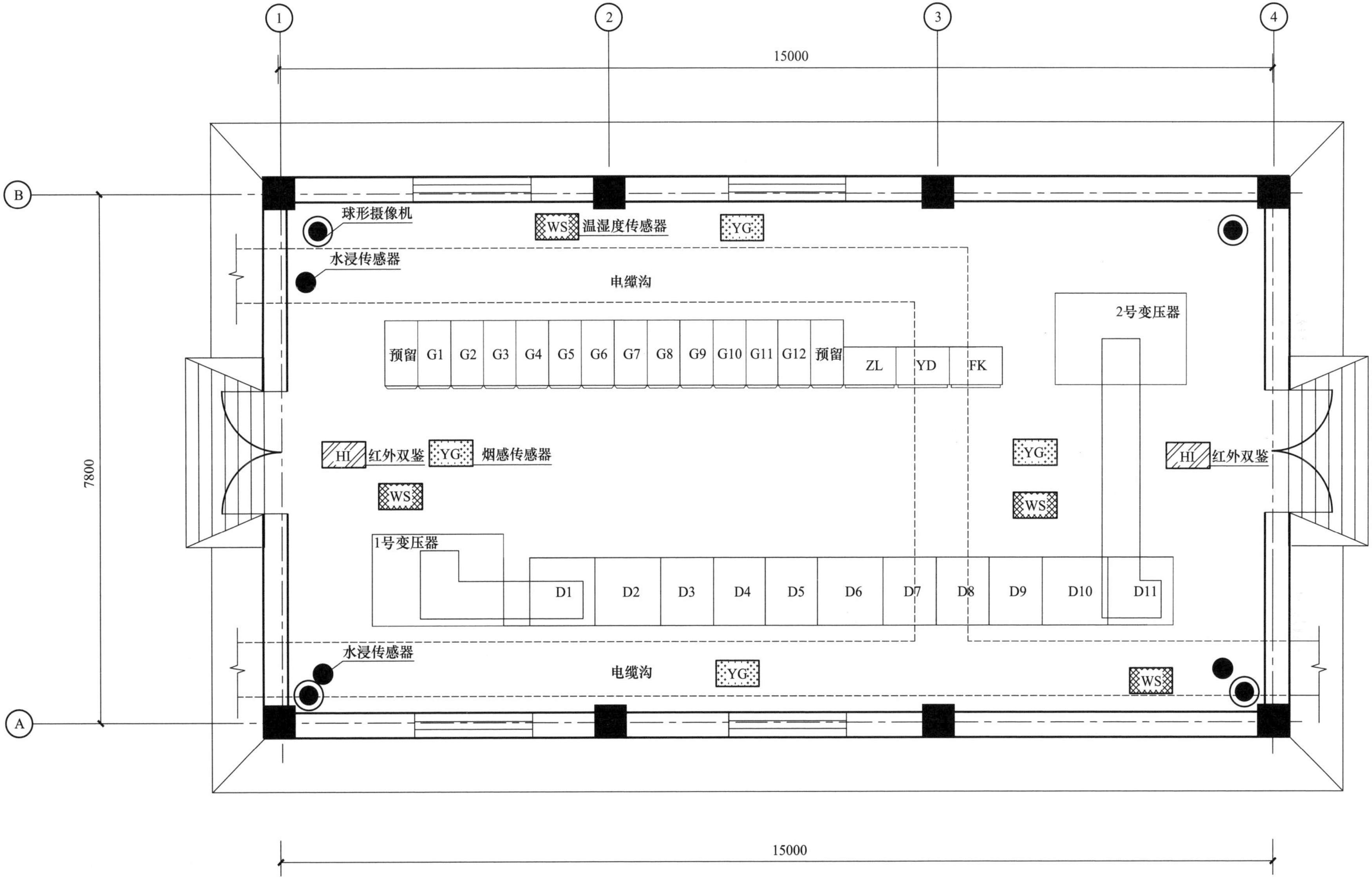

图 12-33-1　配变站智能辅助控制系统示意图